AF576176

EUL
VERLAG

EINZELSCHRIFTEN

Andreas Neumeier
Unternehmensbewertung bei Squeeze-out – Eine theoretische und empirische Analyse im Spannungsfeld der Anforderungen von betriebswirtschaftlichen Erkenntnissen, IDW S 1 und Rechtsprechung
Lohmar – Köln 2015 ◆ 284 S. ◆ € 58,- (D) ◆ ISBN 978-3-8441-0394-6

Patrick Siegfried
Trendentwicklung und strategische Ausrichtung von KMUs
Lohmar – Köln 2015 ◆ 88 S. ◆ € 37,- (D) ◆ ISBN 978-3-8441-0395-3

Patrick Siegfried
Das strategische Controlling in der Anwendung für KMUs
Lohmar – Köln 2015 ◆ 96 S. ◆ € 38,- (D) ◆ ISBN 978-3-8441-0396-0

Thomas Schiffer
Untersuchung der Segmentberichterstattung nach IFRS 8 von deutschen Unternehmen und Überarbeitungsnotwendigkeiten aus Investorsicht
Lohmar – Köln 2015 ◆ 260 S. ◆ € 57,- (D) ◆ ISBN 978-3-8441-0399-1

Niclas Rüffer
The Allocation of Innovation Promotion Programs – An Empirical Analysis
Lohmar – Köln 2015 ◆ 316 S. ◆ € 62,- (D) ◆ ISBN 978-3-8441-0405-9

Heidi Hoffmann
Krisenmanagement in Wirtschaftsunternehmen – Eine empirische Untersuchung zur Übertragbarkeit der Erkenntnisse der High-Reliability-Forschung
Lohmar – Köln 2015 ◆ 188 S. ◆ € 48,- (D) ◆ ISBN 978-3-8441-0408-0

David Thomas
Gestaltung effizienter BI-Prozesse in informationsintensiven Dienstleistungsunternehmen – Ein informationslogistischer Ansatz zur Auswahl einer effizienten Prozessvariante
Lohmar – Köln 2015 ◆ 468 S. ◆ € 69,- (D) ◆ ISBN 978-3-8441-0410-3

JOSEF EUL VERLAG

Dr. David Thomas

Gestaltung effizienter BI-Prozesse in informationsintensiven Dienstleistungsunternehmen

Ein informationslogistischer Ansatz zur Auswahl einer effizienten Prozessvariante

Mit einem Geleitwort von Prof. Dr. Dr. h. c. Hans-Christian Pfohl, Technische Universität Darmstadt

Bibliografische Information der Deutschen Nationalbibliothek

Die Deutsche Nationalbibliothek verzeichnet diese Publikation in der Deutschen Nationalbibliografie; detaillierte bibliografische Daten sind im Internet über <http://dnb.d-nb.de> abrufbar.

Dissertation, Technische Universität Darmstadt, 2014, u. d. T.: Gestaltung effizienter BI-Prozesse in informationsintensiven Dienstleistungsunternehmen – Ein transaktionskostenorientierter Ansatz zur Auswahl einer effizienten Prozessvariante

D 17

ISBN 978-3-8441-0410-3
1. Auflage Juli 2015

JOSEF EUL VERLAG GmbH
Brandsberg 6
53797 Lohmar
Tel.: 0 22 05 / 90 10 6-6
Fax: 0 22 05 / 90 10 6-88
E-Mail: info@eul-verlag.de
http://www.eul-verlag.de

Bei der Herstellung unserer Bücher möchten wir die Umwelt schonen. Dieses Buch ist daher auf säurefreiem, 100% chlorfrei gebleichtem, alterungsbeständigem Papier nach DIN 6738 gedruckt.

Geleitwort

Zwei entscheidende Entwicklungen haben den Bedarf in Unternehmen nach Entscheidungsunterstützung stark befördert: die gewachsene Konkurrenz durch global agierende Unternehmen und Kunden sowie der technische Fortschritt. Während die erste Entwicklung die Komplexität von Entscheidungen erhöht hat, ermöglichte die zweite Entwicklung erst die Nutzung vieler Methoden und Ansätze zur Entscheidungsunterstützung. Unternehmen erhoffen sich, auch befeuert durch Erfolgsgeschichten anderer Unternehmen und Versprechungen von Beratern und Softwareanbietern, durch den Einsatz von Softwarelösungen zur Entscheidungsunterstützung einen großen Nutzen. Dessen Bewertung ist in der Praxis aber äußerst schwierig und wird häufig auf potentielle Kosteneinsparpotentiale durch Automatisierung im Vergleich zu Lizenz- und Betriebskosten reduziert, weil keine geeigneten Modelle zur Bewertung des eigentlichen Informationsnutzens oder der zur Entscheidungsunterstützung notwendigen Prozesse existieren. Diesen Mangel an wissenschaftlich erprobten Modellen greift David Thomas in seiner Arbeit mit dem Ziel auf, die Frage nach der effizienten Gestaltung von BI-Prozessen zu beantworten und fokussiert dabei auf die von IT-Systemen unabhängige Informationslogistik, d. h. die Prozesse zur Bereitstellung von Informationen.

Die vorliegende Arbeit untersucht die Forschungsfrage in drei aufeinander aufbauenden Teilen. Im ersten Teil erarbeitet David Thomas deduktiv und ausgehend von vorhandener Literatur relevante Grundlagen für den konzeptionellen Bezugsrahmen seiner Arbeit. Hierzu zählen neben der Abgrenzung von Business Intelligence als ganzheitlicher Ansatz auch eine Annäherung an eine Nutzenbewertung von Informationen durch die relative Bewertung der Effizienz von BI-Prozessen. Dabei identifizierte Ursache-Wirkungs-Zusammenhänge erklärt David Thomas im zweiten Teil seiner Arbeit mit der Ressourcentheorie und der Transaktionskostentheorie und definiert so den theoretischen Bezugsrahmen. Im dritten Teil untersucht er schließlich zuvor abgeleitete Hypothesen mit Hilfe eines qualitativen Forschungsdesigns und bearbeitet die Hypothesen iterativ und durch Triangulation von Daten unterschiedlicher Ebenen einer Einzelfallstudie mit 16 Falleinheiten sowie einer umfangreichen Dokumentenanalyse.

Mit seiner Arbeit verbindet David Thomas Ansätze der Entscheidungstheorie mit erprobten Ansätzen des Supply Chain Managements und leistet so einen theoretischen Beitrag zur nutzenorientierten Bewertung von Informationen. Gleichzeitig schließt er mit der umfangreichen Literaturrecherche und Definition zentraler Begriffe sowie dieser theoriegeleiteten Untersuchung und dem stringenten Einsatz der Fallstudienmethodik sowohl fachlich als auch methodisch eine Lücke in der Literatur zu Business Intelligence.

Das informationslogistische Verständnis dieser Arbeit führt gleichzeitig zu Ergebnissen mit hoher praktischer Relevanz. So legt David Thomas erstmals ein Referenzmodell zur Konfiguration von Standardprozessen für Business Intelligence in Unternehmen sowie einen Entscheidungsprozess zur Auswahl der effizienten Prozessvariante vor. Der genutzte transaktionskostenorientierte Ansatz erlaubt zwar keine absolute Kosten-Nutzen-Bewertung, hilft Unternehmen aber bei der für sie notwendigen relativen Bewertung und erlaubt die Ermittlung verursachungsgerechter Prozesskosten.

In diesem Sinne wünsche ich der vorliegenden Arbeit Beachtung und Gestaltungskraft in Wissenschaft und Praxis.

Darmstadt, im April 2015 *Prof. Dr. Dr. h. c. Hans-Christian Pfohl*

Vorwort

Die vorliegende Arbeit stellt eine nahezu unveränderte Fassung meiner Dissertation dar und bildet den Abschluss meiner fünfjährigen Tätigkeit als wissenschaftlicher Mitarbeiter an der TU Darmstadt. Während dieser Zeit hatte ich stets den persönlichen Anspruch Fragen aus der Praxis wissenschaftlich zu bewerten und so eine Antwort zu geben, die sowohl meinem wissenschaftlichen Anspruch genügen als auch einen Ansatz zur Nutzung in der Praxis liefern. Die breite Ausbildung an der TU Darmstadt und mein fachlicher Hintergrund gaben mir hierbei die Möglichkeit, verschiedene Disziplinen zu verbinden und durch den Fokus auf Prozesse zur Informationsbereitstellung ein Modell zu entwickeln, das Gestaltungsparameter zur Effizienzsteigerung solcher informationslogistischer Prozesse aufzeigt. Rein sachlich betrachtet, umfasst diese Arbeit mehr als 350 Seiten und 75 Abbildungen. Persönlich verbinde ich mit dieser Arbeit allerdings vielfältige Erfahrungen, die ich in Gesprächen, auf Konferenzen, in Projekten mit Unternehmen und nicht zuletzt während der aufschlussreichen Interviews machen durfte. All dies hat es mir ermöglicht, Problemstellungen in der Praxis und eine Forschungslücke in der Wissenschaft zu erkennen, zu bearbeiten und so schließlich mein wissenschaftliches und mein pragmatisches Erkenntnisziel zu erreichen.

Diese Arbeit wäre aber nicht ohne die große und engagierte Unterstützung vieler Personen gelungen, die mir stets mit ihrem Rat zur Seite standen und die mich motiviert und inspiriert haben. All diesen Personen möchte ich meinen aufrichtigen Dank aussprechen.

Ganz besonders möchte ich meinem Doktorvater und akademischem Lehrer Prof. Dr. Dr. h. c. Hans-Christian Pfohl danken, der mir diese Arbeit erst ermöglicht hat. Durch meine Tätigkeit als wissenschaftlicher Mitarbeiter an seinem Lehrstuhl gab er mir die Möglichkeit, Wissenschaft und Praxis gleichermaßen kennen zu lernen und so wertvolle Erfahrungen am Lehrstuhl und in diversen Praxisprojekten mit Partnerunternehmen zu sammeln. Prof. Pfohl hat mir gerade in schwierigen Phasen durch weiterführende Ratschläge und gute Fragen geholfen, mein Promotionsziel zu erreichen. Ebenso möchte ich meinem Korreferenten Prof. Dr. Alexander Benlian für seine Unterstützung und für den hilfreichen Blick aus wirtschaftsinformatischer Perspektive danken, der mir geholfen hat, die Brücke zum Schließen der identifizierten Forschungslücke zu schlagen.

In meiner Zeit an der TU Darmstadt habe ich außerdem viel von Gesprächen und Diskussionen mit meinen Kollegen profitiert, die mich stets gefordert, mir aber auch erlaubt haben, meine Ideen regelmäßig zu reflektieren und meinen Weg zu finden.

Insbesondere möchte ich meinen Kollegen und Freunden Ulrich Berbner und Dr. Christian Zuber danken, die sich immer wieder die Zeit genommen haben, mit mir zu diskutieren und so durch gute Anregungen meine Ideen und Ansätze weiter zu entwickeln.

Großer Dank gilt schließlich auch den Praxispartnern, die mir erst den Zugang zu meinem Untersuchungsobjekt und den späteren Interviewpartnern für meine Analyse eröffnet haben.

Neben allen Personen, die mich inhaltlich bei meiner Promotion unterstützt haben, möchte ich auch meiner Familie meinen großen Dank aussprechen. Meine Eltern Sabine und Werner Thomas haben mir das Studium an der TU Darmstadt ermöglicht und mich auch später immer unterstützt. Ohne sie hätte ich all die guten Erfahrungen nicht machen können, von denen ich heute so profitiere.

Abschließend möchte ich ganz besonders meiner Frau Samantha danken, die mich insbesondere während der 12 monatigen Schreibphase unterstützt und mich immer wieder motiviert hat. Gerade in sehr arbeitsintensiven Phasen oder wenn es nicht voran ging wie geplant, hat sie mich bestärkt und mir Halt und Sicherheit gegeben. Hierfür und das zeitaufwändige Korrekturlesen danke ich ihr von ganzem Herzen und widme ihr diese Arbeit!

Darmstadt, im April 2015 *David Thomas*

Inhaltsverzeichnis

Abbildungsverzeichnis

Abkürzungsverzeichnis

ABC	Activity Based Costing
BI	Business Intelligence
BICC	Business Intelligence Competency Center
BPR	Business Process Reengineering
BPM	Business Process Management
CI (= BI)	Competitive Intelligence (Synonym zu Business Intelligence)
CIMM	CI Measurement Modell
CRM	Customer Relationship Management
COBIT	Control Objectives for Information and related Technology
DSS	Decision Support System
DW	Data Warehouse
EBITDA	Earnings before Interest, Taxes, Depreciation and Amortization
ERP	Enterprise Resource Planning
ETL	Extraction, Transformation, and Loading
EVA	Economic Value Added
FTE	Full-Time-Equivalent (Employee)
GFT	Google Flu Trends
IuK	Informations- und Kommunikationstechnologie
IT	Informationstechnologie
ITIL	Information Technology Infrastructure Library
KVP	Kontinuierlicher Verbesserungsprozess
LM	Lean Management
MIS	Management Information System
NPV	Net Present Value
RBV	Resource-based View
ROI	Return on Investment
ROCII	Return on Competitive Intelligence Investment
SCM	Supply Chain Management
SOA	Service Oriented Architecture (serviceorientierte Architektur)

1 Einführung in das Thema

Mit dem technischen Fortschritt und insbesondere durch die rasante Entwicklung der Informations- und Kommunikationstechnologie haben Unternehmen heute, viel mehr als noch vor zehn Jahren, die Möglichkeit, umfangreiche Daten über ihr Geschäft, das heißt über die operativen Abläufe, die Marktentwicklung, Kundenkontakte etc. zu sammeln. Eine solche Datensammlung wird erst durch leistungsstarke und ausgefeilte IT-Systeme möglich, die automatisiert große Datenmengen erfassen und speichern. Einer der bekanntesten Begriffe in diesem Kontext lautet *Big Data*. Dieser Begriff wird wegen der Abhöraktivitäten verschiedener Staaten sowie wegen der Dominanz großer Internetkonzerne wie Google oder Facebook, deren Geschäftsmodelle auf der Sammlung und Auswertung von Nutzerdaten aufbauen, auch in den Medien und sogar in der breiten Öffentlichkeit diskutiert.[1] Big Data ist ein Synonym für verschiedene Techniken zur Erhebung und Analyse sehr großer Datenmengen, die auf der einen Seite Ängste vor totaler Überwachung hervorrufen, in denen aber viele Menschen und vor allem Unternehmen große Chancen für neue und bessere Angebote, bessere Prognosen, bessere medizinische Diagnosen und vieles mehr sehen. Denn der Zugriff auf die richtigen Daten ermöglicht es Unternehmen und den verantwortlichen Entscheidern, bereits frühzeitig auf relevante Entwicklungen zu reagieren und das Unternehmen durch geschickte Entscheidungen so auszurichten, dass es Vorteile im Vergleich zu Wettbewerbern aufbauen kann.[2] Für diese Aufgaben haben sich lange Zeit vor der Entstehung des Begriffes Big Data bereits mehrere verwandte oder auch synonyme Begriffe wie z. B. Business Intelligence (BI), Corporate Performance Management, Reporting, Berichtwesen oder auch Controlling gebildet.[3] Im Rahmen dieser Arbeit sollen diese Begriffe aber nicht streng differenziert, sondern unter dem weiten Begriff *Business Intelligence* (BI) subsummiert werden.[4] Durch das Interesse der Unternehmen an Ansätzen zur Ent-

---

[1] Vgl. Schmundt (2013), S. 98 f.; Müller/Rosenbach/Schulz (2013), S. 65 ff.; Müller-Jung (2013), S. N1 f.

[2] Vgl. Macharzina/Wolf (2008), S. 40. Die richtigen Informationen sind solche, die Entscheider bei der Beurteilung von Entscheidungssituationen unterstützen und so individuelle Entscheidungen sowie angepasste Maßnahmen ermöglichen und nicht solche, die vorgeben ein Problem zu lösen, vgl. Kappler (1975), S. 104. Vgl. auch die Ausführungen zur Ressourcentheorie und Informationen als Quelle von Wettbewerbsvorteilen in Kapitel 7.1.1.

[3] Auch wenn für die verschiedenen Aufgaben unterschiedliche Instrumente angeboten werden, gibt es hinsichtlich der tatsächlichen Leistungen starke Überschneidungen, vgl. Srimai/Wright/Radford (2013), S. 379 f.

[4] Eine Ausnahme bildet der Begriff Controlling, der in Kapitel 3.3.3 als eigenständige betriebswirtschaftliche Disziplin von dem weiten Begriff Business Intelligence abgegrenzt wird. Ansonsten kann das grundlegende Konzept in allen Fällen als gleich betrachtet werden,

scheidungsunterstützung und den Bedarf an entsprechenden Instrumenten hat sich ein großer Markt mit einem Volumen von mehreren Milliarden Euro Umsatz pro Jahr gebildet, auf dem diverse Software-, Hardware- und Beratungsunternehmen verschiedenste Leistungen anbieten.[5] Bezogen auf Instrumente reichen diese z. B. von Standardtabellenanwendungen für Standardcomputer bis hin zu ausgefeilten, sehr leistungsstarken statistischen Anwendungen, die auf spezialisierten Servern zur Analyse sehr großer Datenmengen genutzt werden. Entsprechend des Leistungsumfangs variieren auch die Kosten für solche Analyse- und Entscheidungsunterstützungswerkzeuge zwischen wenigen hundert bis hin zu mehreren Millionen Euro pro Jahr. Business Intelligence ist für Unternehmen also sowohl ein Nutzenthema, weil sich die Unternehmen durch effektive Entscheidungsunterstützung Wettbewerbsvorteile versprechen, als auch ein Kostenthema, weil effiziente BI-Prozesse helfen, die Aufwände für Business Intelligence gering zu halten.[6]

1.1 Ausgangssituation und Problemstellung

Unternehmen bzw. Entscheider in Unternehmen weisen Business Intelligence und insbesondere den entsprechenden Werkzeugen zwar eine hohe Bedeutung und großen Einfluss auf die Wettbewerbsfähigkeit zu[7], allerdings erfolgt trotz der teils sehr hohen Aufwände durch die Nutzung und den Betrieb solcher Instrumente nur selten eine konkrete Kosten-Nutzen-Betrachtung, auf deren Basis BI-Projekte bewertet werden.[8] Ein Grund hierfür liegt in einem Mangel an geeig-

---

vgl. Schwartz (2007), S. 41. Lediglich der Umfang und die Art der Integration in zugrundeliegende Geschäftsprozesse haben sich verändert.

5 Die Angaben zum Marktvolumen unterscheiden sich je nachdem, welche Leistungen einbezogen und welcher Ausschnitt des Marktes betrachtet wird. Für den weltweiten Umsatz mit Software für Business Intelligence 2010 geben z. B. Gartner 10,5 Mrd. $ (vgl. Sommer/Sood (2011), S. 2.) und IDC 27,9 Mrd. $ (vgl. Vesset u. a. (2013), S. 5.) an.

6 Effektive und effiziente Entscheidungsunterstützung kann nicht rein durch den Einsatz von Instrumenten bzw. Technik erreicht werden, sondern erfordert auch einen weiteren Blick auf die entsprechenden Prozesse, vgl. Pauli (2009).

7 Viele Entscheider betrachten Business Intelligence als Quelle für Wettbewerbsvorteile, vgl. Kiron u. a. (2011), S. 2 f. Allerdings liefern Studien i. d. R. nur deskriptive Aussagen zu Wettbewerbsvorteilen, die häufig diffus sind und keine Rückschlüsse auf Zusammenhänge gestatten.

8 Studien zeigen, dass der Nutzen von Business Intelligence nur sehr schwer bis gar nicht quantifiziert werden kann, vgl. Hillringhaus/Kedzierski (2004), S. 56. Dort können z. B. 66% der Befragten keine Antwort auf die entsprechende Frage geben. Interessant ist auch die Tatsache, dass weitere 25% der Befragten den Nutzen mit maximal 500.000€ angeben, sodass höchstens in 9% der Fällen ein höherer Nutzen angenommen werden kann. In 91% der Fällen muss also mit einem sehr geringen bis keinem Mehrwert durch Business Intelligence gerechnet werden, wenn als Kosten neben Lizenzen, Hardware, Implementierung und Betrieb

neten Erfassungs- und Bewertungsansätzen von BI-Leistungen, die eine objektive Bewertung des Nutzens durch Business Intelligence den tatsächlichen Kosten gegenüberstellt. Stattdessen werden Investitionen in Business Intelligence häufig durch die Aussicht auf mögliche Erfolge und durch positive Beispiele[9] externer Anbieter getrieben. Es gibt allerdings keine Garantie, dass diese auch tatsächlich eintreten. Teilweise verursachen komplexe BI-Lösungen sogar höhere Kosten und stiften weniger Nutzen als andere, bereits etablierte, weniger komplexe Ansätze.[10] Ein weiterer Grund für die fehlende Kosten-Nutzen-Betrachtung liegt aber auch darin, dass die tatsächlichen Kosten von Business Intelligence nur unvollständig berücksichtigt werden und Business Intelligence sehr häufig auf technische Aspekte reduziert wird.[11] Während leicht zu ermittelnde Kosten für Lizenzen, Implementierung und Betrieb bei Investitionsvorhaben schnell erfasst werden können, lassen sich die Kosten für die eigentlichen BI-Leistungen, d. h. die Bereitstellung nachgefragter Informationen, häufig gar nicht erfassen, weil keine klaren (Standard-)Prozesse existieren, die Bereitstellung in jedem Fall anders erfolgt und die tatsächlichen Kosten nicht nach dem Verursachungsprinzip zugewiesen, sondern als insgesamt unvermeidbare Kosten betrachtet und deshalb als Gemeinkosten pauschal umgelegt werden.[12] Ohne die verursachungsgerechte Zuweisung von Kosten kann ein Entscheider allerdings nicht bewerten, ob

---

auch Kosten für die Bereitstellung, d. h. Ausführung von BI-Prozessen, berücksichtigt werden.

9 Ein typisches Beispiel ist ein Benchmarking, das den Zusammenhang von erfolgreichen Unternehmen und Verfügbarkeit von Informationen, Instrumenten etc. darstellen soll, vgl. z. B. SAS Institute (2012). Diese vernachlässigen allerdings kausale Zusammenhänge und stellen keine Korrelationen dar, sondern lediglich Verteilungen. Auch die Darstellungen in Studien zum Wert bzw. Nutzen von Business Intelligence und dem Erfolg von Unternehmen folgen diesem Muster, ohne z. B. zu berücksichtigen, wie Business Intelligence in erfolgreichen Unternehmen genutzt wird und wo Unterschiede zu weniger erfolgreichen Unternehmen liegen könnten, vgl. z. B. LaValle u. a. (2010); Kiron u. a. (2011).

10 Ein prominentes Beispiel hierfür bietet Googles groß angekündigter Versuch mit *Google Flu Trends* (GFT) durch die Analyse von Suchanfragen die Ausbreitung von Grippeinfektionen zu prognostizieren, vgl. die Website http://www.google.org/flutrends/. Trotz Nachjustierung liefert GFT aber schlechtere Vorhersagen als die bisherigen Hochrechnungen auf Basis der Daten der Gesundheitsämter und hat beispielsweise im Jahr 2009 eine Pandemie gar nicht registriert, Lazer u. a. (2014), S. 1203 ff.; Müller-Jung (2014), S. N1. In diesem Beispiel wurde also gar kein Nutzen erzeugt, obwohl hohe Aufwände angefallen sind.

11 Vgl. z. B. die Darstellung zu Big Data in Kemper (2013), S. 16 f. Einen Ansatz mit stärkerer Prozessorientierung und stärkerem Fokus auf Effizienz schlagen Grönke/Kirchberg vor, vgl. Grönke/Kirchberg (2013), S. 27 ff.

12 Vgl. Wild (1973), S. 623.

eine zusätzliche Information einen Nutzen stiftet, der die Kosten für die Bereitstellung übersteigt und somit ein Nutzen für das Unternehmen entsteht.[13]

Allgemein wird Business Intelligence zwar als umfangreiches Thema betrachtet, das Technologien, Methoden, Prozesse bzw. Organisation und natürlich Menschen als Anwender sowie Nutzer (Entscheider) einschließt (vgl. Kapitel 3.2.2 und Kapitel 3.2.3).[14] Allerdings liegt der Fokus von Investitionsprojekten in Unternehmen oder von Veröffentlichungen und Beiträgen auf Konferenzen großteils auf den technischen Aspekten von Business Intelligence oder auf Methoden zur Analyse und Aufbereitung von Daten.[15] Dies ist verständlich, sind doch gerade Technik und Methoden leicht abgrenzbar und isoliert bearbeitbar.[16] Die größeren Herausforderungen liegen allerdings in der Nutzung von Business Intelligence in Unternehmen, d. h. in der Organisation, in den Prozessen und in den Menschen, die Informationen nachfragen und bereitstellen.[17] Potenziell hat Business Intelligence also verschiedene Quellen, aus denen ein Nutzen im Sinne von Wettbewerbsvorteilen bzw. eines Wertbeitrages entstehen kann.[18] Interessanterweise sind aber gerade die Erfassung und der Nachweis eines Nutzens von Software- und Hardwaresystemen, d. h. der technischen Komponenten von Business Intelligence, sehr problematisch.[19] Darüber hinaus nutzen Unternehmen für Business Intelligence i. d. R. Standardsysteme, die sie am Markt einkaufen und im eigenen Unternehmen implementieren. Gerade aber solche Standardsys-

---

13 Vgl. Grob/Haffner (1990), S. 305. Erst durch eine verursachungsgerechte Zuordnung können Prozesse hinsichtlich ihres Nutzens beurteilt werden. Ohne entsprechende Bewertung der Aufwände erfolgt in klassischen Gemeinkostenbereichen statt einer Bewertung des Ergebnisses lediglich eine Bewertung des Vorgehens.

14 Vgl. hierzu auch die Einteilung von LEAVITT, vgl. Leavitt (2013), S. 1145. Zusätzlich könnten noch Rohdaten und Informationen aufgeführt werden, diese haben allerdings einen anderen Stellenwert als die oben genannten Bestandteile, weil sie den eigentlichen Anwendungsbereich bzw. den Input für und Output von Business Intelligence darstellen.

15 Vgl. Pauli (2009). FULD weist außerdem darauf hin, dass bei der Gestaltung und Optimierung von BI-Prozessen nicht primär auf die technischen Lösungen und verfügbaren Instrumente geschaut werden darf, sondern dass der Informationsbedarf der Entscheider im Mittelpunkt von Business Intelligence stehen sollte und die im BI-Prozess beteiligten Mitarbeiter die Möglichkeiten und Fähigkeiten haben müssen, diese Informationsnachfragen zu bearbeiten, vgl. Fuld (1991), S. 17.

16 BUNGE gibt kritisch zu bedenken, dass die Technik per se keinen Beitrag zu echten Erkenntnisgewinnen leisten kann, weil diese nur in der Lage ist, von Menschen vermutete Zusammenhänge zu testen und modellierte Daten zu aggregieren. Technik ist aber nicht in der Lage, ohne die Fähigkeit kognitiven Denkens Zusammenhänge und deren Bedeutung zu erkennen, vgl. Bunge (1967), S. 149.

17 Vgl. Kiron u. a. (2011), S. 20–21.

18 Vgl. Kink/Höhne/Hess (2008), S. 12. Diese weisen darauf hin, dass Business Intelligence eine Vielzahl von Nutzeneffekten besitzt.

19 Vgl. Hanssen/Herzwurm (2009), S. 31–32.

teme können für sich genommen keinen Nutzen im Sinne von Wettbewerbsvorteilen stiften, weil jeder Wettbewerber die gleichen Standardsysteme am Markt erwerben und implementieren kann.[20] Somit erfüllt BI-Technik eine wichtige Voraussetzung für die Wirkung als Wettbewerbsvorteil nicht, nämlich die Einzigartigkeit und Unverkäuflichkeit einer Ressource.[21] Die gleiche Argumentation trifft auch auf die Nutzung von Methoden zu, da diese i. d. R. durch Instrumente umgesetzt und dann nur noch ausgeführt werden. Methoden werden deshalb erst dann zu einer wettbewerbsvorteilsrelevanten Kompetenz, wenn Anwender zusätzlich zu ihrem Methodenwissen auch über das notwendige Fachwissen verfügen, um die geeigneten Methoden in konkreten Sachverhalten auch nutzen und so entscheidungsrelevante Informationen bereitstellen zu können. Somit verbleiben als potenzielle Quellen für Wettbewerbsvorteile bzw. einen Wertbeitrag von Business Intelligence lediglich organisatorische Aspekte, Prozesse und Mitarbeiter als Anwender und Nutzer. Da bisher aber keine klare Abgrenzung und Definition der Prozesse, sprich der Aufgaben und Aktivitäten, existiert, können aktuell weder der Aspekt Organisation noch der Aspekt Mitarbeiter als Anwender bzw. Nutzer fundiert untersucht werden. Folglich muss der Fokus dieser Arbeit auf die Definition von BI-Prozessen und deren Gestaltung gelegt werden, um sich der Beurteilung von Wettbewerbsvorteilen durch bzw. dem Wertbeitrag von Business Intelligence anzunähern. Ein weiteres Argument, das für eine Fokussierung auf BI-Prozesse spricht, liefern Arbeiten, die sich mit den Einflüssen von Informationstechnologie auf die Produktivität von Unternehmen beschäftigen. Diese zeigen, dass die Produktivität in den administrativen Bereichen trotz eines massiv gestiegenen Einsatzes von Instrumenten zur Prozessunterstützung nur wenig gesteigert werden konnte.[22] Ein Ergebnis, das unter dem Begriff Produktivitätsparadoxon bekannt geworden ist. Für dieses Phänomen zeigen ALBADVI/KERAMATI/RAZMI, dass die zugrundeliegenden Prozesse den Schlüssel zu Produktivitätssteigerungen durch den Einsatz neuer Informationssysteme darstellen.[23] D. h., nur durch eine Neugestaltung und Ausrichtung der Prozesse auf zu-

---

20 Vgl. Carr (2003), S. 44 ff.

21 Vgl. hierzu auch die Ausführungen zu Ressourcen als Quellen für Wettbewerbsvorteile in Kapitel 7.1.1.

22 Vgl. Brynjolfsson (1993), S. 70 f.ür eine Übersicht über verschiedene empirische Untersuchungen zum Einsatz von Informationstechnologie und Auswirkungen auf die Produktivität. Dort zeigt sich, dass ein großer Teil potentieller Produktivitätssteigerungen durch Ineffizienzen in sekundären Prozessen und die Selbstverwaltung administrativer Bereiche verloren geht.

23 Vgl. Albadvi/Keramati/Razmi (2007), S. 2703 ff. und S. 2728.

sätzlich implementierte Funktionen können neue Informationssystemen eine positive Wirkung auf den Unternehmenserfolg entfalten.[24]

1.2 Forschungslücke

Insgesamt liefert die Literatur zu Business Intelligence kaum Antworten zu der in Kapitel 1.1 skizzierten Ausgangssituation und Problemstellung. Ein großer Teil der Literatur, die sich allgemein mit Business Intelligence und der Nutzung von Business Intelligence in Unternehmen beschäftigt, ist sehr populärwissenschaftlich geprägt.[25] Diese Arbeiten stammen häufig von Beratungsunternehmen oder (ehemaligen) Mitarbeitern solcher Unternehmen, die ihre individuelle Sicht und Erfahrung darstellen sowie mit positiven Beispielen[26] und aus den Erfahrungen abgeleiteten (Vorgehens-)Modellen untermauern. In der Folge sind die Darstellungen teilweise unpräzise und unterscheiden sich stark bezüglich der genutzten Begriffe.[27] Ein einheitliches Verständnis von Business Intelligence lässt sich auf diese Weise nicht schaffen. Andere Veröffentlichungen in renommierten Verlagen weisen zwar eine höhere Objektivität auf, haben allerdings einen starken technischen Fokus.[28] Darüber hinaus besteht außerdem das Problem, dass auch viele Veröffentlichungen in einschlägigen wissenschaftlichen Magazinen die notwendige Genauigkeit und theoretische Fundierung missen lassen, die in wissenschaftlichen Arbeiten gegeben sein sollte.[29] ARNOTT/PERVAN kritisieren nach der Auswertung von über 1.000 Veröffentlichungen aus dem Bereich Business

---

24 Produktivität bzw. Effizienz kann als eine Ersatzgröße für den Unternehmenserfolg herangezogen werden, weil in Bezug auf Business Intelligence eine Produktivitäts- bzw. Effizienzsteigerung zu einer Reduktion des Aufwandes für die Bereitstellung nachgefragter Informationen führt und somit die Kosten senkt sowie den Gewinn steigert, vgl. Gentner (1999), S. 49; Gaitanides (2012), S. 240 f.; Weber/Schäffer (2000a), S. 264–266.

25 Vgl. z. B. Bachmann/Kemper (2009); Engels (2009); Boyer u. a. (2010); Buytendijk (2010); Gansor/Totok/Stock (2010).

26 Diese Beispiele werden häufig als „Fallstudie" oder „Case Study" bezeichnet, dürfen aber nicht mit dem z. B. in dieser Arbeit genutzten qualitativen Forschungsansatz mit Fallstudien verwechselt werden, sondern entsprechen eher der in der Lehre genutzten Fallstudie als Lehrmethode, vgl. Lasch/Schulte (2008), S. 5–7.

27 Vgl. hierzu auch die Auflistung von schlüsselwortgetriebenen Beschreibungen verschiedener Beratungsunternehmen von Business Process Reengineering in Gaitanides (2012), S. 58.

28 Vgl. z. B. Chamoni/Gluchowski (2010b). In diesem Sammelband behandeln 17 von 20 Beiträgen technische Aspekte von Business Intelligence, während sich lediglich zwei Beiträge mit der Anwendungs- und Nutzungsperspektive beschäftigen. Der 20. Beitrag fungiert als Einleitung und Überblick über den Sammelband.

29 Vgl. Arnott/Pervan (2005), S. 69 ff. Insgesamt wird auch immer wieder die Qualität wissenschaftlicher Arbeiten bemängelt, die sich mit (Management-)Informationssystemen in Unternehmen beschäftigen. Einen Überblick über positive und negative Beispiele geben beispielsweise Benbasat/Goldstein/Mead (1987); Lee (1989); Orlikowski/Baroudi (1991); Cavaye (1996); Dubé/Paré (2003).

Intelligence neben der theoretischen Fundierung und mangelnden methodischen Stringenz noch sechs weitere Punkte, die als problematisch zu betrachten sind.[30] Konsequenterweise wird die Forderung nach mehr theoriegeleiteter Forschung und einem strengeren Einsatz etablierter Forschungsmethoden im Zusammenhang mit Informationssystemen erhoben.[31]

Unabhängig von dieser allgemeinen Kritik findet sich in der Literatur eine Reihe von Beiträgen, die sich mit Teilen der oben dargestellten Ausgangssituation und Problemstellung befassen. Diese Beiträge wurden im Rahmen einer Literaturrecherche identifiziert, die ausgehend von einer Suche in den wissenschaftlichen Datenbanken *Business Source Premier* über EBSCO (englischsprachige Artikel), ScienceDirect (englischsprachige Artikel) und SpringerLink (deutschsprachige und englischsprachige Artikel) eine erste Menge relevanter Artikel geliefert hat. Ausgehend von dieser ersten Menge wurden rekursiv weitere Artikel gesucht und beschafft, die als Quellen in bereits zuvor identifizierten Beiträgen referenziert sind. Auf diese Weise konnten insgesamt 178 Artikel und andere Beiträge aus den Jahren 2000 bis 2013 sowie einige ältere gesammelt werden, die als potenziell relevant für diese Arbeit eingestuft werden und sich mit Business Intelligence beschäftigen. Eine Zusammenstellung unterschiedlicher Definitionen von Business Intelligence aus diesen Artikeln findet sich in Anhang 1. Aus dieser Gesamtmenge wurden solche Beiträge wieder entfernt, die einen klaren technischen Fokus aufweisen. Im Ergebnis liegt nun eine Teilmenge von Beiträgen zu den vier Themenschwerpunkten (1) Business Intelligence allgemein, (2) Gestaltungsparameter und Einflussfaktoren von Business Intelligence, (3) Nutzen von Business Intelligence im Sinne von Wettbewerbsvorteilen bzw. eines Wertbeitrages sowie (4) BI-Organisation und -Prozesse vor, die Antworten zu der oben dargestellten Ausgangssituation und Problemstellung liefern können.

Den ersten Themenschwerpunkt bilden Beiträge zu Business Intelligence im Allgemeinen. Hier liefern CALOF/WRIGHT einen Überblick zur Entstehung von Business Intelligence sowie zum Verständnis und Nutzen aus Perspektive der Wissenschaft und der Unternehmen.[32] Eine Darstellung verschiedener Komponenten von Business Intelligence und möglicher Nutzenpotenziale zeigt DAGAN, wobei dieser auch viele technische Aspekte darstellt.[33] Einen sehr umfangreichen Versuch zur Beschreibung von Business Intelligence unternehmen

30 Vgl. Arnott/Pervan (2008), S. 662 f. und die Zusammenfassung auf S. 667.

31 Vgl. Benbasat/Goldstein/Mead (1987), S. 382 f.; Dubé/Paré (2003), S. 626 ff.

32 Vgl. Calof/Wright (2008).

33 Vgl. Dagan (2007).

Foley/Guillemette.[34] Diese stellen verschiedene Definitionsansätze gegenüber und beziehen auch verwandte Konzepte ein. Allerdings sind die Darstellungen der verschiedenen Bestandteile von Business Intelligence sehr oberflächlich und erlauben letztlich keine Beantwortung der oben dargestellten Problemstellung. Einen weiteren konzeptionellen Beitrag liefern Gilad/Gilad, die auch ein nutzerorientiertes bzw. nutzenorientiertes Verständnis von Business Intelligence haben.[35] Gilad/Gilad stellen die Unterstützungsfunktion von Business Intelligence heraus, beenden ihren Beitrag allerdings mit offenen Fragen und nur wenigen Antworten. Ein letzter Beitrag aus diesem Themenschwerpunkt stammt von Mertens, der versucht die unterschiedlichen „*Interpretationen [von Business Intelligence] zu ordnen*" und einen „*Überblick über die dahinter stehenden Konzepte und Methoden*" zu vermitteln.[36] Aufgrund der Kürze des Beitrages kann der Autor dieses Ziel allerdings nur sehr oberflächlich erreichen. Insgesamt zeigen diese Artikel allerdings keinesfalls ein einheitliches Bild von Business Intelligence, sodass weiterhin die Notwendigkeit besteht, die unterschiedlichen Sichtweisen zu integrieren sowie eine ganzheitliche und objektive Darstellung von Business Intelligence zu erstellen.

Der zweite Themenschwerpunkt umfasst Arbeiten, die sich mit Gestaltungsparametern und Einflussfaktoren auf die Effektivität und Effizienz beschäftigen. Baars nennt hier variierende Freiheitsgrade als Ansatz zur Effizienzsteigerung bei gleichzeitig hoher Flexibilität.[37] Die Darstellungen beschränken sich allerdings auf eine Beschreibung des Konzeptes, ohne auf konkrete Maßnahmen oder Prozesse einzugehen. In eine ähnliche Richtung gehen auch Ghoshal/Kim, die über die unterschiedlichen Informationsbedarfe von Entscheidern in unterschiedlichen Funktionen in einem Unternehmen bzw. in einer Supply Chain argumentieren[38] oder auch Gann, der Anforderungen an Anwender beschreibt, die für die Bildung eines zentralen BI-Teams in Frage kommen.[39] Einen anderen Ansatz verfolgen Lahrmann et al. mit der Beschreibung und Bewertung von Reifegradmodellen.[40] Diese Modelle orientieren sich an Indikatoren für bestimmte Reifegrade, die allerdings mangels Beschreibung der Kausalität nicht oder nur teilweise als Gestaltungsparameter betrachtet werden können. Das gleiche Problem ergibt sich auch aus den Arbeiten von Morabito/Stohr/Genc, die das Verhältnis von

---

[34] Vgl. Foley/Guillemette (2010).

[35] Vgl. Gilad/Gilad (1986).

[36] Mertens (2002), S. 65. Außerdem den restlichen Artikel als Darstellung „des Überblicks".

[37] Vgl. Baars (2010), S. 670.

[38] Vgl. Ghoshal/Kim (1986).

[39] Vgl. Gann (2011).

[40] Vgl. Lahrmann u. a. (2010).

Nutzern und Anbietern im BI-Kontext für verschiedene Geschäftsumfelder untersuchen[41] sowie von PRESTHUS/GHINEA/UTVIK, die Einflussfaktoren für eine erfolgreiche Implementierung von Business Intelligence betrachten.[42] Im Ergebnis ermöglichen beide Arbeiten Aussagen zum jeweiligen Status für die untersuchten Unternehmen, es fehlt aber die Basis, um generalisierbare Aussagen zu positiven oder negativen Zusammenhängen ableiten zu können. Aus keiner dieser Arbeiten lassen sich also allgemeine und übertragbare Einflussfaktoren für die Gestaltung effizienter BI-Prozesse ableiten.

Auch zum dritten Themenschwerpunkt, der Bewertung des Nutzens im Sinne von Wettbewerbsvorteilen bzw. eines Wertbeitrages, finden sich keine Arbeiten, die sich direkt zur Beantwortung der oben dargestellten Problemstellung nutzen lassen. Einige Arbeiten beschäftigen sich zwar mit dieser Frage, liefern allerdings keine konkreten Modelle.[43] EISENMANN unternimmt den Versuch einer Return-on-Investment-Berechnung (ROI) für BI-Systeme, präsentiert allerdings lediglich einen strukturierten Ansatz zur quantitativen Abschätzung von Einsparungen und qualitativen Einschätzung möglicher Nutzen.[44] Ähnlich stellt sich auch das Ergebnis von DAVISON dar, der die Berechnung eines *Return on Competitive Intelligence Investment* (ROCII) vorschlägt. Zwei vielversprechende Ansätze stammen von LÖNNQVIST/PIRTTIMÄKI und ELBASHIR/COLLIER/DAVERN. LÖNNQVIST/PIRTTIMÄKI entwickeln eine Art Werttreiberhierarchie, die verschiedene Nutzenkomponenten über Indikatoren und unterschiedliche Kostenarten für Business Intelligence erfasst.[45] Das Modell eignet sich zwar nicht zur konkreten Anwendung und berücksichtigt die eigentlichen Bereitstellungsprozesse nur oberflächlich, die Ergebnisse bieten aber einige Anhaltspunkte, die im weiteren Verlauf dieser Arbeit aufgegriffen werden. Die Arbeit von ELBASHIR/COLLIER/DAVERN weist sogar eine noch größere Nähe zu der oben dargestellten Ausgangssituation und Problemstellung auf.[46] Dort werden sowohl Fragen nach Produktivitätssteigerungen auf Prozessebene und für das gesamte Unternehmen als auch Fragen nach dem Einfluss der Branche bzw. des Unternehmenstyps aufgeworfen. Allerdings steht dabei nicht die Effizienz der BI-Prozesse im Fokus, sondern die Effizienzsteigerung anderer Unternehmensprozesse durch Business Intelligence. Diese Arbeit kann also nicht direkt zur Beantwortung der Problemstellung herangezogen werden, bietet aber ebenfalls Ansätze, die an späterer Stelle wieder aufgegriffen werden.

---

41 Vgl. Morabito/Stohr/Genc (2011).

42 Vgl. Presthus/Ghinea/Utvik (2012).

43 Vgl. Cottrill (1998); Ranjan (2008).

44 Vgl. Eisenmann (2010).

45 Vgl. Lönnqvist/Pirttimäki (2006).

46 Vgl. Elbashir/Collier/Davern (2008).

In keiner der untersuchten Arbeiten wird aber versucht zu erklären, auf welchen Wegen eine einzelne BI-Leistung einen Beitrag zur Wertsteigerung leisten oder gar einen Wettbewerbsvorteil bilden kann. Alle untersuchten Arbeiten betrachten stets die Gesamtheit aller Teile von Business Intelligence und versuchen den möglichen Nutzen abzuschätzen.

Der vierte, und für diese Arbeit wichtigste Themenschwerpunkt – *organisatorische Umsetzung von Business Intelligence bzw. Gestaltung von BI-Prozessen,* – spielt auch in der Literatur neben der Bearbeitung von technischen Fragestellungen eine große Rolle, sodass hier eine ganze Reihe relevanter Arbeiten identifiziert wurde. So gibt es einige Arbeiten, die sich allgemein mit organisatorischen Fragen von Business Intelligence auseinandersetzen.[47] Hierbei stehen aber primär unternehmensinterne Beziehungen und Strukturen im Fokus. In diesem Kontext gibt es einige weitere Arbeiten, die sich mit sogenannten Business Intelligence Competency Center (BICC) oder ähnlich bezeichneten, besonderen organisatorischen Formen beschäftigen.[48] DAVENPORT betrachtet im Gegensatz dazu nicht den organisatorischen Rahmen von Business Intelligence, sondern Entscheidungen in unternehmensinternen Organisationen und deren Unterstützung durch Business Intelligence.[49] Damit ähnelt DAVENPORTS Verständnis von Business Intelligence dem der vorliegenden Arbeit. Dieser fokussiert seine Arbeit allerdings auf die Entscheidungen selbst und nicht auf Business Intelligence als Prozess zur Bereitstellung von Informationen für Entscheidungen. Neben Arbeiten, die sich mit der Unternehmensorganisation und Business Intelligence beschäftigen, gibt es außerdem Arbeiten, die eine Prozessperspektive einnehmen. Eine solche Arbeit liefern BUCHER/GERICKE/SIGG, die eine Ausrichtung von Business Intelligence an Geschäftsprozessen vorschlagen.[50] Die Vorschläge leisten aber kaum einen Beitrag zur Beantwortung der Problemstellung, weil der Fokus erneut auf Unternehmensprozessen und nicht auf dem BI-Prozess liegt. Es gibt in diesem Themenschwerpunkt aber auch zwei Arbeiten von MARJANOVIC und HUA/HUANG/YEN, die vielversprechende Ansätze liefern. MARJANOVIC stellt ebenfalls eine Verbindung zwischen Entscheidungen und Business Intelligence her und schlägt vor, BI-Prozesse nach Arten von Entscheidungen zu differenzieren.[51] Als Entscheidungstypen unterscheidet sie dabei offene Entscheidungen, Entscheidungen in bestimmten Themengebieten und klar strukturierte Regelent-

47 Vgl. Dittmar/Oßendoth (2010); Wixom/Watson (2010).

48 Vgl. Unger/Kemper/Russland (2008a); Baars/Zimmer/Kemper (2009); Johnson (2011); O'Neill (2011).

49 Vgl. Davenport (2010).

50 Vgl. Bucher/Gericke/Sigg (2009).

51 Vgl. Marjanovic (2010) insbesondere die Tabelle auf S. 37.

scheidungen.[52] Für diese Typen empfiehlt MARJANOVIC Prozesse mit unterschiedlichen Automatisierungsgraden. Allerdings schlägt sie weder Referenzprozesse vor, noch bewertet sie die Nutzung unterschiedlicher Prozesse für verschiedene Entscheidungssituationen. Ein ähnlicher Ansatz stammt von HUA/HUANG/YEN. Auch diese betrachten unterschiedliche Entscheidungssituationen, schlagen dafür aber die Unterscheidung von Push- und Pull-Prozessen vor.[53] Allerdings fokussiert der Ansatz von HUA/HUANG/YEN stärker auf technische Aspekte von Business Intelligence als auf den eigentlichen BI-Prozess und enthält keine Bewertung der Effizienz in Abhängigkeit der zugrundeliegenden Entscheidungssituationen. Beide Arbeiten schlagen zwar kein Referenzmodell für BI-Prozesse und zugehörige Gestaltungsparameter vor, sie liefern aber gute Ansätze, die an späterer Stelle bei der Entwicklung des eigenen Modells wieder aufgegriffen werden und zeigen auch, dass eine Betrachtung von BI-Prozessen als Prozesse zur Entscheidungsunterstützung ein relevantes Thema darstellen.

Damit kann abschließend festgehalten werden, dass zwar einige Beiträge Teile der oben dargestellten Problemstellung anschneiden, dass aber auf Basis der bisher vorliegenden wissenschaftlichen Arbeiten keine Beantwortung der Problemstellung möglich ist. In der aktuellen wissenschaftlichen Literatur fehlen also sowohl ganzheitliche und objektive Darstellungen von Business Intelligence im Allgemeinen als auch theoretische Überlegungen zu möglichen Beiträgen einzelner BI-Leistungen zur Wertsteigerung oder gar zu Wettbewerbsvorteilen. Außerdem gibt es bisher keine ausführliche Untersuchung von BI-Prozessen, die zu Vorschlägen für ein entsprechendes Referenzmodell führen und Einflussfaktoren auf die Effizienz von BI-Prozessen bestimmen. Diese Forschungslücke soll nun im Rahmen dieser Arbeit bearbeitet und zumindest teilweise geschlossen werden.

1.3 Ziel des Forschungsvorhabens

Im Zuge der Darstellung der Forschungslücke wird in Kapitel 1.2 auch Kritik an vielen Arbeiten, die sich mit Business Intelligence beschäftigen, aufgegriffen. Hauptkritikpunkte sind die Beschränkung umfassender Darstellungen von Business Intelligence auf populärwissenschaftliche Arbeiten sowie die fehlende theoretische Fundierung und Stringenz bei der Anwendung wissenschaftlicher Methoden. Ein Ziel dieser Arbeit ist deshalb, die oben vorgetragene Kritik aufzugrei-

---

52 Vgl. ebenda, S. 36.

53 Vgl. Hua/Huang/Yen (2012). Diese unterscheiden zwischen einem Pull- und einem Push-Prozess, die mit den gleichen Instrumenten umgesetzt sind und nicht wie bspw. Watson/Wixom, die lediglich eine Architektur vorstellen, die im Push-Verfahren Daten in ein Data Warehouse lädt und auf das Nutzer im Pull-Verfahren zugreifen können, um Informationen zu erhalten, vgl. Watson/Wixom (2007), S. 97.

fen und durch sachliche Darstellungen, theoretische Fundierung und stringentes methodisches Vorgehen entsprechende Schwachstellen zu vermeiden. Auf diese Weise wird die Voraussetzung geschaffen, um das eigentliche Forschungsziel dieser Arbeit bearbeiten zu können. Dieses besteht aus drei Teilen:

- In einem ersten Teil soll Business Intelligence als ganzheitlicher Ansatz aufbereitet und dargestellt werden. Hierbei sind die unterschiedlichen Perspektiven von Business Intelligence genauso zu betrachten wie praktische Handlungsfelder, in denen Unternehmen festlegen können, wie Business Intelligence im Unternehmen integriert wird, die aber auch Abhängigkeiten markieren, wo und wie sich Business Intelligence im Unternehmen und alle anderen Unternehmensteile gegenseitig beeinflussen.
- In einem zweiten Teil soll untersucht werden, auf welchen Wegen einzelne BI-Leistungen Beiträge zur Wertsteigerung leisten oder gar einen Wettbewerbsvorteil bilden können bzw. wie die Effizienz von Business Intelligence als mögliche Ersatzgröße und Verhältnis von Output zu Input erfasst werden kann. Dieser Teil dient auch einer Auseinandersetzung mit der weiteren Literatur zur Fundierung der in Kapitel 1.1 dargestellten Ausgangssituation und Problemstellung.
- In einem dritten Teil soll der Kern der oben skizzierten Forschungslücke bearbeitet werden. Auch wenn die beiden anderen Teile wichtige Elemente zum Schluss der Forschungslücke liefern, kann erst durch die Betrachtung von BI-Prozessen und die Definition eines Referenzmodells untersucht werden, welche Gestaltungsparameter die Effizienz von BI-Prozessen beeinflussen und wie diese zur Effizienzsteigerung ausgestaltet werden müssen.[54]

Zur Sicherung der wissenschaftlichen Qualität soll sowohl streng von der vorhandenen Literatur ausgehend als auch auf Basis wirtschaftswissenschaftlicher Grundlagentheorien argumentiert werden. Die theoretische Fundierung können dabei die Ressourcentheorie und die Transaktionskostentheorie bilden. Erstere erklärt Wettbewerbsvorteile durch überlegene Informationen und eignet sich deshalb als Leitfaden zur Identifikation von Wegen, über die Business Intelligence ggf. Wettbewerbsvorteile schaffen kann.[55] Letztere erklärt die Effizienz von Organisationsformen bzw. Prozessen in Abhängigkeit s. g. Transaktionscharakteristika als minimale Summe aus Produktions- und Transaktionskosten und eignet sich deshalb zur Beurteilung der Effizienz unterschiedlicher Prozessvarianten.

---

[54] Vgl. hierzu auch Gaitanides (2012), S. 56. Dieser zeigt, dass ein Prozessmodell die Grundlage zur Messung der Effizienz und für entsprechende Optimierungen bildet.

[55] Vgl. Barney (1986), S. 1238 und die dort angegebene Literatur.

Während in der Literatur bereits viele Arbeiten existieren, die zur Bearbeitung der Teile eins und zwei des oben dargestellten Forschungsziels herangezogen werden können, existieren bisher keine Darstellungen eines Prozessmodells für Business Intelligence mit entsprechenden Gestaltungsparametern zur Effizienzsteigerung (vgl. Kapitel 1.2). Ein solches muss zur Bearbeitung von Teil drei des Forschungsziels erst entwickelt und empirisch untersucht werden. Folglich sind die drei Teile weder bezüglich des Umfangs noch bezüglich des Innovationsgrades als gleichwertig zu betrachten. Stattdessen liegt der Schwerpunkt der Arbeit eindeutig auf Teil drei, wobei die Teile eins und zwei eine Voraussetzung zur Bearbeitung von Teil drei darstellen. Die zentrale Forschungsfrage dieser Arbeit kann deshalb wie folgt formuliert werden.

1. *Wie sind effiziente BI-Prozesse zu gestalten?*

Damit diese Frage beantwortet werden kann, muss zunächst Teil eins des Forschungsziels bearbeitet werden. Erst durch eine entsprechende Aufbereitung von Business Intelligence kann abgegrenzt werden, was ein BI-Prozess ist und wie ein solcher abläuft. Ein Prozess ist dabei als Abfolge von Aktivitäten zu betrachten und damit technologieunabhängig. Bereits an dieser Stelle wird deshalb sowohl eine Betrachtung technischer Aspekte als auch eine Betrachtung der weiteren kognitiven Prozesse der BI-Nutzer ausgeschlossen.[56] Als Voraussetzung zur Beantwortung der zentralen Forschungsfrage ergeben sich jedoch folgende zwei Teilfragen.

2. *Wie ist Business Intelligence zu definieren?*

3. *Wie kann ein BI-Prozessstandard beschrieben werden?*

Außerdem muss Teil zwei des Forschungsziels bearbeitet werden, um die Zusammenhänge zwischen der Effizienz von BI-Prozessen, der Effizienz von Business Intelligence sowie Wettbewerbsvorteilen bzw. einem Wertbeitrag durch Business Intelligence aufzeigen und begründen zu können. Eine wichtige Brücke stellen dabei Nutzen und Aufwand von BI-Prozessen dar. Folglich ergeben sich zusätzlich folgende zwei Teilfragen als weitere Voraussetzungen zur Beantwortung der zentralen Forschungsfrage.

---

[56] Die kognitiven Gedankenprozesse von beteiligten Menschen werden in dieser Arbeit nicht berücksichtigt. Auch wenn Business Intelligence im Rahmen dieser Arbeit als Prozess zur Entscheidungsunterstützung definiert wird, hat die Informationsverarbeitung von Entscheidern i. e. S. keinen Einfluss auf die Effizienz eines durch Schnittstellen abgegrenzten, vorgelagerten BI-Prozesses, vgl. Cramme (2005), S. 65.

4. *Wie lässt sich der Nutzen von BI-Prozessen bewerten?*

5. *Wie lässt sich der Aufwand von BI-Prozessen bewerten?*

Schließlich muss Teil drei des Forschungsziels bearbeitet werden, um mögliche Gestaltungsparameter bestimmen zu können, die einen Einfluss auf die Effizienz von BI-Prozessen haben. Es ergibt sich deshalb noch eine letzte Teilfrage.

6. *Welche Gestaltungsparameter zur Effizienzsteigerung von BI-Prozessen gibt es?*

Das Ergebnis dieser Arbeit bilden, neben Antworten auf die sechs Fragen, ein Referenzmodell für unterschiedliche Varianten von BI-Prozessen und, als Gestaltungsempfehlung, Regeln zur Auswahl der jeweils effizientesten Prozessvariante für konkrete Informationsbedarfe.

1.4 Wissenschaftstheoretische Einordnung

Diese Arbeit erhebt den Anspruch, die in Kapitel 1.2 vorgetragene Kritik aufzugreifen sowie durch sachliche Darstellungen, theoretische Fundierung und stringentes methodisches Vorgehen entsprechende Schwachstellen zu vermeiden. Zur Auswahl eines geeigneten Vorgehens bei der Bearbeitung der Forschungsfragen bedarf es einer wissenschaftstheoretischen Bewertung des Forschungsvorhabens.[57] Die wissenschaftliche Forschung dient grundsätzlich dem Erkenntnisfortschritt sowie der Schaffung neuen Wissens und beschränkt sich nicht auf theoretische, sondern schließt auch praktisch nutz- und anwendbare Erkenntnisse ein.[58] Trotz dieser allgemeinen Auffassung von Erkenntnisfortschritten bewegt sich gerade die betriebswirtschaftliche Forschung stets in einem Spannungsfeld zwischen theoretischer Fundierung und praktischer Orientierung.[59] Denn die Ausrichtung an praktischen Problemstellungen führt an vielen Stellen zu inkompatiblen oder gar widersprüchlichen Erkenntnisaussagen.[60] In der Folge gibt es in der Betriebswirtschaftslehre eine große Zahl grundlegender Theorien, die jeweils aber nur bestimmte Zusammenhänge erklären können.[61] Als angewandte

---

57 Vgl. Frank (2007), Sp. 2010.

58 Vgl. Fülbier (2004), S. 266 f.

59 Vgl. Sikora (1994), S. 177. Als angewandte Wissenschaft befindet sich die Betriebswirtschaftslehre stets zwischen einem Praxisbezug und Nutzen für die betriebswirtschaftlichen Erfahrungsobjekte sowie ihrem Anspruch als „echte“ Wissenschaft wahrgenommen zu werden und objektive, generalisierbare Erkenntnisse zu gewinnen, vgl. Schanz (1976), S. 13.

60 Vgl. Kuhn (1999), S. 25 ff.

61 Vgl. Wolf (2011a), S. 50–52.

Wissenschaft sollte die Betriebswirtschaftslehre allerdings trotzdem nicht auf die Entwicklung von Gestaltungsempfehlungen verzichten, denn, als Teil der Wirtschaftswissenschaften im Ganzen und im Unterschied zur Volkswirtschaftslehre, betrachtet die Betriebswirtschaftslehre als Erfahrungsobjekte Betriebe (technisch-produktionswirtschaftliche Perspektive) oder Unternehmen (rechtlich-institutionelle Perspektive).[62] Ziel der Betriebswirtschaftslehre ist dabei die Erklärung des wirtschaftlichen Handelns jener einzelwirtschaftlichen Erfahrungsobjekte. Als konkrete Erfahrungsobjekte werden im Rahmen dieser Arbeit bzw. insbesondere im Rahmen der empirischen Studie, informationsintensive Dienstleistungsunternehmen betrachtet, weil diese durch ihre Eigenschaften und spezifischen Rahmenbedingungen beste Voraussetzungen zur Analyse unterschiedlicher BI-Prozessvarianten, den Erkenntnisobjekten, bieten. Trotz dieser Einschränkung lassen sich die Ergebnisse auf andere Typen von Unternehmen übertragen, weil keine absolute Effizienzbewertung erfolgt, sondern eine relative Bewertung innerhalb der unternehmensspezifischen Transaktionsatmosphäre. Die verbleibenden Einflussfaktoren wirken deshalb in allen Unternehmen gleich, weshalb auch die Überlegungen zu relativen Effizienzvorteilen übertragen werden können (vgl. auch Kapitel 8.2).

Nach CHMIELEWICZ erfolgt der betriebswirtschaftliche Erkenntnisfortschritt in vier aufeinander aufbauenden Stufen:[63]

- Die erste Stufe dient der *Begriffslehre* und kann als **essentialistisches Wissenschaftsziel** bezeichnet werden. Dieses ist erreicht, wenn alle notwendigen Begriffe präzisiert bzw. Definitionen gebildet wurden. In der vorliegenden Arbeit wird das essentialistische Wissenschaftsziel maßgeblich durch die Aufbereitung von Business Intelligence als ganzheitlichem Ansatz und die Untersuchung möglicher Beiträge einzelner BI-Leistungen zum Aufbau von Wettbewerbsvorteilen bzw. zur Steigerung des Wertes (vgl. die Teile eins und zwei des Forschungsziels in Kapitel 1.3) erreicht. Weitere Bausteine bilden außerdem die Ansätze von Lean Management und Business Process Reengineering zur Effizienzsteigerung von Prozessen.
- Auf der zweiten Stufe werden *wirtschaftstheoretische* Aussagen mithilfe der zuvor gebildeten Begriffe getroffen. Durch die Formulierung vermuteter Ur-

---

62 Vgl. Grochla (1974), S. 541 ff. Während sich die Grundlagenforschung als „reine“ Forschung mit der Entwicklung allgemeingültiger Aussagen befasst, stellt die angewandte Forschung die Frage nach dem Nutzen betriebswirtschaftlicher Modelle in den Mittelpunkt, vgl. Thommen/Achleitner (2012), S. 63. Zum Unterschied zwischen angewandter und „reiner“ Wissenschaft vgl. auch Ziegler (1980), S. 4; Raffée (1993), S. 64 ff.; Bunge (1996), S. 184 ff.

63 Vgl. Chmielewicz (1994), S. 8–15.

sache-Wirkungs-Zusammenhänge auf Basis der Begriffe der ersten Stufe, lassen sich so Hypothesen bilden und ein **theoretisches Wissenschaftsziel** erreichen.[64] Dieses wird hier konkret unter Einbeziehung der Ressourcentheorie und der Transaktionskostentheorie erreicht, mit deren Hilfe Hypothesen zur Wirkung nachgefragter Informationen auf die Effizienz der zuvor definierten Prozessvarianten gebildet werden.

- Auf der dritten Stufe werden die theoretischen Aussagen der zweiten Stufe von Ursache-Wirkungs-Zusammenhängen in ein Ziel-Mittel-System überführt, das gestaltende Aussagen zum Einsatz konkreter Instrumente ermöglicht.[65] Der Einsatz s. g. *Wirtschaftstechnologien* und das damit verbundene **pragmatische Wissenschaftsziel** sind gerade in der angewandten Wissenschaft der Betriebswirtschaftslehre von zentraler Bedeutung. Ein entsprechendes Instrument wird in dieser Arbeit durch die Verbindung von Business Intelligence bzw. BI-Prozessen mit Ansätzen des Prozessmanagements zu einem Referenzmodell für verschiedene Prozessvarianten für Business Intelligence vorgelegt. Dieses kann Unternehmen bei der Festlegung individueller Standards für BI-Prozesse unterstützen und in Kombination mit dem zugehörigen Koordinationsprozess die Effizienz der BI-Prozesse im Unternehmen steigern.
- Die vierte und letzte Stufe dient der Formulierung von Werturteilen als Zielvorgaben für die zuvor entwickelten Technologien.[66] Aussagen auf dieser Stufe können als *wirtschaftsphilosophisch* bezeichnet werden und dienen dem **normativen Wissenschaftsziel.** Dieses versucht durch die Formulierung eines Soll-Zustandes ein Ziel zu beschreiben, statt sich auf die erklärende Darstellung des Ist-Zustandes zu beschränken.[67] Für diese Arbeit wird das normative Wissenschaftsziel als Nutzenorientierung bzw. Effizienzsteigerung beschrieben, die den praktischen Gestaltungsempfehlungen zugrunde liegen, sich aber auch in den theoretischen Überlegungen beim Aufbau des Referenzmodells finden.

Ausgehend von diesen Wissenschaftszielen, die den Inhalt des Forschungsvorhabens beschreiben, muss außerdem festgelegt werden, wie diese zu erreichen sind. Die betriebswirtschaftliche Forschung verfügt hierzu nicht über das eine richtige Vorgehen, sondern kennt verschiedene, auch sehr kontrovers diskutierte Ansätze. Diese Wahlmöglichkeit verschiedener Vorgehen entspricht letztlich aber

---

64 Vgl. zur Bildung von Hypothesen auch Ulrich (1988), S. 177.

65 Vgl. Fülbier (2004), S. 267.

66 Vgl. Gutenberg (2002), S. 27 ff. Grundsätzlich ließe sich noch ein ethisches Wissenschaftsziel auf einer fünften Ebene hinzufügen, vgl. Albach (2005), S. 809 ff.; Thielemann/Weibler (2007), S. 179 ff.; Albach (2007), S. 195 ff. Diese führen einen öffentlichen Diskurs über die Rolle und ethische Legitimation der Wertorientierung in der Betriebswirtschaftslehre.

67 Vgl. Chmielewicz (1994), S. 14; Fülbier (2004), S. 267.

auch der Komplexität wirtschaftlicher Sachverhalte und Zusammenhänge, die sich erst durch die Nutzung unterschiedlicher Ansätze für verschiedene Problemstellungen bearbeiten lassen.[68] Allgemein können deduktive Vorgehen, bei denen von allgemeinen Theorien auf spezielle Sachverhalte geschlossen wird, und induktive Vorgehen, bei denen genau entgegengesetzt von speziellen Beobachtungen auf allgemeine Zusammenhänge geschlossen wird, unterschieden werden. Beispiele für konkrete, in der betriebswirtschaftlichen Forschung genutzte Ansätze, sind die Hermeneutik[69], der kritische Rationalismus[70], der Konstruktivismus[71] oder der Empirismus[72]. Als die beiden dominierenden Ansätze können jedoch der kritische Rationalismus und der Konstruktivismus bezeichnet werden. Der kritische Rationalismus geht auf POPPER zurück und folgt dem naturwissenschaftlichen Vorgehen, bei dem deduktiv von der Theorie abgeleitete Modelle die Formulierung von Hypothesen ermöglichen, die durch empirische Untersuchungen getestet und ggf. falsifiziert werden.[73] Im Gegensatz dazu hat der Konstruktivismus seine Wurzeln zwar in den Geisteswissenschaften, baut aber ebenfalls auf einem deduktiven Vorgehen auf. Dieses führt allerdings nicht zu Hypothesen, sondern lediglich zu Tendenzaussagen, die anschließend ebenfalls einem empirischen Test zum Zwecke der Falsifizierung unterzogen werden können.[74]

Der wissenschaftliche Forschungsprozess dieser Arbeit gliedert sich in drei Phasen. Phase eins dient dem Aufbau eines konzeptionellen Bezugsrahmens, in dem die potenziellen Einflussfaktoren für die Gestaltung effizienter BI-Prozesse zusammengefasst werden. Diese werden streng deduktiv auf Basis der vorhandenen Literatur erarbeitet und zueinander in Bezug gesetzt. Mit dem Abschluss von Phase eins wird auch das essentialistische Wissenschaftsziel erreicht. In Phase zwei wird anschließend unter Einbeziehung der Ressourcentheorie und der Transaktionskostentheorie ein theoretischer Bezugsrahmen aufgebaut, der verschiedene Ursache-Wirkungs-Zusammenhänge darstellt und zur Ableitung verschiedener Hypothesen führt, sodass mit Abschluss von Phase zwei das theoretische Wissenschaftsziel erreicht wird. Die dritte und letzte Phase dient der empirischen Untersuchung und Formulierung von Gestaltungsempfehlungen. Durch

---

68 FÜLBIER bezeichnet diese Vielfalt an möglichen Methoden als Methodenpluralismus und betrachtet einen möglichen Methodenmonoismus in der betriebswirtschaftlichen Forschung als nicht erstrebenswert und kritisch, vgl. Fülbier (2004), S. 271.

69 Vgl. Zuber (2013), S. 11 ff.

70 Vgl. Trumpfheller (2004), S. 177; Köhler (2011), S. 4 ff.

71 Vgl. Scherer (2006), S. 44.

72 Vgl. Schanz (1975), S. 58 ff.

73 Vgl. Popper (2005), S. 31 ff.

74 Vertiefend können hierzu und zu weiteren Forschungsansätzen Schanz (1988); Fülbier (2004); Popper (2005); Brühl (2006); Brühl (2008); Brühl (2010) herangezogen werden.

den Test der Hypothesen werden diese einem Falsifizierungsversuch unterzogen, sodass das gesamte Vorgehen grundsätzlich dem Ansatz des kritischen Rationalismus zugeordnet werden kann. Mit Abschluss dieser letzten Phase und Präsentation des Referenzmodells einschließlich zugehöriger Gestaltungsempfehlungen werden dann auch das pragmatische und das normative Wissenschaftsziel erreicht. Der Beitrag dieser Arbeit umfasst also sowohl theoretische Anteile, die als Grundlage für weitere Forschungsvorhaben dienen können, als auch pragmatische Anteile, die direkt für Unternehmen nutzbar sind und so einen unmittelbaren Nutzen entfalten können.[75]

1.5 Aufbau der Arbeit

Die vorliegende Arbeit besteht aus elf Kapiteln, die alleine oder zusammengefasst acht Teilergebnisse liefern und so dem Forschungsvorhaben Struktur geben. Eine grobe Darstellung des Aufbaus der Arbeit findet sich in Abbildung 1.

Die Ausgangssituation der Arbeit sowie die Forschungslücke und die daraus abgeleiteten Forschungsfragen werden in **Kapitel 1** dargestellt. Diese liefern gemeinsam das erste Teilergebnis in Form des in Abbildung 1 dargestellten **Aufbaus der Arbeit**. Zur Eingrenzung des Untersuchungsgegenstandes wird der Fokus der Arbeit anschließend in **Kapitel 2** auf informationsintensive Dienstleistungsunternehmen gelenkt. Diese bilden aufgrund ihrer besonderen Eigenschaften (Integration des externen Faktors/Kunden, Datengenerierung durch häufige Kundenkontakte) bessere Voraussetzungen zur Analyse von BI-Prozessen als dies bspw. in Unternehmen der Konsumgüterindustrie möglich ist. Das zweite Teilergebnis bildet deshalb die Abgrenzung informationsintensiver Dienstleistungsunternehmen als **Erfahrungsobjekt**.

Die Grundlagen für die spätere Untersuchung werden, dem deduktiven Ansatz dieser Arbeit folgend, auf Basis der Literatur gelegt. Hierzu erfolgen in **Kapitel 3** eine Betrachtung der unterschiedlichen Perspektiven von Business Intelligence und eine abschließende Definition als Zusammenfassung des im Rahmen der Arbeit vertretenen Verständnisses. Außerdem wird Business Intelligence von verwandten Themen abgegrenzt und anhand der Einflussgrößen einer BI-Strategie ganzheitlich charakterisiert. Die zweite Grundlage bildet in **Kapitel 4** eine Betrachtung der Entscheidungstheorie im Allgemeinen und von Entscheidungsprozessen als Bindeglied zwischen den durch BI-Prozesse bereitgestellten

---

[75] Dies ist ein wichtiger Beitrag, denn für die Betriebswirtschaftslehre als angewandte Wissenschaft ist der Nutzen betriebswirtschaftlicher Modelle von zentraler Bedeutung, vgl. Thommen/Achleitner (2012), S. 63.

Informationen sowie dem am Markt realisierten Wertbeitrag im Speziellen. Wegen nicht isolierbarer Kausalketten und der damit fehlenden Möglichkeit einer Zurechnung von Wertbeiträgen zu Informationen, muss allerdings auf die Effizienz von BI-Prozessen als Ersatzgröße zurückgegriffen werden. Den Abschluss der Literaturbetrachtung bildet deshalb **Kapitel 5** mit einer Darstellung von Ansätzen zum Prozessmanagement bzw. zur allgemeinen Effizienzsteigerung von Prozessen. Diese drei Kapitel dienen neben der Einführung und Abgrenzung der **Grundlagen** auch zur **Definition relevanter Begriffe** und liefern somit das dritte Teilergebnis dieser Arbeit.

Ausgangssituation:	Einleitung, Forschungslücke und Forschungsfragen (Kapitel 1)			Aufbau der Arbeit
Eingrenzung:	Informationsintensive Dienstleistungsunternehmen (Kapitel 2)			Untersuchungsobjekt
Literaturbetrachtung:	Business Intelligence (Kapitel 3)	Entscheidungstheorie (Kapitel 4)	Prozessmanagement (Kapitel 5)	Begriffe und Grundlagen
Prozessmodell:	Aufbau eines Grundprozesses (Kapitel 6.1)	Prozess mit Sprungstellen (Kapitel 6.2)	Prozess mit Entkopplungspkt. (Kapitel 6.3)	Konzeptioneller Bezugsrahmen
Theoretische Begründung:	Ressourcentheorie (Kapitel 7.1.1)	Transaktionskostentheorie (Kapitel 7.1.2)		Theoretischer Bezugsrahmen
Empirie:	Einzelfallstudie mit 16 (21*) Falleinheiten (Kapitel 8 und Kapitel 9)			Test der Hypothesen
Ergebnisse:	BI-Prozessmodell (Kapitel 10.1)	Koordinationsprozess (Kapitel 10.2)		Gestaltungsempfehlungen
Schlussbetrachtung:	Kritische Reflektion, Ausblick und Forschungsperspektiven (Kapitel 11)			Fazit

Abbildung 1: Aufbau der Arbeit. (Quelle: eigene Darstellung)

Auf Basis der Grundlagen aus der Literaturbetrachtung wird in **Kapitel 6** ein Prozessmodell entwickelt. Dieses Prozessmodell verbindet die zuvor behandelten Themen und überträgt die Ansätze zur Effizienzsteigerung von Prozessen auf Business Intelligence. Hierzu werden ausgehend von einem Grundprozess die Möglichkeiten zur Variantenbildung durch Sprungstellen und die Nutzung unterschiedlicher Prozesssteuerungsansätze durch die Einführung von Entkopplungspunkten in erweiterten Prozessmodellen umgesetzt. Diese Erweiterungen dienen schließlich als **konzeptioneller Bezugsrahmen** und fassen die Begriffe und allgemeinen Zusammenhänge als viertes Teilergebnis zusammen. Diese Zusammenhänge werden in **Kapitel 7** durch die Einbeziehung anerkannter wirtschaftswissenschaftlicher Grundlagentheorien weiter fundiert. Als zentrale Theorien und Erklärungsansätze für die vermuteten Zusammenhänge werden die Ressourcentheorie und die Transaktionskostentheorie herangezogen, die jeweils wichtige Erklärungsbeiträge liefern. Auf Basis dieser Theorien können schließlich als fünftes Teilergebnis der **theoretische Bezugsrahmen** für die anschließende empirische Untersuchung gebildet sowie insgesamt 17 Hypothesen formuliert werden.

Als Forschungsdesign für die empirische Untersuchung nutzt diese Arbeit ein qualitatives Vorgehen mithilfe von Fallstudien. Für die Nutzung eines solchen Forschungsdesigns sprechen mehrere Gründe, die in **Kapitel 8** dargelegt werden. Dort werden das Vorgehen, das konkrete Design der Einzelfallstudie mit ihren 16 bzw. 21 Falleinheiten[76], die erhobenen Daten und das Vorgehen zur Auswertung vorgestellt. Die Charakterisierung des untersuchten Falles mit seinen Falleinheiten sowie die eigentliche Auswertung der Daten erfolgen in **Kapitel 9**. Dort werden die Untersuchungshypothesen sowohl auf Ebene der Falleinheiten als auch auf Fallebene und übergreifend analysiert und bewertet. Diese beiden Kapitel dienen dem **Test der Hypothesen** und liefern damit das sechste Teilergebnis der Arbeit.

Die Ergebnisse der Untersuchung werden abschließend in **Kapitel 10** nochmals zusammengefasst. Zentrale Bestandteile sind das finale Prozessmodell und ein ergänzender Koordinationsprozess als Voraussetzung für übergreifende Effizienzsteigerung von Business Intelligence im Unternehmen. Diese bilden als **Gestaltungsempfehlungen** das siebte Teilergebnis. Die Schlussbetrachtung in **Kapitel 11** dient der kritischen Reflektion der Arbeit und bietet Raum für einen allgemeinen Ausblick sowie mögliche Forschungsperspektiven auf Basis der vorliegenden Ergebnisse. Mit dem achten Teilergebnis als **Fazit** wird die Arbeit auch insgesamt abgeschlossen.

---

76 Hier ist von 16 bzw. 21 Falleinheiten die Rede, weil zwar 16 verschiedene Einheiten untersucht werden, von denen allerdings fünf zwei unabhängige Beobachtungen ermöglichen, sodass insgesamt 21 unabhängige Ergebnisse vorliegen.

2 Exkurs zur Abgrenzung des Erfahrungsobjektes

Zur Eingrenzung des Untersuchungsgegenstandes wird der Fokus der Arbeit auf informationsintensive Dienstleistungsunternehmen gelenkt. Diese bilden aufgrund ihrer besonderen Eigenschaften (Integration des externen Faktors/Kunden, Datengenerierung durch häufige Kundenkontakte) und spezifischer Rahmenbedingungen (hoher Wettbewerb im Markt) bessere Voraussetzungen zur Analyse unterschiedlicher BI-Prozessvarianten, den Erkenntnisobjekten, als dies bspw. in Unternehmen der Konsumgüterindustrie möglich ist. Zur Abgrenzung informationsintensiver Dienstleistungsunternehmen ist allerdings zuerst eine Abgrenzung von Dienstleistungen als besonderes Leistungsergebnis (vgl. Kapitel 2.1) notwendig. Außerdem erfolgt eine Darstellung wichtiger Unterschiede zwischen Dienstleistungen zu physischen Produkten (vgl. Kapitel 2.2), die für die abschließende Abgrenzung informationsintensiver Dienstleistungsunternehmen (vgl. Kapitel 2.3) relevant sind.

2.1 Abgrenzung Dienstleistung

Dienstleistungen sind nach Auffassung der Betriebswirtschaftslehre zunächst knappe, immaterielle Güter, die zur Bedürfnisbefriedigung abgerufen werden.[77] Dabei ist es unerheblich, ob die Nutzung durch einen Menschen, eine Organisation oder ein anderes Objekt und umgekehrt die Leistung durch einen Menschen oder eine Maschine erfolgen.[78] Trotz der genannten Immaterialität wird im Zusammenhang mit der Dienstleitungserstellung seit Mitte der 70er-Jahre von (Dienstleistungs-)Produktion gesprochen.[79] Dies zeigt, dass eine weitere Definition von Dienstleistungen sowie deren Abgrenzung von materiellen Gütern und deren Produktion notwendig ist.[80]

Dienstleistungen lassen sich prinzipiell auf vier Arten definieren. Es existieren Negativdefinitionen, enumerative Definitionen, institutionelle Definitionen und

---

[77] Vgl. zur Bedürfnisbefriedigung und Einteilung von Wirtschaftsgütern Thommen/Achleitner (2012), S. 35 und S. 39.

[78] Vgl. Fähnrich/Opitz (2006), S. 94.

[79] Vgl. Kern (1976), S. 761.

[80] Eine Abgrenzung von anderen immateriellen Gütern, wie z. B. Rechten, ist nicht notwendig, weil in deren Zusammenhang nicht von Produktion gesprochen wird und i. d. R. keine gleichen Rechte wiederholt erworben werden. Vgl. Frietzsche/Maleri (2006), S. 198 f. Im Gegensatz dazu werden im Zusammenhang mit Dienstleitungen auch weitere Begriffe der Produktionswirtschaft wie z. B. Standardisierung oder Industrialisierung verwendet, die im Zusammenhang mit Dienstleistungen eine leicht andere Bedeutung haben als im Zusammenhang mit materiellen Realgütern. Vgl. z. B. Frietzsche/Maleri (2006); Corsten/Dresch/Gössinger (2007).

Definitionen über konstitutive Faktoren.[81] Negativdefinitionen definieren, was keine Dienstleistung ist und grenzen Dienstleistungen auf diese Weise von materiellen und anderen immateriellen Gütern ab. Im Gegensatz dazu versuchen enumerative Definitionen alle Arten von Dienstleistungen aufzuzählen. Beide Ansätze sind nicht besonders gut geeignet[82], weil eine Negativdefinition keine Aussage über das eigentliche Definiendum[83] trifft und es außerdem nicht möglich ist, durch Aufzählung alle Dienstleitungen zu beschreiben.[84] Institutionelle Ansätze greifen zur Definition auf das Dreisektorenmodell der Volkswirtschaftslehre zurück. Nach diesem Modell wird die Gesamtwertschöpfung einer Volkswirtschaft auf die drei Sektoren Land- und Forstwirtschaft (Primärer Sektor), Bergbau, verarbeitende Industrie und Versorgungsbetriebe (Sekundärer Sektor) sowie Bauindustrie, private und öffentliche Dienstleistungen (Tertiärer Sektor) verteilt.[85] Diese Einteilung und vor allem die Zuteilung aller nicht dem primären oder sekundären Sektor zuordenbaren Güter zum tertiären Sektor, führt zu einer starken Heterogenität der Dienstleistungen.[86] Daneben besteht die Schwierigkeit, dass viele Unternehmen des primären und insbesondere des sekundären Sektors produktbegleitende Dienstleistungen anbieten und damit eine eindeutige Zuordnung sowie eine allumfassende Definition schwierig werden.[87]

Definitionen nach dem vierten Ansatz versuchen konstitutive, d. h. grundlegende Merkmale von Dienstleistungen, herauszuarbeiten und somit eine Metadefinition zu schaffen.[88] Innerhalb dieses Ansatzes lassen sich nochmals drei Typen unterscheiden: potenzialorientierte, prozessorientierte und ergebnisorientierte Definitionen. Potenzialorientierte Definitionen stellen das Leistungspotenzial in den Mittelpunkt, d. h. eine grundsätzliche Fähigkeit zur Leistungserbringung und das Versprechen zur Leistungsbereitschaft.[89] Dienstleistungsangebote sind wegen der Immaterialität immer Leistungsversprechen die ex-ante keine Beurteilung des

---

81 Vgl. zur Sektorentheorie als institutionelle Definition und zu weiteren Definitionsansätzen Corsten/Gössinger (2007), S. 2 ff. sowie 21 ff.

82 Hierüber besteht auch in der Literatur Konsens. Vgl. z. B. Schneider (1999), S. 14.

83 Vgl. zur Begriffsdefinition Brühl (2008), S. 364.

84 Vgl. hierzu auch POPPERS Kritik am Positivismus als Ansatz zur Verifikation wissenschaftlicher Erkenntnisse in Popper (2005), S. 16 ff.

85 Vgl. Görgens (1975), S. 288. Zur grundlegenden Diskussion der Drei-Sektoren-Hypothese und der Einteilung der Sektoren vgl. z. B. auch Fisher (1952); Fourastié (1954); Wolfe (1955); oder Clark (1957). Die dort herangezogenen Einteilungskriterien haben sich teilweise als nicht sinnvoll bzw. praktikabel erwiesen. Heute besteht weitgehend Konsens über eine Einteilung wie sie auch GÖRGENS vornimmt.

86 Vgl. Fähnrich/Opitz (2006), S. 88.

87 Vgl. Baumbach (1998), S. 31 ff.

88 Vgl. zu Metadefinitionen Ortner (2005), S. 178 f.

89 Vgl. z. B. Meyer (1987), S. 26; Meyer/Mattmüller (1987), S. 187 f.

Leistungsergebnisses zulassen. Außerdem sind Dienstleistungen nicht lager- und transportfähig. Zwei konstitutive Merkmale, die diese Eigenschaften beschreiben, sind Intangibilität und Verderblichkeit. Prozessorientierte Definitionen betrachten Dienstleistungen als einen Prozess, der durch die Integration eines externen Faktors gekennzeichnet ist.[90] Der externe Faktor ist entweder der Leistungsnutzer selbst oder ein materielles Gut des Leistungsnutzers. Als konstitutives Merkmal lässt sich daraus das so genannte *uno-acto-Prinzip* ableiten, d. h. eine Dienstleistung kann nur zeitgleich zu ihrer Erstellung genutzt werden (Synchronität). Ergebnisorientierte Definitionen legen den Fokus schließlich auf das Resultat des Leistungserstellungsprozesses.[91] Dieses ist i. d. R. nicht-physisch und wird mit Immaterialität als konstitutivem Merkmal bezeichnet. Es ist allerdings umstritten, weil das Ergebnis von Dienstleistungen z. B. auch das Reparieren einer Maschine oder die Montage einer Anlage sein können. Hier ist die Grenze zwischen Leistungserstellungsprozessen von Dienstleistungsunternehmen und solchen produzierender Unternehmen häufig fließend.[92] Zusammenfassend können für Dienstleistungen also die konstituierenden Merkmale Intangibilität, Verderblichkeit, Integration des externen Faktors sowie Synchronität von Leistungserstellung und –nutzung bestimmt werden.[93] Immaterialität eignet sich allerdings nur bedingt als konstituierendes Merkmal, weshalb Dienstleistungen teilweise auch unscharf als überwiegend immaterielle Leistungen bezeichnet werden.[94]

Als Fazit zu den verschiedenen Definitionsansätzen fasst KLEINALTENKAMP zusammen, „*dass es bis heute keine eindeutige Abgrenzung des Dienstleistungsbegriffs gibt*“.[95] Im allgemeinen Sprachgebrauch sei der Begriff auch ohne exakte Definition fester Bestandteil. Ferner schreibt er, dass eine solche aus wissenschaftlicher Perspektive nicht unbedingt notwendig sei, weshalb sich in konkreten Zusammenhängen entsprechende Arbeitsdefinitionen gebildet hätten. In diesen überwiege die Ansicht einer gleichzeitigen Existenz der konstitutiven Merkmale, d. h. aller drei Leistungsdimensionen Leistungspotenzial, Leistungserstellungsprozess und Leistungsergebnis.[96] Einer solchen Definition von MEFFERT/BRUHN soll auch

---

90 Vgl. z. B. Engelhardt (1989), S. 280 f.

91 Vgl. z. B. Maleri (1997), S. 33 f.

92 Vgl. Frietzsche/Maleri (2006), S. 215 ff.

93 Für eine ausführliche Darstellung der konstituierenden Merkmale von Dienstleistungen vgl. Maleri (1997), S. 83–132.

94 Vgl. Schneider (1999), S. 17.

95 Vgl. Kleinaltenkamp (1998), S. 42.

96 Vgl. Kleinaltenkamp (1998), S. 42. Vgl. außerdem einige Definitionsansätze nach diesem Schema in Hilke (1989), S. 10; Mengen (1993), S. 31; Meyer (1994), S. 180; Knoblich/Oppermann (1996), S. 17 f.

in dieser Arbeit gefolgt werden, weshalb Dienstleistungen nachfolgend definiert werden als:

> *„Dienstleistungen sind selbstständige, marktfähige Leistungen, die mit der Bereitstellung und/oder dem Einsatz von Leistungsfähigkeiten verbunden sind (Potenzialorientierung). Interne und externe Faktoren werden im Rahmen des Erstellungsprozesses kombiniert (Prozessorientierung). Die Faktorenkombination des Dienstleistungsanbieters wird mit dem Ziel eingesetzt, an den externen Faktoren, an Menschen und deren Objekten nutzenstiftende Wirkungen zu erzielen (Ergebnisorientierung).“*[97]

Aufbauend auf dieser Definition werden im nächsten Abschnitt zentrale Unterschiede in der Leistungserstellung zwischen Sachleistungs- und Dienstleistungsunternehmen herausgearbeitet, die für die Klassifizierung von Dienstleistungsunternehmen und schließlich der Definition informationsintensiver Dienstleistungsunternehmen dienen.

2.2 Besonderheiten in der Leistungserstellung bei Dienstleistungsunternehmen

Unternehmen sind marktwirtschaftlich und planvoll organisierte Wirtschaftseinheiten, die gewinnorientiert und zur Fremdbedarfsdeckung Sachleistungen und Dienstleistungen unter dem Einsatz von Produktionsfaktoren erzeugen und diese absetzen.[98] Grundsätzlich gibt es reine Sachleistungs- bzw. reine Dienstleistungsunternehmen, die jeweils nur Sachleistungen bzw. Dienstleistungen erzeugen.[99] Viele Sachleistungsunternehmen bieten aber zur Differenzierung und Kundenbindung produktbegleitende Dienstleistungen an und setzen diese verkaufsvorbereitend (*pre-sales*), verkaufsbegleitend (*at-sales*) oder nutzungsbegleitend (*after-sales*) ab.[100] Es gibt also neben den beiden erstgenannten reinen Formen noch hybride Unternehmen, die sowohl Sachleistungen als auch Dienstleistungen anbieten.[101] In der nachfolgenden Unterscheidung können hybride For-

---

97 Meffert/Bruhn (2012), S. 17.

98 Vgl. Thommen/Achleitner (2012), S. 43.

99 Vgl. Wöhe/Döring (2010), S. 31.

100 Vgl. Wimmer/Zerr (1995), S. 84. Vgl. außerdem zu Nutzenpotenzialen durch produktbegleitende Dienstleistungen Baumbach (1998), S. 31 ff.

101 Es gibt sowohl Unternehmen, die primär Sachleistungen erzeugen und diese um Dienstleistungen ergänzen, als auch Unternehmen, die primär Dienstleistungen anbieten und diese durch Sachleistungen unterstützen. Der Begriff *sowohl* ist an dieser Stelle aber nicht mit einem *exklusiven Oder* zu verwechseln, sondern meint eher *gemeinsam*. Vielmehr ist es so, dass Sachleistungen und Dienstleistungen als Paket abgesetzt oder sogar bereits gemeinsam ent-

men aber ausgeblendet werden, weil die spezifischen Unterschiede dort zwar nicht für das gesamte Unternehmen gelten, aber doch zwischen den Einheiten existieren, welche die Sach- bzw. die Dienstleistungen erstellen.

Produktionsprozesse weisen bei einer rein wirtschaftlichen Betrachtung als Beitrag zur Wertschöpfung keine Unterschiede zwischen der Leistungserstellung von Sachgütern und Dienstleistungen auf.[102] Ein solcher Produktionsprozess transformiert einen Input unter Einsatz eines oder mehrerer Produktionsfaktoren zu einem Output.[103] MALERI schlägt deshalb ein übergreifendes Produktionsfaktorenmodell vor, das den Anspruch verfolgt, sowohl für die industrielle Produktion als auch für die Produktion von Dienstleistungen gültig zu sein.[104] Wegen dieser Gleichheit werden die Begriffe Produktion und Leistungserstellung nachfolgend als synonym betrachtet und beide zur Beschreibung der gleichen Inhalte benutzt. Allerdings wird die Mehrheit aller Dienstleistungsproduktionsprozesse durch immaterielle Produktionsfaktoren dominiert, wohingegen bei der Sachgüterproduktion naturgemäß mehr materielle Produktionsfaktoren genutzt werden.[105] Es gibt aber auch Typen von Dienstleistungen, zu deren Erstellung ein Unternehmen über umfangreiche Betriebsmittel z. B. in Form technischer Anlagen (Transportdienstleistungen) oder Infrastruktur (Telekommunikationsdienstleistungen) verfügen muss.[106]

Wichtige Unterschiede zwischen Produktionsprozessen für Sachleistungen und Dienstleistungen zeigen sich allerdings bei einer näheren Betrachtung von Input und Output sowie der Prozesszustände. Im Gegensatz zu Produktionsprozessen für Sachleistungen müssen als Input nicht nur interne, sondern immer auch externe Produktionsfaktoren des Nachfragers eingebracht werden.[107] Dies schließt eine Dienstleistungsproduktion auf Vorrat aus.[108] In der Folge stellt sich jeder Dienstleistungsprozess als mehrstufiger Prozess dar.[109] Durch die Kombination

---

wickelt werden und nur gemeinsam abgesetzt werden können. Vgl. hierzu Spath/Demuß (2006), S. 464 f. und S. 469 f.

102 Vgl. Kruschwitz (1974), S. 249. In einem engen technischen Verständnis von Produktion als Fertigung unterscheiden sich diese allerdings deutlich von der Dienstleistungserstellung. Eine weitere Betrachtung von Wertschöpfungsaktivitäten erfolgt in Kapitel 4.2.3.

103 Vgl. Corsten/Gössinger (2005), S. 2; Dyckhoff/Spengler (2010), S. 4 und S. 13.

104 Vgl. Maleri (1997), S. 134 f. und S. 182.

105 Vgl. Frietzsche/Maleri (2006), S. 200.

106 Vgl. Meffert/Bruhn (2012), S. 29. Vgl. außerdem die Klassifizierung von Dienstleistungsunternehmen und die Abgrenzung informationsintensiver Dienstleistungsunternehmen in Kapitel 2.3.

107 Vgl. Corsten/Gössinger (2007), S. 119.

108 Vgl. Meyer/Mattmüller (1987), S. 188.

109 Vgl. Corsten/Stuhlmann (1998), S. 143 ff.

mehrerer interner Produktionsfaktoren wird eine Leistungsbereitschaft erzeugt, die als Angebot dem Nachfrager zur Verfügung steht. Diese Leistungsbereitschaft kann auch als Output der Vorkombination betrachtet werden. In einem zweiten Schritt erfolgt durch die Nutzung der Leistungsbereitschaft durch einen Nachfrager und dessen externen Produktionsfaktor sowie gegebenenfalls weitere interne Produktionsfaktoren eine Dienstleistung (Endkombination), deren Output sich als nutzenstiftende Wirkung am externen Faktor konkretisiert (vgl. Abbildung 2).

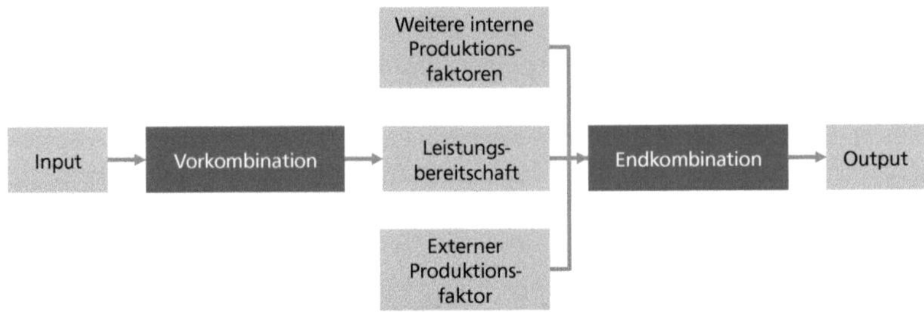

Abbildung 2: Grundmodell der Dienstleistungsproduktion.
(Quelle: Corsten/Stuhlmann (1998), S. 144.)

Dies erschwert sowohl für Nachfrager als auch für Anbieter die qualitative und die quantitative Beurteilung des Dienstleistungsprozesses.[110] Eine qualitative Bewertung ist vor der Dienstleistungsproduktion nur durch eine Bewertung des Leistungspotenzials bzw. der Leistungsbereitschaft möglich und kann die Ausbildung eines Gleichgewichts von Angebot und Nachfrage verhindern.[111] Umgekehrt birgt die gleichzeitige Integration des externen Faktors des Nachfragers mit der Dienstleistungserstellung Unsicherheit für die Planung der notwendigen Kapazität und des notwendigen Leistungspotenzials.[112] Zumal die notwendige Kapazität bei vielen Dienstleistungstypen zum Zeitpunkt der Kundennachfrage verfügbar sein muss und ein zeitlicher Kapazitätsausgleich nicht möglich ist.[113] Während in der Sachleistungsproduktion Güter je nach Ausgestaltung des Entkopplungspunktes zwischen nachfrageorientierten und bedarfsorientierten Teil-

---

110 Vgl. Meyer/Mattmüller (1987), S. 189.

111 Vgl. Woratschek (1996), S. 62–64; Woratschek (1998), S. 27 ff. Vgl. hierzu auch das GAP-Modell in Bruhn/Meffert (2012), S. 297 ff. Unterschiedliche Einschätzungen zum Leistungspotenzial seitens der Nachfrage und zur Leistungserwartung seitens der Anbieter können sowohl zu qualitativen Abweichungen zwischen Leistungsergebnis und Leistungserwartung führen als auch zu quantitativen Abweichungen durch eine falsche Einschätzung der Bedeutung für die Nachfrager und deren Nachfragehäufigkeit.

112 Vgl. Frietzsche/Maleri (2006), S. 205 ff.

113 Vgl. Engelhardt/Kleinaltenkamp/Reckenfelderbäumer (1993), S. 420.

prozessen zwischen reiner Auftragsfertigung (*make-to-order*) und reiner Lagerfertigung (*make-to-stock*) unterschiedlich hergestellt werden können, kann in der Dienstleistungsproduktion ausschließlich eine Auftragsfertigung erfolgen.[114] Eine vergleichbare Abstufung ist wegen der Intangibilität und Verderblichkeit, der Notwendigkeit des externen Faktors sowie der Synchronität von Leistungserstellung und -nutzung in der Dienstleistungsproduktion nicht möglich.[115] Es kann allerdings eine Segmentierung der Dienstleistungen in der Art erfolgen, dass verschiedene Vorkombinationen von Produktionsfaktoren geschaffen werden, die unterschiedliche Leistungen z. B. hinsichtlich der Zeit oder der Qualität erzeugen.[116]

2.3 Abgrenzung informationsintensiver Dienstleistungsunternehmen

Analog zu den unterschiedlichen Schwerpunkten in den Definitionen für Dienstleistungen gibt es eine große Anzahl von Systematisierungsansätzen zur Einteilung von Dienstleistungen und der erstellenden Dienstleistungsunternehmen.[117] Nachfolgend sollen aber nur einige konkrete Systematisierungsmerkmale herausgegriffen werden, die für die abschließende Abgrenzung informationsintensiver Dienstleistungen relevant sind. KNIGGE nennt u. a. die Faktordominanz als Typologisierungskriterium.[118] Diese beschreibt das Vorherrschen eines bestimmten Produktionsfaktors zur Leistungserstellung, für die er die nach GUTENBERG unterschiedenen Produktionsfaktoren menschliche Arbeit, Betriebsmittel und Werkstoffe zur Einteilung nutzt.[119] Nach der Faktordominanz werden deshalb personal-, maschinen- und warenintensive Dienstleistungen unterschieden.[120] CORSTEN ergänzt weitere Merkmale und führt u. a. die Nachfrageelastizität an.[121]

---

[114] Vgl. zur Wahl des Entkopplungspunktes Kilger/Meyr (2008), S. 185 ff. Vgl. außerdem für eine Anlehnung der Wahl des Entkopplungspunktes an die Einflussgrößen der Transaktionskostentheorie in Olhager (2003), S. 321.

[115] Vgl. Corsten (1985), S. 89.

[116] Vgl. Bruhn/Meffert (2012), S. 152. MENTZER/FLINT/HULT zeigen beispielsweise, dass die Ausgestaltung unterschiedlicher Logistikdienstleistungen für verschiedene Kundensegmente zur Differenzierung beiträgt, vgl. Mentzer/Flint/Hult (2001). Vgl. außerdem die Segmentierung der BI-Prozesse in Kapitel 6.3.

[117] Vgl. für einen umfangreichen Überblick Corsten/Gössinger (2007), S. 31–48.

[118] Vgl. Knigge (1973), S. 91.

[119] Vgl. Gutenberg (1979), S. 2 ff. Oben wurde zwar bereits auf die enge Sicht GUTENBERGS von Produktion als technische Fertigung hingewiesen und in diesem Zusammenhang wurde auch das erweiterte Produktionsfaktorenmodell nach MALERI genannt, das sowohl für Sachleistungs- als auch für Dienstleistungsproduktion genutzt werden kann. Die drei von GUTENBERG unterschiedenen Produktionsfaktoren finden sich dort allerdings wieder, weshalb diese Einteilung auch hier genutzt werden kann.

[120] Vgl. Knigge (1973), S. 94.

[121] Vgl. Corsten (1985), S. 189.

Damit werden Dienstleistungen mit preiselastischer und preisunelastischer Nachfrage unterschieden. Eine ähnliche Unterscheidung trifft MENGEN mit der Einteilung nach dem Kriterium der Individualität.[122] Nach diesem werden individuelle und standardisierte Dienstleistungen unterschieden. Standardisierung kann hier zum einen auf den Prozess der Dienstleistungsproduktion und zum zweiten auf dessen Ergebnis bezogen werden. Gerade letzteres reduziert auch die Unterschiede zwischen den Leistungen verschiedener Anbieter und erhöht in der Folge die Austauschbarkeit der Leistungen für den Nachfrager.[123] Die Nachfrageelastizität einer Dienstleistung bestimmt also die Wechselbereitschaft der Nachfrager und die Individualität deren Wechselmöglichkeiten. Beide Dienstleistungsmerkmale gemeinsam haben damit einen großen Einfluss auf den Wettbewerb im jeweiligen Markt.

Diese drei Systematisierungsansätze nutzen allerdings nur jeweils ein Merkmal und dienen deshalb einzeln betrachtet mehr zur Einteilung nach einem bestimmten Gesichtspunkt. Daneben gibt es auch eine Reihe mehrdimensionaler Ansätze zur Typologisierung von Dienstleistungen, die eher einen generellen Systematisierungsanspruch haben. MEYER schlägt ein zweidimensionales Modell vor, das die konstituierenden Dienstleistungsmerkmale Integration des externen Faktors und Immaterialität aufgreift.[124] ENGELHARD/KLEINALTENKAMP/RECKENFELDERBÄUMER entwickeln dieses Modell weiter und leiten aus dem Integrativitätsgrad und dem Immaterialitätsgrad vier verschiedene Leistungstypen ab.[125] Demgegenüber argumentiert WORATSCHEK, dass Dienstleistungen auch ein materielles Leistungsergebnis haben könnten und Immaterialität häufig zur Begründung mangelnder Wahrnehmbarkeit und qualitativer Beurteilungsfähigkeit herangezogen werde. Eine solche sei aber auch bei komplexen Sachgütern der Fall, weshalb er vorschlägt stattdessen Verhaltensunsicherheit als ein übergeordnetes Konstrukt zu nutzen.[126] Diesen beiden Dimensionen fügt er als dritte Dimension die von WOHLGEMUTH in einem ähnlichen Modell beschriebene Dimension Individualität hinzu.[127] Auch wenn Dienstleistungen wegen der Integration des Nachfragers

---

[122] Vgl. Mengen (1993), S. 41.

[123] Vgl. Corsten/Gössinger (2007), S. 36.

[124] Vgl. Meyer (1994), S. 137. Das Modell wurde 1983 erstmals in der Dissertation von MEYER veröffentlicht, die 1994 zum sechsten Mal unverändert aufgelegt wurde.

[125] Vgl. Engelhardt/Kleinaltenkamp/Reckenfelderbäumer (1993), S. 417. Dieses Modell ist nach Ansicht der Autoren sowohl für Dienstleistungen als auch für Sachleistungen nutzbar. Sie gehen davon aus, dass auch bei der Sachgüterproduktion ein externer Faktor integriert werden muss. Integrativität bestimmt dort deshalb die Tiefe bzw. den Umfang der Integration des externen Faktors in den Wertschöpfungsprozess.

[126] Vgl. Woratschek (1996), S. 60–62.

[127] Vgl. Wohlgemuth (1989), S. 339 f. WORATSCHEK führt zwar Argumente von MEFFERT an, die Dimension Individualität stammt aber von WOHLGEMUTH, auf den auch MEFFERT verweist.

immer individuell erbracht würden, könne trotzdem sowohl der Leistungserstellungsprozess als auch das Leistungsergebnis selbst standardisiert oder maßgeschneidert sein.[128] Durch die Unterscheidung zwischen autonom und integrativ, hoher und niedriger Verhaltensunsicherheit sowie standardisiert und maßgeschneidert ergibt sich ein Würfel mit acht Gruppen von Typen (vgl. Abbildung 3).

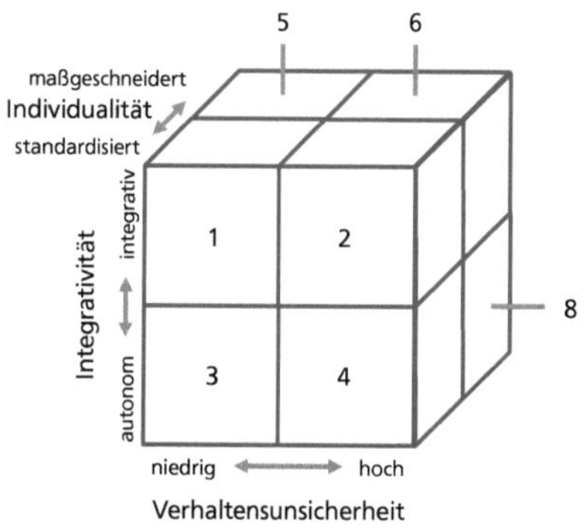

1 Verkauf von „Starterpaketen" (z.B.: Ski und Bindung)
2 Gruppenunterricht
3 Gütertransport
4 Investmentfond (Publikumsfond)
5 Anpassung orthopädischer Sportschuhe
6 Aktive Sporttherapie: Krankengymnastik
7 Umzugsdienst
8 Versicherungspaket

Abbildung 3: Informationsökonomische Typologie von Dienstleistungen. (Quelle: Woratschek (1996), S. 69.)

Die Heterogenität und die große Zahl unterschiedlicher Dienstleistungen führen zwar dazu, dass auch die dreidimensionale Typologie von Woratschek nicht ausreicht alle Arten von Dienstleistungen sinnvoll zu unterscheiden. Sie eignet sich aber aufgrund der verwendeten Dimensionen sehr gut zur Beschreibung der später untersuchten Dienstleistungsunternehmen und der Bedeutung von Kunden-, Markt- und Wettbewerbsanalysen in diesen.[129] Deren Bedeutung hängt von der Wettbewerbsrelevanz von Informationen für das jeweilige Unternehmen ab. Porter/Millar führen zu deren Beurteilung den Begriff Informationsintensität ein. Informationsintensität beschreibt zum einen die Bedeutung von Informationen für die Ausführung wertschöpfender Aktivitäten und zum zweiten den Anteil

---

[128] Vgl. Meffert (1994), S. 524 f. Woratschek argumentiert allerdings auch, dass sowohl Integrativität und Individualität als auch zwischen Verhaltensunsicherheit und Individualität gewisse Abhängigkeiten bestehen können. Diese bestehen aber keinesfalls immer, weshalb er schließlich eine dreidimensionale Typologie vorschlägt, vgl. Woratschek (2001), S. 266 ff.

[129] Vgl. Bruhn/Meffert (2012), S. 36. Die dreidimensionale Typologisierung zeigt Konsequenzen für das Marketing der angebotenen Dienstleistungen auf. Eine der Konsequenzen ist der Einfluss auf die Bedeutung von Informationen zur Differenzierung am Markt. Solche Informationen werden durch Kunden-, Markt- und Wettbewerbsanalysen bzw. Business Intelligence ermittelt, um möglichst passende Leistungen anbieten und diese möglichst effizient erstellen zu können, vgl. Turner (1991), S. 59 f.

von Informationen am Leistungsergebnis.[130] Neben diesen beiden, dem Leistungsergebnis inhärenten, Aspekten, sind insbesondere Informationen über Kunden, den Markt und Wettbewerber zur Differenzierung und Optimierung der eigenen Leistung am Markt notwendig, um Wettbewerbsvorteile zu erlangen.[131] Dies wird umso wichtiger, je stärker der Wettbewerb in einem Markt ausgeprägt ist.[132]

Die Wettbewerbsintensität in einem Markt kann anhand der Branchenstruktur untersucht werden. PORTER beschreibt diese mittels der fünf Wettbewerbskräfte Verhandlungsstärke der Nachfrager, Bedrohung durch neue Konkurrenten, Bedrohung durch Ersatzprodukte, Rivalität unter den bestehenden Wettbewerbern und Verhandlungsstärke der Lieferanten.[133] BIEGER weist allerdings darauf hin, dass Lieferanten für Dienstleistungsunternehmen differenzierter betrachtet werden müssen, weil diese häufig ebenfalls Dienstleistungsunternehmen in der gleichen Wertschöpfungskette sind, die sich nicht anhand der von PORTER vorgeschlagenen Determinanten beurteilen lassen.[134] Einer ähnlichen Argumentation folgen auch CORSTEN/DRESCH/GÖSSINGER, die das Modell der Branchenstruktur entsprechend um eine Wettbewerbskraft interner, strategischer Ressourcen ergänzen.[135] Damit integrieren sie eine ressourcenorientierte Sicht in den marktorientierten Ansatz von PORTER und verweisen konkret auf den wettbewerbsrelevanten Einfluss von Informationen und Wissen.[136] Aufbauend auf der grundsätz-

---

130 Vgl. Porter/Millar (1985), S. 154 und insbesondere Abbildung IV auf S. 153.

131 Vgl. Turner (1991), S. 59 f.; und auch zur Kundenintegration Bullinger/Warnecke/Westkämper (2002), S. 164. Wettbewerbsvorteile entstehen außerdem auch durch Kostenverteile, z. B. durch effizientere Prozesse, vgl. Grant (1991), S. 118. Informationen dienen also nicht nur dazu, grundsätzlich ein Angebot erstellen zu können, sondern auch intern zur Optimierung der Prozesse und extern zur Differenzierung am Markt, vgl. Porter (2010), S. 67 ff.

132 Vgl. Bieger (2007), S. 54 f. Hier wird als Beispiel der Luftverkehr angeführt. Mit der Liberalisierung Mitte der 90er Jahre verstärkte sich der Wettbewerb und insbesondere die Fluggesellschaften konnten ihre bis dato üblichen Margen nicht halten. Auch Porter/Millar verweisen auf den Luftverkehrsmarkt als einen Markt sehr hoher Informationsintensität, vgl. Porter/Millar (1985), S. 153. Gerade der Wettbewerb in diesem Markt wurde durch neue Möglichkeiten der Informationsverarbeitung zusätzlich verstärkt, vgl. ebenda, S. 156.

133 Vgl. Porter (2010), S. 29. Die Branchenstrukturanalyse sieht keine Unterscheidung in Sachgüter und Dienstleistungen vor und soll für alle Produkte, bzw. alle Märkte, nutzbar sein, vgl. ebenda, S. 28 f.

134 Vgl. Bieger (2007), S. 54. Vgl. außerdem die von PORTER vorgeschlagenen Determinanten zur Beurteilung der Wettbewerbskräfte in Porter (2010), S. 32.

135 Vgl. Corsten/Dresch/Gössinger (2004), S. 17 und S. 27 f. Vgl. außerdem die Einführung in die und Begründung der Ressourcentheorie in Kapitel 7.1.1 sowie Barney (1991a); und Barney (1991b).

136 Vgl. Corsten/Gössinger (2007), S. 389. Explizit werden zwar nur personale und organisatorische Ressourcen genannt. In Kombination mit einem Verweis auf die Ressourcentheorie bzw.

lichen Wettbewerbsrelevanz von Informationen und der besonderen Bedeutung von Informationen zur Differenzierung im Markt soll der Begriff *Informationsintensität* für diese Arbeit als Erweiterung des Ansatzes von PORTER/MILLAR um eine dritte Dimension ergänzt werden.

> *Die Informationsintensität eines Produktes steigt mit der Bedeutung von Informationen für die Ausführung wertschöpfender Aktivitäten, mit dem Anteil von Informationen am Leistungsergebnis und mit der Notwendigkeit von Informationen zur Differenzierung am Markt.*

PORTER/MILLAR liefern einige Anhaltspunkte zur Beurteilung der Informationsintensität in dem von ihnen vorgeschlagenen zweidimensionalen Modell.[137] Diese genügen aber nicht zur Abgrenzung informationsintensiver Dienstleistungen, da die weit überwiegende Mehrzahl der Dienstleistungsprozesse durch eine Dominanz immaterieller Güter als Inputfaktoren gekennzeichnet ist und somit die vorgelegten Anhaltspunkte nicht oder nur eingeschränkt übertragbar sind.[138] Informationen haben außerdem bei Dienstleistungen generell eine höhere Bedeutung als bei Sachgütern, weil häufig bereits Informationen als externe Produktionsfaktoren eine Voraussetzung für die Dienstleistungsproduktion sind.[139] Durch den direkten Kontakt mit dem Nachfrager ist schließlich auch die grundsätzliche Verfügbarkeit von Kunden- und Marktinformationen höher. Bei jeder Dienstleistungserstellung werden so Informationen ausgetauscht bzw. Informationen über den Nachfrager erhoben, die als Kuppelprodukt dem Dienstleistungsunternehmen auch nach Abschluss der Leistungserstellung weiter zur Verfügung stehen.[140] Zur Identifikation von Dienstleistungen mit einer hohen Informationsin-

---

Kompetenztheorie (vgl. Barney (1991a), S. 104 ff.; Grant (1991), S. 118 ff.) und der zughörigen Abbildung (vgl. Corsten/Dresch/Gössinger (2004), S. 17, Abbildung 2.) wird aber auch auf Informationen, Wissen und Kompetenzen als Quellen für Wettbewerbsvorteile Bezug genommen.

137 Vgl. Porter/Millar (1985), S. 158; für einen tabellarischen Überblick Krcmar (2010), S. 321.

138 Vgl. Frietzsche/Maleri (2006), S. 200.

139 Vgl. Gössinger (2005), S. 201. In der Dienstleistungsproduktion werden Informationen nicht nur als externer Produktionsfaktor aufgeführt, sondern spielen auch durch den direkten Kundenkontakt eine wichtige Rolle. Ein direkter Kundenkontakt ist bei der Sachleistungsproduktion im Prinzip nie und auch beim Absatz der Sachleistungen nur teilweise vorhanden. Insbesondere leicht austauschbare Sachgüter, wie z. B. Konsumgüter, werden i. d. R. indirekt über den Handel abgesetzt, sodass kein direkter Kundenkontakt möglich ist, vgl. hierzu auch Poznanski (2007), S. 10 f.

140 Vgl. Cyert/March (1963), S. 112 f.; Müller (1992), S. 54. Die Bezeichnung von Informationen über den Nachfrager als Kuppelprodukt entspricht sogar der engen Definition, weil neben dem primären Dienstleistungsprodukt weitere für den Anbieter nutzbare Produkte, nämlich Informationen, anfallen, die diesem einen weiteren Nutzen stiften können. Ein Dienstleistungsunternehmen kann demzufolge umso mehr Informationen über seine Kunden sam-

tensität eignet sich deshalb eine Analyse der Marktstrukturen, die sich aus den eingangs vorgestellten Dienstleistungstypen bzw. deren spezifischen Eigenschaften ergeben.[141]

- Verhandlungsstärke der Nachfrager

  Die Wettbewerbsintensität steigt mit der Verhandlungsstärke der Nachfrager. Diese wächst, wenn es eine einfache Möglichkeit zum Wechsel gepaart mit der Bereitschaft dazu gibt. Geringe Individualität und geringe Unsicherheit ermöglichen solch einen einfachen Wechsel der Nachfrager zwischen verschiedenen Anbietern. Außerdem führt eine hohe Nachfrageelastizität, gefördert durch eine niedrige Integrativität, zu einer starken Wechselbereitschaft.

- Bedrohung durch neue Konkurrenten

  Bezüglich der generellen Bedrohung durch neue Konkurrenten auf Dienstleistungsmärkten gibt es in der Literatur keine einheitliche Meinung.[142] Insbesondere in Bezug auf maschinenintensive Dienstleistungen gibt es kein eindeutiges Bild. Zum einen baut eine solche Faktordominanz durch einen hohen Investitionsbedarf Markteintrittsbarrieren auf.[143] Gleichzeitig eröffnet die Faktordominanz, z. B. großen Wettbewerbern aus einem anderen Sprachraum, die Möglichkeit, die Dienstleistungsproduktion mit geringen Anpassungen zu übertragen und mit geringen Aufwänden für Personal in einem anderen nationalen Markt aktiv zu werden.[144]

- Rivalität unter den bestehenden Wettbewerbern

  Eine hohe Faktordominanz maschineller Produktionsfaktoren gepaart mit der heutigen hohen Geschwindigkeit technologischer Entwicklungen setzt alle Anbieter unter Druck ihre Anlagen hoch auszulasten, damit sich die Anfangsinvestitionen möglichst schnell amortisieren. Anbieter versuchen deshalb auch durch Skaleneffekte die Effizienz zu steigern und erzeugen damit einen zusätzlichen Konsolidierungsdruck auf dem Markt.[145]

---

meln, je häufiger eine Dienstleistung erbracht wird und je länger die Nutzung pro Dienstleistung dauert, vgl. Dyckhoff/Spengler (2010), S. 15.

141 Vgl. Johnston/Carrico (1988), S. 40.

142 Es gibt Autoren, die vor Imitierbarkeit aufgrund der häufigen Transparenz in der Dienstleistungsproduktion warnen, vgl. Fisher (1991), S. 21. Gleichzeitig gibt es auch Autoren, die von einer schwereren Imitierbarkeit relevanter Kompetenzen und damit einer größeren Dauerhaftigkeit dienstleistungsbasierter Wettbewerbsvorteile sprechen, vgl. Simon (1991), S. 10.

143 Vgl. Corsten/Gössinger (2007), S. 35.

144 Vgl. Johnston/Carrico (1988), S. 41.

145 Vgl. Roach (1991), S. 86. Dieser weist auch darauf hin, dass unter bestimmten Umständen durch den Zwang zur Auslastung einer bestimmten, investitionsintensiven Technologie die Wettbewerbsfähigkeit reduzieren kann, weil Unternehmen unflexibel werden. Dieses Phä-

- Bedrohung durch Ersatzprodukte

  Technologische Entwicklungen können bei maschinenintensiven Dienstleistungen unter Umständen plötzlich neue Produktionsmöglichkeiten eröffnen und damit die Produktionskosten erheblich reduzieren. Gepaart mit einer niedrigen Individualität und hohen Nachfrageelastizität können große Teile der Nachfrager durch ein erweitertes Leistungsangebot oder ein vergleichbares Leistungsangebot zu einem niedrigeren Preis, zu einem Wechsel bewegt werden. Neue technologische Möglichkeiten müssen deshalb schnell von allen Mitbewerbern adaptiert werden, um konkurrenzfähig zu bleiben. Das Risiko einer radikalen Innovation ist aber eher gering.[146]

- Verhandlungsstärke der Lieferanten

  Lieferanten spielen als Technologiepartner eine untergeordnete Rolle. Bei Dienstleistungen mit niedriger Individualität und niedriger Unsicherheit sowie einer niedrigen Integrativität ist auch die notwendige Technologie für die Maschinen entsprechend standardisiert und erprobt. Die Verhandlungsstärke der Lieferanten ist deshalb auch eher gering.

Beispiele für solche Märkte sind alle deregulierten, freien, hochgradig standardisierten und austauschbaren Dienstleistungen, die zur Leistungserstellung eine umfangreiche Infrastruktur erfordern. Hierzu gehören z. B. Personen- und Güterverkehre (Luftverkehr, KEP-Dienstleistungen), Bankdienstleistungen oder Kommunikationsdienstleistungen. Zusammenfassend sollen informationsintensive Dienstleistungen deshalb folgendermaßen definiert werden:

> *Informationsintensive Dienstleistungen zeichnen sich durch die Dominanz maschineller Produktionsfaktoren zur Leistungserstellung sowie durch niedrige Individualität, niedrige Unsicherheit und niedrige Integrativität aus.*

D. h., die Informationsintensivität von Dienstleistungen hängt zum einen vom eigentlichen Informationsgehalt der Dienstleistungen und deren Produktion sowie zum anderen von dem durch die Dienstleistungseigenschaften beeinflussten Wettbewerb und dem dadurch erzeugten Differenzierungsbedarf am Markt ab. Somit kann nun dieser Exkurs zur Abgrenzung des Erfahrungsobjektes abgeschlossen sowie der Fokus der weiteren Untersuchung und insbesondere der empirischen Studie auf informationsintensive Dienstleistungsunternehmen gelegt werden.

---

nomen tritt maßgeblich in Dienstleistungsunternehmen und weniger in Unternehmen der Sachgüterproduktion auf.

[146] Vgl. hierzu Carr (2003), S. 43 f.

3 Business Intelligence als Prozess zur Entscheidungsunterstützung

Mit fallenden Preisen für Rechnerleistung stieg sowohl in Unternehmen als auch in der Forschung das Interesse an Analysen der Unternehmensumwelt und des Unternehmens selbst. Ein zentraler Begriff, der sich in diesem Zusammenhang gebildet hat ist Business Intelligence. Der genaue Inhalt des Begriffes ist aber bisher noch nicht eindeutig definiert worden, sodass sich eine größere Menge an Definitionsansätzen gebildet hat, die den Begriff mit unterschiedlichen Inhalten füllen. Daneben haben sich aber auch eine Reihe synonym verwendeter Begriffe wie z. B. *Performance Management*, *Decision Support Systems* oder *Competitive Intelligence* entwickelt, die im weiteren Verlauf nicht weiter unterschieden werden sollen, sondern als synonym betrachtet und unter dem Begriff Business Intelligence subsummiert werden.[147]

Wegen einer bis heute fehlenden allgemeingültigen Definition dienen die nachfolgenden Kapitel dazu, den Begriff Business Intelligence selbst sowie bereits vorhandene Definitionsansätze aus der Literatur ausführlicher zu betrachten. Aufbauend auf einer Arbeitsdefinition wird das Thema anschließend mit weiteren, bereits etablierten Themen verglichen und von diesen abgegrenzt. Ziel des Kapitels ist es, ein einheitliches Verständnis der beschriebenen Inhalte sowie über mögliche Einflussfaktoren und Zielgrößen zu schaffen.

3.1 Entstehung des Begriffs Business Intelligence

Der Begriff *Business Intelligence* (BI) geht, entgegen vielfacher Meinung, nicht auf das IT-Marktforschungsunternehmen Gartner zurück[148], sondern wurde schon wesentlich früher in Vorträgen und Veröffentlichungen genutzt[149]. Business Intelligence ist an sich auch kein Begriff, der erst durch die kommerzielle Nutzung elektronischer Datenverarbeitung in den 1960er Jahren entstanden ist. Das Konzept, durch Informationen strategische bzw. Wettbewerbsvorteile zu erlangen, wurde bereits vor tausenden Jahren in der chinesischen Geschichte[150],

---

[147] Vgl. Ghoshal/Kim (1986), S. 50; Lönnqvist/Pirttimäki (2006), S. 32; Calof/Wright (2008), S. 718; Lahrmann u. a. (2010), S. 3. Eine Unterscheidung solch eng verwandter Begriffe ist für eine Diskussion nicht förderlich, sondern schafft zusätzliche Verwirrung in Bezug auf die Inhalte der Begriffe. Vielmehr sind viele der synonym verwendeten Begriffe lediglich speziel-le Ausprägungen des allgemeineren und übergeordneten BI-Begriffs.

[148] Vgl. z. B. Anandarajan/Srinivasan/Anandarajan (2004), S. 18 f.; Gluchowski/Kemper (2006), S. 12; Bucher/Gericke/Sigg (2009), S. 410; Skyrius/Kazakevičienė/Bujauskas (2013b), S. 32.

[149] Vgl. Luhn (1958), S. 314; Gilad/Gilad (1986), S. 53; Marren (2004), S. 5.

[150] Vgl. Tao/Prescott (2000), S. 65 f.; Juhari/Stephens (2006), S. 65; Tzu (2013), S. 55.

im 17. Jahrhundert von Frederick dem Großen[151] oder im direkten Zusammenhang mit dem Wirtschaftsgeschehen zu Beginn des 18. Jahrhunderts[152] dokumentiert. Sicher ist auf jeden Fall, dass der Begriff *Intelligence* in diesem Fall, ähnlich wie andere heute in der Wirtschaft genutzte Begriffe[153], aus dem Wortschatz des Militärs bzw. der Spionage stammt und nicht dem deutschen Wort Intelligenz, sondern eher Begriffen wie Aufklärung, Aufbereitung, Wissen und Information entspricht[154].

Eine weite Verbreitung des Begriffs sowie die allgegenwärtige Anwendung der mit Business Intelligence verbundenen Ansätze zur Informationsgewinnung, -analyse und -bereitstellung ist aber tatsächlich erst durch den Siegeszug der Informationstechnologie (IT) in Unternehmen zu beobachten. Die elektronische Datenverarbeitung ermöglichte in den 1960er Jahren erstmals die Speicherung von Daten in digitaler Form. Dies war der Beginn einer Entwicklung, die bis heute zu immer mächtigeren IT-Systemen führte, die Prozesse vollautomatisch ausführen, vielfältige Daten aus verschiedensten Geschäftsbereichen speichern und den automatisierten Zugriff auf riesige Datenmengen ermöglichen.[155] Heute kann es quasi als normal angesehen werden, dass ein Unternehmen über ein ERP-System (Enterprise Resource Planning) verfügt und somit jederzeit Zugriff auf den aktuellen Status in den meisten Unternehmensbereichen hat.[156] Weiterhin sammeln viele Unternehmen gezielt Kundendaten mithilfe von Kundenbindungsprogrammen, beim Direktvertrieb oder in den letzten Jahren auch über Foren und soziale Medien im Internet.[157] Diese Daten ermöglichen es den Unternehmen durch CRM-Software (Customer Relationship Management) unternehmensweite und einheitliche Bilder ihrer Kunden zu schaffen, um diese besser beurteilen und ansprechen zu können.[158] Zu guter Letzt gibt es einen großen Informationsmarkt, auf dem sich Unternehmen Daten über die allgemeine Wettbewerbssituation, über Trends, die Wirtschaftsentwicklung in bestimmten Regi-

---

[151] Vgl. Blenkhorn/Fleisher (2005), S. 99.

[152] Vgl. Ferguson (1999), S. 15 ff.; Wright u. a. (2004), S. 73.

[153] Vgl. z. B. den Begriff *Logistik* in Pfohl (2010), S. 11.

[154] Vgl. Marren (2004), S. 5 f.; Michaeli (2006), S. 3 und S. 33 f.; Hornby u. a. (2007), S. 807; Baars (2010), S. 664.

[155] Vgl. z. B. Buchta/Eul/Schulte-Croonenberg (2004), S. 9 f.; Bucher/Gericke/Sigg (2009), S. 408; Chamoni/Gluchowski (2010a), S. 4 ff.; Foley/Guillemette (2010), S. 1 f.; Kemper/Mehanna/Baars (2010), S. 1 f.

[156] Vgl. z. B. Gabriel u. a. (2001), S. 229 ff.

[157] Vgl. Homburg/Krohmer (2009), S. 903 ff.; Ahlemeyer-Stubbe (2013), S. 189 ff.

[158] Vgl. zu CRM-Systemen und deren Nutzungsmöglichkeiten z. B. Buchta/Eul/Schulte-Croonenberg (2004), S. 36 ff.; Homburg/Krohmer (2009), S. 505 ff.; Felden (2010), S. 308 ff.

onen und anderes beschaffen können.[159] Unternehmen haben heute deshalb große Mengen an Daten, die sowohl Informationen über die unternehmensinterne als auch über die unternehmensexterne Perspektive liefern können.[160] Nahezu parallel zum Datenvolumen ist auch das Bedürfnis von Entscheidern im Unternehmen gewachsen, diese Daten zu nutzen, um die Informationsbasis für eigene Entscheidungen zu verbessern. Je größer die Datenmengen allerdings sind, desto komplexer ist auch die notwendige Technik zu deren Verarbeitung und Strukturierung. Heute gibt es einen mehrere Milliarden Dollar schweren Markt, auf dem Beratungsunternehmen, Software- und Hardwareanbieter Lösungen verschiedenster Mächtigkeit und Umfänge anbieten, um genau dieses Informationsbedürfnis zu befriedigen.[161]

Heute bildet Business Intelligence eine Art Klammerbegriff für eine Reihe von Ansätzen zur Analyse und Auswertung von Daten aus den operativen IT-Systemen und weiteren Quellen sowie deren Präsentation als aufbereitete Information zur Visualisierung von Wirkzusammenhängen zwischen verschiedenen Entscheidungskomponenten.[162] Übergeordnetes Ziel ist es, dabei den richtigen Informationsempfänger mit der richtigen Information zur richtigen Zeit, in der richtigen Menge und auf die richtige Art und Weise zu versorgen.[163] Eine einheitliche Definition und damit auch eine einheitliche Meinung zu den begrifflichen Inhalten gibt es aber noch nicht. Hier gehen die Meinungen teilweise, vor allem je nach Betrachtungsperspektive, deutlich auseinander. Die folgenden Abschnitte dienen deshalb der Klärung und Definition des Begriffs Business Intelligence.

3.2 Begriffliche Abgrenzung

Grundsätzlich lässt sich der Begriff Business Intelligence aus drei Perspektiven beschreiben. Die erste ist eine rein sprachliche Interpretation ausgehend von den beiden Teilbegriffen *Business* und *Intelligence*. Eine solche Herangehensweise ist aber häufig nicht deckungsgleich mit den Inhalten, mit denen ein Begriff in der wissenschaftlichen oder gar der praktischen Nutzung gefüllt wird. Wesentlich geläufiger sind deshalb die beiden Betrachtungsperspektiven aus Anwender- und Nutzersicht bzw. aus technologischer Sicht.[164] Beide Perspektiven ließen sich

---

[159] Vgl. Michaeli (2006), S. 35 f.; Calof/Wright (2008), S. 719.

[160] Vgl. hierzu z. B. in Thommen/Achleitner (2012), S. 990 f. zur Wettbewerbsanalyse; Macharzina/Wolf (2008), S. 342 ff. zur SWOT–Analyse.

[161] Vgl. Calof/Wright (2008), S. 719; Elbashir/Collier/Davern (2008), S. 136.

[162] Vgl. Dittmar/Oßendoth (2010), S. 60.

[163] Vgl. Bucher/Gericke/Sigg (2009), S. 408; Vergleiche auch Anforderungen an die Logistik als Definitionsansatz in Pfohl (2010), S. 12.

[164] Vgl. Engels (2009), S. 4 f.

nochmals bezüglich ihrer wissenschaftlichen und ihrer praktischen Nutzung unterscheiden. Eine solche soll im Rahmen dieser wissenschaftlichen Arbeit aber nicht erfolgen, zumal gerade die Nutzung von Begriffen in der Praxis von Unternehmen zu Unternehmen unterschiedlich und mit ganz konkreten Ausprägungen assoziiert wird.[165]

3.2.1 Wörtliche Deutung

In einer etymologischen und engen Interpretation lässt sich der Begriff Business Intelligence als die verknüpfte Bedeutung seiner beiden Teilbegriffe *Business* und *Intelligence* betrachten. Der englische Begriff Intelligence beschreibt hierbei:

> *„(1) The ability to learn, understand and think in a logical way about things [...]*
>
> *(2) Secret information that is collected, for example about a foreign country [...]"*[166]

Es gibt also zwei Bedeutungen, die jeweils mit Business Intelligence in Zusammenhang stehen. Die erste Bedeutung bezieht sich auf das Erkennen und Verstehen von Sachverhalten und Zusammenhängen, während die zweite eher das Auffinden verborgener Informationen meint.[167] Auch wenn die zweite Bedeutung hier in ganz klarem Zusammenhang mit militärischer und geheimdienstlicher Nutzung steht, so muss die Bedeutung im Zusammenhang von Business Intelligence auf das Auffinden verborgener Informationen innerhalb der vorhandenen und legal zugänglichen Datenquellen übertragen werden. Gerade im Zusammenhang mit Wettbewerbsanalysen können die eingesetzten Methoden zur Interpretation und Verknüpfung der Daten zu Informationen große Ähnlichkeit aufweisen, insbesondere die genutzten Methoden zur Datenerhebung müssen aber den gesetzlichen Vorgaben genügen.[168]

---

165 Vgl. dazu auch den Unterschied zwischen Schema und Ausprägung in Ortner (2005), S. 34 f.; Link (2013), S. 25 f. Gerade in der Praxis werden häufig verschiedene konkrete Inhalte mit dem gleichen Begriff belegt. Der Begriff selbst beschreibt eigentlich eine Klasse von Produkten, Anwendungen, Methoden etc., er wird im alltäglichen Gebrauch aber mit den konkreten Dingen assoziiert, welche die Kunden, Nutzer, Anwender etc. kennen.

166 Hornby u. a. (2007), S. 807. Auch in der historischen Bedeutung steht das Verstehen im Vordergrund (von lat. intellegere). Hiervon muss der deutsche Begriff Intelligenz abgegrenzt werden, der das abstrakte und vernunftbegabte Denken sowie daraus abgeleitetes zweckvolles Handeln beschreibt (vgl. hierzu Bibliographisches Institut (2002), S. 502.).

167 Vgl. Grünwald/Taubner (2009), S. 398.

168 Vgl. Michaeli (2006), S. 33 f.

Der zweite Teilbegriff Business hat eine Vielzahl verwandter aber unterschiedlicher Bedeutungen. Für die vorliegende Arbeit sind die folgenden beiden relevant:

> *„(1) The activity of making, buying, selling or supplying goods or services for money.*
>
> *(6) Important matters that need to be dealt with or discussed."*[169]

Die erste Bedeutung verweist auf den wirtschaftlichen Bezug als Hauptanwendungsbereich.[170] Die Betrachtungsobjekte sind also Wirtschaftsobjekte und Wirtschaftssubjekte sowie deren Beziehungen zueinander. Weiterhin legt die zweite Bedeutung den Schluss nahe, dass sich Business Intelligence auf das Sammeln von Informationen über wichtige Sachverhalte und Zusammenhänge von großer Relevanz bezieht. Business Intelligence hat dementsprechend das Ziel, Informationen über wichtige, wirtschaftliche Sachverhalte und Zusammenhänge zu liefern, die normalerweise nicht ohne weiteres erkennbar sind.

3.2.2 Anwendungs- und Nutzungsperspektive

Aufbauend auf der wörtlichen Deutung kann der Begriff Business Intelligence auch aus der Anwedungs- und Nutzungsperspektive abgegrenzt werden. Zu unterscheiden ist hierbei zwischen dem Nutzer als Empfänger einer Information und dem Nutzer bzw. Anwender als dem Bereitsteller einer Information.[171] Beide haben keinen direkten Bezug zu einer bestimmten Technologie oder Architektur, sondern sind im ersten Fall an dem Ergebnis Information interessiert bzw. haben im zweiten Fall aufgrund ihres Wissens über Zusammenhänge und verfügbare

---

[169] Hornby u. a. (2007), S. 202 f.

[170] Vgl. Thommen/Achleitner (2012), S. 35 ff. Neben dem wirtschaftlichen Bereich gibt es weitere Anwendungsbereiche, die hinsichtlich der genutzten Methoden und Technologie vergleichbar sind, deren Fokus aber auf anderen, jeweils speziellen Bereichen der Erkenntnis beruht, vgl. hierzu z. B. Calof/Wright (2008), S. 718 f.; Müller-Jung (2013).

[171] Der Bereitsteller einer Information darf nicht mit dem Lieferanten der Daten verwechselt werden (vgl. Winter (2010), S. 99. Die Lieferung von Daten erfolgt z. B. aus unternehmenseigenen ERP- oder CRM-Systemen oder wird extern zugekauft als beauftragte Marktforschung oder bereits vorhandene Datenquellen. Die Lieferanten wären im ersten Fall IT-Systeme oder -Mitarbeiter und im zweiten Fall Dienstleister. Beide werden nicht als BI-Mitarbeiter betrachtet.

Daten mithilfe verfüg- und anwendbarer Methoden die Möglichkeit, die gewünschten Informationen bereitzustellen (vgl. Abbildung 4).[172]

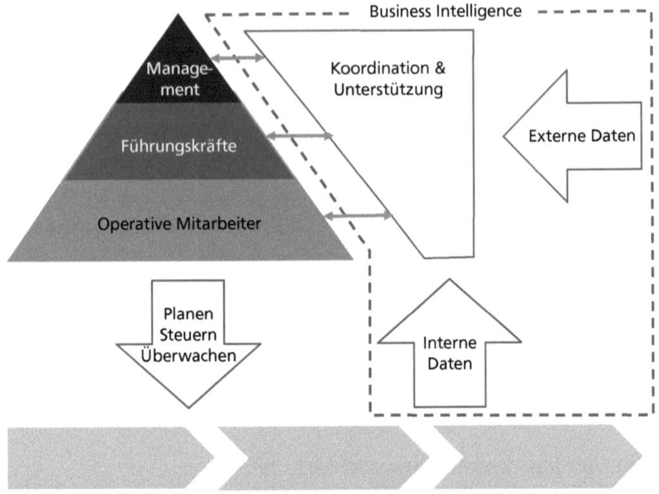

Abbildung 4: Bereitstellung von Informationen zur Koordination und Entscheidungsunterstützung. (Quelle: in Anlehnung an Kemper/Mehanna/Baars (2010), S. 9.)

Bei den Nutzern einer Information handelt es sich um Führungskräfte bzw. Entscheider des Unternehmens, die zur Erfüllung ihrer Aufgaben – Entscheidungen zu treffen – Entscheidungsunterstützung benötigen.[173] Die Position oder konkrete Aufgabe beeinflusst hierbei lediglich die Art und den Detaillierungsgrad der benötigten Information.[174] Entscheidungen folgen dabei stets dem gleichen abstrakten Muster, nach dem der eigentlichen Entscheidung eine Analyse der Ausgangs-

[172] Vgl. hierzu die vorgeschlagenen, technologielosen Ansätze für Business Intelligence in Vischer/Boutellier/Breitenmoser (2010); Breitenmoser/Vischer/Boutellier (2012).

[173] Vgl. Macharzina/Wolf (2008), S. 103 f. Vgl. außerdem den Informationskonsumenten in Gluchowski/Gabriel/Dittmar (2008), S. 105. Hier werden allerdings nur solche Nutzer einbezogen, die selbst die zugrunde liegende Technologie nutzen, um an Informationen zu gelangen. In der Praxis zeigt sich aber, dass gerade Führungskräfte als Informationsnutzer betrachtet werden müssen, die selbst nur als Informationsempfänger auftreten und erfragte Analyseergebnisse zur Entscheidungsunterstützung geliefert bekommen. Vgl. hierzu Morton (1983), S. 5; Kemper/Mehanna/Baars (2010), S. 148 ff.

[174] Vgl. Kemper/Mehanna/Baars (2010), S. 9 f.

situation und darauf aufbauend die Formulierung alternativer Ziele vorausgehen.[175] In diesem Zusammenhang entsteht bei den Entscheidern möglicherweise ein Informationsbedarf, den diese als Frage bzw. Auftrag zur Informationsbeschaffung formulieren und der durch zusätzliche Informationen gedeckt werden soll. Business Intelligence kann hier deshalb auch als der Prozess betrachtet werden, der dazu dient, den Informationsnutzern die für sie relevanten Informationen zur Beurteilung der Ausgangssituation und alternativer Ziele bereit zu stellen.

Im Unterschied dazu sind die Bereitsteller von Informationen Mitarbeiter im Unternehmen, die über ein umfangreiches Wissen über bestimmte Themen und Zusammenhänge verfügen und es schaffen, aktuelle Sachverhalte aus diesem Themengebiet mithilfe realer Daten so darzustellen, dass sich Entscheider einen Überblick über den entsprechenden Sachverhalt verschaffen können. Kurz gesagt, diese Mitarbeiter bereiten Daten für Nutzer zu Informationen auf.[176] Zur Aufbereitung der Daten verfügen sie außerdem über eine Reihe von Methoden zur Datennutzung, -analyse, Visualisierung und Bereitstellung.[177] Zur besseren Einordnung dieser Tätigkeit spielt die Unterscheidung zwischen Daten, Informationen und Wissen eine entscheidende Rolle. Der Datenbegriff selbst ist eindeutig definiert als durch Regeln bzw. Syntax verknüpfte Zeichen.[178] Diese können in unterschiedlicher Form im Unternehmen vorliegen. Werden Daten in einen Kontext gesetzt, so entstehen aus Daten Informationen.[179] Dies kann durch die Ergänzung mit einer Einheit oder durch die Zusammenfassung in einer Kennzahl geschehen. Für den Begriff Information liegen allerdings je nach Disziplin unterschiedliche Definitionen vor. Zeichen, Daten und Informationen können gespeichert und bei digitalem Vorliegen auch maschinell verarbeitet werden. [180] Wissen entsteht aus Informationen erst durch Interpretation und Verknüpfung verschiedener Informationen in einem Sinnzusammenhang.[181] Dies kann immer nur durch Menschen in einem spezifischen Kontext erfolgen, von denen das Wissen nicht losgelöst betrachtet werden kann.[182] Business Intelligence kann aus dieser Perspektive deshalb auch als der Prozess betrachtet werden, den Informationsbe-

---

[175] Vgl. z.B. Klein/Scholl (2011), S. 1 und S. 22; Laux/Gillenkirch/Schenk-Mathes (2012), S. 12 ff.; Thommen/Achleitner (2012), S. 920 f.

[176] Vgl. hierzu Gluchowski/Gabriel/Dittmar (2008), S. 106 f. für Analytiker und Spezialisten als Informationsbereitsteller.

[177] Vgl. Kemper/Mehanna/Baars (2010), S. 149; Winter (2010), S. 99.

[178] Vgl. Seeger (1997), S. 14; Mertens u. a. (2012), S. 38; Probst/Raub/Romhardt (2012), S. 16.

[179] Vgl. Rehäuser/Krcmar (1996), S. 4; Al-Laham (2003), S. 28.

[180] Vgl. Lehner (2011), S. 51; Meixner/Haas (2012), S. 7.

[181] Vgl. Schulz (1998), S. 9; Vuori (2006), S. 313.

[182] Vgl. North (2011), S. 2 und S. 37.

reitsteller ausführen, wenn sie Daten in einen Kontext setzen, um Informationsnutzern die gewünschten Informationen bereit zu stellen.

3.2.3 Technische Perspektive

In der technischen Perspektive von Business Intelligence können die beiden Aspekte der Methoden und der Instrumente unterschieden werden.[183] Instrumente können sich aus einer Hardware und einer Software zusammensetzen und dienen zur Unterstützung bzw. vereinfachten Umsetzung einer oder mehrerer Methoden. Die Anwendung einer Methode erfordert deshalb i. d. R. nicht ein bestimmtes Instrument, sondern kann durch verschiedene Instrumente unterstützt werden.[184] Sowohl Instrumente als auch Methoden werden eingesetzt, um Ziele in gegebenen Kontexten zu erreichen. Selbst bei gleichen Zielen können sich deshalb reale Anwendungsfälle deutlich unterscheiden.[185] In Unternehmen werden die Instrumente in der Architektur der IT-Systeme erkennbar, in der z. B. bestimmte Software- und Hardwarelösungen eingesetzt werden.[186] Instrumente lassen sich dort allerdings nicht beliebig integrieren, sondern hängen immer von bereits existierenden Lösungen ab, mit denen sie zusammenarbeiten müssen. Auch die eingesetzten Methoden sind nicht völlig unabhängig, sollten sich aber an den Anwendungsfällen orientieren, die zur Bereitstellung gewünschter Informationen entstehen (vgl. Abbildung 5).

Der Unterschied zwischen Methoden und Instrumenten verschwimmt in der Praxis häufig.[187] Einige Beispiele für Methoden sind *ETL, OLAP, Data Mining/Text Mining, Balanced Scorecard/Kennzahlen, Berichte, Simulationen* etc.[188] Methoden dienen stets dazu, Daten so aufzubereiten und so in einen Kontext zu stellen, dass leicht erkenn- und verstehbare Informationen entstehen, die zur Beschreibung bestimmter Sachverhalte dienen. BI-Methoden dienen also der Strukturierung und Komplexitätsreduktion.[189] Teilweise gibt es verschiedene Methoden,

---

183 Vgl. Engels (2009), S. 5.

184 Vgl. Winter (2010), S. 90 ff.

185 Vgl. Bange (2010), S. 132 f.

186 Es wird deshalb auch häufig von BI-Systemen und nicht von Instrumenten oder Werkzeugen gesprochen.

187 Vgl. z. B. die Darstellung bei Kemper/Mehanna/Baars (2010), S. 85 ff. bzw. Kapitel 3.

188 Vgl. Heyer/Quasthoff/Wittig (2006), S. 4 ff.; Bange (2010), S. 140 ff.; Mertens u. a. (2012), S. 52 ff.

189 Vgl. Azvine u. a. (2007), S. 215; Jourdan/Rainer/Marshall (2008), S. 121. Strukturierung bezieht sich hier nicht auf den Unterschied zwischen strukturierten Daten in Datenbanken und unstrukturierten Daten z. B. als Texte, Internetseiten oder Foren (vgl. hierzu z. B. Mertens u. a. (2012), S. 38, die die Begriffe formatierte und unformatierte Daten

die das gleiche Ergebnis erzeugen können. Es gibt in der Regel aber für jede Anforderung eine Methode, die am besten geeignet und damit am effektivsten ist. Die meisten Methoden könnten auch manuell und ohne jegliche IT-Unterstützung angewandt werden. Methoden sind deshalb erst einmal unabhängig von Instrumenten und bieten spezifische Ansätze sowie einen Rahmen zur Datenanalyse, -strukturierung und -bewertung.[190] Sie geraten aber ohne den Einsatz der richtigen Instrumente schnell an die Grenze sinnvoller Nutzung, weil große Datenmengen nicht effizient ohne den Einsatz von IT-Systemen verarbeitet werden können.[191] Umgekehrt heißt dies allerdings, dass Business Intelligence nicht notgedrungen mit Informationstechnologie zusammenhängt und deshalb auch nicht als Teil der Unternehmens-IT betrachtet werden darf.[192] Business Intelligence kann deshalb auch als ein Prozess betrachtet werden, der unter Anwendung von Analyse-, Strukturierungs- und Bewertungsmethoden sachdienliche Informationen aus vorhandenen Daten herausfiltert und darstellt.

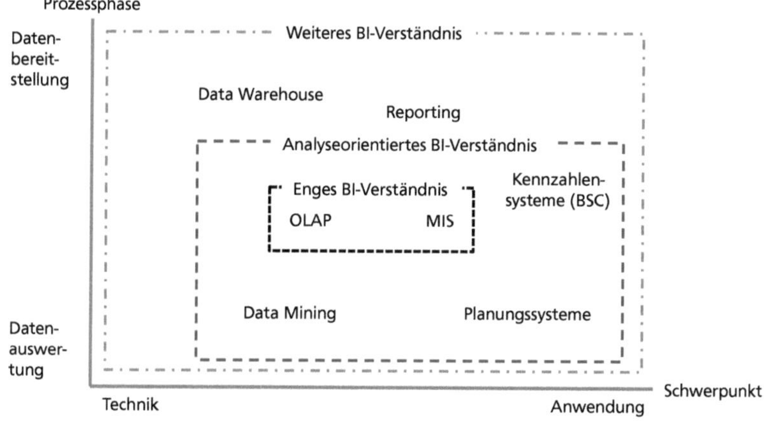

Abbildung 5: Unterschiedliche Facetten von Business Intelligence.
(Quelle: in Anlehnung an Gluchowski (2001), S. 7.).

verwenden). Vielmehr meint Strukturierung die standardisierte und organisierte Darstellung von Informationen z. B. entsprechend üblicher Kennzahldefinitionen.

190 Vgl. Resch (2009), S. 134.

191 Vgl. Fayyad/Piatetsky-Shapio/Smyth (1996a), S. 38; Fayyad/Piatetsky-Shapio/Smyth (1996b), S. 2.

192 Vgl. hierzu auch den Gatekeeper-Ansatz nach Vischer/Boutellier/Breitenmoser (2010); Breitenmoser/Vischer/Boutellier (2012).

In der Praxis stellt sich die Wahrnehmung von Business Intelligence allerdings häufig anders dar. Auch wenn Business Intelligence nicht als Teil der Unternehmens-IT betrachtet werden darf und es Ansätze für Business Intelligence ohne IT-Unterstützung gibt, so erfordert die praktische Nutzung vor allem in größeren, international agierenden oder über mehrere Standorte verteilten Unternehmen doch stets den Einsatz von Informations- und Kommunikationstechnologie.[193] Beispiele für gängige Instrumente sind *Data Warehouse, Management Information System, Decision Support System, Dashboard* etc.[194] Abbildung 6 Abbildung 6 gibt einen Überblick über verschiedene Instrumente, die als Anwendungssysteme bezeichnet werden können und deren Verwandtschaften.

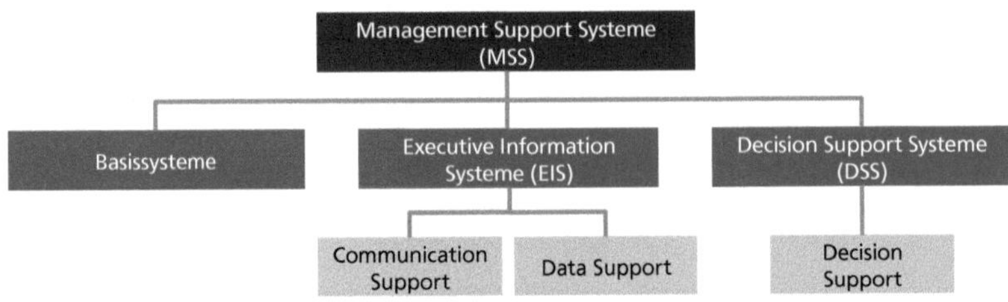

Abbildung 6: Verwandtschaften zwischen bzw. Hierarchie verschiedener Instrumente für Business Intelligence. (Quelle: in Anlehnung an Gluchowski/Gabriel/Dittmar (2008), S. 86 ud S. 89.).

Instrumente können die Effizienz der Methoden steigern, indem sie den Zugriff auf alle relevanten Daten vereinfachen und beschleunigen, die Ausführung der Methoden selbst vereinfachen und automatisieren. Teilweise unterstützen Instrumente aber auch die Effektivität von Methoden, weil sie die Darstellung und Verteilung der zusammengestellten Informationen erst ermöglichen.[195] Effizienz meint hier, im Sinne der Produktivität, das Verhältnis zwischen eingesetzten Produktionsfaktoren und erbrachter Leistung[196], während Effektivität darauf abzielt, dass die richtigen Informationen zur richtigen Zeit im richtigen Format an der richtigen Stelle bereitgestellt werden.[197] Business Intelligence kann aus dieser Perspektive deshalb auch als ein Prozess betrachtet werden, der mittels ge-

---

193 Vgl. Bachmann/Kemper (2009), S. 21 und S.34 f.

194 Vgl. z. B. Gansor/Totok/Stock (2010), S. 26 ff.; Bange (2010).

195 Unterstützung durch Instrumente kann in den drei Bereichen Datenzugriff (Source), Informationsgenerierung (Make) oder Informationsbereitstellung (Deliver) erfolgen. Vgl. hierzu Dinter/Winter (2009), S. 3 ff.; Baars (2010), S. 665; Winter (2010), S. 98 ff. Vgl. außerdem das SCOR-Modell, Pfohl (2004), S. 343 ff.

196 Vgl. Mertens u. a. (2012), S. 177; Thommen/Achleitner (2012), S. 115.

197 Vgl. Roekel van u. a. (2009), S. 34.

eigneter Instrumente die effiziente und effektive Anwendung von Methoden zur Informationsbereitstellung ermöglicht.

3.2.4 Verschiedene Definitionsansätze in der Literatur

In der Literatur gibt es eine ganze Reihe verschiedener Definitionsansätze, die mitunter sehr spezifische Sichtweisen des Themas Business Intelligence einnehmen. Drei Beispiele zur Kategorisierung liefern MERTENS, FOLEY/GUILLEMETTE und GLUCHOWSKI. Ersterer teilt sieben Kategorien des BI-Verständnisses ein und bezeichnet sie

- als Fortsetzung der Daten- und Informationsverarbeitung für die Unternehmensleitung,
- als Filter in der Informationsflut,
- als Management Informationssystem mit schnellen und flexiblen Auswertungen,
- als Frühwarnsystem,
- als Data Warehouse,
- als Informations- und Wissensspeicherung und
- als Prozess zur Symptomerhebung, Diagnose, Therapie, Prognose und Therapiekontrolle.[198]

FOLEY/GUILLEMETTE beschreiben verschiedene Definitionsansätze sogar mit 14 Attributen für in den Definitionen enthaltene Eigenschaften, die allerdings keiner Systematik oder unterschiedlichen Sichtweisen entsprechen, sondern sich aus der Sammlung einer größeren Anzahl analysierter BI-Definitionen ableiten.[199] Beispiele für genutzte Attribute sind *Deliver Knowledge/Information, Governance, Users, Data* oder *Dataanalysis.* GLUCHOWSKI schließlich unterscheidet nach dem Umfang eines BI-Verständnisses und grenzt das enge, das analyseorientierte und das weite BI-Verständnis von einander ab (vgl. auch Abbildung 5).[200]

Diese drei Beispiele verdeutlichen, dass bisher keine allgemeingültige und anerkannte Definition des Begriffs Business Intelligence existiert.[201] Vielmehr zeigen bereits die Ansätze zur Kategorisierung, dass es eine gewisse Bandbreite von Inhalten gibt, die mit dem Begriff verbunden werden. Viele Autoren nutzen sehr IT-orientierte BI-Definitionen, die im Grunde nur auf die eingesetzten Instru-

---

198 Vgl. Mertens (2002), S. 66 und S. 67, Abbildung 3.

199 Vgl. Foley/Guillemette (2010), S. 3 f. und S. 18 ff., Tabelle 1.

200 Vgl. Gluchowski (2001), S. 6 f.

201 Vgl. Kemper/Mehanna/Baars (2010), S. 2.

mente abzielen. BUCHER/GERICKE/SIGG sprechen zum Beispiel von einem *„collective termin for characterizing systems capabale of supporting“.*[202] GLUCHOWSKI/KEMPER sprechen sogar von Business Intelligence als einem *„integrierten IT-Gesamtkonzept“.*[203] Auch MOSS/ATRE fokussieren Instrumente in ihrer Definition, sprechen aber von einer *„cross-organizational discipline and an enterprise architecture for integrated collection of operational as well as decision-support applications and databases“* und machen somit deutlich, dass der Einsatz der Instrumente nicht auf den IT-Bereich beschränkt ist, sondern die Nutzung organisationsübergreifend stattfindet.[204] Diese IT-orientierte Sichtweise wird außerdem durch Beratungsunternehmen und Softwareanbieter vertreten, die verschiedene Instrumente zur Unterstützung anbieten bzw. deren Implementierung vornehmen und das Interesse am Kauf von Instrumenten bei Entscheidern fördern möchten.[205] Interessant ist auf jeden Fall, dass fast ausschließlich deutschsprachige Autoren ein solch IT-orientiertes BI-Verständnis vertreten (vgl. Anhang 1).

Ein ebenfalls sehr technisches Verständnis von Business Intelligence, das aber neben Instrumenten auch Methoden in der Definition nennt haben z. B. AZVINE/CUI/NAUCK, die Business Intelligence als *„all about how to capture, access, understand, analyze and turn one of the most valuable assets of an enterprise – raw data – into actionable information“* bezeichnen.[206] Relativ nah an diesem Verständnis definieren auch GLASER/STONE und sprechen von *„infrastructure, data acquisition, data integration, data aggregation and storage, data analyses and portal“* als wichtigste Komponenten von Business Intelligence.[207]

Im Gegensatz dazu nutzen BREITENMOSE/VISCHER/BOUTELLIER eine Definition, die den Einsatz von Instrumenten und Methoden völlig ausklammert und stellen das Ziel, *„dem Management durch rechtzeitigte Information zu helfen, strategische und operative Entscheidungen zu fällen“* in den Mittelpunkt.[208] Auch RADEN definiert Business Intelligence unabhängig von der Technologie und sagt *„BI is to present the right information to the right people at the right time so they can make better decisions“.*[209] Dieser Definitionsansatz zeigt gewisse Parallelen zur Logistik im Allgemeinen und zur Informationslogistik im Speziellen und legt den Fokus da-

[202] Bucher/Gericke/Sigg (2009), S. 408.
[203] Gluchowski/Kemper (2006), S. 12.
[204] Moss/Atre (2003), S. 4.
[205] Vgl. Gansor/Totok/Stock (2010), S. 29.
[206] Azvine/Cui/Nauck (2005), S. 215.
[207] Glaser/Stone (2008), S. 68.
[208] Breitenmoser/Vischer/Boutellier (2012).
[209] Raden (2007), S. 28.

mit auf den Informationstransport als Voraussetzung zur Entscheidungsunterstützung.[210]

Neben diesem starken Fokus auf Informationsnutzung stellen einige Autoren auch die Anwendung, das heißt die Datenanalyse und damit die Informationsbereitstellung, in den Mittelpunkt. MILLER ergänzt die Definition RADENS deshalb um *„the capabilities required to turn data into intelligence"*.[211] Auch GANSOR/TOTOK/STOCK sprechen von Business Intelligence als einem *„analytischen Prozess, der Unternehmens- und Wettbewerbsdaten in handlungsgerechtes Wissen für die Entscheidungsunterstützung überführt"*.[212] Dieser Definition entspricht schließlich auch das Verständnis MICHAELIS, der lediglich den Aspekt der Datenerhebung ergänzt.[213]

Alle bisher beschriebenen Definitionsansätze legen den Schwerpunkt entweder auf die technische Perspektive oder auf die Nutzerperspektive. Es gibt darüber hinaus auch eine Gruppe von Autoren, die diese Trennung nicht vornehmen, sondern beide Perspektiven in ihrer Definition abdecken. WU/BARASH/BARTOLINI sprechen zum Beispiel von *„applications and technologies, which are used to gather, provide access to and analyze data and information about the organizations, to help make better business decisions"*.[214] Sie gehen also von der technologischen Perspektive aus und spannen den Bogen zur Nutzungsperspektive. Im Gegensatz dazu sehen FOLEY/GUILLEMETTE Business Intelligence nicht primär als die Nutzung von Methoden und Instrumenten, sondern umfangreicher und gleichbedeutender als eine *„combination of processes, policies, culture, and technologies for gathering, manipulation, storing, and analyzing data collected from internal and external sources, in order to communicate information, create knowledge, and inform decision making"*.[215]

Als letzte Gruppe von Definitionsansätzen bleiben noch jene Autoren, die Business Intelligence als unabhängig von Instrumenten betrachten und die Nutzung unter Anwendung von Methoden in den Mittelpunkt stellen. So beschreibt LAMONT Business Intelligence als *„ability to analyze quantitative data and produce information that monitors business performance. The analyses may be summaries*

[210] Vgl. Pfohl (2010), S. 12; Winter (2010), S. 92 f.
[211] Miller (2006), S. 3.
[212] Gansor/Totok/Stock (2010), S. 29.
[213] Vgl. Michaeli (2006), S. 3.
[214] Wu/Barash/Bartolini (2007), S. 279.
[215] Foley/Guillemette (2010), S. 4.

or drill downs that present details on subsets of data".[216] Auch JOURDAN/RAINER/MARSHALL klammern Instrumente in ihrer Definition aus und sprechen von Business Intelligence als einem Prozess und einem Produkt. „*The process is composed of methods that organizations use to develop useful information* [...] *The product is information* [...]".[217] Insbesondere diese Definition legt den Schluss nahe, dass es sich bei Business Intelligence um einen Prozess handelt, dessen Input auf der einen Seite Daten und auf der anderen Seite eine Beschreibung des Nutzens bzw. des Bedarfes („useful") ist. Der Output hingegen ist eine Information, die zur Befriedigung des Bedarfes dient bzw. den gewünschten Nutzen erbringt.

3.2.5 Zwischenfazit und Arbeitsdefinition

Aufgrund der Vielfalt an verschiedenen Definitionen kann also nicht einfach generell von Business Intelligence gesprochen werden. Vielmehr muss bestimmt werden, welche Perspektive bzw. Perspektiven für eine Diskussion und ein Thema relevant sind, damit eine entsprechende Arbeitsdefinition bestimmt werden kann. Im Kontext dieser Arbeit werden Instrumente bereits in Kapitel 1.1 von der Betrachtung ausgeschlossen. Somit können lediglich die Perspektiven der Nutzer, Anwender und Methoden eine Rolle spielen (vgl. Abbildung 7 und dazu Kapitel 3.2.2 und 0).

Ebenfalls in Kapitel 1.1 wurde erläutert, dass eine Herausforderung im BI-Kontext die Bewertung des Nutzens darstellt, weil häufig über Möglichkeiten und technische Lösungen gesprochen wird, der eigentliche (Informations-)Bedarf aber nicht als Ausgangspunkt für die Informationsbereitstellung wahrgenommen wird.[218] Das bedeutet, dass Business Intelligence eben genau aus dieser Perspektive betrachtet werden sollte und somit die Informationsnutzung zur Entscheidungsunterstützung in den Vordergrund gestellt werden muss. Dieser Nutzen kann als **Primärnutzen** bezeichnet werden.

---

[216] Lamont (2006), S. 8.

[217] Jourdan/Rainer/Marshall (2008), S. 121.

[218] Für Nutzer stellt die Differenzierung zwischen den unterschiedlichen Perspektiven häufig eine Herausforderung dar, weil die Nutzung von Informationen in vielen Fällen mit der Nutzung bestimmter Instrumente einhergeht. Die Wahrnehmung von Business Intelligence ist deshalb häufig eine technologische. Es muss aber unterschieden werden zwischen solchen Instrumenten, die dazu dienen, die aufbereiteten Informationen zur Nutzung bereitzustellen und solchen, die zur Unterstützung von (Analyse-)Methoden dienen. Gerade letztere können aber nicht per se Nutzen stiften, sondern erst durch die Anwendung durch Menschen, die mittels der ihnen bekannten Methoden Daten aufbereiten, sie in einen Kontext setzen und somit Informationen erzeugen.

Zur Erzeugung des Primärnutzens spielen weiterhin die Anwender die entscheidende Rolle, weil nur diese in der Lage sind, die gewünschten Informationen zu erzeugen. Die Anwender können durch ihr eigenes Wissen über reale Sachverhalte, Zusammenhänge, vorhandene Daten und Methoden repräsentative Daten in einen Kontext setzen, der Informationen über die Sachverhalte liefert und den Informationsbedarf der Nutzer befriedigt.[219] Sie liefern also den Input zur Schaffung des Primärnutzens.

Business Intelligence beschreibt deshalb im Rahmen dieser Arbeit in Anlehnung an JOURDAN/RAINER/MARSHALL einen *Prozess zur Entscheidungsunterstützung, der Entscheidern mittels methodischer Datenanalysen Informationen als Antworten auf formulierte Informationsbedarfe liefert.* Ausgangspunkt bzw. Input dieses Prozesses ist die Frage bzw. die Formulierung eines Informationsbedarfs durch einen oder mehrere Nutzer. Der Output Information kann folglich als Antwort auf die eingangs gestellte Frage betrachtet werden, darf aber nicht mit der Lösung eines Entscheidungsproblems verwechselt werden.[220] Die Information kann dem Entscheider in unterschiedlichen Phasen des Entscheidungsprozesses z. B. zur Analyse der Ausgangssituation oder der Beurteilung alternativer Ziele nutzen. Die Lösung des Entscheidungsproblems erfolgt anschließend erst durch die Entscheidung des Nutzers.[221]

Dieser Definition folgend, können die vier Perspektiven auch als eine Hierarchie aus vier Ebenen betrachtet werden (vgl. Abbildung 7). Die unterste Ebene beinhaltet die Instrumente zum Datenzugriff und der Datenverarbeitung. Wie bereits oben erläutert gibt es verschiedene Instrumente, die auf dieser Ebene eingesetzt werden können und die vergleichbare Möglichkeiten zur darauf aufbauenden Datenanalyse bereitstellen. Als zweite Ebene liegen über der Instrumentenebene die Methoden. Diese sind schon spezifischer auf den Informationsbedarf der Nutzer abgestimmt und haben bereits früh einen Einfluss auf die Art der bereitzustellenden Informationen sowie auf deren spätere Verwendungs- und Anpassungsmöglichkeiten. Beide Ebenen sind als technische Ebenen zu betrachten.

---

219 Vgl. North (2011), S. 36 f.

220 Es gibt auch Fälle, in denen die bereitgestellten Informationen bereits ein ganz klares Ziel vorgeben bis hin zu automatisierten Entscheidungen, die auf Regelwerken basieren. Beispiele hierfür sind Warnhinweise, die auf problematische Zustände in Prozessen hinweisen, die wiederum einen Eingriff erfordern. Grundsätzlich muss aber auch in solchen Fällen vorab bekannt sein, wie die Zielalternativen aussehen bzw. welche Entscheidung in welchen Fällen getroffen werden müssen. Dieser Prozess entspricht wiederum dem beschriebenen Entscheidungsprozess und wird lediglich durch definierte Regelwerke festgeschrieben bzw. automatisiert.

221 Vgl. Klein/Scholl (2011), S. 54 ff.

Über der Methodenebene liegen die beiden Ebenen der Anwender und Nutzer, wobei die Anwender auf Methoden zurückgreifen, um Daten zu Informationen aufzubereiten und den Nutzern zur Entscheidungsunterstützung zur Verfügung zu stellen.

Eine Darstellung der Ebenen als Pyramide (vgl. Abbildung 7) bietet sich hier insbesondere deshalb an, weil mit wachsender Ebenenhöhe Daten und schließlich auch Informationen immer weiter verdichtet werden. Gleichzeitig weist die Spitze der Pyramide auf einen Punkt, in diesem Fall auf die Entscheidung des Nutzers, für dessen Unterstützung Informationen bereitgestellt werden.

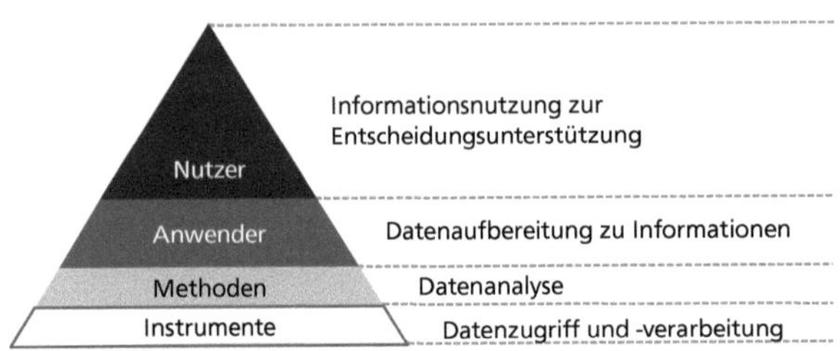

Abbildung 7: Business Intelligence ist ein Prozess zur Entscheidungsunterstützung, der Informationsbedarfe von Entscheidern (Nutzern) deckt. (Quelle: Grothe/Gentsch (2000), S. 24; Dombrowski/Palluck/Schmidt (2006), S. 554; Westkämper/Hummel/Rönnecke (2009), S. 36; North (2011), S. 36.)

Die Ausführungen zu Business Intelligence zeigen aber auch die enge Verwandtschaft zu anderen Themen und Disziplinen. In einigen Bereichen existieren sogar größere Schnittmengen, sodass sich die Frage stellt, ob Business Intelligence eine Ausprägung, eine Teilmenge oder ein Überbegriff eines anderen, bereits länger etablierten Themas bildet. Das folgende Kapitel dient deshalb dazu, Business Intelligence von den drei eng verwandten Disziplinen des Informationsmanagements, Controllings und Wissensmanagements abzugrenzen.

3.3 Vergleich mit und Abgrenzung zu verwandten Disziplinen

Als verwandte Disziplinen werden keine synonym verwendeten Begriffe wie z. B. *Competitive Intelligence*, *Business Performance Management* oder *Management Support Systems* betrachtet.[222] Vielmehr ist eine Abgrenzung zu Begriffen notwendig, deren Inhalte bzw. Tätigkeiten große Ähnlichkeiten mit denen von Bu-

[222] Vgl. Vedder u. a. (1999), S. 109; Bucher/Gericke/Sigg (2009), S. 408; Foley/Guillemette (2010), S. 2.

siness Intelligence auf bestimmten Ebenen bzw. in verschiedenen Perspektiven haben und die sich mit Informationen im Unternehmen beschäftigen (vgl. Abbildung 7, Seite 50). Diese sind das Informationsmanagement auf der Instrumenten- und teilweise der Methodenebene sowie das Wissensmanagement und das Controlling auf der Anwender- und Nutzerebene.[223]

3.3.1 Informationsmanagement – Management der Ressource Information

Informationen und respektive Wissen sind zur effizienten und effektiven Kombination der Elemente im Leistungserstellungsprozess eines Unternehmens notwendig und zählen deshalb selbst zu den Produktionsfaktoren.[224] Das Informationsmanagement beschäftigt sich nun wiederum mit dem bestmöglichen Einsatz der Ressource Information im Leistungserstellungsprozess.

Hierfür existieren verschiedene Ansätze zur Strukturierung der Inhalte und Beschreibung der Aufgaben des Informationsmanagements. Als möglicherweise populärster Ansatz und besonders im US-amerikanischen Raum vertretene Sichtweise, sind problemorientierte Ansätze zu nennen. Die Grundannahme ist hierbei eine Trennung zwischen Nutzern und Anbietern der Informationen bzw. Infrastruktur.[225] Diese Trennung in Fachabteilung und IT soll eine bessere Ausrichtung der IT-Strategie an der gesamten Unternehmensstrategie fördern und wurde bereits Mitte der 80er Jahre von BENSON vorgeschlagen.[226] Die Unternehmensstrategie gibt hierzu Ziele vor, an welche die IT-Strategie angepasst werden muss. Diese dient wiederum dazu, das notwendige Angebot zur Umsetzung der Unternehmensstrategie zu schaffen.[227] Im deutschen Sprachraum hingegen sind eher aufgabenorientierte Ansätze verbreitet, die das Leistungsangebot in Bezug auf Information und Kommunikation innerhalb einer Organisation in den Mittelpunkt stellen. Begründende Vertreter dieser Sichtweise sind HEINRICH/BUCHHOLZER, die diesen Ansatz ebenfalls Mitte der 80er Jahre in die Diskussion eingebracht haben.[228] Unterschieden werden deshalb strategische, taktische und operative Aufgaben, die von der langfristigen Ausrichtung der IT an der Un-

---

[223] Reine IT-Themen sollen hier nicht näher betrachtet werden, weil diese unter der verwendeten BI-Definition keine Rolle spielen und somit auch keine Überschneidungen vorhanden sind bzw. Abgrenzungen notwendig werden.

[224] Vgl. Thommen/Achleitner (2012), S. 38 f. sowie S. 46 f.

[225] Vgl. Applegate/Austin/McFarlan (2003), S. 36 ff.

[226] Vgl. Benson (1993), S. 194 f.

[227] Vgl. Earl (1998), S. 485 f. und S. 489 f. Vgl. hierzu auch die Diskussion um Technology-push und Market-pull z. B. in Chidamber/Kon (1994).

[228] Vgl. Heinrich/Burgholzer (1988), S. 10 ff. und S. 39 f.

ternehmensstrategie bis hin zum operativen Betrieb reichen.[229] Wegen des Fokus auf Prozesse und der Nennung an anderer Stelle sollen noch prozessorientierte Ansätze erwähnt werden.[230] Diese definieren ebenfalls nach zeitlichen Fristen strategische, taktische und operative Prozesse.[231] Der übergreifende Prozess des Informationsmanagements wird dabei in Teil- und schließlich Einzelprozesse aufgespalten. Im Mittelpunkt der prozessorientierten Ansätze steht die Ressourcenplanung zum Management der Informationssysteme.[232] Darüber hinaus gibt es noch eine Reihe weiterer Ansätze, die für diese Arbeit keinen weiteren Beitrag leisten und deshalb hier nicht näher erwähnt werden sollen.

Daraus lässt sich unabhängig vom verfolgten Ansatz ableiten, dass Informationsmanagement *„das Management der Informationswirtschaft, der Informationssysteme, der Informations- und Kommunikationstechniken sowie [deren] übergreifende Führungsaufgaben"*[233] bezeichnet. *„Generelles Sachziel des Informationsmanagements ist es, das Leistungspotenzial der Informationsfunktion für die Erreichung der strategischen Unternehmensziele durch die Schaffung und Aufrechterhaltung einer geeigneten Informationsinfrastruktur in Unternehmenserfolg umzusetzen."*[234] Informationsmanagement ist also sowohl Management- als auch Technikdisziplin, wobei sich der Managementanteil mit dem Management der Technik und deren Betrieb, d. h. mit Instrumenten, befasst.[235]

Aus dieser Beschreibung wird aber auch deutlich, dass sich das Informationsmanagement, der oben eingeführten Unterscheidung in Daten, Information und Wissen folgend, nur teilweise mit der Bereitstellung von Informationen beschäftigt. Zu großen Teilen müsste eher von Instrumenten zur Informationsweitergabe bzw. Datenverarbeitung gesprochen werden, weil eben nicht die Aufbereitung und damit das in einen Kontext setzen von Daten zu Informationen im Fokus stehen[236], sondern die Planung, Organisation und Kontrolle der Nutzung der Ressource Information einschließlich der dazu genutzten Informationssysteme sowie Informations- und Kommunikationstechnologien betrachtet werden. Einen

---

229 Vgl. Hildebrand (2001), S. 20 f.

230 Vgl. den Aufbau eines Prozessmodells für Business Intelligence in Kapitel 6.

231 Vgl. IBM Deutschland (1988), S. 20.

232 Vgl. Österle/Brenner/Hilbers (1992), S. 33 ff. Vgl. hierzu außerdem als konkrete Umsetzungen in Prozessreferenzmodellen *Control Objectives for Information and related Technology* (COBIT) sowie *Information Technology Infrastructure Library* (ITIL) in itSMF/ISACA (2008).

233 Krcmar (2010), S. 52.

234 Heinrich (1999), S. 21.

235 Vgl. Heinrich/Stelzer (2011), S. 2 ff.

236 Vgl. Aamodt/Nygård (1995), S. 197. Vgl. hierzu außerdem die Unterscheidung und Ausführungen in Kapitel 3.2.2.

zusammenfassenden Überblick über die Abgrenzung von Informationsmanagement und Business Intelligence gibt Abbildung 8.

Zusammenfassung der Abgrenzung von Informationsmanagement und Business Intelligence	
Ziel	Gewährleistung des bestmöglichen Einsatzes der Ressource Information.
Aufgabe	Planung, Organisation und Kontrolle der Nutzung der Ressource Information einschließlich der dazu genutzten Informationssysteme sowie Informations- und Kommunikationstechnologie.
Unterschiede zu BI	Keine Aufbereitung und Interpretation von Daten zu Informationen, kein Fokus auf Entscheidungsunterstützung.
Überschneidungen mit BI	Inhalte und Ziele auf der Instrumentenebene von Business Intelligence sind identisch mit denen des Informationsmanagements. Business Intelligence auf der Instrumentenebene kann deshalb als Teilmenge des Informationsmanagements betrachtet werden.

Abbildung 8: Zusammenfassung der Abgrenzung von Informationsmanagement und Business Intelligence. (Quelle: eigene Darstellung)

3.3.2 Wissensmanagement – Entwicklung und Sicherung der Ressource Wissen

Nach der Abgrenzung des Informationsmanagements von Business Intelligence als das Management der Ressource Information mit einem Fokus auf dem Management der Instrumente, gilt es, das Verhältnis von Business Intelligence zum Wissensmanagement zu klären. So beschäftigt sich Wissensmanagement mit der Bereitstellung der Ressource Wissen sowie deren Entwicklung und Sicherung im Hinblick auf die Erreichung der Unternehmensziele.[237] Wissen wird dabei als „*Gesamtheit der Kenntnisse und Fähigkeiten* [bezeichnet], *die Personen zur Lösung von Problemen einsetzen*".[238] Wissensmanagement beschäftigt sich also – im Gegensatz zum Informationsmanagement – nicht einfach mit dem Management spezifischer Instrumente, sondern mit Methoden und Menschen sowie der Unternehmensorganisation als Kontext.[239] Bezogen auf die Organisation wird auch vom Management der wettbewerbsrelevanten Kernkompetenzen gesprochen.[240] Diese beschreiben einen auf dem Wissen der Akteure beruhenden Verbund von

---

237 Vgl. North (2011), S. 11.

238 North (2011), S. 37; vgl. weiterhin Probst/Deussen (1997), S. 6 ff. Vgl. hierzu außerdem Aamodt/Nygård (1995), S. 197 und die Unterscheidung und Ausführungen in Kapitel 2.3.2.2.

239 Vgl. Nonaka/Takeuchi (1997), S. 63 und S. 84.

240 Vgl. hierzu die Ressourcentheorie und deren Weiterentwicklung als Wissenstheorie in Penrose (1959); Hamel/Heene (1994); Krogh/Venzin (1995).

Fähigkeiten und Technologien, die dem Unternehmen schwer imitier- bzw. transferierbare Wettbewerbsvorteile gegenüber Konkurrenten verschaffen.[241]

Auch für das Wissensmanagement gibt es verschiedene Ansätze dafür, welche Aufgaben dazu gehören und wie es ablaufen soll. Einer der bekanntesten Ansätze ist die Wissensspirale von NONAKA/TAKEUCHI, die den Fokus darauf lenkt, dass das vorhandene Wissen der Akteure für die Organisation erhalten bleiben und deshalb auf andere Akteure übertragen werden muss.[242] Die Grundannahme ist dabei, dass es implizites und explizites Wissen gibt. Das implizite Wissen bezeichnet jene Form des Wissens, die nicht einfach durch Worte ausgedrückt sowie formalisiert werden kann und zu der z. B. auch Erfahrungswissen zählt. Im Gegensatz dazu existiert das explizite Wissen, das durch Worte sowie Zeichen ausgedrückt und damit auch von Personen unabhängig gespeichert und weitergegeben werden kann.[243] Hierbei werden vier verschiedene Arten der Wissensübertragung unterschieden (vgl. Abbildung 9):[244]

- Sozialisation findet zwischen Organisationsmitgliedern statt und führt durch Interaktion, z. B. gemeinsames Arbeiten, zum Austausch impliziten Wissens.
- Kombination beschreibt die Zusammenführung in der Organisation vorhandenen expliziten Wissens, z. B. in Meetings oder durch den Austausch von Memos.
- Externalisierung findet statt, wenn implizites Wissen von Organisationsmitgliedern in explizite Formen gewandelt wird, sodass kommunizierbares Wissen entsteht, z. B. durch die Formulierung von Hypothesen und Modellen.
- Internalisierung von Wissen erfolgt durch Erlernen des formulierten, expliziten Wissens und Umsetzung in Handlungen durch Organisationsmitglieder.

Die Wissensspirale ist ein theoretisches Modell, das den Akt der Wissensübertragung als kontinuierlichen Vorgang darstellt, aber wenig konkrete Anhaltspunkte zur Implementierung liefert. Ein weiteres theoretisches Modell ist WILLKES systemisches Wissensmanagement. In diesem wird Wissensmanagement auf Basis der Systemtheorie hergeleitet.[245] Wissensmanagement kann also nur durch die Veränderung des externen Kontextes sowie durch interne Selbststeuerung erfolgen. Das systemische Wissensmanagement beschreibt deshalb eine Reihe von Kom-

---

[241] Vgl. Barney (1991a), S. 105 ff.

[242] Vgl. Nonaka/Takeuchi (1997), S. 63 f.

[243] Vgl. Mulder/Whiteley (2007), S. 70 f.

[244] Vgl. Nonaka (1994), S. 18 ff.

[245] Vgl. hierzu Habermas/Luhmann (1979).

ponenten, die gemeinsam den beinflussbaren Kontext für das Wissensmanagement im Unternehmen bilden.[246]

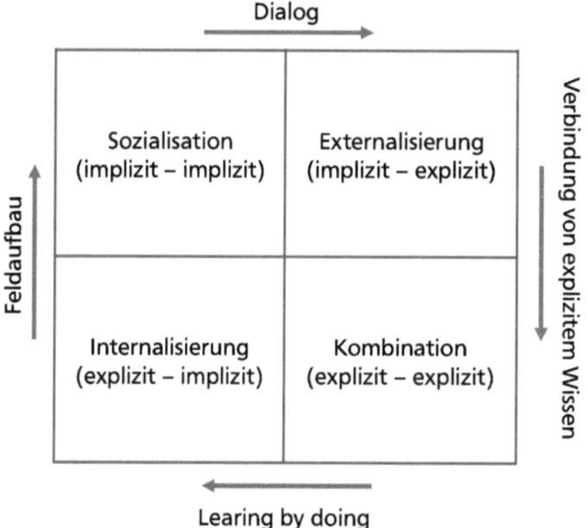

Abbildung 9: Wissensweitergabe als endloser Prozess um Externalisierung und Internalisierung. (Quelle: Nonaka/Takeuchi (1997), S. 84.)

Neben diesen beiden theoretischen Ansätzen gibt es noch eine Reihe weiterer Ansätze. Hier sind insbesondere mehr anwendungsorientierte Ansätze wie z. B. das Lebenszyklusmodell von Rehäuser/Krcmar[247], die Bausteine des Wissensmanagements von Probst/Raub/Romhardt[248] oder das Wissensmarkt-Konzept von North[249] zu nennen, deren Ziel die praktische Implementierung von Wissensmanagement in Unternehmen ist.

Alle Ansätze verfolgen aber das gleiche Ziel, sachdienliches und zweckorientiertes Wissen zur Förderung der Unternehmensziele im Unternehmen zu entwickeln, um dieses dauerhaft im Unternehmen zu halten und somit die Effizienz zu steigern bzw. erfolgreicher auf dem Weg zur Erreichung der Unternehmensziele zu agieren. Wissensmanagement hat deshalb die Aufgabe die notwendigen Rahmenbedingungen, Strukturen und Prozesse so zu gestalten, dass das Ziel, d. h. konkret Wissensidentifikation, -erwerb, -entwicklung, -verteilung, -nutzung und schließlich -speicherung, möglichst effizient erreicht wird.[250] Einen zusam-

---

[246] Vgl. Willke (1998), S. 69.
[247] Vgl. Rehäuser/Krcmar (1996), S. 22–26.
[248] Vgl. Probst/Raub/Romhardt (2012), S. 30 ff.
[249] Vgl. North (1997); North (2011), S. 265 ff.
[250] Vgl. Meixner/Haas (2012), S. 10; Probst/Raub/Romhardt (2012), S. 34.

menfassenden Überblick über die Abgrenzung von Wissensmanagement und Business Intelligence gibt Abbildung 10.

Zusammenfassung der Abgrenzung von Wissensmanagement und Business Intelligence	
Ziel	Bereitstellung der Ressource Wissen sowie deren Entwicklung und Sicherung im Hinblick auf die Erreichung der Unternehmensziele.
Aufgabe	Möglichst effiziente Gestaltung der Rahmenbedingungen, Strukturen und Prozesse für Wissensmanagement im Unternehmen.
Unterschiede zu BI	Kein Fokus auf Entscheidungsunterstützung in abgegrenzten Entscheidungssituationen, sondern auf dem Erhalt und der Förderung generellen Wissens im Unternehmen.
Überschneidungen mit BI	Zweckdienliche Vernetzung von Informationen und Externalisierung impliziten Wissens zur Weitergabe innerhalb des Unternehmens.

Abbildung 10: Zusammenfassung der Abgrenzung von Wissensmanagement und Business Intelligence. (Quelle: eigene Darstellung)

3.3.3 Controlling – Unterstützung der Führung von Organisationen

Als dritte eng verwandte Disziplin, die sich mit Informationen im Unternehmen beschäftigt, ist das Controlling abzugrenzen. Controlling wird weithin als Teil des Führungssystems gesehen, es gibt aber hinsichtlich der genauen Inhalte, Ziele und Aufgaben in der wissenschaftlichen Literatur keine Einigkeit.[251] Eine Besonderheit des Begriffes ist seine ausschließliche Entstehung und Verwendung im deutschen Sprachraum. Im anglo-amerikanischen Raum werden die entsprechenden Inhalte durch verschiedene Begriffe wie Management Accounting, Financial Management, Behavioral Accounting etc. beschrieben.[252] Gemeinsam ist den verschiedenen Ansätzen des Controllings aber, dass es um die Koordination von Planung, Kontrolle und Informationsversorgung geht und dass allgemein die Führung von Organisationen unterstützt wird.[253]

Die klassischen Ansätze der Controllingkonzeption können vier Definitionstypen zugeordnet werden. Diese Zuordnung kann allerdings nicht völlig überschneidungsfrei erfolgen, sondern bildet lediglich Cluster stark verwandter bzw. auf

---

[251] Vgl. Preißler (2009), S. 14 f. Zur Einordnung des Controllings im Führungssystem eines Unternehmen vgl. z. B. Pfohl/Stölzle (1997), S. 28 ff.

[252] Vgl. Schwarz (2003), S. 10. Es gibt im anglo-amerikanischen Sprachraum zwar auch die Begriffe *to control*, *controlling* und *controller*. Der eigenständige Begriff Controlling als Beschreibung einer Funktion wird so aber nicht verwendet, sondern durch spezifischere Begriffe für Teilaufgaben des Controllings abgebildet.

[253] Vgl. Franz/Kajüter (2003), S. 124.

den gleichen Grundannahmen aufbauender Ansätze.[254] Anfänglich wurde das Controlling als eine reine **Informationsversorgungsfunktion** gesehen, um der Unternehmensführung entscheidungsrelevante Informationen zur Verfügung zu stellen.[255] Controlling wird deshalb in diesem Ansatz als zentrale Einrichtung der betrieblichen Informationswirtschaft[256] oder auch als Teil des Rechnungswesens[257] betrachtet und zielt auf die Abstimmung von Informationsbedarfen, Informationsnachfragen und Informationsangeboten.[258] Parallel entwickelte sich auch ein Ansatz, in dem Controlling als **erfolgszielbezogene Steuerungsfunktion** betrachtet wird, die der konsequenten Ausrichtung des Unternehmens am Gewinnziel dient.[259] Controlling wird in diesem Ansatz *„nicht nur als Kontrollieren, sondern auch als Regeln, Beherrschen, Steuern“*[260] betrachtet und hat die Gewinnverantwortung für das Unternehmen.[261] Damit wird Controlling auch als elementarer Teil der eigentlichen Unternehmensführung betrachtet.[262] Das dritte Cluster bilden Ansätze, die Controlling als **Koordinationsfunktion** verstehen. Controlling stellt in diesem Zusammenhang ein Subsystem der Führung dar, das Planung, Kontrolle und Informationsversorgung koordiniert und dadurch eine Hilfestellung für die Koordination des Gesamtsystems Unternehmen bzw. Unternehmensführung bietet.[263] Die Koordination beschränkt sich dabei nicht nur auf die direkt erfolgswirksamen Größen, sondern schließt auch die Führungsteilsysteme Personal und Organisation ein.[264] Ziel dieser Koordination ist die Steuerung der Interdependenzen zwischen den Führungsteilsystemen, nicht jedoch aller Tätigkeiten zur Erfüllung der eigentlichen Teilsystemaufgaben.[265] Abschließend bilden Ansätze zum Controlling als **Rationalitätssicherung der Führung** das vierte Cluster. Diese Sichtweise ist die jüngste und entwickelte sich in Folge verschiedener Kritiken an den übrigen drei Typen von Ansätzen mit dem Ziel, die Brücke zwischen den theoretischen Ansätzen und praktischen Umsetzungen zu

---

[254] Vgl. Weber/Schäffer (2011), S. 20.

[255] Vgl. z. B. Reichmann (2011), S. 5 ff.

[256] Vgl. Müller (1974), S. 683 f. und S. 686.

[257] Vgl. Bannow (1983), S. 21.

[258] Vgl. Thommen/Achleitner (2012), S. 544. Vgl. außerdem die Ausführungen in Kapitel 4.2.1 über das Spannungsfeld zwischen benötigten und nachgefragten Informationen sowie den gelieferten Informationen als Output des BI-Prozesses.

[259] Vgl. Pfohl/Zettelmeyer (1987), S. 149.

[260] Mann (1973), S. 21.

[261] Vgl. Mann (1973), S. 20 ff.

[262] Vgl. Weber/Schäffer (2011), S. 23.

[263] Vgl. Horváth (2011), S. 95 ff.

[264] Vgl. Küpper (2001), S. 15.

[265] Vgl. Zenz (1999), S. 31.

schlagen.[266] Grundlage dieses Ansatzes ist die Annahme beschränkter Rationalität bzw. kognitiver Fähigkeiten der handelnden Akteure im Unternehmen.[267] Dem Controlling kommt deshalb die Aufgabe zu, Rationalitätsdefizite zu erkennen und die Aufmerksamkeit der Akteure auf entsprechende Probleme zu lenken. Das Controlling unterstützt also dabei, Abweichungen in Zweck-Mittel-Beziehungen zu verringern oder sogar zu vermeiden.[268] Die vier beschriebenen Definitionstypen werden auch als Evolution betrachtet, in der das erste Cluster als niedrigste und das vierte Cluster als höchste Evolutionsstufe bzw. als Stufe mit dem höchsten Reifegrad gesehen wird (vgl. Abbildung 11).

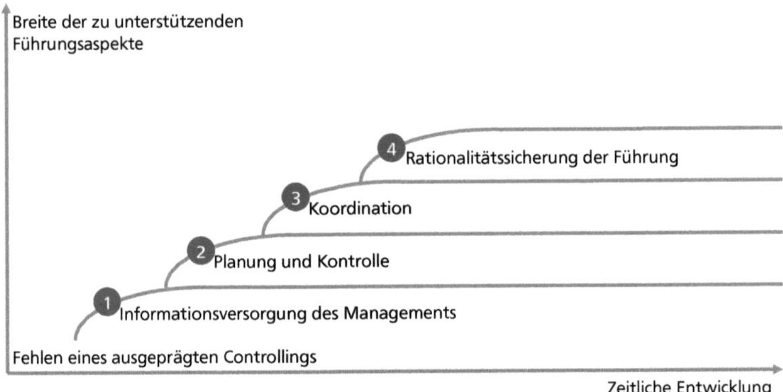

Abbildung 11: Controllingverständnis in der deutschsprachigen Literatur. (Quelle: Weber u. a. (2006), S. 30.)

Zusammenfassend kann also festgestellt werden, dass Controlling eine Funktion im Unternehmen darstellt, welche die Unternehmensführung bei der Koordination von Planung und Kontrolle unterstützt sowie gezielt über den Status bzw. Entwicklungen informiert.[269] Folglich beschäftigt sich das Controlling nicht mit Instrumenten zur eigentlichen Datenverarbeitung und Informationsweitergabe, sondern ähnlich dem Wissensmanagement, mit Methoden und organisatorischen Fragen zur Umsetzung der Koordinations- und Informationsaufgaben. Es wird aber auch deutlich, dass Controlling der Entscheidungsunterstützung des Mana-

---

266 Vgl. Weber/Schäffer (1999), S. 732 f.; Weber/Schäffer (2000b), S. 110 ff. Rationalitätsdefizite können durch Defizite bei den Fähigkeiten (Können) oder den Zielen (Wollen) von Führungskräften entstehen.

267 Vgl. Simons (1994), S. 16 f.; Simons (2000), S. 53 f. und S. 67 ff.

268 Vgl. Schäffer (2003), S. 101 ff.

269 Vgl. Preißler (2009), S. 16; Horváth (2011), S. 67 f.; Reichmann (2011), S. 11 f.

gements dient. Somit bewegt sich Controlling auf den gleichen Ebenen wie Business Intelligence im Sinne der in dieser Arbeit genutzten Definition (vgl. Abbildung 7) und weist auch in Hinblick auf die Inhalte große Gemeinsamkeiten mit Business Intelligence auf. Die Frage ist nun, wo die Unterschiede liegen, sodass von zwei unterschiedlichen Dingen gesprochen werden kann oder ob gar das eine als Teilmenge des anderen darzustellen ist.

Gemäß der Definition von Business Intelligence[270] handelt es sich hierbei um Informationsversorgung als Entscheidungsunterstützung. Die Aspekte Planung und Kontrolle werden dabei nicht berücksichtigt genauso wie Business Intelligence nicht der Koordination im engeren Sinne dient, sondern lediglich gezielt Informationsbedarfe zur Entscheidungsunterstützung befriedigt. Controlling kann wegen des größeren Aufgabenumfangs folglich kein Teil von Business Intelligence sein.

Umgekehrt beschränkt sich Controlling bei der Informationsversorgung auf Informationen, die auf Daten aus dem Rechnungswesen und bei einer weiten Auslegung auf Daten aus anderen unternehmensinternen Quellen aufgebaut werden.[271] Kunden-, Markt- und Wettbewerberdaten werden hierbei nicht erhoben und einbezogen. Ebenso ist der zeitliche Horizont der unterstützten Entscheidungen eher kürzer und der Fokus liegt mehr auf Vergangenheitsdaten als auf Daten, die als Indikatoren für strategische Entscheidungen genutzt werden.[272] Es kann also umgekehrt auch nicht angenommen werden, dass Business Intelligence ein Teil des Controllings ist.

Es gibt also lediglich eine Schnittmenge zwischen Controlling und Business Intelligence, die gleich der Informationsversorgungsfunktion des Controllings ist.[273] Die Leistungen (Informationen) könnten für diesen Themenbereich im Unternehmen deshalb sowohl vom Controlling als auch vom Business Intelligence bereitgestellt werden. Eine weitere Überschneidung kann nicht festgestellt werden. Eine entsprechende Zusammenfassung und Abgrenzung zeigt Abbildung 12.

Neben Informationsmanagement, Wissensmanagement und Controlling gibt es noch weitere Themen, die Überschneidungen mit Business Intelligence aufwei-

---

[270] Vgl. Kapitel 3.2.5: Business Intelligence ist ein Prozess zur Entscheidungsunterstützung, der Entscheidern mittels methodischer Datenanalysen Informationen als Antworten auf formulierte Informationsbedarfe liefert.

[271] Vgl. Müller (1974), S. 683 f. und S. 686; Bannow (1983), S. 21; Küpper (2001), S. 410 ff.

[272] Vgl. Homburg/Krohmer (2009), S. 1143 f.

[273] Vgl. Weber/Schäffer (2011), S. 99.

sen. Allerdings stellen diese drei eigenständige Disziplinen in Unternehmen dar und haben damit auch eine große Relevanz. Andere Themen weisen eher nur Schnittstellen zu Business Intelligence auf, sodass auf weitere Vergleiche und Abgrenzungen an dieser Stelle verzichtet werden kann. Vielmehr soll der Fokus nun konkreter auf die Inhalte von Business Intelligence gerichtet werden, um zu klären, welche Bestandteile zu Business Intelligence gehören und welche insbesondere bei einer praktischen Implementierung von Business Intelligence im Unternehmen notwendig sind.

Zusammenfassung der Abgrenzung von Controlling und Business Intelligence	
Ziel	Unterstützung der Organisation bei der Erreichung der Unternehmensziele.
Aufgabe	Koordination von Planung, Kontrolle und Informationsversorgung sowie allgemein die Unterstützung der Führung von Organisationen.
Unterschiede zu BI	Der Fokus liegt auf Daten aus dem Rechnungswesen und anderen unternehmensinternen Quellen, ohne Kunden-, Markt- und Wettbewerberdaten für strategische Entscheidungen einzubeziehen. Gleichzeitig dient Business Intelligence nicht der Koordination von Planung, Kontrolle und Steuerung.
Überschneidungen mit BI	Die Informationsversorgungsfunktion des Controllings bildet die Schnittmenge zwischen Controlling und Business Intelligence.

Abbildung 12: Zusammenfassung der Abgrenzung von Controlling und Business Intelligence. (Quelle: eigene Darstellung)

3.4 Bestandteile von Business Intelligence

Business Intelligence wurde als Prozess zur Entscheidungsunterstützung definiert, der Entscheidern mittels methodischer Datenanalysen Informationen als Antworten auf formulierte Informationsbedarfe liefert[274]. Diese Definition folgt damit auch dem allgemeinen Verständnis von Prozessen als „*eine Reihe von Aktivitäten [...], die aus einem definierten Input ein definiertes Ergebnis (Output) erzeug[en]*“.[275] Die Ausführung eines Prozesses ist stets mit einer Struktur verbunden[276], innerhalb derer die einzelnen Aktivitäten abgegrenzt und Menschen bzw. Maschinen (hier eher Instrumenten) zur Bearbeitung zugewiesen werden.[277] Zur

[274] Vgl. Kapitel 3.2.5

[275] Schmelzer/Sesselmann (2008), S. 63. In diesem Falle ist der Input eine Frage bzw. ein formulierter Informationsbedarf. Der Output ist schließlich eine Antwort bzw. die Bereitstellung einer Information.

[276] Vgl. Gaitanides (2012), S. 4 f.

[277] Vgl. hierzu den Unterschied zwischen Aufbau- und Ablauforganisation (Struktur und Prozess) in Schreyögg (2008), S. 98 f. Vgl. ebenda außerdem die Ausführungen zur Aufgabenanalyse, S. 93 ff. sowie zur Aufgabensynthese, S. 102 ff.

Analyse und Beurteilung der Effektivität und Effizienz von Business Intelligence genügt also nicht der Blick auf Instrumente und Daten, sondern es muss das gesamte Zusammenwirken von Prozessen, Organisation und Instrumenten betrachtet werden.[278] Nur mit einem solchen ganzheitlichen Ansatz ist es möglich, Business Intelligence strategisch im Unternehmen einzubetten[279] und eine unternehmensweite Entscheidungsunterstützung mit den richtigen Informationen zur richtigen Zeit im richtigen Format und an der richtigen Stelle sicher zu stellen.[280]

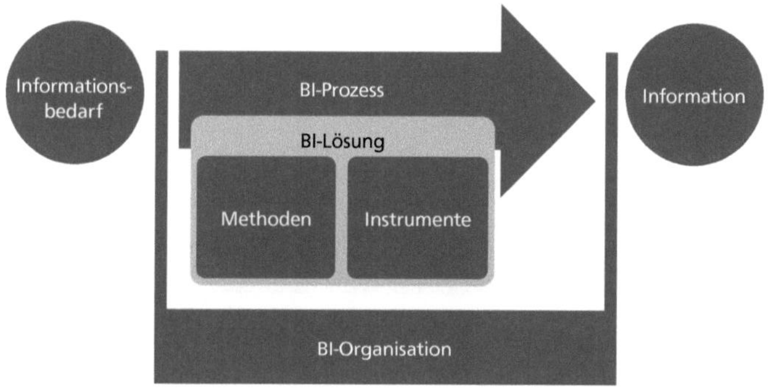

Abbildung 13: Die Bestandteile von Business Intelligence.
(Quelle: in Anlehnung an Sabherwal/Becerra-Fernandez (2010), S. 7.)

Business Intelligence als ganzheitlicher Ansatz setzt sich aus Methoden und Instrumenten, der BI-Lösung, dem BI-Prozess und der BI-Organisation zusammen (siehe Abbildung 13).[281] Methoden dienen dazu, Daten so aufzubereiten und so in einen Kontext zu stellen, dass leicht erkenn- und verstehbare Informationen entstehen, die zur Beschreibung bestimmter Sachverhalte dienen. Instrumente können sich aus einer Hardware und einer Software zusammensetzen und dienen zur Unterstützung bzw. vereinfachten Umsetzung einer oder mehrerer Methoden. Instrumente können also die Effizienz und Effektivität der Methoden steigern.[282] Für eine spezifische BI-Lösung werden i. d. R. eine oder mehrere Methoden mittels Instrumenten umgesetzt. Unter dem BI-Prozess (bzw. Business Intelligence selbst) versteht man schließlich den ganzheitlichen Prozess, der die

---

[278] Vgl. Rüegg-Stürm (2003), S. 22.

[279] Vgl. Sabherwal/Becerra-Fernandez (2010), S. 6.

[280] Vgl. Roekel van u. a. (2009), S. 34.

[281] Vgl. Sabherwal/Becerra-Fernandez (2010), S. 6 f.; Engels (2009), S. 4 f.

[282] Vgl. die Ausführungen zur technischen Perspektive in Katpiel 0.

BI-Lösung bzw. deren Komponenten nutzt, um Daten aus Datenbanken[283] bzw. einem Data Warehouse[284] aufzubereiten und daraus gezielt Informationen zur Entscheidungsunterstützung zu erzeugen (vgl. Abbildung 14).[285] Die notwendigen Rahmenbedingungen für funktionierendes Business Intelligence wie etwa Aufgaben, Rollen oder Verantwortlichkeiten, werden in der BI-Organisation festgesetzt.[286]

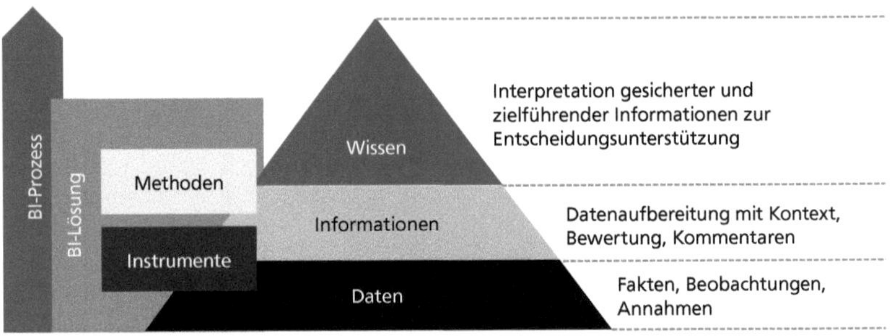

Abbildung 14: Der BI-Prozess nutzt eine BI-Lösung zur Aufbereitung von Daten und Bereitstellung von Informationen. (Quelle: in Anlehnung an Gluchowski/Gabriel/Dittmar (2008), S. 343; Engels (2009), S. 121; Sabherwal/Becerra-Fernandez (2010), S. 5 und S. 7.)

Der BI-Prozess wird auch als *closed loop information chain* bezeichnet, da aufbauend auf den gelieferten Informationen Entscheidungen getroffen werden, deren Ausprägungen und Auswirkungen wiederum in Form neuer Daten in Datenbanken und das Data Warehouse einfließen.[287]

Business Intelligence wird in der Regel auf allen Ebenen des Unternehmens und in allen Unternehmensbereichen genutzt.[288] Dies führt in der Praxis dazu, dass

---

[283] Vgl. Gluchowski/Gabriel/Dittmar (2008), S. 93. Informationen, die im Rahmen von Business Intelligence-Systemen innerhalb eines Unternehmens zur Verfügung gestellt werden, werden in der Regel in Datenbanken abgelegt, um einen schnellen und strukturierten Zugriff auf das Datenmaterial zu ermöglichen.

[284] Vgl. Kemper/Finger (2010), S. 160 ff. Data Warehouses dienen der Konsolidierung und Archivierung von Daten aus operativen Systemen und bilden in der Regel das Zentrum eines Hub-and-Spoke-Netzes aus mehreren Datenbanken. Daten werden dazu aus den meist stark heterogenen operativen Systemen extrahiert und mittels so genannter ETL-Prozesse (Extract, Transfrom, Load) in vorstrukturierter Form gemäß der definierten Datenmodelle in das Data Warehouse überführt.

[285] Vgl. Totok (2010), S. 37; Sabherwal/Becerra-Fernandez (2010), S. 7.

[286] Vgl. Dittmar/Oßendoth (2010), S. 71 f.

[287] Vgl. Engels (2009), S. 127.

[288] Vgl. Gluchowski/Gabriel/Dittmar (2008), S. 105.

sich über die Zeit komplexe und heterogene Lösungen und Prozesse in unterschiedlichen Bereichen des Unternehmens herausbilden.[289] Dies resultiert unter anderem in hohen Kosten, einer mangelhaften Abstimmung zwischen den einzelnen Unternehmensbereichen und damit in einem verminderten Nutzen durch Business Intelligence. Um dies zu verhindern und Business Intelligence im Unternehmen zu homogenisieren, muss ein ganzheitlicher Ansatz verfolgt und eine Strategie zur möglichst effektiven und effizienten Ausrichtung an den Unternehmenszielen entwickelt werden, die klare Prozesse und Regeln für deren Nutzung definiert. In den nachfolgenden Kapiteln werden deshalb zuerst der Ansatz einer BI-Strategie und anschließend deren (Teil-)Handlungsfelder erläutert.

3.4.1 Bedeutung, Aufbau und Umsetzung einer BI-Strategie

Unternehmen entwickeln zur Sicherung und Entwicklung des langfristigen Unternehmenserfolges Strategien.[290] Eine Strategie „[...] *describes the direction the organization will pursue* [... and ...] *provides a logic that integrates the parochial perspecitves of functional departments and operating units, and points them all in the same direction.*“[291] Strategien verfolgen dabei drei Ziele[292]:

- die Festlegung grundlegender Unternehmensziele,
- die Ausrichtung der betrieblichen Aktivitäten, Allkation der entsprechenden Ressourcen und deren Abstimmung sowie
- die grundsätzliche Entwicklung von Wettbewerbsvorteilen.

Solche Unternehmensgesamtstrategien geben i. d. R. nur abstrakte und übergeordnete Ziele vor und stellen somit einen Rahmen für alle Unternehmenshandlungen dar. Insbesondere bei großen Unternehmen und Konzernen existieren unterhalb dieser übergreifenden Unternehmensgesamtstrategie weitere Teilstrategien für die einzelnen Geschäftsfelder und auch für Funktionsbereiche.[293] Funktionale Strategien dienen der sukzessiven Konkretisierung der übergeordne-

---

289 Vgl. Totok (2010), S. 52.

290 Vgl. Macharzina/Wolf (2008), S. 258 f.

291 Day (1984), S. 1. Neben der Definition von DAY gibt es eine Vielzahl weiterer Definitionen mit unterschiedlichen Schwerpunkten. Eine tiefere Auseinandersetzung mit den verschiedenen Strategiedefinitionen würde hier aber zu weit führen. Einen Überblick geben beispielsweise Freiling/Reckenfelderbäumer (2007), S. 301 f. Für eine tiefere Betrachtung unterschiedlicher Strategietypen vgl. z. B. Macharzina/Wolf (2008), S. 261–291.

292 Vgl. Freiling/Reckenfelderbäumer (2007), S. 302 f.

293 Auch kleine und mittlere Unternehmen können mehrere Geschäftsfeldstrategien besitzen, während Funktionsbereichsstrategien im Prinzip überall dort vorkommen, wo mehrere Funktionsbereiche nebeneinander vorkommen und unabhängig Teile zum Unternehmenserfolg beitragen.

ten Ziele für die einzelnen Funktionsbereiche und deren Koordination.[294] Eine Koordination muss hierbei allerdings nicht nur vertikal, d. h. innerhalb der Funktionsbereiche und unterhalb der Unternehmensgesamtstrategie, sondern auch horizontal über mehrere funktionale Strategien erfolgen.[295]

Business Intelligence wird in Unternehmen bisher noch nicht als übergreifende Funktion wahrgenommen, sondern dient meist der kurzfristigen und auf Teilbereiche des Unternehmens beschränkten Befriedigung von Informationsbedürfnissen der Entscheider.[296] Mit der gestiegenen Bedeutung für Unternehmen[297] und der wachsenden Komplexität in Unternehmen[298] muss Business Intelligence ebenfalls übergreifend und strategisch im Unternehmen ausgerichtet werden. Eine solche BI-Strategie ist damit ebenfalls als funktionale Strategie zu formulieren und umzusetzen.[299] Sowohl zur Entwicklung einer entsprechenden Strategie als auch zu deren Umsetzung stehen verschiedene Modelle aus der allgemeinen Managementliteratur zur Verfügung.[300] Diese sollen hier nicht näher betrachtet werden, dienen aber als Rahmen zur Strukturierung der Handlungsfelder einer BI-Strategie.

Die Herleitung einer BI-Strategie erfolgt dabei aus zwei Gründen nach dem top-down-Prinzip. Erstens handelt es sich bei einer BI-Strategie um eine funktionale Strategie, die somit eine Konkretisierungsfunktion und eine Koordinationsfunktion unterhalb der Unternehmensstrategie besitzt.[301] Zum Zweiten soll Business Intelligence die Unternehmensziele durch eine optimale Informationsversorgung unterstützen.[302] Hierzu werden idealerweise zunächst eine Vision und eine Mis-

---

[294] Vgl. Welge/Al-Laham (2012), S. 555 ff.

[295] Vgl. Pümpin (1980), S. 51 f.

[296] Vgl. Dittmar/Oßendoth (2010), S. 61.

[297] Vgl. IBM (2010), S. 27.

[298] Vgl. ebenda, S. 18.

[299] Vgl. hierzu die Diskussionen um IT-Strategien als funktionale Strategien in Buchta/Eul/Schulte-Croonenberg (2004), S. 18 ff.; Wintersteiger (2009), S. 43.

[300] Vgl. z. B. Müller-Stewens/Lechner (2005), S. 27; Macharzina/Wolf (2008), S. 260 ff.; Thommen/Achleitner (2012), S. 919 ff.; Welge/Al-Laham (2012), S. 186. Diese Modelle sind zwar primär für die Entwicklung von Unternehmensgesamtstrategien konzipiert, können aber wegen der hierarchischen Struktur von Unternehmensstrategie und funktionalen Strategien auch für die Entwicklung einer solchen Teilstrategie heran gezogen werden.

[301] Vgl. Welge/Al-Laham (2012), S. 556.

[302] Vgl. Hoffmann (2000), S. 88. Vgl. außerdem die Definition von Business Intelligence in Kapitel 3.2.5. Die Informationsversorgung durch Business Intelligence erfolgt als Antwort auf formulierte Informationsbedarfe. D. h., BI-Prozesse sind erst einmal Pull-Prozesse, die durch eine Frage eines Entscheiders in einer konkreten Entscheidungssituation ausgelöst werden. Damit geht es nicht darum, möglichst viel zu liefern, sondern konkret das bereit zu stellen,

sion für Business Intelligence formuliert und darauf aufbauend eine BI-Strategie in Form eines Zielsystems unter Beachtung übergeordneter Strategien, wie Unternehmens- oder IT-Strategie, entwickelt.[303] Die Strategieentwicklung geht dabei von einer Analyse der Ausgangssituation aus, definiert darauf aufbauend Ziele, Maßnahmen und benötigte Ressourcen.[304] Im Rahmen dieser Analyse werden Status-quo, Anforderungen und Erwartungen aller beteiligten Stakeholder unter organisatorisch-betriebswirtschaftlichen sowie technischen Gesichtspunkten erfasst.[305] Die anschließende Implementierung wird durch eine fortlaufende Evaluation begleitet, sodass auf Abweichungen zwischen gewünschten und tatsächlichen Entwicklungen schnell reagiert werden kann (vgl. Abbildung 15).

Abbildung 15: Die Strategieentwicklung stellt durch einen fortlaufenden Prozess Anpassungen an Veränderungen der Rahmenbedingungen sicher. (Quelle: in Anlehnung an Staehle (1994), S. 517ff; Schreyögg/Koch (2010), S. 10–13; Wöhe/Döring (2010), S. 47–49.)

Eine BI-Strategie hat neben der Konkretisierungsfunktion und der Koordinationsfunktion auch das Ziel, die Bedeutung und den Verantwortungsbereich von Business Intelligence in andere Unternehmensbereiche zu kommunizieren sowie Ziele und Leitbilder für die eigenen Mitarbeiter zu definieren.[306] Die besondere Herausforderung bei der Entwicklung einer BI-Strategie liegt darin, mitunter konträre Interessen verschiedenster Anspruchsgruppen innerhalb des Unternehmens, wie z. B. Abteilungen aus dem Fachbereich oder aus der IT oder die Unternehmensleitung selbst, zu berücksichtigen.[307] Zur Entwicklung einer solchen Strategie gibt es deshalb verschiedene Modelle, wie z. B. das BI-Reifegradmodell[308] oder die Dimensionen einer BI-Architektur[309], die relevante Handlungsfelder aufzeigen, um verschiedene Interessen in einer gemeinsamen Strategie zu integrieren. Die drei Handlungsfelder müssen dabei nebeneinander

---

was benötigt wird. Vgl. hierzu Womack/Jones (2003), S. 67 ff. Die Ausrichtung an übergeordneten Zielen ist Business Intelligence also immanent.

303 Vgl. Trost/Zirkel (2006), S. 18.

304 Vgl. Thommen/Achleitner (2012), S. 920 ff.

305 Vgl. Gluchowski (2009), S. 392.

306 Vgl. Gluchowski (2009), S. 390.

307 Vgl. Trost/Zirkel (2006), S. 18.

308 Vgl. Gluchowski (2009), S. 393.

309 Vgl. Totok (2010), S. 46.

ausgestaltet werden, um einer ganzheitlichen BI-Strategie Struktur zu geben und diese im Unternehmen zu verankern (vgl. Abbildung 16).

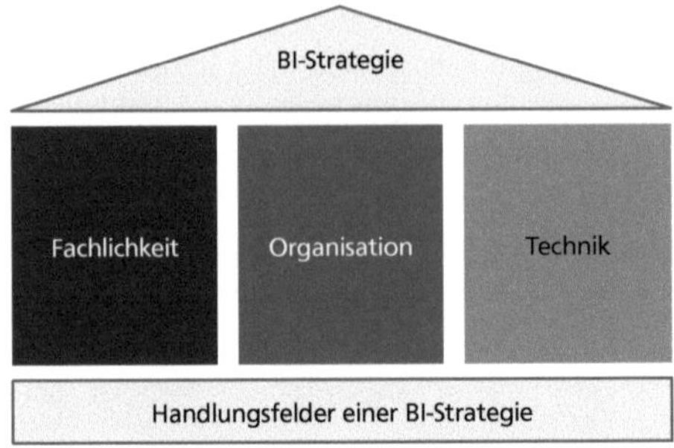

Abbildung 16: Handlungsfelder einer BI-Strategie: wer macht was und wie?
(Quelle: in Anlehnung an Trost/Zirkel (2006), S. 18; Gluchowski (2009), S. 393; Boyer u. a. (2010), S. 8; Totok (2010), S. 46.)

Im Bereich Fachlichkeit geht es um die Frage, was genau gemacht werden soll. Das heißt, es geht auf der einen Seite um den horizontalen (Breite der unterstützten Themen bzw. Anzahl der Bereiche) sowie vertikalen (z. B. zeitlicher Horizont, d. h. operative, taktische und strategische Themen oder Steuerungsumfang, also reine Informationsversorgung, Steuerung und Planung) Umfang, den Business Intelligence im Unternehmen unterstützen soll.[310] Dieser Aspekt kann auch als BI-Policy bezeichnet werden. Auf der zweiten Seite geht es aber auch um den Stellenwert bzw. die Verbindlichkeit und Validität von Business Intelligence im gesamten Unternehmen. Diese können durch den Umfang übergreifender Standards hinsichtlich Kennzahlen und Datenmodellen sowie den Grad an Verbindlichkeit in Bezug auf deren Nutzung gesteuert werden.[311]

Im Handlungsfeld Organisation wird hingegen die Umsetzung der Policy durch Festlegungen der Ablauf- und der Aufbauorganisation für Business Intelligence gesteuert. Es geht also um die Strukturierung der Aufgaben und die Frage, wer die Aufgaben ausführt. In diesem Zusammenhang wird auch der Begriff BI-Governance genutzt, der für die Festlegung von Regeln, Prozessen, Verantwortlichkeiten, Rollen etc. im Zusammenhang mit Business Intelligence im Unternehmen steht.[312] Ein weiterer Begriff, der gerade in der jüngeren, Beratungs-

---

[310] Vgl. Roekel van u. a. (2009), S. 102.

[311] Vgl. Gansor/Totok/Stock (2010), S. 40.

[312] Vgl. Meyer/Zarnekow/Kolbe (2003), S. 445 f.; Weill/Ross (2004), S. 8 ff.; Baars/Müller-Arnold/Kemper (2010), S. 1067; Rüter u. a. (2010), S. 28. Vgl. außerdem zu einem Über-

praxis-getriebenen Literatur einen großen Stellenwert hat, ist Business Intelligence Competency Center (BICC). Unter einem BICC wird eine organisatorische Einheit verstanden, die sich ausschließlich und i. d. R. unternehmensweit mit Business Intelligence beschäftigt.[313] Diese organisatorische Einheit kann aber verschieden und je nach Unternehmen, BI-Policy und BI-Governance anders ausgeprägt sein.[314]

Das dritte Handlungsfeld betrifft die Technik und damit Methoden sowie Instrumente für Business Intelligence. Das heißt, es geht um die Frage, wie die festgelegten Aufgaben ausgeführt werden. Der Aspekt der Instrumente ist zwar nicht Bestandteil der hier genutzten Definition für Business Intelligence, ist aber für die effektive und effiziente Umsetzung von Business Intelligence im Unternehmen unerlässlich und muss somit ebenfalls in einer ausgewogenen BI-Strategie berücksichtigt werden.[315] Eine mögliche Systemarchitektur für BI-Instrumente muss stets zu den Anforderungen hinsichtlich der Fachlichkeit passen, um die Ziele zu unterstützen und Bedarfe zu befriedigen.[316] Sie darf aber nicht, rein technikgetrieben, Angebote schaffen, die der eigentlichen Aufgabe, nämlich der Entscheidungsunterstützung, keinen Nutzen stiften und somit lediglich Kosten verursachen, d. h. die Effizienz senken.[317] Unter Technik können aber auch Methoden gefasst werden, sodass die Ausgestaltung von Schulungsangeboten für Mitarbeiter ebenfalls als Teil des Handlungsfeldes Technik gesehen werden kann.[318]

Bei der Entwicklung einer BI-Strategie ist insbesondere Augenmerk auf die verschiedenen Interdependenzen der Handlungsfelder zu legen.[319] Übermäßige Anforderungen im fachlichen Handlungsfeld führen zu Diskrepanzen zwischen Informationsbedarf, -nachfrage und -angebot und resultieren in spezialisierten, dezentralen Strukturen ohne unternehmensübergreifenden Austausch und Qua-

---

blick über verschiedene Ansätze für IT-Governance und deren Verhältnis zur Corporate Governance, Schwertsik (2013), S. 20–23.

313 Vgl. Miller (2006), S. 9 f.; Bachmann/Kemper (2009), S. 217 ff.

314 Vgl. Unger/Kemper/Russland (2008b), S. 6 f.

315 Vgl. hierzu die Herleitung der verwendeten Definition und insbesondere die technische Perspektive in den Kapiteln 0 und 3.2.5.

316 Vgl. Sinz/Ulbrich-vom Ende (2010), S. 176.

317 Vgl. Lönnqvist/Pirttimäki (2006), S. 34.

318 Vgl. Kemper/Mehanna/Baars (2010), S. 193.

319 Vgl. Trost/Zirkel (2006), S. 19.

litätssicherung.[320] Umgekehrt ist es so, dass Ausprägungen im organisatorischen Handlungsfeld zu den fachlichen Anforderungen und den technischen Möglichkeiten passen müssen. Eine starke Zentralisierung führt so z. B. zu Inflexibilität hinsichtlich spezieller Anforderungen und langen Entscheidungs- und Umsetzungsdauern.[321] Und im Handlungsfeld Technik ist es notwendig, die richtigen Methoden und Instrumente zur Unterstützung der Organisation und Befriedigung der fachlichen Bedürfnisse bereit zu stellen, um effizientes Business Intelligence zu ermöglichen.[322] Ein durch technische Möglichkeiten getriebenes Informationsangebot führt nur dann zu einer Wertsteigerung für das Unternehmen, wenn erstens ein fachlicher Bedarf existiert und zweitens die Organisation zur Nutzung bereit ist.[323] Zur Verdeutlichung der Komplexität der drei Handlungsfelder und möglicher Einflussgrößen zu deren Steuerung erfolgt in den folgenden Kapiteln eine detaillierte Beschreibung der verschiedenen Handlungsfelder.

3.4.2 Handlungsfeld Fachlichkeit

Ausgangspunkt für die Festlegung der fachlichen Rahmenbedingungen sind die verschiedenen Interessengruppen im Unternehmen und deren erwartete Unterstützung.[324] Dieses Vorgehen sichert den Bezug zur Unternehmensstrategie und damit die Ausrichtung von Business Intelligence an den Unternehmenszielen.[325] Außerdem dient dieses Vorgehen auch dazu, frühzeitig politische Widerstände abzubauen und organisatorische Herausforderungen zu lösen.[326] Um zu bestimmen, was genau Business Intelligence im Unternehmen leisten soll, gibt es drei Einflussgrößen zur Beschreibung des Handlungsfeldes Fachlichkeit.

Als erste Einflussgröße im Handlungsfeld Fachlichkeit sind die zu beteiligenden Interessengruppen zu bestimmen. Von diesen wird maßgeblich bestimmt, welche fachlichen Themen später unterstützt werden und welche Anforderungen sich

---

320 Vgl. Totok (2010), S. 55. Zur Diskrepanz zwischen Informationsbedarf, -nachfrage und –angebot vgl. Ghoshal/Kim (1986), S. 57. Zu Herausforderungen in dezentralen, spezialisierten Einheiten vgl. Baars/Zimmer/Kemper (2009), S. 10 f.

321 Vgl. Unger/Kemper/Russland (2008a), S. 3 f.; Dittmar/Oßendoth (2010), S. 75 f.; Wixom/Watson (2010), S. 26.

322 Vgl. Elbashir/Collier/Davern (2008), S. 136.

323 Vgl. Carr (2003), S. 44 und 49.

324 Vgl. Tschandl/Hergolitsch (2002), S. 88 f.; Wixom/Watson (2010), S. 16.

325 Dies gilt unter der Prämisse, dass die erwartete Unterstützung dem Erreichen der Unternehmensziele dient. Vgl. hierzu die Informationsbedarfsbestimmung durch eine Analyse kritischer Erfolgsfaktoren in Rockart (1979), S. 84 ff. In der Praxis ist dies nicht immer gegeben, weil z. B. aufgrund von Prinzipal-Agenten-Situationen Zielkonflikte entstehen. Vgl. hierzu Jensen/Meckling (1976). Vgl. außerdem die Ausführungen in Kapitel 6.

326 Vgl. Pauli (2009).

daraus hinsichtlich der Organisation und Technik ergeben.[327] Bei einer unternehmensweiten BI-Strategie sind Interessengruppen z. B. ganze Funktionsbereiche, Prozessverantwortliche oder bestimmte Hierarchieebenen. Im Falle einer Konzernweiten BI-Strategie sind außerdem auch die einzelnen Konzerngesellschaften zu bestimmen.[328] Die Anzahl der Interessengruppen hat einen maßgeblichen Einfluss auf die Komplexität von Business Intelligence, d. h. auf die Anzahl verschiedener Analysethemen, den Detaillierungsgrad der zu verarbeitenden Daten, die Heterogenität der Anforderungen usw. So steigt mit der Anzahl der Analysethemen entweder die Anzahl der Anwender, die spezielle Themen betreuen und dort für diese Informationen bereitstellen oder es wachsen die Anforderungen an das fachliche Know-how der Anwender, wenn diese eine größere Anzahl an Themen analysieren können müssen. Außerdem werden die genutzten Datenmodelle[329], über die Bedeutungen und Relationen zwischen Daten abgebildet werden, größer und schwerer zu definieren. Der Detaillierungsgrad der zu verarbeitenden Daten beeinflusst wiederum die Anforderungen an die Technik ebenso wie die Komplexität der genutzten Datenmodelle.[330] Die Heterogenität der Anforderungen beeinflusst schließlich die genutzte Technik sowie die organisatorische Umsetzung.

Ausgehend von diesen Interessengruppen lassen sich die Erwartungen in Bezug auf Entscheidungsunterstützung klären.[331] Diese können von operativer Unterstützung der Geschäftsprozesse bis hin zu strategischer Unterstützung bei der Produkt- oder Marktentwicklung reichen und beeinflussen unmittelbar die Anforderungen an die Technik, wenn z. B. Daten in Echtzeit bereit gestellt werden müssen ebenso wie die Anforderungen an die Organisation, wenn z. B. für die Entscheidungsunterstützung im operativen Bereich automatische Lösungen und gleichzeitig im strategischen Bereich rein manuelle und individuelle Analysen bereit gestellt werden.[332] Gleichzeitig gibt es Einflüsse auf das bereit zu stellende Informationsangebot z. B. hinsichtlich Detaillierungsgrad oder der Einbindung externer Datenquellen zur Marktbeurteilung.[333] Neben den Unterstützungsanfor-

---

[327] Vgl. Trost/Zirkel (2006), S. 18; Sabherwal/Becerra-Fernandez (2010), S. 249 f.

[328] Vgl. Gansor/Totok/Stock (2010), S. 76 f.

[329] Datenmodelle beschreiben und gliedern Entscheidungsobjekte, d. h. sie liefern Metadaten (fachliche Interpretation) über die für das Geschäft relevanten Objekte sowie deren Daten und Zusammenhänge. Über Datenmodelle können aber auch Kennzahlendefinitionen abgebildet werden. Sie bilden gleichzeitig die Grundlage für die Organisation der Daten in einem Data Warehouse.

[330] Vgl. Miller (2006), S. 132 f.

[331] Vgl. Kahn/Strong/Wang (2002), S. 185 f.

[332] Vgl. Williams (2008), S. 16 f.

[333] Vgl. Totok (2010), S. 44.

derungen hinsichtlich des zeitlichen Horizonts, können die Anforderungen auch hinsichtlich des Unterstützungsumfangs variieren. Entsprechende Interdependenzen gibt es zum z. B. zum Handlungsfeld Technik, wenn zur Entscheidungsunterstützung nicht nur Informationen bereitgestellt, sondern diese gleich mit Methoden und Instrumenten zur Planung und Steuerung eingesetzt werden sollen.[334] Es kann also festgehalten werden, dass die Komplexität von Business Intelligence steigt, je mehr Entscheider, je mehr Bereiche, je größer der zeitliche Horizont der Entscheidungen und je umfangreicher die Entscheidungen sind, die unterstützt werden sollen.

Die zweite grundlegende Einflussgröße sind Bedeutung und Verbindlichkeit, mit denen Business Intelligence im Unternehmen implementiert werden soll. Beides sind Dinge, die in Unternehmen i. d. R. von oben vorgegeben und mit den Interessengruppen abgestimmt werden. Diese drücken sich durch Qualitätsziele auf der einen Seite und Standards auf der anderen Seite aus.[335] Im engen Sinne steht die Datenqualität, also die Qualität der Datenbasis, im Fokus. Es existiert eine hohe Datenqualität, wenn Daten korrekt, zuverlässig, konsistent und eindeutig sind.[336] Im weiteren Sinne spielen aber vor allem die Qualitätsziele Verfügbarkeit, Validität, Vergleichbarkeit und Relevanz die entscheidende Rolle.[337] Denn Informationen können nur zur Entscheidungsunterstützung dienen, wenn sie zur richtigen Zeit verfügbar sind, sie müssen auch den Sachverhalt repräsentieren und für die Entscheidung relevant sein.[338] Nicht zuletzt müssen Informationen vergleichbar sein, um bei wiederkehrenden oder ähnlichen Entscheidungen Zusammenhänge erkennen und beurteilen zu können. Standards wiederum stellen ein komplementäres Ziel zur Qualität dar.[339] Zum einen ermöglichen Standards erst die Messbarkeit und zum anderen unterstützen sie gerade bei der Steigerung der Qualität, indem sie Vergleichbarkeit und Eindeutigkeit schaffen. Sie helfen aber auch die Komplexität zu reduzieren und beherrschbar zu machen. Standards existieren z. B. für Kennzahlen (Definitionen), Namenskonventionen und Metadaten (fachliche Interpretation).[340] Gerade Qualitätsziele und Standards haben erhebliche Auswirkungen auf das Handlungsfeld Organisation, weil sie zu einer stärkeren Formalisierung von Regeln (BI-Governance) führen und

---

[334] Vgl. Chamoni/Gluchowski (2004), S. 120–122.

[335] Vgl. Goeken (2005), S. 174; O'Neill (2011), S. 25 f. Vgl. hierzu außerdem die Einteilung und Ausführungen in Wand/Wang (1996), S. 92 ff.

[336] Vgl. Bauer/Günzel (2009), S. 45 f.

[337] Vgl. Sabherwal/Becerra-Fernandez (2010), S. 244 f.

[338] Vgl. Goeken (2005), S. 175.

[339] Vgl. Bachmann/Kemper (2009), S. 86.

[340] Vgl. Trost/Zirkel (2006), S. 18; Gansor/Totok/Stock (2010), S. 40 f. und S. 58.

für eine konsequente Umsetzung auch Standards hinsichtlich der Prozesse und Strukturen fordern. Und es gibt auch Interdependenzen hinsichtlich der Technik, deren Bedeutung durch höhere Qualitätsziele und mehr Standards sinkt und damit den Blick auf die fachliche Interpretation und die Entscheidungsunterstützung frei macht.[341]

Diese beispielhaften Ausführungen zeigen, dass die Ausgestaltung des Handlungsfeldes Fachlichkeit komplex sein kann und viele Interdependenzen zu den beiden Handlungsfeldern Organisation und Technik bestehen. Bei einer praktischen Implementierung kann deshalb auch eine schrittweise Umsetzung der BI-Strategie durchgeführt werden, bei der, nach und nach, weitere Interessengruppen einbezogen werden.

3.4.3 Handlungsfeld Organisation

Das Handlungsfeld Organisation ist für den unternehmensweiten Erfolg von Business Intelligence besonders wichtig, weil Ursachen für verfehlte Anforderungen der Interessengruppen oder Qualitätsschwankungen häufig in ineffektiven oder gar unklaren Prozessen und damit Unstimmigkeiten in der Aufbau- und Ablauforganisation liegen.[342] Das Handlungsfeld Organisation bildet also eine Brücke zwischen den Interessengruppen und ihren Anforderungen (Handlungsfeld Fachlichkeit) auf der einen Seite sowie den bereitgestellten Methoden und Instrumenten (Handlungsfeld Technik) auf der anderen Seite.[343] Gleichzeitig müssen aber auch die Anforderungen der verschiedenen Interessengruppen untereinander so abgestimmt werden, dass die Qualitätsziele erreicht werden. Also bildet das Handlungsfeld Organisation auch eine Brücke zwischen den verschiedenen Interessengruppen, um die übergreifende Zusammenarbeit zu fördern und somit die Einhaltung bestehender Standards sowie deren Festlegung sicher zu stellen.[344] Zur Strukturierung der Aufgaben gibt es ebenfalls drei Einflussgrößen, die letztlich bestimmen, wer diese Aufgaben ausführt.

Ausgehend von der Definition von Business Intelligence als Prozess zur Entscheidungsunterstützung darf Business Intelligence nicht nach einer klassischen Aufgabenanalyse und -synthese als funktionale Aufbau- und Ablauforganisation geplant werden.[345] Vielmehr muss der Prozess auch bei der Organisationsent-

---

341 Vgl. Luhn (1958), S. 315; Marjanovic (2010), S. 32.

342 Vgl. Totok (2010), S. 46.

343 Vgl. Baars/Zimmer/Kemper (2009), S. 10.

344 Vgl. Dittmar/Oßendoth (2010), S. 66 f.

345 Vgl. Kosiol (1962), S. 32; Schreyögg (2008), S. 98 f. und S. 102 f.

wicklung im Mittelpunkt stehen und gemäß der Gestaltungsfolge *„structure follows process"* Kern der organisatorischen Überlegungen sein.[346] Die erste Einflussgröße im Handlungsfeld Organisation ist damit der BI-Prozess selbst. Dieser ist allerdings ein Hauptprozess, der sich aus einer größeren Zahl von Teilprozessen zusammensetzt. Zu unterscheiden sind hierbei Primärprozesse, die als Output Entscheidern Informationen als Antworten auf formulierte Informationsbedarfe liefern und Sekundärprozesse, deren Output eine Unterstützung oder gar eine Voraussetzung der Primärprozesse ist.[347] In der bisherigen Praxis werden häufig im IT- bzw. Informationsmanagement etablierte Referenzprozesse für Business Intelligence genutzt.[348] Diese eignen sich allerdings nur bedingt, weil sich die Arbeitsweisen grundlegend unterscheiden. In IT-Projekten stehen i. d. R. die Automatisierung sowie die Instrumente selbst im Mittelpunkt, während bei Business Intelligence die Informationsbedarfe von Entscheidern sowie hohe Flexibilität und Reaktionsgeschwindigkeit bei deren Bereitstellung im Zentrum stehen.[349] Diese Referenzprozesse dienen deshalb auch stets Veränderungen im Handlungsfeld Technik und lassen die Anwenderperspektive außer Acht. Anders ausgedrückt dienen sie dem Management von Datenzugriff und -bereitstellung, nicht aber der Datenaufbereitung zu Informationen und der Informationsbereitstellung.[350] Eine grundlegende Prozessidentifikation, wie es das Business Process Reengineering (BPR) vorsieht, kann im Rahmen der Organisationsgestaltung helfen, die relevanten Prozesse von der Informationsbedarfsformulierung (Kundenanfrage) bis zur Informationsbereitstellung (Auslieferung) zu identifizieren.[351] Das Vorgehen kann im Rahmen der BI-Strategieentwicklung allerdings stark vereinfacht werden, weil der Fokus auf BI-Prozesse bereits ausreichend eng

---

346 Vgl. Gaitanides (2012), S. 52.

347 Vgl. Porter (1989), S. 59 f. Business Intelligence zählt in einer Unternehmensgesamtperspektive auch zu den Sekundärprozessen. Allerdings können für die hier geführte Betrachtung mit unternehmensinternen Kunden (die Entscheider) auch innerhalb von Business Intelligence Primär- und Sekundärprozesse unterschieden werden. Vgl. hierzu auch die Diskussion in Kapitel 4.2.3, Kapitel 4.2.3 und Kapitel 6.

348 Vgl. Gansor/Totok/Stock (2010), S. 230 f.

349 Vgl. Totok (2010), S. 44. Häufig wird auf die Prozessreferenzmodelle *Control Objectives for Information and related Technology* (COBIT) sowie *Information Technology Infrastructure Library* (ITIL) zurück gegriffen, vgl. hierzu itSMF/ISACA (2008).

350 Vgl. z. B. die in Gansor/Totok/Stock (2010), S. 231 dargestellte Adaption des ITIL-Prozesses zum Anforderungsmanagement. Hier wird im mittleren Teil lediglich unterschieden, ob ein Informationsbedarf mit einem bestehenden System lösbar ist oder nicht. Nicht berücksichtigt wird aber die grundsätzliche Frage nach der Fertigungstiefe bzw. welche Teile im BI-Prozess automatisiert sowie systemisch unterstütz werden sollen und welche Teile manuell vom Anwender durchgeführt werden können, sollten bzw. müssen. Weitere Ausführungen zu diesen Überlegungen finden sich in Kapitel 6.

351 Vgl. zur prozessorientierten Organisationsgestaltung die vorgeschlagene Grundstruktur in Davenport (1993), S. 25.

gesetzt ist. Außerdem können die später in den Kapiteln 6.1 und 6.3 vorgeschlagenen Prozesse sowie deren Einteilung gerade als Grundstruktur und Referenzprozesse für eine angepasste Implementierung im Rahmen des Prozessdesigns im Unternehmen dienen.

Das konkrete Prozessdesign knüpft dann an die Festlegungen im Handlungsfeld Fachlichkeit an. Ausgehend von den Anforderungen der Interessengruppen – diese stellen interne Kunden dar – werden die notwendigen Prozesse modelliert.[352] Die Grundstruktur gibt hierzu Anhaltspunkte, welche Prozesse relevant sein könnten. Diese können anschließend an die Referenzprozesse angelehnt werden. Im Prozessdesign bietet es sich an, den Prozess analog zu der Methode Wertstromdesign aus der Produktionswissenschaft von der Ergebnis- bzw. Output-Seite beginnend zu modellieren und, gekoppelt mit der Frage nach dem notwendigen Input, den vorgelagerten Prozessschritt zu bestimmen.[353] Eine solche rückwärtige Modellierung kann sowohl für Primär- als auch für Sekundärprozesse genutzt werden, wenn auch die Kunden bei Sekundärprozessen nicht mit den Kunden der Primärprozesse übereinstimmen müssen.[354] Ziel der Modellierung ist ein möglichst effektiver und effizienter Prozess, d. h. ein optimaler Prozess hinsichtlich des erwarteten Outputs und hinsichtlich der notwendigen Aufwände.[355] Durch den Fokus auf Business Intelligence und eine Anlehnung an die vorgeschlagene Grundstruktur sowie die Referenzprozesse, beschränken sich die Gestaltungsmöglichkeiten für die Einflussgröße Prozess auf Entscheidungen hinsichtlich der organisatorischen Differenzierung bzw. Integration in Stellen[356] sowie deren Zuordnung zu dezentralen oder zentralen Einheiten.[357] So hat der

[352] Vgl. Hammer/Champy (1994), S. 30 und S. 52; Womack/Jones (2003), S. 16 und S. 29 ff.; Haller (2012), S. 217 f.

[353] Vgl. die Methode Wertstromdesign in Erlach (2010), S. 8 ff. und S. 35 ff.

[354] Vgl. Venegas (2007), S. 2 f., S. 9 ff. und S. 49 f.

[355] Vgl. Theuvsen (1996), S. 70.

[356] In diesem Zusammenhang wird auch der Begriff *Rolle* verwendet. Vgl. zur Rollentheorie Dahrendorf (2006); bzw. zur Machttheorie im Allgmeinen Wolf (2011b), S. 265. Vgl. außerdem MINTZBERGS Verständnis von Managementaufgaben als Managementrollen in Mintzberg (1989), S. 15 ff. In prozessorientierten Zusammenhängen wird der Rollenbegriff enger ausgelegt und vor allem im Bereich der Informationsverarbeitung mit einer bzw. mehreren konkreten Aufgaben gleichgesetzt. Vgl. Tiemeyer (2009), S. 365 ff.; Temmel (2011), S. 42 ff.

[357] Vgl. Macharzina/Wolf (2008), S. 476 und S. 983 f. Die grobe Prozessabfolge ist bereits durch die Referenzprozesse vorgegeben. Außerdem zeigt die Grundstruktur bereits unterschiedliche Prozessvarianten für verschiedene Anforderungen auf, die unterschiedliche Automatisierungsgrade vorschlagen. Für eine praktische Implementierung ist allerdings eine individuelle Ausgestaltung des in Kapitel 10.2 vorgeschlagenen Koordinationsprozesses notwendig. Hier gilt es außerdem die Schwellenwerte zu definieren, über die der Koordinationsprozess einen konkreten Informationsbedarf einem konkreten BI-Prozess zuweist.

dezentrale Aufbau von Business Intelligence den Vorteil, dass Wege kurz gehalten und Informationen dort erzeugt werden, wo man sie benötigt. Dagegen bestehen die Vorteile eines zentralen Aufbaus in der stärkeren Spezialisierung und Konsolidierung bestimmter Tätigkeiten.[358] Im Mittelpunkt des Handlungsfeldes Organisation steht also die organisatorische Implementierung konkreter BI-Prozesse im Unternehmen. Ein entsprechend strukturiertes Vorgehen schafft darüber hinaus klare, standardisierte Prozesse mit eindeutigen Schnittstellen und Verantwortlichkeiten, wie es für Prozesse der physischen Gütertransformation üblich ist. Dies schafft wiederum die Voraussetzungen, weitere Effizienz- und Effektivitätspotenziale durch eine Veränderung der dezentralen und zentralen Aufgabenverteilung sowie einer möglichen Fremdvergabe abgegrenzter Teilprozesse realisieren zu können.[359] Die größte Herausforderung bei der organisatorischen Gestaltung der BI-Prozesse und vor allem einer möglichen Fremdvergabe ist allerdings die Bedeutung von Fach-, Prozess und Erfahrungswissen zur Interpretation der vorhandenen Daten und der Bereitstellung bedarfsgerechter Informationen zur Entscheidungsunterstützung.[360] Eine Fremdvergabe ist aber für die Teile möglich, die nicht zu den Kernkompetenzen eines Unternehmens gehören und für die kein wettbewerbskritisches Wissen notwendig ist. Hierzu gehören z. B. der Systembetrieb für Standardinstrumente oder auch Trainings und Hilfsangebote für Anwender solcher Standardinstrumente.[361]

Sowohl für die Fremdvergabe als auch für die organisatorische Zusammenfassung von BI-Prozessen ist ein hohes Maß an Formalisierung eine notwendige Bedingung, denn in beiden Fällen nehmen die direkten Einfluss- und Entscheidungsmöglichkeiten eines Nutzers ab.[362] Durch die Formalisierung der Regeln der Zusammenarbeit, der Prozesse zur Leistungserstellung usw. wird aber ein Leistungsversprechen gegeben, das Nutzer mit ihren Erwartungen abgleichen können. So wird zwar nicht sichergestellt, dass Nutzer genau die Informationen erhalten, die sie benötigen, aber es kann garantiert werden, dass die unter den festgelegten Formalien bestmöglichen Ergebnisse erwartet werden können. Das Formalisieren im Handlungsfeld Organisation ist die zweite Einflussgröße und wird auch als *Governance* bezeichnet. In einer BI-Governance werden folglich die Regeln der Zusammenarbeit und alle Prozesse für Business Intelligence festge-

---

358 Vgl. Sabherwal/Becerra-Fernandez (2010), S. 249 f.

359 Vgl. Gaitanides (2012), S. 268 f. Überlegungen dieser Art werden auch unter den Begriffen *Fertigungstiefe* sowie *Make-or-Buy* diskutiert vgl. Oehler (2006), S. 106 f..

360 Vgl. O'Neill (2011), S. 23; Johnson (2011), S. 46.

361 Vgl. Heinrich/Stelzer (2011), S. 225 f.

362 Vgl. Philippi (2005), S. 75.

legt.[363] Dies schließt sowohl Primärprozesse als auch Sekundärprozesse zum Management von Business Intelligence z. B. Koordinations- oder Anforderungsmanagementprozesse ein.[364] Weiterhin werden Rollen und Aufgaben sowie Verantwortlichkeiten definiert. Die BI-Governance dient damit als Instrument zur Zusammenführung der unterschiedlichen Interessengruppen aus den verschiedenen Fachbereichen, aus der IT und aus dem Management.[365] Im Falle von Business Intelligence enthält die Governance weiterhin Standards hinsichtlich des System- und Softwareportfolios, die zusätzlich zur Zusammenarbeit der Akteure auch die Arbeit der Anwender mit den Instrumenten regeln.[366] Eine zweite Funktion der Governance neben der Formalisierung ist die Dokumentation. Diese dient letztlich der Nachvollziehbarkeit, Bewertung und Transparenz und wird auf der einen Seite durch die Definition von Kennzahlen zur Erfolgsmessung und auf der anderen Seite durch die Definition von Richtlinien und Prozessen zur Dokumentation ermöglicht und sichert somit ein einheitliches Qualitätsniveau sowie die Effizienz und Ausrichtung an den Unternehmenszielen.[367]

Für die Umsetzung einer BI-Strategie gilt es abschließend noch die dritte Einflussgröße im Handlungsfeld Organisation, die organisatorische Eingliederung von Business Intelligence, zu bestimmen. Diese umfasst zum einen die Ausprägung der Organisationsstruktur und damit die Anordnung der Aufgaben und zum zweiten die Ausprägung der Abstimmungs- und Entscheidungsstruktur. Grundsätzlich können die BI-Aufgaben in jeder „normalen" funktional oder divisional strukturierten Organisation entsprechend der Verrichtung oder dem Analyseobjekt eingegliedert werden.[368] Eine solche Eingliederung führt dann auch zu einer entsprechenden Position in den Abstimmungs- und Entscheidungsstrukturen der vorhandenen Linien- oder Matrixorganisation und in der Regel zu einer starken Differenzierung sowie Abkehr von der Prozessorientierung. Die notwendige Abstimmung der Anforderungen im Handlungsfeld Fachlichkeit sowie der bereitgestellten Methoden und Instrumente im Handlungsfeld Technik und die Abstimmung der Anforderungen unterschiedlicher Interessengruppen kann so nur bedingt bzw. mit hohen Aufwänden erreicht werden. Als alternativer Lösungsansatz des Abstimmungsproblems werden verschiedene Umsetzungen unter dem Namen *Business Intelligence Competency Center* (BICC) diskutiert.[369] Nach

---

363 Vgl. Unger/Kemper/Russland (2008a), S. 2.

364 Vgl. Baars/Müller-Arnold/Kemper (2010), S. 1067.

365 Vgl. Boyer u. a. (2010), S. 94 f.; Sabherwal/Becerra-Fernandez (2010), S. 246 f.

366 Vgl. Horakh/Baars/Kemper (2008), S. 2.

367 Vgl. Unger/Kemper/Russland (2008a), S. 2.

368 Vgl. Schreyögg (2008), S. 106 ff.

369 Vgl. Miller (2006), S. 90 f.; Gansor/Totok/Stock (2010), S. 168 ff. Das Thema Business Intelligence Competency Center ist nicht nur in der Literatur sehr aktuell, sondern beschäftigt

diesen Überlegungen soll ein Business Intelligence Competency Center sowohl die Formulierung und Umsetzung einer BI-Strategie, als auch die Abstimmung der Schnittstellen zwischen Fachlichkeit und Technik auf der einen Seite sowie den verschiedenen Anforderungen der Interessengruppen auf der anderen Seite sicherstellen.[370]

Gemeinsamer Nenner der verschiedenen Ausprägungen eines Business Intelligence Competency Centers ist die Zusammensetzung aus Mitarbeitern mit Fach-, Prozess- und Erfahrungswissen aus dem Fachbereich sowie Daten- und Technikwissen aus dem IT-Bereich.[371] Große Unterschiede gibt es aber hinsichtlich der zugewiesenen Aufgaben bzw. Entscheidungsbefugnisse, die sich von der reinen Beratung und Vermittlung über das Management von BI-Projekten bis hin zur Hoheit über alle BI-Prozesse erstrecken kann.[372] KRÜGER/VON WERDER/GRUNDEI unterscheiden beispielsweise vier verschiedene Typen solcher Center in Abhängigkeit der zugewiesenen Aufgaben und Entscheidungsbefugnisse.[373] Speziell im BI-Kontext untersuchen UNGER/KEMPER/RUSSLAND konkrete Business Intelligence Competency Center in Unternehmen in Abhängigkeit des Aufgabenumfangs und erweitern das Konzept auf Basis einer Clusteranalyse auf fünf Centertypen.[374] Es kann also festgestellt werden, dass es keine eindeutige Konfiguration für eine organisatorische Eingliederung der BI-Prozesse gibt, sondern dass diese je nach Aufgabenumfang, Schwerpunkt und Entscheidungsbefugnissen stark variieren kann. Die genaue organisatorische Eingliederung wird auch nicht als entscheidender Erfolgsfaktor für Business Intelligence im Unternehmen genannt.[375] Eine weitergehende Betrachtung oder Handlungsempfehlungen für eine solche spielen für die vorliegende Arbeit aber keine Rolle und sollen hier deshalb nicht weiter betrachtet werden.

---

auch bezüglich der Implementierung von Business Intelligence aktuell viele Unternehmen. Vgl. Miller/Queisser (2009), S. 1. Für weiterführende Grundlagen zu (Shared) Service Centern und deren Organisation vgl. Martin-Pérez (2008), S. 23–44 sowie S. 182–206.

370 Vgl. Totok (2010), S. 51 f. und S. 62.

371 Vgl. Johnson (2011), S. 45.

372 Vgl. Roekel van u. a. (2009), S. 52 f.

373 Vgl. Krüger/v. Werder/Grundei (2007), S. 9. Grundsätzlich geben die Autoren vier Unterscheidungsdimensionen an, weisen aber darauf hin, dass die Unterscheidung im Besonderen in der Praxis von den zwei wesentlichen Dimensionen Aufgabe und Entscheidungsbefugnis abhängt. Vgl. ebenda S. 5 f.

374 Vgl. Unger/Kemper/Russland (2008a), S. 6 ff.

375 Vgl. Presthus/Ghinea/Utvik (2012), S. 39 ff.

3.4.4 Handlungsfeld Technik

Im Handlungsfeld Technik werden wichtige Voraussetzungen zur Bereitstellung nachgefragter Informationen geschaffen. Hierzu gehören erstens Methoden zur Analyse, Aufbereitung und Präsentation und zweitens Instrumente zum Datenzugriff und zur Datenverarbeitung. Diese beiden Einflussgrößen beeinflussen unterschiedliche Ziele. Die Methoden dienen hierbei dazu, die nachgefragten Informationen möglichst effektiv aufbereiten und bereitstellen zu können. Die Instrumente sollen hingegen eine möglichst effiziente Anwendung der Methoden ermöglichen. Dies kann z. B. durch einen möglichst schnellen Zugang zu den notwendigen Daten oder durch die automatische Aufbereitung von Daten erfolgen.[376] Sowohl die Methoden als auch die Instrumente dürfen dabei aber nicht auf spezifische Anforderungen einzelner Interessengruppen optimiert werden, sondern müssen im Rahmen eines integrierten Gesamtansatzes die Ziele der BI-Strategie insgesamt unterstützen.[377] Das heißt, es müssen zum einen Anforderungen über verschiedene Interessengruppen hinweg abgestimmt und unterstützt werden und zum zweiten müssen die Methoden und Instrumente ausreichend flexibel sein, sodass schnell auf Änderungen innerhalb und außerhalb des Unternehmens reagiert sowie mit wachsenden Datenmengen und neu verfügbaren Datenquellen skaliert werden kann.[378]

Die Einflussgröße Methoden ist in der Regel schwerer zu steuern als die Einflussgröße Instrumente. Die Anwendung von Methoden erfordert entsprechendes Wissen und Fähigkeiten und kann deshalb nicht unabhängig von den Anwendern betrachtet oder beeinflusst werden.[379] Im Zusammenhang mit Business Intelligence ist also nicht nur die Ressource Daten wettbewerbsrelevant, sondern auch das Wissen und die Fähigkeiten der Mitarbeiter zum Umgang mit den Daten.[380] Eine Steuerung der Einflussgröße Methoden erfordert deshalb Maßnahmen des Wissensmanagements und der Personalentwicklung, um einen nachhaltigen Wissens- und Kompetenzaufbau im Umgang mit BI-Methoden zu gewährleisten.[381] Dies kann z. B. durch Schulungen oder durch Training-on-the-Job er-

---

[376] Vgl. Dagan (2007), S. 27.

[377] Vgl. Kemper/Mehanna/Baars (2010), S. 9.

[378] Vgl. Baars (2010), S. 664 sowie die weiteren Ausführungen auf S. 666 f. und S. 669 f.

[379] Vgl. North (2011), S. 121 ff.

[380] Fähigkeiten und Wissen können auch als Kompetenzen bezeichnet werden. Vgl. hierzu die Kompetenztheorie und deren grundlegende Begriffe in Freiling/Gersch/Goeke (2006), S. 19 f.

[381] Vgl. zu Maßnahmen des Wissensmanagements Probst/Raub/Romhardt (2012), S. 31 ff.; und zur Personalentwicklung Schreyögg/Koch (2010), S. 436 ff. Vgl. außerdem die Abgrenzung von Business Intelligence zum Wissensmanagement in Kapitel 3.3.2.

folgen. Das notwendige Wissen bzw. die notwendigen Fähigkeiten können allerdings nicht so einfach a priori bestimmt werden, wie dies z. B. für den Aufbau einer BI-Architektur (vgl. Abbildung 17) zum Zusammenspiel verschiedener Instrumente möglich ist, weil sie nur für konkrete Anwendungsfälle benötigt werden und sich diese im Verlauf der Zeit ändern bzw. erst entstehen.[382] So zählen z. B. das Erstellen von und das Darstellen in Diagrammen, das Kommentieren und das Berechnen von Kennzahlen zu den Basisfähigkeiten. Dazu gibt es eine Reihe von Methoden, wie z. B. Pivotieren, Clustern, verschiedene statistische Analysen und Data-Mining, die nur in konkreten Anwendungsfällen effektiver genutzt werden können als solche Basisfähigkeiten.[383] Wichtig ist vor allem, dass die Anwender nicht nur das Wissen über und die Fähigkeit zur Anwendung bestimmter Methoden haben, sie müssen auch deren Vor- und Nachteile in bestimmten Situationen kennen, um so stets die effektivste Methode für einen konkreten Anwendungsfall nutzen zu können.[384] Durch Teamarbeit und Training-on-the-Job erkennen Anwender außerdem, wer bereits Erfahrungen mit bestimmten Methoden gesammelt hat oder sogar Spezialist für diese ist. Dies erleichtert das Nachfragen und eröffnet die Möglichkeit zur gegenseitigen Unterstützung ohne formalisierte Prozesse.

Zu den Methoden gehört, neben dem grundsätzlichen Verständnis der Analysemethoden, auch die Fähigkeit der effizienten Methodenanwendung mittels der verfügbaren Instrumente. Hier bedingen sich Methoden und Instrumente möglicherweise gegenseitig, weil zur Anwendung bestimmter Methoden bestimmte Instrumente verfügbar sein müssen. Umgekehrt eröffnen Instrumente auch die effiziente Nutzung bestimmter Methoden für die entsprechende Fähigkeiten bei den Anwendern aufgebaut werden müssen. D. h., neben dem nachhaltigen Kompetenzaufbau im Umgang mit Methoden, müssen auch die entsprechenden Kompetenzen im Umgang mit den vorhandenen Instrumenten zur effizienten Anwendung der bekannten Methoden bzw. zum Erlernen weiterer potenziell durch die Instrumente unterstützter Methoden aufgebaut werden.[385] Solche Kompetenzen zur Nutzung der Instrumente sind z. B. in einfachen Fällen die Benutzersteuerung einer Software oder für komplexere Methoden Abfragesprachen wie SQL.

Als abschließende Einflussgröße im Handlungsfeld Technik müssen Instrumente so zusammengestellt und integriert werden, dass diese die übrigen Einflussgrö-

---

[382] Vgl. Wixom/Watson (2010), S. 16; Stroh/Winter/Wortmann (2011), S. 37 f.

[383] Vgl. Dagan (2007), S. 25 ff.; Sabherwal/Becerra-Fernandez (2010), S. 178 f.

[384] Vgl. Gansor/Totok/Stock (2010), S. 123 f.

[385] Vgl. Miller (2006), S. 72 f.

ßen in den anderen Handlungsfeldern Fachlichkeit und Organisation optimal unterstützen.[386] Die Instrumente bilden dann die Systemarchitektur für Business Intelligence, die in ihrer Gesamtheit sowohl den Zugriff auf die zu verarbeitenden Daten, die Nutzung von Instrumenten zur Datenverarbeitung und -analyse sowie die abschließende Bereitstellung der aufbereiteten Informationen ermöglicht. D. h., es gibt verschiedene Funktionen, die als notwendig betrachtet werden können und somit eine Referenzstruktur für eine BI-Systemarchitektur bilden. Eine solche ist in Abbildung 17 dargestellt.

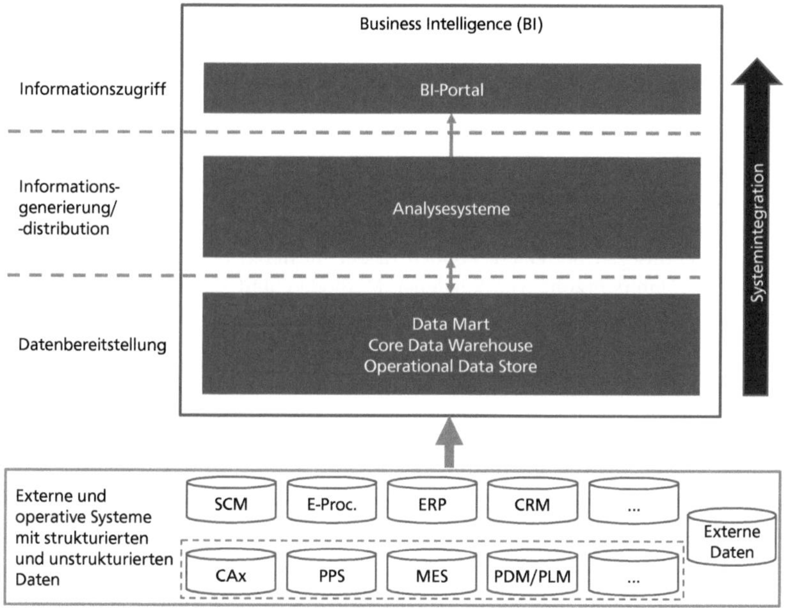

Abbildung 17: Referenzstruktur für eine BI-Systemarchitektur.
(Quelle: in Anlehnung an Kemper/Mehanna/Baars (2010), S. 11.)

Die erste Schicht der Systemarchitektur dient dem Zugriff auf Daten, die von operativen Systemen erzeugt werden wie z. B. Transaktionsdaten, Bestelldaten, Lagerbestandsdaten etc. Dieser Zugriff erfolgt nicht auf die operativen Quellsysteme selbst, sondern durch eine Kopie der Daten in ein Data Warehouse. Hierbei werden aus verschiedenen Quellsystemen relevante Daten geladen und in einer

[386] Vgl. Boyer u. a. (2010), S. 10.

nach analytischen Zusammenhängen strukturierten Form gespeichert. Dieser Vorgang wird als ETL (*extraction, transformation and loading*) bezeichnet und erfolgt meist vollautomatisch zu vorher festgelegten Zeitpunkten.[387] Die analytischen Zusammenhänge basieren i. d. R. auf fachlichen Interpretationen und entsprechen den Datenmodellen, die im Handlungsfeld Fachlichkeit festgelegt werden.[388] Dabei werden die Rohdaten aus den Quellsystemen teilweise bereits zu Kennzahlen zusammengefasst und nur in dieser Form abgespeichert.[389] Das Data Warehouse dient dazu, einen vom operativen Betrieb der Quellsysteme unabhängigen Zugriff auf die analyserelevanten Daten zu ermöglichen.[390] Weitere Ziele sind die übergreifende Auswertung logisch zusammenhängender Daten aus unterschiedlichen Quellsystemen und Bereichen sowie die Beobachtung zeitlicher Veränderungen durch Versionierung und Archivierung bestimmter Transaktionsdaten oder Kennzahlen.[391]

Die mittlere Schicht der Architektur umfasst Instrumente zur Datenverarbeitung, d. h. zur Unterstützung der Datenanalyse und -aufbereitung zu Informationen.[392] Während es sinnvoll ist, in der ersten Schicht zur Datenkonsolidierung nur ein Data Warehouse zu betreiben, können in der mittleren Schicht diverse Instrumente zur Unterstützung verschiedener Methoden und mit unterschiedlichem Unterstützungsumfang sinnvoll sein. So ergänzen sich komplementäre Instrumente zur Datenabfrage, zum Abbilden von Kennzahlensystemen, zur Berechnung statistischer Werte oder zur automatisierten statistischen Analyse großer Datenbestände mittels Data Mining und können damit bei der Befriedigung unterschiedlicher Anforderungen unterstützen.[393] Gerade deshalb ist es wichtig, den Aufbau der Systemarchitektur an den Handlungsfeldern Fachlichkeit und Organisation auszurichten, damit die eingesetzten Instrumente die Effizienz bei

---

[387] Vgl. zu den ETL-Komponenten Bauer/Günzel (2009), S. 51 ff. Obwohl als Abkürzung ETL üblich ist, kann die Reihenfolge der Aktivitäten verändert werden, wenn Daten bereits vor der Extraktion oder erst nach dem Laden transformiert werden.

[388] Vgl. Gansor/Totok/Stock (2010), S. 53.

[389] Vgl. Kemper/Finger (2010), S. 161 und S. 171 f.

[390] Vgl. Heinrich/Stelzer (2011), S. 253.

[391] Im Zusammenhang mit Data Warehouse werden auch die Begriffe *Single Point of Access* oder *Single Version of Truth* verwendet. Der erste Begriff bekräftigt den Anspruch, über ein Data Warehouse auf alle analyserelevanten Daten Zugriff zu haben und diese dann auch verknüpfen und übergreifend auswerten zu können. Der zweite Begriff beschreibt eher ein Qualitätsziel, dass alle Analysen auf den gleichen Quelldaten durchgeführt werden. Dies soll sicherstellen, dass unabhängige Analysen mit den gleichen logischen Annahmen auch zu den gleichen Ergebnissen kommen. Dieses Ziel erscheint eindeutig, die Umsetzung ist aber in der Praxis keinesfalls trivial und entsprechend Probleme nicht selten.

[392] Vgl. Sabherwal/Becerra-Fernandez (2010), S. 38 und S. 41 f.

[393] Vgl. Kemper/Mehanna/Baars (2010), S. 87 ff.

der Anwendung der Methoden steigern und weder zu wenig Unterstützung noch unnötige Unterstützung bieten. Gleichzeitig müssen alle Instrumente aber auch zusammenpassen und eine gemeinsame Nutzung im Prozess ermöglichen.[394]

Die oberste Schicht dient schließlich der Informationsbereitstellung. Auch hier können verschiedene Instrumente mit unterschiedlichem Fokus für verschiedene Interessengruppen oder verschiedene Kommunikationskanäle sinnvoll sein.[395] So kann beispielsweise unterschieden werden zwischen

- Push- und Pull-Instrumenten (automatisch bei Ereignissen oder bei Bedarf),
- stationären und mobilen Instrumenten (nur im Büro bzw. im Unternehmen oder über das Internet von überall),
- dezidierten und universellen Instrumenten (spezialisierte Instrumente zur Informationsbereitstellung oder Instrumente mit weiteren Funktionen bzw. verbreitete Instrumente, die zur Informationsbereitstellung genutzt werden können),
- individuellen Instrumenten und Standardinstrumenten (für einen Anwendungsfall bzw. konkreten Informationsbedarf entwickelt oder fertiges und gekauftes konfigurierbares Instrument),
- statischer, dynamischer und interaktiver Bereitstellung (vordefinierte Ausgabe mit oder ohne konfigurierbare Filter oder anfrageabhängige Ausgabe) sowie
- analoger und digitaler Bereitstellung (gedruckte oder elektronische Informationen als fertiges Dokument oder elektronische Informationen als weiter verarbeitbare Daten).[396]

Einige der genannten Unterscheidungsdimensionen können auch generell für Instrumente genutzt werden. Einige Dimensionen ergeben aber nur bei der Einteilung von Instrumenten zur Informationsbereitstellung Sinn. Insgesamt gibt es eine Vielzahl von Instrumenten für Business Intelligence mit unterschiedlicher Verbreitung.[397] Im Bereich spezialisierter Instrumente werden im deutschsprachigen Raum insbesondere Anwendungen von SAP (SAP Business Warehouse), IBM (Cognos) und Hyperion (Hyperion Essbase) eingesetzt.[398] International be-

---

394 Vgl. Wixom/Watson (2010), S. 16.

395 Vgl. Roekel van u. a. (2009), S. 86.

396 Dies sind nur einige Unterscheidungstypen für Instrumente zur Informationsbereitstellung. Je nach Betrachtungswinkel können andere Typen relevant sein. Beispiele liefern auch Schelp/Winter (2008), S. 9 f.; Bange (2010), S. 140 f.; Winter (2010), S. 107 f.

397 Vgl. hierzu z. B. die Auflistungen von Instrumenten für die verschiedenen Schichten in Bange (2010).

398 Vgl. Hillringhaus/Kedzierski (2004), S. 21 ff.

trachtet kommen vor allem noch Anwendungen von Oracle und SAS hinzu.[399] Beachtenswert ist aber vor allem die große Verbreitung nicht spezialisierter Instrumente, die zwar für Business Intelligence eingesetzt werden, deren Einsatz aber eigentlich der BI-Referenzstruktur und vor allem den Zielen einer BI-Strategie widersprechen. In diesem Bereich, und sogar absolut gesehen, sind Anwendungen von Microsoft (MS Excel, MS Access und MS SQL Server) mit Abstand die am häufigsten eingesetzten Instrumente zur Unterstützung von BI-Prozessen.[400]

3.4.5 Übergeordnete Ziele für Business Intelligence

Für die Ausgestaltung einer BI-Strategie und der drei Handlungsfelder gibt es eine Reihe übergeordneter Ziele, die über reine Anforderungen an Funktionalität und damit das Leistungspotenzial von Business Intelligence hinausgehen.[401] Diese Ziele sind für die Akzeptanz und damit auch für den Erfolg von Business Intelligence im Unternehmen sehr wichtig. Sie werden in der Literatur deshalb auch als *kritische Erfolgsfaktoren* bezeichnet.[402] Solche Erfolgsfaktoren wurden in verschiedenen Kontexten mit empirischen Studien untersucht. Dabei konnten über statistische Modelle Erfolgswirkungen getestet werden.[403] Es gibt allerdings keine Untersuchungen hinsichtlich der Vollständigkeit der jeweils untersuchten Erfolgsfaktoren.[404] Einige dieser Modelle weisen Überschneidungen auf, sie sind aber nie deckungsgleich. Es ist deshalb nicht möglich, hier eine vollständige Auflistung aller relevanten Erfolgsfaktoren zu liefern.[405] Trotzdem sollen einige Punkte genannt werden, die insbesondere im Kontext von Business Intelligence untersucht und beschrieben werden. Wegen fehlender empirischer Studien, die

---

399 Vgl. Miller/Queisser (2009), S. 6 f.

400 Vgl. Schäfer/Schierholz/Gluchowski (2010), S. 17.

401 Vgl. Kemper/Mehanna/Baars (2010), S. 168.

402 Vgl. Popovič u. a. (2012), S. 731 ff.; Ramakrishnan/Jones/Sidorova (2012); oder Dinter (2013). Auch wenn der Begriff Erfolgsfaktor strittig ist und in der Literatur kontrovers diskutiert wird, soll hier der Darstellung und den Begrifflichkeiten in den Quellen gefolgt werden, vgl. z. B. Nicolai/Kieser (2002); Bauer/Sauer (2004). Der Begriff Erfolgsfaktor wird hier aber eher neutral als ein Einflussfaktor von vielen potentiellen Einflussfaktoren verstanden.

403 Vgl. Lederer/Sethi (1988), S. 456; DeLone/McLean (1992), S. 62 ff.; Lederer/Salmela (1996), S. 240; Lederer/Sethi (1996), S. 38 f.; Henderson/Venkatraman (1999), S. 476; Luftman/Papp/Brier (1999), S. 4 ff.; Sabherwal/Chan (2001), S. 14 ff.

404 Vgl. die Kritik zum statistischen Vorgehen in der Erfolgsfaktorenforschung in Albers/Hildebrandt (2006), S. 4 ff. Vgl. außerdem die generelle Kritik an der Erfolgsfaktorenforschung in Nicolai/Kieser (2002), S. 580 ff.

405 Vgl. ebenfalls die Kritik bzgl. der Vollständigkeit in der Erfolgsfaktorenforschung in Nicolai/Kieser (2002), S. 580 ff.

genau diese Punkte betrachten, wird in diesem Zusammenhang auch nur von Zielen und nicht von Erfolgsfaktoren gesprochen.[406]

- Benutzerfreundlichkeit/Verständlichkeit

  Dieses Ziel wird in unterschiedlichen Beschreibungen genannt und findet sich konkret im Handlungsfeld Fachlichkeit, nämlich in der Ausrichtung an den Anforderungen der Interessengruppen, wieder. Benutzerfreundlichkeit und Verständlichkeit stellen wichtige Voraussetzungen für die Akzeptanz der bereitgestellten Leistungen dar.[407] Dieses Ziel ist nur dann zu erreichen, wenn Business Intelligence im Unternehmen nicht als IT-Thema wahrgenommen wird, sondern als Funktion zur bedarfsorientierten Entscheidungsunterstützung.

- Flexibilität

  Die Anforderungen der Entscheider verändern sich mit den Veränderungen des Unternehmens und des Unternehmensumfeldes. Neue Informationsbedarfe entstehen, frühere Informationsbedarfe bestehen nicht mehr. Einige Informationen werden einmalig, andere Informationen werden (regelmäßig) immer wieder nachgefragt.[408] BI-Prozesse müssen deshalb so flexibel sein, dass Veränderungen der Informationsbedarfe trotzdem befriedigt werden können. Automatisierung kann also nur dann ein Ziel der Informationsbereitstellung für Informationsbedarfe mit niedriger Volatilität sein.[409]

- Geschwindigkeit

  Informationsbedarfe verändern sich nicht nur im Verlauf der Zeit, sondern sie treten auch kurzfristig auf und sind nur innerhalb kurzer Frist relevant. Die Reaktionsgeschwindigkeit ist deshalb ebenfalls sehr wichtig für die Akzeptanz seitens der Entscheider.[410] Eine niedrige Reaktionsgeschwindigkeit der Pro-

---

406 Vgl. hierzu auch Anforderungen an Kennzahlen in Pfohl (2004), S. 208.

407 Vgl. DeLone/McLean (1992), S. 68; Bachmann/Kemper (2009), S. 109 und S. 182 ff.

408 Vgl. Rockart (1979), S. 82–84 und S. 93.

409 Vgl. hierzu auch Unterscheidungsdimensionen für den Produktionsablauf in Corsten (2000); sowie Überlegungen zum Produktionsprinzip in Kilger/Meyr (2008), S. 185 ff. So wird im Bereich von BI-Instrumenten zwischen passiven und aktiven Berichtssystemen unterschieden, vgl. Kemper/Mehanna/Baars (2010), S. 243. Während erstere Berichte ad-hoc auf Anfrage generieren, erzeugen aktive Berichtssysteme automatisch Reports in vordefinierten Frequenzen oder beim Erreichen eines Schwellenwertes und stellen diese einer vordefinierten Zielgruppe zur Verfügung.

410 Vgl. Menascé/Almeida/Dowdy (2004), S. 113. Dort wird auch erläutert, dass mit der Reaktionsgeschwindigkeit und Leistung die Produktivität steigt und die Fehlerrate sinkt. Entscheidend für die Leistung der Instrumente ist die zugrundeliegende Systemarchitektur, vgl. hierzu Kapitel 3.4.4 sowie Sabherwal/Becerra-Fernandez (2010), S. 30.

zesse oder auch schlechte Leistung der Instrumente führen häufig zur Bildung alternativer Prozesse oder abteilungseigener Instrumente und damit zu einer Fragmentierung und Abkehr vom übergreifenden Anspruch von Business Intelligence. Dies wird auch als *By-Pass-Reporting* bezeichnet.[411] Zur Geschwindigkeit der BI-Instrumente können noch deren Stabilität und Verfügbarkeit (als unendlich langsame Geschwindigkeit) gezählt werden.[412]

- Vergleichbarkeit

  Die bereitgestellten Informationen müssen sowohl über die Zeit als auch über z. B. verschiedene Bereiche oder Länder vergleichbar sein. Diese Vergleichbarkeit kann auch als Standardisierung bezeichnet werden und gilt sowohl für Informationen, also Inhalte selbst, als auch für die Prozesse zur Datenaufbereitung und Informationsbereitstellung.[413] Vergleichbarkeit ermöglicht es, bezogen auf die Inhalte z. B. kausale Zusammenhänge zu ermitteln und positive Entscheidungen zu übertragen oder bezogen auf die Prozesse z. B. Ineffizienzen zu erkennen oder gar die Effizienz durch Bündelung mehrerer Informationsbedarfe zu steigern.[414] Eine wichtige Voraussetzung für Vergleichbarkeit ist dabei die Konsistenz der genutzten Daten.[415]

- Repräsentativität

  Eine absolute Voraussetzung für die Entscheidungsunterstützung ist die Repräsentativität der bereitgestellten Informationen. Nur wenn diese Informationen auch tatsächlich zur Beurteilung der Entscheidungssituation bzw. von Entscheidungsalternativen beitragen, haben sie das Potenzial, die Entscheidung zu verbessern und vermeiden eine Informationsüberflutung des Entscheiders.[416] D. h., die verarbeiteten Daten müssen den formulierten Informationsbedarf beschreiben und z. B. auch den relevanten Zeitraum für die Entscheidung abdecken.[417] Dabei ist es weniger relevant, den Informationsbedarf möglichst detailliert zu befriedigen, als vielmehr zu verhindern, dass entscheidungsrelevante Informationen nicht berücksichtigt werden (Vollständigkeit).

---

411 Vgl. Bachmann/Kemper (2009), S. 112 ff.

412 Vgl. Oehler (2006), S. 208.

413 Vgl. Ramakrishnan/Jones/Sidorova (2012), S. 287 f.

414 Vgl. Popovič u. a. (2012), S. 732.

415 Vgl. Bauer/Günzel (2009), S. 46. Dort wird auf die Rolle eines zentralen Data Warehouse als *Single Point of Truth* hingewiesen, der die Voraussetzung für konsistentes Business Intelligence in einem Unternehmen darstellt.

416 Vgl. Livari/Koskela (1987), S. 415. Nach einer Studie von Venta Research betrachten nur 30% der Organisationen ihre Daten als repräsentativ, vgl. o. A. (2013), S. 41.

417 Vgl. DeLone/McLean (1992), S. 66 f.; Dinter (2013), S. 1211.

- Kosteneffizienz

  Kosteneffizienz kann als das Verhältnis zwischen Nutzen und Aufwand von Business Intelligence mit einem Quotienten größer eins definiert werden. D. h., Business Intelligence kann als kosteneffizient betrachtet werden, wenn der erzeugte Nutzen durch Informationsbedarfsbefriedigung größer ist als der Aufwand, der zur Bereitstellung der notwendigen Informationen insgesamt entsteht.[418] Die konkrete Ermittlung der Kosteneffizienz ist aber ungleich schwieriger.[419] Eine genauere Betrachtung der Ermittlungsproblematik soll hier aber nicht erfolgen, da diese Problemstellung im Verlauf dieser Arbeit an anderer Stelle nochmals aufgegriffen wird.[420]

Nicht alle der aufgeführten Ziele spielen bei der Beantwortung im Rahmen dieser Arbeit eingangs gestellten Fragen (vgl. Kapitel 1.3) eine Rolle. Die ganzheitliche Darstellung von Business Intelligence in diesem Kapitel (Kapitel 3) bildet allerdings die Grundlage für die weiteren Betrachtungen und die Entwicklung eines effizienten Prozessmodells. Im nächsten Kapitel wird aber zunächst das Zusammenspiel von Business Intelligence und betrieblichen Entscheidungsprozessen näher behandelt. Dieses bildet die Grundlage für die Bewertung von Aufwand und Nutzen von Business Intelligence bzw. BI-Prozessen und determiniert wiederum deren Effizienz.

---

418 Vgl. Kemper/Mehanna/Baars (2010), S. 170 f.

419 Vgl. Stubbs (2011), S. 107 ff.

420 Vgl. hierzu die Überlegungen zur Informationsbewertung in Kapitel 4.2.3.

4 Unterstützung betrieblicher Entscheidungsprozesse mithilfe von Business Intelligence

Zu erfolgreichem betrieblichem und unternehmerischem Handeln gehören situationsadäquate Entscheidungen und deren konsequente Umsetzung durch konkrete Maßnahmen.[421] Die größte Herausforderung besteht für Entscheider aber gerade darin, zu erkennen welche Entscheidungen relevant sind, welche Optionen existieren und welche davon die beste für eine gegebene Situation darstellt. Ein wesentlicher Teil dieser Entscheidungen hängt von psychologischen Eigenschaften des Entscheiders ab, d. h. beispielsweise von Erlerntem, Erfahrungen oder Werten und beeinflusst maßgeblich die Beurteilung der Entscheidungsalternativen.[422] Darüber hinaus können Informationen dazu dienen oder sind sogar notwendig, um Entscheidungssituationen, -alternativen, Wirkungszusammenhänge und Ziele zu erkennen und zu erfassen.[423] Business Intelligence wurde als Prozess zur Befriedigung solcher Informationsbedarfe und damit zur Entscheidungsunterstützung definiert. Für eine weitere Betrachtung dieses Prozesses ist es deshalb relevant, die Entscheidungstheorie zu betrachten und zu klären, was Entscheidungen im betrieblichen Kontext sind und welche Arten von Entscheidungen unterschieden werden. Dies bildet die Basis für eine Betrachtung des eigentlichen Entscheidungsprozesses mit dem Ziel, Schnittstellen zu identifizieren, an denen ein BI-Prozess als Entscheidungsunterstützung ansetzt. Abschließend sollen die Erkenntnisse dann in einem BI-Prozess zusammengefasst werden, der als Grundlage für weitere Überlegungen hinsichtlich eines Rahmenwerkes für BI-Prozesse dient.

4.1 Betriebliche Entscheidungen als Voraussetzung zielgerichteter Handlungen

Entscheidungen sind Voraussetzungen für Handlungen.[424] Jeder Mensch trifft kontinuierlich Entscheidungen. Der Großteil dieser Entscheidungen im Alltag verläuft unterbewusst und wenig strukturiert. In der Folge erscheinen viele Entscheidungen nicht zielorientiert.[425] Im betrieblichen Kontext müssen Entschei-

---

421 Vgl. Macharzina/Wolf (2008), S. 40.

422 Vgl. Harrison (1975), S. 40 ff.

423 Vgl. Klein/Scholl (2011), S. 6 und S. 12–15.o

424 Vgl. Klein/Scholl (2011), S. 12 ff.

425 Auch unterbewusste Entscheidungen sind zielorientiert, wobei im Unterbewusstsein verschiedene Ziele verfolgt werden, die für Außenstehende nicht erkennbar sind. Trotzdem können auch solche Entscheidungen als rational bezeichnet werden, wobei hier eine subjektive, formale Rationalität vorliegt. D. h., es liegt eine, hinsichtlich der persönlichen und unterbewussten Ziele, rationale Entscheidung vor, vgl. Simon (1997), S. 93–106.

dungen hingegen bewusst und sollten strukturiert getroffen werden, damit sie den Unternehmenszielen nicht entgegen wirken, sondern einen entsprechenden positiven Beitrag zur Zielerreichung leisten. Betriebliche Entscheidungen können allgemein als „*eine orientierte, auf Informationsverarbeitung beruhende Reaktion auf eine bestimmte Situation*" betrachtet werden.[426]

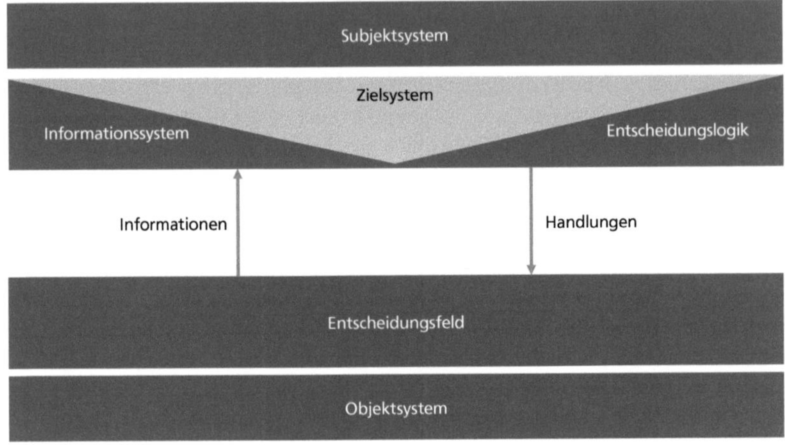

Abbildung 18: Entscheidungsprozess als Interaktionsprozess.
(Quelle: in Anlehnung an Bamberg/Coenenberg/Krapp (2012), S. 2.)

Für eine zielgerichtete Reaktion muss ein Entscheider Informationen zur Ausgangssituation hinsichtlich des eigenen Zielsystems bzw. der Unternehmensziele bewerten (vgl. Abbildung 18). Die Bewertung der Informationen kann durch verschiedene Entscheidungslogiken unterstützt werden.[427] Informationen sind für den Entscheider zum einen wichtig, um mögliche und sinnvolle Handlungsoptionen erkennen zu können. Solche Handlungsoptionen liegen im Entscheidungsfeld, das durch verschiedene, i. d. R. nicht veränderliche Rahmenbedingungen eingegrenzt wird. Entsprechende Rahmenbedingungen werden z. B. durch Normen und Gesetze, vorhandene oder potenzielle Kapazitäten und Technologien, die Marktstruktur oder ähnliches gesetzt. Entscheidungen können deshalb auch als die „*(mehr oder weniger bewusste) Auswahl einer von mehreren möglichen Handlungsalternativen verstanden*"[428] werden.[429] Zum anderen sind Infor-

---

[426] Pfohl (1977b), S. 17.

[427] Vgl. beispielsweise Bitz (1981); Pfohl/Braun (1981); Hanf (1986); Saliger (2003); Bamberg/Coenenberg/Krapp (2012); Klein/Scholl (2011); Laux/Gillenkirch/Schenk-Mathes (2012).

[428] Sieben/Schildbach (1994), S. 1.

mationen aber auch zur Bewertung und damit zur Beurteilung der Wirkungen verschiedener Handlungsoptionen notwendig.[430] Sie dienen Entscheidern also dazu, ihr Unwissen und damit die Unsicherheit hinsichtlich der Entscheidungen zu reduzieren.[431] Zusammenfassend können Entscheidungen wie folgt definiert werden:

> *[Eine Entscheidung ist die] Auswahl der zu realisierenden Alternative aus der Menge der [zuvor identifizierten] Alternativen. Dies geschieht anhand [der Bewertung] der vorliegenden Informationen über Ziele, Alternativen, Wirkungszusammenhänge und Ergebnisse.*[432]

Mit der Analyse und Erklärung solcher Entscheidungen beschäftigt sich die Entscheidungstheorie. Dieser interdisziplinäre Forschungsschwerpunkt betrachtet Entscheidungen von Individuen und Gruppen und versucht die Frage zu beantworten, wie Entscheidungen getroffen werden.[433] Dabei befasst sich die Entscheidungstheorie „*sowohl [mit der] Analyse logischer Implikationen des Postulates zielentsprechender Wahlhandlungen als auch [mit] Systemen empirisch gehaltvoller Erklärungen darüber, wie Entscheidungen in der Realität gefällt werden.*“[434] In der Literatur erfolgt deshalb nochmals eine Unterteilung nach den Forschungszielen als normative oder präskriptive Entscheidungstheorie sowie als empirische oder deskriptive Entscheidungstheorie.[435] Die präskriptive Entscheidungstheorie folgt den Annahmen der klassischen Wirtschaftstheorie und unterstellt den Akteuren rationales Handeln. Damit basiert jede Entscheidungsfindung auf logischen Überlegungen mit dem Ziel, die beste Entscheidung für ein gegebenes Problem zu finden. Probleme bzw. Entscheidungen werden hierzu mit mathematisch-

---

429 Bei Entscheidungen wird stets eine von mehreren möglichen Alternativen gewählt, wobei im Minimalfall zwei Alternativen vorliegen, die auch einfach nur die Ausführung einer Handlung oder deren Unterlassung sein können, vgl. Wessler (2012), S. 2.

430 Vgl. Wessling (1991), S. 38–42.

431 Vgl. Meixner/Haas (2012), S. 76. Entscheider neigen allerdings dazu, den Kausalzusammenhang zu ignorieren und versuchen durch umfangreichere Informationen Unsicherheiten zu reduzieren. Klar ist, dass Unsicherheiten durch Informationen reduziert werden können. Es ist aber ein Trugschluss, dass mehr Informationen Unsicherheiten stärker reduzieren, vgl. Ackoff (1967), S. B147 ff. Dies gilt nur für wenige, relevante Informationen, die zusätzliche Erkenntnisse zu den Wirkungszusammenhängen und Sachverhalten liefern, vgl. Grotz-Martin (1976), S. 35 f. Hinzu kommt, dass der Grenznutzen von Informationen abnehmend ist, während die Grenzkosten steigen, vgl. Harrison (1975), S. 30.

432 Klein/Scholl (2011), S. 15.

433 Vgl. Laux/Gillenkirch/Schenk-Mathes (2012), S. 3 f.

434 Sieben/Schildbach (1994), S. 1.

435 Vgl. Pfohl (1977b), S. 37.

statistischen Modellen abgebildet und gelöst.[436] So wie an der klassischen Wirtschaftstheorie im Allgemeinen gibt es auch an der präskriptiven Entscheidungstheorie wegen der Annahme von Rationalität Kritik.[437] Im Gegensatz dazu versucht die deskriptive Entscheidungstheorie durch eine Analyse der Verhaltensweisen von Entscheidern zu verstehen, wie Entscheidungen getroffen werden. Durch empirisch getestete Modelle können so Entscheidungen prognostiziert bzw. Empfehlungen zur Gestaltung erfolgversprechender Entscheidungsprozesse abgeleitet werden.[438] Einen großen Beitrag zur deskriptiven Entscheidungstheorie leisten CYERT/MARCH mit ihrer grundlegenden, und vor allem auf betriebliche Entscheidungen bezogenen, Arbeit zu einer *Behavioral Theory of the Firm*.[439] Diese Arbeit baut auf dem von SIMON eingeführten Konzept begrenzter Rationalität auf.[440] Mit der Annahme begrenzter Rationalität wird die Erkenntnis in der wissenschaftlichen Theoriebildung berücksichtigt, dass Menschen wegen ihrer beschränkten Informationsaufnahmefähigkeit und -verarbeitungsmöglichkeiten nicht alle Alternativen einer Entscheidung kennen und nicht alle Konsequenzen einer Handlung im Voraus bestimmen können.[441] Begrenzte Rationalität führt bei Entscheidern durch gezielte Annahmen bezüglich der Rahmenbedingungen zu einer Vereinfachung des Entscheidungsproblems. Dies ermöglicht es jenen, die Alternativensuche auf das durch die Rahmenbedingungen begrenzte Entscheidungsfeld zu konzentrieren, und statt der optimalen Alternative, die unter den gegebenen Rahmenbedingungen bestmögliche Lösung zu finden.[442] Damit gewinnen in der deskriptiven Entscheidungstheorie die Zielbildung, Informationsbeschaffung und Bewertung als Bestandteile des Entscheidungsprozesses an Bedeutung. Insbesondere die Informationsbeschaffung im Rahmen von Entscheidungen, d. h. der Prozess zur Entscheidungsunterstützung durch Befriedigung

---

436 Vgl. Welling (2013), S. 10 ff.

437 Vgl. Simon (1959), S. 256. Für einen Überblick über Kritiken an Annahmen der (neo-)klassischen Wirtschaftstheorie bzgl. des Entscheidungsverhaltens vgl. Horowitz (1970), S. 322–339.

438 Vgl. Klein/Scholl (2011), S. 4; Wessler (2012), S. 3.

439 Vgl. Cyert/March (1963).

440 Vgl. Simon (1955).

441 Vgl. Simon (1979), S. 502.

442 Vgl. Harrison (1975), S. 73 ff.; Kirsch (1977), S. 62 ff. im ersten Band; Simon (1997), S. 3 f. In der Literatur wird deshalb auch von der Auswahl der relativ besten Alternative im Gegensatz zur Auswahl der ultimativ besten Lösung gesprochen. Dieses Herangehen ist auch insofern realitätsnäher, da viele der mathematischen Verfahren für komplexe Probleme zwar theoretisch eine optimale Lösung ermitteln können, diese aber praktisch wegen mangelnder Berechenbarkeit der resultierenden Modelle nicht oder nur in nicht vertretbarer Zeit lösbar sind, vgl. Domschke/Drexl (2007), S. 128 f. Insbesondere für komplexe Probleme werden deshalb Heuristiken, Näherungsverfahren und Suchalgorithmen genutzt, um relativ beste Alternativen zu ermitteln.

von Informationsbedarfen der Entscheider, wird im weiteren Verlauf dieser Arbeit im Fokus der Betrachtung stehen. Die weiteren Ausführungen zu Entscheidungsprozessen orientieren sich deshalb am Verständnis der deskriptiven Entscheidungstheorie und der Annahme begrenzter Rationalität.

4.2 Phasen im Entscheidungsprozess

Verschiedene Entscheidungen können sich in ihrer Art stark voneinander unterscheiden.[443] Sehr häufig wird nach Entscheidungen unter Unsicherheit oder unter Sicherheit differenziert. In der Literatur werden daneben noch eine ganze Reihe weiterer Kriterien genannt, nach denen Entscheidungen wie folgt eingeteilt werden können[444]:

- nach der **Anzahl der zu berücksichtigenden Ziele** (eines oder mehrere),
- nach den **verfügbaren Informationen** des Entscheiders (vollständige Information (Sicherheit), Information über Eintrittswahrscheinlichkeiten der möglichen Zustände (Risiko) oder keine Informationen über (Eintrittswahrscheinlichkeiten) mögliche(r) Zustände (Ungewissheit))[445],
- nach den nicht **beeinflussbaren Teilen des Entscheidungsfeldes** (undefiniertes Umfeld (fiktive Gegenspieler), einer oder mehrere rational handelnde Gegenspieler),
- nach dem **Entscheider** selbst (Entscheider als Individuum oder als Gruppe) oder
- nach den **wechselseitigen Abhängigkeiten von Entscheidungen** (statische Einzelentscheidungen oder dynamische Folgeentscheidungen).

Einige dieser Kriterien spielen aber nur für wenige, sehr spezielle Entscheidungen eine Rolle, z. B. weil wegen der beschränkten Rationalität der Entscheider i. d. R. keine vollständige Information vorliegen kann und Entscheidungen unter Sicherheit deshalb nur in seltenen Fällen zu treffen sind.[446] In der Literatur werden außerdem verschiedene Phaseneinteilungen für Entscheidungsprozesse diskutiert, die sich z. B. hinsichtlich des Prozessumfangs (Anfangs- und Endaktivitäten), der Detailtiefe und potenzieller Rückkopplungsschleifen unterscheiden.[447]

---

[443] Vgl. Cyert/Simon/Trow (1956), S. 237 f.

[444] Vgl. Bamberg/Coenenberg/Krapp (2012), S. 38 f.

[445] Für eine detailliertere Abgrenzung von Entscheidungen unter Sicherheit, Risiko oder Ungewissheit vgl. Hanf (1986), S. 4–5.

[446] Vgl. Simon (1981), S. 116 ff. Insbesondere in abgegrenzten Fällen mit vollständiger Information können Computer Entscheidungen schneller und zuverlässiger als Menschen treffen, in denen Menschen auf Entscheidungsunterstützung zur Komplexitätsreduktion zurückgreifen.

[447] Vgl. hierzu z. B. die Phaseneinteilungen für Entscheidungsprozesse in Ansoff (1966), S. 30; Ference (1970), S. B86 ff.; Wild (1971), S. 331; Pfohl (1977b), S. 24 ff.; Gibson u. a. (2009),

Auch gibt es innerhalb der einzelnen Phasen deutliche Unterschiede, was die Auswahl und den Einsatz von Methoden anbelangt.[448] Die oben eingeführte Definition zeigt allerdings, dass gewisse Bestandteile im Ablauf einer Entscheidung immer gleich sind. Hierzu zählen die Aufnahme und Verarbeitung von Informationen über die Entscheidungssituation sowie die Auswahl einer Alternative. Unabhängig von spezifischen Unterschieden teilen KLEIN/SCHOLL Entscheidungen in die drei Hauptphasen Problemfeststellung und -definition, Alternativenermittlung sowie Bewertung und Auswahl ein.[449]

Die Phase der Problemfeststellung und -definition bildet die Grundlage bzw. den Ausgangspunkt für jede Entscheidung. Denn ohne das Erkennen und das Verstehen des eigentlichen Problems, ist keine zielorientierte Entscheidung und damit Lösung eines Problems möglich.[450] PFOHL/STÖLZLE bezeichnen deshalb die Problemerkenntnis, -analyse und -formulierung als Hauptaufgaben für diese Phase.[451] Während die Problemanalyse dazu dient, Ursachen und Wirkungszusammenhänge zu erkennen, muss insbesondere auf die Problemdefinition besonderes Augenmerk gelegt werden, damit in der anschließenden Alternativenermittlung nur solche Alternativen betrachtet werden, die auch eine Behandlung des eigentlichen Problems ermöglichen.[452] Probleme können unternehmensinterne oder -externe Ursachen haben. Zu deren Wahrnehmung sind deshalb sowohl interne als auch externe Informationen notwendig, die auf mögliche Abweichungen oder negative Entwicklungen hinweisen können.[453] Zur Ermittlung zulässiger Alternativen sind aber nicht nur Informationen zu den Problemen und ihren Ursachen relevant, sondern auch zu den verfolgten Zielen, zu gegebenen Rahmenbedin-

---

S. 461 ff.; oder Laux/Gillenkirch/Schenk-Mathes (2012), S. 12 ff. Es gibt allerdings in der Literatur auch Kontroversen darüber, ob Phaseneinteilungen in realen Kontexten überhaupt anzutreffen und empirisch haltbar sind, vgl. hierzu die Arbeiten von Witte (1968a); Witte (1968b); Bales/Strodtbeck (1951). Solche Phasenmodelle können aber eine erste Struktur bieten und die Analyse bzw. die Definition von Prozessen vereinfachen. Insbesondere in Bereichen, in denen definierte Prozesse ablaufen, haben Phasenmodelle also einen höheren pragmatischen Nutzen und lassen sich empirisch halten.

448 Vgl. dazu auch die Kriterien zur Klassifizierung verschiedener Arten von Entscheidungen in Kapitel 4.1.

449 Vgl. Klein/Scholl (2011), S. 13.

450 Vgl. Pfohl (1977b), S. 136.

451 Vgl. Pfohl/Stölzle (1997), S. 57.

452 Vgl. Meixner/Haas (2012), S. 79 ff.

453 Vgl. Domschke/Scholl (2005), S. 26. Neben der Informationsquelle (intern oder extern) können sogenannte Anregungsinformationen auch nach dem beschreibenden Zeithorizont als vergangenheits- und zukunftsbezogene Informationen unterschieden werden. Zukunftsbezogene Informationen werden auch als Frühindikatoren bezeichnet und im Kontext des Risikomanagements intensiver behandelt, vgl. z. B. Götze/Mikus (2001), S. 407 ff.; Brokmann/Weinrich (2012), S. 15 ff.

gungen und schließlich zu den erwarteten Wirkungen einer Entscheidungsalternative.[454] Analog zur Problemfeststellung kann die Phase der Alternativenermittlung in die Hauptaufgaben Alternativensuche, -analyse und -formulierung eingeteilt werden. Während die Alternativensuche eine durchaus kreative Aufgabe darstellt, die innovative Problemlösungen erst ermöglicht, sind insbesondere die Alternativenanalyse und die Alternativenformulierung streng rationale Aufgaben.[455] In der Alternativenanalyse gilt es die verschiedenen Handlungsalternativen mit allen Auswirkungen zu erfassen sowie hinsichtlich ihrer Durchsetzbarkeit und ihrer Effekte unter Beachtung möglicher Risiken zu erkunden. Diese Erkenntnisse werden abschließend formalisiert, sodass vergleichbare und klar voneinander abgegrenzte Handlungsalternativen unterschieden werden können.[456] Abschließend wird in der Phase Bewertung und Auswahl diejenige Alternative ausgewählt, welche die besten Ergebnisse hinsichtlich der verfolgten Ziele verspricht.[457] Der gesamte Entscheidungsprozess kann also auch als die Ableitung einer Entscheidung aus Entscheidungsprämissen interpretiert werden.[458] Dabei ist es wichtig, dass mögliche Zielkonflikte berücksichtigt werden, d. h. der Gesamtnutzen[459] für eine Entscheidung ausschlaggebend ist und nicht gute Ergebnisse für einzelne Ziele dazu führen, dass schlechtere Ergebnisse an anderer Stelle ignoriert werden.[460] Auch in der letzten Phase einer Entscheidung sind Informationen zur Unterstützung wichtig. Informationen zur Bewertung und Auswahl können z. B. die Ergebnisse quantitativer, statistischer Modelle oder von Optimierungsmethoden sein.[461] Diese können im Ergebnis sowohl eine bestimmte Alternative zur Auswahl vorschlagen als auch durch eine Bewertung

454 Vgl. Wessling (1991), S. 38–42; Müller (1992), S. 72 f.; Sieben/Schildbach (1994), S. 15.

455 Vgl. Laux/Gillenkirch/Schenk-Mathes (2012), S. 14 und S. 31 f.

456 Eine Formalisierung kann sowohl qualitativer als auch quantitativer Natur sein. Ziel ist lediglich die Schaffung von Vergleichbarkeit zwischen verschiedenen Handlungsalternativen mittels adäquater Methoden, vgl. z. B. Bamberg/Coenenberg/Krapp (2012), S. 15–31.

457 Vgl. hierzu auch die Definition von Entscheidungen in Kapitel 4.1.

458 Vgl. Bamberg/Coenenberg/Krapp (2012), S. 3.

459 Die Zielerreichung einer Alternative repräsentiert den Nutzen. Allerdings gibt es stets auch eine subjektive Bewertung des Nutzens einer Alternative. Für die Bewertung des Gesamtnutzens ist es deshalb relevant, für alle verfolgten Ziele eine Nutzenfunktion zu bilden, die auch die relative Bedeutung der Ziele zueinander berücksichtig, um so eine Aussage bezüglich des Gesamtnutzens treffen zu können, vgl. Keeney (1992), S. 22 f.; Pfohl/Stölzle (1997), S. 59.

460 Vgl. Klein/Scholl (2011), S. 106–108. Es kann durchaus sinnvoll sein, Verschlechterungen an bestimmten Stellen zu Gunsten besonders großer Verbesserungen an anderer Stelle zu akzeptieren. Eine solche Nutzenverschiebung muss aber bewusst in Kauf genommen werden und zu einer Gesamtnutzensteigerung führen. Sie darf nicht lediglich einen hinsichtlich des Gesamtnutzens indifferenten Zustand darstellen.

461 Ackoff unterteilt Entscheidungen an dieser Stelle nochmals in Entscheidungen, für die berechenbare und unterstützende Modelle vorliegen, entwickelt werden können oder nicht möglich sind, vgl. Ackoff (1967), S. B154 f.

aller Alternativen hinsichtlich der objektiven bzw. formalisierbaren Ziele die Auswahl vereinfachen. Die Literatur bietet hierfür zahlreiche Methoden und Instrumente an, die für verschiedene Zielsetzungen und Anwendungsfälle sehr gute Ergebnisse und damit Informationen liefern können. Alle diese Methoden und Instrumente haben allerdings unterschiedliche Vor- und Nachteile bzw. Stärken und Schwächen, sodass nicht der eine ultimative Ansatz zur Modellierung einer Alternativenbewertung existiert. Entsprechende Betrachtungen finden sich in der einschlägigen Literatur.[462]

Zusammenfassend kann festgestellt werden, dass sowohl in den Phasen Problemfeststellung und -definition sowie Alternativenermittlung als auch in der Phase Bewertung und Auswahl Informationen zur Unterstützung der Entscheider notwendig sind.[463] Diese lassen sich als Problem-, Ziel-, Alternativen- und Bewertungsinformationen bezeichnen.[464] Damit existieren auch mehrere potenzielle Schnittstellen zwischen Entscheidungsprozess und BI-Prozess, an denen Informationsbedarfe durch Entscheider formuliert bzw. relevante Informationen an Entscheider übermittelt werden.[465] Eine genaue Identifikation der Schnittstellen erfordert aber eine detailliertere Betrachtung des Entscheidungsprozesses als dies die dreiphasige Einteilung ermöglicht. Einen verfeinerten Ansatz bietet das Modell nach CYERT/MARCH. Diese unterteilen den Entscheidungsprozess in neun Schritte und heben dabei die Informationsbeschaffung und -verarbeitung hervor.[466] Den Entscheidungsprozess, den sie als Teilmodell bezeichnen, übertragen CYERT/MARCH in ein abstraktes Modell organisatorischer Entscheidungen, die Reaktionen auf Probleme als Abweichungen von organisationalen Zielen darstellen.[467] In diesem Modell werden an vier Stellen Informationen erhoben bzw. er-

---

462 Vgl. z. B. Kleindorfer/Kunreuther/Schoemaker (1993); Kahle (2001); Klein/Scholl (2011); Anderson/Sweeney/Williams (2012); Bamberg/Coenenberg/Krapp (2012); Laux/Gillenkirch/Schenk-Mathes (2012).

463 Vgl. Cyert/Simon/Trow (1956), S. 237.

464 Vgl. Müller (1992), S. 36. MÜLLER unterscheidet, bezogen auf den Entscheidungsprozess, außerdem noch Ausführungs- und Kontrollinformationen. Diese sind aber für den hier skizzierten Entscheidungsprozess nicht relevant, weil sie erst in der Phase der Entscheidungsumsetzung eine Rolle spielen.

465 Vgl. O'Donnell/David (2000), S. 179–182; Wixom/Watson (2010), S. 25.

466 Vgl. Cyert/March (1963), S. 84 ff. Sie folgen damit der Gliederung von SIMON, der Entscheidungen als Beschaffung von Informationen, Entwicklung und Analyse von Alternativen sowie Auswahl der besten Alternative beschreibt, vgl. Simon (1960), S. 1 ff. Diese Einteilung hebt die Informationsbeschaffung hervor, geht aber von einem bereits klar definierten Problem aus und weicht deshalb von dem hier zugrunde gelegten Phasenmodell ab.

467 Vgl. Cyert/March (1963), S. 126. Das Modell geht davon aus, dass Beobachtungen des Unternehmens und der Unternehmensumwelt mit absolut gesetzten, objektiven Zielen der Organisation seriell verglichen werden, um Probleme als Zielabweichung zu registrieren. Im Falle von Abweichungen werden Maßnahmen bzw. alternative Handlungsoptionen in Ab-

fasst, die im Verlauf des Entscheidungsprozesses verarbeitet werden. Probleminformationen stellen als Beobachtungen des Unternehmens und der Unternehmensumwelt den Auslöser für eine Entscheidung dar. Diese werden mit Zielinformationen verglichen und führen bei Abweichungen dazu, dass Alternativeninformationen gesammelt werden. Abschließend dienen Bewertungsinformationen zur Bewertung der Alternativen und auch zur Bewertung der dem Entscheidungsprozess zugrunde liegenden Such-, Entscheidungs- und Beobachtungsregeln sowie deren möglicher Weiterentwicklung. CYERT/MARCH bezeichnen Entscheidungen als kontinuierliche Unternehmensprozesse und bestimmen deshalb auch keinen eindeutigen Einstiegspunkt als Prozessanfang.[468] Außerdem unterstellen sie stets mehrere organisationale Ziele und damit einen Prozess serieller Zielvergleiche.[469] Damit geht dieses Modell deutlich über den für diese Arbeit relevanten Betrachtungsbereich hinaus und soll deshalb in einer vereinfachten Version ohne serielle und kontinuierliche Überlegungen sowie ohne Rückkopplungsschleifen in Anlehnung an MEIXNER/HAAS als Phasenmodell für Entscheidungen verwendet werden.

Eine Entscheidung in einem idealtypischen Entscheidungsprozess beginnt mit der Verarbeitung und Beurteilung der vorhandenen Problem- und Zielinformationen (vgl. Abbildung 19). Probleminformationen beschreiben das zu lösende Problem und seine Ursachen, während Zielinformationen eher Symptome und Auswirkungen des Problems darstellen. Wenn dem Entscheider keine ausreichenden Problem- und Zielinformationen zur Verfügung stehen, entsteht ihm ein Informationsbedarf, den er mittels eines BI-Prozesses decken kann. Die dann vorhandenen Informationen dienen dem Verständnis und der präzisen Formulierung des zu lösenden Problems. Eine solche Problemformulierung dient der Externalisierung des Wissens über das identifizierte Problem und ermöglicht weitere Personen in die Problemlösung einzubeziehen. Außerdem kann das Ausgangsproblem so auch für eine spätere Kontrolle schriftlich fixiert werden. Die Problemformulierung bildet den Ausgangspunkt zur Verarbeitung und Beurteilung der vorhandenen Alternativeninformationen. Alternativeninformationen beschreiben mögliche Lösungsszenarien, die durch eine Beeinflussung der Problemursachen und anderer Einflussfaktoren eine positive Wirkung auf die verfolg-

---

hängigkeit von bekannten Optionen gesucht. D. h., ausgehend von kleinen Veränderungen des Status-quo, wird versucht, das Problem zu beheben. Führt dies nicht zum Erfolg, werden nach und nach immer größere Veränderungen als Optionen evaluiert. Begleitet wird die Problemlösung von einer Beurteilung und Weiterentwicklung bestehender Such-, Entscheidungs- und Beobachtungsregeln, die CYERT/MARCH als organisationales Lernen bezeichnen, vgl. ebenda, S. 114-127.

[468] Vgl. Cyert/March (1963), S. 125.

[469] Vgl. Cyert/March (1963), S. 117.

ten Ziele entfalten. Analog gilt an dieser Stelle, dass ein Entscheider bei nicht ausreichenden Informationen seinen Bedarf durch einen BI-Prozess decken kann. Die anschließende Formulierung und Abgrenzung möglicher Alternativen dient zur Bildung einer einheitlichen, an den verfolgten Zielen ausgerichteten Bewertungsbasis. Diese Bewertungsbasis kann anhand von Bewertungsinformationen beurteilt werden. Falls eine direkte Beurteilung nicht möglich ist, kann ein BI-Prozess die abschließende Bewertung der Alternativen durch die Bereitstellung nachgefragter Bewertungsinformationen unterstützen. Die Entscheidung im engeren Sinne, nämlich die Auswahl der besten Alternative, bildet den Endpunkt eines jeden Entscheidungsprozesses.[470]

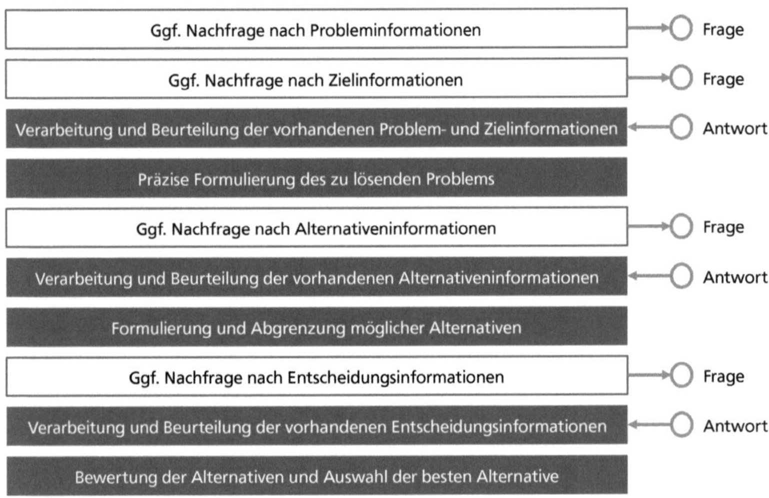

Abbildung 19: Idealtypischer Entscheidungsprozess mit Schnittstellen zum BI-Prozess. (Quelle: eigene Darstellung in Anlehnung an Cyert/March (1963), S. 84 und S. 126; O'Donnell/David (2000), S. 179–182; Meixner/Haas (2012), S. 77.)

Für den weiteren Verlauf dieser Arbeit soll angenommen werden, dass alle Entscheidungen die gleichen, in Abbildung 19 dargestellten, Schritte durchlaufen. Unterschiede, z. B. zwischen einfachen sowie umfangreichen und komplexen Entscheidungen, ergeben sich nur durch den Umfang nachgefragter Informatio-

[470] Meixner/Haas sehen zwar auch noch die Umsetzung der ausgewählten Alternative sowie eine anschließende Kontrolle der Umsetzung als Teil des Entscheidungsprozesses an, diese beiden Aktivitäten sind aber eher dem übergeordneten Managementprozess zuzuordnen und werden deshalb hier nicht berücksichtigt, vgl. Meixner/Haas (2012), S. 77.

nen, wenn Entscheider über nicht ausreichende Informationen verfügen.[471] Ferner soll der Annahme von CYERT/MARCH gefolgt werden, dass sich komplexe Problemsituationen in Teilprobleme und damit Teilentscheidungen zerlegen lassen, die für sich genommen gelöst werden können. Gesamtlösungen ergeben sich damit als aufeinanderfolgende Entscheidungen, die wegen der Akzeptanz relativ bester Alternativen eine zulässige Lösung ermöglichen.[472] Im Verlauf jeder Entscheidung gibt es damit vier Schnittstellen, an denen durch mögliche Informationsbedarfe der Entscheider BI-Prozesse ausgelöst werden können. Eine nähere Betrachtung der BI-Prozesse und damit der Informationsnachfrage und -bereitstellung über die Schnittstellen erfolgt in Kapitel 4.2.2.

4.2.1 Informationsbedarf und -beschaffung im Entscheidungsprozess

Der in Kapitel 4.2 vorgestellte Entscheidungsprozess zeigt, dass im Verlaufe von Entscheidungen Informationsbedarfe entstehen können, die eine Informationsbeschaffung erfordern. In der Erläuterung wird aber auch deutlich, dass die Informationsbedarfe nur dann entstehen, wenn der Entscheider für die entsprechenden Aktivitäten nicht über ausreichende Informationen bzw. ausreichendes Wissen verfügt. Ohne tiefer auf die psychologischen Zusammenhänge menschlichen Verhaltens, insbesondere in Entscheidungen, einzugehen, kann festgestellt werden, dass alle menschlichen Entscheidungen das Ergebnis bewusster und unterbewusster Prozesse bzw. Gedanken sind.[473] Die unterbewussten Gedankenprozesse werden auch als Intuition bezeichnet.[474] Trotz des breiten Forschungsinteresses an Entscheidungsprozessen konnte bisher keine einheitliche Definition gebildet werden, die Intuition klar beschreibt. Intuition wird deshalb meist mittels gewisser Eigenschaften beschrieben als *„affectively charged judgments that arise through rapid, nonconscious, and holistic associations"*.[475] Intuition ist zwar unterbewusst, darf aber nicht mit irrationalem Handeln verwechselt werden. Die Intuition eines Menschen entwickelt sich mit der Zeit aus vergangenen Erfahrungen und verborgenem, impliziten Wissen, die zu einem tieferen Verständnis einer Situation führen und deshalb schnellere Rückschlüsse – vergleichbar zu

---

[471] Vgl. Delbecq (1967), S. 332 ff. Unterschiedliche Informationsbedarfe resultieren beispielsweise aus der Neuartigkeit einer Entscheidung. So existiert bei Routineentscheidungen aufgrund von Erfahrungen eine breitere Informationsbasis als bei neuartigen Problemsituationen.

[472] Vgl. Cyert/March (1963), S. 117 f.

[473] Vgl. Ferber (1967), S. B520 f. Für einen Einstieg in die Betrachtung psychologischer Zusammenhänge menschlicher Entscheidungen vgl. Sloman (1996).

[474] Vgl. Simon (1987), S. 57 und in Bezug auf Manager S. 61; Khatri/Ng (2000), S. 59 ff.; Dane/Pratt (2007), S. 34 ff.

[475] Dane/Pratt (2007), S. 40.

Reflexen – ermöglichen, als dies durch bewusste Überlegungen möglich ist.[476] Bewusste Gedankenprozesse laufen meist als analytische Prozesse ab und führen auf Basis des bereits vorhandenen, expliziten Wissens und durch die Aufnahme und Verarbeitung zusätzlicher Informationen (Internalisierung) zu weiteren Rückschlüssen (Kombination).[477] Beide Arten von Gedankenprozessen wirken gemeinsam auf alle menschlichen Entscheidungen und beeinflussen bereits die Problemdefinition, die Formulierung und Abgrenzung von Alternativen sowie letztlich die Bewertung und Auswahl einer Alternative (vgl. Abbildung 20).[478] Ein Informationsbedarf hängt also vom vorhandenen Wissen sowie der Intuition des Entscheiders ab und entsteht damit nur relativ in Abhängigkeit von dem Entscheider und der konkreten Problemsituation.[479]

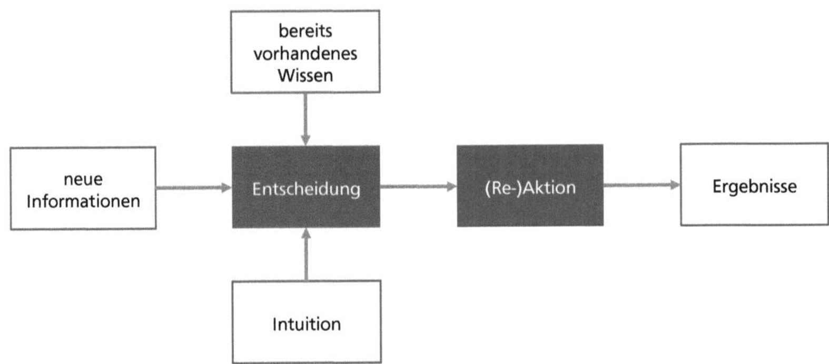

Abbildung 20: Einfluss von Informationen, Wissen und Intuition in Entscheidungen. (Quelle: eigene Darstellung)

Der Informationsbedarf hängt darüber hinaus auch von der Risikopräferenz des Entscheiders ab. Ein risikoneutraler Entscheider wird zusätzliche Informationen nur nachfragen, wenn er sich durch eine Erweiterung der Informationsbasis eine signifikante Verbesserung der Entscheidung in Bezug auf die Zielerreichung verspricht.[480] Ein risikoaverser Entscheider wird hingegen immer dann weitere Informationen nachfragen, wenn er den Nutzen durch eine Verbesserung der Ent-

[476] Vgl. Khatri/Ng (2000), S. 62.

[477] Vgl. Nonaka/Takeuchi (1997), S. 75–89.

[478] Vgl. Harrison (1975), S. 43 f.; Kirsch (1977), S. 100 im zweiten Band.

[479] Vgl. Vroom/Yetton (1973), S. 23 f.; Roth (1976), S. 19 f.; Müller (1992), S. 197 f.

[480] Vgl. Laux/Gillenkirch/Schenk-Mathes (2012), S. 317.

scheidungssituation größer einschätzt als die Kosten für die Beschaffung der zusätzlichen Informationen.[481]

Das Wissen oder der Informationsstand eines Entscheiders kann aufgrund der Annahme beschränkter Rationalität niemals vollkommen sein. Unter der Annahme, dass das individuelle Wissen des Entscheiders variabel ist, kann also davon ausgegangen werden, dass dieses stets durch zusätzliche Informationen ergänzt werden kann.[482] Der Entscheider muss also für sich die Frage klären, ob er auf Basis des vorhandenen Wissens und der bereits verfügbaren Informationen die Entscheidung treffen kann oder ob er einen Bedarf an weiteren entscheidungsrelevanten Informationen hat. WITTMANN formalisiert diesen Zusammenhang, indem er den Informationsstand als

$$\frac{\text{tatsächlich vorhandene Informationen}}{\text{für notwendig erachtete Informationen}} = \text{Informationsstand}$$

Abbildung 21: Informationsstand als das Verhältnis zwischen vorhandenen und als notwendig erachteten Informationen. (Quelle: Wittmann (1959), S. 25.)

definiert und von einem Informationsbedarf für den Fall Informationsstand < 1 ausgeht.[483] Ähnlich, allerdings detaillierter durch die Aufzählung informationslogistischer Eigenschaften, definieren auch PICOT/REICHWALD/WIGAND Informationsbedarf als *„the type, quantity, and quality of the information that persons require in order to complete tasks within a certain timeframe“*.[484] Bei genauerer Betrachtung dieser beiden Definitionen wird auch hier wieder deutlich, dass der Informationsbedarf relativ und entscheiderindividuell ist. Diese Relativität entsteht durch die Diskrepanz zwischen den für notwendig erachteten Informationen (subjektiver Informationsbedarf) und den notwendigen Informationen (objektiver Informationsbedarf), die sich i. d. R. aus verschiedenen Gründen ergibt:[485]

---

[481] Vgl. Klein/Scholl (2011), S. 454. Grundsätzlich kann auch unterstellt werden, dass für einen risikoaversen Entscheider der Nutzen zusätzlicher Informationen und damit die Bereitschaft zusätzliche Aufwände zu übernehmen um so größer ist, je größer seine Risikoscheu ist. Daraus folgt, dass der Informationsbedarf eines Entscheiders mit der Risikoaversität steigt.

[482] Es wird außerdem unterstellt, dass Entscheider bestrebt sind, Entscheidungen nur treffen, wenn das notwendige Wissen vorhanden oder die notwendigen Informationen verfügbar sind, vgl. Morgenstern (1935), S. 345; Teichmann (1971), S. 134 f.

[483] Vgl. Wittmann (1959), S. 25.

[484] Picot/Reichwald/Wigand (2008), S. 68.

[485] Vgl. Taschner (2013), S. 17 ff.

- Entscheider wissen häufig nicht, welche Informationen sie brauchen, sondern fragen die subjektiv wahrgenommenen Informationsbedarfe nach.[486] Dieser subjektive Informationsbedarf kann sowohl größer als auch kleiner als der notwendige, objektive Informationsbedarf sein, er kann aber auch aufgrund einer falschen Wahrnehmung verschoben sein.[487]
- Entscheider tendieren dazu, Unsicherheit zu vermeiden und entwickeln in der Folge einen größeren Informationsbedarf als er objektiv für die Bearbeitung einer Entscheidung notwendig wäre, um für möglichst alle Eventualitäten gerüstet zu sein.[488]
- Auch wenn Entscheider über ausreichend Wissen zur Entscheidung verfügen, werden teilweise Informationen nachgefragt, um die Entscheidung mit „Fakten" zu unterlegen und sich im Falle eines ungewünschten Ergebnisses rechtfertigen zu können.[489]
- Informationsasymmetrien und Prinzipal-Agent-Beziehungen können dazu führen, dass Entscheider die Erreichung eigener Ziele über die von außen gesetzten Ziele stellen (Moral Hazard) und deshalb einen erweiterten Informationsbedarf entwickeln.[490]
- Entscheider nutzen nur einen geringen Teil der ihnen bereitgestellten Information tatsächlich für ihre Entscheidungen.[491] Unterbewusst wird also nur der Teil der notwendigen Informationen genutzt, der auch verfügbar ist, bewusst wird allerdings der Teil der als notwendig erachteten Informationen nachgefragt, den Entscheider als Nachfrage formulieren können.[492]
- Viele Entscheider und Informationsbereitsteller unterstellen, dass mehr Informationen besser sind und melden deshalb einen höheren Informationsbedarf an bzw. liefern zusätzliche Informationen, obwohl Informationen einen abnehmenden Grenznutzen stiften und ein positiver Zusammenhang zwischen Entscheidungsqualität und Informationsmenge empirisch nicht nachgewiesen werden konnte.[493]

---

486 Vgl. Weber/Schäffer (2011), S. 586; Thommen/Achleitner (2012), S. 544.

487 Vgl. Navrade (2008), S. 71 f. Außerdem kann es schlicht zu Missverständnissen zwischen dem, was ein Entscheider nachfragen möchte und was er nachfragt, kommen, vgl. Zeiler (2013), S. 37.

488 Vgl. Cyert/March (1963), S. 119; Ackoff (1967), S. B149; Lanzetta/Driscoll (1968), S. 479 f.; Windsperger (1996), S. 9.

489 Vgl. Kirsch (1977), S. 130–133 im ersten Band.

490 Vgl. Bamberg/Coenenberg/Krapp (2012), S. 143–145.

491 Vgl. Trull (1966), S. B276; Müller (1992), S. 50.

492 Vgl. Picot (1989), S. 5.

493 Vgl. Ackoff (1967), S. B150–B152; Harrison (1975), S. 30 f.; Kappler (1975), S. 97.

Die aufgeführten Punkte stellen eine Auswahl einiger wichtiger, auch in der wissenschaftlichen Literatur behandelter Ursachen dar, die für die Relativität des Informationsbedarfs von Entscheidern sprechen. Es ist deshalb sinnvoll, zur Beschreibung des Informationsbedarfs in Entscheidungsprozessen einige weitere Begriffe einzuführen, die jeweils bestimmte Teilmengen der Gesamtmenge aller Informationen darstellen (vgl. Abbildung 22). Neben den bereits oben eingeführten Begriffen *objektiver Informationsbedarf* und *subjektiver Informationsbedarf* ist von Seiten der Entscheider noch die *Informationsnachfrage* zu unterscheiden.[494] Die Informationsnachfrage stellt den Teil des subjektiven Informationsbedarfs dar, den ein Entscheider beschreiben und kommunizieren, d. h. als Frage formulieren kann. Jene kann eine echte Teilmenge des subjektiven Informationsbedarfs darstellen, sie kann aber auch eine Menge sein, die wegen einer unpräzisen Formulierung neben gemeinsamen Elementen weitere Informationselemente enthält, die außerhalb des subjektiven Informationsbedarfes liegen.[495] Diesen entscheiderseitigen Teilinformationsmengen steht von Seiten der Informationsbereitsteller das *Informationsangebot* gegenüber, also die Menge der Informationen, auf die ein Entscheider zugreifen kann. [496] Das Informationsangebot ist eine Teilmenge der gesamten im Unternehmen *verfügbaren Informationen*. Diese sind i. d. R. über verschiedene Bereiche und Abteilungen sowie Speicherorte innerhalb des Unternehmens verteilt und aufgrund technisch-administrativer Hürden für einen Entscheider nur teilweise zugänglich.[497] Die letzte Teilinformationsmenge ist die alles überspannende Menge der *erfassbaren Informationen*. Diese umfasst alle Informationen, die erhoben werden könnten. Sie ist aber nicht gleich der Gesamtmenge aller Informationen, denn zur Bewertung verschiedener Handlungsalternativen können beispielsweise Eintrittswahrscheinlichkeiten relevant sein (objektiver Informationsbedarf), die sich aber nicht bestimmen und erheben lassen.[498] Der von WITTMANN definierte *Informationsstand* ergibt sich in dieser Mengenbetrachtung nicht als Quotient, sondern als Schnittmenge aller genannten Teilinformationsmengen.[499] Der Informationsstand kann aber auch

---

494 Vgl. Simpson (1997), S. 9; Weber/Schäffer (2011), S. 86 f.

495 Vgl. Navrade (2008), S. 71.

496 Vgl. Picot/Franck (1988), S. 611–613.

497 Vgl. Gansor/Totok/Stock (2010), S. 14–18.

498 Vgl. Hujer/Cremer (1977), S. 19; Laux/Gillenkirch/Schenk-Mathes (2012), S. 285–287. Tatsächliche Eintrittswahrscheinlichkeiten für bisher nicht eingetretene oder sehr selten eintretende Ereignisse können nicht objektiv bestimmt werden. Für diesen Fall wird auf subjektive Einschätzungen, z. B. von Experten, zurückgegriffen, vgl. Pfohl (1977a), S. 27 ff.. Darüber hinaus führt die beschränkte Rationalität von Menschen auch dazu, dass nicht alle möglichen Methoden und Instrumente zur Informationserhebung vorhanden sind und somit nicht alle vorstellbaren Informationen auch erhoben werden können, vgl. Simon (1997), S. 93–95.

499 Vgl. Wittmann (1959), S. 25; Picot (1989), S. 5; Strauch (2002), S. 70.

vereinfacht als Schnittmenge aus dem objektiven Informationsbedarf und dem Informationsangebot gezogen werden.[500]

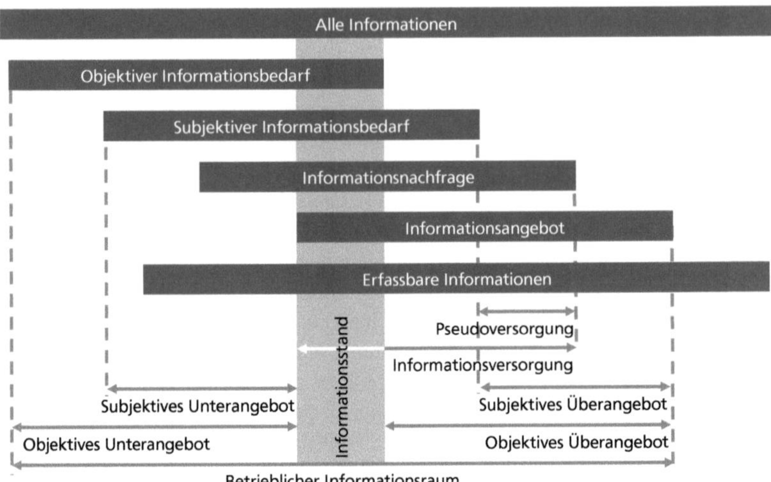

Abbildung 22: Relevante Teilinformationsmengen in Entscheidungssituationen. (Quelle: eigene Darstellung in Anlehnung an Strauch (2002), S. 70.)

Aus den Diskrepanzen der verschiedenen Teilinformationsmengen ergeben sich sowohl objektive und subjektive Informationsunterangebote als auch objektive und subjektive Informationsüberangebote (vgl. Abbildung 22).[501] Ein subjektives Informationsunterangebot motiviert Entscheider dazu, weitere Informationen nachzufragen. Zusätzliche Informationen können entweder bereits existieren und sind lediglich aufgrund technisch-administrativer Hürden nicht zugänglich. Sie können aber auch nicht verfügbar sein, sodass sie erst erfasst bzw. zusam-

---

500 „Vereinfacht" soll hier nur heißen, dass weniger Teilmengen betrachtet werden müssen. Die Schwierigkeit, den Informationsstand zu bestimmen, hängt von der Schwierigkeit ab, den objektiven Informationsbedarf zu bestimmen und dies wurde oben bereits als Herausforderung beschrieben.

501 Vgl. Navrade (2008), S. 72. Während ein Informationsunterangebot durch einen konkreten Bedarf festgestellt wird und sich ggf. durch ein zusätzliches Informationsangebot beheben lässt, wird eine Informationsüberversorgung nur selten registriert. Ein Grund ist die Abweichung zwischen Informationsbedarf und Informationsnachfrage. Ein zweiter, viel wesentlicher Grund ist der fehlende Abgleich der verfügbaren Informationen mit der Vereinigung aller Informationsbedarfe innerhalb eines Unternehmens. Ohne diesen Vergleich kann eine objektive Informationsüberversorgung nicht festgestellt werden, vgl. Ackoff (1967), S. B149 f.; Bachmann/Kemper (2009), S. 243 ff.; Totok (2010), S. 53 f.

mengestellt werden müssen.[502] Eine Vergrößerung des Informationsangebotes ist aber in jedem Fall mit Aufwänden verbunden. Bei bereits existenten Informationen kann der Aufwand unter Umständen sehr gering sein. Eine weitere Informationserfassung ist aber in der Regel mit größeren Aufwänden verbunden, z. B. durch Anpassungen an IT-Systemen zur automatisierten Erfassung weiterer Daten oder für Personal zur manuellen Recherche komplexer Sachverhalte. Nach wirtschaftlichen Gesichtspunkten sollte eine Erweiterung des Informationsangebotes nur dann erfolgen, wenn der entstehende Aufwand geringer ist, als der durch die zusätzlich angebotenen Informationen gestiftete Nutzen. Daraus ergibt sich ein informationsökonomisches Optimum des Informationsangebotes in Entscheidungssituationen. Dieses liegt vor, wenn der Grenznutzen gleich den Grenzkosten zusätzlicher Informationen ist (vgl. Kapitel 4.2.3).[503] Eine solche Betrachtung erfordert aber sowohl eine Bewertung des Informationsnutzens, als auch die Berechnung der Informationskosten.

4.2.2 Business Intelligence als Prozess zur Entscheidungsunterstützung

In Kapitel 4.2 wurde ein idealtypischer Entscheidungsprozess mit insgesamt vier Schnittstellen zum BI-Prozess definiert. An diesen vier Schnittstellen besteht für Entscheider die Möglichkeit, Informationsbedarfe durch die Nutzung von BI-Prozessen zu befriedigen.[504] Für das Ziel dieser Arbeit, Handlungsempfehlungen zur Gestaltung effizienter BI-Prozesse zu geben, gilt es nun, den eigentlichen BI-Prozess näher zu betrachten und damit den Analyserahmen für weitere Überlegungen zur Effizienzsteigerung zu setzen. In der Literatur gibt es verschiedene Ansätze zur Strukturierung von BI-Prozessen, die als Basis für eigene Überlegungen dienen.[505] In einer Literaturrecherche stellen PIRTTIMÄKI/HANNULA allerdings für verschiedene untersuchte Strukturierungsansätze fest, dass sich diese primär in der Anzahl und Einteilung von Prozessschritten sowie in Bezug auf die aufge-

---

502 Vgl. Mag (1976), S. 125–127.

503 Vgl. Simon (1959), S. 270 f.; Harrison (1975), S. 29–31.

504 Vgl. Marjanovic (2010), S. 36; Wixom/Watson (2010), S. 25.

505 Vgl. Pirttimäki (2006), S. 5; Vuori (2006), S. 312. Nicht Gegenstand der Betrachtung sind Prozessreferenzmodelle wie *Control Objectives for Information and related Technology* (COBIT) oder *Information Technology Infrastructure Library* (ITIL) in itSMF/ISACA (2008). Diese bieten zwar ebenfalls Ansätze für Prozesse im BI-Kontext, allerdings handelt es sich dabei um Verwaltungsprozesse oder Prozesse für den Betrieb der technischen BI-Infrastruktur. Hier sollen ausschließlich Ansätze für den BI-Prozess im Sinne der Definition in Kapitel 3.2.5 betrachtet werden. Ebenfalls abgegrenzt werden müssen Modelle zum Informationsmanagement, vgl. z. B. Davenport (1993), S. 84. Diese können als Teilprozess von BI-Prozessen betrachtet werden, weil sie nur die Auswahl, Speicherung und Bereitstellung von Daten zum Zwecke weiterer Analysen und anschließender Nutzung beschreiben.

führten Datenquellen unterscheiden.[506] Einen typischen BI-Prozess mit vier Phasen beschreiben z. B. LÖNNQUIST/PIRTTIMÄKI mit *„(1) identification of information needs, (2) informations acquisition, (3) information analysis and (4) storage and information utilization"*[507]. Diese Einteilung nutzt im Prinzip auch MILLER, wobei dieser davon ausgeht, dass im ersten Schritt zusätzlich eine Klärung erfolgen muss, welche Entscheider unterstützt werden sollen.[508] Dies bedeutet eine Rollen- und Aufgabenverschiebung und entspricht nicht dem in Kapitel 3.2.5 definierten Verständnis von Business Intelligence als Entscheidungsunterstützung zur Befriedigung von formulierten Informationsbedarfen. Eine etwas andere Einteilung des BI-Prozesses schlagen GILAD/GILAD mit den fünf Phasen *„(1) collection of data, (2) evaluation of data validity and reliability, (3) analysis, (4) storage of data and intelligence, and (5) dissemination"*[509] vor. Auffällig sind hier der zusätzliche Aspekt der „Qualitätskontrolle" für erhobene Daten und der fehlende Bezug zum Informationsbedarf eines Entscheiders. Auf ein mehr technisches Vorgehen fokussieren GABRIEL/HOPPE/PASTWA ihre Einteilung mit den fünf Phasen (1) Datenentstehung, (2) Datenbeschaffung, (3) Datenhaltung, (4) Datenübermittlung und (5) Datenanalyse.[510] Ein sehr umfangreiches Prozessmodell beschreiben FOLEY/GUILLEMETTE, die neben spezifischen Phasen zur Entscheidungsunterstützung, übergeordnete Phasen wie die Definition einer BI-Strategie oder BI-Governance einbeziehen.[511]

Alle bisher aufgeführten Ansätze sind als lineare Folgen von Aktivitäten dargestellt, an deren Anfang wahlweise der Informationsbedarf eines Entscheiders oder die Datenerhebung stehen. Einige Autoren betrachten Business Intelligence aber eher als iterativen Prozess und schlagen zyklische Prozessmodelle vor.[512] SABHERWAL/BECERRA-FERNANDEZ sehen beispielsweise einen iterativen Prozess,

---

506 Vgl. Hannula/Pirttimäki (2003), S. 259 f.

507 Lönnqvist/Pirttimäki (2006), S. 37. Diese Einteilung entspricht auch derjenigen von MAYER. MAYER ergänzt abschließend allerdings noch eine fünfte Phase zum Schutz vor Manipulationen, die aber nicht als eigentliche Aufgabe von Business Intelligence betrachtet werden kann, vgl. Mayer (1999), S. 178.

508 Vgl. Miller (2000), S. 14.

509 Gilad/Gilad (1986), S. 53.

510 Vgl. Gabriel/Hoppe/Pastwa (2010), S. 30 f. Diese Einteilung bezeichnen die Autoren auch als Wertschöpfungskette eines Data Warehouses, was den starken technischen Fokus erklärt.

511 Vgl. Foley/Guillemette (2010), S. 5.

512 Hier soll der Vollständigkeit wegen noch das Modell von VITT/LUCKEVICH erwähnt werden, das Business Intelligence als einen Zyklus aus vier Phasen abbildet, vgl. Vitt/Luckevich (2008), S. 17 ff. Allerdings stellt dieses Modell kein wirkliches Prozessmodell für Business Intelligence dar, sondern entspricht vom Prinzip dem einfachen Managementmodell als Zyklus aus Analyse, Planung, Umsetzung und Kontrolle, vgl. z. B. Thommen/Achleitner (2012), S. 405. Vgl. außerdem die Überlegungen zu Entscheidungen in Kapitel 4.2.

der beim formulierten Informationsbedarf beginnt, diesen analysiert und relevante Daten modelliert. Neue Informationen werden den Entscheidern aber nur nach erfolgreicher Modellierung bereitgestellt.[513] Einen ähnlichen Ansatz verfolgt auch THOMAS, der davon ausgeht, dass Informationen nicht nur dem nachfragenden Entscheider zur Verfügung gestellt werden, sondern nach der Bereitstellung allen Entscheidern im Unternehmen zur Verfügung stehen.[514] Ein umfangreiches zyklisches Prozessmodell, das neben der Informationsbereitstellung auch den eigentlichen Entscheidungsprozess darstellt, präsentieren SKYRIUS/KAZAKEVI IEN /BUJAUSKAS.[515] Im Prinzip haben alle diese Prozessmodelle unabhängig davon, ob es sich um zyklische oder lineare Modelle handelt, einige Aktivitäten gemein. Auch wenn diese teils unterschiedlich benannt werden, lassen sie sich als Reaktion auf eine Informationsnachfrage, Datenerhebung und -speicherung, Datenverarbeitung sowie Informationsbereitstellung bezeichnen.[516] Außerdem werden trotz der unterschiedlichen Informationstypen an den vier Schnittstellen in Entscheidungsprozessen in der Literatur keine Unterscheidungen hinsichtlich der BI-Prozessstruktur in Abhängigkeit der nachgefragten Informationen getroffen. D. h., es spielt für einen BI-Prozess keine Rolle, ob Problem-, Ziel-, Alternativen- oder Bewertungsinformationen nachgefragt werden. Die Prozessschritte sind für alle Informationsnachfragen gleich. Unterschiede existieren lediglich in Bezug auf die genutzten Arten von Datenquellen wie z. B. Zugriffswege auf unterschiedliche Datenbanken oder Neuerhebung zusätzlicher Daten.[517]

Unter den vorgestellten Modellen gibt es allerdings nur eines, das ebenfalls den Zusammenhang zwischen Business Intelligence und Entscheidungsprozessen so deutlich aufgreift, wie er in der BI-Definition in Kapitel 3.2.5 und dem idealtypischen Entscheidungsprozess in Kapitel 4.2 herausgearbeitet wurde. Allerdings ist im Modell von SKYRIUS/KAZAKEVI IEN /BUJAUSKAS nicht klar ersichtlich, wo genau Schnittstellen zwischen Entscheidungsprozess und BI-Prozess existieren und wie beide zusammenhängen.[518] Aufbauend auf den zuvor klar abgegrenzten Schnittstellen und der hier eingeführten BI-Definition, wird der BI-Prozess für die wei-

---

513 Vgl. Sabherwal/Becerra-Fernandez (2010), S. 134.

514 Vgl. Thomas (2001), S. 49.

515 Vgl. Skyrius/Kazakevičienė/Bujauskas (2013a), S. 34.

516 Vgl. Vuori (2006), S. 312. Hierbei muss zwischen dem BI-Prozess zur Entscheidungsunterstützung (im engeren Sinne) und anderen im Zusammenhang mit Business Intelligence betrachteten BI-Unterstützungsprozessen unterschieden werden. Letztgenannte dienen beispielsweise der Verwaltung, Instrumenten-/Systempflege, Fehlerbehebung oder dem Betrieb, vgl. z. B. Philippi (2005); Horakh/Baars/Kemper (2008), S. 4.

517 Vgl. Skyrius/Kazakevičienė/Bujauskas (2013a), S. 33.

518 Vgl. Skyrius/Kazakevičienė/Bujauskas (2013b), S. 591 f.

tere Untersuchung in Anlehnung an CHOO als Abfolge der vier Phasen (1) Feststellung eines bzw. Reaktion auf einen Informationsbedarf, (2) Datenerhebung, (3) Datenaufbereitung und (4) Informationsbereitstellung dargestellt (vgl. Abbildung 23).[519]

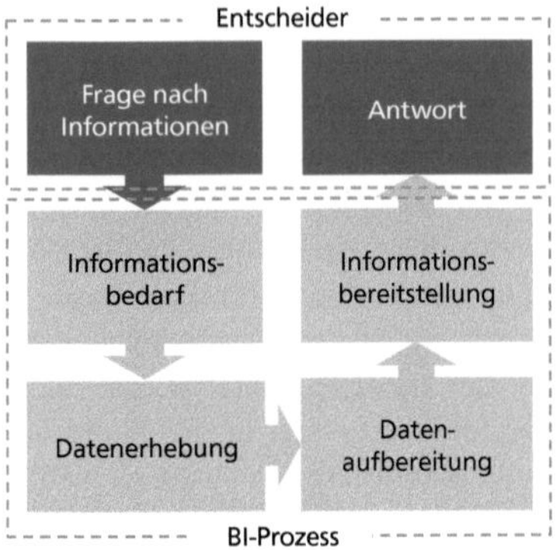

Abbildung 23: Business Intelligence als Frage-Antwort-Prozess zur Entscheidungsunterstützung. (Quelle: eigene Darstellung in Anlehnung an Choo (2002), S. 24; Vuori (2006), S. 312.)

Ausgelöst wir der BI-Prozess durch eine Informationsnachfrage eines Entscheiders (Eingabe) und stellt diesem zum Abschluss Informationen als Antwort auf seine Informationsnachfrage (Ergebnis) bereit. Der BI-Prozess kann also auch als Frage-Antwort-Prozess verstanden werden, der Entscheider bei der Informationsbedarfsdeckung in Entscheidungen unterstützt.[520] Es handelt sich bei Business Intelligence also um einen nachfrageorientierten Prozess, der den Informationsbedarf des Entscheiders in den Mittelpunkt stellt.[521] Damit wird erneut deutlich, dass Business Intelligence grundsätzlich technologie- und methodenunabhängig ist sowie, dass das Ziel von Business Intelligence nicht die Bereitstellung möglichst vieler Informationen sein kann, sondern dass die nachgefragten Informationen möglichst gut bereitgestellt und damit der Informationsbedarf des Entscheiders möglichst gut befriedigt werden müssen.[522] Für den weiteren Verlauf der Arbeit soll deshalb auch angenommen werden, dass Entscheider wissen,

---

[519] Vgl. Choo (2002), S. 24.

[520] Vgl. Kappler (1975), S. 97.

[521] Vgl. Hammer/Champy (1994), S. 30 ff.

[522] Vgl. Fuld (1991), S. 17; Weber/Schäffer (2000a), S. 265; Smith/Crossland (2008), S. 170 f.; Hummeltenberg (2010), S. 19; Gaitanides (2012), S. 52 ff. Vgl. außerdem die Diskussionen zur Technologieunabhängigkeit von Business Intelligence in den Kapiteln 3.2.2 und 0.

welche Informationen sie benötigen und dass sie die richtigen Fragen stellen. Diese Annahme ist für die Gestaltung nachfrageorientierter Prozesse notwendig und trotz gegenteiliger Hinweise in der Literatur haltbar[523], wenn gleichzeitig davon ausgegangen wird, dass Entscheider im Zusammenhang mit Informationsnachfragen Kosten-Nutzen-Bewertungen anstellen, bevor sie die Bereitstellung zusätzlicher Informationen beauftragen, d. h. einen BI-Prozess auslösen.[524] Im folgenden Abschnitt sollen deshalb konkrete Möglichkeiten zur Kosten- und Nutzenermittlung von BI-Prozessen untersucht werden, um darauf aufbauend einen Ansatz für eine a-priori-Bewertung von Informationen zu entwickeln.

4.2.3 Bewertung von Informationsnutzen und -kosten in Entscheidungsprozessen

Die Bewertung von Informationsnutzen und Informationskosten stellt sich als sehr komplex dar. Insbesondere bei der Bewertung des Informationsnutzens gibt es drei zentrale Herausforderungen, die eine absolute und objektive Berechnung sowie monetäre Bewertung nahezu unmöglich machen.[525] So hängt der Nutzen einer zusätzlichen Information ebenso wie der Informationsbedarf davon ab, wie viele Informationen bzw. Vorwissen bereits vorhanden sind. Der Nutzen von Informationen bildet also eine degressiv steigende Funktion, weil Informationen anfänglich mehr zum Verständnis einer Entscheidungssituation beitragen als später zusätzliche Informationen.[526] Für eine Entscheidung sind beispielsweise Eintrittswahrscheinlichkeiten relevant. Dabei haben die grob ermittelten Vorkommastellen einer Eintrittswahrscheinlichkeit einen größeren Einfluss auf den

---

[523] Vgl. Ackoff (1967), S. B149.

[524] Vgl. Kappler (1975), S. 97. Wenn ein Informationsbedarf seitens eines Entscheiders besteht, dann folgt daraus eine entsprechende Informationsnachfrage. Auch wenn ein Entscheider nicht feststellen kann, welche Informationen objektiv benötigt werden und auch nicht formulieren kann, welche Informationen er (subjektiv) wirklich haben möchten (vgl. Abbildung 22 in Kapitel 4.2.1), so kann doch angenommen werden, dass ein Entscheider beurteilen kann, wie viel ihm eine bestimmte Information für eine konkrete Entscheidung nutzt. Viele Informationen werden deshalb seitens der Entscheider erst gar nicht nachgefragt, weil deren Nutzen als zu gering eingestuft wird. Formale Kosten-Nutzen-Bewertungen sind also nur für solche Informationen relevant, deren Nutzen ein Entscheider als ausreichend hoch einschätzt, sodass er eine Beschaffung bzw. deren Kosten in Betracht zieht. Unter der Annahme, dass die Kosten für die Informationsbeschaffung bereits aus der Frage abgeleitet werden können, kann der Entscheider diese Kosten seinem persönlichen Nutzen gegenüberstellen und so über die Auslösung eines BI-Prozesses entscheiden.

[525] Ausnahmen gibt es erneut nur in sehr eng definierten Fällen, in denen von einer objektiven Bewertung ausgegangen werden kann, z. B. weil noch keine notwendigen Informationen bekannt sind und eine Entscheidung zum ersten Mal ansteht. Vgl. z. B. Müller (1992), S. 51–55.

[526] Vgl. Lanzetta/Kanareff (1962), S. 460 f.

Erwartungswert als die durch zusätzliche Informationen genauer bestimmten Nachkommastellen. Dieser abnehmende Grenznutzen verhindert eine objektive Berechnung des Nutzens einer Information.[527] Ebenso ist es nicht möglich, den Informationsnutzen absolut zu berechnen und damit den Wert einer Information durch eine monetäre Größe auszudrücken (vgl. auch Kapitel 4.3.4). Informationen dienen in Entscheidungen zur Verbreiterung des Informationsstands und dienen damit einer Verbesserung der Entscheidungsgrundlage. Eine eindeutige Kausalkette zwischen dem Nutzen zusätzlicher Informationen und einem, auf dem Markt realisierten Erfolg, lässt sich wegen der Vielzahl potenzieller Einflussfaktoren in wirtschaftlichen bzw. sozialen Systemen allerdings nicht bestimmen.[528] Nur in wenigen Ausnahmefällen, wenn z. B. Marketingkampagnen mit Kontrollgruppe durchgeführt werden, ist es möglich, externe Effekte soweit herauszurechnen, dass ein Rückschluss von der Maßnahme auf den realisierten Markterfolg möglich ist. Doch auch dann fehlt noch der eindeutige Zusammenhang zu den entscheidungsrelevanten zusätzlichen Informationen, weil die Entscheidung nur einmal gefällt werden kann und bereits vorhandenes Vorwissen des Entscheiders sowie dessen Einfluss auf die Entscheidung nicht bekannt sind. Den Wert einer Information kann also nur der jeweilige Empfänger anhand seiner Zahlungsbereitschaft für durch die Informationsbeschaffung entstehende Kosten bewerten.[529] Eine dritte Herausforderung bei der Bewertung von Informationen entsteht aufgrund der im Vorfeld der Informationsbeschaffung unbekannten genauen Beschaffenheit einer Information.[530] Sobald aber eine Information und deren Beschaffenheit bekannt sind, sind Abwägungen des Informationsnutzens gegenüber den Kosten der Informationsbeschaffung obsolet, weil die Kosten unabhängig von der Verwendung der zusätzlichen Informationen bereits angefallen sind.[531] Für Entscheider ist es also nicht möglich, den Nutzen anhand der Beschaffenheit der nachgefragten Informationen zu bewerten, sondern es kann lediglich der erwartete Nutzen einer zusätzlichen Information abgeschätzt werden.

Trotz oder gerade wegen dieser Herausforderungen existieren in der Literatur eine Vielzahl von Ansätzen, die versuchen, den Wert einer Information mittels quantitativer, qualitativer oder hybrider Verfahren zu erfassen.[532] Einige dieser

---

527 Vgl. Wenzel (1975), S. 6 f.; Bamberg/Coenenberg/Krapp (2012), S. 136–140.

528 Vgl. Kappler (1975), S. 100; Grotz-Martin (1976), S. 21; Ragowsky/Ahituv/Neumann (1996), S. 89 f.; Hanssen/Herzwurm (2009), S. 31 f.; Wenzel (2011), S. 84 f.

529 Vgl. Müller (1992), S. 80–82.

530 Vgl. Klein/Scholl (2011), S. 454.

531 Vgl. Wild (1971), S. 333.

532 Vgl. Müller (1992), S. 109–132.

Verfahren dienen zur „exakten“ Bewertung einer spezifischen Information (Einzelnutzen). Andere Verfahren versuchen über die Herleitung einer Nutzenfunktion bestimmte Informationsarten zu bewerten und somit die Ermittlung eines Informationsoptimums zu unterstützen.[533] Aufgrund der oben erläuterten Herausforderungen sind solche „exakten“ Verfahren allerdings nicht als objektiv und absolut anzusehen, sondern unterstützen Entscheider lediglich bei der Bewertung.[534] Daneben gibt es noch „ungenaue“, heuristische Verfahren, die i. d. R. einfacher zu nutzen sind, dafür allerdings nur Näherungen liefern.[535] Auf mögliche konkrete Ansätze zur Informationsnutzenbewertung soll später nochmals im Zusammenhang mit der Leistungsbewertung von BI-Prozessen eingegangen werden (vgl. Kapitel 4.3.4).[536] An dieser Stelle genügt es aber, den *Informationsnutzen* in Entscheidungsprozessen allgemein als die erwartete Verbesserung einer Entscheidung durch eine Verbreiterung des Informationsstands des Entscheiders zusammenzufassen.[537]

Im Gegensatz zu Informationsnutzen können Informationskosten (theoretisch) objektiv und absolut berechnet werden.[538] Diese spiegeln die Kosten für die Bereitstellung zusätzlicher Informationen wider.[539] Eine solche Bereitstellung kann im einfachsten Fall die Weitergabe bereits vorhandener Informationen sein. Jene kann aber auch die Suche nach möglichen neuen Informationen und deren Beschaffung sein. Die Bereitstellung kann dabei interne und externe Kosten verursachen, die in Summe die Informationskosten bilden.[540] Externe Kosten sind i. d. R. leicht zu ermitteln, weil z. B. ein Datensatz für einen bestimmten Preis gekauft oder ein Marktforschungsunternehmen mit der Datenerhebung beauftragt wird. In diesen Zusammenhängen gibt es einen eindeutigen Zusammenhang zwischen Informationen und Kosten.[541] Komplizierter wird die Kostenermittlung, wenn z. B. externe IT-Dienstleistungen oder Lizenzen eingekauft werden, um Unternehmenssoftware zur Erfassung neuer Daten anzupassen. In die-

---

533 Vgl. Kappler (1975), S. 101; Grotz-Martin (1976), S. 22–25; Epstein/King (1982), S. 250 ff.

534 Vgl. Laux/Gillenkirch/Schenk-Mathes (2012), S. 325 f. SCHEPANSKI/UECKER haben hierzu Experimente durchgeführt, deren Ergebnisse absolute, quantitative Ansätze anzweifeln, vgl. Schepanski/Uecker (1983).

535 Vgl. Müller (1992), S. 103 f. Diese Näherungswerte lassen sich mit dem generellen Dilemma bei Entscheidungen vergleichen, nicht immer die optimale Lösung finden und umsetzen zu können, sondern die relativ beste Alternative zu nutzen, vgl. Kapitel 4.1.

536 Vgl. auch Szewczak/King (1987), S. 103 f. und S. 109.

537 Vgl. Klein/Scholl (2011), S. 454.

538 Vgl. Mock (1971), S. 771 f.; Reichwald (1992), S. 341 ff.

539 Vgl. McCall (1965), S. 302.

540 Vgl. Kappler (1975), S. 99.

541 Vgl. Wild (1973), S. 619 f.

sem Fall setzen sich die Kosten aus den externen Marktpreisen für die IT-Dienstleistungen oder Lizenzen und weiteren internen Kosten, z. B. für die Nutzung eines bereits vorhandenen Systems, zusammen.[542] Bei internen Kosten ergeben sich gewisse Herausforderungen unabhängig davon, ob ausschließlich interne Kosten anfallen oder diese gemeinsam mit externen Kosten die Informationskosten bilden. Solche Herausforderungen sind z. B. die verursachungsgerechte Zurechenbarkeit von Gemeinkosten oder auch die vollständige Berechnung von *Eh-da-Kosten*[543] bei unternehmensinterner Informationsbeschaffung.[544] Weiter erschwert wird die Ermittlung der Informationskosten pro Entscheidung, wenn eine Information mehrfach genutzt werden kann, d. h. sie kann von mehreren Entscheidern gleichzeitig oder nacheinander bzw. von einem Entscheider auch für Folgeentscheidungen genutzt werden. In einem solchen Fall ist nicht nur eine verursachungsgerechte Kalkulation der Informationskosten notwendig, sondern auch eine nutzungsabhängige Zuweisung der Kosten auf mehrere Entscheider bzw. Entscheidungen.[545] Zur Ermittlung der entsprechenden Kosten gibt es ebenfalls verschiedene Verfahren aus dem Bereich Controlling bzw. der Kosten-Leistungs-Rechnung. Analog zur Beurteilung des Informationsnutzens wird auch auf Verfahren zur Kostenermittlung nochmals im Zusammenhang mit der Kostenrechnung zur Ermittlung von Aufwänden von BI-Prozessen näher eingegangen (vgl. Kapitel 4.3.3). An dieser Stelle genügt es *Informationskosten* in Entscheidungsprozessen allgemein als die erwarteten Kosten durch die Bereitstellung einer von einem Entscheider nachgefragten Information zu beschreiben.[546]

Auf Basis dieser beiden Werte, Informationsnutzen und Informationskosten, kann jeder Entscheider für sich eine Kosten-Nutzen-Bewertung anstellen und danach die Bereitstellung der gewünschten Information beauftragen.[547] Ent-

---

542 Vgl. Wild (1970a), S. 218 ff.; Kappler (1975), S. 97 f.; Davison (2001), S. 30 f.; Degraeve/Labro/Roodhooft (2004), S. 28 ff.; Lönnqvist/Pirttimäki (2006), S. 34.

543 Vgl. Weidner (2013), S. 12. Als Eh-da-Kosten werden umgangssprachlich Fixkosten bezeichnet, die unabhängig von Leistungen anfallen, also „eh da“ sind. Solche Kosten sind häufig Personalkosten für manuelle Tätigkeiten, die bei Investitionsentscheidungen nicht berücksichtigt werden und somit dazu führen, dass beispielsweise Automatisierungen mittels Software oder auch schon Prozessverbesserungen nicht wirtschaftlich erscheinen.

544 Vgl. Wild (1973), S. 622 f.; Harrison (1975), S. 303; Müller (1992), S. 56 ff.; Horváth (2011), S. 483 ff.; Weber/Schäffer (2011), S. 139 ff.; Gaitanides (2012), S. 220 ff.

545 Vgl. Kappler (1975), S. 99; Huber (1990), S. 59.

546 Informationskosten entstehen unabhängig von der Häufigkeit der Nutzung bei der ersten Bereitstellung einer konkreten Information und ggf. in verringertem Umfang bei einer wiederholten Bereitstellung.

547 Auch wenn dieser Teil banal klingt, so gibt es doch immer wieder Beweise dafür, dass insbesondere die Kosten bei der Nachfrage nach zusätzlichen Informationen nicht berücksichtigt werden, vgl. z. B. Trull (1966), S. B276. Damit eine solche Bewertung standardmäßig erfolgt, ist es aber notwendig, dass entsprechende Ansätze entwickelt werden, die keine rein

scheidend für eine solche Bewertung ist allerdings die a-priori-Bewertung von Informationsnutzen und Informationskosten vor der Beschaffung der nachgefragten Information. Ein Ansatz, wie diese a-priori-Bewertung erfolgen kann, soll im weiteren Verlauf dieser Arbeit entwickelt werden.

4.3 Ansätze der Kosten- und Leistungsrechnung zur Bewertung von BI-Prozessen

Mit der Kosten- und Leistungsrechnung steht ein umfangreiches Arsenal an Instrumenten zur Beurteilung von Leistungserstellungsprozessen hinsichtlich ihrer Wirtschaftlichkeit zur Verfügung.[548] Diese dienen zur Ermittlung und Kontrolle des bewerteten Güterverbrauchs und der bewerteten Güterausbringung. Die ermittelten Leistungen als Verrechnungseinheiten und Bezugsgrößen dienen dabei sowohl zur Ermittlung der Kosten als auch zur Zuweisung von Erlös- und Ergebnisanteilen. Es wird deshalb auch teilweise von Kosten-, Erlös-, Ergebnis- und Leistungsrechnung gesprochen.[549] Ursprünglich wurden die Instrumente der Kosten- und Leistungsrechnung für die physische Primärgüterproduktion entwickelt. Mit dem strukturellen Wandel zu einem höheren Dienstleistungsanteil an allen wirtschaftlichen Aktivitäten entwickelten sich die Instrumente aber weiter, um allgemein Leistungserstellungsprozesse unabhängig von den verwendeten Produktionsfaktoren und von physischen Erzeugnissen beurteilen zu können.[550] Damit bietet die Kosten- und Leistungsrechnung einige mögliche Ansätze, mit deren Hilfe Ergebnisbeiträge von BI-Prozessen und deren Kosten ermittelt werden können. Und diese stellen eine Voraussetzung zur Beurteilung der Effizienz von BI-Prozessen dar. In den folgenden Kapiteln soll deshalb geklärt werden, wie Leistungserstellungsprozesse abgegrenzt werden können und wie Aufwände und Ergebnisanteile einzelner Prozesse zu interpretieren sind. Darauf aufbauend kann diskutiert werden, wie sich die Kosten von Prozessen verursachungsgemäß ermitteln lassen und welcher Erlös- und Ergebnisanteil BI-Prozessen zugerechnet werden kann. Abschließend soll ein Effizienzmaß gebildet werden, das im weiteren Verlauf dieser Arbeit als Zielgröße zur Beurteilung der BI-Prozesseffizienz dienen wird.

---

theoretischen Überlegungen anstellen, sondern auch für Entscheider in der Praxis leicht nachvollziehbare und umsetzbare Instrumente liefern. Vgl. außerdem Harrison (1975), S. 67.

548 Vgl. Horváth (2011), S. 408.

549 Vgl. Weber/Schäffer (2011), S. 133 f.

550 Vgl. Scholz/Vrohlings (1994b), S. 58 ff.; Corsten/Gössinger (2007), S. 240 ff.; Gaitanides (2012), S. 204 ff.

4.3.1 Die Wertkette als Konfiguration der Leistungserstellungsprozesse

Wertschöpfung ist die zentrale Aufgaben eines Unternehmens und eine Voraussetzung für dessen nachhaltige Entwicklung.[551] Sie erfolgt durch eine mehrwertstiftende Leistungserstellung zum Zweck der Fremdbedarfsdeckung.[552] Eine mehrwertstiftende Leistungserstellung erfolgt in Unternehmen aber nicht nur zur Fremdbedarfsdeckung, sondern auch z. B. zum Potenzialaufbau und damit zur Eigenbedarfsdeckung. Dieses Zusammenspiel primärer und sekundärer Wertschöpfungsprozesse zum Ziele der Leistungserstellung stellt PORTER im Modell der Wertkette dar.[553] Die Wertkette versteht er als Analyserahmen zur Beurteilung der unternehmensinternen Wertschöpfungsaktivitäten und deren Konfiguration im Kontext der externen Marktfaktoren.[554] Das Analyseergebnis zeigt die relative Kostenposition und potenzielle Wettbewerbsvorteile auf und bildet damit die Grundlage zur Bestimmung einer individuellen Wettbewerbsstrategie.[555] Die Wertkette unterscheidet primäre Aktivitäten und sekundäre bzw. unterstützende Aktivitäten (vgl. Abbildung 24).

Die primären Aktivitäten befassen sich mit der räumlichen, zeitlichen und physischen Gütertransformation sowie dem Güterverkauf und dem Kundendienst.[556] Ergänzend dienen die sekundären Aktivitäten dazu, die Voraussetzung für die primären Aktivitäten zu schaffen und deren Ausführbarkeit sicherzustellen. Zu den sekundären Aktivitäten zählen auch die allgemeinen Aufgaben der Unternehmensführung sowie spezifische Führungsfunktionen.[557] Alle diese Aktivitäten verursachen zwar Aufwände, tragen aber jeweils auch einen Teil zur gesamten

---

[551] Vgl. Ulrich/Fluri (1995), S. 60. Wertschöpfung ist nicht mit Gewinnmaximierung zu verwechseln. Werte entstehen durch Leistungserbringung, deren Absatz am Markt und der damit einhergehenden Nutzenbefriedigung für den Kunden. Der Treiber einer solchen Transaktion muss nicht finanzieller Natur sein, sondern kann auch anderen Zielen folgen, vgl. Bach u. a. (2012), S. 3.

[552] Vgl. Ulrich (1970), S. 161.

[553] Vgl. Porter (2010), S. 67 ff.

[554] Vgl. Porter (2010), S. 63 ff. Vgl. außerdem zu den externen Marktfaktoren die Branchenstrukturanalyse, ebenda, S. 28 ff. Zur Konfiguration unternehmensinterner Aktivitäten im Kontext externer Marktfaktoren vgl. Barney (1991a), S. 100.

[555] Vgl. Porter (2010), S. 37 ff. Die von PORTER angestellten wettbewerbsstrategischen Überlegungen sind für den weiteren Verlauf dieser Arbeit nicht relevant. Die Wertkette dient hier ausschließlich zur Einordnung und Unterscheidung primärer und sekundärer Wertschöpfungsaktivitäten. Sie stellt allerdings eine wesentliche Basis für die Untersuchung von Prozessen, deren Wertschöpfungsbeitrag und deren Einfluss auf die Wettbewerbsposition dar, vgl. Welge/Al-Laham (2012), S. 360 und S. 362 f.

[556] Vgl. Pfohl (2010), S. 3 f. und insbesondere die Abbildung auf S. 4.

[557] Vgl. Macharzina/Wolf (2008), S. 308. Zu den Aufgaben der Unternehmensführung vgl. z. B. Schreyögg/Koch (2010), S. 9 ff.

Wertschöpfung bei. Der insgesamt geschöpfte Wert entspricht dem, was ein Kunde bereit ist für die erbrachte Leistung zu bezahlen und wird in der Abbildung durch die Flächen aller Aktivitäten (Aufwände) zuzüglich der Gewinnspanne symbolisiert.[558] Das heißt aber auch, dass nicht nur Prozesse zur direkten Fremdbedarfsdeckung Wert schöpfen können, sondern dass auch sekundäre Teilprozesse, welche die Durchführung der Primärprozesse erst ermöglichen oder durch welche die Leistungserstellung vereinfacht oder verbessert wird, einen Teil zur Wertschöpfung beitragen.[559]

Abbildung 24: Modell der Wertkette. (Quelle: Porter (2010), S. 66.)

Das Grundmodell stellt für die Analyse nur ein allgemeines Raster dar und orientiert sich an Basisprozessen der Sachgüterproduktion.[560] Insbesondere für zweistufige Prozesse der Dienstleistungsproduktion wurde das Modell angepasst, um auch das für den Aufbau des notwendigen Leistungspotenzials in der Dienstleistungsproduktion sowie anschließend die Dienstleistungserbringung erfassen zu können.[561] Mit der Wertkette lieferte Porter einen integrierten Ansatz zur Beur-

---

[558] Vgl. Benkenstein/Steiner/Spiegel (2007), S. 54. Vgl. auch die Definition von Wert in Bach u. a. (2012), S. 3. In der Regel ist der Gesamtwert höher als der Gesamtaufwand, sodass ein positiver Gewinn entsteht. Produkte oder Dienstleistungen, deren Wertketten höhere Aufwände erzeugen als der Kunde der Leistung Wert beimisst, erzeugen einen Verlust und werden deshalb nicht auf Dauer am Markt existieren können.

[559] Vgl. Hanssen/Herzwurm (2009), S. 32. Vgl. außerdem die Darstellung des Zusammenspiels sekundärer und primärer Prozesse als interne Kunden-Lieferanten-Beziehungen in Künzel (1999), S. 90 f. Dort wird auch insbesondere auf interne Dienstleistungen eingegangen, vgl. ebenda, S. 100-105.

[560] Vgl. Fließ (2009), S. 69.

[561] Vgl. z. B. Volck (1997), S. 33; Altobelli/Bouncken (1998), S. 289; Volz/Marti (2001), S. 9 f.; Spiegel (2003), S. 35; Dreyer/Oehler (2002), S. 14 f.

teilung des gesamten Wertschöpfungsprozesses einschließlich aller Teilaktivitäten.[562] Der Ansatz wurde unternehmensintern durch die Arbeit von HAMMER/CHAMPY zum Business Process Reengineering (BPR) und unternehmensübergreifend durch Arbeiten z. B. von OLIVER/WEBBER und COOPER/LAMBERT/PAGH zum Supply Chain Management bzw. von JARILLO und SYDOW zu Unternehmensnetzwerken weiterentwickelt.[563] Das Business Process Reengineering schlägt eine Abkehr vom traditionellen, stellen- und aufgabenorientierten Funktionsaufbau von Unternehmen hin zu einer prozessorientierten Organisation vor. In einer prozessorientierten Organisation werden Aufgaben nicht in Teilschritte aufgelöst und verteilt, sondern kunden- und ergebnisorientiert von Teams ganzheitlich ausgeführt.[564] Insbesondere werden sekundäre Prozesse als wertschöpfende Leistungen für interne Kunden aufgefasst.[565] Dieses Verständnis wird im späteren Verlauf dieser Arbeit noch eine Rolle spielen (vgl. Kapitel 6.1). Dem gegenüber erweitert das Supply Chain Management den Fokus in der Wertschöpfungsanalyse um wertschöpfende Aktivitäten vor- und nachgelagerter Unternehmen und beschäftigt sich mit deren ganzheitlicher Abstimmung in einem unternehmensübergreifenden Kontext.[566] Noch einen Schritt weiter gehen die Ansätze zu Unternehmensnetzwerken und Netzwerkunternehmen, in denen in einer netzwerkartigen Struktur auf unterschiedliche Art kooperierende Akteure gemeinsam an abgestimmten Wertschöpfungsprozessen beteiligt sind.[567] Alle diese Ansätze befassen sich mit unterschiedlichen Ausschnitten des gesamten Wertschöpfungssystems, bauen aber auf ähnlichen Annahmen auf.[568] So wird der Wert einer Leistung immer durch die Kunden bestimmt und

---

562 Das Konzept der Wertkette dient lediglich als Analyserahmen und trifft keine Aussagen hinsichtlich der organisatorischen Umsetzung oder unternehmensübergreifenden Zusammenarbeit, vgl. Osterloh/Frost (2006), S. 256. Vielmehr spricht die Einteilung von PORTER für eine klassische, funktionale Spezialisierung und unterscheidet sich damit grundlegend von den Ansätzen der Prozessorganisation sowie den nachfolgend genannten Erweiterungen, vgl. Gaitanides (2012), S. 120.

563 Vgl. Oliver/Webber (1992); Jarillo (1993); Hammer/Champy (1994); Sydow (1995); Cooper/Lambert/Pagh (1997).

564 Vgl. Hammer/Champy (1994), S. 90 ff. und S. 102 ff. Auch PORTER sieht keine strenge funktionsorientierte Zuordnung der Aktivitäten vor, sondern stellt den gesamten Prozess sowie alle Teilaktivitäten ausgerichtet auf den Kundenwert dar.

565 Vgl. Künzel (1999), S. 94 ff.

566 Vgl. Cooper/Lambert/Pagh (1997), S. 1. Dort wird auch die Entwicklung des Begriffs in akademischer Hinsicht seit der Einführung durch OLIVER/WEBBER betrachtet, vgl. ebenda, S. 1-3.

567 Vgl. Jarillo (1993), S. 31 f. und S. 42 f.; Sydow (1995), S. 60 ff.

568 Nicht nur die Annahmen sind ähnlich, auch die Überlegungen hinsichtlich der Koordination sind vergleichbar. So unterscheidet Sydow verschiedene Organisationsformen für die unternehmensübergreifende Zusammenarbeit zwischen marktlicher und hierarchischer Koordination, vgl. Sydow (1991), S. 13 ff. und insbesondere Abbildung 2 auf S. 15; Siebert (2003), S. 9 ff. Vergleichbare Überlegungen werden auch für die unternehmensinterne Koordination

manifestiert sich durch den der Leistung (in monetären Einheiten) beigemessenen Nutzen.[569] Dabei spielt es keine Rolle, ob der Fokus auf unternehmensinternen oder unternehmensübergreifenden Wertschöpfungsprozessen liegt. Wird der gesamte Wertschöpfungsprozess in Teilprozesse zerlegt, dann ist jeweils der nachfolgende Prozess als Kunde zu betrachten.[570]

4.3.2 Wertschöpfung als individueller Wertbeitrag eines Prozesses

Für verschiedene Ausschnitte des gesamten Wertschöpfungssystems bietet die Literatur unterschiedliche Instrumente zur Ermittlung des geschaffenen Wertes. Diese reichen von der Bewertung einer einzelnen Leistung[571] bzw. eines einzelnen Produktes[572] über die Bewertung von Unternehmen[573] bis zur Bewertung von Netzwerken[574] bzw. Kooperationen mit Wertschöpfungspartnern[575]. Für den Begriff Wert gibt es also unterschiedliche Sichten, je nach Betrachtungsobjekt.[576] Darüber hinaus gibt es eine Reihe zusammenhängender Begriffe wie Wertschöpfung, Kosten, Umsatz und eben Wert, die insbesondere für eine Beurteilung des Wertbeitrags sekundärer Wertschöpfungsaktivitäten unterschieden werden müssen.[577]

---

angestellt, die sich mit der Mischung aus Zentralisierung und Dezentralisierung beschäftigen, vgl. Hammer/Champy (1994), S. 87 ff.

569 Vgl. Bach u. a. (2012), S. 3. Kunden messen einer bestimmten Leistung bzw. einem bestimmten Gut häufig einen höheren, nicht-monetären Wert bei, der sich z. B. aus persönlichen Erinnerungen oder Beziehungen ergibt. Dieser existiert aber nur individuell für den Kunden und ist somit nicht monetarisier- und am Markt handelbar. Für die vorliegende Betrachtung von Werten und Wertschöpfung im Unternehmen spielen allerdings nur solche Werte eine Rolle, die mit dem Maßstab Geld monetär erfasst und gehandelt werden können. Vgl. außerdem zur Orientierung des Supply Chain Management am Kundennutzen Gomm (2008), S. 36 ff.

570 Vgl. Künzel (1999), S. 96 f.; Müller-Stewens/Lechner (2005), S. 370.

571 Vgl. z. B. das Modell des Customer Value Added in Schröder/Schmidt/Wall (2007), S. 304 f. Für einen Überblick über verschiedene Ansätze zur Erfassung des Wertbeitrags spezifischer Unternehmensfunktionen auf den Unternehmenswert vgl. Gomm (2008), S. 76.

572 Vgl. z. B. als preisorientierte Ansätze die nutzenorientierte Preisbestimmung in Homburg/Krohmer (2009), S. 712 f.; oder den Ansatz der Wertanalyse in Arnolds u. a. (2013), S. 127 ff. Alternativ als kostenorientierter Ansatz z. B. die Deckungsbeitragsrechnung in Horváth (2011), S. 413 f.

573 Vgl. z. B. den Shareholder-Value-Ansatz von Rappaport (1995), S. 79.

574 Vgl. z. B. das Modell des Network Value Added von Möller (2006), S. 153.

575 Vgl. z. B. den Ansatz zur Bewertung Zuliefer-Abnehmer-Beziehungen von Hoffmann/Wessely (2009), S. 103–110.

576 Für einen umfassenden Überblick über verschiedene Sichtweisen vgl. Wittmann (1956), S. 31–40.

577 Vgl. Töpfer/Duchmann (2006), S. 42 ff.

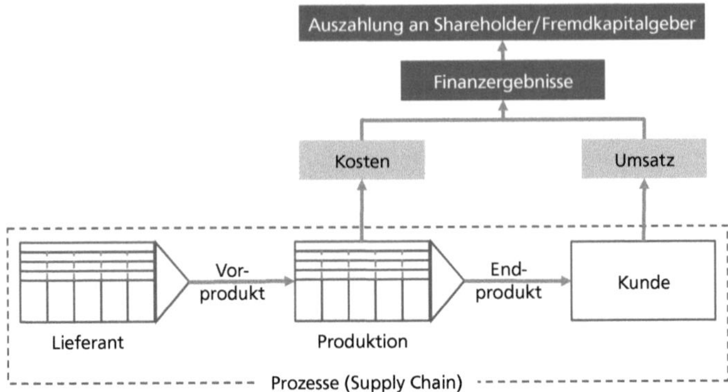

Abbildung 25: Beziehungen zwischen Wertkette, Wertschöpfung und Wertbeitrag. (Quelle: in Anlehnung an Töpfer/Duchmann (2006), S. 44.

Im Mittelpunkt der Betrachtung stehen die Wertschöpfungsprozesse eines Unternehmens (vgl. Abbildung 25). Diese erzeugen in allen Aktivitäten durch den Einsatz von Mitarbeitern und Betriebsmitteln sowie durch den Verbrauch von Werkstoffen und die Nutzung von Dienstleistungen Kosten. Durch den Absatz des erzeugten Produkts am Markt entsteht ein Umsatz, aus dem sich nach Abzug der Kosten ein Gewinn für das Unternehmen ergibt.[578] Der Umsatz durch eine Einheit des erzeugten Produktes, also der Wertschöpfung als Output des Wertschöpfungsprozesses, entspricht dem Preis, den ein Kunde für den ihm entstehenden Nutzen bereit ist zu zahlen.[579] Das bedeutet, *aus Kundensicht hat der Output eines (Wertschöpfungs-)Prozesses einen Wert.*[580] Für das produzierende Unternehmen stellt allerdings nicht der (einmalige) Output den Wert dar, sondern der Gesamtertrag eines Produktes. Das bedeutet, *aus Unternehmenssicht entspricht der Wert eines Produktes dessen insgesamt absetzbarer Stückzahl, kom-*

---

[578] Vgl. hierzu z. B. den Ansatz zur (mehrstufigen) Deckungsbetragsrechnung in Wöhe/Döring (2010), S. 984 ff. Dieses Verfahren nutzt allerdings ein Umlageverfahren zur Belastung mit Fixkostenanteilen, das häufig nicht auf den eigentlichen Kostentreibern aufbaut, sodass Produkte teilweise mit einem zu großen oder zu kleinen Teil der Fixkosten belastet werden und somit keine „wahren" Aussagen hinsichtlich des tatsächlichen Gewinns getroffen werden können. Es wird lediglich sichergestellt, dass alle Kosten umgelegt werden. Vgl. außerdem die Darstellung einer Zurechenkette im Rahmen eines Umsatzprozesses in Riebel (1994b), S. 422.

[579] Vgl. Homburg/Krohmer (2009), S. 712 f. Dies gilt für perfekte Märkte, auf denen sich die Preise für einen Nutzen individuell bilden. In der Realität sind Preise häufig fix, sodass Kunden Produkte kaufen, wenn sie dem Produkt einen Nutzen größer oder gleich dem festgelegten Preis beimessen.

[580] Vgl. Porter (2010), S. 68. Wert und Nutzen sind aus Kundensicht äquivalent.

biniert mit dessen Gewinnmarge zwischen den Selbstkosten und dem erzielbaren Preis.[581] Dieser Wert kann sowohl für eine bestimmte Periode erfasst werden und geht dann als Periodengewinn in das Finanzergebnis des Unternehmens in dieser Periode ein.[582] Er kann aber auch für die Zukunft, z. B. über den gesamten Produktlebenszyklus, abgezinst bestimmt werden.[583] Eine solche potenzialorientierte Erfassung zukünftig erwarteter Erträge ist vor allem für die Ermittlung des Unternehmenswertes relevant, auf den der Wert eines Produktes als Werttreiber wirkt.[584] Bei der Wertermittlung aus Unternehmenssicht muss aber immer berücksichtigt werden, dass die notwendigen Schätzungen hinsichtlich zukünftiger Entwicklungen nur auf Annahmen basieren, die sich später als falsch erweisen können und dann zu positiven oder negativen Abweichungen führen.[585] Wert ist also nie eine absolute und objektive Eigenschaft einer Leistung und basiert immer auf einer subjektiven Bewertung.[586]

4.3.3 Verursachungsgemäße Berechnung der Informationskosten

Die Kostenrechnung umfasst eine ganze Reihe von Ansätzen sowie zugehöriger Methoden und Instrumente. In den vergangenen Jahrzehnten gab es innerhalb

---

581 Vgl. Volck (1997), S. 13. Der Wert unterscheidet sich aus Anbieter- und Nachfragersicht. Analog zum Wert aus Unternehmenssicht erfährt der Kunde einen Nettonutzen als Differenz zwischen seinem Gesamtnutzen und seinen Anschaffungskosten. Sowohl dieser Nettonutzen als auch der Wert aus Unternehmenssicht lassen sich entweder durch eine Steigerung des Gesamtnutzens (Differenzierung) oder eine Verringerung der Kosten (Kostenführerschaft) steigern, vgl. hierzu Porter (2010), S. 38 ff. Es ist aber auch möglich, durch eine Kombination den Wert zu steigern, vgl. Marchthaler/Wigger/Lohe (2011), S. 16.

582 Vgl. Hanssen/Herzwurm (2009), S. 32.

583 Zur Berücksichtigung zukünftiger Erträge vgl. Horváth/Herter/Michel (1994), S. 244.

584 Für die Ermittlung des Unternehmenswertes ist nicht nur der Umsatz oder die Gewinnmarge relevant, sondern das erwartete Umsatzwachstum und die Dauer, mit der bestimmte Erträge erwartet werden, vgl. Rappaport (1995), S. 58 ff. Der Vollständigkeit halber soll noch erwähnt werden, dass bei der wertorientierten Betrachtung eines Unternehmens auch noch der Wert aus Sicht der Eigentümer relevant ist. Das wertorientierte Management geht deshalb davon aus, dass Wert nicht bereits durch einen Gewinn geschaffen wird, sondern erst wenn der Gewinn größer als die Kapitalkosten ist, vgl. Bühner/Weinberger (1991), S. 189; Schultze/Hirsch (2005), S. 13 f.

585 Da der Wert nicht nur dem kurzfristigen Ertrag einer Leistung entspricht, sondern auch zukünftige Gewinnpotenziale bzw. langfristige Entwicklungen eine Rolle spielen, enthalten Wertmaße stets eine Zeitkomponente sowie Schätzungen über zukünftige Erträge und über erwartete Zinsen, vgl. Bühner/Weinberger (1991), S. 191 ff. Solche Schätzungen können teilweise durch Sensitivitätsanalysen auf ihre Zuverlässigkeit getestet werden, sodass z. B. optimistische Annahmen angepasst bzw. Erkenntnisse zu potentiellen Verlustbringern zur frühzeitigen Anpassung genutzt werden können. Vgl. hierzu auch Horváth (2011), S. 447 f.

586 Vgl. Wittmann (1956), S. 58 ff.; Wild (1982), S. 108 ff. Aus Kundensicht wird der Nutzen und aus Unternehmenssicht wird das Ertragspotenzial bewertet.

dieser eine Evolution weg von Ist-Kostenrechnung auf Vollkostenbasis hin zu Plankostenrechnung auf Teilkostenbasis.[587] In Unternehmen wird aber auch heute noch teilweise mit Ist-Kosten auf Vollkostenbasis gearbeitet, obwohl diese Verfahren deutliche Mängel aufweisen und nicht zur kurzfristigen Kontrolle geeignet sind. Eine solche ist nicht möglich, weil z. B. keine echte Aufspaltung in fixe und variable Kosten erfolgt und lediglich bereits angefallene Kosten berücksichtigt werden.[588] Eine Ist-Kostenrechnung schließt somit die Planung und Kontrolle anhand von Plan- und Ist-Kosten aus. Dieses Manko behebt die Plankostenrechnung und kann damit wichtige Anforderungen der Unternehmensführung befriedigen. Obwohl die Plankostenrechnung Kosten nach fixen und variablen Anteilen aufspaltet, genügt die Aussagekraft der Plankostenrechnung auf Vollkostenbasis nicht den Anforderungen an eine koordinierte Budgetierung. Die Teilkostenrechnung, auch Grenzplankostenrechnung genannt, stellt dem gegenüber einen Paradigmenwechsel dar, weil die fixen Kosten als vom Unternehmen insgesamt verursacht betrachtet und für Entscheidungen deshalb nur die direkt durch einen Kostenträger ausgelösten Kosten berücksichtigt werden.[589] Dieser Paradigmenwechsel ist heute in vielen Unternehmen in Form der Deckungsbeitragsrechnung umgesetzt, die auf Basis der Erlöse durch Abzug der variablen bzw. proportionalen Kosten einen kalkulatorischen Bruttogewinn (Deckungsbeitrag) ermittelt.[590] Eine zentrale Voraussetzung zur Kostenrechnung ist die Verrechnung auf Bezugsgrößen. Diese sind Objekte mit bestimmten, gleichen Merkmalen, die sich in Gruppen zusammenfassen lassen und sich den drei Kategorien Organisationseinheit, Produkt oder Periode zuordnen lassen.[591] Die Gesamtheit aller Bezugsobjekte eines Unternehmens lassen sich so hierarchisch ordnen, dass sich sämtliche Kosten als Einzelkosten einer bestimmten Stelle in der Hierarchie zuordnen lassen.[592] Dieses Vorgehen und diese Sichtweise auf die Zuordnung von Kosten sind allerdings stark durch die physische Produktion in

---

[587] Vgl. hierzu die verschiedenen Beiträge in Chmielewicz (1983).

[588] Vgl. Horváth (2011), S. 411 f.

[589] Vgl. Layer (1976), S. 110.

[590] Vgl. Hoitsch/Lingnau (2007), S. 285 ff. Als wichtiger Vordenker und Begründer der Deckungsbeitragsrechnung gilt RIEBEL. Für eine Diskussion pro Einzelkosten- und Deckungsbeitragsrechnung vgl. Riebel (1983).

[591] Vgl. Weber/Schäffer (2011), S. 147.

[592] Vgl. Riebel (1994a), S. 616 ff. Vgl. außerdem einen Überblick sowie eine Diskussion der Ansätze von RIEBEL in Weber (2006). Der Begriff Bezugsgrößenhierarchie ist außerdem vergleichbar mit den Begriffen Stückliste aus der Produktionswirtschaft (vgl. z. B. Thommen/Achleitner (2012), S. 380 ff.) und Produkthierarchie aus dem Marketing (vgl. z. B. Herrmann/Huber (2009), S. 4 ff.). Außerdem spielt eine solche Hierarchie auch für das Reporting eine entscheidende Rolle, um korrekte Vergleiche zwischen geplanten Umsätzen z. B. auf Ebene einer Kostenstelle mit realisierten Umsätzen auf Produktebene durchführen zu können, vgl. Grotheer (2006), S. 48.

Industriebetrieben geprägt. Sie geraten schnell an ihre Grenzen, wenn sich wegen hoher Variantenvielfalt oder hoher Komplexität der Produkte oder Produktionsprozesse keine ausreichend gleichen Bezugsgrößen bilden lassen, um eine Zurechnung zu ermöglichen.[593] Dies trifft heute auf viele Unternehmen zu, die im globalen Wettbewerb um Kunden kämpfen und deshalb stark nach Regionen differenzieren sowie verschiedenste Kundenwünsche berücksichtigen.

Eine solche hohe Variantenvielfalt und Komplexität der notwendigen Koordinationsprozesse hat sich für viele physische Produkte erst in den vergangenen 10 bis 20 Jahren entwickelt und dazu geführt, dass die als fix anzunehmenden Kosten (z. B. Personalkosten) im Verhältnis zu klassischen, direkt zurechenbaren variablen Kostenanteilen (z. B. Materialeinsatz) zugenommen haben. Bei Verfahren der Kostenrechnung auf Vollkosten- und Teilkostenbasis führt dies zu einer teils überproportionalen Belastung von Produkten mit Gemeinkosten und zu deren „kalkulatorischer Unwirtschaftlichkeit".[594] Gerade bei Informationen zur Entscheidungsunterstützung gibt es aber eo ipso eine hohe Vielfalt und Komplexität (vgl. dazu auch Kapitel 4.2.1 und 4.2.3), weil selten die gleichen Fragen zweimal gestellt werden und sich die Rahmenbedingungen für verschiedene Entscheider und aufeinander folgende Entscheidungen i. d. R. deutlich unterscheiden. Die Bildung von Bezugsgrößen zur Grenzplankostenrechnung für Informationen ist deshalb nicht möglich. Außerdem bilden die Instrumente und die hohen Personalaufwände zur Informationsbereitstellung erhebliche Fixkostenblöcke, die im Rahmen der Gemeinkostenrechnung umgelegt werden müssten.[595] Zwei alternative Ansätze zur Kostenrechnung für hohe Variantenvielfalt und hohe Komplexität, die sich teilweise parallel in USA und Deutschland entwickelt haben, sind die Modelle des *Activity Based Costing (ABC)* und der *Prozesskostenrechnung*. Während das ABC in den Fertigungsbereichen entstand, um die Verrechnung der Gemeinkosten anhand tatsächlich durchgeführter Aktivitäten durchzuführen, wurde die Prozesskostenrechnung maßgeblich für die indirekten Bereiche und die Administration entwickelt (vgl. Abbildung 26). Auch wenn sich das heutige Verständnis von ABC und Prozesskostenrechnung stark ähneln, sind die beiden Ansätze nicht identisch. Das ABC diente vor allem anfänglich dazu, Gemeinkosten über einzel-

---

[593] Vgl. Horváth (2011), S. 482. Weitere Probleme in der Zurechnung von Gemeinkosten zu Bezugsgrößen diskutieren auch Miller/Vollmann (1985).

[594] Vgl. Miller/Vollmann (1985), S. 142 f.

[595] Vgl. Kappler (1975), S. 101; Reichwald (1992), S. 338. Diese Fixkostenblöcke beinhalten beispielsweise die Kosten für die komplette Infrastruktur zur Daten- und Informationsverarbeitung (Hardware, Software und Betrieb) und notwendige Anpassungen, um Daten aus operativen Systemen laden zu können.

ne Aktivitäten zuzurechnen. Im Gegensatz dazu baut die Prozesskostenrechnung – wie der Name auch suggeriert – schon seit jeher auf dem Prozessdenken auf und beschäftigt sich dementsprechend mit der Kostenrechnung für vollständige (Geschäfts-)Prozesse.[596] Die Prozesskostenrechnung wird deshalb vor allem für Dienstleistungen bzw. in Dienstleistungsunternehmen intensiv genutzt, weil dort im Allgemeinen ähnliche Anforderungen bestehen, wie in den indirekten Bereichen von Industrieunternehmen.

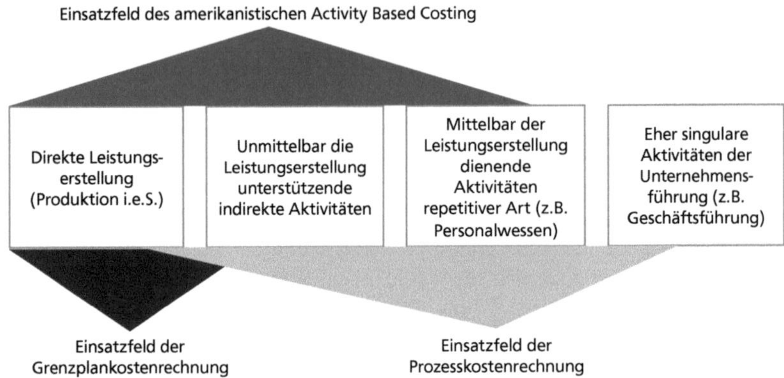

Abbildung 26: Anwendungsfelder der Grenzplankostenrechnung, Activity Based Costing und Prozesskostenrechnung. (Quelle: Horváth/Mayer (1995), S. 60.)

Die Prozesskostenrechnung nutzt im Gegensatz zu den Gemeinkostenverrechnungsverfahren tatsächliche Kostentreiber für die Zuweisung von Kosten zu Produkten.[597] Die Ermittlung der tatsächlichen Kostentreiber ist unabhängig von einer Bezugsgrößenhierarchie und fußt auf der Erkenntnis, dass insbesondere die primären Wertschöpfungsprozesse (in der Prozesskostenrechnung als Hauptprozesse bezeichnet) quer durch alle Funktionsbereiche verlaufen und dort durch eine Vielzahl von Teilprozessen abgebildet werden.[598] Ziel der Prozesskos-

---

596 Vgl. Rosenkranz (2006), S. 250 ff. Dieses Vorgehen fußt auf dem Prozessdenken, das auch eines der wesentlichen Charakteristika der Logistikkonzeption darstellt, vgl. Pfohl (2010), S. 28 f.

597 Vgl. Miller/Vollmann (1985), S. 150; Cooper/Kaplan (1988), S. 97 f.; Grob/Haffner (1990), S. 307; Kang/Siebiera (1997), S. 33. Für einen Überblick über verschiedene Ansätze, die zur Ermittlung der Prozesskosten angewendet werden vgl. Becker (2008), S. 210 ff.

598 Vgl. Gaitanides/Scholz/Vrohlings (1994), S. 11–13; Scholz/Vrohlings (1994c), S. 106. Letztlich trifft dies auch auf viele Sekundärprozesse zu, wenn auch nicht im gleichen Umfang, z. B. Einstellung eines Mitarbeiters: Personalabteilung für Bewerbungsgespräche und Aus-

tenrechnung ist es, Hauptprozesse durch ihre Teilprozesse zu beschreiben und die für die tatsächlich durchgeführten Aktivitäten der Teilprozesse anfallenden Kosten festzustellen (vgl. Abbildung 27).

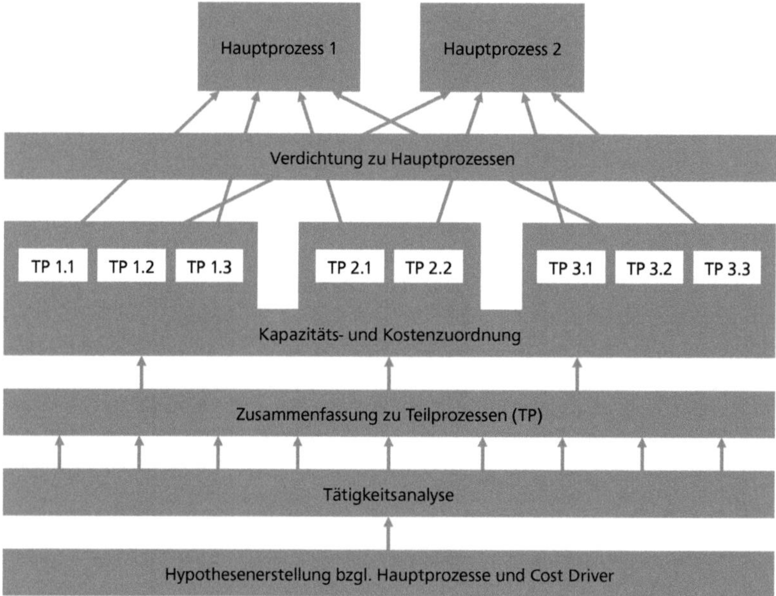

Abbildung 27: Prozesskostenrechnung: Ablauf zur verursachungsgerechten Kostenzuordnung. (Quelle: in Anlehnung an Mayer (1991), S. 86.)

Diese Aktivitäten (als Kostentreiber bezeichnet) dienen bei der anschließenden Verrechnung als Verteilungsschlüssel für alle verursachungs- und beanspruchungsgemäß zuordenbaren Kosten.[599] Die Prozesskostenrechnung ermöglicht es so, auch indirekte Kosten aus Sekundärprozessen verursachungsgerecht in die Berechnung der Produktkosten einzubeziehen.[600] Voraussetzung für die Prozess-

---

wahl, Finanzabteilung für Lohnbuchhaltung, IT-Abteilung für Benutzeraccount und notwendige Hardware etc.

599 Vgl. Horváth/Mayer (1995), S. 70 ff. Beispielsweise wird in einem Teilprozess eine Bestellung verarbeitet. Dieser Prozess wird nur von einer Stelle und dort pro Jahr 1.000 Mal ausgeführt. Darüber hinaus führt die Stelle keine weiteren Aktivitäten aus. Der Kostentreiber Bestellung belastet den übergeordneten Prozess mit 1/1.000 * Stellenkosten. Vgl. auch das ausführliche Beispiel in Horváth (2011), S. 486–492. Für einige grundlegende Überlegungen zum Verursachungsprinzip vgl. Riebel (1990), S. 70–78.

600 Vgl. Kilger/Pampel/Vikas (2012), S. 16 ff.

kostenrechnung ist die Kenntnis und exakte Abgrenzung der Prozesse. Diese wird aber schwieriger, je weiter ein Prozess von den primären Wertschöpfungsaktivitäten entfernt ist, d. h. je geringer der direkte oder indirekte Beitrag zur Primärleistung ist. Denn die Prozessleistung ist dann weniger konkret durch einen Kundenwunsch determiniert und es existieren weniger Formalien hinsichtlich des Prozessablaufes, um Vergleichbarkeit und Qualität der Leistung sicherstellen zu können.[601] Allerdings sind auch die Möglichkeiten der Prozesskostenrechnung beschränkt, wenn es darum geht, zuverlässige Kostenrechnungen für stark unterschiedliche (singuläre) Aktivitäten durchzuführen.[602]

In der Literatur gibt es wenige konkrete Modelle, die speziell zur Ermittlung und Beschreibung von Informationskosten dienen. Einen konkreten Ansatz auf Basis von Input-Output-Analysen schlägt WILD vor.[603] Nach einer Analyse von Prozessen in Informationssystemen[604] sowie deren Eingaben und Ergebnissen stellt er fest, dass die allgemeinen Ansätze zur Kostenverrechnung auf Vollkosten- oder Teilkostenbasis für Informationen nicht funktionieren.[605] Er schlägt deshalb ein Modell vor, das sowohl Stück- und Periodenkosten als auch die Kosten für Informationsprozesse erfassen und zuordnen kann. Basis des Modells von WILD ist die Ermittlung je einer Input-, Prozess- und Outputmatrix, die für jede Stelle die Ermittlung von Personal-, Sachmittel-, Informations- und Kommunikationskosten ermöglicht.[606] Das Modell soll dazu dienen, die tatsächlichen Kosten von Informationen zu ermitteln und nicht nur die Kosten für die Informationsbereitstellung. Da sich Informationen aber nicht verbrauchen, können diese nach ihrer Erzeugung unendlich oft genutzt werden. Ergebnisse können also als Eingaben direkt weiter verwendet werden, ohne erneut Beschaffungskosten im gleichen Umfang zu erzeugen. In der Folge fordert WILD einen umfangreichen Verrechnungsmechanismus, um die Kosten bei mehrmaliger Nutzung verteilen und verrechnen zu können.[607] Das Modell geht allerdings davon aus, dass für alle bereits

---

601 Vgl. Künzel (1999), S. 136.

602 Vgl. Horváth/Mayer (1995), S. 60.

603 Vgl. Wild (1970b), S. 56 ff.

604 Für WILD ist ein Informationssystem eine Organisation, in der Menschen arbeitsteilig unter Einsatz der ihnen zur Verfügung stehenden Sach- und Betriebsmittel Informationen aufbereiten und zur Nutzung bereitstellen. Dieses Informationssystem hat damit eine gewisse Ähnlichkeit zu Business Intelligence, wie es in Kapitel 3.2.5 definiert und anschließend als ganzheitlicher Ansatz in Kapitel 3.4 charakterisiert wurde. Allerdings entspricht das von Wild verwendete Verständnis eines Prozesses nicht dem hier verwendeten. Für jenen ist ein Prozess eine einzelne oder eine Abfolge von Aktivitäten, die in einer Stelle ausgeführt werden, was dem hier verfolgten ganzheitlichen Ansatz widerspricht, vgl. Wild (1970a), S. 220.

605 Vgl. Wild (1970b), S. 50 ff.

606 Vgl. Wild (1970a), S. 218 f.

607 Vgl. Wild (1973), S. 622.

vorhandenen Informationen die Kosten bereits bekannt sind. Außerdem werden in den Matrizen je Stelle nur konkrete, bekannte Informationen und deren Bearbeitungsprozesse erfasst.[608] Alle zusätzlichen Informationen erfordern deshalb eine Prozessanalyse und Identifikation der zusätzlichen Kosten. Aufgrund der oben erwähnten, hohen Varianz von Informationen, ist davon auszugehen, dass das Modell von WILD im praktischen Einsatz zu erheblichen Aufwänden führen würde und nicht angewendet werden kann, u. a. auch weil die Kosten für bereits vorhandene Informationen nicht bekannt sind.[609]

Einen weiteren, sehr theoretischen Ansatz zur Informationsbewertung verfolgen SHANNON/WEAVER mit ihrem informationstheoretischen Modell. Dieses geht von einem eher speziellen, kommunikationstheoretisch geprägten Informationsbegriff aus. Informationen haben in diesem Verständnis zunächst keine besondere Bedeutung, sondern stellen eine mögliche, empfangbare Kette von Zeichen dar.[610] Informationen sind also keine Repräsentationen von Wissen und „[information] *relates not so much to what you do say, as to what you could say.*“[611] Der Informationsgehalt einer Kommunikation ist vielmehr ein Maß für die Freiheit der Wahlalternativen aus einer Menge möglicher Nachrichten und lässt sich über den Logarithmus zur Basis 2 (Logarithmus Dualis) beschreiben.[612] Aufbauend auf diesem Zusammenhang berechnen SHANNON/WEAVER den *Kostenwert* einer Information als Produkt des Informationsgehalts mit den durchschnittlichen Kosten je Kommunikation bzw. je Auswahl einer Nachricht.[613] Dieses Modell ist aber für die praktische Nutzung und vor allem für die hier verfolgte Fragestellung völlig ungeeignet. Die sehr spezifische Informationsdefinition entspricht einem technischen Verständnis von Informationen als gespeicherte Daten in einem

---

608 Vgl. Bode (1993), S. 135 f.

609 Vgl. Wild (1970a), S. 219 und S. 237 f. Das Modell von WILD wird zwar unter anderem von PLATZ und BODE genutzt, um die Produktion von Informationen im Unternehmen zu steuern, aber beide Verwendungen sind nur theoretischer Natur und wurden nicht in realen Umgebungen umgesetzt, vgl. Platz (1980), S. 123 ff.; Bode (1993), S. 135 ff.

610 Vgl. Weaver (1964), S. 8 f. Dieses Verständnis macht deutlich, dass die Autoren die semantische Bedeutung von Informationen ausklammern und sich nur mit der technischen Bedeutung beschäftigen (Nachrichtentechnik).

611 Weaver (1964), S. 8.

612 Für eine Herleitung dieses Zusammenhangs vgl. Shannon (1964), S. 32 f. und insbesondere Anhang 2. Der Logarithmus Dualis (Basis 2) wurde von Shannon/Weaver u. a. deshalb eingeführt, weil er die beschriebenen Zusammenhänge durch lineare Kurven darstellt und somit die Interpretation erleichtert. Im Grunde repräsentiert die Basis des Logarithmus die Menge der Wahlmöglichkeiten (Freiheitsgrade), die aber durch die Multiplikation mit $\log_b 2$ von der Basis 2 auf jede beliebige andere Basis b verschoben werden kann, vgl. hierzu auch Shannon (1964), S. 43.

613 Vgl. Kappler (1975), S. 98.

elektronischen System, die durch Bits repräsentiert werden. Damit kann dieser Ansatz unter Umständen für bestimmte Fragen zur Effizienz von Datenzugriffen hilfreiche Aussagen liefern. Für die Bereitstellung nachgefragter Informationen zur Entscheidungsunterstützung eignet er sich allerdings nicht, weil für diese die technische Repräsentation nachrangig, die semantische Bedeutung aber sehr entscheidend ist (vgl. Kapitel 3.2).

Neben diesen beiden Modellen gibt es in der Literatur noch weitere theoretische Überlegungen zur Quantifizierung von Informationskosten, die aber nicht oder nur teilweise bis zum Modellstadium ausgearbeitet sind und hier auch nicht weiter betrachtet werden sollen.[614] Es genügt ein Blick auf die beiden Modelle von Wild und Shannon/Weaver, um zu erkennen, dass der Ansatz einer direkten Bewertung der Informationskosten nicht ohne weiteres umsetzbar ist und die vorgeschlagenen Ansätze keine sinnvolle oder praktikable Lösung darstellen (vgl. auch Kapitel 4.2.3). Eine solche direkte Bewertung ist für die hier untersuchte Fragestellung aber auch gar nicht notwendig. Zur Beurteilung der BI-Prozesseffizienz genügt es, eine Effizienzgröße zu bilden, welche die erbrachte Leistung eines BI-Prozesses zu den dafür notwendigen Aufwänden ins Verhältnis setzt (vgl. Kapitel 4.3.5). Die Aufwände für einen BI-Prozess entsprechen den Kosten, die insgesamt für die Bereitstellung einer Information anfallen. Diese lassen sich mithilfe der Prozesskostenrechnung verursachungsgerecht ermitteln.[615] Eine Voraussetzung zur Anwendung der Prozesskostenrechnung ist zwar die klare Abgrenzung des BI-Prozesses sowie dessen Analyse und Zerlegung in Teilprozesse und Tätigkeiten.[616] Ein Vergleich und eine Kostenbewertung der bereitgestellten Informationen, sind dazu aber nicht notwendig. Einen ersten Ansatzpunkt für die Abgrenzung des BI-Prozesses bietet das in Kapitel 4.2.2 beschriebene BI-Prozessmodell. Weitere Überlegungen zu dessen Ausgestaltung werden außerdem in Kapitel 6 diskutiert. Zur Beurteilung der Effizienz von BI-Prozessen ist neben der Bewertung der Aufwände für die Informationsbereitstellung auch eine Bewertung der bereitgestellten Leistung erforderlich, um Aussagen zu deren Verhältnis zueinander treffen zu können.

---

[614] Vgl. z. B. Stephens (1989), S. 130 ff.; Wessling (1991), S. 83 ff. Viele Ansätze bedienen sich außerdem statistischer Methoden, sodass nur Aussagen zu Erwartungswerten und Tendenzen möglich sind. Eine Bewertung einer einzelnen Information ermöglichen diese jedoch nicht, vgl. Wessling (1991), S. 95 ff.

[615] Vgl. Homburg/Weiß (2004), S. 48; Becker (2008), S. 210 ff.

[616] Vgl. Rosenkranz (2006), S. 250 ff.

4.3.4 Ansätze zur Bewertung des Leistungsergebnisses von BI-Prozessen

Die Leistung eines BI-Prozesses entspricht der bereitgestellten Information. Zur Beurteilung der Effizienz eines BI-Prozesses ist es notwendig, dessen Leistung mit den dafür notwendigen Aufwänden zu vergleichen. Analog zur Ermittlung der Informations- bzw. Informationsbereitstellungskosten (Aufwände) muss also auch geklärt werden, wie sich der entsprechende Informationswert (Leistung) ermitteln lässt. Diese Frage lässt sich vordergründig leicht beantworten, denn *„der Informationswert [kann als die] die Differenz aus Informationsnutzen und Informationskosten“*[617] definiert werden. Allerdings führt dieser Ansatz direkt zu zwei Folgefragen nach Informationskosten und Informationsnutzen. Die erste konnte im vorherigen Kapitel bereits für die Ermittlung der Aufwände beantwortet werden, die sich durch die Informationsbereitstellungskosten beschreiben und mithilfe der Prozesskostenrechnung quantifizieren lassen. Die Beantwortung der zweiten Frage ist ungleich schwerer, weil eine Information immer nur einen subjektiven und keinen objektiven Nutzen hat (vgl. Kapitel 4.2.3).[618] Häufig wird der Nutzen von Informationen deshalb nur theoretisch und durch Argumentation begründet, ohne den tatsächlichen Nachweis und entsprechende Zahlen zu liefern.[619] Es gibt in der Literatur aber auch einige Ansätze, die versuchen, ein objektives Maß zu entwickeln.[620]

Ein solcher Ansatz ist der Versuch MARSCHAKS, den Informationswert durch monetäre Einheiten zu quantifizieren.[621] Als Basis nutzt er die Überlegungen von SHANNON/WEAVER und deren informations- und nachrichtentheoretische Überlegungen. Dabei setzt MARSCHAK den durchschnittlichen in einer Organisationseinheit erwirtschafteten Betrag mit dem Erwartungswert (der Gewinne) einer Entscheidung gleich, die bei gegebener Information möglich ist. Wird nun durch zusätzliche Informationen ein höherer Gewinn erwartet, so beschreibt die Differenz dieser beiden Erwartungswerte abzüglich der zusätzlichen Informationsbereitstellungskosten den Wert der zusätzlichen Information.[622] Mit diesem Ansatz

617 Kappler (1975), S. 98.

618 Vgl. auch Ragowsky/Ahituv/Neumann (1996), S. 89 f. Diese nennen einige Gründe, die die Bewertung des Nutzens von Informationen bzw. Informationssystemen erschweren.

619 Vgl. Porter/Millar (1985), S. 156 ff.; Adelman/Dennis (2005), S. 32; Watson/Wixom (2007), S. 97; Smith/Crossland (2008), S. 167; Stubbs (2011), S. 103–134.

620 Vgl. für einen Überblick über solche Ansätze z. B. Bontis (2001); Bose (2004). Eine Studie von HILLRINGHAUS/KEDZIERSKI zeigt aber auch, dass eine Bewertung des Informationsnutzens häufig gar nicht vorgenommen wird, vgl. Hillringhaus/Kedzierski (2004), S. 56. Selbst qualitative Bewertungen erfolgen nur teilweise.

621 Vgl. Marschak (1971).

622 Vgl. Marschak (1971), S. 198 ff.; Stephens (1989), S. 128 f.

wird versucht, sowohl die Kosten der Informationsbereitstellung als auch die Erlöse der Informationsnutzung zu modellieren. Allerdings baut der Ansatz auf den sehr speziellen Annahmen der Nachrichtentheorie auf und ist deshalb, genau wie das Modell von SHANNON/WEAVER, nicht für eine Nutzenbewertung im hier verwendeten Sinne geeignet. Eher geeignet erscheint deshalb der Ansatz von MOCK, für den Informationen zur Unsicherheitsreduktion in Entscheidungen dienen. Den Informationswert definiert er als „*(expected) increase in payoffs resulting from an information system that allows the decision maker to improve his model or view-of-the-world.*“[623] In seinem mathematischen Modell nutzt MOCK ähnliche Formeln zur Beschreibung der statistischen Zusammenhänge wie auch MARSCHAK. Den Informationswert leitet er allerdings über die Kette Information, Entscheidung, Handlung und Erfolg her. Er argumentiert, dass zusätzliche Informationen die Unsicherheit verringern und sich somit die Wahrscheinlichkeiten erhöhen, sodass die vermuteten Erfolge tatsächlich erzielt werden können.[624] Beide Modelle müssen aber kritisch hinterfragt werden, weil die mathematischen Formeln eine Exaktheit vorgeben, die aufgrund der genutzten statistischen Ansätze sowie der notwendigen Abschätzungen z. B. für Erwartungswerte nicht existiert.[625] Einen etwas anderen aber auch quantitativen Ansatz verfolgt Davison, der mit dem *Return on Competitive Intelligence Investment* (ROCCI) das Verhältnis zwischen dem Wert der bereitgestellten Informationen (*Output Value$_{tactical}$ + Output Value$_{strategic}$*) und den Kosten für Business Intelligence (*Total CI Department Cost*), d. h. der Rentabilität aller BI-Aufwände, beschreibt.[626] Zur Messung der bereitgestellten Informationen beschreibt DAVISON eine Reihe strategischer und taktischer Indikatoren, die er im *CI Measurement Modell* (CIMM) zusammenfasst. Diese helfen aber nicht, den Wert der bereitgestellten Informationen direkt bzw. monetär zu erfassen. Neben diesem Versuch einen BI-spezifischen *Return-on*-Ansatz zu entwickeln, stellt STUBBS verschiedene in Unternehmen verbreitete Kennzahlen und Bewertungsansätze vor, mittels derer eine monetäre Bewertung möglich wäre.[627] Allerdings beschreibt er diese nur und nennt Ansätze für eine Anwendung im BI-Kontext. Er liefert aber kein konkretes Modell, das die Herausforderung der konkreten Bewertung des Nutzens einer bestimmten Information lösen würde. Diese Herausforderung der quantitativen bzw. monetären Bewertung des Informationsnutzens erkennt auch EISENMANN und teilt deshalb den

---

623 Mock (1971), S. 770 f.

624 Vgl. Mock (1971), S. 769 und S. 771. MCCALL schlägt für diesen Teil alternativ vor, den Informationsnutzen über den Net Present Value (NPV) abzüglich der Informationskosten im Vergleich zum NPV für Nichtstun bzw. für die Basisalternative zu berechnen, vgl. McCall (1965), S. 309.

625 Vgl. Kappler (1975), S. 98 f.

626 Vgl. Davison (2001), S. 32.

627 Vgl. Stubbs (2011), S. 117–124.

Nutzen in einen quantitativen, monetär messbaren und einen qualitativen Nutzen.[628] Als quantitativen Nutzen erfasst er aber ausschließlich realisierte Einsparungspotenziale, die sich eindeutig der Automatisierung durch ein BI-System zurechnen lassen.[629] Hier von quantitativen Informationsnutzen zu sprechen ist deshalb nicht korrekt, weil der Nutzen ausschließlich als eine Reduktion des Bereitstellungsaufwandes wirkt und nicht durch die Information.

Den qualitativen Informationsnutzen bewerten z. B. RAGOWSKY/AHITUV/NEUMANN anhand der zwei Dimensionen *level of uncertainty* und *impact on the organization's objectives*.[630] Sowohl die Bewertung der Dimension Unsicherheit als auch der Dimension Auswirkung auf die Organisationziele werden in der Arbeit von RAGOWSKY/AHITUV/NEUMANN durch subjektive Urteile der Entscheider ohne die Verwendung objektiver Indikatoren vorgenommen, sodass eine relative Abstufung in Abhängigkeit der Entscheider entsteht. Zu einem ebenfalls relativen Ergebnis führt der Ansatz von EPSTEIN/KING, die zehn Informationsattribute definieren und deren Wichtigkeit in Relation zueinander von Entscheidern bewerten lassen. Dieses Vorgehen ermöglicht eine Charakterisierung der gewünschten Art von Informationen, hat allerdings keinen direkten Bezug zur Bedeutung der gelieferten Informationen.[631] Die relative Bewertung der Attribute liefert nur wenig Anhaltspunkte zum Informationsnutzen bzw. der Leistung eines BI-Prozesses.[632] Insbesondere der Ansatz von EPSTEIN/KING liefert damit eher einen Beitrag zur Messung von Datenqualität als zur Bewertung der Leistung von BI-Prozessen.[633]

---

628 Vgl. Eisenmann (2010), S. 42.

629 Ähnlich argumentieren auch ELBASHIR/COLLIER/DAVERN und sprechen von Effizienz- und Effektivitätssteigerungen der Unternehmensstruktur und in den Unternehmensprozessen, vgl. Elbashir/Collier/Davern (2008), S. 139. Daneben sprechen sie auch davon, andere Unternehmen dank einer besseren Strategie zu übertreffen. Allerdings lässt eine solche, wie bereits erläutert, aufgrund der nicht nachweisbaren Kausalkette keine Rückschlüsse auf den Nutzen einer Information zu.

630 Vgl. Ragowsky/Ahituv/Neumann (1996), S. 91.

631 Vgl. Epstein/King (1982), S. 251. Die interessanteste Erkenntnis der Studie ist die homogene relative Bewertung der Informationscharakteristika für verschiedene Funktionsbereiche und Hierarchiestufen. Diese relativ homogenen Informationsprofile liefern damit einen Anhaltspunkt für ein mögliches, qualitatives Maß zur Beurteilung der Informationsqualität. Eine Verbindung zu einem Markterfolg lässt sich damit aber aufgrund des fehlenden inhaltlichen Bezugs der Attribute nicht herstellen, vgl. z. B. Mock (1971), S. 769.

632 Die Charakterisierung anhand der vorgeschlagenen Attribute ist eher vergleichbar mit der Beschreibung erwarteter Lieferserviceeigenschaften. Vgl. hierzu z. B. die Bewertung mittels der Penalty-Reward-Analyse oder Conjoint-Analyse in Pfohl (2004), S. 279 ff.

633 Für einen Einstieg in des Thema Datenqualität sowie einen Überblick über Modelle zu deren Messung vgl. Wand/Wang (1996), S. 187; Kahn/Strong/Wang (2002), S. 92.

Neben Ansätzen zur quantitativen und zur qualitativen Bewertung von Informationsnutzen gibt es auch den Ansatz einer kostenorientierten Bewertung. D. h., es wird angenommen, dass der Informationswert (repräsentiert durch deren Preis) z. B. den Kosten für die Informationsbereitstellung entspricht. Ein solcher Ansatz verschleiert aber häufig Ineffizienzen, wenn nicht von einem gegebenen Preis ausgehend eine geforderte Leistung erstellt wird, sondern einfach die Kosten als gegeben angesehen werden und somit kein Anreiz für Effizienzsteigerungen existiert. Allerdings ist der Rückschluss von den Kosten auf den Nutzen grundsätzlich schwierig. Die Bereitstellung einer Information erfolgt i. d. R. nicht durch eine Aktivität, sondern als eine Kette von Aktivitäten oder Prozessen, die jeweils eine Teilleistung erbringen.[634] Ein Rückschluss von den Kosten auf den Nutzen würde aber bedeuten, dass sich der Gesamtnutzen aus der Summe der Teilnutzen der Teilleistungen bildet, die wiederum durch die Kosten der Vorprozesse bestimmt werden.[635] Allerdings ist weder der Gesamtnutzen einer Leistung gleich der Summe der Teilnutzen der Teilleistungen, noch führen die Kosten einer Wertaktivität zu einem proportionalen Nutzenanstieg.[636] Darüber hinaus ist eine Verrechnung von Teilnutzen und damit zulässiger Kosten insbesondere für Sekundärprozesse nicht möglich, weil diese keinen direkten Beitrag zur nutzenstiftenden Leistung liefern, sondern nur dem Aufbau und Erhalt des Leistungspotenzials dienen.

Eine Übersicht über einige weitere Bewertungsansätze für Business Intelligence präsentieren Lönnqvist/Pirttimäki.[637] Allerdings ermöglicht auch keiner dieser Ansätze eine absolute Bewertung von Informationswerten bzw. -nutzen. Insbesondere der Wert von Informationen mit langfristigem Fokus bzw. Relevanz für strategische Entscheidungen kann aufgrund der unendlichen Anzahl potenzieller Einflussfaktoren nicht ermittelt werden.[638] Eine Ausnahme bilden lediglich solche Informationen, die nicht durch Aufbereitung von Unternehmensdaten zur Verfü-

---

634 Dies entspricht im Prinzip auch dem Vorgehen beim *Target-Costing*, bei dem von einem kundenseitig nachgefragten Leistungsprofil ausgegangen wird und für die Teilkomponenten zulässige Kosten gemäß der erwarteten Teilfunktionen bestimmt werden, vgl. Brünger/Faupel (2010), S. 171 f.

635 Vgl. Tanaka (1989), S. 52 f.

636 Vgl. Scholz/Vrohlings (1994c), S. 110. Eine perfekte Nutzensubstitution existiert nur selten und aufgrund der individuellen Nutzenbewertung niemals für alle Kunden gleichermaßen, vgl. hierzu auch die Erläuterungen zur Pareto-Effizienz und Nutzenfunktionen in Varian (2011), S. 16 f. und S. 693 ff. sowie S. 372 f.

637 Vgl. Lönnqvist/Pirttimäki (2006), S. 34–38.

638 Vgl. Davison (2001), S. 32.

gung gestellt, sondern die am freien Markt gehandelt werden.[639] Für diese Informationen existiert ein auf Marktmechanismen basierender Preis.[640] Dieser Preis kann als quantitative Bewertung des Informationsnutzens angenommen werden, denn die Zahlungsbereitschaft von Kunden entspricht deren in monetären Einheiten ausgedrücktem Nutzen (vgl. 4.3.1 und 4.3.2). In unternehmensinternen Leistungsbeziehungen existiert allerdings kein Markt, sodass sich hier auch keine nutzenorientierten Preise bilden. Für den größten Teil der Informationen zur Entscheidungsunterstützung gibt es also kein sinnvolles oder praktikables Maß zur Nutzenbewertung. Abschließend muss stattdessen festgestellt werden, dass sich Informationen auch unabhängig von der fehlenden quantitativen Bewertbarkeit nicht als Basis zur Leistungsverrechnung eignen, weil eine Information einem Entscheider immer nur subjektiv nutzt (vgl. Kapitel 4.2.1 und 4.2.3) und weil sich Informationen wegen unendlich vieler potenzieller Ausprägungen grundsätzlich nicht ohne eine Interpretation messen und vergleichen lassen[641]. Es muss deshalb geklärt werden, wie die Effizienz von BI-Prozessen ohne absolute Bewertung deren Leistungserstellung bewertet werden kann.

4.3.5 Effizienz von BI-Prozessen

Wegen der fehlenden praktikablen Ansätze zur Messung von Informationen und deren Nutzen bzw. Wert, ist es auch nicht möglich z. B. den Erfolg, Gewinnbeitrag oder Umsatzbeitrag von BI-Prozessen direkt zu messen. Dieses Problem existiert für viele betriebswirtschaftliche Zusammenhänge, die sich in der Realität nicht ausreichend isolieren lassen, um notwendige kausale Beziehungen identifizieren und Ergebnisse messen zu können.[642] In der wirtschaftswissenschaftlichen Forschung werden deshalb auch Ersatzziele herangezogen, für die eine Wirkung auf den Unternehmenserfolg begründet werden kann und die in der zu untersuchenden Situation mess- und operationalisierbar sind.[643] Ein häufig genutztes Ersatzziel, das in positivem Zusammenhang zum Unternehmenserfolg steht, ist

---

[639] Vgl. Ewert/Wagenhofer (2008), S. 584. Solche Marktpreise werden i. d. R. in der Praxis noch um Transaktionskosten etc. bereinigt, die bei einer internen Leistungsabnahme nicht anfallen, vgl. ebenda, S. 590.

[640] Vgl. Gravelle/Rees (2004), S. 250–253; Meffert/Burmann/Kirchgeorg (2008), S. 531 ff.

[641] Dieses Messproblem ist auch ein Kern der Diskussionen zur Datenqualität, vgl. z. B. Wand/Wang (1996); Kahn/Strong/Wang (2002).

[642] Dieses Problem wird auch als fehlende Messbarkeit und Operationalisierbarkeit von Zielen bezeichnet. Vgl. hierzu und zum Unterschied zwischen Messbarkeit und Operationalisierbarkeit Keeney (1992), S. S. 85 sowie die Tabelle auf S. 82 und die Grafik auf S. 84. Vgl. außerdem die Erläuterungen zur Operationalisierung sozialwissenschaftlicher Zusammenhänge in Kromrey/Strübing (2009), S. 161 ff.

[643] Vgl. Fuchs-Wegner/Welge (1974a), S. 71 ff.; Fuchs-Wegner/Welge (1974b), S. 163 ff.; Laßmann (1992), S. 141; Frese (2005), S. 306; Gallus (2011), S. 57 ff.

die Effizienz. Da unter Effizienz allgemein *„die Beurteilung der Beziehung zwischen der erbrachten Leistung und dem Ressourceneinsatz“*[644] verstanden wird, ist leicht nachzuvollziehen, dass die Effizienz bei einer Verringerung des Ressourceneinsatzes und gleichbleibender Leistung steigt, dass aber gleichzeitig eine Verringerung des Ressourceneinsatzes die Kosten senkt und damit ein positiver Effekt auf den Erfolg wirkt.[645] Diese allgemeine Definition bietet aber nur einen ersten Ansatz zur Bestimmung der BI-Prozesseffizienz. Es ist deshalb notwendig, den Begriff Effizienz für den vorliegenden Anwendungsfall zu konkretisieren und damit die Basis zu dessen Operationalisierung und Messung zu legen.[646]

Eine erste Abgrenzung betrifft das Begriffspaar Effizienz und Effektivität, die häufig gemeinsam verwendet, aber nicht verwechselt oder vermischt werden dürfen.[647] Effektivität bedeutet im Zusammenhang mit Prozessen, dass Leistungen möglichst exakt auf die Prozessziele bzw. bei einem kundenorientierten Ansatz auf die Erwartungen des Leistungsempfängers abgestimmt werden müssen (*die richtigen Dinge tun*). Effizienz bedeutet im Zusammenhang mit Effektivität, dass diese Leistungen mit möglichst geringem Aufwand bereitgestellt werden müssen (*die Dinge richtig tun*).[648] Damit stellt Effektivität ein Maß für die Zielerreichung dar, während Effizienz ein Maß für die Wirtschaftlichkeit eines Prozesses ist.[649] Im Zusammenhang mit der Gestaltung von Prozessen innerhalb einer

---

644 Thommen/Achleitner (2012), S. 114.

645 Vgl. z. B die Ausführungen von LAMBERT/BURDUOGLU und STOCK/LAMBERT zum Wert-/Erfolgsbeitrag der Logistik in Lambert/Burduroglu (2000), S. 9; Stock/Lambert (2001), S. 35. Diese erläutern, wie Effizienzsteigerungen z. B. in der Auftragsabwicklung zu einer Steigerung des Unternehmenserfolges beitragen.

646 Einen sehr umfangreichen Überblick über verschiedene Ansätze zur Effizienzmessung von Entscheidungen und Operationalisierung relevanter Indikatoren liefert GZUK, vgl. Gzuk (1975), S. 54 ff. und für diese Arbeit insbesondere relevant S. 240 ff.

647 Im Zusammenhang mit erfolgreichen Prozessen oder einer optimalen Produktion werden beide Begriffe in Kombination genutzt um auszudrücken, dass es ein Doppelziel in Form der Maximierung der Zielerreichung und der Minimierung der dafür erforderlichen Aufwände gibt, vgl. Cantner/Krüger/Hanusch (2007), S. 3 und S. 197 ff. Für Definitionsversuche beider Begriffe vgl. Dyckhoff/Ahn (2001), S. 112 ff. In der Produktion gibt es auch noch den Begriff der Produktivität, der ebenfalls eine Effizienzgröße darstellt, die allerdings kein Leistung-Aufwand-Verhältnis, sondern das mengenmäßige Verhältnis zwischen Output und Input des Produktionsprozesses abbildet, vgl. Thommen/Achleitner (2012), S. 115.

648 Die beiden Begriffe werden häufig „bildlich“ als „die richtigen Dinge tun“ (Effektivität) und „die Dinge richtig tun“ (Effizienz) beschrieben, vgl. Bohr (1993), S. 855 f. Effektivität und Effizienz entsprechen auch den grundlegenden Zielen in nachfrage- bzw. kundenorientierten Prozessen, vgl. z. B. Womack/Jones (2003), S. 15 ff.; Gaitanides (2012), S. 50 ff.

649 In Bezug auf die Wirtschaftlichkeit von Prozessen muss aber berücksichtigt werden, dass diese nur dann tatsächlich gesteigert werden kann, wenn die Prozesse auch effektiv in Bezug auf den Kundenwunsch sind. Effizienz ohne Effektivität könnte nämlich auch dazu verleiten, die Leistung über die nachgefragte Leistung hinaus immer weiter zu steigern und damit die

Unternehmensorganisation gibt es eine Reihe von Effizienzansätzen, mit denen die Wirksamkeit organisatorischer Maßnahmen auf den langfristigen Unternehmenserfolg erfasst werden soll.[650] Diese gehen aber für die hier verfolgte Fragestellung viel zu weit und können deshalb ausgeklammert werden. Stattdessen bietet es sich an, die Betrachtung auf in der Produktionsoptimierung übliche Ansätze zu richten, die ganz konkret von einem Output-Input-Verhältnis zwischen gemessener, erbrachter Leistung und den dafür aufgewendeten Ressourcen ausgehen (vgl. Abbildung 28).

$$\text{Effizienz} = \frac{\text{ErgebnisEinsatz}}{} = \frac{\text{Leistung}}{\text{Einsatz}} = \frac{\text{Output}}{\text{Input}} > 1$$

$$\text{Effektivität} = \frac{\text{Ergebnis}}{\text{Ziel}} = \frac{\text{Leistung}}{\text{SOLL}} = \frac{\text{IST}}{\text{SOLL}} = 1$$

Abbildung 28: Maße für Effizienz und Effektivität.
(Quelle: in Anlehnung an Töpfer (2007), S. 75f.)

Die Effizienz eines Prozesses ist im Mittel immer größer eins, weil anderenfalls bei einer wertmäßigen Betrachtung dauerhaft Verluste aufliefen und der Prozess als nicht wirtschaftlich zu betrachten wäre.[651] In der Konsequenz müsste dieser eingestellt, ersetzt oder zumindest optimiert werden. Allgemein kann eine Effizienzbetrachtung stets von einem variablen Output bei einem fixen Input (*Outputorientierung*), von einem fixen Output bei einem variablen Input (*Inputorientierung*) oder sowohl von einem variablen Output als auch einem variablen Input

---

Wirtschaftlichkeit zu verringern, weil keine ausreichende Nachfrage nach „Premiumprodukten" existiert, vgl. Meckl (2000), S. 139–142; Womack/Jones (2003), S. 31 ff.

650 Beispielsweise gibt es zielorientierte Effizienzansätze (vgl. z. B. Grabatin (1981), S. 20 f.; Frese/Werder (1993), S. 18; Banner/Gagné (1995), S. 109.) und systemorientierte Effizienzansätze (vgl. z. B. Steers (1975), S. 546 ff.; Budäus/Dobler (1977), S. 65 ff.). Allerdings gibt es darüber hinaus noch weitere Ansätze, die sich weder der ersten noch der zweiten Art von Ansätzen zuordnen lassen, vgl. z. B. Thom (1988), S. 325 f.; Frese/Werder (1993), S. 30; Frese (2005), S. 310.

651 Vgl. Töpfer (2007), S. 75. Gerade bei Sekundärprozessen kann es durchaus Situationen geben, in denen ein Prozess bei wertmäßiger Betrachtung dauerhaft eine Effizienz kleiner eins aufweist, dessen Ausführung aber für die Leistungserstellung eines Primärprozesses notwendig ist. Solche Prozesse werden auch als „notwendige Verschwendung" bezeichnet, weil sie nicht ohne negative Auswirkungen auf die Gesamtleistungserstellung aufgelöst werden können, vgl. Wiegand (2007), S. 83. Es ist deshalb sinnvoll bspw. verschiedene Effizienzmaße für unterschiedliche Situationen zu nutzen oder bestimmte Prozesse von einer Effizienzbetrachtung auszunehmen, weil diese als „notwendige Verschwendung" erkannt wurden.

ausgehen.[652] Bei einer Fokussierung auf das Verhältnis von Input und Output, ohne weitere Fragen z. B. nach der optimalen Outputmenge oder anderen Zielen und Nebenbedingungen, kann auch von *technischer Effizienz* gesprochen werden.[653] Technische Effizienz liegt dann vor, wenn es keinen anderen technisch und organisatorisch möglichen Prozess gibt, der aus einem Input x einen größeren Output y erzeugt, als der untersuchte Prozess.[654] Das bedeutet es gibt einen Input

(1) $x \in \mathbb{R}^+$

und einen Output

(2) $y \in \mathbb{R}^+$.

Ferner gibt es eine Produktionsfunktion

(3) $F(x) = y$,

die das Umwandlungsverhältnis von x in y eines Prozesses beschreibt. Die Menge aller zulässigen Prozesse kann deshalb beschrieben werden als die Prozessmenge

(4) $PM := \{F_k \mid$ technisch und organisatorisch möglicher Prozess mit $F(x_i)=y_j\}$.

Ein Prozess F ist technisch effizient, wenn gilt

---

652 Ein variabler Output bei fixem Input entspricht im Prinzip dem klassischen Wirtschaftlichkeitsansatz, der z. B. in der Massenproduktion von Gebrauchsgegenständen oder Rohstoffen verfolgt wird. Verbreiteter ist heute der Ansatz, die Effizienz für einen fixen Output durch Optimierung des Inputs zu steigern (Rationalisierung oder kontinuierliche Verbesserung (KVP)), vgl. z. B. Frost (1997), S. 208; Thom/Wenger (2010), S. 53. Eine ähnliche Einteilung nimmt bspw. Gzuk vor, der nach Ziel-Output-Verhältnis (ergebnisbezogener Zielerreichungsgrad), Input-Ziel-Verhältnis (Zielrealismus) und Input-Output-Verhältnis (einsatzbezogener Zielerreichungsgrad) unterscheidet, vgl. Gzuk (1975), S. 49 ff.; Pfohl (1977a), S. 41–44.

653 Vgl. Farrell (1957), S. 254. Der Begriff *technische Effizienz* soll verdeutlichen, dass das Verhältnis zwischen Output und Input unabhängig von Preisen beurteilt wird. Neben der technischen Effizienz werden noch die allokative und Skaleneffizienz unterschieden, die für den vorliegenden Anwendungsfall aber nicht relevant sind. Die allokative Effizienz beschreibt optimale Inputverhältnisse mehrerer Inputfaktoren z. B. unter ökonomischen Gesichtspunkten, um technische Effizienz zu erreichen. Skaleneffizienz liegt im Gegensatz dazu vor, wenn ein optimales und effizientes Outputniveau erreicht wird. Dieses Niveau befindet sich am Punkt minimaler durchschnittlicher Produktionskosten, vgl. Cantner/Krüger/Hanusch (2007), S. 7 ff.

654 Vergleiche werden in der Praxis z. B. durch Benchmarks mit Wettbewerbern angestellt, vgl. Cantner/Krüger/Hanusch (2007), S. 10.

(5) $F_1 \notin PM$ mit $F(x) < F_1(x)$ oder $F(x) = F(x_1)$ mit $x > x_1$.[655]

Technische Effizienzbetrachtungen sind sowohl inputorientiert als auch outputorientiert möglich. Die Menge der zulässigen Prozesse darf in diesen Überlegungen allerdings nicht als unveränderlich betrachtet werden, sondern kann sich über die Zeit z. B. durch technischen Fortschritt oder Prozessinnovationen verändern, sodass eine weitere Effizienzsteigerung des untersuchten Prozesses notwendig ist, um dauerhaft technische Effizienz sicherzustellen (vgl. Abbildung 29).[656] Ansätze für eine entsprechende Effizienzsteigerung in Prozessen sind eine vollständige Neugestaltung (Business Process Reengineering), eine teilweise Umgestaltung (Prozessoptimierung) oder eine inkrementelle und kontinuierliche Verbesserung (KVP) der Prozesse.[657]

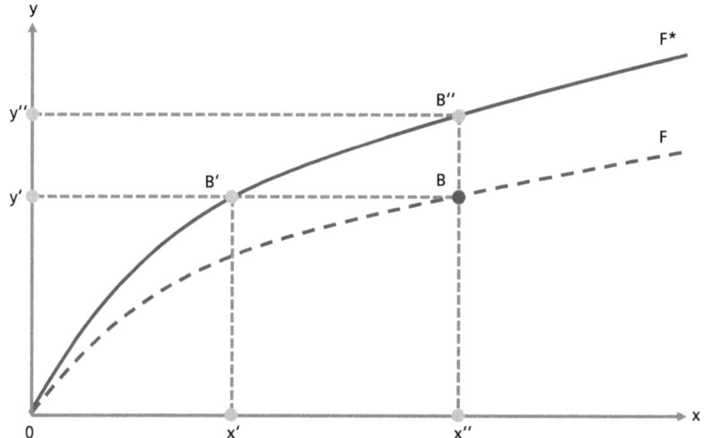

Abbildung 29: Grafische Darstellung der technischen Effizienz: F* stellt eine durch technischen Fortschritt mögliche Produktionsfunktion dar. F* ist technisch effizient, weil sie für jedes x ein $F^*(x) > F(x)$ erzeugt bzw. zur Erzeugung eines $y = F^*(x') = F(x'')$ nur den Input $x' < x''$ benötigt. (Quelle: Cantner/Krüger/Hanusch (2007), S. 7; Rossmy (2007), S. 26f.)

---

[655] Vgl. Rossmy (2007), S. 24–30. Dort werden noch weitere Eigenschaften, wie z. B. schwache Effizienz, diskutiert, die aber hier keine Rolle spielen. Ein besonders in der Volkswirtschaftslehre diskutiertes Effizienzmaß ist die s. g. Pareto-Effizienz, vgl. z. B. Varian (2011), S. 16 f. Diese liegt vor, wenn es nicht möglich ist, den eigenen Nutzen durch Gütertausch zu erhöhen. Eine eigene Nutzensteigerung wäre nur durch gleichzeitige Nutzenverringerung eines anderen Individuums möglich, vgl. Koopmans (1951), S. 60.

[656] Vgl.Cantner/Krüger/Hanusch (2007), S. 12–17.

[657] Vgl. Becker (2008), S. 20 f.

BI-Prozesse können dementsprechend als effizient bezeichnet werden, wenn die nachgefragten Informationen mit dem am geringsten möglichen Ressourceneinsatz vollständig bereitgestellt werden und keine sonstigen (Unternehmens-)Ziele verletzt werden.[658] Dieses Verständnis ermöglicht eine inputorientierte Effizienzbetrachtung für BI-Prozesse, ohne dass die Informationen als das eigentliche Ergebnis des BI-Prozesses explizit bewertet werden müssen.[659] Vielmehr entspricht dieses Verständnis dem üblichen Vorgehen bei der Optimierung in Produktionsprozessen für Primärgüter. D. h., die Prozessleistung an sich wird nicht betrachtet, sondern als gegeben bzw. als durch die Kundennachfrage gesetzt angenommen, sodass Optimierungen ausschließlich inputseitig durch Neugestaltung, Umgestaltung oder kontinuierliche Verbesserung erreicht werden.[660] Von dieser Annahme ausgehend können sowohl für jeden existierenden BI-Prozess als auch für jede Veränderung bzw. Variante die Aufwände als Prozesskosten ermittelt und verglichen werden (vgl. Kapitel 4.3.3). Jede Reduktion der Inputfaktoren führt dann zu einer Reduktion der Prozesskosten und damit zu einer Effizienzsteigerung des betrachteten BI-Prozesses.[661] Allerdings existieren wegen der großen Heterogenität der nachgefragten Informationen verschiedene konkrete Umsetzungen des in Kapitel 4.2.2 definierten Standardprozesses für Business Intelligence. Damit besteht weiterhin das Problem, dass die Grundlage für den Vergleich zweier Prozesse und das Übertragen guter Konzepte von einem auf den anderen Prozess fehlt, weil Informationen nicht einfach mess- und quantifizierbar sind.[662] Außerdem werden spezifische Informationsbedarfe i. d. R. nur einmalig nachgefragt, weil ein Entscheider nach der erstmaligen Bereitstellung auf

---

658 Vgl. Pfohl (1977a), S. 40 f. Sonstige Unternehmensziele werden verletzt, wenn BI-Prozesse z. B. nicht nachhaltig sind, d. h. eine Ressourceneinsparung dazu führt, dass folgende BI-Prozesse nicht vergleichbar effizient durchgeführt werden können oder nicht den Unternehmensstandards entsprechen. Eine Wieder- oder Weiterverwendung der bereitgestellten Informationen wäre dann nicht oder nur eingeschränkt möglich.

659 Vgl. Schwarz (2013), S. 80 f.

660 Vgl. Erlach (2010), S. 3 f.; Gaitanides (2012), S. 57 ff. Beispielsweise spielt bei der durch ERLACH propagierten Wertstrommethode das Produkt bzw. die Prozessleistung an sich keine Rolle, weil für das Wertstromdesign angenommen wird, dass die erstellte Leistung dem Kundenwunsch entspricht und somit ein effektiver aber nicht effizienter Prozess vorliegt, vgl. Becker (2008), S. 12, Abb. 2.5; Erlach (2010), S. 118 ff.

661 Als Alternative zu den Prozesskosten können im Rahmen einer Optimierung auch andere Indikatoren betrachtet werden, die sich leichter erfassen und vergleichen lassen, die aber positiv mit den Prozesskosten korrelieren. Gängige Indikatoren in der Prozessoptimierung sind Zeit- und Qualitätsgrößen, wie z. B. die Durchlaufzeit und die Fehlerrate, vgl. Scholz/Vrohlings (1994b), S. 58 ff.; Hirsch/Wall/Attorps (2001), S. 73 f. Diese dürfen aber nicht fälschlicherweise als Indikatoren zur Leistungsbewertung genutzt werden, sondern wirken als Indikatoren für den Prozessaufwand.

662 Vgl. Dyckhoff/Spengler (2010), S. 131. Vgl. außerdem die Ansätze zur Informationsbewertung in Kapitel 4.2.3.

die bereitgestellten Informationen beliebig oft zugreifen kann. Die Optimierung eines konkreten Prozesses würde damit zu keiner nachhaltigen Effizienzsteigerung führen.[663] Es ist deshalb notwendig einen alternativen Ansatz der Kategorisierung von Informationen bzw. BI-Prozessen zu entwickeln, der es ermöglicht, für die jeweiligen Kategorien, unter bestimmten Annahmen, effiziente konkretere Prozessmodelle zu definieren. Die relevanten Annahmen zur Gestaltung effizienter BI-Prozesse sollen im folgenden Kapitel abschließend nochmals zusammengefasst werden.

4.4 Annahmen und Ansätze zur Gestaltung effizienter BI-Prozesse

In den anfänglichen Überlegungen zu Kosten-Nutzen-Bewertungen in Entscheidungen ging es um die Bewertung von Informationsnutzen und Informationskosten (vgl. Kapitel 4.2.3). Diese hängen aber direkt mit der Bewertung des Nutzens und der Kosten von BI-Prozessen zusammen.[664] Aus Perspektive des Entscheiders entspricht der Nutzen eines BI-Prozesses dem Nutzen, den ihm das Ergebnis des Prozesses, nämlich die Informationen, stiftet. Umgekehrt ist es so, dass die Informationskosten den Kosten zur Beschaffung und Bereitstellung der Information entsprechen.[665] Für die weitere Arbeit können die Bezeichnungen Informationsnutzen und Nutzen eines BI-Prozesses (aus Perspektive eines Entscheiders) sowie Informationskosten und Kosten eines BI-Prozesses also jeweils als gleich betrachtet und synonym genutzt werden. Für die weitere Arbeit sollen außerdem nochmals die relevanten Erkenntnisse und Annahmen aus den vergangenen Kapiteln zur Gestaltung effizienter BI-Prozesse zusammengefasst werden.

(1) Der Wertbeitrag einer zusätzlichen Information für eine Entscheidung kann nicht durch eine Kausalkette hergeleitet und deshalb nicht quantifiziert werden (vgl. Kapitel 4.2.3).
    (1.1) Entscheidungen haben eine positive Wirkung auf den Unternehmenserfolg und liefern deshalb einen nicht näher zu bestimmenden positiven Wertbeitrag.[666]
    (1.2) Die positive Wirkung einer Entscheidung korreliert positiv zum Informationsnutzen des Entscheiders.

---

[663] Vgl. hierzu auch McCall (1965), S. 308 ff.

[664] Vgl. hierzu die Definition von Business Intelligence in Kapitel 3.2.5 als Prozess zur Entscheidungsunterstützung.

[665] Vgl. Hofstede/Peterson (2000), S. 620.

[666] Es kann grundsätzlich eine positive Intention der Entscheider unterstellt werden, d. h. eine Entscheidung dient immer dem Wohle des Unternehmens und im schlechtesten Fall dazu eine negative Entwicklung zu vermeiden.

(2) Die Informationskosten lassen sich mit der Prozesskostenrechnung verursachungsgerecht ermitteln (vgl. Kapitel 4.3.3).[667]
   (2.1) Die Informationskosten entsprechen den Kosten der Informationsbereitstellung, also des BI-Prozesses.[668]
   (2.2) Für jede von einem Entscheider nachgefragte Information können die Informationskosten ermittelt werden.[669]
(3) Der Informationsnutzen entspricht der Zahlungsbereitschaft eines Entscheiders für eine Information (vgl. Kapitel 4.3.1 und 4.3.4).[670]
   (3.1) Ein Entscheider fragt nur solche Informationen nach, deren Nutzen er höher als die Informationskosten einschätzt.[671]
   (3.2) Die Informationskosten können für effiziente und effektive BI-Prozesse im Sinne eines in monetären Einheiten repräsentierten Kundennutzens als Wertersatzgröße[672] verwendet werden.[673]

---

667 Vgl. Horváth/Mayer (1989), S. 216.

668 Vgl. Wild (1973), S. 620. Weitere Kosten der Informationsverwendung, z. B. die benötigte Zeit eines Entscheiders, um einen Bericht zu lesen und die Informationen zu erfassen, werden nicht explizit berücksichtigt, sondern es wird unterstellt, dass Entscheider z. B. die notwendige Verarbeitungszeit unterbewusst in ihren Kosten-Nutzen-Bewertungen berücksichtigen.

669 Diese Annahme bedeutet gleichzeitig, dass Informationen ausschließlich über BI-Prozesse bereitgestellt werden. Davon ausgenommen sind nur solche Informationen, die einem Entscheider bereits vorliegen und die mehrfach genutzt werden können.

670 Vgl. Müller (1992), S. 51 f. Der Wert einer Information hängt von ihrem Nutzen zur Befriedigung der individuellen Informationsbedürfnisse ab. Da sich Informationsbedürfnisse von Entscheidern mit den Umständen, z. B. Ort, Zeit, ändern, ändert sich auch der individuelle Nutzen einer Information, vgl. hierzu auch den Vergleich zur Entropie bzw. Thermodynamik in Weaver (1964), S. 12. Das heißt auch, dass der Wert zweier identischer Leistungen für zwei unterschiedliche Nutzer verschieden ist. Lediglich bei Annahme vollständiger Rationalität werden zwei rational handelnde Personen unter gleichen Rahmenbedingungen für zwei identische Leistungen zur gleichen Bewertung gelangen, vgl. Finkeissen (1999), S. 25 f. In der Realität lässt sich diese Annahme allerdings nicht halten.

671 Vgl. Lanzetta/Kanareff (1962), S. 470 ff. Ein Entscheider kann seinen subjektiven Informationsnutzen mit den objektiven Informationskosten vergleichen und somit eine Einschätzung zum „objektiven" Informationsnutzen abgeben. Damit stellen Entscheider unterbewusst Vergleiche gemäß dem Bayes-Theorem an und vergleichen die Nutzenänderung mit der Kostenänderung, sodass sie in der Lage sind, das informationsökonomische Optimum zu ermitteln, vgl. Mock (1971), S. 767 ff.

672 Zur Notwendigkeit und Bedeutung von Ersatzzielen vgl. Gallus (2011), S. 57 ff. Wenn die beiden Bedingungen (Effektivität und Effizienz) erfüllt sind (die richtigen Dinge richtig tun), entspricht der Wert der Leistung aus Sicht des Folgeprozesses mindestens den Kosten für die Leistungserstellung, sodass diese als Wertersatzgröße in der internen Leistungsverrechnung genutzt werden können. Der Wert ist größer oder gleich den Kosten, weil die Leistung genau dem notwendigen Input und damit dem Kundenwunsch entspricht und wegen Effizienz nicht zu geringeren Kosten erzeugt werden kann.

673 Vgl. König (1997), S. 58 f. In Kapitel 4.3.4 wurde erläutert, dass die Kosten eines Prozesses oder eines Gutes nicht dem Nutzen entsprechen können. Wenn aber die Bedingungen Effizi-

(4) BI-Prozesse sind effizient, wenn die nachgefragten Informationen nicht mit geringerem Ressourceneinsatz bereitgestellt werden können.[674]
   (4.1) Die Leistung eines BI-Prozesses (Output) kann nicht absolut bewertet werden, weil Informationen sehr heterogen sind und in unterschiedlichen Ausprägungen existieren können (vgl. Kapitel 4.3.5).
   (4.2) Die Effizienz eines BI-Prozesses kann inputorientiert gesteigert werden, indem der Aufwand (Input) bei konstanter Leistung (Output) reduziert wird.[675]

(5) Entscheider entwickeln Informationsbedarfe, um die Unsicherheit in Entscheidungen zu reduzieren (vgl. Kapitel 4.2.1).[676]
   (5.1) Entscheider möchten ihren Informationsstand maximieren.[677]
   (5.2) Entscheider fragen Informationen nach, die den eigenen Informationsbedarf befriedigen.[678]
   (5.3) Entscheider beurteilen den Nutzen einer zusätzlichen Information zur Deckung eines Informationsbedarfs.[679]

---

enz und Effektivität erfüllt sind und keine alternative Nutzenbewertung möglich ist, können die Kosten als Indikator genutzt werden, vgl. Gaitanides (2012), S. 245.

674 Vgl. Pfohl (1977a), S. 40 f. Sonstige Unternehmensziele werden verletzt, wenn BI-Prozesse z. B. nicht nachhaltig sind, d. h. eine Ressourceneinsparung dazu führt, dass folgende BI-Prozesse nicht vergleichbar effizient durchgeführt werden können oder nicht den Unternehmensstandards entsprechen. Eine Wieder- oder Weiterverwendung der bereitgestellten Informationen wäre dann nicht oder nur eingeschränkt möglich.

675 Vgl. Schwarz (2013), S. 80 f.

676 Empirisch konnte nicht belegt werden, dass mehr Informationen zu besseren Entscheidungen führen, vgl. Ackoff (1967), S. B147 ff.; Presthus/Ghinea/Utvik (2012), S. 34 f. Zusätzliche Informationen dienen deshalb der Erkenntnis bzw. dem Verständnis der Entscheidungssituation durch den Entscheider. In wie fern diese zusätzlichen Informationen zu besseren Entscheidungen führen, muss jeder Entscheider selbst abwägen, d. h. er muss abschätzen, ob der Informationsnutzen die Informationskosten übersteigt.

677 Vgl. Müller (1992), S. 47. Die klassische Annahme individueller Nutzenmaximierung wird zwar wegen der beschränkten Rationalität von Menschen angezweifelt, vgl. Simon (1997), S. 93–95. Es kann aber trotzdem angenommen werden, dass Entscheider ihren Informationsbedarf befriedigen möchten, um den Informationsstand zu erweitern, vgl. das Von-Neumann-Morgenstern-Erwartungsnutzen-Theorem, Neumann/Morgenstern (1947), S. 26–29 und S. 617–632; und die Annahme von Bedarfsbefriedigung (satisficing), Simon (1959), S. 262 ff. Entscheider unterstützen deshalb effiziente BI-Prozesse, um die Kosten für die eigene Informationsbedarfsbefriedigung zu senken.

678 Vgl. Kappler (1975), S. 97. Wenn ein Informationsbedarf seitens eines Entscheiders besteht, dann folgt daraus eine entsprechende Informationsnachfrage. An dieser Stelle wird das konkrete Informationsverhalten als kognitiver Prozess des Entscheiders ausgeblendet. Ansätze in dieser Richtung finden sich bspw. bei Witte (1972), S. 1 ff.

679 Auch wenn ein Entscheider nicht feststellen kann, welche Informationen objektiv benötigt werden und auch nicht formulieren kann, welche Informationen er (subjektiv) wirklich haben möchten (vgl. Abbildung 22 in Kapitel 4.2.1), so kann doch angenommen werden, dass ein Entscheider beurteilen kann, wie viel ihm eine bestimmte Information für eine konkrete

(5.4) Entscheider können alle nachgefragten Informationen verarbeiten.

Diese Annahmen fassen nochmals die Rahmenbedingungen für die Gestaltung und Bewertung effizienter BI-Prozesse zusammen. Sie geben aber ebenfalls auch Hinweise, welche Aspekte zur Gestaltung der Prozesse noch geklärt werden müssen. Grundsätzlich zeigt sich, dass ein BI-Prozess als nachfrageorientierter Prozess betrachtet werden kann, der durch eine Informationsnachfrage ausgelöst wird. Zwei Punkte aus den Überlegungen zu Informationsbedarfen und BI-Prozessen müssen aber noch bearbeitet werden. *Zum einen muss der BI-Prozess nochmals genauer betrachtet und im Vergleich zur Definition in Kapitel 4.2.2 verfeinert werden.* Entscheider fragen als Reaktion auf einen Informationsbedarf nach Informationen und nicht nach Daten, d. h. es genügt nicht, einen Informationsbedarf nur festzustellen, sondern die Informationen müssen vor der Datenerhebung auch entsprechend analysiert und strukturiert werden.[680] Dieser Schritt ist notwendig, um zu bestimmen, welche Daten zur Befriedigung der Informationsnachfrage aufbereitet werden müssen (Effektivität).[681] In der jetzigen Form ist der Prozess in dieser Beziehung sehr unscharf und berücksichtigt die Analyse und Strukturierung nicht als separate Aktivitäten, sondern führt nur die unspezifische Aktivität „Informationsbedarf" auf. *Zum zweiten ist es notwendig das Problem bisher fehlender Methoden zur Informationsbewertung im Sinne einer Mess- und Vergleichbarkeit zu lösen und Kategorien für Informationen mit gleichen oder vergleichbaren Prozessen zur Informationsbereitstellung zu bilden.* Die Prozesse der einzelnen Kategorien lassen sich dann als Standard formulieren und bilden damit die Voraussetzung für eine Optimierung.[682] Auf Basis der Prozessstan-

---

Entscheidung nutzt. Viele Informationen werden deshalb seitens der Entscheider erst gar nicht nachgefragt, weil deren Nutzen als zu gering eingestuft wird.

680 Diese Aktivitäten stellen im Prinzip das Gegenteil (Desaggregation) der Aufbereitung (Aggregation) dar und sind eine notwendige Voraussetzung, um die relevanten Daten identifizieren und später aufbereiten zu können.

681 Für einen Entscheider sind primär die bereitgestellten Informationen und nicht die genutzten Methoden oder Instrumente relevant, die allerdings mitunter einen erheblichen Einfluss auf die Informationskosten haben können, vgl. Kapitel 3.2.3. Für viele Nachfragen ist der mögliche Zugriff auf alle verfügbaren Daten nicht notwendig, vgl. z. B. Ackoff (1967), S. B147–B149; Pauli (2009).

682 Ein Standard ermöglicht die Messung sowie den Vergleich und schafft damit die Voraussetzung für eine Optimierung („*if you can't measure it, you can't manage it*", Garvin (1993), S. 89.). Außerdem ermöglichen sowohl die Standardisierung als auch die Messbarkeit eine Zuweisung von Verantwortung für Aktivitäten, die über die reine Kostenverantwortung hinausgeht, vgl. Kaplan/Norton (2007), S. 80. Ein Standard und eine Messung sind allerdings nur Voraussetzungen und führen nicht automatisch zu einer Verbesserung, vgl. Catasús u. a. (2007), S. 507. Vgl. dazu auch die Diskussion bei EMILIANI zu dem häufig zitierten Ausspruch „*what gets measured gets managed*", vgl. Emiliani (2000).

dards wäre auch eine ex-ante-Bewertung der Informationskosten möglich.[683] Die damit entstehende Kostentransparenz ist aber nur ein Baustein, um effektive und effiziente Prozesse zu realisieren. Aufgrund eines fehlenden unternehmensinternen Marktes, in dem Entscheider die Kosten für die bereitgestellten Informationen selbst tragen, aber auch von den realisierten Erfolgen profitieren, bedarf es anderer Instrumente, die statt der Wettbewerbskräfte eines Marktes für eine kontinuierliche Verbesserung und Anpassung an sich ändernde Rahmenbedingungen sorgen.[684] Als Grundlage für die Entwicklung eines Prozessstandards werden im folgenden Kapitel deshalb Ansätze zur Gestaltung nachfrageorientierter Prozesse und deren Optimierung vorgestellt.[685]

---

683 Wenn die Kosten für die Informationsbeschaffung bereits aus der Nachfrage abgeleitet werden können, kann der Entscheider diese Kosten dem erwarteten Nutzen der nachgefragten Informationen gegenüberstellen und somit entscheiden, ob der BI-Prozess ausgelöst werden soll oder nicht. Ein solches Vorgehen löst das Problem, dass die Ermittlung der Informationskosten an die Informationsbereitstellung gebunden ist und damit eine Kosten-Nutzen-Bewertung obsolet wäre, weil die Kosten unabhängig von der Verwendung der zusätzlichen Informationen bereits angefallen sind vgl. Wild (1971), S. 333.

684 Ein interner Markt müsste über eine entsprechende Einzahlungs- und Auszahlungsfunktion verfügen, sodass eine verursachungsgerechte Allokation der Kosten und Erträge zu den Entscheidern möglich wäre. Eine verursachungsgerechte Allokation wird aber um so schwieriger, je mehr Schnittstellen existieren, vgl. Künzel (1999), S. 134 f. Eine logische Konsequenz wäre deshalb die Organisation nach Prozessen mit definiertem Input und Output, vgl. Hammer/Champy (1994), S. 52 ff.; Gaitanides (2012), S. 53–55.

685 Vgl. Sandt (2005), S. 50. Dieser argumentiert, dass sich Ansätze des Lean Managements und der Prozesskostenrechnung wunderbar ergänzen, um zum einen die notwendige Kostentransparenz sicher zu stellen und zum zweiten durch den Lean-Management-Ansatz nach effektiven und effizienten Prozessen zu streben. Vgl. hierzu auch Reichwald (1992). Ähnlich argumentieren auch SCHOLZ/VROHLINGS und GAITANIDES, die als allgemeine prozessorientierte Ansätze zur Effektivitäts- und Effizienzsteigerung BPR und eine Prozessorganisation vorschlagen, vgl. Scholz/Vrohlings (1994b), S. 76 ff.; Gaitanides (2012), S. 54 ff.

5 Ansätze zur Gestaltung nachfrageorientierter Prozesse und deren Optimierung

Es gibt eine große Menge an (populär-)wissenschaftlichen Managementansätzen, die, je nach Fokus, Erfolge in verschiedenen Unternehmensbereichen versprechen und insbesondere von Beratungsunternehmen propagiert werden.[686] Zwei dieser Ansätze, die sich für den hier untersuchten Fall nachfrageorientierter Prozesse insbesondere in Kombination mit den Ansätzen der Prozesskostenrechnung anbieten, sind wegen ihrer Prozessorientierung das Business Process Management (BPR) und das Lean Management (LM).[687] Während das Lean Management seinen Ursprung in den produzierenden bzw. produktionsnahen Bereichen hat, setzt das Business Process Reengineering viel grundlegender an beliebigen Geschäftsprozessen an und stellt alles bisherige, einschließlich der Unternehmensorganisation, zugunsten der Leistungserstellungsprozesse in Frage.[688] Lean Management setzt auf eine kontinuierliche Verbesserung und versucht so, jegliche Verschwendung aus Sicht der Kunden zu eliminieren. Im Gegensatz dazu zielt Business Process Reengineering auf ein fundamentales Überdenken und eine radikale Neugestaltung wesentlicher Unternehmensprozesse oder des gesamten Unternehmens.[689] Beide Ansätze verfolgen aber das Ziel, Unternehmen bei der Gestaltung schlanker, flexibler und kundenorientierter Prozesse zu unterstützen und deren Wettbewerbsfähigkeit nachhaltig zu sichern.[690] In den folgenden Kapiteln werden erst Lean Management und anschließend Business Process Reengineering kurz vorgestellt, um anschließend einige hilfreiche Anhaltspunkte für die Gestaltung von BI-Prozessen und die Kategorisierung von Informationen abzuleiten.

---

[686] Vgl. z. B. Naim/Evans/Towill (1997); Gaitanides (2012), S. 58.

[687] Vgl. Reichwald (1992), S. 354 ff.; Sandt (2005), S. 50. Ein erster Bezug zu den Ansätzen BPR und LM zur Optimierung von BI-Prozessen wurde im Zusammenhang mit der Effizienzdiskussion in Kapitel 4.3.5 hergestellt.

[688] Vgl. Nippa/Picot (1995), S. 78 ff.

[689] Vgl. Hammer/Champy (1994), S. 48 ff.; Klingebiel (1996), S. 264. Diese Abgrenzung ist allerdings unscharf, denn das Lean Management fordert ebenfalls eine Neugestaltung der Prozesse, um die Leistungserstellung auf den Kundenwunsch und die Nachfrage auszurichten. Business Process Reengineering wurde insbesondere in Europa abgewandelt, sodass zwar die radikale Neugestaltung von Prozessen weiterhin ein Ziel darstellt, dass aber gleichzeitig nach einer Neugestaltung eine kontinuierliche Verbesserung einsetzt, die eine Anpassung an sich ändernde Rahmenbedingungen gewährleistet, vgl. z. B. Scholz/Vrohlings (1994c).

[690] Vgl. Hammer/Champy (1994), S. 18 ff. Schlank, flexibel und kundenorientiert entspricht im Prinzip den in Kapitel 4.3.5 genannten Zielen der Effektivität und Effizienz für BI-Prozesse. Auch wenn beide Ansätze eher populärwissenschaftlich aufbereitet wurden und ein Großteil der dazu existierenden Literatur populärwissenschaftlicher Natur ist, so zeigen sie doch Parallelen zu den wissenschaftlich untersuchten Ansätzen, die in der Ressourcentheorie formuliert wurden, vgl. z. B. Penrose (1959); Barney (1991a); Barney (1996).

5.1 Lean Management als Philosophie zur kundenorientierten Leistungserstellung

Lean Management hat seinen Ursprung in produzierenden bzw. produktionsnahen Bereichen und geht auf den Begriff *Lean Production* zurück.[691] Auch wenn Lean Management nach wie vor teilweise als Modewort abgetan wird, kann seine nachhaltige Nutzung in den vergangenen 25 Jahren nicht geleugnet werden.[692] Es besteht heute außerdem Konsens darin, dass Lean Management nicht als ein Baukasten von Methoden und Instrumenten betrachtet werden darf, sondern nur erfolgreich in Unternehmen implementiert werden kann, wenn alle Beteiligten über die Hintergründe Bescheid wissen sowie Veränderungen dauerhaft umgesetzt und im Unternehmen gelebt werden.[693] Der Begriff *Lean Production* wurde als eigenständiger Begriff maßgeblich von WOMACK ET AL. geprägt.[694] *Lean* bedeutet, dass etwas für die Anforderungen genau richtig proportioniert und damit agil und flexibel ist.[695] Als Begriff wird *lean* deshalb auch als *„efficient and with no wastage"* beschrieben. Im betriebswirtschaftlichen Kontext wurde der Begriff *lean* erstmals von KRAFCIK verwendet, der Produktionssysteme nach *lean* und *buffered* unterscheidet.[696] Als *lean* bezeichnet er solche Systeme, die, soweit es geht, durch optimale Ausrichtung gleichzeitig die Ziele Qualität, Flexibilität, und Kosteneffizienz verwirklichen. Solche schlanken Systeme ermöglichen auf der einen Seite Effizienzsteigerungen, bspw. über Kosteneinsparungen

---

[691] Vgl. Womack/Jones/Roos (1990), S. 75 ff. Der Begriff Lean Production wurde von WOMACK ET AL. begründet und in seiner theoretischen bzw. schematischen Umsetzung beschrieben. Das veröffentlichte Buch stellt die Ergebnisse des International Motor Vehicle Program (IMVP) am Massachusetts Institute of Technology (MIT) dar, in dessen Rahmen europäische, japanische und US-amerikanische Automobilunternehmen untersucht wurden, vgl. Jones (1994), S. 141 f. Der dargestellte ganzheitliche Ansatz sowie die beschriebenen Prinzipien und Methoden wurden aber bereits zuvor maßgeblich von einem großen japanischen Unternehmen (Toyota) entwickelt und praktiziert. Toyota diente WOMACK ET AL. und anderen deshalb als Studienobjekt und Best-Practice-Beispiel.

[692] Vgl. Berndt (1994), S. 179; Neuhaus (2007), S. 4.

[693] Es wird deshalb auch von Lean Management als Paradigma oder Philosophie gesprochen, vgl. Jones (1994), S. 142 f.; Shah/Ward (2003), S. 129. Dieses ganzheitliche Verständnis wird auch deutlich, wenn man erkennt, dass die Einführung von Just-in-Time-Prinzipien und Gruppenarbeit nicht automatisch zu Lean Management führt, vgl. Corsten/Will (1992), S. 401. Noch führt Lean Management automatisch zu Effizienzsteigerungen und zu mehr Druck auf die Mitarbeiter, vgl. Williams u. a. (1992), S. 340.

[694] Vgl. Womack/Jones/Roos (1990), S. 11 ff.

[695] Vgl. Kroll (1995), S. 68. Dies ist allerdings erst die vierte Definition des Begriffes *lean*. An erster Stelle beschreibt das Dictionary *lean* als *„having no superfluous fat; thin"*, was aber nicht zu einer Interpretation im Sinne von Ausdünnen oder als mager führen darf, Wehmeier/McIntosh/Turnbull (2005), S. 873. Im Duden wird die deutsche Übersetzung schlank passend als *wohlproportioniert* definiert, vgl. Wermke/Drosdowski (1996), S. 1326.

[696] Vgl. Krafcik (1988), S. 44 f.

durch die Auflösung überflüssiger Kapazitäten und steigern auf der anderen Seite den Kundennutzen durch einen hohen Grad an Perfektion (Effektivitätssteigerung).[697] Somit unterstützt Schlankheit Unternehmen bei der Steigerung des Unternehmenswertes.[698] WOMACK/JONES entwickelten daraus das Prinzip des *Lean Thinking*. Dies meint eine konsequente Ausrichtung aller Aktivitäten auf die Bedürfnisse und Wünsche der Kunden sowie eine kontinuierliche Optimierung und Verbesserung dieser Aktivitäten bis hin zur Perfektion.[699] *„Lean thinking is lean because it provides a way to do more and more with less and less."*[700] Nachfolgend sollen die deutschen Begriffe schlank/Schlankheit und der englische Begriff *lean* synonym verwendet werden und meinen optimal proportioniert, um alle Anforderungen effizient und effektiv erfüllen zu können.[701]

Der ursprüngliche Begriff *Lean Production* setzt sich aus den beiden Wörtern *lean* und *production* zusammen und geht von seinem Umfang deutlich über die Bedeutung des deutschen Begriffs schlanke Produktion hinaus.[702] WOMACK ET AL. bezeichnen damit deshalb auch die Umsetzung schlanker Prozesse in allen Bereichen eines Unternehmens, d. h. von der Entwicklung bis hin zum Kundendienst und damit über die reinen Herstellungsschritte hinaus.[703] Diese Prozesse werden durch die konsequente Anwendung eines Bündels aus Prinzipien, Methoden und Maßnahmen[704] so gestaltet, dass sie sich ergänzen und integriert zusammenarbeiten.[705] Dabei muss berücksichtig werden, dass ein schlanker Prozess ständig verbessert werden muss, um seine optimale Gestalt trotz permanenter Umweltveränderungen aufrechterhalten zu können.[706] Wegen der deutschen Übersetzung als

---

[697] Vgl. Thommen/Achleitner (2012), S. 926.

[698] Vgl. Pfohl (2004), S. 71 ff.; Vahrenkamp/Siepermann (2004), S. 256 f.

[699] Vgl. Womack/Jones (2003), S. 15 ff.

[700] Womack/Jones (2003), S. 15.

[701] Vgl. Pfeiffer/Weiß (1994), S. 53. Im Gegensatz zu rationalisierten Systemen können schlanke Systeme gezielte Reserven besitzen, die ihnen trotz unvorhergesehener Ereignisse Flexibilität und Agilität verleihen, vgl. dazu *recilient/recilience* z. B. in Pfohl/Gallus/Köhler (2008), S. 11 f.

[702] Im Deutschen wird das englische Wort *production* häufig einfach als Produktion übersetzt. Eine solche Übersetzung beschreibt aber nur einen kleinen Teil dessen, was *production* umfasst, denn Produktion meint im Deutschen i. d. R. die physische Herstellung von etwas. Diese Interpretation entspricht im Englischen aber dem Wort *manufacturing*, vgl. Hentze/Kammel (1992), S. 632; Werner (2008), S. 83. Das Dictionary beschreibt *production* nämlich als *„the action or an act of producing, making, or causing anything; generation or creation of something"*, vgl. Wehmeier/McIntosh/Turnbull (2005), S. 1203. Damit meint *production* alle Arten von Prozessen, die etwas herstellen, machen, liefern oder verursachen.

[703] Vgl. Womack/Jones/Roos (1990), S. 73 ff.

[704] Vgl. z. B. Kroll (1995), S. 63 ff.

[705] Vgl. Hentze/Kammel (1992), S. 632; Pfeiffer/Weiß (1994), S. 53.

[706] Vgl. Zäpfel (2001), S. 262 f.

schlanke Produktion und der damit einhergehenden Gefahr einer Einschränkung des Fokus auf die physische Produktion hat sich insbesondere im deutschsprachigen Raum eher die Verwendung des verallgemeinerten Begriffes *Lean Management* durchgesetzt.[707] *Lean Management* soll hier als schlanker Prozess in schlanken Systemen betrachtet werden und bezeichnet den sparsamen, effizienten und zielgerichteten Einsatz aller Produktionsfaktoren bei allen Unternehmensaktivitäten.[708] Durch diese ganzheitliche Interpretation dürfen Probleme nicht lokal, sondern nur im Zusammenhang mit Auswirkungen auf das gesamte Unternehmen betrachtet werden.[709] Die Grundkonzepte und Prinzipien des Lean Management sind das Konzept der Verschwendung und das Konzept des Lean Thinking, das hilft Verschwendung zu vermeiden und die Effizienz zu verbessern.[710] In den folgenden beiden Kapiteln werden diese beiden Konzepte nun eingeführt und erläutert.

5.1.1 Verschwendung in Prozessen

Die Verwendung des Begriffs Verschwendung im Kontext von Lean Management entstammt dem Japanischen und wurde so erstmals von OHNO in der Literatur verwendet.[711] Dieser geht davon aus, dass in Produktionsprozessen bzw. Leistungserstellungsprozessen i. d. R. keine optimale Kombination von Produktionsfaktoren eingesetzt wird,[712] sodass mit dem verwendeten Input ein höherer Output bzw. der gewünschte Output mit niedrigerem Input realisierbar wäre. Die Differenz zwischen dieser möglichen Produktivität und der tatsächlichen Produktivität wird als Verschwendung bezeichnet.[713] Den entscheidenden Unterschied zwischen dem Lean-Management-Ansatz und der Vermeidung von Verschwendung auf der einen Seite und einer einfachen Produktivitätssteigerung auf der anderen Seite bildet der genutzte Messansatz. Produktivität bzw. Effizienz wird allgemein als ein Quotient zwischen Output und Input gemessen, der aus rein quantitativen Größen gebildet wird und keine Aussage über den gestifteten Nut-

---

[707] Vgl. z. B. Pfeiffer/Weiß (1994), S. 53 ff. Aus den Inhalten des Begriffes lean und dem Begriff Lean Thinking entwickelten sich viele weitere Begriffe, wie z. B. Lean Marketing (vgl. z. B. Hadeler/Winter/Arentzen (2000), S. 1951.), Lean Development (vgl. z. B. Schuh u. a. (2007), S. 15.) oder Lean Enterprise (vgl. z. B. Jones u. a. (1999), S. 15 ff.). Der wichtigste Begriff ist aber sicher Lean Production, der im folgenden Kapitel definiert wird und als übergeordneter Begriff für schlanke betriebswirtschaftliche Aktivitäten betrachtet werden kann.

[708] Vgl. Hadeler/Winter/Arentzen (2000), S. 1951.

[709] Vgl. Wollseiffen (1999), S. 19.

[710] Vgl. Womack/Jones (1997), S. 11.

[711] Vgl. Ohno (1988), S. 18 ff.

[712] Vgl. Prozess in Corsten (1992), S. 11 f.

[713] Vgl. Zäpfel (2001), S. 39 f.

zen erlaubt.[714] Im Gegensatz dazu wird beim Lean-Management-Ansatz und der Definition von Verschwendung vom Nutzen des Produktes und somit von dessen Wert für die Kunden ausgegangen.[715] Denn letztlich ist der Kunde nur bereit für genau die Produktionsschritte und Teile eines Produktes zu bezahlen, die ihm einen Nutzen stiften.[716] Verschwendung liegt also immer dann vor, wenn im Leistungserstellungsprozess Aktivitäten ausgeführt werden, die keine Wertsteigerung für den Kunden erzeugen.[717] Das ursprünglich verwendete japanische Wort für Verschwendung *muda* meint dabei ganz konkret *„any human activity which absorbs resources but creates no value"*.[718] Dieses Verständnis ist für eine komplexe Leistungserstellung aber zu eng gefasst, denn es gibt auch Aktivitäten von Menschen oder Maschinen, die keinen Beitrag zum eigentlichen Produkt leisten und damit ebenfalls keinen Wert im Sinne von Kundennutzen stiften. Verschwendung soll deshalb wie folgt verwendet werden: *„Waste in Lean Production is defined as actions that do not add value to a product and can be eliminated."*[719] Diese Einschränkung des ursprünglichen Verständnisses ist notwendig, weil neben wertschöpfenden Tätigkeiten und Verschwendung auch solche Aktivitäten existieren, deren Durchführung keinen direkten Beitrag zum Kundennutzen leistet, ohne die ein Produkt aber nicht erstellt bzw. vertrieben werden kann.[720] Eine solche Aktivität ist beispielsweise das Programmieren einer Schnittstelle in einem operativen System. Ohne eine solche Schnittstelle wäre kein Zugriff auf die Daten möglich und sie könnten nicht genutzt werden, um den In-

---

714 Vgl. Domschke/Scholl (2003), S. 8; Pfohl (2004), S. 56 ff. Im Zusammenhang mit BI-Prozessen ist allerdings die Erfassung des gestifteten Nutzens eine Herausforderung, weshalb in dieser Arbeit unter der Annahme, dass die bereitgestellte Information der nachgefragten Information entspricht, auf eine reine Effizienzbetrachtung ausgewichen wird, ohne den Output selbst zu bewerten, vgl. Kapitel 4.3.5.

715 Vgl. Hines/Silvi/Bartolini (2002), S. 709.

716 Vgl. Pfeiffer/Weiß (1994), S. 69. Der Preis einer Leistung entspricht dem in monetären Einheiten ausgedrückten Nutzen den Kunden durch die Leistung erfahren, vgl. hierzu auch die Ausführungen in Kapitel 4.3.1 und Kapitel 4.3.2.

717 Vgl. Schönsleben (2007), S. 311. Diese Aussage steht nicht im Widerspruch zu den Ausführungen in Kapitel 4.3.1 und Kapitel 4.3.2. Dort werden in der Wertkette von PORTER zwar auch sekundäre Aktivitäten dargestellt, die den Kunden keinen direkten Nutzen stiften, allerdings wird dort auch darauf hingewiesen, dass die Flächen den Kosten für die Aktivitäten entsprechen, während die Gesamtfläche der Wertschöpfung, d. h. dem Kundennutzen entspricht. Theoretisch kann die Differenz zwischen den Kosten und der Wertschöpfung auch negativ sein, weil Kunden eben nicht bereit sind, die Kosten für Sekundärprozesse zu tragen und der gestiftete Nutzen nicht ausreicht, um die Gesamtkosten zu decken (negative Marge). Eine Optimierung und Reduktion der Kosten führt immer dann zu einer höheren Marge, wenn der gestiftete Nutzen gleich bleibt. Vergleiche hierzu auch den Ansatz zur Effizienzmessung und Optimierung von BI-Prozessen in Kapitel 4.3.5.

718 Womack/Jones (2003), S. 15.

719 Emiliani (1998), S. 618.

720 Vgl. Erlach (2007), S. 109 ff.

formationsbedarf eines Entscheiders zu befriedigen.[721] Es müssen also drei Arten von Prozessen unterschieden werden[722]:

- **Wertschöpfung** – Aktivitäten, die einen Beitrag zum Kundennutzen leisten.
- **Notwendige Verschwendung** – Aktivitäten, die für die Erbringung des Kundennutzens notwendig sind und auf die zum aktuellen technologischen Niveau nicht verzichtet werden kann.[723]
- **Überflüssige Verschwendung** – Aktivitäten, die offensichtlich keinen Beitrag zum Kundennutzen leisten und die ohne Verringerung des Kundennutzens aufgelöst werden können.

Überflüssige Verschwendung kann folglich vollständig aufgelöst werden. Bei notwendiger Verschwendung zeigt aber bereits der Name, dass eine vollständige Auflösung nicht möglich ist. Es ist aber möglich, den Anteil von notwendiger Verschwendung im Verhältnis zur Wertschöpfung durch entsprechend angepasste Prozesse, Werkzeuge und Maschinen deutlich zu verringern (vgl. Abbildung 30).[724] In vielen Unternehmen bestehen erhebliche Potenziale zur Effizienzsteigerung. Häufig ist das Verhältnis von Wertschöpfung zu Verschwendung lediglich 1:1000.[725] Im Vergleich dazu schaffen schlanke Unternehmen durch Lean Management Effizienzsteigerungen von 70-90%.[726]

---

[721] Auch wenn im Kontext von Business Intelligence der Entscheider als Kunde betrachtet wird, ist es nahezu unmöglich, dessen Nutzen zu quantifizieren, weil sich kein Marktpreis bilden kann, vgl. Kapitel 4.3.4. Gleichzeitig fallen teilweise erhebliche Kosten für die technische Infrastruktur (Implementierung, Lizenzen und Betrieb) an, die keinen direkten Nutzen nach sich ziehen, sondern ein Leistungspotenzial darstellen, vgl. Kapitel 2.2. Eine Unterscheidung in Wertschöpfung, notwendige Wertschöpfung und Verschwendung ist deshalb dort schwierig, zumal der Informationsbedarf häufig durch den unspezifischen Wunsch nach mehr potenziellen Informationen (notwendige Verschwendung) ausgedrückt wird, vgl. Ackoff (1967), S. B149.

[722] Vgl. Pfeiffer/Weiß (1994), S. 69 f.; Emiliani (1998), S. 620; Wiegand (2007), S. 83.

[723] Business Intelligence ist unabhängig von einer bestimmten Technologie und gerade die Informationstechnologie entwickelt weiterhin neue technologische Lösungen und realisiert signifikante Leistungssteigerungen, vgl. Kapitel 3.2.3. Es kann also angenommen werden, dass andere Wege möglich werden, um das gleiche Resultat zu erhalten. Eine Einteilung von Prozessen in die drei Kategorien Wertschöpfung, notwendige Verschwendung und überflüssige Verschwendung darf deshalb nicht als final betrachtet werden, sondern muss ebenfalls regelmäßig überprüft werden, vgl. dazu kontinuierliche Verbesserung in Kapitel 5.3.4

[724] Vgl. Womack/Jones (2003), S. 20.

[725] Vgl. Linden (1991), S. 138 ff.

[726] Vgl. Womack/Jones/Roos (1990), S. 81; Becker (2006), S. 276.

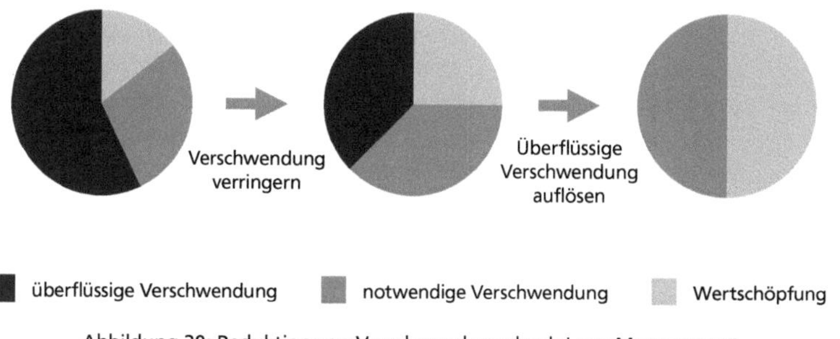

Abbildung 30: Reduktion von Verschwendung durch Lean Management.
(Quelle: eigene Darstellung in Anlehnung an Emiliani (1998), S. 619.)

Um die Identifikation von Verschwendung zu erleichtern, beschreibt OHNO sieben Arten von Verschwendung, die den größten Teil der Verschwendung in Unternehmen abdecken bzw. auf die andere Verschwendungsarten zurückgeführt werden können.[727]

Diese sieben Verschwendungsarten sind Verschwendung durch

- **Überproduktion,**
- **Wartezeiten,**
- **Transporte,**
- **Prozesse,**
- **Lagerbestände,**
- **Bewegungen oder**
- **Fehler** in der Produktion und deshalb notwendige Nacharbeit.[728]

Diese Aufzählung ist durch die Tätigkeit OHNOS in der Automobilindustrie stark an physischer Produktion orientiert. Die Verschwendungsarten zeigen aber grundsätzliche Quellen für Ineffizienzen in Prozessen auf und ermöglichen somit eine Übertragung auf andere Bereiche wie z. B. die Verwaltung in Unterneh-

[727] Vgl. Ohno (1988), S. 18 ff. Diese Aussagen sind Erfahrungswerte aus OHNOS Zeit bei Toyota, wo er maßgeblich das Toyota Production System mit entwickelt hat. Sie finden ihre Rechtfertigung eher in Toyotas großem Erfolg und hoher Wirtschaftlichkeit und wurden nicht empirisch untersucht. Bis heute gab es aber keine nennenswerten Arbeiten, die OHNO widersprechen. In der Regel wurden seine Aussagen nur ergänzt bzw. auf andere Problembereiche wie z. B. Lean Office übertragen, vgl. Louis (2007), S. 14–16; Venegas (2007), S. 10–37.

[728] Die sieben Verschwendungsarten sollen hier nicht näher beschrieben werden. Für weitere Informationen zu diesen vgl. z. B. Ohno (1988), S. 19 f.; Pfeiffer/Weiß (1994), S. 70; Womack/Jones (2003), S. 15; Becker (2006), S. 280 ff.; Erlach (2007), S. 107 ff.

men.[729] Die Aufzählung zeigt aber auch, dass Abhängigkeiten zwischen verschiedenen Verschwendungsarten bestehen und diese häufig gemeinsam auftreten bzw. sich gegenseitig verursachen. Den Verantwortlichen hilft die Aufzählung zwar bei der Identifikation von Verschwendung und sensibilisiert deren Wahrnehmung für weitere Verschwendung im eigenen Unternehmen. Sie zeigt damit aber lediglich Ansatzpunkte für Verbesserungen auf. Lean Management versucht demgegenüber auch eine Antwort auf die Frage zu geben, wie solche Verbesserungen erreicht und Verschwendung aufgelöst werden kann. Diese Grundsätze von Lean Management bezeichnen WOMACK/JONES als Prinzipien.[730] Sie helfen dabei ein grundlegendes Verständnis für Lean Management zu entwickeln und bieten gleichzeitig einen Fahrplan für die ganzheitliche Umsetzung von Lean Management in einem Unternehmen.

5.1.2 Prinzipien zur nachhaltigen Effektivitäts- und Effizienzsteigerung von Prozessen

Für die erfolgreiche Einführung von Lean Management in einem Unternehmen muss ein ganzheitlicher und integrierter Ansatz gewählt werden. WOMACK/JONES beschreiben diesen mit fünf grundlegenden Prinzipien, die aufzeigen wie Lean Management hilft Verschwendung zu vermeiden und wie es durch die konsequente Einhaltung der Prinzipien im Unternehmen umgesetzt werden kann. Verschwendung wurde oben definiert als alle Aktivitäten in einem Prozess, die keinen Beitrag zur Wertsteigerung leisten und die ohne Auswirkungen auf den Prozess ausgelassen werden können.[731] Lean Management ist ein Gegenmittel zu dieser Verschwendung, indem es genau dort ansetzt, wo Wertschöpfung endet und Verschwendung entsteht.[732] Das heißt, Lean Management geht von den wertschöpfenden Aktivitäten aus und passt alle übrigen Prozesse so an, dass diese entweder direkt zur Wertschöpfung beitragen oder dass sie aufgelöst werden können und damit der Wertschöpfungsanteil im gesamten Prozess steigt.[733] Die

---

[729] Vgl. Louis (2007), S. 14–16; Venegas (2007), S. 10–37. Neben den genannten sieben Verschwendungsarten gibt es noch weitere, die in einem Unternehmen auftreten und die Effizienz erheblich beeinträchtigen können. In der Regel können andere Verschwendungsarten aber auf eine oder mehrere der sieben Verschwendungsarten nach OHNO zurückgeführt werden.

[730] Vgl. Womack/Jones (2003), S. 15 ff.

[731] Vgl. Emiliani (1998), S. 618.

[732] Vgl. Womack/Jones (2003), S. 11.

[733] Beispielsweise ist der beschaffungsseitige Transport zu einer Produktionsstätte streng genommen Verschwendung, wenn auch notwendige Verschwendung. Durch die Einführung produktionssynchroner Anlieferung ist es aber möglich, den gesamten Materialfluss zu beschleunigen, sodass auch durch eine „verschwenderische" Aktivität der Wertschöpfungsanteil insgesamt steigen kann, vgl. Vahrenkamp/Siepermann (2004), S. 258 f.

fünf Prinzipien nach WOMACK/JONES sind die Definition von „Wert“, die Identifikation der wertschöpfenden Aktivitäten, die Umsetzung des Flussprinzips, die Umsetzung von Verbrauchssteuerung und die kontinuierliche Verbesserung aller Prozesse im Unternehmen.[734] Sie können je nach Komplexität für ein komplettes Unternehmen, einen Standort oder nur einen Produktionsprozess umgesetzt sowie nach und nach auf die übrigen Produktionsprozesse oder Standorte ausgeweitet werden.[735] Wichtig für den Erfolg einer Lean-Management-Einführung ist nur, dass als Betrachtungsgegenstand ein abgeschlossener Prozess gewählt wird, für den auch alle fünf Prinzipien umgesetzt werden können. Nur so ist eine ganzheitliche Betrachtung und Umsetzung möglich.[736]

Das erste Prinzip ist gleichzeitig das wichtigste. Der Ausgangspunkt aller Lean-Management-Initiativen muss eine genaue **Ermittlung und Definition dessen** sein, **was die Kunden erwarten** und wofür sie bereit sind zu zahlen.[737] Das heißt, es geht um die Definition dessen, was als Wert und damit welche Aktivitäten als wertschöpfend gelten. Diese Definition ist deshalb so entscheidend, weil ein Produkt als reine Verschwendung gilt, wenn es nicht den Wünschen der Kunden entspricht.[738] Eine gute Definition in Form eines ganz bestimmten Produktes oder Services an dieser Stelle ermöglicht später eine starke Konzentration auf die wertschöpfenden Aktivitäten und damit auf die Vermeidung von Verschwendung. Für diese Definition ist eine intensive Kommunikation mit den Abnehmern der Leistung notwendig.[739]

---

734 Vgl. Womack/Jones (2003), S. 15 ff.

735 Lean Management verfolgt weder ein strenges Top-Down- noch ein strenges Bottom-Up-Vorgehen. Es ist eher so, dass auf der einen Seite die Philosophie von Lean Management von oben vorgelebt und im gesamten Unternehmen eingeführt werden muss, während die Gestaltung schlanker Prozesse eher bottom-up erfolgt. Dabei kann Lean Management nach und nach im Unternehmen umgesetzt werden, indem jeweils ein vollständiger (Geschäfts-)Prozess nach dem anderen neu ausgerichtet und optimiert wird, vgl. Smeds (1994), S. 79.

736 Vgl. Pfeiffer/Weiß (1994), S. 71 f.; Erlach (2007), S. 114 f. In einer Prozessbetrachtung gibt es immer einen Lieferanten und einen Kunden. Dabei spielt es keine Rolle, ob diese extern oder intern sind. Als Betrachtungsgegenstand ist deshalb grundsätzlich jeder Prozess möglich, wobei auf eine Orientierung an den Wünschen der Endkunden geachtet werden muss. Diese können aber indirekt durch einen internen Kunden (transitiv) ausgedrückt werden.

737 Vgl. Emiliani (1998), S. 619 f.

738 Vgl. Dickmann (2009), S. 7.

739 Vgl. Backhaus (2003), S. 40 ff.; Pfohl (2004), S. 274 f. Für Produkte, die an externe Kunden vertrieben werden, müssen diese externen Kunden nach ihren Wünschen befragt werden. Für Endkunden kann dies z. B. mithilfe umfangreicher Marktforschung erreicht werden. Ingenieure oder Marketingstrategen können diesen Prozess als Übersetzer unterstützen, müssen aber darauf verzichten, eigene Vorstellungen zu verwirklichen oder künstliche Bedarfe zu er-

Das zweite Prinzip ist eng mit dem ersten verbunden und eine logische Fortsetzung dessen, was im ersten Prinzip definiert wurde. Es fordert die **Identifikation aller wertschöpfenden Aktivitäten**. Während das erste Prinzip eine abstrakte Definition des Wertes aus Kundensicht fordert, so wird nach dem zweiten Prinzip gefordert diese abstrakten Definitionen auf den konkreten Prozess anzuwenden.[740] Im Umkehrschluss sind alle übrigen Aktivitäten notwendige oder reine Verschwendungen, die entweder direkt aufgelöst werden können oder verbessert werden müssen.[741] Für die Identifikation der wertschöpfenden Aktivitäten ist sowohl ein hohes Maß an Transparenz über die Prozesse sowie ein hohes Maß an Wissen und Verständnis für die Prozesse seitens der beteiligten Mitarbeiter notwendig.[742]

Das dritte Prinzip fordert die **Umsetzung des Fließprinzips** im gesamten Prozess. In der traditionellen Massenproduktion wird zwar in der Regel auch eine Fließfertigung angewandt, aber diese findet in großen Losgrößen statt, sodass zumindest vor und nach der Fertigung große Lager sowie teilweise in der Fertigung mehrere Puffer notwendig sind.[743] Durch den Fokus auf Flexibilität statt auf Produktivität ist es möglich, effektivere Prozesse zu gestalten, die empfängerspezifischere Leistungen erstellen und trotzdem eine hohe Effizienz erreichen.[744] In der Dienstleistungsproduktion oder Verwaltungsprozessen kann das Fließprinzip ebenso umgesetzt werden, wie in der physischen Produktion. Beispielsweise kann die gesamte Prozesszeit (Durchlaufzeit) erheblich reduziert werden, wenn der Input für einen Prozess in dem Moment verfügbar ist, in dem er vom Folgeprozess aufgenommen werden kann.[745]

---

zeugen, vgl. Womack/Jones (1994), S. 97 f.; Levitt (2004), S. 146 f. In der Zusammenarbeit mit internen Kunden ist die Kommunikation deutlich einfacher, jedoch bestehen aufgrund des fehlenden Marktes andere Herausforderungen, weil der interne Leistungsaustausch nicht auf ausgehandelten Marktpreisen aufbaut.

740 Vgl. Arnold/Furmans (2007), S. 259 ff.

741 Vgl. Ohno (1988), S. 19 f.

742 Vgl. Womack/Jones (2003), S. 19 f. Häufig fehlt es in Unternehmen bzw. bei den verantwortlichen Mitarbeitern an Transparenz und Verständnis für die Prozesse im Ganzen, sodass bereits die Aufnahme und Dokumentation der Prozesse zur Identifikation erheblicher Mengen von Verschwendung führt.

743 Vgl. Domschke/Scholl/Voß (1997), S. 7; Domschke/Scholl (2003), S. 111 f.

744 Vgl. Womack/Jones/Roos (1990), S. 52 f.; Dickmann (2009), S. 16 f.

745 Vgl. Schonberger (1982), S. 119 ff., insbesondere S. 122. Dieses Prinzip ist in der Praxis für physische Produktionen auch unter dem Namen *Just in Time* bekannt und führt zu einer produktionssynchronen Anlieferung von Rohstoffen und Halberzeugnissen sowie zum direkten Vertrieb der Fertigerzeugnisse, vgl. Oliver (1991), S. 21 f.; Pfohl (2004), S. 130 f. und S. 178; Werner (2008), S. 117 f.

Das vierte Prinzip zielt auf die Verschwendung durch den massiven Ressourceneinsatz, mit dem versucht wird, eine möglichst exakte Bedarfsplanung zu erstellen sowie die Beschaffung und Produktion zu optimieren. Trotzdem sind die Ergebnisse dieser Bedarfsplanung nie genau und können bei Nachfrage- oder Angebotsschwankungen nur schwer oder gar nicht angepasst werden.[746] Lean Management fordert im Gegensatz dazu die **Umsetzung einer Verbrauchssteuerung** und die Einrichtung selbststeuernder Regelkreise. Dieses Prinzip zielt darauf, die bestmögliche Annäherung an eine reine Auftragsfertigung umzusetzen, sodass nur noch für den Kundenbedarf produziert wird und keine Verschwendung mehr entstehen kann.[747] In der physischen Produktion sind solche Prozesse unter dem Namen *Kanban* oder Supermarkt bekannt.[748]

Abschließend fordert das fünfte und letzte Prinzip von Lean Management die **kontinuierliche Verbesserung** des gesamten Prozesses. Lean Management versucht einfache Prozesse in kleinen, verbrauchsgesteuerten Regelkreisen anzuordnen und so ein hohes Maß an Transparenz im gesamten Unternehmen umzusetzen.[749] Diese Transparenz erleichtert die Identifikation bestehender Verschwendung und eröffnet die Möglichkeit zu kontinuierlichen Verbesserungen und zur Annäherung an verschwendungsfreie Prozesse.[750] Außerdem ermöglicht die Organisation in selbststeuernden Regelkreisen auch lokale Verbesserungen in kleinen Schritten. [751] Durch kontinuierliche Verbesserung steigt auch die Flexibilität, um auf Umweltveränderungen reagieren zu können. Im Gegensatz dazu sind umfangreiche Anpassungen komplexer Systeme häufig bereits zum Zeit-

---

746 Vgl. Zäpfel (2001), S. 189 ff.; Pfohl (2004), S. 159. In bedarfsorientierten Produktionen entstehen immer wieder Fehlmengen oder Überproduktion, die zu Opportunitätskosten oder entgangenen Gewinnen führen. Bei einer Betrachtung über mehrere Wertschöpfungsstufen führt eine bedarfsorientierte Planung außerdem zum sogenannten Bullwhip-Effekt, vgl. z. B. Nienhaus/Ziegenbein/Schönsleben (2006).

747 Vgl. Hines/Silvi/Bartolini (2002), S. 708; Dickmann (2009), S. 341. Eine Neugestaltung von Produktionsprozessen als verbrauchs- bzw. nachfrageorientierte Prozesse ist vor allem für physische Produktionen sinnvoll. Im Gegensatz werden Dienstleistungen wegen des externen Faktors und der fehlenden Lagerbarkeit per Definition nur im Kundenauftrag gefertigt, vgl. Kapitel 2.1. Allerdings kann auch bei Serviceprozessen, wie z. B. BI-Prozessen, eine explizite Gestaltung des Prozesses als nachfrageorientierter Prozess sinnvoll sein.

748 Vgl. Syska (2006), S. 68.

749 Vgl. ebenda, S. 98 ff.

750 Vgl. Dickmann (2009), S. 68. Dort wird erläutert, dass häufig eine Unentbehrlichkeitsstrategie von den Beteiligten angewandt wird, die durch hohe Komplexität und niedrige Transparenz versucht Veränderungen und damit potentielle Verbesserungen zu verhindern.

751 Vgl. Erlach (2007), S. 232.

punkt der Einführung überholt, weil diese viel Zeit erfordern und nicht kurzfristig umgesetzt werden können.[752]

Durch die Betrachtung der fünf Prinzipien wird deutlich, weshalb Lean Management als ein ganzheitlicher und integrierter Ansatz betrachtet werden muss. Die Einführung von Lean Management in einem Unternehmen ist kein geradliniger Prozess, der in Verbesserungsbemühungen des bis dahin umgesetzten endet. Lean Management strebt ein verschwendungsfreies Unternehmen an und erfordert deshalb eine kontinuierliche Identifikation neuer Verschwendung, die auch in den erfolgreichsten und schlanksten Unternehmen entsteht, weil sich die Umweltbedingungen und damit die Kundenwünsche und Wertvorstellungen verändern.[753] Deshalb müssen die fünf Prinzipien von Lean Management zyklisch immer wieder angewandt werden (vgl. Abbildung 31).[754]

Abbildung 31: Fünf Prinzipien von Lean Management eingebettet in einen Zyklus kontinuierlicher Verbesserung. (Quelle: eigene Darstellung)

Die ganze Thematik um Lean Management kann noch wesentlich ausführlicher betrachtet werden als dies hier geschehen ist. Auf eine tiefere Auseinandersetzung kann im Rahmen dieser Arbeit aber verzichtet werden, da diese die eigentliche Zielsetzung effizienter BI-Prozesse in den Hintergrund drängen würde. Die vorgelegten Erläuterungen dienen aber dem Grundverständnis von Lean Management und helfen etablierte Ansätze aus der physischen Produktion auf das

752 Vgl. Becker (2006), S. 297 f.

753 Vgl. Maskell (2001); Womack (2007), S. 45.

754 Vgl. Arnheiter/Maleyeff (2005), S. 13 ff.

Thema Business Intelligence zu übertragen, um so die Effizienz der BI-Prozesse in Unternehmen steigern zu können.

5.2 Business Process Reengineering als Ansatz zur radikalen Veränderung

Der Begriff Business Process Reengineering geht auf Hammer/Champy zurück, die 1993 unter dieser Bezeichnung Ansätze zur grundlegenden Neugestaltung von Organisationen und Unternehmensabläufen veröffentlichten.[755] Auch Business Process Reengineering ist ein Ansatz, der auf Erfahrungen und Erkenntnissen aus Unternehmen aufbaut und der anhand einer Reihe von Fallbeispielen präsentiert wird.[756] Gleichwohl sehen die Autoren den Ansatz auch als Weiterentwicklung des technisch und statistisch geprägten Qualitätsmanagementansatzes *Six Sigma*.[757] Verbesserungen im Rahmen von BPR-Projekten entstehen als radikale Innovationen (Revolutionen) und nicht als Evolutionen. Das ausgewiesene Ziel von Business Process Reengineering ist dementsprechend eine Verbesserung von Unternehmen bzw. deren Abläufen um Größenordnungen, um die Unternehmen fit für den globalen Wettbewerb zu machen.[758] Die Leistungserstellung wird dazu als vollständiger und durchgängiger Prozess zwischen Kunden-

---

[755] Vgl. Hammer (1990); Hammer/Champy (1993). Die veröffentlichten Ansätze stellen die Erfahrungen aus ihrer Beratungstätigkeit bei der Unternehmensberatung CSC dar, vgl. Klingebiel (1996), S. 263.

[756] Vgl. Hammer/Champy (1994), S. 190 ff. und die Fallstudien ab S. 205 ff. Prinzipiell sind in allen Kapiteln Fallbeispiele verarbeitet, was dazu führt, dass die Materie sehr plastisch und verständlich dargestellt wird. Dieses Vorgehen hat Business Process Reengineering aber auch den Vorwurf einer Organisationsmode eingebracht, weil eine grundlegende theoretische Auseinandersetzung fehlt, vgl. Gaitanides (2012), S. 62 f. Beide Ansätze, Lean Management und Business Process Reengineering, entstammen also der Praxis und wurden anschließend formalisiert, vgl. Kapitel 5.1.

[757] Vgl. Hammer (2010), S. 3 f. *Six Sigma* ist auch ein Ansatz, der aus der japanischen Industrie stammt, wo er bereits in den 1970er Jahren genutzt wurde. Bekannt wurde der Ansatz allerdings erst durch die Einführung bei Motorola in den 1980er Jahren und bei General Electric in den 1990er Jahren, vgl. Toutenburg/Knöfel (2008), S. 2 f. Maßgeblich zur Bekanntheit des Ansatzes hat der damalige CEO von General Electric, Jack Welch, beigetragen, der öffentlich das Ziel des 6σ-Qualitätsniveaus für alle Bereiche ausgab. Für eine Einführung in Six Sigma vgl. z. B. Arnheiter/Maleyeff (2005); Toutenburg/Knöfel (2008), S. 7 ff.; Töpfer (2009); Akbulut-Bailey/Motwani/Smedley (2012). Dort werden außerdem Parallelen zwischen *Six Sigma* und *Lean Management* gezogen, was eine gute Kompatibilität oder Verwandtschaft der Ansätze nahe legt und vermuten lässt, dass auch Lean Management und Business Process Reengineering zusammenpassen.

[758] Vgl. Hammer/Stanton (1995), S. 19. Die Verbesserung als radikale Innovation stellt einen Unterschied zum Ansatz kontinuierlicher Verbesserungen beim Lean Management dar. Eine radikale Innovation bzw. Revolution ist als einmaliger Sprung von einem Effizienzniveau auf ein höher gelegenes Niveau zu verstehen, während die kontinuierliche Verbesserung als evolutorischer Prozess in kleinen Fortschritten zu verstehen ist, vgl. z. B. Beckmann (2003), S. 139.

auftrag und Bereitstellung betrachtet. Schnittstellen sollen dabei vermieden werden, weil diese potenzielle Fehlerquellen und Orte unklarer Zuständigkeiten darstellen.[759] Außerdem fordert jede Übergabe an einen Folgeprozess auch eine Übergabe des Auftrags und möglicher weiterer Informationen, für die entsprechende Zeit einkalkuliert werden muss. Durch die Vermeidung von Schnittstellen kann der Prozess also beschleunigt werden, sodass die Durchlaufzeit sinkt und ohne dass die Mitarbeiter gleichzeitig eine höhere Arbeitsleistung erbringen müssen.[760] Alle notwendigen Tätigkeiten sollen deshalb in einem Geschäftsprozess integriert sowie von einem Mitarbeiter bzw. einem Team ausgeführt und nicht auf verschiedene Stellen verteilt werden. Alle Aktivitäten innerhalb eines Unternehmens und sogar unternehmensübergreifende Abläufe, die in einem größeren Kontext betrachtet werden können und die ein bewertbares Ergebnis liefern, können zu Geschäftsprozessen zusammengefasst werden.[761] Dabei spielt es keine Rolle, ob die betrachteten Aktivitäten häufig wiederholt werden und hochgradig standardisierbar sind oder, ob es sich dabei um selten durchgeführte und kreative Aktivitäten handelt, weil Business Process Reengineering alle Aktivitäten als (Teil-)Prozesse betrachtet.[762] Entscheidend ist viel mehr, dass beim Business Process Reengineering bestehende Abläufe und Verhaltensmuster in Frage gestellt werden und die neu definierten Geschäftsprozesse nur solche Aktivitäten umfassen, die einen Beitrag zum Kundennutzen leisten.[763] Ähnlich wie auch das Lean Management kann das Konzept des Business Process Reengineerings durch zwei wesentliche Bestandteile beschrieben werden. Diese Bestandteile sind die zentralen Annahmen zu Prozessen und wichtige Grundlagen zur Verbesserung in Größenordnungen. In den folgenden beiden Kapiteln werden diese vorgestellt und kurz erläutert.

---

759 Vgl. Osterloh/Frost (2006), S. 20.

760 Vgl. Gaitanides (2012), S. 51. Die Kritik einer höheren Arbeitsbelastung durch Business Process Reengineering wird analog auch gegenüber Lean Management geäußert, vgl. Lewis (2000), S. 961; Schönsleben (2007), S. 312. Lewis weist auch darauf hin, dass diese Kritik die Wahrnehmung insbesondere in Deutschland negativ geprägt und die Ablehnung von Prozesskonzepten befördert hat. Der Begriff *lean* wird teilweise sogar mit dem Begriff *mean* karikiert, vgl. Kinnie/Hutchinson/Purcell (1998), S. 302 f. Entgegen diesen negativen Darstellungen wird die Prozessbeschleunigung dadurch erreicht, dass Aufgaben parallelisiert und Warte- bzw. Übernahmezeiten an den Schnittstellen aufgelöst werden.

761 Bewertbar heißt in diesem Kontext, dass der Prozess einen Kundennutzen stiftet. Kundennutzen ist dabei auf den Leistungsempfänger bezogen, der sowohl ein interner als auch ein externer Kunde sein kann. Zum Potenzial unternehmensübergreifender Geschäftsprozesse außerdem Hammer (2010), S. 15.

762 Vgl. Hammer (2010), S. 11. Hammer unterscheidet die beiden Prozesstypen Routineprozesse und kreative Prozesse, unterstreicht aber den Anspruch von Business Process Reengineering, die Effizienz beider Typen steigern zu können.

763 Vgl. Hammer (1990), S. 108 ff.; Clemmer (1994), S. 36.

5.2.1 Zentrale Annahmen für Prozesse

HAMMER formuliert für das zentrale BPR-Betrachtungsobjekt, den Prozess, einige zentrale Annahmen, die das Grundverständnis von Business Process Reengineering beschreiben:[764]

- *„All work is process work."* Alle Abläufe sind Prozesse und können unabhängig von ihrem Standardisierungspotenzial und ihrer Ausführungshäufigkeit durch Business Process Reengineering neu gestaltet werden.[765] BPR-Projekte sind auch nicht beschränkt auf Primärprozesse, sondern können ebenso für Sekundärprozesse durchgeführt werden.[766] In diesem Fall bezieht sich der Kundennutzen auf den Nutzen interner Kunden.
- *„Any process is bettern than no process."* Abläufe ohne Prozessdefinition entziehen sich jeglicher Bewertung sowie Möglichkeiten zum Vergleich und zur Optimierung.[767] Außerdem sind unstrukturierte Abläufe auf Zuruf potenzielle Fehlerquellen und können kein einheitliches Ergebnis entsprechend der Kundenerwartung sicherstellen. Eine Prozessdefinition eröffnet umgekehrt die Möglichkeit, Abläufe zu verbessern.
- *„A good process is better than a bad process."* Während ein Prozess durch seine Definition sicherstellt, dass eine bestimmte Leistung erbracht wird, die den gewünschten Kundennutzen entfaltet, muss auch sichergestellt werden, dass diese Leistung effizient erbracht wird.[768] Obwohl es stets viele Varianten gibt, wie ein effektiver Prozess gestaltet werden kann, so gibt es per Definition nur einen effizienten Prozess, der als Endergebnis angestrebt wird (vgl. Kapitel 4.3.5).
- *„One process version is better than many."* Business Process Reengineering bedeutet nicht, für jeden Prozess einen einzigen Standardablauf zu bestimmen.[769] Für einige Leistungen kann es wichtig und sinnvoll sein, unterschiedliche Prozessvarianten zu definieren, die entweder für unterschiedliche Ein-

---

764 Vgl. Hammer (2010), S. 11 f.

765 Vgl. Hammer/Champy (1994), S. 52 f. Der Begriff Prozess ist nicht gleichbedeutend mit dem Begriff Routine, sondern kann ebenfalls individuelle und kreative Abläufe bezeichnen.

766 Vgl. die Ausführungen zur Wertkette sowie Primär- und Sekundärprozessen in Kapitel 4.3.1 sowie Porter (2010), S. 67 ff. Relevant ist nicht der Empfänger einer Leistung, sondern die nutzenstiftende Leistung an sich, vgl. Hammer/Champy (1994), S. 52.

767 Vgl. Scholz/Vrohlings (1994a), S. 25 f.

768 Vgl. Scholz/Vrohlings (1994c), S. 100. Business Process Reengineering kann stets die beiden Ziele Prozesseffektivität und Prozesseffizienz verfolgen.

769 Vgl. Hallerbach/Bauer/Reichert (2010), S. 237–239.

heiten trotzdem das gleiche Ergebnis sicherstellen oder eben verschiedene Ergebnisvarianten auf vergleichbare Art und Weise realisieren.[770]

- *„Even a good process must be performed effectively.“* Neben der eigentlichen Definition eines effizienten Prozesses ist es entscheidend, dass dieser auch entsprechend der Definition ausgeführt wird. Eine Prozessdefinition muss deshalb auch die Ausführbarkeit berücksichtigen und die verantwortlichen Mitarbeiter einbeziehen, damit die definierte Leistung auch real in der gewünschten Qualität und Zeit erstellt wird.[771]
- *„Even a good process can be made better.“* Ein theoretisch geplanter Prozess kann im praktischen Einsatz weitere Ansätze für Verbesserungen zeigen, die zuvor nicht erkannt wurden. Die verantwortlichen Mitarbeiter müssen deshalb stets aufmerksam bleiben und mögliche Potenziale für weitere Verbesserungen untersuchen und ggf. heben.[772]
- *„Every good process eventually becomes a bad process.“* Jeder Prozess hängt von diversen Einflussfaktoren ab, die sich im Verlauf der Zeit ändern können. Solche Änderungen werden z. B. durch Kunden, Markt oder verfügbare Technologien ausgelöst. Das Ergebnis eines BPR-Projektes stellt also keine ultimative Lösung dar, sondern steht für neue Projekte genauso zur Debatte wie andere Prozesse.[773]

Business Process Reengineering bietet unter diesen Annahmen große Potenziale zur Prozessverbesserung. Der Ablauf entsprechender Projekte orientiert sich dabei stets an den gleichen Grundlagen, welche die Voraussetzungen für eine Verbesserung um Größenordnungen schaffen sollen.

5.2.2 Grundlagen zur Verbesserung um Größenordnungen

Trotz einer größeren Anzahl an Arbeiten, die sich mit Business Process Reengineering beschäftigen, gibt es einige konzeptionelle Gemeinsamkeiten, die als

---

[770] Der letztgenannte Aspekt ist vor allem für das in Kapitel 6.2 und Kapitel 10.1 vorgestellte Referenzmodell für BI-Prozesse relevant, in dem für verschiedene Informationstypen unterschiedliche Prozesse zum Einsatz kommen.

[771] Vgl. Clemmer (1994), S. 38; Hammer/Stanton (1995), S. 123 f.; Baumöl (2010), S. 493 ff.

[772] Vgl. Davenport (1993), S. 171–177. Dieser beschreibt die Notwendigkeit eines Kulturwandels, damit die notwendige Aufmerksamkeit für Verbes-serungspotenzale und Bereitschaft für weitere Veränderungen bei den Mitarbeitern entsteht. BUCHER/WINTER diskutieren, dass diese Annahme prinzipiell auch für Prozesse und Ansätze zur Methodenmodellierung gilt, Bucher/Winter (2006), S. 10 ff.; Bucher/Winter (2010), S. 94 ff. In diesem Fall ist es allerdings so, dass als Optimum ein Kompromiss zwischen einem generischen, auf spezielle Anwendungsfälle anpassbaren und einem speziellen, nicht wiederverwendbaren Prozess gefunden werden muss.

[773] Vgl. Clemmer (1994), S. 38; Hammer/Stanton (1995), S. 5.

Grundlagen von Business Process Reengineering bezeichnet werden können.[774] BULLINGER/WIEDMANN/NIEMEIER nennen als solche die fünf Punkte Prozessorientierung, Kundenorientierung, Qualitätsdenken, Effizienzsteigerung und die Dezentralisierung von Entscheidungs- und Kommunikationsstrukturen.[775] Das Fundament bildet das **Denken in Prozessen**. HAMMER/CHAMPY bezeichnen Unternehmensprozesse als *„Bündel von Aktivitäten, für das ein oder mehrere unterschiedliche Inputs benötigt werden und das für den Kunden ein Ergebnis von Wert erzeugt"*.[776] Die Konsequenz aus dem Prozessdenken ist eine Abkehr von der klassischen Aufgabenanalyse und -synthese und der Bildung spezialisierter Stellen in funktionalen Organisationsstrukturen, die nur einzelne Aufgaben ausführen können.[777] Stattdessen rücken bereichsübergreifende Geschäftsprozesse mit klar abgegrenzten Leistungsergebnissen für externe oder interne Kunden in den Fokus, die möglichst vollständig und ohne Unterbrechung von Mitarbeitern oder Teams bearbeitet werden.[778] In der Folge tritt die Struktur der vertikal, nach dem Verrichtungsprinzip gegliederten Funktionsbereichen, zu Gunsten der horizontal und funktionsübergreifend ablaufenden Prozesse in den Hintergrund.[779]

Neben dem Prozessdenken als Fundament kommt vor allem der **Kundenorientierung** im Business Process Reengineering eine entscheidende Bedeutung zu.[780] Analog zum ersten Prinzip von Lean Management werden Prozesse nach dem gestifteten Kundenutzen beurteilt. Dieser Nutzen wird nur durch die Prozessleistung als Ergebnis gestiftet, während die einzelnen Aktivitäten zur Leistungserstellung für Kunden keine Rolle spielen.[781] Prozessdenken auf der einen Seite und Kundenorientierung auf der anderen Seite sollen die Durchlaufzeit der Pro-

---

[774] Vgl. z. B. Hammer/Champy (1993); Hammer/Stanton (1995); Nippa/Picot (1995); Theuvsen (1996); Osterloh/Frost (2006); Schmelzer/Sesselmann (2008); Becker/Kugeler (2012); Gaitanides (2012).

[775] Vgl. Bullinger/Wiedmann/Niemeier (1995), S. 12. Andere Quellen nennen zwar noch andere Kernelemente, diese beziehen sich aber eher auf die formale Umsetzung in Unternehmen, vgl. Rosemann/Brocke vom (2010), S. 112 ff. Die formale Umsetzung kann sich dabei auf das Projekt-management eines BPR-Projektes und dessen Realisierung als Geschäftsprozess beziehen oder aber auch auf Business Process Management (BPM) als Erweiterung des BPR-Ansatzes.

[776] Hammer/Champy (1994), S. 52.

[777] Vgl. z. B. Schreyögg (2008), S. 93 ff. zur Aufgabenanalyse sowie S. 102 ff. zur Aufgabensynthese.

[778] Vgl. Davenport/Nohria (1994), S. 13 ff.; Theuvsen (1996), S. 71.

[779] Vgl. Gaitanides/Scholz/Vrohlings (1994), S. 11–13. GAITANIDES spricht auch von einem Paradigmenwechsel weg von „process follows structure" und hin zu „structure follows process", vgl. Gaitanides (2012), S. 52.

[780] Vgl. Hammer/Champy (1994), S. 30. Die Autoren heben diesen Punkt hervor und sagen *„Kunden übernehmen das Kommando"*.

[781] Vgl. Hammer (1997), S. 28.

zesse verkürzen sowie die **Qualität der Prozesse** und die **Prozessleistung** verbessern.[782] Entscheidend ist auch, dass die beteiligten Mitarbeiter zur Ausführung möglichst vollständiger Geschäftsprozesse im Auftrag eines Kunden über ausreichende Handlungsspielräume verfügen, um innerhalb des definierten Prozesses für den Kunden nutzenstiftende Akzente setzen zu können.[783] Dies ist insbesondere bei Dienstlei-stungsprozessen relevant. Business Process Reengineering gestaltet also nicht nur Geschäftsprozesse, die von einzelnen Mitarbeitern oder Teams möglichst vollständig ausgeführt werden können, sondern sorgt auch für eine **Dezentralisierung von Entscheidungs- und Kommunikationsstrukturen** in diesen Teams sowie einen Abbau von Hierarchieebenen.[784] Die Aufgaben übergeordneter, zentraler Einheiten verschieben sich entsprechend von einer Koordination der fachlichen Spezialisierung innerhalb eines Funktionsbereiches hin zur Steuerung eines optimalen Zusammenspiels der Geschäftsprozesse.[785] Die Dezentralisierung von Entscheidungsstrukturen folgt also dem Paradigma Entscheidungen dort zu treffen, wo sie am besten beurteilt werden können. Für einzelne Geschäftsprozesse ist dieser Ort in den Teams, die den Geschäftsprozess ausführen, sodass hier von Business Process Reengineering als Bottom-Up-Ansatz gesprochen werden kann. Die grundsätzliche Entscheidung Business Process Reengineering in einem Unternehmen durch- bzw. einzuführen, muss allerdings sowohl von oben vorgegeben als auch von oben gewollt werden.[786] Das Prozessdenken und die Kundenorientierung führen zu einer grundlegenden Analyse und Neugestaltung der Geschäftsprozesse einschließlich der entsprechenden Unternehmensorganisation. Solche Entscheidungen erfordern ein Top-Down-Vorgehen, um bestehende Strukturen auch aufbrechen zu können.[787] OSTERLOH/FROST nennen als Argumente für einen solchen Top-Down-Ansatz die fehlende Kenntnis der Zusammenhänge in den Wertschöpfungsketten, die eine

---

[782] Vgl. Gaitanides/Scholz/Vrohlings (1994), S. 18 f.; Scholz/Vrohlings (1994b), S. 58 ff.; Gaitanides (2012), S. 53. Kritische Stimmen nennen Business Process Reengineering „*a crude headcount reduction device, particularly in the USA*“, Jones/Hines/Rich (1997), S. 153.

[783] Vgl. Champy (1995), S. 131. Die Schaffung entsprechender Handlungsspielräume wird auch als Empowerment bezeichnet. Der Fokus liegt hierbei allerdings auf dem Kundennutzen und nicht auf der Motivation des Mitarbeiters wie bspw. beim Job-Enrichment, vgl. Pfohl (1997). Gleichwohl kann auch das Empowerment eine motivierende Wirkung auf die Mitarbeiter haben und ermöglicht diesen eine direkte Abschätzung der eigenen Handlungen auf die Prozessleistung, vgl. Gaitanides (2012), S. 54. Dieser Zusammenhang kann auch die Basis für eine leistungsbezogene Entlohnung bilden.

[784] Vgl. Theuvsen (1996), S. 69 f. Auch an dieser Stelle gibt es deutliche Parallelen zum Lean Management, das ebenfalls teilautonome Gruppen für einzelne Produktionsprozesse bildet, vgl. Mann (2010), S. 25 f. sowie zu Führungsaufgaben im Lean Management S. 37 ff.

[785] Vgl. Davenport (1993), S. 177 ff.; Kirchmer (2010), S. 40–43.

[786] Vgl. Gaitanides (2012), S. 59 ff.

[787] Vgl. Hammer/Champy (1994), S. 207.

Voraussetzung für die Definition entsprechender Geschäftsprozesse darstellt, die fehlende Entscheidungsbefugnis, funktionsübergreifende Veränderungen durchzusetzen und mögliche In-teressenkonflikte durch Eigeninteressen in Bezug auf die Neugestaltung eigener Verantwortungsbereiche auf den unteren und mittleren Managementebenen.[788] Zusammenfassend bietet Business Process Reengineering, ebenso wie Lean Management, einen umfassenden Ansatz zur Gestaltung effizienter BI-Prozesse. Im folgenden Kapitel sollen relevante Ansätze aus beiden Konzepten herausgearbeitet werden, die auf die Gestaltung von BI-Prozessen angewendet werden können.

5.3 Ansätze zur Gestaltung effizienter Prozesse

Business Intelligence wurde als Prozess zur Entscheidungsunterstützung definiert, der Entscheidern mittels methodischer Datenanalysen Informationen als Antworten auf formulierte Informationsbedarfe liefert (vgl. Kapitel 3.2.5). Diese Definition weist damit in zentralen Punkten Schnittmengen mit Lean Management und mit Business Process Reengineering auf. Beides sind prozessorientierte Ansätze mit einem klaren Fokus auf dem Kundennutzen und eignen sich damit grundsätzlich zur Gestaltung von BI-Prozessen.[789] Ein Vergleich der konkreten Eignung von Lean Management und Business Process Reengineering fällt allerdings nicht eindeutig aus. Beide Ansätze werden in der Literatur im Zusammenhang mit der Gestaltung effektiver und effizienter Prozesse genannt. PETERSEN/SCHWEITZER bezeichnen beide als ganzheitliche Ansätze und ziehen diverse Parallelen.[790] Im Gegensatz dazu bezeichnen JONES/HINES/RICH Business Process Reengineering als gescheiterten Partialansatz, dessen Ziele durch Lean Management besser erreicht werden.[791] Vor allem wird Business Process Reengineering wegen seines Zieles von „*Verbesserungen um Größenordnungen*" kritisiert.[792] Dem widerspricht unter anderen LINK mit seiner Darstellung von Business Process Reengineering als ganzheitlichem Geschäftsprozessmanagement.[793] Dieses ergänzt Business Process Reengineering z. B. um den Ansatz kontinuierlicher Verbesserung als Ergänzung zur radikalen Veränderung. Ein Nachteil von Lean Ma-

---

788 Vgl. Osterloh/Frost (2006), S. 249 ff.

789 Der Nutzen von BI-Prozessen bemisst sich an dem durch die bereitgestellte Information gestifteten Nutzen für den Entscheider, vgl. Kapitel 4.3.4. Die Gestaltung effizienter BI-Prozesse (vgl. Kapitel 4.3.5) ist damit per Definition prozess- und kundenorientiert.

790 Vgl. Petersen/Schweitzer (2008), S. 5.

791 Vgl. Jones/Hines/Rich (1997), S. 154. Diese sprechen in Zusammenhang mit Lean Management von einem Managementparadigma oder auch einer Philosophie, während sie Business Process Reengineering nicht als ganzheitlichen Ansatz betrachten.

792 Vgl. Hammer/Champy (1994), S. 50.

793 Vgl. Link (2013), S. 63 ff.

nagement ist dessen primäre Anwendung in der physischen Primärgüterproduktion. MANN stellt aber fest, dass auch Lean Management weiterentwickelt und für die Anwendung in Verwaltungsprozessen nutzbar gemacht wurde.[794] Dort besteht allerdings nach wie vor die Herausforderung, dass die Prozesse nicht direkt sichtbar sind und deshalb weder die kundennutzenstiftenden Aktivitäten noch Verschwendung einfach erfasst werden können. Alles in allem liegen die beiden Ansätze doch sehr nah beieinander. So spricht auch JONES im Kontext von Lean Management von schlanker Prozessorganisation, Optimierung vollständiger Prozesse statt maximaler Auslastung einzelner Maschinen und Übertragung von Verantwortung in Prozessteams.[795] Abschließend kann deshalb festgehalten werden, dass nicht Lean Management oder Business Process Reengineering die besseren Ansätze liefern, sondern dass sowohl Lean Management als auch Business Process Reengineering wichtige Grundlagen zur Gestaltung effizienter BI-Prozesse beisteuern.[796] In den folgenden Unterkapiteln werden vier solcher Grundlagen – Standards, Modularisierung, Aufschieben und kontinuierliche Verbesserung – erläutert.

5.3.1 Standardisierung als Voraussetzung für die Maximierung des Kundennutzens

Der Prozessstandardisierung wird in beiden Konzepten ein hoher Stellenwert beigemessen. Dafür werden mehrere Gründe genannt, die letztlich aber alle auf eine Maximierung des Kundenutzens zielen.[797] So bildet ein Standard die Voraussetzung dafür, einen Prozess sicht- und erfassbar zu machen. Streng genommen kann sogar erst von einem Prozess gesprochen werden, wenn ein Standard den Input, den Output und die Abfolge der Aktivitäten definiert.[798] Ein sol-

---

[794] Vgl. Mann (2010), S. 105 ff.

[795] Vgl. Jones (1994), S. 143–145.

[796] Vgl. Clemmer (1994), S. 38. In einer empirischen Studie können ALBADVI/KERAMATI/RAZMI allgemein zeigen, dass die strukturierte Gestaltung von Prozessen mittels Business Process Reengineering und die entsprechende Abstimmung mit der Informationstechnologie wichtige Voraussetzungen für eine positive Wirkung der Informationsverarbeitung auf den Unternehmenserfolg darstellen, vgl. Albadvi/Keramati/Razmi (2007), S. 2728.

[797] Im Lean Management wird dies als Beseitigung von Verschwendung (vgl. Kapitel 5.1.1) und im Business Process Reengineering als Kundenorientierung (vgl. Kapitel 5.2.25.2.2) bezeichnet.

[798] HAMMER/CHAMPY sprechen zwar von Unternehmensprozessen als Bündel von Aktivitäten, die einen Wert für Kunden schaffen, vgl. Hammer/Champy (1994), S. 52. Sie verweisen allerdings auch auf den notwendigen Input, aus dem der Kundenwert geschaffen wird. Andere Autoren haben ein engeres Prozessverständnis und sprechen von definiertem Input, definiertem Output und einer strukturierten Reihenfolge von Aktivitäten, vgl. Osterloh/Frost (2006), S. 33. Ähnlich beschreibet DAVENPORT Prozesse auch als *„structure for action“*, Davenport (1993), S. 5.

cher Standard fördert in zweierlei Hinsicht die Maximierung des Kundennutzens. Zum einen ermöglicht der definierte Output einen Abgleich mit dem Kundenwunsch und dient dementsprechend der Effektivitätssicherung des Prozesses. Zum zweiten kann durch die definierte Abfolge der Aktivitäten beurteilt werden, ob eine Aktivität als Verschwendung zu werten ist oder ob sie einen Beitrag zum Kundennutzen liefert.[799] Standards bilden deshalb auch eine wichtige Voraussetzung um Verbesserungen entwickeln und umsetzen zu können und unterstützen somit Effizienzsteigerungen der Prozesse.[800] JONES fordert in diesem Zusammenhang bei der Optimierung stets ganze Prozesse zu betrachten und nicht einzelne, insbesondere technische Aspekte herauszugreifen und diese isoliert zu optimieren.[801] CLEMMER ergänzt, dass es außerdem notwendig ist, die Optimierung durch einen Blick von außen zu unterstützen, weil sonst die Gefahr einer Optimierung um die Optimierenden herum besteht und somit der etablierte Prozess unverändert bestehen bleibt.[802]

Für die Gestaltung möglichst kundenorientierter Prozessstandards wird außerdem empfohlen, Prozesse rückwärts, d. h. vom Kundenwunsch ausgehend, zu entwickeln. Dieses Vorgehen sichert eine maximale Effektivität, weil vorgelagerte Prozessschritte nur die Leistung erbringen müssen, die der nachfolgende Prozessschritt als Input verlangt.[803] Eine weitere Steigerung der Kundenorientierung und Steigerung der Effizienz soll weiterhin durch eine Umsetzung des gleichen Vorgehens bei der Prozessausführung erreicht werden, d. h. Prozesse sollen als nachfrageorientierte Prozesse gestaltet werden, deren Ausführung durch eine konkrete Kundennachfrage ausgelöst wird (Pull-Prozesse). Dies führt zu einer ultimativen Kundenorientierung, weil nur das in Art (Effektivität) und Menge

---

799 Vgl. Mann (2010), S. 111.

800 Vgl. Chartrin/Bensemhoun (2011), S. 105. Der Optimierungsansatz von Lean Management greift zur vereinfachenden Bewertung auf nicht-monetäre Messgrößen wie Qualität und Zeit zurück, vgl. Petersen/Schweitzer (2008), S. 7. Anschließend zielen Verbesserungsmaßnahmen auf eine Steigerung der Qualität und Reduktion der Zeit bei gleichbleibendem Prozessergebnis. Damit entspricht das grundsätzliche Optimierungsverständnis von Lean Management dem in Kapitel 4.3.5 beschriebenen Ansatz zur Effizienzsteigerung für BI-Prozesse.

801 Vgl. Jones (1994), S. 143–145. FULD weist außerdem darauf hin, dass bei der Gestaltung und Optimierung vollständiger BI-Prozesse nicht primär auf die technischen Lösungen und verfügbaren Instrumente geschaut werden darf, sondern dass die Informationsbedarfe der Entscheider im Mittelpunkt von Business Intelligence stehen sollten und die im BI-Prozess beteiligten Mitarbeiter die Möglichkeiten und Fähigkeiten haben müssen, diese Informationsnachfragen zu bearbeiten, vgl. Fuld (1991), S. 17.

802 Vgl. Clemmer (1994), S. 38.

803 Vgl. Erlach (2007), S. 35 und S. 112 ff. Der folgende Prozessschritt kann so stets als „Kunde" und dessen Input als „Kundenwunsch" betrachtet werden.

(Effizienz) bereitgestellt wird, was von Kunden konkret nachgefragt wird.[804] Der in Kapitel 4.2.2 skizzierte BI-Prozess, der von der Kundennachfrage ausgehend den Informationsbedarf klärt, anschließend die notwendigen Daten erhebt, diese zu Informationen aufbereitet und abschließend bereitstellt, entspricht vom Prinzip diesem Vorgehen.[805] Standardisierung bietet darüber hinaus in Kombination mit der nachfrageorientierten Gestaltung von Prozessen auch Ansätze zur Modularisierung. Durch eine rückwärtige Planung der einzelnen Prozessschritte kann für jeden Prozessschritt identifiziert werden, welcher Input notwendig ist. Wenn dieser mit dem Output eines bereits vorhandenen Teilprozesses oder einem Teil dessen übereinstimmt, wäre die Grundlage zur Definition eines Prozessmoduls gegeben.[806]

5.3.2 Variation der Fertigungstiefe zur Bildung unterschiedlicher Prozessvarianten

Viele Produkte und Dienstleistungen desselben Unternehmens weisen in Teilen starke Ähnlichkeit auf und nutzen gleiche Vorleistungen. Solche Vorleistungen werden insbesondere in der industriellen Produktion als Module definiert und sind i. d. R. hoch standardisiert. Mehrere Module können ähnlich einem Baukasten zusammengesetzt werden und bilden eine Basis, die anschließend durch zusätzliche Produktionsschritte und Dienstleistungen ergänzt werden kann, um unterschiedliche Enderzeugnisse zu erhalten.[807] Ein solches Vorgehen ermöglicht es bei der Entwicklung eines neuen oder veränderten Angebots nicht bei Null anfangen zu müssen, sondern bestehende Vorprodukte weiter zu verwenden. Wegen des hohen Standardisierungsgrads der Module ist es außerdem nicht notwendig, diese als Eigenleistungen innerhalb des Produktionsprozesses für das Endprodukt zu erzeugen. Vielmehr können solch standardisierte Vorprodukte

---

804 Vgl. Venegas (2007), S. 49 f. Auch nachfrageorientierte Prozesse müssen als vollständige Prozesse betrachtet werden. Pull-Prozesse erzeugen aber wegen der Nachfrageorientierung per Definition keine Überproduktion (Verschwendung) und dienen damit der Optimierung, vgl. Jones (1994), S. 143–145. Jones nennt Pull-Prozesse auch im Zusammenhang mit Optimierung.

805 Ackoff kritisiert unter anderem die nicht zielorientierte Bereitstellung von Informationen für Entscheider, vgl. Ackoff (1967), S. B148 f.

806 Der Unterschied bei einer rückwärtigen Gestaltung von Prozessen besteht darin, dass stets vom Notwendigen ausgegangen wird und nicht vom Möglichen. Bei der Gestaltung eines Prozesses entsprechend seines Ablaufes ergeben sich i. d. R. diverse Optionen für Varianten und Erweiterungen, die aber nicht notwendig sind und im Sinne des Kundenwunsches eine Verschwendung darstellen. Solche Erweiterungen werden zwar unter Umständen von den Kunden genauso gut angenommen, bieten aber meist keinen zusätzlichen Nutzen, sodass aus Perspektive der Kunden der Wert nicht steigt.

807 Vgl. Lampel/Mintzberg (1996), S. 23 f.

auch zentral erzeugt oder sogar fremd bezogen werden.[808] Ziel einer solchen Modularisierung ist auf der einen Seite die Wieder- bzw. Mehrfachverwendung von Vorprodukten und Potenzialfaktoren sowie auf der anderen Seite eine Reduktion der Fertigungstiefe und damit eine Erhöhung des Wertschöpfungsanteils aus Kundensicht.[809] Auch wenn die Bildung von Modulen und eine damit einhergehende Reduktion der Fertigungstiefe eher in der physischen Produktion anzutreffen sind, ist es möglich, das gleiche Vorgehen auf Prozesse im Allgemeinen zu übertragen. Hierzu ist es lediglich notwendig, wie im vorherigen Kapitel beschrieben, die Prozesse zu formalisieren, zu standardisieren und Gemeinsamkeiten herauszuarbeiten, die ein Potenzial zur Modulbildung bieten.[810] Dies stellt allerdings insbesondere in administrativen Prozessen und Sekundärprozessen eine Herausforderung dar, weil diese i. d. R. eine höhere Varianz aufweisen und die beteiligten Mitarbeiter in geringerem Maße für die Leistungserstellung sowie den eigentlichen Leistungserstellungsprozess verantwortlich sind als bspw. in physischen Produktionsbereichen.[811] Und „*wide variation in method and sequence among people in same jobs doing similar tasks results in variable quality and*

---

808 Hoch standardisierte Module, die für die Erzeugung verschiedener Endprodukte genutzt werden, erzeugen häufig ein ausreichend großes Volumen, sodass diese von spezialisierten Zulieferern bezogen werden können und damit niedrigere Kosten verursachen als eine Eigenfertigung. Überlegungen zur Eigenfertigung oder zum Fremdbezug werden auch als Make-or-Buy-Entscheidungen bezeichnet, vgl. z. B. Gallus (2011), S. 45 f. Insbesondere in sehr variantenreichen Produktionen wie z. B. der Automobilproduktion werden große Anteile von Zulieferern bezogen, vgl. Krcal (2008), S. 788 f.

809 Vgl. Petersen/Schweitzer (2007), S. 24. Als Fertigungstiefe wird der Anteil der Leistungserstellung an der insgesamt zu erbringenden Leistung für ein Produkt bezeichnet, vgl. Ihde (1988), S. 14. Die Fremdvergabe einzelner Teile führt somit auch zu einem Zukauf externer Leistungen und einer Reduktion der Eigenleistung. In einigen Industrien, wie z. B. der deutschen Automobilindustrie, beläuft sich die Fertigungstiefe der Automobilhersteller auf lediglich 10-25%, vgl. Kretschmer (2005), S. 82. Eine Fremdvergabe und Reduktion der Fertigungstiefe führt i. d. R. aber zu einem höheren Wertschöpfungsanteil und niedrigerer Verschwendung aus Sicht der Kunden, weil die ausgelagerten, standardisierten Leistungen von spezialisierten Unternehmen erbracht werden, die durch *Economies of Scope* und *Economies of Scale* gleiche Leistungen mit niedrigeren Aufwänden erstellen können, vgl. Milgrom/Roberts (1992), S. 553 ff. Diese Argumentation lässt sich auch theoretisch mit der Ressourcentheorie begründen, vgl. Kapitel 7.1.1 und außerdem für Grundlagen Wernerfelt (1989); Barney (1991a); Grant (1991); sowie für konkrete Argumentationen zur Fertigungstiefe Braun (2003), S. 45; Arnold (2004), S. 1 ff.

810 Vgl. Venegas (2007), S. 40–42. Standardisierung ist kein Hinderungsgrund für kreative und innovative Lösungen, vgl. ebenda, S. 45. Jeder Standard kann verändert werden. Außerdem schafft Standardisierung erst die notwendige Transparenz für alle Beteiligten, um Verbesserungsvorschläge einbringen zu können. Eine Methode, die dabei unterstützen kann ist z. B. 5S, vgl. Syska (2006), S. 16 f.

811 Vgl. Mann (2010), S. 107. Die hohe Varianz wird damit begründet, dass Spezialwissen notwendig ist und es sich um nicht änderbare Spezialistentätigkeiten handelt, obwohl vielfach individuelle Angewohnheiten Ursachen für Varianzen sind.

productivity".[812] Dass aber auch viele administrative Prozesse standardisierbar sind, zeigt sich an den Möglichkeit zur Transaktionsautomatisierung durch Anwendungssysteme wie z. B. ERP-Systeme. Vielmehr ist es sogar so, dass gerade in Prozessen ohne physische Gütertransformation erhebliche Modularisierungspotenziale bestehen, weil keine physischen Bewegungen stattfinden und somit gleiche und ähnliche Aktivitäten viel stärker zusammengefasst werden können.[813] In Bezug auf BI-Prozesse kommt noch hinzu, dass Informationen als Vorprodukte beliebig oft verwendet und kopiert werden können, ohne dadurch zusätzliche Aufwände zu erzeugen.

Die Herausforderungen bei der Modularisierung von BI-Prozessen sind also nicht direkt vergleichbar mit denen der Dienstleistungsmodularisierung, weil Kapazitätsrestriktionen im Prinzip nur für manuelle Tätigkeiten gelten und in BI-Prozessen durch entsprechende Instrumente stark automatisiert werden können.[814] Herausforderungen bestehen eher darin, eine optimale Lösung im Spannungsfeld zwischen Standardisierung (definierte und standardisierte Informationen) und Individualisierung (möglichst exakte Befriedigung des Informationsbedarfs eines Entscheiders) auf der einen Seite sowie zwischen Automatisierung (niedrige variable Kosten/Stückkosten) und manueller Arbeit (hohe variable Kosten/Stückkosten) auf der anderen Seite zu bestimmen.[815] Diese Überlegungen sind eher mit Ansätzen zur Anwendungssystementwicklung vergleichbar, die auf bestehende Standardlösungen aufsetzen sowie manuelle und individualisierende Anteile ergänzen.[816] Standardisierung und Modularisierung sollen also weder Innovationen noch kreative Lösungen verhindern, sie dienen vielmehr dazu, solche Lösungen möglichst effizient zu realisieren, indem Bestehendes kopiert, weiterverwendet und ergänzt wird.[817] In Bezug auf Business Intelligence kann dies z. B. durch standardisierte Kennzahlen und Kennzahlenhierarchien,

---

812 Mann (2010), S. 108.

813 Vgl. Gaitanides (2012), S. 163 f. Insbesondere die Verarbeitung von Informationen erfordert nur dann eine räumliche Bindung, wenn z. B. Kundenkontakte stattfinden. Andernfalls ist die Informationsverarbeitung räumlich unabhängig.

814 Vgl. Corsten/Dresch/Gössinger (2007), S. 97 ff. Auch IT-Systeme unterliegen Kapazitätsbeschränkungen. Diese sollen aber zunächst nicht berücksichtigt werden, weil im Falle einer Modularisierung Vorprodukte als Informationen wiederverwendet werden. Und ein bloßes Zugreifen und Kopieren ist mit vernachlässigbarer Rechenkapazität möglich.

815 Insbesondere Instrumente sollten so gestaltet werden, dass sie weniger speziell sind und universeller genutzt werden können, vgl. Petersen/Schweitzer (2007), S. 24.

816 Vgl. Ortner (2005), S. 44–51, insbesondere die Abbildung auf S. 45.

817 Vgl. Louis (2007), S. 39 ff.; Venegas (2007), S. 45. Die Nutzung und Anpassung von Modulen zur Befriedigung individueller Kundenwünsche, um effiziente Produktionsprozesse mit hohen Volumen zu realisieren, wird auch als *Mass Customization* bezeichnet, vgl. Pine (1993), S. 24; Lampel/Mintzberg (1996), S. 25 f.; Pine (1999), S. 7 ff.

standardisierte Grafiken und Berichte oder einheitlich verwendete Instrumente zur Analyse und Bereitstellung erfolgen.[818] Für eine solche Modularisierung ist es aber zwingend notwendig, Abhängigkeiten zu Modulen transparent zu halten, sodass bei einer Veränderung eines Moduls (z. B. aufgrund einer Innovation) sämtliche Auswirkungen auf nachfolgende Prozesse im Vorfeld ermittelt und berücksichtigt werden können.[819]

Analog zu physischen Produktionsprozessen müssen auch in Sekundärprozessen entsprechend standardisierte Module nicht innerhalb des jeweiligen Leistungserstellungsprozesses in Eigenleistungen erzeugt werden, sondern es besteht ebenfalls die Möglichkeit, diese zentral auszuführen oder sogar die jeweilige Standardleistung extern zu beziehen.[820] GAITANIDES greift zur Beurteilung der Möglichkeiten eines Fremdbezugs (*Make or Buy*) auf die Ansätze der Transaktionskostentheorie zurück.[821] Diese Theorie hilft, die Vorteile und Nachteile verschiedener organisatorischer Alternativen für eine Leistungsbeziehung (z. B. Eigenfertigung oder Fremdvergabe) mittels der entstehenden Transaktionskosten zu bewerten, sodass eine *Make-or-Buy*-Entscheidung nicht nur auf Basis eines Vergleiches der direkten Stückkosten getroffen wird, sondern auch die Kosten für die vertragliche Absicherung einer Zusammenarbeit (z. B. notwendige Regelungen zur Minimierung des Risikos und Sicherung der vereinbarten Leistungen) mit einbezogen werden (vgl. Kapitel 7.1). Transaktionskosten entstehen in jeder Leistungsbeziehung. Ziel einer Transaktionskostenbewertung ist die Identifikation der effizienten Organisationsform für eine zu untersuchende Leistungsbeziehung. Für die Gestaltung von Sekundärprozessen gibt es eine Reihe möglicher organisatorischer Umsetzungen zwischen einer reinen Eigenfertigung und einem reinen Fremdbezug am freien Markt.[822] Eine nähere Betrachtung solcher Mischformen ist für den weiteren Verlauf dieser Arbeit allerdings nicht relevant. Nach-

---

818 SKYRIUS/KAZAKEVI IEN /BUJAUSKAS gehen noch weiter und schreiben, dass „*the reuse of experience and competence information is one of the most important functions in the process chains of BI and DS*“, Skyrius/Kazakevičienė/Bujauskas (2013a), S. 35.

819 Für Ansätze zur Überwachung bestehender Abhängigkeiten und für ein kontinuierliches Prozessmanagement vgl. Fischer (2013), S. 121 ff.; Link (2013), S. 93 ff.

820 Vgl. Dressler (2007), S. 9 ff.

821 Vgl. Gaitanides (2012), S. 267 ff. Für weitere Ansätze zur Organisation von Geschäftsprozessen vgl. außerdem Marighetti/Herrmann/Hänsler (2001), S. 15.

822 Vgl. Dittrich/Braun (2004), S. 78 ff. Dort werden allgemein verschiedene Organisationsformen unterschieden und vorgestellt, die für die Ausführung von Prozessen im allgemeinen möglich sind. Gerade für nicht-physische Prozesse gibt es Varianten, die in der physischen Produktion nicht funktionieren, weshalb die vorgestellten Organisationsformen über die von WILLIAMSON im Kontinuum zwischen Markt und Hierarchie unterschiedenen hinausgehen, vgl. Williamson (1985), S. 68 ff. Vgl. außerdem zur Transaktionskostentheorie im allgemeinen Kapitel 7.1.

folgend sollen stattdessen, als weiterer Ansatz aus Lean Management und Business Process Reengineering, die Möglichkeiten zum Aufschieben von Prozessindividualisierungen betrachtet werden, um so auch bei vielen Varianten die Komplexität zu reduzieren.

5.3.3 Aufschieben der Prozessindividualisierung zur Reduktion der Variantenvielfalt

Das Aufschieben einer Prozessindividualisierung ist eine konsequente Erweiterung zur Modularisierung.[823] Während bei der Modularisierung aus gleichen Teilen oder Prozessen bestehende standardisierte Module gebildet werden, die in verschiedenen Varianten ähnlicher Produkte oder Prozesse genutzt werden können, wird beim Aufschieben versucht, den Gesamtaufbau unterschiedlicher Produkt- und Prozessvarianten so zu gestalten, dass diese möglichst lange identisch sind und dass erst möglichst spät durch individualisierte Schritte die unterschiedlichen Varianten gebildet werden.[824] Auf diese Art und Weise kann die Komplexität in den anfänglichen Wertschöpfungsschritten durch eine geringe Variantenzahl niedrig gehalten werden. Erst gegen Ende der Wertschöpfungsketten steigt die Komplexität mit der Ausdifferenzierung der unterschiedlichen Varianten.[825] In diesem Zusammenhang kann auch ein so genannter Entkopplungspunkt gesetzt werden (vgl. Abbildung 32).

Ein Entkopplungspunkt teilt einen Prozess in zwei Teile, für die unterschiedliche Fertigungsstrategien bzw. Prozessansätze genutzt werden.[826] Auf die Entscheidung zur Positionierung eines Entkopplungspunktes gibt es eine ganze Reihe von

---

[823] Vgl. Töpfer (2007), S. 769–773.

[824] Vgl. Lampel/Mintzberg (1996), S. 24 ff.; Waller/Dabholkar/Gentry (2000), S. 135 ff.; Pfohl (2004), S. 122 f.

[825] Typische Industrien mit stark wachsender Variantenanzahl sind z. B. Textil- und Automobilindustrie. Diese weisen in einem Varianzdiagramm über die Wertschöpfungsstufen einen stark aufgefächerten, V-förmigen Verlauf auf, vgl. Jones/Hines/Rich (1997), S. 164. Das Komplexitätswachstum gegen Ende der Wertschöpfungsketten kann sowohl innerhalb eines Unternehmens als auch über Unternehmensgrenzen hinweg und innerhalb einer Supply Chain stattfinden, vgl. Hines/Rich (1997), S. 53 f. In jedem Fall führt eine geringere Komplexität dazu, dass weniger Abhängigkeiten berücksichtigt werden müssen und sich die Planung der Leistungserstellungsprozesse vereinfacht.

[826] Vgl. Olhager (2003), S. 320. In physischen Produktionsprozessen findet vor dem Entkopplungspunkt häufig eine Lagerproduktion (*Make-to-Stock*) statt, während der Teilprozess nach dem Entkopplungspunkt rein auftragsbasiert ausgeführt wird (*Make-to-Order*). Darüber hinaus sind noch andere Produktionsstrategien zwischen *Buy-to-Order* und *Ship-to-Stock* möglich, vgl. Mason-Jones/Naylor/Towill (2000), S. 56 f.

Einflussfaktoren.[827] Ein Einflussfaktor ist beispielsweise der Standardisierungsgrad, der bei Nutzung von Modulen bis zur Individualisierung sehr hoch ist.[828] Standardisierte Module können effizient automatisiert erzeugt werden, während eine hohe Varianz nach einer Individualisierung eher effizient manuell bearbeitet werden kann.[829] Der Entkopplungspunkt müsste in Abhängigkeit des Standardisierungsgrades vor dem Prozessschritt gesetzt werden, ab dem spätestens mehrere Produkt- und Prozessvarianten durch Individualisierungen entstehen. Außerdem kann die Nachfrage für standardisierte Module aufgrund von Ausgleichseffekten mit geringen Abweichungen prognostiziert werden, während eine Prognose bei einer größeren Anzahl von Varianten nicht ohne Sicherheitsbestände möglich ist. In vielen Fällen ist es deshalb sinnvoll, die automatisierten Prozesse vor dem Entkopplungspunkt prognosebasiert auszuführen (Push-Prozesse) und die anschließenden manuellen Prozesse nur nachfrageorientiert und auftragsabhängig (Pull-Prozesse) durchzuführen.[830]

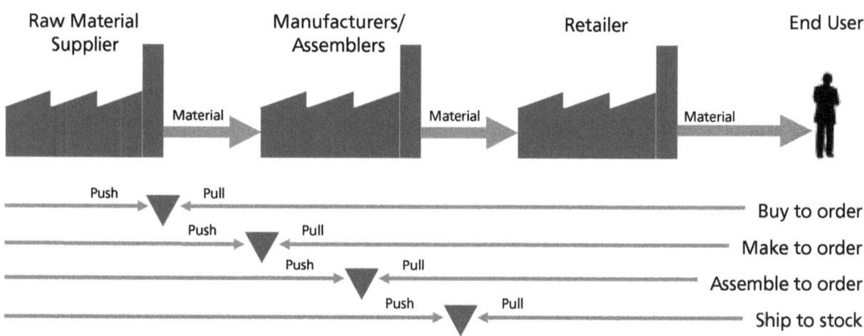

Abbildung 32: Entkopplungspunkte in einer Supply Chain zur Differenzierung unterschiedlicher Produktionsplanungs- und Distributionsansätze.
(Quelle: in Anlehnung an Hoekstra/Romme (1992), S. 7.)

---

827 Vgl. Pagh/Cooper (1998), S. 22 ff.; Mason-Jones/Naylor/Towill (2000), S. 56; Donk van (2001), S. 301 f.

828 Vgl. hierzu auch Abbildung 36 auf Seite 124.

829 Vgl. Corsten (2000), S. 5 f. Die hohen Investitionen in eine Automatisierung führen zu hohen Fixkosten. Bei hohen Stückzahlen sind die entsprechenden Gemeinkosten durch die Fixkostenumlage aber geringer als die variablen Kosten durch manuelle Arbeit. Bei niedrigen Stückzahlen ist die Argumentation entsprechend umgekehrt, vgl. Töpfer (2007), S. 769; Dürr/Göx/Heller (2008), S. 814 f.; Hoberg (2009), S. 176.

830 Vgl. Olhager (2003), S. 324. Einschränkend muss aber auf jeden Fall die Durchlaufzeit für die Prozesse nach dem Entkopplungspunkt berücksichtigt werden. Nur wenn diese kürzer ist als die von Kunden verlangte Lieferzeit, ist es möglich, den Prozessteil nach dem Entkopplungspunkt nachfragorientiert zu gestalten, vgl. Waller/Dabholkar/Gentry (2000), S. 141 ff.

Vergleichbare Überlegungen lassen sich auch für BI-Prozesse anstellen. BI-Prozesse weisen zwar eine große Bandbreite konkreter Ausprägungen zwischen nahezu unstrukturierten Individualprozessen, die je nach Frage des Entscheiders anders ausgeführt werden und vollständig automatisierten, transaktionsbasierten Standardprozessen auf.[831] Trotzdem gibt es eine Menge bestimmter Informationen wie z. B. standardisierte Kennzahlen oder Berichte, die immer wieder und in ähnlicher Form aus den gleichen Datenquellen aufbereitet werden. Der Verlauf eines Varianzdiagramms für BI-Prozesse hat dabei die Form eines X (vgl. Abbildung 33).[832] Sehr viele Daten aus unterschiedlichen unternehmensinternen und -externen Datenquellen werden zu einer kleinen Menge Informationen aufbereitet, die einen für Menschen erfassbaren Umfang haben. Dies geschieht i. d. R. durch Konsolidierung und Aggregation zu einer begrenzten Menge standardisierter Kennzahlen. Für verschiedene Entscheider in unterschiedlichen Funktionen werden diese Informationen zur Informationsbedarfsdeckung allerdings i. d. R. nochmals nach bestimmten, für die jeweilige Funktion relevanten Perspektiven und Gesichtspunkten differenziert, um z. B. Zusammenhänge für bestimmte Bereiche, Produkte oder Länder darstellen zu können. Insbesondere die Entscheidungsunterstützung für die Vorstandsebene muss sehr viele unterschiedliche Fragestellungen beantworten können, was nicht über ein einzelnes, standardisiertes und alles umfassendes IT-System möglich ist, sondern Erläuterungen und Kommentare durch Spezialisten erfordert.[833]

BI-Prozesse weisen also eine hohe Varianz in den ersten und den letzten Prozessschritten auf, während im Mittelteil eine geringere Varianz und ein höherer Standardisierungsgrad existieren. Ein Aufschieben in BI-Prozessen würde also bedeuten, möglichst viele Themen durch standardisierte Module wie z. B. Kennzahlen und Berichte abzudecken, diese möglichst lange zu nutzen und sie erst so spät wie möglich in Hinblick auf die spezifischen Perspektiven der Entscheider anzupassen. Außerdem kann ein Entkopplungspunkt z. B. in Abhängigkeit vom Standardisierungsgrad und der Häufigkeit der Nachfrage nach einer Information so gesetzt werden, dass ein optimales Verhältnis zwischen automatischer Bereitstellung der standardisierten Module (Push-Prozesse) und nachfrageorientierten, manuellen Aktivitäten (Pull-Prozesse) entsteht.[834] Die Einführung eines Entkopp-

---

[831] Vgl. Davenport (1993), S. 77 ff.; Stroh/Winter/Wortmann (2011), S. 37.

[832] Vgl. Olhager/Wikner (1998), S. 10 f.

[833] Vgl. Davenport (1993), S. 81.

[834] Eine Prognose der automatischen Bereitstellung erfolgt bereits durch die Definition eines Standards. Bei der Bereitstellung von Informationen ist eine vergleichbare Betrachtung wie in der physischen Produktion nicht relevant, weil es im Prinzip weder eine Überproduktion noch eine Unterproduktion gibt, denn einmal bereitgestellte Informationen können ohne Qualitätsverlust beliebig oft kopiert werden. Somit hätte eine Prognose nur die Ausprägun-

lungspunktes in BI-Prozessen führt damit zum einen zu einer Reduktion der Variantenvielfalt und kann gleichzeitig die Effizienz durch ein optimales Verhältnis von Automatisierung und manuellen Aktivitäten steigern.[835]

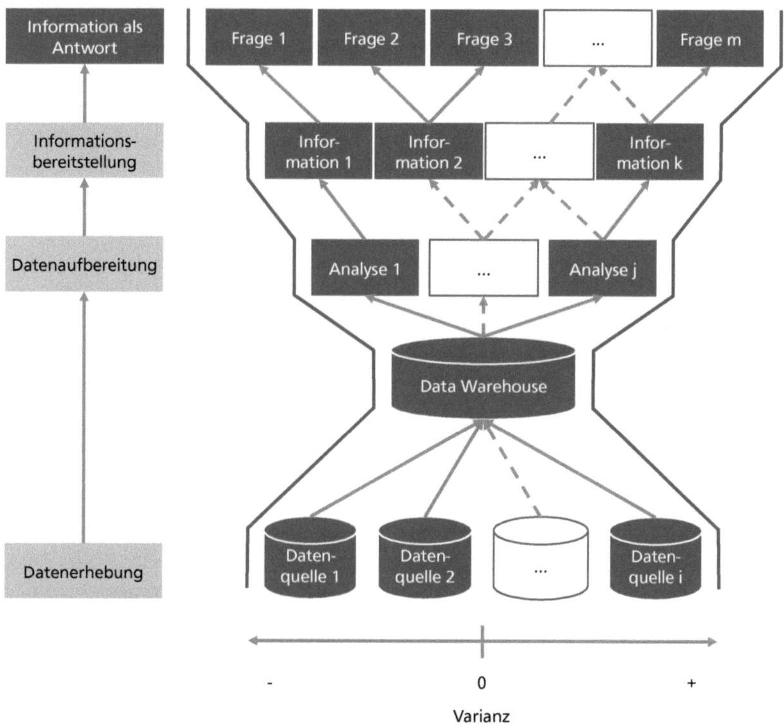

Abbildung 33: Idealisierter Varianzverlauf in BI-Prozessen. (Quelle: in Anlehnung an Jones/Hines/Rich (1997), S. 164; Olhager/Wikner (1998), S. 10f; Mertens (2002), S. 67.)

Zur optimalen Positionierung des Entkopplungspunktes sind folgende Überlegungen hilfreich: Die manuellen Tätigkeiten dienen dazu, die individuellen Informationsbedarfe eines Entscheiders durch eine Anpassung der Informationen für seine Perspektive zu befriedigen. Die Ausführung der manuellen Tätigkeiten

gen ja (bereitstellen) und nein (nicht bereitstellen), was ebenfalls durch die Definition oder Nicht-Definition eines Standards repräsentiert wird.

[835] Vgl. Lampel/Mintzberg (1996), S. 24 ff.; Jones/Hines/Rich (1997), S. 167–169; Pfohl (2004), S. 122–126.

erfordert damit aber auch ausreichend Wissen über die jeweilige Perspektive, was für eine dezentrale Ausführung (Eigenfertigung im jeweiligen Funktionsbereich des Entscheiders) und Spezialisierung auf die jeweilige Perspektive spricht. Umgekehrt erfordert eine Automatisierung höhere Einmalinvestitionen und ist nur für standardisierte Prozesse mit hoher Wiederholungsrate (Frequenz) sinnvoll, wenn gleiche Informationen (Module) die Basis für die Informationsbedarfe vieler Entscheider bilden. Eine solche Automatisierung würde für eine zentrale Lösung sprechen, die entweder innerhalb des Unternehmens oder außerhalb des Unternehmens Informationen bereitstellt, auf die alle zugreifen können.[836] Damit sind die Überlegungen zur Wahl des Entkopplungspunktes vergleichbar mit der Frage einer Eigenfertigung oder eines Fremdbezugs standardisierter Module (vgl. Kapitel 5.3.2) und können deshalb mit der Transaktionskostentheorie erklärt werden.[837] Vor einer Umsetzung der vorgestellten Ansätze aus Lean Management und Business Process Reengineering in BI-Prozessen wird im nächsten Kapitel das Vorgehen zu kontinuierlicher Verbesserung als Ansatz zur Effektivitäts- und Effizienzsicherung vorgestellt.

5.3.4 Kontinuierliche Verbesserung zum unternehmensinternen Erfahrungsaustausch

Das Ziel von Business Process Reengineering ist eine Verbesserung in Größenordnungen.[838] Trotzdem kann auch eine radikale Innovation niemals einen Prozess entwickeln, der dauerhaft als effizient bzw. verschwendungsfrei gilt. Zum einen zeigen sich neue Potenziale häufig erst nach einer Veränderung eines bestehenden Prozesses. Zum zweiten ist es aber vor allem so, dass ein Zustand immer nur unter gegebenen Rahmenbedingungen als effizient bezeichnet werden kann und somit jegliche Veränderung in der Umwelt einen Einfluss auf die Effizienz eines Prozesses hat.[839] Darüber hinaus verändern sich auch die Einstellungen und Wünsche der Kunden, sodass Prozesse permanent an veränderte Kundenwünsche angepasst werden müssen. Ein kontinuierlicher Verbesserungsprozess ist deshalb ein essentieller Bestandteil zur Effektivitäts- und Effizienzsi-

---

[836] Eine Möglichkeit zur zentralen Bündelung standardisierter Prozesse ist der Aufbau eines Shared Service Centers, vgl. Vollmer/Fischer/Röder (2008), S. 293 ff. Ziel eines solchen Centers sind sowohl Effizienz- und Qualitätssteigerungen als auch eine Verbesserung der Transparenz über bestehende „Angebote".

[837] Vgl. Gaitanides (2012), S. 185.

[838] Vgl. Hammer/Stanton (1995), S. 19.

[839] Vgl. Vollmer/Fischer/Röder (2008), S. 291 f.; Hammer (2010), S. 11 f.

cherung.[840] Unabhängig von Veränderungen der Ziele ist es gerade in größeren Organisationen nicht ohne Anpassungsphase möglich, alle technischen und organisatorischen Voraussetzungen zu schaffen sowie die methodischen Fähigkeiten der Mitarbeiter zu schulen und deren kulturelle Einstellungen so zu verändern, dass effiziente Prozesse im Sinne des Kundenwunsches realisiert werden können.[841] Insbesondere eine radikale Prozessveränderung muss deshalb schrittweise erfolgen.

Ein großer Vorteil kontinuierlicher Verbesserungsprozesse ist die mögliche Beteiligung der Mitarbeiter im Prozess.[842] Viele sinnvolle Maßnahmen erschließen sich nur aktiv beteiligten Mitarbeitern, bleiben aber bei einer zentralen Prozessplanung verborgen, weil bspw. spezifische Rahmenbedingungen in einzelnen Prozessschritten nicht bekannt sind. Kontinuierliche Verbesserung stellt deshalb im Rahmen von Lean Management auch ein Instrument zur Mitarbeitermotivation dar. Mitarbeiter erhalten so die Möglichkeit, ihre eigenen Erfahrungen zu nutzen und selbst zu gestalten, statt lediglich Prozessanweisungen auszuführen.[843] Allerdings darf ein Verbesserungsprozess nicht ausschließlich durch die beteiligten Mitarbeiter ausgeführt werden, weil diesen der unabhängige Blick von außen fehlt und möglicherweise der Fokus auf die Kunden verloren geht. Gerade Teams neigen dazu, sich mit teaminternen Problemen unter Aufrechterhaltung des etablierten Prozesses zu beschäftigen, statt sich mit den Kundenwünschen zu beschäftigen und den Prozess entsprechend anzupassen.[844] In Verbesserungsprozessen müssen deshalb sowohl die direkt beteiligten Mitarbeiter sowie weitere unabhängige Personen gemeinsam in regelmäßigen Zyklen zusammenarbeiten.

Ein kontinuierlicher Verbesserungsprozess für Business Intelligence bietet vor allem zwei Potenziale zur Effektivitäts- und Effizienzsicherung: eine Annäherung an gemeinsame Standards sowie ein von technischen Vorlieben unabhängiges und auf den Informationsbedarf fokussiertes Vorgehen. Ein übergeordneter Verbesserungsprozess hilft Entscheidern aus verschiedenen Funktionen bei der Entwicklung eines gemeinsamen Standards, indem bspw. unterschiedliche Lösungen verglichen und so weiter entwickelt werden, dass sie für alle Beteiligten ein gu-

---

840 Vgl. Stroh/Winter/Wortmann (2011), S. 42. Ein kontinuierlicher Verbesserungsprozess für Business Intelligence ist auf jeden Fall schon deshalb notwendig, weil sich die Informationsbedarfe von Entscheidern auch durch Lerneffekte und Erfahrung verändern.

841 Vgl. Louis (2007), S. 22.

842 Vgl. Venegas (2007), S. 45 f.

843 Vgl. Smeds (1994), S. 70 ff.

844 Vgl. Clemmer (1994), S. 38.

tes Ergebnis liefern. Gerade Informationen haben eine degressive Nutzenfunktion während Informationsbeschaffung und -bereitstellung einen progressiven Kostenverlauf haben. Die kontinuierliche Verbesserung eines gemeinsamen Standards vermeidet durch eine Abkehr von der perfekten Lösung zu Gunsten einer 80%-Lösung einen überproportionalen Kostenanstieg.[845] Aufgrund der Abweichungen zwischen objektivem und subjektivem Informationsbedarf sowie der Informationsnachfrage muss eine 80%-Lösung auch keine negativen Auswirkungen auf die Informationsbasis haben.[846] Außerdem stellen sämtliche Informationsmodelle immer nur ein Modell der Realität dar und bilden niemals die Realität exakt ab, sodass auch nicht gesichert wäre, dass eine 100%-Lösung einen positiven Einfluss auf die Informationsbasis hätte.[847] Durch die Beteiligung unabhängiger Personen kann aber sichergestellt werden, dass im Verbesserungsprozess die nachgefragten Informationen im Mittelpunkt stehen und nicht aufgrund favorisierter Instrumente sinnvolle Lösungen ausgeschlossen werden. Die geeigneten Instrumente werden so erst zur Unterstützung bzw. Automatisierung der definierten Lösung herangezogen, statt das Informationsangebot zu limitieren.

5.3.5 Zusammenfassung

Abschließend kann festgehalten werden, dass es vier zentrale Ansätze der beiden Konzepte Lean Management und Business Process Reengineering gibt, die bei der Entwicklung effizienter BI-Prozesse wichtige Beiträge leisten können. Diese vier Ansätze sind Standardisierung, Modularisierung, Aufschieben und kontinuierliche Verbesserung. Allerdings dürfen diese vier nicht unabhängig voneinander betrachtet werden. Insbesondere *Standardisierung* stellt an vielen Stellen eine Voraussetzung für die übrigen Ansätze dar. So dienen Standards der Sichtbarkeit und Messbarkeit der BI-Prozesse und schaffen damit die Basis für eine Modularisierung und Verbesserungen. Dieser Ansatz ist besonders wichtig für das pragmatische Wissenschaftsziel dieser Arbeit (vgl. Kapitel 1.4), weil ohne Standardisierung kein Prozessmodell gebildet werden kann (vgl. Kapitel 5.3.1). Darauf aufbauend dient die *Modularisierung* dazu, Instrumente und Potenzialfaktoren mehrfach zu nutzen und so die Aufwände für die Leistungserstellung zu reduzieren. Zusätzlich bietet die Definition standardisierter Module auch die Möglichkeit, die Leistungserstellung in Abhängigkeit der Transaktionskosten unterschiedlich zu gestalten, sodass effiziente Leistungsbeziehungen entstehen (vgl. Kapitel 5.3.2). Durch ein möglichst langes *Aufschieben* individualisierender

---

845 Vgl. Louis (2007), S. 22.

846 Vgl. Kapitel 4.2.1.

847 Vgl. Funk/Börsig (1993), S. 562 f.; Mag (1995), S. 20–22; Pfohl/Stölzle (1997), S. 113.

Prozesse können die ersten Prozessschritte mehrerer Informationsnachfragen zusammengefasst werden, sodass die standardisierten Module häufiger nachgefragt werden und diese deshalb mithilfe eines geeigneten Instruments automatisiert werden können. Durch die Platzierung eines optimalen Entkopplungspunktes kann jeder BI-Prozess in einen automatisierten und einen manuellen Teil getrennt werden und damit in einem optimalen Verhältnis aus automatisierten Push- und manuellen Pull-Prozessen effizient umgesetzt werden (vgl. Kapitel 5.3.3). Als letzter Ansatz wurde der Ansatz *kontinuierlicher Verbesserung* vorgestellt. Dieser stellt zwar eine wichtige Grundlage von Lean Management und Business Process Reengineering dar, ist hier allerdings nur von untergeordneter Bedeutung. Ein kontinuierlicher Verbesserungsprozess dient dem späteren Management von BI-Prozessen und hilft weniger bei der Entwicklung eines effizienten Prozessmodells (vgl. Kapitel 5.3.4). Als Basis für ein schlankes BI-Prozessmodell dienen deshalb im folgenden Kapitel die drei Ansätze Standardisierung, Modularisierung und Aufschieben, während der Ansatz kontinuierlicher Verbesserung als sinnvolle Ergänzung zum Management von BI-Prozessen für die weitere Arbeit keine explizite Rolle mehr spielen wird.

6 Entwicklung eines schlanken Prozessmodells

Im vorangegangenen Kapitel wurden die Konzepte Lean Management und Business Process Reengineering sowie vier zentrale Ansätze der beiden Konzepte zur Gestaltung effizienter Prozesse in Unternehmen erläutert. Während sich der Ansatz zur kontinuierlichen Verbesserung für das übergreifende Management von BI-Prozessen anbietet und für die Entwicklung eines effizienten Prozessmodells nicht relevant ist, werden in den folgenden Kapiteln die Ansätze Standardisierung, Modularisierung und Aufschieben auf Business Intelligence übertragen, um ein konkretes Prozessmodell schlanker BI-Prozesse zu entwickeln. Hierzu wird in Kapitel 6.1 der aus der Literatur abgeleitete und in Kapitel 4.2.2 definierte BI-Prozess gemäß der Überlegungen aus Kapitel 4.4 nochmals überarbeitet und detaillierter dargestellt. Dieser detaillierte Prozess wird anschließend die Basis für die Entwicklung eines schlanken Prozessmodells auf Basis der Lean-Management- und Business-Process-Reengineering-Ansätze bilden, wie sie in Kapitel 5.3 erläutert wurden.

6.1 Der BI-Prozess: Analyse und Befriedigung des Informationsbedarfs

In Kapitel 4.4 wurde festgestellt, dass die aus der Literatur abgeleitete Definition des BI-Prozesses in Kapitel 4.2.2 für die Entwicklung eines nachfrageorientierten Prozessmodells zu unscharf ist. Diese stellt lediglich dar, dass durch die Informationsnachfrage eines Entscheiders ein Informationsbedarf entsteht, der durch die Erhebung und Verarbeitung von Daten sowie die Bereitstellung der erzeugten Informationen befriedigt wird. Dabei wird allerdings ein wichtiger Zwischenschritt ausgelassen, der für die Bereitstellung der richtigen Informationen notwendig ist.[848] Bevor Daten erhoben werden können, muss der Informationsbedarf des Entscheiders analysiert und strukturiert werden, um relevante und aussagekräftige Indikatoren zu bestimmen, die zur Darstellung des nachgefragten Sachverhaltes und damit zur Befriedigung des Informationsbedarfs genutzt werden können.[849] D. h., es ist analog zur späteren Datenverarbeitung und -aufbereitung eine Zerlegung und Strukturierung der nachgefragten Informationen notwendig, um den entsprechenden Datenbedarf zu ermitteln.[850] Für eine solche Informationsbedarfsanalyse gibt es in der Literatur zahlreiche Methoden, auf die hier aber nicht im Detail eingegangen werden soll.[851] Neben konkreten

---

848 Vgl. Paim/de Castro (2003), S. 77; Cramme (2005), S. 65.

849 Vgl. Horváth (2011), S. 542.

850 Vgl. Horváth (2011), S. 542.

851 Methoden zur Informationsbedarfsanalyse werden bspw. in Rockart (1979), S. 82 ff.; Martin (1982), S. 37 ff.; Brenner (1988), S. 26 ff.; Mayer (1999), S. 178 ff.; Strauch (2002), S. 71 ff. Die dort aufgeführten Methoden sind grundsätzlich geeignet, um innerhalb eines Prozess-

Methoden zur Informationsbedarfsanalyse gibt es auch eine Reihe von Prozessmodellen, die ein allgemeines Vorgehen beschreiben oder Schritte zur Informationsbedarfsanalyse im Rahmen übergeordneter Prozesse enthalten.[852] BERNHARD ET AL. beschreiben beispielsweise einen Prozess zur Informationsgewinnung und bilden die Informationsbedarfsanalyse durch die drei Schritte Zieldefinition, Informationsidentifikation und Erhebungsplanung ab.[853] Die beiden Prozessschritte Zieldefinition und Erhebungsplanung dienen dabei unter anderem auch zur Definition der notwendigen Detailtiefe, zur Relevanz einzelner Informationen und zur Auswahl der relevanten Datenquellen. Ähnliche Ziele finden sich auch bei BURMESTER/GOEKEN, die einen Prozess zum benutzerorientierten Entwurf von Data-Warehouse-Systemen vorschlagen.[854] In diesem Prozess bilden sie die Informationsbedarfsanalyse durch die drei Aktivitäten Wissensakquisition, Konzeption und Validierung ab. Diese dienen dazu, Daten zu identifizieren, die ein Informations- und Entscheidungsobjekt quantifizieren sowie den notwendigen Detaillierungsgrad und weitere abhängige Daten zu bestimmen, die für eine mehrdimensionale Analyse relevant sein könnten. Ebenfalls für den Aufbau von Data-Warehouse-Systemen beschreiben BECKER/KNACKSTEDT einen Prozess zur Anwendung und Konstruktion von Referenzmodellen.[855] Darin werden in den Schritten Problemdefinition, Informationsbedarfsanalyse und Modellanpassung bestehende Modelle hinsichtlich ihrer Eignung zur Befriedigung konkreter Informationsbedarfe überprüft und ggf. um notwendige Daten ergänzt. Einen sehr detaillierten Prozess entwickeln WINTER/STRAUCH.[856] Ähnlich wie bei BECKER/KNACKSTEDT wird der Informationsbedarf analysiert und mit bereits vorhandenen Modellen

---

schrittes „Informationsbedarfsanalyse" innerhalb des BI-Prozesses genutzt zu werden. Dementsprechend ist der Detaillierungsgrad für die vorliegende Betrachtung aber viel zu hoch. Eine allgemeine Klassifizierung von Methoden zur Informationsbedarfsanalyse findet sich bei HORVÁTH. Dieser teilt Methoden nach dem Vorgehen in induktive und deduktive Methoden ein, vgl. Horváth (2011), S. 312–323. Außerdem unterscheidet er nochmals nach dem Planungshorizont in Methoden zur Informationsbedarfsanalyse für die taktisch-operative und die strategische Planung.

852 In Modellen für BI-Prozesse aus der Literatur liegt der Fokus i. d. R. auf der Informationsbereitstellung und nicht auf der Analyse der Informationsbedarfe von Entscheidern, vgl. Kapitel 4.2.2. Bei SABHERWAL/BECERRA-FERNANDEZ werden zwar auch die Phasen „Business Understanding" und „Data Understanding" genannt, vgl. Sabherwal/Becerra-Fernandez (2010), S. 134. Diese stehen aber im Zusammenhang mit Data Mining und sind deshalb nicht vergleichbar mit einer nachfragerorientierten Informationsbedarfsanalyse. Die nachfolgend dargestellten Prozesse stammen deshalb primär aus der Literatur zu Data-Warehouse-Systemen, bei deren Aufbau die Informationsbedarfsanalyse eine entscheidende Rolle für die spätere Nutzbarkeit spielt.

853 Vgl. Bernhard u. a. (2007), S. 7.

854 Vgl. Burmester/Goeken (2005), S. 1427.

855 Vgl. Becker/Knackstedt (2004), S. 42 f.

856 Vgl. Winter/Strauch (2004), S. 1365.

abgeglichen, um fehlende Daten zu identifizieren. Zusätzlich erfolgen anschließend eine Priorisierung und ein Abgleich mit etablierten Standards, um die Konsistenz und Relevanz zusätzlicher Daten sicherzustellen.[857]

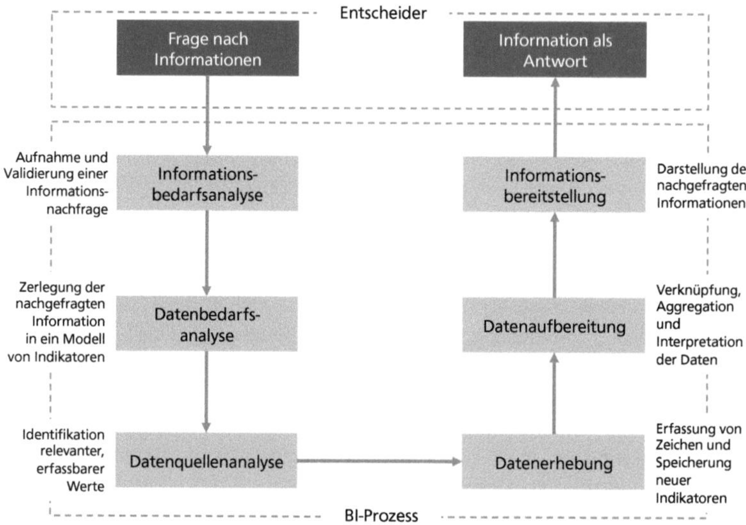

Abbildung 34: Allgemeine Form des BI-Prozesses: Im BI-Prozess wird die Frage durch Aktivitäten auf verschiedenen Detailebenen analysiert. Die darauf folgende Information als Antwort wird umgekehrt durch Aktivitäten auf den gleichen Detailebenen produziert. (Quelle: eigene Darstellung als Weiterentwicklung von Abbildung 23 in Kapitel 4.2.2)

Auch wenn die vorgestellten Prozessmodelle in ihren Phaseneinteilungen und -bezeichnungen sehr unterschiedlich sind, so enthalten doch alle Schritte zur Analyse und Strukturierung der nachgefragten Informationen. Diese dienen in unterschiedlichen Phaseneinteilungen dazu, die relevanten Daten zur Aufbereitung der nachgefragten Informationen zu ermitteln und diese korrekt erheben zu können.[858] Ausgehend von dieser Erkenntnis wird der in Kapitel 4.2.2 definierte Prozess nochmals angepasst. Dazu soll die dort genutzte Phase (1) Feststellung eines Informationsbedarfs in Anlehnung an die Aufteilung der drei produzierenden Phasen (2) Datenerhebung, (3) Datenaufbereitung und (4) Informationsbereitstellung aufgespalten und in der detaillierten Darstellung durch die drei ana-

---

[857] Vgl. Winter/Strauch (2003), S. 15.

[858] Vgl. Paim/de Castro (2003), S. 77.

lysierenden Phasen (1*) Informationsbedarfsanalyse, (2*) Datenbedarfsanalyse und (3*) Datenquellenanalyse ersetzt werden. Ein BI-Prozess umfasst in der ersten Hälfte also Aktivitäten, welche die nachgefragten Informationen analysieren und bis auf die Ebene der Datenquellen immer weiter detaillieren und strukturieren. In der zweiten Hälfte des BI-Prozesses erfolgt umgekehrt eine Reduktion der Detailtiefe durch Aktivitäten zur Abstraktion und Aggregation der erhobenen Daten (vgl. Abbildung 34).

Die grundlegende Struktur und Sichtweise des BI-Prozesses verändert sich durch die Erweiterung nicht. Frage und Antwort bilden aus Perspektive des Entscheiders weiterhin den Auslöser bzw. Input und das Ergebnis eines BI-Prozesses.[859] In den sechs Phasen des BI-Prozesses werden dabei die folgenden Aufgaben bearbeitet:

(1) **Informationsbedarfsanalyse**: Die erste Phase des BI-Prozesses dient der Aufnahme und Validierung einer Informationsnachfrage. Hierbei erfolgt ein Abgleich zwischen dem als Informationsnachfrage formulierten Informationsbedarf eines Entscheiders und dem Verständnis der Informationsnachfrage seitens der bearbeitenden Mitarbeiter. Die erste Phase stellt damit eine essentielle Voraussetzung für die effektive, nutzenstiftende Bereitstellung der richtigen Informationen dar.[860]

(2) **Datenbedarfsanalyse**: Die zweite Phase des BI-Prozesses dient dazu, sinnvolle und signifikante Indikatoren zu identifizieren, die zur Repräsentation der nachgefragten Informationen genutzt werden können. In diesem Schritt erfolgt die eigentliche Analyse und Strukturierung des Informationsbedarfs. Dieser liefert als Ergebnis ein Modell, auf dessen Basis später Daten und Indikatoren in einen Kontext gesetzt werden.[861]

(3) **Datenquellenanalyse**: Die dritte Phase des BI-Prozesses dient dazu zu klären, welche Daten zur Bildung der gewünschten Indikatoren erfasst sowie wo und wie diese beschafft werden können. Als Datenquellen stehen grundsätzlich alle operativen Systeme und Prozesse eines Unternehmens zur Verfügung, die bereits Daten erzeugen und speichern. Darüber hinaus können auch weitere interne und externe Datenquellen erschlossen werden.[862]

(4) **Datenerhebung**: In der vierten Phase des BI-Prozesses werden die zuvor als relevant definierten Daten aus den in Phase (3) ermittelten Quellen erhoben und verfügbar gemacht. Viele Daten werden durch operative Systeme und

---

[859] Vgl. hierzu die Definition von Business Intelligence in Kapitel 3.2.5.

[860] Vgl. Kapitel 4.2.1.

[861] Vgl. Winter/Strauch (2003), S. 14 f.; Becker/Knackstedt (2004), S. 42 f.

[862] Vgl. Cottrill (1998), S. 29; Lönnqvist/Pirttimäki (2006), S. 38.

Prozesse erzeugt, auf die mit wenig Aufwand zugegriffen werden kann. In besonderen Fällen kann es zusätzlich notwendig sein, Anpassungen an unternehmenseigenen Systemen und Prozessen vorzunehmen, um relevante Daten zu erfassen oder sogar aus zusätzlichen Quellen z. B. mittels Marktforschung bisher nicht verfügbare Daten zu erheben.[863]

(5) **Datenaufbereitung**: In der fünften Phase werden die verfügbaren Daten und Indikatoren aggregiert und durch das in Phase (2) definierte Modell in einen Kontext gestellt. Damit werden Informationen erzeugt, die eine Antwort auf die Informationsnachfrage repräsentieren. Allerdings sind diese Informationen für den Entscheider noch nicht sinnvoll nutzbar, weil sie z. B. noch nicht in einer praktisch nutzbaren Form präsentiert werden.[864]

(6) **Informationsbereitstellung**: In der sechsten Phase des BI-Prozesses erfolgt eine nutzungsorientierte Darstellung der nachgefragten Informationen über ein für den Entscheider und den Nutzungsfall sinnvollen Informationsträger bzw. sinnvolles Instrument sowie eine abschließende Bereitstellung der Information durch eine entsprechende Weitergabe oder Zugriffsmöglichkeit.[865]

Dieser erweiterte BI-Prozess, der den in Kapitel 4.2.2 aus der Literatur abgeleiteten BI-Prozess um Aktivitäten zur Analyse und Strukturierung der nachgefragten Informationen ergänzt, behebt die in Kapitel 4.4 identifizierte Unschärfe.[866] Damit liegt nun ein Prozess vor, auf dessen Basis in den folgenden Kapiteln Ansätze zur Effizienzsteigerung durch Prozessvarianten unterschiedlicher Fertigungstiefe und durch Aufschieben mit Entkopplungspunkten entwickelt werden können.

6.2 Der BI-Prozess mit variabler Fertigungstiefe

In Kapitel 5.3.2 wurden Ansätze zur Modularisierung von Prozessen und Variation der Prozessfertigungstiefe vorgestellt. Auf Basis des erweiterten BI-Prozesses aus dem vorherigen Kapitel (vgl. Abbildung 34) kann nun untersucht werden,

---

863 Vgl. Turner (1991), S. 56 ff.; Kemper/Finger (2010), S. 160 ff.

864 Vgl. die Ausführungen zum Zusammenhang zwischen Daten und Informationen in Kapitel 3.2.2 sowie zu Methoden zur Datenanalyse in Kapitel 3.2.3.

865 Für einen Überblickt über Ansätze zur Informationsbereitstellung vgl. Kemper/Mehanna/Baars (2010), S. 141–157. Neben den verfügbaren Ansätzen werden auch diverse Anforderungen aus Anwenderperspektive beschrieben, die einen wesentlichen Einflussfaktor auf die Effektivität der Bereitstellung und damit auf die Nutzungsmöglichkeiten durch Entscheider haben, vgl. Love (2007), S. 61; Raden (2007), S. 30; Williams (2008), S. 17 f.; Srimai/Wright/Radford (2013), S. 379.

866 Die Erweiterung des BI-Prozesses wurde durch eine Verbindung mit Ansätzen zur Informationsbedarfsanalyse im Zusammenhang mit dem Aufbau von Data-Warehouse-Systemen ebenfalls aus der Literatur heraus entwickelt und folgt damit dem deduktiven Forschungsansatz dieser Arbeit.

wie und wo diese Ansätze konkret auf BI-Prozesse übertragen werden können. Dazu können Modularisierung und Variation der Fertigungstiefe zunächst unabhängig voneinander betrachtet werden, weil für eine Modularisierung, Standardisierungspotenziale und Gemeinsamkeiten nachgefragter Informationen untersucht werden müssen, während zur Variation der Fertigungstiefe anhand des BI-Prozesses überprüft werden muss, ob und an welchen Stellen Aktivitäten durch separate Prozesse abgebildet und ersetzt werden können. Allerdings lässt sich die Frage nach Modularisierungsmöglichkeiten hier nur theoretisch beantworten, weil dazu ein inhaltlicher Vergleich konkreter Informationen und Informationsbedarfe erforderlich ist.[867] Für eine theoretische Betrachtung kann die Mengenlehre herangezogen werden, um die Zusammenhänge zwischen Informationen i und Daten d zu beschreiben. Daten setzen sich aus, durch eine Syntax miteinander verbundene Zeichen zusammen, wobei ein Zeichen ein beliebiges Symbol s sein kann, das erst durch eine Syntax nutzbar wird. D. h., Zeichen sind für sich genommen austauschbar und spielen für den Vergleich von Informationen keine Rolle.[868] Ausgangspunkt für einen Vergleich von Informationen sind also Daten. Daten entstehen, wenn Ereignisse und Zustände erfasst und gespeichert werden. Für die Menge aller Daten $\mathfrak{D}$ gilt

(1) $\mathfrak{D}$ = Menge aller Kombinationen d von s aus der Menge S aller Symbole;

und

(1.1) $|\mathfrak{D}| = \aleph_0 = \infty$;

Theoretisch können beliebige Zeichenketten aus Symbolen gebildet sowie Ereignisse und Zustände erfasst und gespeichert werden. Dementsprechend ist die Menge aller Daten unbegrenzt aber abzählbar. Unternehmen verfügen in der Realität aber nur über eine begrenzte Menge an Daten[869], sodass gilt

---

867 Geeignete Ansätze und Methoden finden sich in der Literatur. Die Viewport-Analyse ist eine solche Methode, die von konkreten inhaltlichen Ausprägungen der Informationen abstrahiert sowie Verbindungen und Gemeinsamkeiten auf Ebene abstrakter Sichtweisen auf Sachverhalte (s. g. *Viewpoints*) identifiziert, vgl. Goeken (2005), S. 171 ff.; Goeken (2006), S. 336 ff.

868 Ein Beispiel für die Austauschbarkeit von Zeichen ist die Verwendung gleicher Zeichen in unterschiedlichen Sprachen (bspw. Englisch und Deutsch) oder unterschiedlicher Zeichen in der gleichen Sprache (z. B. Chinesische Schriftzeichen und deren Repräsentation durch lateinische Buchstaben). Erst durch die Kenntnis von Syntax und Semantik erlangen Zeichen eine Darstellungskraft.

869 Die in Unternehmen verfügbaren Daten werden größtenteils intern durch operative Systeme und Prozesse erzeugt. Darüber hinaus werden teilweise auch Daten aus externen Datenquellen beschafft. Die Menge der verfügbaren Daten $\mathfrak{D}_{\text{Unternehmen}}$ kann über die Zeit durch neue

(1.2) $\mathfrak{D}_{\text{Unternehmen}} \subset \mathfrak{D}$;

und

(1.3) $| \mathfrak{D}_{\text{Unternehmen}} | < \infty$;

Daten alleine haben keine inhärente Bedeutung, sondern stellen lediglich Zeichenketten als Kombinationen von Symbolen dar. Bereits in Kapitel 3.2.2 wurde erläutert, dass Daten eine Bedeutung erlangen und zu Informationen werden können, indem sie in einen Kontext k gestellt werden. D. h., es gibt eine Menge $\mathfrak{F}$ von Funktionen f, die Daten in einem Kontext verknüpfen und somit Informationen erzeugen, für die gilt

(2) $\mathfrak{F} = \{ \mathrm{f} \mid \mathrm{f} : \mathfrak{D} \rightarrow \mathfrak{A} \}$;

und

(2.1) $| \mathfrak{F} | = \aleph_0 = \infty$;

Auch wenn für die Unternehmenspraxis nur „sinnvolle" Verknüpfungen relevant sind, so gibt es trotzdem unendlich viele Varianten von Funktionen. Aus (1.2) und (2) folgt für die Menge $\mathfrak{A}$ der Informationen

(3) $\mathfrak{A} = \{ i \mid d_1, \ldots, d_j \in \mathfrak{D}_{\text{Unternehmen}}, \mathrm{f} \in \mathfrak{F}, \mathrm{j} \in \mathbb{N}^+, \mathrm{f}(d_1, \ldots, d_j) = i \}$;

und

(3.1) $| \mathfrak{A} | = \aleph_0 = \infty$;

Für zwei Informationen i_1 und i_2, die durch zwei Funktionen f_1 und f_2 erzeugt wurden, bietet ein Vergleich der durch die Funktionen verknüpften Daten eine Möglichkeit, die Ähnlichkeit Ã der beiden Informationen zu bestimmen. Diese kann mittels der Urbilder f_1^{-1} und f_2^{-1} der beiden Funktionen wie folgt berechnet werden:

(4) $\mathrm{f}_1^{-1}(i_1) = D_1 \wedge \mathrm{f}_2^{-1}(i_2) = D_2$ mit $D_k = \{ d_{1,k}, \ldots, d_{j,k} \mid d \in \mathfrak{D}_{\text{Unternehmen}}, \mathrm{j} \in \mathbb{N}^+ \}$ und $\mathrm{k} \in \mathbb{N}$;

und

Daten aktualisiert oder ergänzt, mit Daten aus neuen Datenquellen erweitert oder durch Löschung bestehender Daten verkleinert werden und ist damit nicht statisch.

(5) $\tilde{A}(i_1, i_2) = 1 - \frac{\left|(D_1 \cup D_2) / (D_1 \cap D_2)\right|}{\left|(D_1 \cup D_2)\right|}$;

Je größer Ã ist, desto größer ist die Ähnlichkeit zweier Informationen hinsichtlich der genutzten Daten. Aus Ã=1 folgt $D_1 = D_2$, d. h. $D_1 \subseteq D_2 \land D_2 \subseteq D_1$. Die Ähnlichkeit hinsichtlich der genutzten Daten ist allerdings nicht nur dann sehr groß, wenn gleiche Datenelemente verknüpft werden, sondern auch dann, wenn z. B. gleiche Daten verschiedener Zeitpunkte oder vergleichbare Daten für unterschiedliche Sachverhalte verknüpft werden. Es ist deshalb sinnvoll die Berechnung der Ähnlichkeit nicht auf Basis einzelner Datenelemente, sondern auf Basis von Klassen gleicher Datentypen durchzuführen. Eine Klasse ist eine echte Teilmenge M der im Unternehmen verfügbaren Datenmenge $\mathfrak{D}_{\text{Unternehmen}}$, die Elemente mit gleichen Eigenschaften enthält.[870]

(6) $M_n \subset \mathcal{P}(\mathfrak{D}_{\text{Unternehmen}})$ mit $M_n = \{ d \mid E_n(d) \}$, wobei $E_n(d)$ eine logische Aussage zu den gemeinsamen Eigenschaften ist und $n \in \mathbb{N}^+$;

Alle Klassen M_n sind in der Menge aller Klassen C zusammengefasst.

(6.1) $C = \{ M_1, \ldots, M_n \}$;

Außerdem gibt es eine bijektive Funktion g, die jede Klasse M_n auf die Zahl n abbildet; n stellt dementsprechend eine Bezeichnung der Klasse M_n dar.

(6.2) $g : C \rightarrow \mathbb{N}$ mit g ist bijektiv;

Für jedes Datenelement $d_{j,k}$ kann die Menge $B_{j,k}$ aller Klassenbezeichnungen wie folgt gebildet werden:

(7) $\forall\, d_{j,k} \in D_k$ mit $j \in \mathbb{N} \land j \leq |D_k|$ und $k \in \mathbb{N}$;

und

(7.1) $B_{j,k} = \bigcup_{M_p \in C \text{ mit } d_{j,k} \in M_p} \{g(M_p)\}$;

870 Die Eigenschaften werden auf der semantischen Ebene abgebildet und geben als Attribute Auskunft z. B. zur Herkunft oder zu Verrechnungsmöglichkeiten (Einheiten), vgl. Bode (1993), S. 142–144.

Für zwei Informationen i_1 und i_2 kann also die Ähnlichkeit Â auf Basis von Klassen gleicher Datentypen berechnet werden, indem (5) folgendermaßen angepasst wird:

$$(8) \quad \hat{A}(i_1, i_2) = 1 - \frac{\left| \left(\bigcup_{j=1}^{|D_1|} B_{j,1} \cup \bigcup_{j=1}^{|D_2|} B_{j,2} \right) / \left(\bigcup_{j=1}^{|D_1|} B_{j,1} \cap \bigcup_{j=1}^{|D_2|} B_{j,2} \right) \right|}{\left| \left(\bigcup_{j=1}^{|D_1|} B_{j,1} \cup \bigcup_{j=1}^{|D_2|} B_{j,2} \right) \right|};$$

Die Ähnlichkeit lässt sich analog für eine beliebige Anzahl Informationen $i_1,\ldots, i_k$ berechnen als

$$(8.1) \quad \hat{A}\left(i_1,\ldots,i_k\right) = 1 - \frac{\left| \left(\bigcup_{r=1}^{k} \bigcup_{j=1}^{|D_r|} B_{j,r} \right) / \left(\bigcap_{r=1}^{k} \bigcup_{j=1}^{|D_r|} B_{j,r} \right) \right|}{\left| \left(\bigcup_{r=1}^{k} \bigcup_{j=1}^{|D_r|} B_{j,r} \right) \right|};$$

Die Interpretation von (8) bzw. (8.1) ist analog zur Interpretation von (5). Je größer Â ist, desto größer ist die Ähnlichkeit zweier bzw. mehrerer Informationen hinsichtlich der genutzten Klassen von Daten. Informationen mit einer hohen Ähnlichkeit Â geben damit auch Anhaltspunkte für die Bildung neuer Klassen. Es kann außerdem vermutet werden, dass in Unternehmen bestimmte Informationen mit einer großen Ähnlichkeit bezüglich der verknüpften Daten oder Klassen von verknüpften Daten immer wieder und von einer größeren Anzahl von Entscheidern genutzt werden, weil ähnliche Fragestellungen z. B. nach finanziellen Auswirkungen von Entscheidungsalternativen potenziell für alle Entscheider relevant sind und deshalb häufig nachgefragt werden. Für solche ähnlichen Informationen bestehen also (Modularisierungs-)Potenziale.[871]

Neben der Ähnlichkeit von Informationen hinsichtlich der verknüpften Daten bzw. Klassen von Daten können Informationen auch hinsichtlich der Ähnlichkeit der genutzten Funktionen untersucht werden. Dieser Vergleich ist ebenfalls sehr wichtig, weil die Bedeutung von Daten vom Kontext abhängt und deshalb gleiche Daten in verschiedenen Kontexten unterschiedliche Informationen darstel-

[871] Solche Modularisierungspotenziale entstehen z. B. durch die Zusammenfassung der ähnlichen Daten in einer neuen Klasse. Sie können aber auch durch die Spezialisierung von Mitarbeitern oder Methoden auf diese Daten entstehen.

len. Für zwei unterschiedliche Kontexte, d. h. für zwei Funktionen f_1 und f_2, gilt also

(9) wenn $\exists \; f_1 (d_1, d_2,..., d_j) = i_1 \wedge f_2 (d_1, d_2,..., d_j) = i_2 \rightarrow i_1 \neq i_2$;

Komplexe Funktionen werden häufig als Kompositionen mehrerer weniger komplexer Funktionen gebildet, sodass diese zerlegt und analog zum Vergleich der verknüpften Daten auf zwei Arten miteinander auf ihre Ähnlichkeit untersucht werden können. Funktionen können zum einen identische Verknüpfungen gleicher Datenelemente oder von Elementen gleicher Datenklassen darstellen. Sie können aber auch von der Art her gleiche Klassen von Verknüpfungen, wie z. B. Regressionsanalysen oder Prognoseverfahren, darstellen. Wegen der Analogie des Vorgehens zum Vergleich soll dieses hier nur kurz exemplarisch erläutert werden. Die einfachsten Funktionen stellen einfache Rechenoperationen dar, bei denen zwei oder mehr Werte addiert, subtrahiert, multipliziert oder dividiert werden. Funktionen, die eine Kombination aus verschiedenen Rechenoperationen nutzen, können wiederum als Komposition jener einfacher Funktionen beschrieben werden. Funktionen mit identischen Verknüpfungen sind z. B. alle Funktionen, die Additionen ausführen. Demgegenüber stehen Funktionen mit gleichen Arten von Verknüpfungen, z. B. eben gerade diese einfachsten Rechenoperationen. Die definierte Menge der Funktionen in (2) und (2.1) ist zwar grundsätzlich unendlich groß. Für ein Unternehmen kann aber die gleiche Einschränkung für Funktionen angenommen werden wie in (1.2) und (1.3) für Daten, denn in einem Unternehmen können nur die verfügbaren Funktionen angewendet werden. Diese werden in Unternehmen durch das begrenzte Wissen einer begrenzten Anzahl von Mitarbeitern über Methoden und Modellierungsansätze determiniert. Es gibt also auch nur eine endliche Menge ähnlicher Funktionen und Klassen von Funktionen. Für diese Menge kann vermutet werden, dass, durch die Abhängigkeit der verfügbaren Funktionen vom vorhandenen Wissen der Mitarbeiter, in ihr nur eine kleine Zahl von Mengen existiert, von denen wiederum viele eine große Ähnlichkeit bezüglich der Verknüpfungen oder Klassen von Verknüpfungen aufweisen.

Diese theoretischen Überlegungen zur Ähnlichkeit von Informationen hinsichtlich der Daten und hinsichtlich der Funktionen zeigen, dass es grundsätzlich Modularisierungspotenziale für Informationen gibt. Bezeichnet man die Ähnlichkeit $\hat{A}$ von Informationen hinsichtlich der Daten als $\hat{A}_D$ und von Informationen hinsichtlich der Funktionen als $\hat{A}_F$ so existieren grundsätzlich folgende Modularisierungspotenziale:

- Bei sehr großer Ähnlichkeit $\hat{A}_D$ mehrerer Informationen, können die verknüpften Daten in einer eigenen Teilmenge (Klasse) zusammengefasst werden, um die Auswahl der Daten zu erleichtern. Eine solche Teilmenge kann in

Unternehmen mithilfe von Instrumenten z. B. durch die Definition von Views in Datenbanken oder die Einrichtung von Datamarts umgesetzt werden und somit den Zugriff erleichtern.

- Bei sehr großer Ähnlichkeit $\hat{A}_F$ mehrerer Informationen, können die zur Verknüpfung genutzten Funktionen in Unternehmen durch geeignete Instrumente als automatisierte Routinen implementiert oder durch solche unterstützt werden. Durch eine entsprechende Automatisierung kann z. B. die Erhebung, die Aufbereitung oder die Bereitstellung vereinfacht und beschleunigt werden.
- Wenn Informationen sehr große Ähnlichkeiten hinsichtlich der Daten **und** hinsichtlich der Funktionen aufweisen, d. h. bei jeweils sehr großer Ähnlichkeit von $\hat{A}_D$ und $\hat{A}_F$, dann beschreiben diese Informationen sehr ähnliche Sachverhalte. Es kann dann von einer allgemeinen Ähnlichkeit der Informationen $\hat{A}$ gesprochen werden. Für solche Informationen besteht ein grundsätzliches Standardisierungspotenzial in der Art, dass mehrere Entscheider, die solche ähnlichen Informationen nutzen, kooperieren und sich auf eine bestimmte Information als Standard einigen, die dann von allen Entscheidern genutzt werden kann.[872] Darüber können solche Informationen in Unternehmen bei regelmäßiger Verwendung, z. B. wöchentlich bereitgestellte Reports zur Umsatzentwicklung, vollautomatisch erzeugt und bereitgestellt werden.

Aufbauend auf den theoretisch begründeten Modularisierungspotenzialen, können anhand des BI-Prozesses erste Überlegungen zur Bildung von Varianten verschiedener Fertigungstiefe angestellt werden.[873] So müssen bspw. für Informationen mit einer großen Ähnlichkeit $\hat{A}_D$ hinsichtlich der verknüpften Daten nicht bei jeder Informationsnachfrage die relevanten Daten neu erhoben werden, sondern es kann auf den bereits vorhandenen Daten aufgesetzt werden. Genauso müssen für Informationen mit großen Ähnlichkeiten $\hat{A}_D$ und $\hat{A}_F$ hinsichtlich der verknüpften Daten und der genutzten Funktionen weder Daten erhoben werden noch ist es unbedingt notwendig, bestehende Daten neu aufzubereiten, wenn eine sehr ähnliche Information bereits im Unternehmen existiert und diese ohne

---

872 Die gemeinsame Nutzung der gleichen Information ist in vielen Fällen möglich, weil die bereitgestellten Informationen stets nur ein Modell der Realität und niemals eine exakte Abbildung darstellen, vgl. Funk/Börsig (1993), S. 562 f.; Mag (1995), S. 20–22; Pfohl/Stölzle (1997), S. 113. Außerdem erweitert oft nur ein Teil der nachgefragten Informationen die Informationsbasis der Entscheider, sodass ein standardisiertes, weniger exakt den nachgefragten Informationen entsprechendes Informationsangebot häufig keine negative Wirkung auf die Qualität und das Ergebnis der Entscheidung hat, vgl. Kapitel 4.2.1.

873 Vgl. hierzu auch den wissensmanagementorientierten Supportprozess für Help Desks in González/Giachetti/Ramirez (2005), S. 395. Supportprozesse stellen auch Frage-Antwort-Prozesse dar, die i. d. R. je nach Detaillierungsgrad der Problemlösung nach First-Level-, Second-Level- und Third-Level-Support unterschieden werden, vgl. Marcella/Middleton (1996), S. 12; González/Giachetti/Ramirez (2005), S. 397.

zusätzlichen Aufwand mehrfach verwendet werden kann.[874] Mithilfe zweier „Sprungstellen" können diese beiden Fälle im BI-Prozess abgebildet werden. Dadurch entstehen drei generische Prozessvarianten unterschiedlicher Fertigungstiefe, die dazu führen, dass bestimmte Aktivitäten wie z. B. die Datenquellenanalyse und Datenerhebung bei bereits gedecktem Datenbedarf nicht ausgeführt werden, der BI-Prozess in seinem Grundaufbau als Frage-Antwort-Prozess aber erhalten bleibt (vgl. Abbildung 35).

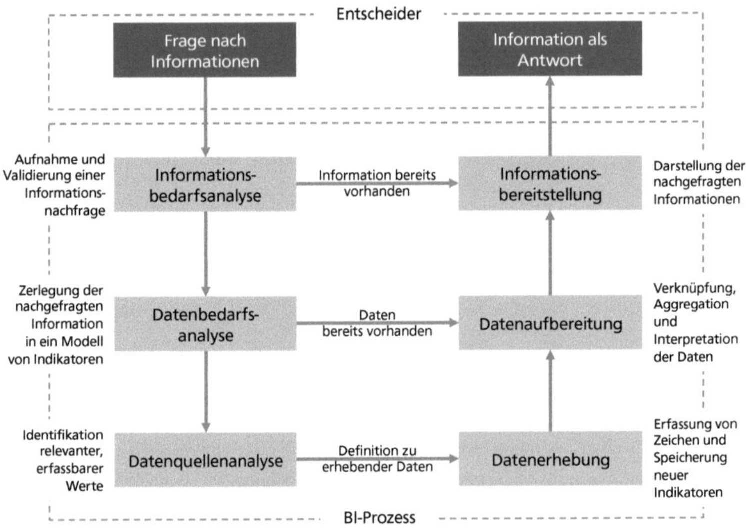

Abbildung 35: Allgemeiner BI-Prozess mit Sprungstellen: Nicht jede Frage im BI-Prozess muss durch Aktivitäten auf verschiedenen Detailebenen analysiert werden. Für Fragen, die mit bereits vorhandenen Informationen beantwortet werden können, ist eine tiefergehende Analyse nicht notwendig. Analog müssen bereits vorhandene Daten nicht ein zweites Mal erhoben werden. (Quelle: eigene Darstellung als Weiterentwicklung von Abbildung 34)

Ähnliche Prozesse finden sich z. B. als Modelle zur Anwendungssystementwicklung. ORTNER schlägt dazu ein Multipfad-Vorgehensmodell vor, um die Komple-

---

[874] Vgl. Raggad (1997), S. 47 sowie die Modellerläuterungen auf den folgenden Seiten. Einschränkend muss berücksichtigt werden, dass nicht jede ähnliche Information die Informationsbasis im gleichen Maße wie die Informationsnachfrage erweitert. Wenn aber eine bereits vorhandene Information i_S die Informationsbasis des Entscheiders mindestens im gleichen Maße erweitert wie die nachgefragte Information i_S, dann spricht aus objektiven Gründen nichts gegen eine Nutzung der vorhandenen Information i_S und einen Verzicht auf die Bereitstellung der Information i_D.

xität bei der Anwendungssystementwicklung zu reduzieren.[875] Dieses hat einen sehr ähnlichen Aufbau wie der hier vorgestellte, um „Sprungstellen“ erweiterte BI-Prozess. ORTNERS Ansatz sieht dazu die Verwendung von Standard-, Komponenten- und Individuallösungen als Lösungsvarianten unterschiedlicher Detaillierung und Individualität vor. Daraus ergeben sich verschiedene Pfade innerhalb des Modells, welche die jeweils notwendigen Aktivitäten zur Entwicklung eines problem- und anwendungsadäquaten Anwendungssystems markieren. ORTNER erhebt für das Multipfad-Vorgehensmodell sogar den Anspruch von Allgemeingültigkeit und bezeichnet das Vorgehen als Gesamtmethodologie, die außerhalb der Anwendungssystementwicklung z. B. auch bei der Wissensentwicklung oder der Konstruktion physischer Güter genutzt werden kann.[876] Im Unterschied zu ORTNERS Multipfad-Vorgehensmodell repräsentiert im dargestellten BI-Prozess jeder Prozessschritt eine separat ausführbare Aktivität.[877] Für jede einzelne Aktivität kann deshalb überlegt werden, wie die jeweilige Leistung am effizientesten erstellt werden kann.[878] Theoretisch lassen sich zwar neben den drei oben skizzierten Prozessvarianten eine Vielzahl weiterer Varianten unterschiedlicher Fertigungstiefe bilden. Die bereits in Kapitel 5.3.2 angesprochene Transaktionskostentheorie liefert aber Begründungen, weshalb viele dieser Varianten nicht effizient sind und deshalb ausgeschlossen werden können.[879] So führt beispielsweise eine Zusammenfassung, Spezialisierung und Automatisierung einzelner Aktivitäten zu niedrigeren Prozesskosten, durch das Herauslösen jeder Einzelaktivität aus dem Gesamtprozesses entstehen allerdings zwei Schnittstellen, sodass die Transaktionskosten, z. B. Koordinationskosten, ansteigen.[880] Es erscheint deshalb

---

875 Vgl. Ortner (2005), S. 47.

876 Vgl. Ortner (2005), S. 46. Aufgrund der großen Ähnlichkeit zum in Abbildung 35 präsentierten BI-Prozess könnten das Multipfad-Vorgehensmodell auch als allgemeines Prozessmodell zur Entwicklung und der BI-Prozess als konkrete Ausprägung eines Prozesses zur Entwicklung betrachtet werden.

877 Dieses Verständnis entspricht im Prinzip dem Ansatz serviceorientierter Architekturen für Anwendungssysteme (SOA) (Nur dass in BI-Prozessen jede Aktivität grundsätzlich manuell oder automatisiert ausgeführt werden könnte. SOA bezeichnet im Gegensatz immer Softwarekomponenten zur Bildung größerer, komplexerer und zusammenhängender Systeme), vgl. z. B. Humm/Voß/Hess (2006), S. 396 ff.

878 Im Multipfad-Vorgehensmodell werden Aktivitäten auf Stufen höherer Detaillierung und Individualisierungen nicht als Teilaktivitäten betrachtet, die separat als Prozessmodule ausführbar wären. ORTNER betrachtet Outsourcing deshalb lediglich als Alternative zum Einsatz von Standardsoftware, d. h. für die gesamte Problemlösung, vgl. Ortner (2005), S. 47. Für Überlegungen zu Eigenfertigung und Fremdbezug von BI-Leistungen vgl. Philippi (2005), S. 85 ff.

879 Weitere Überlegungen in dieser Richtung folgen in Kapitel 7.1.

880 Die Transaktionskostentheorie wurde zwar ursprünglich zur Beurteilung externer Leistungsbeziehungen zwischen Markt und Hierarchie entwickelt. Die Erklärungsansätze wurden aber

nicht sinnvoll mehrere Schnittstellen zuzulassen. Für die Wahl einer Prozessvariante muss also beurteilt werden, durch welche Maßnahmen die Prozesskosten gesenkt werden können und in welchem Maße gleichzeitig Transaktionskosten entstehen. Sinnvoller erscheint es an den Modularisierungspotenzialen anzusetzen und vollständige sowie mehrfach nutzbare Module zu bilden und in Abhängigkeit der Transaktionsbedingungen effiziente Prozessvarianten zu bilden.[881] Dabei muss vor allem sichergestellt werden, dass das grundlegende Bild und Verständnis als nachfrageorientierter Prozess, so wie bei den drei oben vorgestellten Prozessvarianten mit „Sprungstellen“, erhalten bleibt, damit

- in jeder Variante der BI-Prozess einschließlich der je nach Detaillierungsgrad sinnvollen Analyseschritte (Informationsbedarfs-, Datenbedarfs- und Datenquellenanalyse zur Effektivitätssicherung) durchlaufen wird,[882]
- der BI-Prozess immer durch eine Informationsnachfrage seitens eines Entscheiders ausgelöst wird und als Ergebnis die nachgefragte Information (Nachfrageorientierung als Effizienzsicherung) bereitstellt sowie
- die äußere Form des BI-Prozesses und damit die Wahrnehmung von Business Intelligence durch die Entscheider als technologieunabhängiger Frage-Antwort-Prozess (Neutralität gegenüber der Prozessausprägung und Bereitstellungsform der relevanten Informationen) immer gleich ist.[883]

6.3 Entkopplungspunkte im BI-Prozess

Die Überlegungen im vorherigen Kapitel zur Modularisierung und Variation der Fertigungstiefe in BI-Prozessen bilden die Grundlage zur Definition vollständig und mehrfach nutzbarer Teilprozesse. Aufbauend auf den in Kapitel 5.3.3 vorgestellten Ansätzen zur Einführung und Platzierung eines Entkopplungspunktes können nun konkrete Teilprozesse für Business Intelligence entwickelt werden, die durch einen Entkopplungspunkt die Nutzung eines standardisierten und au-

---

auch in verschiedenen Arbeiten im unternehmensinternen Kontext genutzt, vgl. z. B. Windsperger (1996), S. 59 ff.; Büttgen (2011), S. 210 ff.

881 Vgl. Gaitanides (2012), S. 86–97. Diese Überlegungen decken sich auch mit den Annahmen zur Koordination modularer Dienstleistungen, vgl. Corsten/Dresch/Gössinger (2007), S. 113.

882 Gerade die wichtigen Analyseschritte, die der Bedarfsermittlung und damit der Effektivitätssicherung dienen, werden in technik- bzw. instrumentenorientierten Verständnissen von Business Intelligence ignoriert, vgl. hierzu z. B. die Modelle für BI-Prozesse bei Gilad/Gilad (1986), S. 53; oder Gabriel/Hoppe/Pastwa (2010), S. 30.

883 Aufgrund der Definition als Frage-Antwort-Prozess nimmt ein Entscheider nicht wahr, welche Methoden und Instrumente im BI-Prozess eingesetzt werden, um die bereitzustellende Information zu erzeugen. Er interagiert lediglich im Bereich der Schnittstellen Frage (Informationsbedarf) und Antwort (Information) mit möglichen Instrumenten. Damit fällt der Fokus stärker auf den Aspekt des Informationsnutzens und weniger auf Komfort oder persönliche Präferenzen hinsichtlich der genutzten Instrumente.

tomatisierten Prozessmoduls in Kombination mit manuellen Individualisierungen hinsichtlich konkreter Fragestellungen ermöglichen und so Potenziale zur Effizienzsteigerung bieten. Im Bereich von Produktions- und Logistikprozessen sind Entkopplungspunkte ein weitverbreiteter und häufig genutzter Ansatz, um für unterschiedliche Kunden- und Produktsegmente in Abhängigkeit verschiedener Kundennachfrage-, Produktions- und Produkteigenschaften die Effizienz trotz einer gewissen Variantenvielfalt zu steigern.[884] Vor dem Entkopplungspunkt werden mit einem klaren Fokus auf den Prozesskosten und Produktivität, standardisierte Leistungen zentral und in großen Mengen basierend auf Planungsdaten (Push-Prozess) erzeugt. Nach dem Entkopplungspunkt erfolgt eine Individualisierung, sodass sich der Fokus zu dezentralen, flexiblen und durch konkrete Bedarfe ausgelösten Prozessen (Pull-Prozess) verschiebt, die große Bandbreite unterschiedlicher Leistungen erbringen können.[885] Typischerweise werden in Abhängigkeit des Entkopplungspunktes zwischen reinen Push- und reinen Pull-Prozessen, die generischen Produktionsstrategien *make-to-stock*, *assemble-to-order*, *make-to-order* und *purchase-to-order*, unterschieden.[886] Neben diesen typischen Varianten gibt es auch Anwendungsfälle für Entkopplungspunkte, die an anderen prozessspezifischen Positionen genutzt werden und so teilweise auch zu feineren Einteilungen sowie mehr Prozessvarianten führen.[887] Ganz allgemein kann ein Entkopplungspunkt stets zwischen zwei abgeschlossenen Teilprozessen eingeführt werden, die unabhängig voneinander geplant und ausgeführt werden können (vgl. Abbildung 36).

LAMPEL/MINTZBERG unterscheiden für einen typischen Produktionsprozess in Abhängigkeit des Entkopplungspunktes fünf Stufen der Standardisierung und Individualisierung: *pure standardization*, *segmented standardization*, *customized standardization*, *tailored customization* und *pure customization*.[888] Dieser Ansatz äh-

---

[884] Für ein Beispiel zum Einsatz verschiedener Entkopplungspunkte vgl. Erlach (2010), S. 138. Die Wahl des Entkopplungspunktes kann von einer Reihe von Einflussfaktoren abhängen. PAGH/COOPER stellen den Einfluss einiger besonders wichtiger Einflussfaktoren auf die Wahl bestimmter, generischer Strategien zum Aufschieben in Produktion und Logistik dar, vgl. Pagh/Cooper (1998), S. 24. Deren Einfluss auf verschiedene Kostenarten und für verschiedene Produktarten untersuchen WALLER/DABHOLKAR/GENTRY, vgl. Waller/Dabholkar/Gentry (2000), S. 140 ff.

[885] Vgl. Olhager (2003), S. 324. MASON-JONES/NAYLOR/TOWILL bezeichnen die Prozesse vor dem Entkopplungspunkt auch als *lean processes,* während sie die danach folgenden *agile processes* nennen, vgl. Mason-Jones/Naylor/Towill (2000), S. 55 f.

[886] Vgl. Hoekstra/Romme (1992), S. 7; Jones/Hines/Rich (1997), S. 167.

[887] Für Entkopplungspunkte, die sich an verschiedenen Verrichtungsarten orientierten, vgl. Erlach (2010), S. 138. Ein weiteres Beispiel stammt aus der Prozess- bzw. Lebensmittelindustrie, vgl. Erlach (2010), S. 138.

[888] Die Basis für die Einteilung bildet ein nach Verrichtungsarten segmentierter Produktionsprozess. Die Trennung in Standardisierung und Individualisierung hängt mit dem unterschiedli-

nelt dem im vorherigen Kapitel beschriebenen Vorgehen, die Fertigungstiefe des BI-Prozesses nach dem Standardisierungsgrad zu differenzieren und kann genutzt werden, um abgeschlossene Teilprozesse zu definieren, die sich als Module unabhängig planen und ausführen lassen. Auf Basis des weiterentwickelten BI-Prozesses mit Sprungstellen können vier mögliche Entkopplungspunkte im BI-Prozess gesetzt werden (vgl. Abbildung 37). Somit ergeben sich folgende vier Varianten des BI-Prozesses:

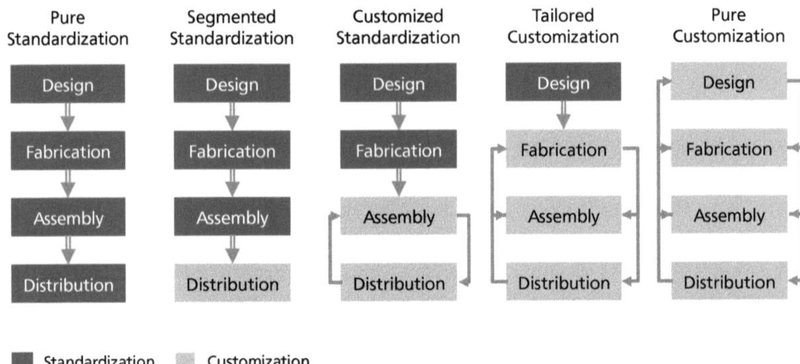

Abbildung 36: Generische Entkopplungspunkte in Prozessen zur Abstufung des Standardisierungsgrades. (Quelle: in Anlehnung an Lampel/Mintzberg (1996), S. 24.)

- *Pure standardization*: vollautomatisierter BI-Prozess, der planungsorientiert zu definierten Zeitpunkten standardisierte Informationen zu definierten Fragestellungen bereitstellt (reiner Push-Prozess).
- *Customized standardization*: automatischer Prozess, der manuell nach definierten Aspekten anpass- und darstellbare Informationen bereitstellt (Push-Pull-Prozess).
- *Tailored customization*: manueller Prozess, der automatisch erhobene und bereits verfügbare Daten aufbereitet, um Informationen zur Befriedigung individueller Informationsbedarfe bereitzustellen (Pull-Push-Prozess).
- *Pure customization*: vollständig manueller BI-Prozess, der vollständig individuelle Informationsbedarfe befriedigen und auch bisher nicht verfügbare Datenquellen einbinden kann (reiner Pull-Prozess).

chen Fokus auf Effizienz und Individualität zusammen, der durch die Betrachtung aus Produktions- und Vertriebsperspektive entsteht, vgl. Lampel/Mintzberg (1996), S. 24–26.

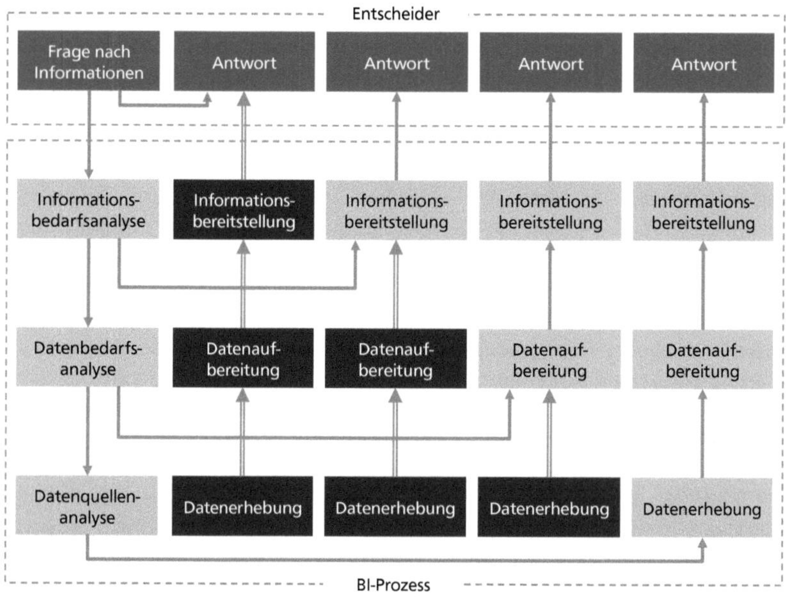

Abbildung 37: Entkopplungspunkte im BI-Prozess und Varianten unterschiedlicher Standardisierung und Automatisierung. (Quelle: eigene Darstellung als Weiterentwicklung von Abbildung 35)

Durch die Einführung der vier Entkopplungspunkte entstehen vier Prozessvarianten für verschiedene Anforderungen. Diese ermöglichen für die unterschiedlichen Informationsbedarfe jeweils die Auswahl des Prozesses mit dem geeignetsten Verhältnis zwischen Push und Pull sowie zwischen Automatisierung und manuellen Tätigkeiten und fördern damit die Realisierung effizienter Lösungen. Einen ähnlichen Ansatz beschreiben auch HUA/HUANG/YEN. Diese empfehlen in Abhängigkeit mehrerer Einflussfaktoren Informationen entweder im Push-Verfahren oder im Pull-Verfahren bereitzustellen.[889] Hierbei betrachten sie den BI-Prozess allerdings nur aus der technischen Perspektive und unterscheiden deshalb lediglich mithilfe von Internet- und Netzwerktechnologie umgesetzte reine Push- und reine Pull-Prozesse.[890] Neben den vier hier beschriebenen Pro-

---

889 Vgl. Hua/Huang/Yen (2012), S. 53–56.

890 Die Betrachtung des BI-Prozesses aus technischer Perspektive führt zu einer Vernachlässigung der Nutzerperspektive, obwohl der Nutzer derjenige ist, für den BI-Prozesse durchgeführt werden, um ihm Informationen zur Entscheidungsunterstützung bereitstellen zu kön-

zessvarianten könnten auf Basis des erweiterten BI-Prozesses zwar mithilfe zusätzlicher Entkopplungspunkte noch weitere Prozessvarianten gebildet werden, diese erscheinen allerdings als nicht sinnvoll, weil die Analyseaktivitäten zur Bestimmung des Informations- und Datenbedarfs sowie der Identifikation möglicher Datenquellen stets manuell ausgeführt werden müssen.[891] Diese dienen unter anderem dazu, den möglichen Standardisierungsgrad zu identifizieren und bestimmen somit die Wahl der optimalen Bereitstellungsvariante. Außerdem müssen auch für die reine Push-Variante des BI-Prozesses vor der ersten Ausführung alle drei Analyseaktivitäten vollständig durchlaufen werden, damit, ausgehend von den nachgefragten Informationen, die relevanten Daten erhoben, aufbereitet und bereitgestellt werden können.[892] Voraussetzung für die Einführung weiterer sinnvoller Entkopplungspunkte wäre stattdessen eine feinere Analyse des BI-Prozesses im Sinne einer verrichtungs- und ressourcenorientierten Segmentierung des BI-Prozesses, um so weitere, unabhängig voneinander automatisierbare Teilprozesse identifizieren zu können.[893]

Die Wahl der am besten geeigneten bzw. effizientesten Prozessvariante hängt laut Hua/Huang/Yen neben dem Standardisierungsgrad einer Information auch maßgeblich von deren Nachfragehäufigkeit ab.[894] Der Standardisierungsgrad gibt dabei zum einen an wie allgemein nutzbar und relevant eine Information ist. So kann eine Information beispielsweise einen allgemeinen Sachverhalt beschreiben, für den die relevanten Einflussfaktoren und Zusammenhänge bekannt und definiert sind (z. B. Umsatz). Umgekehrt kann eine Information auch nur für einen sehr spezifischen Kontext relevant sein, in dem nur Experten tätig sind (z. B. der Einfluss einer bestimmten technischen Innovation in der Herstellung eines Produktes auf die Kundenbindung in einem sehr dynamischen Markt). Der

---

nen. Eine Betrachtung aus technischer Perspektive folgt deshalb meist dem Paradigma „was ist technisch möglich" statt der Anforderung „was wird benötigt und was bringt es".

891 Zur Beurteilung von Informationen respektive Informationsbedarfen sowie deren Modellierung, sind zusätzliche Informationen zum bzw. Wissen über den entsprechenden Kontext notwendig. Informations- und Informationsbedarfsanalysen können deshalb nicht allgemein durch logische Routinen in IT-Systemen abgebildet werden, sondern erfordern die menschlichen Fähigkeiten zum Erkennen, Erlernen und Denken in Kontexten, vgl. Will (2006), S. 37 ff. Varianten des BI-Prozesses auf Basis der Analyseaktivitäten lassen sich stattdessen über eine Variation der Fertigungstiefe bilden, vgl. Kapitel 6.2.

892 Raggad stellt ein Entscheidungsmodell zum IT-Einsatz für die Entscheidungsunterstützung auf, vgl. Raggad (1997), S. 47. Die Analyseaktivitäten lassen sich allerdings reduzieren (Fertigungstiefe), wenn bereits bei der Informationsnachfrage entsprechende Informationen oder Daten vorliegen. Vgl. hierzu außerdem das Vorgehen zur Anwendungssystementwicklung in Alpar u. a. (2011), S. 287–299.

893 Vgl. Erlach (2010), S. 127–129.

894 Vgl. Hua/Huang/Yen (2012), S. 64.

Standardisierungsgrad steht zum zweiten aber auch für die Absolutheit und Unabhängigkeit einer Information in Bezug auf Veränderungen im Unternehmen und dessen Umwelt. Informationen zum Status eines Unternehmens, wie z. B. Umsatz und Gewinn, sind allgemein definiert und über die Zeit immer wieder in gleicher Form relevant für Entscheidungen. Im Gegensatz dazu sind z. B. Informationen zu außerordentlichen Ereignissen wie Naturkatastrophen oder neuen regulatorischen Bedingungen nach kurzer Zeit obsolet, weil Schäden behoben oder gesetzliche Vorgaben umgesetzt wurden. Abschließend kann also festgehalten werden, dass die Wahl des Entkopplungspunktes und damit die Definition des Automatisierungsgrades von verschiedenen Einflussfaktoren abhängt. Neben der Spezifität der nachgefragten Information beeinflussen auch die Nachfragehäufigkeit und die Häufigkeit von Anpassungen der Informationsnachfrage an Änderungen im Unternehmen und dessen Umwelt die Festlegung des Automatisierungsgrades in BI-Prozessen.[895]

[895] Vgl. hierzu auch die Ausführungen bzgl. Prozessspezifität, Unsicherheit durch transaktionsexterne Störungen und Transaktionshäufigkeit in Gaitanides (2012), S. 86–91.

7 Entwicklung eines Bezugsrahmens zur Beurteilung effizienter BI-Prozesse

In der Einleitung zu dieser Arbeit wird dargelegt, dass zum aktuellen Zeitpunkt keine Veröffentlichungen existieren, die sich mit BI-Prozessen aus Nutzerperspektive beschäftigen, sondern dass die existierenden Arbeiten entweder technische Aspekte betrachten oder mögliche Potenziale darstellen, die durch BI-Instrumente gehoben werden können (vgl. Kapitel 1.2). Insgesamt ist die Literatur zu Business Intelligence von populärwissenschaftlichen Arbeiten geprägt.[896] Aber auch viele Veröffentlichungen in einschlägigen wissenschaftlichen Magazinen lassen die notwendige Genauigkeit und theoretische Fundierung missen, die in wissenschaftlichen Arbeiten gegeben sein sollte.[897] Ein Schließen der skizzierten Forschungslücke erfordert deshalb nicht nur eine Beantwortung der in Kapitel 1.3 formulierten Forschungsfragen, sondern auch eine theoretische Fundierung durch einen Bezugsrahmen auf Basis anerkannter wirtschaftswissenschaftlicher Theorien sowie ein transparentes, wissenschaftliches Vorgehen zur Analyse (vgl. Kapitel 8). In Kapitel 7.1 werden zunächst zwei wirtschaftswissenschaftliche Theorien sowie deren Erklärungsbeiträge zur Beantwortung der Forschungsfragen und der grundsätzlichen Annahme einer nutzenorientierten Betrachtung beschrieben. Auf Basis der Grundlagentheorien erfolgen in Kapitel 7.2 der Aufbau des theoretischen Bezugsrahmens sowie die Begründung der Hypothesen als Leitfaden für die empirische Untersuchung in Kapitel 7.3.

7.1 Theoretische Erklärungsbasis für Bedeutung und effiziente Konfiguration von BI-Prozessen

In der Organisations- und Managementforschung gibt es eine große Anzahl von Theorien zur Erklärung innerbetrieblicher Zusammenhänge in Unternehmen.[898] Aufgrund der Komplexität sozialer Systeme kann nicht von einer zentralen Theorie ausgegangen werden, sondern es gibt verschiedene Ansätze, die aus jeweils unterschiedlichen Betrachtungsperspektiven einen Erklärungsbeitrag leisten. Nachfolgend sollen zwei Theorien vorgestellt werden, die in ihrem jeweiligen Untersuchungsbereich breite Zustimmung erfahren haben und einen wesentlichen Erklärungsbeitrag zu den in dieser Arbeit formulierten Forschungsfragen

---

896 Vgl. z. B. Bachmann/Kemper (2009); Engels (2009); Boyer u. a. (2010); Buytendijk (2010); Gansor/Totok/Stock (2010).

897 Insgesamt wird immer wieder die Qualität wissenschaftlicher Arbeiten bemängelt, die sich mit (Management-)Informationssystemen in Unternehmen beschäftigen. Einen Überblick über positive und negative Beispiele geben beispielsweise Benbasat/Goldstein/Mead (1987); Lee (1989); Orlikowski/Baroudi (1991); Cavaye (1996); Dubé/Paré (2003).

898 Für einen umfassenden Überblick über verschiedene Ansätze vgl. z. B. Wolf (2008).

liefern können. Die Ressourcentheorie – alternative Bezeichnungen sind ressourcenbasierter bzw. ressourcenorientierter Ansatz – beschäftigt sich mit Unternehmensressourcen als Quelle für Wettbewerbsvorteile und kann einen Beitrag zur Beurteilung der Relevanz von Informationen (oder Wissen und Kompetenzen als internalisierte Informationen) für den Wettbewerbserfolg eines Unternehmens leisten und damit für den Nutzen von Business Intelligence (vgl. Kapitel 7.1.1).[899] Als zweite Erklärungstheorie soll anschließend auf die Transaktionskostentheorie als Teil der Neuen Institutionenökonomie eingegangen werden.[900] Die Transaktionskostentheorie beschäftigt sich mit dem Entstehen von Organisationen und Koordinationsformen für deren sozioökonomische Austauschbeziehungen.[901] Damit kann sie, wie bereits in den Kapiteln 6.2 und 6.3 angedeutet, helfen, den am besten geeigneten BI-Prozess für eine konkrete Anfrage unter dem Ziel minimaler Transaktions- und Produktionskosten auszuwählen (vgl. Kapitel 7.1.2).[902]

7.1.1 Ressourcentheorie – Wettbewerbsvorteile durch die geschickte Nutzung einzigartiger Ressourcen

Die Ursprünge der Ressourcentheorie gehen auf die 1950er Jahre zurück. Maßgebliche Begründerin dieser Theorie zur Erklärung von Wettbewerbsvorteilen und Wachstum ist PENROSE.[903] Der Ansatz stellt eine Art Gegenentwurf zur lange Zeit die Forschung dominierenden Markttheorie dar und stellt durch die Erklärung von Wettbewerbsvorteilen durch unterschiedliche Ressourcenausstattungen der Unternehmen das der Markttheorie zugrundeliegende *Structure-Conduct-Performance*-Paradigma in Frage.[904] Die Ressourcentheorie wird deshalb als Ant-

---

899 Vgl. zur Ressourcentheorie und Ressourcen als Quelle für Wettbewerbsvorteile Grant (1991); und als spezifische Weiterentwicklung die Untersuchung von Wissen als Quelle für Wettbewerbsvorteile Grant (1996).

900 Zur Neuen Institutionenökonomie zählen neben der Transaktionskostentheorie noch die Verfügungsrechtetheorie und die Agenturtheorie. Vgl. hierzu den Überblick über institutionenökonomische Theorien der Organisation in Ebers/Gotsch (2006).

901 Vgl. Picot/Dietl (1990), S. 178.

902 Vgl. Theuvsen (1997), S. 972.

903 PENROSE stellte ihre Ansätze, die als Grundlage der Ressourcentheorie gelten, im Jahr 1959 zusammen, vgl. Penrose (1959). Die Rolle und Bedeutung von PENROSES Arbeit für die Ressourcentheorie werden teilweise kontrovers diskutiert. Viele Autoren sehen sie als Begründerin der Ressourcentheorie, vgl. z. B. Wernerfelt (1984), S. 171; Freiling (2001), S. 31; Kor/Mahoney (2004), S. 183 ff. Es gibt aber auch Autoren, die sich kritisch äußern und argumentieren, dass PENROSES Arbeiten fehlinterpretiert werden, vgl. Rugman/Verbeke (2002), S. 769 ff.

904 Zum *Strucutre-Conduct-Performance-Paradigma* vgl. Porter (1981), S. 612. Das *Strucutre-Conduct-Performance-Paradigma* ist eine zentrale Annahme der klassischen Industrieökonomie, die vollkommene Homogenität der Unternehmen in einer Branche unterstellt. Wettbe-

wort auf den *Outside-in*-Ansatz der Markttheorie auch als *Inside-out*-Ansatz bezeichnet.[905] Die Ressourcentheorie geht davon aus, dass sich Unternehmen hinsichtlich ihrer jeweiligen Ressourcenausstattung unterscheiden. Diese besteht jeweils aus den unternehmensindividuellen physischen Ressourcen, z. B. dem Anlagen- und Umlaufvermögen sowie aus der Gesamtheit der verfügbaren Fähigkeiten und des verfügbaren Wissens aller Mitarbeiter des jeweiligen Unternehmens.[906] Wettbewerbsvorteile entstehen in Unternehmen aber nicht durch den Besitz oder den Zugriff auf bestimmte Ressourcen, sondern sie entstehen erst durch die geschickte und einzigartige Kombination verschiedener Ressourcen zur Erzeugung von Produkten und Dienstleistungen in einem bestimmten Markt.[907] Im Vergleich zur Markttheorie wurde in diesem Zusammenhang deshalb auch der Begriff *Resource-Conduct-Performance*-Paradigma gebildet.[908] Die Ressourcentheorie unterscheidet sich von der Markttheorie aber nicht nur durch die Betrachtung der Unternehmensressourcen als Quelle von Wettbewerbsvorteilen, sondern auch durch die zentralen Annahmen zum Markt. Zentrale Prämissen der Ressourcentheorie sind die Annahmen von Faktormarktinsuffizienz, Unsicherheit und beschränkter Rationalität sowie Ressourcenheterogenität, d. h. die Annahme eines unvollkommenen Marktes.[909] Dieser zeichnet sich durch Faktorimmobilität aufgrund nicht vorhandener oder nicht funktionierender Märkte aus, d. h. unternehmensspezifische Ressourcen können nicht beliebig übertragen werden.[910] Außerdem verfügen die begrenzt rationalen Akteure sowohl hinsicht-

---

werbsvorteile können deshalb nur durch eine strategische und operative Positionierung eines Unternehmens in Abhängigkeit der extern vorgegebenen Marktstruktur erzielt werden, vgl. Bain (1968), S. 3 ff.

905 Vgl. Hooley/Broderick/Möller (1998), S. 102. Neben diesen beiden Begriffen gibt es noch weitere Konstellationen, die synonym verwendet werden. Auch in dieser Arbeit bezeichnen die Begriffe Ressourcentheorie, *Resource-based View* (RBV), Ressourcenansatz, ressourcentheoretischer Ansatz und *Inside-out*-Ansatz die gleichen Dinge und können synonym genutzt werden.

906 Vgl. Penrose (1959), S. 24 ff. Der in diesem Zusammenhang genutzte Begriff Humanressource, ist häufig und insbesondere durch den Begriff Humankapital negativ belegt, weil Menschen in den Augen der Kritiker keine handel- und austauschbaren Produktionsfaktoren darstellen, vgl. Thomä (2006), S. 303 f. Humanressourcen sind allerdings nicht auf individuelle Menschen, sondern auf die insgesamt verfügbaren Fähigkeiten und das verfügbare Wissen bezogen. In der Ressourcentheorie kommt diesem Aspekt eine besondere Bedeutung zu, weil gerade nachhaltige Wettbewerbsvorteile und nachhaltiges Wachstum nur durch Ressourcenakkumulation im Sinne von Wissensaufbau und Fähigkeitsentwicklung möglich sind, vgl. Penrose (1995), S. 53 sowie das Vorwort. Mitarbeiterentwicklung und Fortbildung sind deshalb zentrale Aspekte für nachhaltiges Wachstum.

907 Vgl. Conner (1991), S. 132; Mahoney/Pandian (1992), S. 365.

908 Vgl. Rasche (1994), S. 4; Rasche/Wolfrum (1994), S. 502.

909 Vgl. Dierickx/Cool (1989), S. 1504 ff.; Barney (1991a), S. 99 ff.; Peteraf (1993), S. 179 ff.; Freiling (2001), S. 84 ff.

910 Vgl. Rumelt (1984), S. 559.

lich der unternehmensinternen als auch der unternehmensexternen Zustände nur über unvollständige Informationen, sodass Informationsasymmetrien und Unsicherheit bezüglich der Handlungsalternativen entstehen.[911] Die Folge sind heterogene Ressourcenausstattungen der Unternehmen, die weder kurzfristig am Markt erworben noch ohne entsprechende Informationen und Wissen imitiert werden können.

Unternehmen können also weder kurzfristig Wettbewerbsvorteile aktiv erlangen, noch können sie kurzfristig anderen Unternehmen deren Wettbewerbsvorteile kurzfristig nehmen. BARNEY argumentiert aber, dass der Aufbau von Wettbewerbsvorteilen nur teilweise von Zufall und Glück abhängen, denn auf lange Sicht haben Unternehmen durchaus die Möglichkeit, entscheidende Ressourcen zu akquirieren oder zu entwickeln.[912] Entscheidend dafür ist die möglichst genaue Prognose der zukünftigen Relevanz und zukünftigen Werte von Ressourcen, um zukünftig im Markt entstehende Nachfragen nach Produkten oder Dienstleistungen befriedigen zu können. Da alle Unternehmen bzw. Akteure über unterschiedliche Ressourcenausstattungen verfügen und nur unvollkommene Informationen besitzen, gelangen diese auch zu unterschiedlichen Bewertungen der verschiedenen Ressourcen. In dieser Situation kann ein Unternehmen auf lange Sicht Wettbewerbsvorteile erlangen, wenn es die zukünftige Relevanz und den zukünftigen Wert bestimmter Ressourcen besser prognostiziert als die übrigen Marktteilnehmer sowie die entsprechenden Ressourcen zum richtigen Zeitpunkt und zu niedrigeren Kosten akquiriert bzw. aufbaut, als dies später Konkurrenten tun können.[913] Durch die Umsetzung der richtigen Strategie können Unternehmen also höhere Gewinne als Differenz zwischen zukünftigen Umsätzen und den Kosten für den Ressourcenaufbau als andere Marktteilnehmer erzielen. Als entscheidende Voraussetzung für die Implementierung der richtigen Strategie bezeichnet BARNEY Wissensvorsprünge gegenüber Konkurrenten durch den Zugriff auf und die Nutzung der richtigen Informationen über den Markt

---

[911] Vgl. Freiling (2001), S. 85 f. Die Grundannahmen entsprechen damit denen, die im Rahmen der Transaktionskostentheorie ebenfalls getroffen werden, vgl. Kapitel 7.1.2.

[912] Hierzu und im Folgenden vgl. Barney (1986). Vgl. ebenda, S. 1239 insbesondere den ersten Absatz der Zusammenfassung.

[913] DIERICKX/COOL kritisieren diese Argumentation allerdings und halten dagegen, dass nicht alle Ressourcen handelbar sind, sodass diese nicht am Markt akquiriert werden können, vgl. Dierickx/Cool (1989), S. 1505. BARNEY spricht aber auch nicht davon, dass beliebige Ressourcen am Markt akquiriert werden können, sondern er spricht von den für die Umsetzung einer Strategie notwendigen Ressourcen, vgl. Barney (1986), S. 1232. D. h., diese werden im Zuge der Umsetzung so mit bereits existierenden Ressourcen kombiniert und selbst weiterentwickelt, dass ein neues Angebot am Markt geschaffen werden kann.

und die Kunden sowie über das Unternehmen und seine bereits vorhandenen Ressourcen.[914]

Doch obwohl der Begriff Ressource Namensgeber für die Ressourcentheorie ist, existiert eine gewisse Unschärfe hinsichtlich seiner Bedeutung.[915] CAVES stellt allgemein fest, dass sowohl tangible als auch intangible Ressourcen einem Unternehmen nur zeitweise zur Verfügung stehen, sodass die Ressourcenausstattung eines Unternehmens nicht absolut, sondern veränderbar ist.[916] WERNERFELT greift dieses Verständnis auf und beschreibt Ressourcen als *„anything which could be thought of as a strength or weakness of a given firm.“*[917] Dieses Verständnis ist allerdings sehr allgemein gefasst und nur bedingt für Forschung oder Praxis nutzbar. BARNEY grenzt deshalb den Ressourcenbegriff auf mögliche Stärken ein und konkretisiert diese als *„all assets, capabilities, organizational processes, firm attributes, information, knowledge etc. controlled by a firm that enable the firm to conceive of and implement strategies that improve its efficiency and effectiveness.“*[918] Damit Ressourcen einen langfristigen Wettbewerbsvorteil stiften können, muss es sich dabei laut TEECE/PISANO/SHUEN um unternehmensspezifische, nur eingeschränkt imitier- und übertragbare Ressourcen handeln, die ihre Wirkung in Kombination mit besonderen Fähigkeiten (implizitem Wissen) der Mitarbeiter entfalten.[919] D. h., langfristige Wettbewerbsvorteile entstehen erst durch das Zusammentreffen und die Kombination der richtigen Ressourcen (*something which one has*) sowie des richtigen Wissens und der richtigen Fähigkeiten (*something which one can do*).[920] BARNEY beschreibt solche potenziell für

---

914 Mit dieser Einschätzung begründet Barney unter anderem die hohen BI-Aufwände in Unternehmen, vgl. Barney (1986), S. 1238 f.

915 Vgl. Freiling (2002), S. 13. Freiling kritisiert, dass es unter den Forschern nicht abschließend gelungen sei, die wichtigsten Termini so zu definieren, dass diese mit der Grundintention des Ansatzes übereinstimmen.

916 Vgl. Caves (1980), S. 64.

917 Wernerfelt (1984), S. 172.

918 Barney (1991a), S. 101. Eine Übersicht über weitere Definitionen und deren unterschiedliche sowie teils widersprüchliche Interpretation des Ressourcenbegriffs zeigt FREILING, vgl. Freiling (2001), S. 14 f.

919 Vgl. Teece/Pisano/Shuen (1997), S. 516. Wegen dieser besonderen Ressourceneigenschaften ist eine Übertragung nicht ohne weiteres möglich und erzeugt nennenswerte Transaktionskosten. Bisher liegt allerdings noch keine, auf den genannten Eigenschaften aufbauende und weitergehende Klassifizierung von Ressourcen vor. Die Bandbreite unterschiedlicher Ansätze ist ähnlich groß wie die der unterschiedlichen Interpretationen des Ressourcenbegriffs selbst, vgl. Barney (1991a), S. 101 f.; Grant (1991), S. 119; Mahoney/Pandian (1992), S. 364.

920 Vgl. Hall (1993), S. 611.

Wettbewerbsvorteile relevanten Ressourcen anhand folgender qualitativer Eigenschaften:[921]

- Kostbarkeit (*valuableness*) – Ressourcen gelten als wertvoll bzw. kostbar, wenn sie dem Unternehmen die Umsetzung von Strategien ermöglichen, die sowohl die Effektivität als auch die Effizienz des Unternehmens erhöhen.
- Knappheit (*rareness*) – Wettbewerbsvorteile entstehen per Definition relativ zu konkurrierenden Unternehmen und können somit nicht entstehen, wenn mehrere Unternehmen über identische Ressourcen verfügen und damit die gleiche Strategie umsetzen können.
- Unvollständige Imitierbarkeit (*imperfect imitability*) – Wettbewerbsvorteile können nur längerfristig Bestand haben, wenn die zugrundeliegende Strategie bzw. die relevanten Ressourcen nicht einfach imitiert werden können. Andernfalls wären die relevanten Ressourcen nur kurzfristig knapp und Wettbewerbsvorteile würden nach kurzer Zeit verschwinden.
- Fehlende Substituierbarkeit (*non-substitutability*) – Auch wenn Ressourcen die drei Eigenschaften Kostbarkeit, Knappheit und unvollständige Imitierbarkeit besitzen, können sie nur Wettbewerbsvorteile schaffen, wenn diese von anderen Unternehmen nicht durch andere Ressourcen mit vergleichbaren Nutzen ersetzt werden können.

Alle diese Eigenschaften gelten als notwendige Bedingungen für Ressourcen, um potenziell Wettbewerbsvorteile stiften zu können. Dies bedeutet aber umgekehrt nicht, dass Ressourcen ohne diese Eigenschaften unwichtig für den Erfolg eines Unternehmens sind. Vielmehr ist es so, dass „Basisressourcen" erst die Möglichkeit schaffen, Wettbewerbsvorteile durch wertvolle, knappe, unvollständig imitierbare und nicht-substituierbare Ressourcen aufzubauen.

Spätestens nachdem Erfolgsunterschiede aufgrund spezifischer Ressourcenausstattungen der Unternehmen auch empirisch gezeigt werden konnten, hat sich die Ressourcentheorie als zentraler Ansatz zur Erklärung betriebswirtschaftlicher Zusammenhänge etabliert.[922] Die klassische Ressourcentheorie bietet allerdings

---

921 Vgl. im Folgenden Barney (1991a), S. 105–112.

922 Vgl. z. B. die Arbeiten von Cool/Schendel (1988); Jacobsen (1988); Hansen/Wernerfelt (1989); Rumelt (1991). Zur Würdigung der Ressourcentheorie vgl. Peteraf (1993), S. 182 f. Die Ressourcentheorie wird allerdings auch bezüglich bestimmter Annahmen zu überdurchschnittlichen Renditen durch Wettbewerbsvorteile kritisiert. Die Erklärung langfristiger, überdurchschnittlicher Wettbewerbsvorteile und Renditen durch die Ressourcentheorie lässt sich entweder auf überlegene Informationen über die Zukunft oder Glück zurückführen. Diese Argumentation führt allerdings in einen tautologischen Zirkel, vgl. Porter (1991), S. 108; Fischer/Nicolai (2000), S. 231; Freiling (2001), S. 47. Für einen Überblick über weitere Kritiken vgl. Welge/Al-Laham (2012), S. 96 f.

sehr allgemeine sowie teils auch unkonkrete Erklärungsansätze und wurde in den 1990er Jahren in einigen Punkten weiterentwickelt und durch einen Fokus auf die strategisch entscheidenden Ressourcen (Kernkompetenzen) enger gefasst.[923] PENROSE erklärte zwar bereits in ihrer grundlegenden Arbeit nachhaltiges Wachstum durch die Akkumulation und Entwicklung des Wissens und der Fähigkeiten der Mitarbeiter, in späteren Arbeiten wurden aber sowohl Wissen als auch Fähigkeiten als die zentralen Ressourcen in den Mittelpunkt der Überlegungen gestellt. Hieraus entwickelten sich zum einen die Kompetenztheorie ([*Dynamic*] *Capability-based View*) und zum zweiten die Wissenstheorie (*Knowledge-based View*).[924] Die drei Ansätze sind allerdings weder vollständig aufeinander aufbauend, noch sind sie trennscharf voneinander abzugrenzen.[925] Beide Erweiterungen erklären Wettbewerbsvorteile ebenfalls durch die einzigartige Kombination firmenspezifischer Ressourcen. Die Kompetenztheorie betrachtet allerdings stärker als die klassische Ressourcentheorie die Fähigkeiten zur Interaktion und Problemlösung im Unternehmen als zentrale Voraussetzungen für solche einzigartigen Kombinationsprozesse und damit für Wettbewerbsvorteile.[926] Diese einzigartigen Fähigkeiten werden als Quelle langfristiger Wettbewerbsvorteile gesehen, weil sie durch den Austausch von Informationen und die Weitergabe von Erfahrung zwischen Mitarbeitern über einen längeren Zeitraum erlernt werden und deshalb weder transferiert, noch als einzelne Fähigkeiten veräußert werden können.[927] Im Gegensatz dazu nutzt die Wissenstheorie organisationales Wissen als Erklärungsansatz für langfristige Wettbewerbsvorteile.[928] Dieses Wissen und zugehörige Lernprozesse bilden die Basis jedes Kombinationsprozesses, vor allem aber die Basis für die Entwicklung neuer Kombinationsprozesse. Langfristige Wettbewerbsvorteile entstehen demzufolge durch das Management des zur Verfügung stehenden Wissens sowie dessen Erweiterung, Erneuerung und Erhaltung.[929]

---

923 Vgl. Welge/Al-Laham (2012), S. 98.

924 Zur Kompetenztheorie vgl. Prahalad/Hamel (1990); Teece/Pisano (1994); Teece/Pisano/Shuen (1997). Zur Wissenstheorie vgl. Kogut/Zander (1992); Kogut/Zander (1993); Grant (1996).

925 Vgl. Müller-Stewens/Lechner (2003), S. 364. Die dortige Tabelle zeigt die wichtigsten Charakteristika der drei Ansätze nebeneinander.

926 Vgl. Grant (1991), S. 122; Teece/Pisano/Shuen (1997), S. 16.

927 Vgl. Amit/Schoemaker (1993), S. 35.

928 Vgl. Grant (1996), S. 110–112.

929 Vgl. Foss (1996), S. 470 f.; Krogh/Roos (1996), S. 33. Eine Schwachstelle der Wissenstheorie ist das Fehlen einer einheitlichen Definition des Wissensbegriffs sowie Ansätzen zu dessen Erfassung, vgl. Burmann (2002), S. 188 ff.

In allen drei Ansätzen spielen Informationen eine zentrale Rolle für den Aufbau von Wettbewerbsvorteilen. In der klassischen Ressourcentheorie dienen Informationen zwar „nur“ zur Beurteilung der Ressourcen und deren Potenzial für zukünftige Wettbewerbsvorteile. Neben Glück eignen sich in der Ressourcentheorie allerdings nur einzigartige Informationen als Erklärungsansatz zur Begründung langfristiger und überdurchschnittlicher Wettbewerbsvorteile.[930] Im Gegensatz dazu erklärt die Kompetenztheorie langfristige Wettbewerbsvorteile zwar über die im Unternehmen vorhandenen Fähigkeiten, diese können aber nur durch Informations- und Erfahrungsaustausch im Unternehmen gehalten und entwickelt werden. Am zentralsten sind Informationen sicherlich Bestandteil der Wissenstheorie, die Wettbewerbsvorteile mit dem im Unternehmen vorhandenen Wissen erklärt und für dessen Management der Austausch und die Verteilung von Informationen entscheidend sind. Es kann deshalb festgehalten werden, dass sowohl die Beschaffung als auch die Bereitstellung relevanter Informationen für Unternehmen entscheidend sind, wenn es darum geht, Wettbewerbsvorteile aufzubauen und zu erhalten. Da aber weder bekannt ist, welche Informationen für Wettbewerbsvorteile relevant sind, noch aus welchen Quellen die relevanten Informationen bezogen werden können, fordert BARNEY eine umfangreiche Beobachtung und Analyse des Unternehmens und dessen Umfeldes, um die relevanten Informationen zu Ressourcen und Fähigkeiten bereitstellen zu können.[931]

Zur Beantwortung der eingangs gestellten Fragen kann die Ressourcentheorie zusammenfassend folgende wichtige Erklärungsbeiträge liefern:[932]

- Wettbewerbsvorteile entstehen durch die geschickte und einzigartige Kombination der Ressourcen eines Unternehmens zu Produkten und Dienstleistungen sowie deren Absatz am Markt.
- Durch bessere Prognose (Informationen) der zukünftigen Relevanz und zukünftigen Werte von Ressourcen am Markt können sich Unternehmen strategisch besser positionieren und die Ressourcen akquirieren sowie Fähigkeiten und Wissen aufbauen, die eine positive Differenz zwischen zukünftigem Wert und Kosten zum Zeitpunkt der Akquise bzw. des Aufbaus aufweisen.
- Das Wissen und die Fähigkeiten der Mitarbeiter sowie deren Weiterentwicklung durch Lernen sind zentrale Voraussetzungen für das Erkennen neuer Po-

930 Vgl. Porter (1991), S. 108; Fischer/Nicolai (2000), S. 231; Freiling (2001), S. 47.

931 Vgl. Barney (1986), S. 1238.

932 An dieser Stelle wird primär auf die klassische Ressourcentheorie Bezug genommen, weil diese allgemeiner gehalten ist und in verschiedenen Quellen die Bedeutung von Informationen für Wettbewerbsvorteile erläutert wurde, vgl. Porter (1991), S. 108; Fischer/Nicolai (2000), S. 231; Freiling (2001), S. 47.

tenziale (Chancen und Risiken) und die entsprechende Steuerung des Unternehmens.

- Daten sind ebenfalls Ressourcen eines Unternehmens, die erst durch geschickte Kombination in einen Kontext gesetzt werden und damit Informationen zu Potenzialen innerhalb des Unternehmens und dessen Umwelt liefern, die zu Wettbewerbsvorteilen entwickelt werden könnten.

7.1.2 Transaktionskostentheorie – Institutionenökonomische Effizienzbestimmung von Prozessen

Die Transaktionskostentheorie bildet mit der Verfügungsrechtetheorie und der Agenturtheorie eine Gruppe mikroökonomisch orientierter Theorien, die auch als Neue Institutionenökonomie bezeichnet werden.[933] Die Neue Institutionenökonomie verfolgt das Ziel, die Effizienz des sozioökonomischen Austauschs von Leistungen zwischen Institutionen in Abhängigkeit von ihrer Struktur zu erklären. Damit besitzt sie das Potenzial einer Verbindung (volks-)wirtschaftlicher und organisatorischer Theorien. Allerdings existiert bis dato noch keine übergreifende und anerkannte institutionenökonomische Organisationstheorie. Vielmehr werden die drei Teiltheorien zur Untersuchung verschiedener Aspekte herangezogen, die zwar eine enge Verwandtschaft aufweisen, aber hinsichtlich ihres Erklärungsbeitrages nur teilweise vergleichbare Aussagen liefern.[934] Eingangs wurde zwar auch auf das Problem divergierender Ziele bei Informationsasymmetrien zwischen Entscheidern und Unternehmenseignern hingewiesen (klassische Prinzipal-Agenten-Konstellation), für die späteren Detailbetrachtungen und vor allem für die Beurteilung der BI-Prozesse spielen aber sowohl die Agenturtheorie als auch die Verfügungsrechtetheorie nur eine untergeordnete Rolle.[935] Im Ge-

---

933 Vgl. z. B. Matthews (1986); oder Ebers/Gotsch (2006).

934 Vgl. Wolf (2008), S. 332 f.

935 Vgl. Kapitel 4.2.1 sowie Bamberg/Coenenberg/Krapp (2012), S. 143–145. Da von außen nicht beurteilt werden kann, ob ein Entscheider eine nachgefragte Information benötigt, um den Informationsstand und damit die Qualität der Entscheidung zu verbessern oder ob er diese aus anderen Gründen (z. B. Rechtfertigung, Risikoaversion, Unkenntnis des eigentlichen Entscheidungsraumes etc.) benötigt, existiert eine Informationsasymmetrie zwischen Entscheider und Unternehmenseigentümer, vgl. Cyert/March (1963), S. 119; Ackoff (1967), S. B149; Lanzetta/Driscoll (1968), S. 479 f.; Windsperger (1996), S. 9. Die Ziele von Entscheider und Unternehmenseigentümer sind allerdings nur dann identisch, wenn der Entscheider nur dem objektiven Informationsbedarf entsprechende Informationen nachfragt und wenn diese effizient bereitgestellt werden. Andernfalls muss angenommen werden, dass der Entscheider seinen persönlichen Informationsbedarf befriedigen möchte, d. h. der Informationsnutzen realisiert sich teilweise als persönlicher Nutzen des Entscheiders, während die Aufwände für die Informationsbereitstellung dem Unternehmen entstehen, vgl. Kirsch (1977), S. 130–133 im ersten Band. Im Gegensatz dazu, erwartet der Unternehmenseigentümer größtmögliche Entscheidungseffizienz im Sinne des Verhältnisses zwischen dem Nut-

gensatz dazu kann die Transaktionskostentheorie helfen, die Entstehung und Wirkungen von Transaktionskosten bei der Umsetzung von Prozessen zu verstehen und entsprechende Handlungsempfehlungen für eine effiziente Konfiguration abzuleiten.[936] Bei der nachfolgenden Erläuterung wird deshalb auch nicht die Neue Institutionenökonomie insgesamt mit ihren drei Teiltheorien betrachtet, sondern es wird lediglich die Transaktionskostentheorie als für die Forschungsfragen relevante Teiltheorie untersucht.

Als Begründer der Transaktionskostentheorie gelten COASE und WILLIAMSON.[937] Im Mittelpunkt der Theorie stehen die mit der Abwicklung des Güteraustauschs zwischen zwei Institutionen verbundenen Kosten.[938] COASE betrachtet diese, um die Existenz von Unternehmen zu begründen.[939] Im Falle hoher Transaktionskosten sieht er Vorteile in der Eigenerstellung und hierarchischen Koordination in einem Unternehmen gegenüber der Beschaffung am durch Preise koordinierten Markt.[940] WILLIAMSON führt die Überlegungen weiter und betrachtet neben Markt und Hierarchie weitere hybride Koordinationsformen, die für verschiedene Aufgaben effiziente Lösungen hinsichtlich der Minimierung der Summe aus Produktions- und Transaktionskosten darstellen.[941] Die Transaktionskostentheorie kann aber auch auf andere Austauschbeziehungen angewendet werden. So überträgt THEUVSEN die Ansätze auf die interne Organisation von Unternehmen und zieht zur Beurteilung der Effizienz die im Rahmen von Entscheidungen anfallenden internen Transaktionskosten heran.[942] Auch GAITANIDES nutzt die Transaktionskostentheorie im unternehmensinternen Kontext.[943] Er argumentiert, dass eine Prozessorganisation als hybride Organisationsform zwischen funktionaler Segmentierung und reiner Objektsegmentierung die jeweiligen Vorteile von hierar-

---

zen einer Entscheidung und deren Aufwand. Es kann also angenommen werden, dass wegen der Abweichungen zwischen objektivem und subjektivem Informationsbedarf, der Informationsnachfrage sowie dem Informationsangebot streng genommen immer divergierende Ziele zwischen Entscheider und Unternehmenseigentümer existieren.

936 Vgl. Gaitanides (2012), S. 67 f.

937 Vgl. Coase (1937); Williamson (1975); Williamson (1979).

938 Vgl. Picot (1991b), S. 145 f.

939 Vgl. Coase (1937), S. 388.

940 COASE bildet damit die Grundzüge für unter der Bezeichnung *Make-or-Buy* getroffene Entscheidungen zur Eigenfertigung oder zum Fremdbezug bzw. zur Auslagerung der Leistungserstellung, vgl. Williamson (1979), S. 233 ff.; Bössmann (1983), S. 107–110.

941 Vgl. Williamson (1985), S. 68 ff.

942 Vgl. Theuvsen (1997), S. 976–978. Vgl. auch die Überlegungen von Windsperger (1996), S. 130 f.

943 Vgl. Gaitanides (2012), S. 67 f.

chischer Spezialisierung und marktorientierter Dezentralisierung nutzen sowie gleichzeitig deren Nachteile vermeiden kann.[944]

Trotz der großen Akzeptanz der Transaktionskostentheorie in der betriebswirtschaftlichen Forschung und deren häufiger Nutzung in Forschungsarbeiten gibt es bisher keine allgemeingültige Definition für den Begriff Transaktion.[945] Vielmehr entwickelte sich der Begriff im Zuge der Anwendung der Transaktionskostentheorie auf verschiedene Austauschbeziehungen weiter.[946] Das ursprüngliche Verständnis von COMMONS betrachtet eine Transaktion in enger Verwandtschaft zur Verfügungsrechtetheorie als die vertraglich festgelegte Übertragung von Verfügungsrechten.[947] WILLIAMSON hingegen wendet sich von der vertraglichen Fixierung ab und spricht von Transaktionen, wenn Güter oder Dienstleistungen über eine technologisch abgrenzbare Schnittstelle transferiert werden.[948] Dies öffnet die Anwendung der Transaktionskostentheorie auch für Austauschbeziehungen, in denen kein Eigentumswechsel stattfindet, sondern lediglich eine Leistungsabgabe zwischen zwei abgegrenzten Einheiten erfolgt. Solche Einheiten können dann auch Bearbeitungsstationen in einer Produktion oder allgemein Prozesse sein.[949] Die Definition von Williamson verleitet allerdings dazu, den Blick zu sehr auf den produktiven Prozess anstatt auf die damit verbundene Austauschbeziehung zu legen.[950] PICOT definiert Transaktionen deshalb als „*Prozess der Klärung und Vereinbarung eines Leistungsaustauschs*“[951]. Damit verbindet er die beiden zuvor genannten Definitionen und lässt auf der einen Seite die Art und den Ort des Leistungsaustauschs offen, macht aber auch deutlich, dass die vorgelagerten, begleitenden und nachgelagerten Aktivitäten zur Koordinierung dieses Leistungsaustauschs eine zentrale Rolle spielen.

---

944 Vgl. Gaitanides (2012), S. 77 ff. und S. 81 ff. Aufbauend auf diesen Überlegungen lassen sich verschiedene Alternativen zwischen Funktions- und Prozessspezialisierung bilden, vgl. Picot/Dietl/Franck (2008), S. 306–310 insbesondere die Abbildung auf S. 309.

945 Vgl. Wolf (2008), S. 332.

946 Vgl. z. B. die Entwicklung über die Arbeiten von Commons (1931), S. 652; Picot (1982), S. 269; Williamson (1985), S. 1; Williamson (1989), S. 159 ff.; Halin (1995), S. 37; Theuvsen (1997), S. 977; Drumm (1999), S. 463 f.

947 Vgl. Commons (1931), S. 652.

948 Vgl. Williamson (1985), S. 1. Dort wird ausgeführt, dass „*any issue that can be formulated as a contracting problem can be investigated to advantage in transaction cost economizing terms*“, ebenda, S. 17. WILLIAMSON verfolgt also eine Öffnung der Transaktionskostentheorie hinsichtlich anderer Anwendungsfälle, in denen eine Austauschbeziehung besteht.

949 Vgl. Gaitanides (2012), S. 68.

950 Die offene Definition von WILLIAMSON wird auch teilweise so interpretiert, dass statt der Transaktionskosten die Produktionskosten in den Fokus geraten, vgl. Vosberg (2003), S. 60.

951 Picot (1982), S. 269.

Die Kosten dieser Koordination werden als Transaktionskosten bezeichnet. Solche entstehen während des gesamten Leistungsaustausches. In der Literatur werden i. d. R. vorgelagerte (ex-ante) und nachgelagerte (ex-post) Transaktionskosten unterschieden.[952] Sie entstehen in der Anbahnung, Vereinbarung, Abwicklung, Kontrolle und Anpassung von Transaktionen.[953] EBERS/GOTSCH unterscheiden z. B. die vorgelagerten Informations- und Suchkosten sowie Verhandlungs- und Vertragskosten und die nachgelagerten Überwachungskosten, Konflikt- und Durchsetzungskosten sowie Anpassungskosten.[954] Zur effizienten Konfiguration von Prozessen müssen solche Transaktionskosten zusätzlich zu den eigentlichen Leistungserstellungskosten berücksichtigt werden.[955] Weitere Beispiele für Transaktionskosten sind in Abbildung 38 nach dem Zeitpunkt ihrer Entstehung klassifiziert dargestellt.

	Koordinationskosten (ex-ante Transaktionskosten)	Motivationskosten (ex-Post Transaktionskosten)
Markt	▪ Anbahnungskosten ▪ Suchkosten ▪ Informationskosten ▪ Vertragskosten ▪ Verhandlungskosten ▪ Einigungskosten ▪ Kosten effizienter Vertragsergebnisse	▪ Kosten der Absicherung ▪ Reputationskosten ▪ Vertragsanpassung ▪ Reine Verhandlungskosten durch Neuverhandlungen ▪ Investitionen aus Neuverhandlungen ▪ Kosten der Durchsetzung ▪ Gerichtskosten
Hierarchie	▪ Kosten der Organisationsstruktur ▪ Kosten der Einrichtung, Erhaltung, Änderung ▪ Kosten des Betriebes ▪ Entscheidungskosten ▪ Informationskosten	▪ Kontroll- und Überwachungskosten ▪ Kosten der Leistungsbewertung ▪ Kosten durch nicht konforme Entscheidungen ▪ Kosten durch Konflikte

Abbildung 38: Beispiele für Transaktionskosten bei marktlicher und hierarchischer Koordination aufgeschlüsselt nach dem Zeitpunkt der Entstehung. (Quelle: in Anlehnung an Jost (2001), S. 39.)

Die Betrachtungen im weiteren Verlauf dieser Arbeit folgen einem Transaktionsverständnis, das eine Verbindung der Definitionen von WILLIAMS und PICOT darstellt. Eine Transaktion ist demnach die **Abwicklung eines Leistungsaustauschs über eine abgrenzbare Schnittstelle.**[956] Folglich können die **durch die Abwick-**

[952] Vgl. Wolf (2008), S. 349 f.

[953] Vgl. Picot (1991a), S. 344.

[954] Vgl. Ebers/Gotsch (2006), S. 278.

[955] Vgl. Williamson (1985), S. 22.

[956] Vgl. Picot (1982), S. 269; Williamson (1985), S. 1. Vgl. außerdem eine sehr ähnliche Definition in Jost (2001), S. 10.

lung entstehenden Kosten als Transaktionskosten bezeichnet werden. Gleichzeitig gibt diese Definition Hinweise darauf, dass neben den Transaktionskosten zur Abwicklung des Leistungsaustauschs auch Kosten für die ausgetauschte Leistung entstehen. Eine effiziente Austauschbeziehung ist deshalb die Koordinationsform mit einer minimalen Summe aus Transaktions- und Produktionskosten. Zur Beurteilung der Effizienz müssen zum einen mögliche alternative Koordinationsformen entwickelt und zum zweiten deren Wirkungen auf die Transaktions- und Produktionskosten ermittelt werden. Insbesondere zur Ermittlung der Transaktionskosten gibt es aber keinen funktionsfähigen Ansatz, der eine Quantifizierung ermöglicht. Eine absolute Bewertung ist dementsprechend nicht möglich. Da aber gerade eine organisatorische Gestaltung für jedes Unternehmen hochgradig individuell ist, ist eine Quantifizierung gar nicht notwendig. Zur Entscheidung für eine mögliche Alternative genügt es vielmehr, deren relative Vorteile gegenüber den übrigen potenziellen Alternativen abschätzen und beurteilen zu können.[957] Als Kriterium kann dazu die Effizienz als Einsatz von Ressourcen pro Transaktion herangezogen werden.[958] Ein solches Vorgehen nutzen auch WILLIAMSON und PICOT, die Handlungsempfehlungen auf Basis ihrer Untersuchung alternativer Kooperationsformen in Abhängigkeit verschiedener Rahmenbedingungen abgeben. Ihre Aussagen beschreiben damit auch den Einfluss verschiedener Rahmenbedingungen auf die Höhe der Transaktionskosten bzw. unter welchen Bedingungen eine bestimmte Kooperationsform am effizientesten ist.[959]

Aus diesen Überlegungen lassen sich drei maßgebliche Einflussfaktoren auf die Höhe der Transaktionskosten ableiten. Diese bezeichnet WIEGANDT als Verhaltensannahmen, Transaktionsatmosphäre und Transaktionscharakteristika (vgl. Abbildung 39).[960]

---

[957] Vgl. Picot/Dietl (1990), S. 183.

[958] Vgl. Ebers/Gotsch (2006), S. 278. Dies entspricht auch der Kennzahl Produktivität als Output pro Input bzw. der oben als Effizienz von BI-Prozessen beschriebenen Größe, vgl. Kapitel 4.3.5.

[959] Vgl. Williamson (1989), S. 150–173. Die hier untersuchten Koordinationsformen beziehen sich aber lediglich auf unternehmensexterne Transaktionen. Picot liefert ein vergleichbares Beispiel für unternehmensinterne Koordinationsformen, vgl. Picot/Dietl/Franck (2008), S. 309.

[960] Vgl. Wiegandt (2009), S. 119. Die ursprüngliche Einteilung von Williams bezeichnet die drei Einflussgrößen als Verhaltensannahmen, Transaktionsatmosphäre und Umweltfaktoren, vgl. Williamson (1975), S. 40; bzw. als deutsche Übersetzung Picot/Dietl (1990), S. 181.

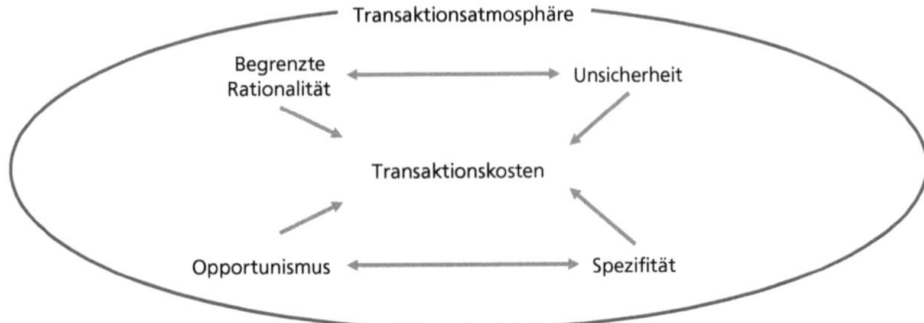

Abbildung 39: Das erweiterte Markt-Hierarchie-Paradigma. (Quelle: Wiegandt (2009), S. 119.in Anlehnung an Williamson (1975), S. 40; Picot/Dietl (1990), S. 181.)

Die Transaktionskostentheorie als Teil der Neuen Institutionenökonomie unterstellt den handelnden Akteuren begrenzte Rationalität und Opportunismus. Diese **Verhaltensannahmen** stellen eine Abkehr von den vielkritisierten Annahmen der neoklassischen Theorien dar, die mit dem Homo Oeconomicus einen stets rational handelnden, aber in der Realität niemals anzutreffenden Akteur unterstellen.[961] Die Annahme begrenzter Rationalität leitet sich unter anderem aus der verhaltenswissenschaftlichen Entscheidungstheorie ab.[962] Dort wird die begrenzte Rationalität damit erklärt, dass Entscheider nur über unvollständiges Wissen verfügen und keine sicheren Aussagen über zukünftige Ereignisse getroffen werden können. Somit ist es weder möglich alle Entscheidungsalternativen zu bestimmen noch alle formulierten Alternativen zuverlässig zu bewerten.[963] Ursache hierfür ist unter anderen die begrenzte Informationsaufnahme- und -verarbeitungsfähigkeit der Akteure. Weiterhin wird den Akteuren opportunistisches Handeln unterstellt. Diese streben also eine Maximierung des eigenen Nutzens an und sind bereit, ihre eigenen Ziele auch auf Kosten der übrigen Akteure zu erreichen.[964] Hierzu können Akteure Informationsasymmetrien ausnutzen, wie sie auch in der Agenturtheorie beschrieben werden.[965] Wegen dieser beiden Verhaltensannahmen müssen Akteure in Transaktionen Maßnahmen durch vertragliche bzw. institutionelle Regelungen ergreifen, die eine Schmälerung ihres

961 Vgl. Suchanek/Kerscher (2007), S. 257 ff.

962 Vgl. Berger/Bernhard-Mehlich (2006), S. 177 f.

963 Vgl. Simon (1997), S. 85 f. Rationales Handeln ist zwar de facto nicht möglich, viele Akteure beabsichtigen aber objektiv und sachlich zu handeln, was in deren Wahrnehmung zum Eindruck rationalen Handelns führt, vgl. Picot/Dietl/Franck (2008), S. 58.

964 Vgl. Williamson (1975), S. 40.

965 Vgl. Breid (1995), S. 824 f.

eigenen Nutzens verhindern. Diese Regelungen erzeugen aber ebenfalls Aufwände und schmälern somit den Gesamtnutzen der Akteure. Außerdem weist WILLIAMSON darauf hin, dass gerade ex-post Transaktionskosten unterschätzt werden, weil es nicht möglich ist, alle möglichen Streitfälle im Voraus zu erkennen und zu regeln und somit marktorientierte Lösungen teilweise hinsichtlich des Nutzens überbewertet werden.[966] Er empfiehlt deshalb „*[to] organize transactions so as to economize on bounded rationality while simultaneously safeguarding them against the hazards of opportunism*“.[967]

Neben den Verhaltensannahmen bezüglich der Akteure haben auch die als **Transaktionsatmosphäre** bezeichneten soziokulturellen und technologischen Rahmenbedingungen Einfluss auf die Höhe der Transaktionskosten.[968] Zu den soziokulturellen Rahmenbedingungen zählen beispielsweise Wertvorstellungen oder persönliche Beziehungen und Vertrauensverhältnisse zwischen den Transaktionspartnern. Diese schaffen günstige Rahmenbedingungen, sodass der Umfang der notwendigen vertraglichen Fixierungen erheblich abnimmt oder gar ganz entfällt.[969] Die technischen Rahmenbedingungen werden durch die verfügbare Infrastruktur, z. B. durch Instrumente zur Kommunikation oder zum Datenaustausch, gebildet. Diese können die Interaktionen der Transaktionspartner unterstützen und vereinfachen sowie gegenseitige Kontrollmöglichkeiten und Transparenz schaffen, sodass ebenfalls Transaktionskosten verringert werden oder entfallen können.[970] Die technischen Rahmenbedingungen können sogar Einfluss auf die Transaktionscharakteristika (vgl. folgender Absatz) haben und die Spezifität von Transaktionen verändern oder durch Automatisierung den Einfluss der Transaktionshäufigkeit reduzieren.[971] Die Transaktionsatmosphäre kann also großen Einfluss auf die Höhe der Transaktionskosten haben. Für die in dieser Arbeit verfolgten Fragestellungen ist die Transaktionsatmosphäre allerdings nachrangig, da für unterschiedliche interne Leistungsbeziehungen innerhalb des gleichen Unternehmens die gleichen technologischen Rahmenbedingungen existieren und durch die gemeinsame Zugehörigkeit der Akteure zu einem Unternehmen gleiche Wertvorstellungen und ein erhöhtes Maß an gegenseitigem Vertrauen unterstellt werden können.

---

[966] Vgl. Williamson (1985), S. 29 f.

[967] Williamson (1985), S. 32.

[968] Vgl. Williamson (1975), S. 37–39.

[969] Vgl. Stieglitz (2008), S. 36.

[970] Vgl. Picot/Reichwald/Wigand (2003), S. 52.

[971] Vgl. Wolf (2008), S. 352.

Die dritte und letzte Einflussgröße auf die Transaktionskosten bilden die **Transaktionscharakteristika**, nämlich die (Investitions-)Spezifität, Unsicherheit und Häufigkeit der eigentlichen Transaktion.[972] Darüber hinaus werden zwar auch weitere Charakteristika genannt, diese spielen aber nur für spezifische Anwendungsfälle eine Rolle oder haben einen, im Verhältnis zu den drei genannten Charakteristika, vernachlässigbaren Einfluss.[973] Wegen ihres Einflusses auf die Transaktionskosten können die Charakteristika auch als Transaktionskostentreiber bezeichnet werden. Einen großen Einfluss auf die Höhe der Transaktionskosten hat der Treiber **Spezifität**. Eine Investition ist spezifischer, je kleiner der potenzielle Nutzerkreis und je spezifischer der Einsatzzweck für diese ist. Im Fokus der Betrachtung stehen Investitionen in notwendige Ressourcen für die Leistungserstellung in einer bestimmten Transaktionsbeziehung, die nur bedingt in anderen Zusammenhängen genutzt werden können.[974] WILLIAMSON unterscheidet hier standortspezifische, anlagespezifische, abnehmerspezifische und terminspezifische Investitionen sowie Investitionen in spezifisches Humankapital und in die Reputation.[975] Eine weitere Ressource mit hoher Spezifität sind Informationen, die zur Erstellung bestimmter Leistungen erst eingekauft, erhoben oder erstellt werden müssen.[976] Solche Investitionen sind zwar auf der einen Seite notwendig bzw. haben das Potenzial die Produktionskosten zu senken, auf der anderen Seite führen sie aber auch zu einer Abhängigkeit des investierenden Akteurs gegenüber seinem Transaktionspartner. Die Wirkung des Treibers Spezifität hängt maßgeblich mit der Opportunismusannahme zusammen. Nur weil der investierende Akteur davon ausgehen muss, dass sein Transaktionspartner die Abhängigkeit ausnutzt, um bessere Konditionen durchzusetzen, ist eine vertragliche Regelung der Austauschbeziehung notwendig. Andernfalls würde kooperatives Verhalten einen Vertrag überflüssig machen und es könnten Transaktionskosten vermieden werden.[977] Umgekehrt kann es aber auch zu einem so genannten Lock-in-Effekt kommen, wenn der beauftragende Akteur von den spezifischen Investitionen seines Transaktionspartners abhängt, weil er wegen man-

---

[972] Vgl. Williamson (1990), S. 59–69.

[973] Vgl. z. B. Windsperger (1996), S. S. 69. Dieser weist zusätzlich noch dem Transaktionspotenzial wichtigen Einfluss zu. Ein ähnliches Charakteristikum nennen mit der strategischen Bedeutung auch Picot/Dietl/Franck (2008), S. 59–61. Zusätzlich schreiben diese den Messkosten wichtigen Einfluss zu. Im Gegensatz dazu reduziert THEUVSEN die Einflussgrößen auf Unsicherheit als Konstrukt aus Komplexität und Dynamik sowie Größenvorteile (ähnlich der Häufigkeit), vgl. Theuvsen (1997), S. 989 die Einflussgrößen auf Unsicherheit als Konstrukt aus Komplexität und Dynamik sowie Größenvorteile (ähnlich der Häufigkeit).

[974] Vgl. Williamson (1979), S. 242.

[975] Vgl. Williamson (1991), S. 281.

[976] Vgl. hierzu die Relevanz von Informationen, Wissen und Kompetenzen als Quellen für Wettbewerbsvorteile in Corsten/Dresch/Gössinger (2004), S. 17.

[977] Vgl. Wiegandt (2009), S. 120.

gelnden Wissens und fehlenden Personals nicht in der Lage ist, die extern bezogene Leistung selbst zu erstellen.[978] Je höher die Spezifität einer Transaktion bzw. einer für die Transaktion notwendigen Investition ist, desto höher wird die Abhängigkeit (mindestens eines) der Transaktionspartner, desto größer wird die Bereitschaft zur längerfristigen Kooperation und desto höher werden die Transaktionskosten zur vertraglichen Regelung der Austauschbeziehung.

Ebenfalls einen großen Einfluss auf die Höhe der Transaktionskosten hat der Treiber **Unsicherheit**. Die Unsicherheit einer Transaktion ist hoch, wenn die daran geknüpften Bedingungen nicht klar sind oder wenn sich die Leistungsvereinbarungen im Verlauf der Zeit häufig ändern können.[979] WILLIAMSON unterscheidet nochmals zwischen parametrischer Unsicherheit und Verhaltensunsicherheit.[980] Parametrische Unsicherheit liegt vor, wenn die Rahmenbedingungen einer Transaktion unklar oder unbekannt sind. Diese Unsicherheit existiert aufgrund der Annahme begrenzter Rationalität und erfordert eine umfangreiche vertragliche Regelung für den Fall möglicher Änderungen. Verhaltensunsicherheit wiederum entspricht im Prinzip der Annahme opportunistischen Verhaltens und führt zu einer Verschlechterung der Planbarkeit und Abschätzbarkeit des Verhaltens der beteiligten Akteure. In der Literatur werden hierzu nochmals drei unterschiedliche Probleme behandelt.[981] M*oral hazard* beschreibt das Problem, dass ein Transaktionspartner seine Leistung nicht wie vereinbart erfüllen wird, weil dies dessen eigenen Zielen zuwider liefe.[982] Darüber hinaus gibt es noch die Probleme *adverse selection*, das eine Unsicherheit bezüglich der Fähigkeiten des Partners beschreibt[983] und grundlegende Messprobleme, die auftreten, weil erbrachte Leistungen nicht exakt erfasst werden können bzw. sich vorher nicht exakt definieren lassen[984]. Eine hohe Unsicherheit führt deshalb sowohl zu einer Steigerung der ex-ante als auch der ex-post Transaktionskosten. Die Bedeutung

---

978 Vgl. Theuvsen (1997), S. 986. Allerdings können diese Effekte auch aus anderen Gründen auftreten. So spricht man insbesondere auch bei Standardsoftwarelösungen von einem Lock-in-Effekt, wenn aufgrund des Netzeffektnutzens eine Abhängigkeit entsteht, weil z. B. nur zu dieser einen Software Zusatzmodule oder Schnittstellen angeboten werden, vgl. z. B. Buxmann/Diefenbach/Hess (2011), S. 27 ff.

979 Vgl. Picot/Dietl/Franck (2008), S. 59.

980 Vgl. Williamson (1985), S. 57.

981 Vgl. Windsperger (1996), S. 36; Picot/Reichwald/Wigand (2008), S. 48–51.

982 Vgl. Holmström (1979); Holmström (1982).

983 Vgl. Hart/Holmström (1986), S. 74–77; Fudenberg/Holmström/Milgrom (1990), S. 3 f.

984 Vgl. Barzel (1982), S. 28 ff.

des Treibers Unsicherheit ist allerdings nicht unabhängig von der Spezifität, sondern korreliert mit dieser.[985]

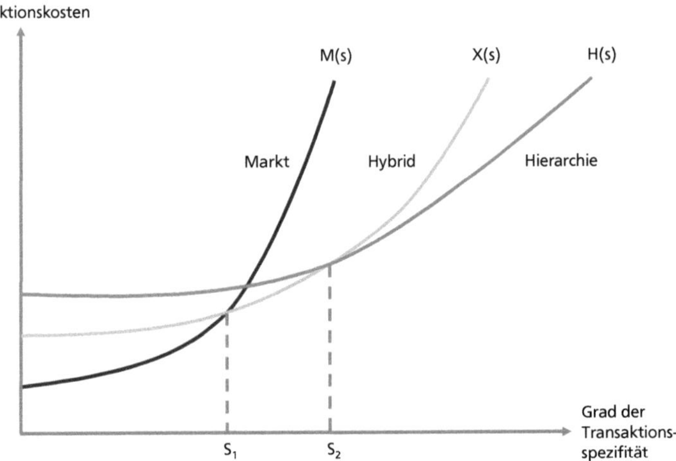

Abbildung 40: Entwicklung der Transaktionskosten in Abhängigkeit der Güterspezifität für verschiedene Koordinationsformen. (Quelle: in Anlehnung an Williamson (1991), S. 284.)

Das dritte Transaktionscharakteristikum **Häufigkeit** bezieht sich auf die Anzahl und Regelmäßigkeit, mit der identische Transaktionen zwischen zwei Transaktionspartnern ausgeführt werden. Je häufiger vergleichbare Transaktionen ausgeführt werden, desto eher entstehen Skalen- und Synergieeffekte, die zu einer schnelleren Amortisierung spezifischer Investitionen führen können.[986] Außerdem können spezifische Regelungen, die speziell für diese Transaktion entwickelt wurden, häufiger angewendet werden, sodass die Umsetzung relativ kostengünstiger wird.[987] Häufig hat die Häufigkeit als Transaktionskostentreiber allerdings nur nachrangigen Einfluss und hängt maßgeblich von den beiden anderen Charakteristika ab.[988] Nur in Kombination mit hoher Unsicherheit und hoher Spezifität spricht eine hohe Frequenz der Transaktionen für eine hierarchi-

[985] Vgl. Ebers/Gotsch (2006), S. 283.

[986] Vgl. Halin (1995), S. 80.

[987] Vgl. Williamson (1979), S. 246; Wiegandt (2009), S. 121.

[988] Vgl. Williamson (1985), S. 60 f. und S. 73 ff. Diese Aussage muss im späteren Verlauf relativiert werden, weil in Bezug auf Informationsverarbeitung und Automatisierung die Häufigkeit einen großen Einfluss hat, vgl. Kapitel 7.2.

sche Lösung und eigene Investitionen zur Leistungserstellung.[989] Ganz allgemein können für die Transaktionskosten und für unterschiedliche Koordinationsformen folgende Zusammenhänge angenommen werden (vgl. Abbildung 40).

Die Transaktionskostentheorie an sich bildet eine wesentliche Grundlage für viele (betriebs-) wirtschaftswissenschaftliche Modelle. Transaktionskosten als Koordinationskosten entstehen aber sowohl in externen als auch in internen Transaktionen zum Leistungsaustausch.[990] In externen Leistungsbeziehungen entstehen sie in der Anbahnung, Vereinbarung, Abwicklung, Kontrolle und Anpassung von Transaktionen.[991] In internen Leistungsbeziehungen im Unternehmen entstehen sie durch die Koordination der Leistungserstellungsprozesse.[992] Bereits zu Beginn des Kapitels wurde erwähnt, dass im Zuge der Anwendung der Transaktionskostentheorie in anderen als den von COASE und WILLIAMSON gesetzten Kontexten teilweise Anpassungen an den Rahmenbedingungen bzw. den aus der Theorie abgeleiteten Aussagesystemen vorgenommen wurden. Beispielsweise nutzt WINDSPERGER die Transaktionskostentheorie im unternehmensinternen Kontext zur Bestimmung einer optimalen Unternehmensorganisation. Als Effizienzkriterium nutzt er die Koordinationseffizienz, die durch die Koordinationskosten bestimmt wird.[993] Diese Betrachtung ist ausreichend, weil WINDSPERGER die Produktionskosten als Teil der Koordinationskosten betrachtet und sich deshalb die Transaktionserträge für unterschiedliche Organisationsformen nicht verändern können.[994] In Anlehnung an die Kontingenztheorie[995] betrachtet WINDSPERGER

---

[989] Ein häufiger Leistungsaustausch spricht wegen der schnelleren Amortisationsdauer dafür, Investitionen selbst zu tätigen. Weiterhin muss angenommen werden, dass bei Transaktionen mit einer hohen Unsicherheit und hohen Spezifität stets umfangreiche Kontrollen zur Leistungsabsicherung durchgeführt werden müssen und deshalb entsprechend hohe Transaktionskosten entstehen, vgl. Picot/Dietl/Franck (2008), S. 61. Gleichzeitig ist auch anzunehmen, dass eine Situation, in der sehr spezifische Leistungen häufig mit dem gleichen Lieferanten ausgetauscht werden, für beide Seiten zu Abhängigkeiten führt und deshalb zusätzliche vertragliche Regelungen erfordert, vgl. Wolf (2008), S. 352.

[990] Vgl. Picot (1991a), S. 340.

[991] Vgl. Picot (1982), S. 270 f.

[992] Vgl. Windsperger (1996), S. 18.

[993] Vgl. Windsperger (1996), S. 59–62. WINDSPERGER stellt fest, *„dass das optimale Organisationsdesign der Unternehmung durch die minimalen Koordinationskosten bestimmt wird“*, ebenda, S. 62. Koordinationskosten bestehen aus den Kosten des Informationsflusses und den Kosten für die Umsetzung einer Organisation, vgl. ebenda, S. 29 ff.

[994] Vgl. Windsperger (1996), S. 49 f. Höhere „Erträge“ einer Organisationsform können lediglich durch niedrigere Produktionskosten gegenüber einer anderen Organisationsform entstehen. Dieser Effekt wird aber bereits in den Koordinationskosten abgebildet. Die realisierten Erträge am Markt verändern sich allerdings nicht durch unterschiedliche unternehmensinterne Organisationsformen.

[995] Vgl. Schreyögg (2008), S. 276 ff. WINDSPERGER hat damit einen Beitrag zur Verbindung dieser beiden grundlegenden Theorien (Transaktionskostentheorie und Kontingenztheorie) und

den Fit zwischen dem durch die Transaktionscharakteristika bestimmten Koordinationsbedarf und der durch eine Organisationsform bereitgestellten Koordinationskapazität.[996] Eine Entsprechung beider Größen betrachtet WINDSPERGER als Effizienz. Als entscheidende Transaktionskostentreiber werden hierbei, wie in der klassischen Transaktionskostentheorie, die Transaktionscharakteristika Spezifität, Unsicherheit und Häufigkeit betrachtet.[997] Demgegenüber argumentiert THEUVSEN, dass der Einfluss der Häufigkeit einer Transaktion auf die Transaktionskosten bei internen Leistungsbeziehungen vernachlässigbar ist, weil angenommen werden kann, dass interne Abstimmungsprozesse problemlos erfolgen.[998] Stattdessen hebt THEUVSEN die Produktionskosten als wichtigere Größe hervor, weil diese in Wechselwirkung mit der Unternehmensorganisation (Realisationssystem) steht.[999] Die Grundsätzlichen Aussagen zur transaktionskostenorientierten Gestaltung interner Organisationsformen entsprechen aber denen von WINDSPERGER bzw. ergänzen diese. Ein weiterer, und davon abweichender, transaktionskostentheoretischer Ansatz stammt von GAITANIDES. Dieser nutzt die Transaktionskostentheorie bei der Einordnung der von ihm dargestellten Prozessorganisation zwischen (objektorientierter) Dezentralisierung und (verrichtungsspezifischer) Zentralisierung als hybride Organisationsform, die Vorteile von Dezentralisierung und Zentralisierung verbindet.[1000] Ganz allgemein stellt GAITANIDES ausgehend von den Charakteristika der Prozesse bzw. Verrichtungen fest, dass eine hierarchische, zentrale Koordination gegenüber einer marktlichen, dezentralen Koordination effizienter ist, je spezifischer, je unsicherer und je häufiger die betrachteten Transaktionen stattfinden.[1001] Daneben können allerdings in Abhängigkeit der funktionalen sowie der prozessualen Spezialisierung auch andere Gestaltungsalternativen effizient sein.[1002] Dies ist immer dann der Fall, wenn die spezifischen Vorteile objektorientierter Dezentralisierung bzw. verrichtungsspezifischer Zentralisierung nur schwach ausgeprägt sind, sodass die eine Prozessorganisation als hybrides Koordinationsmodell durch hohe Anreizintensi-

---

damit zur Erklärung optimaler unternehmensinterner Organisationsformen für bestimmte Leistungserstellungsprozesse geliefert.

996 Vgl. Windsperger (1996), S. 69.

997 Dies entspricht einer konsequenten Weiterentwicklung der Theorie von WILLIAMSON, der ebenfalls in einer Arbeit mithilfe der Transaktionskostentheorie unternehmensinterne Koordinationsformen (Governance und Einbindung der Mitarbeiter) untersucht hat, vgl. Williamson (1981), S. 558.

998 Vgl. Theuvsen (1997), S. 986–988.

999 Hierzu auch die Betrachtung kostenrelevanter Merkmale interner Organisationsstrukturen, vgl. Theuvsen (1997), S. 981–985.

1000 Vgl. Gaitanides (2012), S. 67 ff. Sowie zur gleichzeitigen Nutzung von Vorteilen dezentraler und von Vorteilen zentraler organisatorischer Koordinationsformen, vgl. ebenda, S. 81-86.

1001 Vgl. Gaitanides (2012), S. 75.

1002 Vgl. Picot/Dietl/Franck (2008), S. 309 f.

tät, gute Anpassungsfähigkeit, Standardisierung und mittlere Kosten insgesamt mehr Vorteile aufweist.[1003] Sowohl die Ansätze von WILDSPERGER und THEUVSEN als auch der Ansatz von GAITANIDES wurden bereits in verschiedenen Arbeiten zur Modellierung betriebswirtschaftlicher Zusammenhänge erfolgreich genutzt, sodass eine grundsätzliche Eignung der Transaktionskostentheorie zur Erklärung organisatorischer bzw. prozessualer Zusammenhänge auch innerhalb von Unternehmen angenommen werden kann.[1004]

Zur Beantwortung der eingangs gestellten Fragen kann die Transaktionskostentheorie zusammenfassend folgende wichtige Erklärungsbeiträge liefern:

- Mithilfe der Transaktionskostentheorie kann sowohl die Struktur von internen als auch von externen Leistungsaustauschbeziehungen hinsichtlich ihrer Effizienz beurteilt werden.
- Durch die Abwicklung eines Leistungsaustauschs über eine abgrenzbare Schnittstelle entstehen Transaktionskosten z. B. als Kosten für Anbahnung, Vereinbarung, Abwicklung, Kontrolle und Anpassung.
- Die Transaktionskosten hängen von den Verhaltensannahmen, der Transaktionsatmosphäre und den Transaktionscharakteristika ab. Diese drei Einflussgrößen setzen den Rahmen für die Transaktionskostenanalyse eines Unternehmens.
- Die wichtigste Einflussgröße auf die Transaktionskosten einer einzelnen Transaktion bilden die Transaktionscharakteristika (Investitions-)Spezifität, Unsicherheit und Häufigkeit als Wiederholungsrate einer Transaktion.
- Die Effizienz einer Leistungsaustauschbeziehung ist am höchsten, wenn die Summe aus Produktions- und Transaktionskosten minimal ist.

7.2 Aufbau des theoretischen Bezugsrahmens

Jeweils zum Abschluss der Einführungen in die Ressourcentheorie und die Transaktionskostentheorie wurden wichtige Erklärungsbeiträge zur Beantwortung der eingangs gestellten Fragen dargestellt. Diese fassen kurz zusammen, welche allgemeinen Zusammenhänge theoretisch begründet werden können und sollen nun dabei helfen einen Bezugsrahmen zur Untersuchung der Forschungsfragen zu definieren. Die Beantwortung der Forschungsfrage dieser Arbeit soll später dazu dienen, Handlungsempfehlungen zur Gestaltung effizienter

---

[1003] Vgl. Gaitanides (2012), S. 81–86.

[1004] Vgl. z. B. Breuer/Breuer (2006), S. 101 ff.; Keuper/Glahn (2008), S. 236 ff.; Atzert (2011), S. 175 ff. und insbesondere S. 181 sowie S. 183 ff.; Büttgen (2011), S. 201 ff. Hierbei fällt insbesondere die Nutzung im Zusammenhang mit der Organisationsform Service Center auf, vgl. hierzu auch die Ausführungen zum BI-Handlungsfeld Organisation in Kapitel 3.4.3.

BI-Prozesse in Unternehmen zu geben. Das heißt, der primäre Untersuchungsfokus liegt auf unternehmensinternen Prozessen sowie deren Effizienz und nicht auf dem Aufbau von oder auf Einflussfaktoren für Wettbewerbsvorteile des Unternehmens in seinem Markt. Trotzdem kann die Ressourcentheorie einen wichtigen Teilaspekt zur Beantwortung der Forschungsfrage beitragen. Die Ressourcentheorie erklärt Wettbewerbsvorteile eines Unternehmens durch dessen geschickte und einzigartige Kombination der eigenen Ressourcen zu Produkten und Dienstleistungen sowie deren Absatz am Markt.[1005] Wegen der Annahme eines unvollkommenen Marktes kann ein Unternehmen wettbewerbsrelevante Ressourcen nicht kurzfristig am Markt erwerben, sondern nur langfristig aufbauen.[1006] Deshalb ist es notwendig, frühzeitig zu erkennen, welche Ressourcen wettbewerbsrelevant werden und wie diese kombiniert werden müssen, um die entsprechenden Ressourcen und Fähigkeiten aufzubauen und einen Wettbewerbsvorteil zu erlangen.[1007] Wenn von glücklichen Zufällen abgesehen wird, spielen also Informationen die entscheidende Rolle für den Aufbau von Wettbewerbsvorteilen. Dies gilt insbesondere für langfristige, überdurchschnittliche Wettbewerbsvorteile (vgl. Abbildung 41). De Facto erfordert der Aufbau von Wettbewerbsvorteilen also die Erhebung von Daten und deren Aufbereitung zu Informationen. Dies schließt Informationen zum Status-quo sowie die Prognose zukünftiger Entwicklungen ein.[1008]

[1005] Vgl. Conner (1991), S. 132; Mahoney/Pandian (1992), S. 365.

[1006] Vgl. Dierickx/Cool (1989), S. 1504 ff.; Barney (1991a), S. 99 ff.; Peteraf (1993), S. 179 ff.; Freiling (2001), S. 84 ff.

[1007] Vgl. Barney (1986), S. 1232.

[1008] Vgl. Porter (1991), S. 108; Fischer/Nicolai (2000), S. 231; Freiling (2001), S. 47. Hierbei handelt es sich nicht nur um externalisierte Informationen, sondern es können auch internalisierte Informationen, d. h. das Wissen der Mitarbeiter, entscheidend sein. Da dieser Zusammenhang aber nur einen Teilaspekt bildet, werden Wissen und Fähigkeiten der Mitarbeiter nicht weiter thematisiert, sondern allgemein von Informationen gesprochen. Für entsprechende weitere Überlegungen wird auf die Literatur zur Kompetenztheorie (vgl. hierzu Prahalad/Hamel (1990); Teece/Pisano (1994); Teece/Pisano/Shuen (1997).) und Wissenstheorie (vgl. hierzu Kogut/Zander (1992); Kogut/Zander (1993); Grant (1996).) verwiesen.

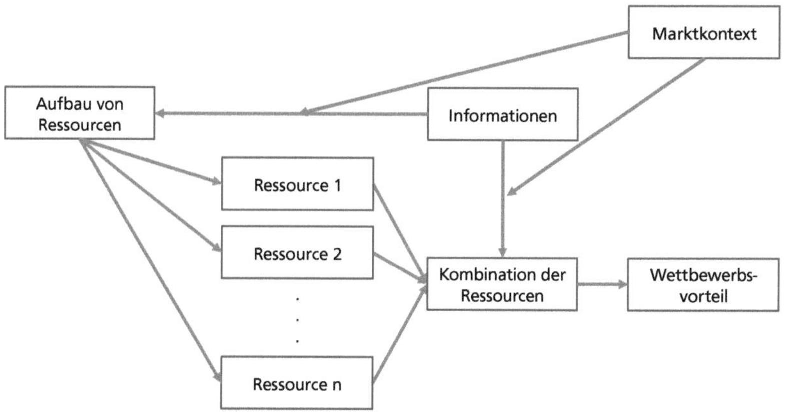

Abbildung 41: Erklärungsbeitrag der Ressourcentheorie: Wettbewerbsvorteile durch geschickte und einzigartige Ressourcenkombinationen dank einzigartiger Informationen über deren zukünftige Wettbewerbsrelevanz. (Quelle: eigene Darstellung)

Der Aufbau von Wettbewerbsvorteilen hängt aber nicht nur von der geschickten und einzigartigen Kombination der eigenen Ressourcen zu Produkten und Dienstleistungen ab, sondern auch von den durch den Markt gesetzten Kontextfaktoren. So ist der Aufbau von Wettbewerbsvorteilen in einem stark umkämpften Markt ungleich schwieriger als in einem Markt, in dem wenig Wettbewerb herrscht.[1009] Nach PORTER sind die fünf maßgeblichen Einflussfaktoren auf die Wettbewerbsintensität potenzielle neue und existierende Konkurrenten (Anzahl Anbieter im Markt), die Verhandlungsstärke der Lieferanten und Abnehmer sowie die Gefahr durch Substitute (Standardisierungsgrad der Produkte). Ein hoher Investitionsbedarf kann zwar umgekehrt eine Markteintrittsbarriere darstellen und potenzielle neue Wettbewerber abhalten. Für die Akteure im Markt erhöht der Investitionsbedarf allerdings den Druck, die teuren Investitionen auszulasten und ausreichend Rendite für Instandhaltung, Ersatz- oder Erweiterungsinvestitionen zu erwirtschaften. In einem Markt mit hoher Wettbewerbsintensität steigt deshalb die Bedeutung von Informationen zum Aufbau von Wettbewerbsvorteilen (vgl. Abbildung 42).[1010] Die Bedeutung von Informationen steigt aber auch mit der Möglichkeit zur Erhebung von Markt- und Kundendaten. So ist es für Unternehmen i. d. R. einfach möglich, interne Daten zu erheben. Auf Basis interner Daten lassen sich aber nur Informationen zu internen Sachverhalten

[1009] Vgl. Porter (2010), S. 29.
[1010] Vgl. Porter/Millar (1985), S. 158–160.

aufbereiten, die zur Reaktion und Optimierung genutzt werden können und deshalb lediglich die Option einer Kostenführerstrategie eröffnen.[1011] Langfristige Wettbewerbsvorteile lassen sich aber nur durch Informationen über das Unternehmen selbst sowie über den Markt und seine Kunden aufbauen.[1012] Es kann also festgehalten werden, dass die Bedeutung von Informationen für Wettbewerbsvorteile von der Bedeutung von Informationen zur Differenzierung im Wettbewerb und von den Möglichkeiten zur Erhebung von Markt- und Kundendaten abhängt (vgl. Abbildung 42).[1013]

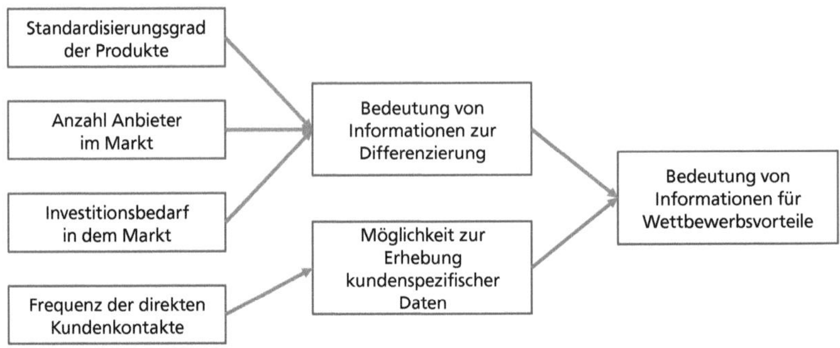

Abbildung 42: Einflussfaktoren auf die Bedeutung von Informationen für Wettbewerbsvorteile. (Quelle: eigene Darstellung)

Über die Bedeutung von Informationen wirkt der Marktkontext aber auch auf die Bedeutung von Business Intelligence im Unternehmen. Business Intelligence dient als Prozess zur Entscheidungsunterstützung gerade dazu, Entscheidern mittels methodischer Datenanalysen Informationen als Antworten auf deren formulierte Informationsbedarfe zu liefern. Mithilfe der Ressourcentheorie kann also die Bedeutung von Informationen bzw. von Business Intelligence in Abhängigkeit des Marktkontextes erklärt werden. Ein Markt und Unternehmensumfeld

---

[1011] Vgl. Porter (2013), S. 74 ff. Eine Kostenführerschaft ist aber wiederum umso schwerer zu verteidigen, je mehr Wettbewerber im Markt aktiv sind. Wettbewerbsvorteile durch niedrigere Kosten können durch technologische Veränderungen plötzlich entfallen, vgl. Welge/Al-Laham (2012), S. 523 f. Insbesondere im internationalen Wettbewerb können Kostenvorteile z. B. im Bereich der Lohnkosten aufgrund der gesamtwirtschaftlichen Entwicklung relativ schnell wegfallen, sodass die Kostenführerstrategie i. d. R. nicht als langfristige Strategie erfolgreich ist und Wettbewerbsvorteile nur temporär bestehen, vgl. Barney (2011), S. 176 ff.

[1012] Vgl. Barney (1986), S. 1232.

[1013] Daten sind ebenfalls Ressourcen eines Unternehmens, die erst durch geschickte Kombination in einen Kontext gesetzt werden und damit Informationen zu Potenzialen innerhalb des Unternehmens und dessen Umwelt liefern, die zu Wettbewerbsvorteilen entwickelt werden könnten.

mit höherem Wettbewerb erhöhen also den Bedarf an Business Intelligence im Allgemeinen und an umfangreicheren Informationen im Speziellen. Damit wachsen auch die Heterogenität der nachgefragten Informationen und der Bedarf nach einem strukturierten Prozessmodell, sodass im Unternehmen die Komplexität und Variantenvielfalt unterschiedlicher Prozesse reduziert und die Effizienz als Verhältnis zwischen Aufwand und Nutzen gesteigert werden kann.[1014]

Die entscheidendere Frage dieser Arbeit ist allerdings, wie effiziente BI-Prozesse gestaltet werden können. Einige grundlegende Überlegungen wurden hierzu bereits in Kapitel 6 angestellt. Dort wurden auch an mehreren Stellen Parallelen zur Transaktionskostentheorie bzw. verwandten Fragestellungen, die mithilfe der Transaktionskostentheorie erklärt werden können, gezogen. Insbesondere die von GAITANIDES geführte Argumentation auf Basis der Transaktionskostentheorie zur Begründung von Prozessorganisationen sowie die Überlegungen von BREUER/BREUER, KEUPER/GLAHN und BÜTTGEN zu Service Centern zeigen, dass die Transaktionskostentheorie wichtige Erklärungsbeiträge zur Frage nach der Gestaltung effizienter BI-Prozesse liefern kann (vgl. Kapitel 7.1.2).[1015] Grundsätzlich erklärt die Transaktionskostentheorie, warum in Abhängigkeit bestimmter Einflussgrößen die Transaktionskosten bei der Abwicklung eines Leistungsaustauschs steigen und bezieht diese zur Beurteilung der Effizienz zusätzlich zu den Produktionskosten ein. Die wichtigste Einflussgröße auf die Transaktionskosten einer einzelnen Transaktion bilden dabei wiederum die Transaktionscharakteristika Spezifität, Unsicherheit und Häufigkeit als Wiederholungsrate einer Transaktion (vgl. Abbildung 43).[1016]

[1014] Informationen werden unter anderem von BARNEY als Voraussetzung zur Entwicklung langfristiger Wettbewerbsvorteile angeführt. Effizientere BI-Prozesse führen zwar zu einer besseren Ressourcennutzung, sodass mit weniger Aufwand die gleichen Informationen bzw. mit gleichem Aufwand mehr Informationen bereitgestellt werden können. Die reine Menge an verfügbaren Informationen ist aber kein Indikator für die Möglichkeiten, Wettbewerbsvorteile zu entwickeln. Mehr Informationen führen nicht zu mehr oder besseren Wettbewerbsvorteilen. Informationen können nur dann zu Wettbewerbsvorteilen führen, wenn Entscheider Potenziale erkennen und im Zuge der Entscheidungsprozesse die richtigen Fragen stellen. Diese Voraussetzung wird hier als erfüllt angenommen, sodass der Fokus rein auf die Effizienz des Prozesses gelegt werden kann (vgl. Kapitel 4.4).

[1015] Vgl. zur Begründung von Prozessorganisationen Gaitanides (2012), S. 67 ff.; sowie zu verschiedenen Überlegungen zu Service Centern Breuer/Breuer (2006), S. 101 ff.; Keuper/Glahn (2008), S. 236 ff.; Büttgen (2011), S. 201 ff.

[1016] Vgl. die Erläuterungen zur Transaktionskostentheorie in Kapitel 7.1.2 sowie Williamson (1985), S. 52 ff.

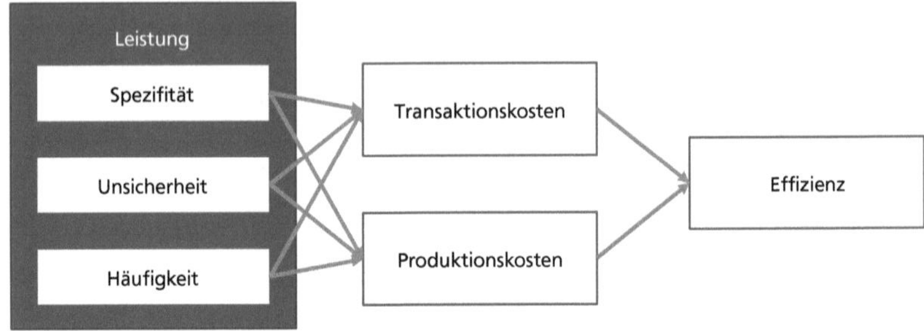

Abbildung 43: Einfluss der Transaktionscharakteristika auf die Effizienz: Sowohl die Transaktions- als auch die Produktionskosten werden maßgeblich von der Spezifität, der Unsicherheit und der Häufigkeit einer Transaktion beeinflusst. (Quelle: in Anlehnung an Ebers/Gotsch (2006), S. 290.)

Transaktionskosten entstehen bei der Abwicklung eines Leistungsaustauschs über eine abgrenzbare Schnittstelle z. B. als Kosten für Anbahnung, Vereinbarung, Abwicklung, Kontrolle und Anpassung.[1017] Vor allem bei unternehmensinternen Leistungsaustauschbeziehungen können Transaktionskosten auch als Kosten der Arbeitsteilung verstanden werden.[1018] Tendenziell besteht zwischen den Transaktionscharakteristika und den Transaktionskosten ein positiver Zusammenhang, d. h. je spezifischer und je unsicherer eine Transaktion ist, desto höher sind die Transaktionskosten.[1019] Lediglich die Transaktionshäufigkeit kann negativ auf die Höhe der Transaktionskosten wirken. Im Gegensatz dazu ist die Wirkung auf die Produktionskosten tendenziell negativ.[1020] Die genaue Höhe der jeweiligen Transaktionskosten kann aufgrund von Messproblemen allerdings nur ungenügend erfasst werden.[1021] Außerdem ist im Zusammenhang mit der Gestaltung effizienter BI-Prozesse nicht primär die Wirkung der Transaktionscharakteristika verschiedener Informationsbedarfe auf die Höhe der Transaktions- und

---

[1017] REICHWALD untersucht weitere Beispiele für Transaktionskosten, die in Form von Informationskosten bei verrichtungsorientierter, d. h. arbeitsteiliger Leistungserstellung, entstehen, vgl. Reichwald (1992), S. 341 ff.

[1018] Vgl. Picot (1991a), S. 344.

[1019] Die Wirkung der Transaktionscharakteristika kann je nach Transaktionsatmosphäre stark variieren, vgl. Kapitel 7.1.2. Der Einfluss ist aber für die hier untersuchte Frage vernachlässigbar, weil im unternehmensinternen Kontext für alle Arten des Leistungsaustauschs die Transaktionsatmosphäre gleich ist. Die Abwicklung eines Leistungsaustauschs mit alternativen Transaktionspartnern und damit in alternativen Transaktionsatmosphären stellt deshalb keine Option zur Reduktion der Transaktionskosten dar. Ferner müssen auch keine unterschiedlichen Verhaltensannahmen untersucht werden, sondern es genügt, die Wirkung der Transaktionscharakteristika auf die Transaktionskosten zu untersuchen.

[1020] Vgl. Ebers/Gotsch (2006), S. 281–284.

[1021] Vgl. Barzel (1982), S. 28 ff.; Albach (1988), S. 1163 ff.

Produktionskosten relevant. Wesentlich interessanter ist die Frage, wie sich die Höhe der Transaktions- und Produktionskosten bei gegebenen Transaktionscharakteristika eines konkreten Informationsbedarfs in Abhängigkeit unterschiedlicher Varianten des BI-Prozesses verändern.[1022] Hierfür genügt eine relative Bewertung der unterschiedlichen Prozessvarianten, sodass Messprobleme im Zusammenhang mit einer absoluten Bewertung der Transaktionskosten unproblematisch sind.[1023] Für eine objekt- bzw. informationsorientierte Leistungserstellung kann beispielsweise angenommen werden, dass nur geringe Transaktionskosten entstehen, weil keine Übergaben stattfinden müssen sowie, dass die Aufwände für die Erstellung und Bereitstellung einer Information hoch sind, weil kaum oder keine Größendegressionseffekte eintreten bzw. sich eine Automatisierung nicht rechnet. Im Gegensatz dazu können bei einer funktions- bzw. verrichtungsorientierten Leistungserstellung aus genau umgekehrten Gründen hohe Transaktionskosten und niedrige Produktionskosten angenommen werden (vgl. Abbildung 44).[1024]

[1022] Vgl. Windsperger (1996), S. 69. MEUTHEN stellt fest, dass es bei Entscheidern mitunter zu einer Informationsüberlastung kommt, weil diese sich neben den eigentlichen Entscheidungen auch mit operativen Tätigkeiten zur Datenerhebung und Datenaufbereitung beschäftigen, vgl. Meuthen (1997), S. 140. THEUVSEN schlägt hierzu vor, idealtypisch unterschiedliche Varianten zur organisatorischen Gestaltung zu definieren und diese hinsichtlich ihrer Wirkungen auf Transaktions- und Produktionskosten zu bewerten, vgl. Theuvsen (1997), S. 975. Entsprechende Varianten für diese Untersuchung werden in Kapitel 6.3 vorgeschlagen.

[1023] Vgl. Simon (1978), S. 6. Dies ermöglicht es, bei der Untersuchung auf alternative Effizienzindikatoren zurückzugreifen, ohne dass für jeden Prozess die genauen Prozesskosten ermittelt werden müssen. In Kapitel 4.3.3 wurde die Prozesskostenrechnung zwar als geeignete Methode zur Ermittlung möglichst exakter und verursachungsgerechter Aufwände bei der Informationsbereitstellung identifiziert, eine solche Ermittlung ist aber erst sinnvoll möglich, nachdem Standards für verschiedene Prozessvarianten geschaffen wurden. Andernfalls müssten für jede Informationsnachfrage zuerst die spezifischen Prozesskosten ermittelt werden, bevor der eigentliche BI-Prozess starten kann. Ein solches Vorgehen wäre hinsichtlich des verursachten Aufwands und potenziellen Nutzens eher fragwürdig. Für eine Erfassung von Transaktion- und Produktionskosten bei unterschiedlichen Prozessvarianten schlägt Salman eine flexible Prozesskostenrechnung vor, vgl. Salman (2002), S. 157 ff.

[1024] Vgl. Gaitanides (2012), S. 80–83. Wie in Kapitel 5.3.1 in Bezug auf Standards bzw. Standardisierung bereits erläutert wurde, erschweren die fehlende physische Greifbarkeit sowie Mess- und Zurechenbarkeit die Übertragung etablierter Ansätze aus der Produktionswirtschaft auf administrative Bereiche. So werden auch die hier und auch von GAITANIDES angestellten Überlegungen im Zusammenhang mit physischer Produktion z. B. unter den Stichwörtern Repetitions- und Anordnungstypen diskutiert, vgl. hierzu die Unterscheidung zwischen Verrichtungs- und Objektprinzip in Dyckhoff/Spengler (2010), S. 25–27.

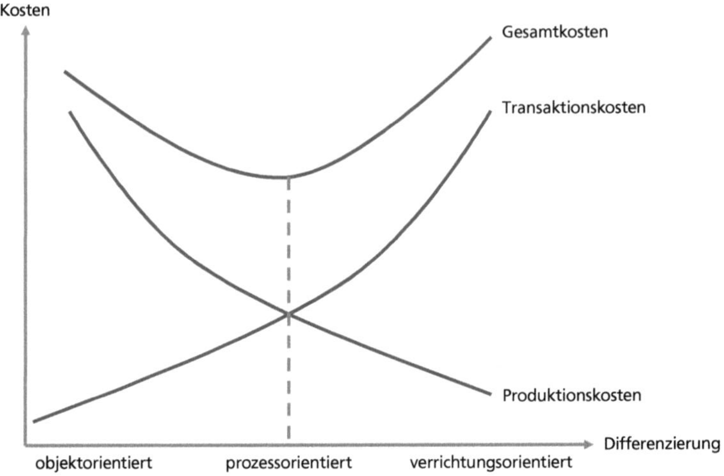

Abbildung 44: Verlauf der Produktions- und Transaktionskosten zwischen objektorientierten und verrichtungsorientierten Strukturen.
(Quelle: in Anlehnung an Jost (2001), S. 309; Gaitanides (2012), S. 83.)

Die Erweiterung der Transaktionskostentheorie für unternehmensinterne Leistungsbeziehungen von WINDSPERGER sowie z. B. die Anwendung zur Effizienzbeurteilung von Service Centern von BÜTTGEN liefern bereits gute Ansätze zur Beurteilung der Effizienz von BI-Prozessen.[1025] Diese zeigen, dass bei verrichtungsorientierter Zentralisierung homogenere Leistungen als bei objektorientierter Dezentralisierung erstellt werden können. D. h., es ist ein höherer Standardisierungsgrad möglich, der ein größeres Automatisierungspotenzial verspricht.[1026] Zentrale Einheiten profitieren dabei sowohl von Spezialisierungseffekten als auch von Größendegressionseffekten und können so die Produktionskosten senken.[1027] Allerdings erfordert jede Automatisierung Investitionen in entsprechende Instrumente sowie in die Implementierung entsprechender Routinen und führt damit zu hohen Transaktionskosten bei der Koordination sowie zu einer Verringerung der Flexibilität bis hin zum „Lock-in-Effekt".[1028] Dezentrale, objektorientierte Strukturen verfügen hingegen über eine höhere Anpassungsfähigkeit ge-

---

1025 Vgl. Windsperger (1996), S. 59 ff.; Büttgen (2011), S. 210 ff.

1026 Vgl. Kieser/Kubicek (1992), S. 111 f.; March/Simon (1993), S. 164.

1027 Vgl. Kieser/Kubicek (1992), S. 92; Frese (1995), S. 337 ff.

1028 Vgl. Theuvsen (1997), S. 986. Zum Lock-in-Effekt durch Abhängigkeit von einer bestimmten Software, vgl. Buxmann/Diefenbach/Hess (2011), S. 27 ff.

genüber Veränderungen der Anforderungen (Unsicherheit), weil diese ohne übergreifende Abstimmungen schnell und ohne hohe Transaktionskosten durchgeführt werden können.[1029] Allerdings können in dezentralen Einheiten wichtige Fähigkeiten sowie Ressourcen fehlen, die eine Anpassung an sich ändernde Nachfragerbedürfnisse verhindern.[1030] Dezentralen Lösungen fehlt häufig der Überblick über das Große und Ganze und damit für eine gesamtoptimale Lösung.[1031] Sie stellen deshalb nur lokale Optima dar, sodass es über alle dezentralen Einheiten hinweg sehr häufig Redundanzen von Wissen und Fähigkeiten sowie möglicherweise auch von Instrumenten gibt.[1032]

BI-Prozesse werden in dieser Arbeit allerdings als nachfrageorientierte Prozesse zur Entscheidungsunterstützung verstanden (vgl. Kapitel 3.2.5), d. h. eine wesentliche Grundannahme ist Prozessorientierung.[1033] Effiziente BI-Prozesse können deshalb nicht durch ein optimales Niveau an Arbeitsteilung (Aufgabenanalyse und -synthese), d. h. eine Verteilung der Aktivitäten auf mehrere spezialisierte, verrichtungsorientierte Einheiten, realisiert werden (vgl. Kapitel 3.4.3).[1034] Vielmehr geht es um eine optimale „Fertigungstiefe" aus Sicht der nachfragenden Einheit und einen sinnvollen Entkopplungspunkt, d. h. wird der Informationsbedarf vollständig dezentral und vor Ort befriedigt oder wird hierzu eine Information zentral bereitgestellt, die dann genutzt werden kann (vgl. Kapitel 6.2).[1035] Eine zentrale Bereitstellung stellt eine Dienstleistung dar, die in einer Art internem Markt allen Entscheidern im Unternehmen angeboten wird.[1036] Ein vollständig dezentraler BI-Prozess entspricht hingegen aus Perspektive des Entscheiders einer reinen Eigenfertigung bzw. hierarchischen Koordination des BI-Prozesses.[1037] Fertigungstiefe wird hier deshalb als der Teil des gesamten

---

1029 Vgl. Emery (1969), S. 29 ff.

1030 Vgl. Theuvsen (1997), S. 983.

1031 Vgl. Emery (1969), S. 29 ff.

1032 Vgl. Windsperger (1996), S. 102 f.

1033 Vgl. Reichwald (1992), S. 351 ff. REICHWALD untersucht die Auswirkungen unterschiedlicher Anordnungsformen in der Produktion auf Transaktionskosten (dort als Informationskosten bezeichnet) und welche Potenziale durch eine prozessorientierte Anordnung sowie Ansätze des Lean Managements zur Reduktion dieser Transaktionskosten bestehen.

1034 Vgl. z. B. Schreyögg (2008), S. 93 ff. zur Aufgabenanalyse sowie S. 102 ff. zur Aufgabensynthese.

1035 Vgl. Pfohl/Large (1992), S. 39 ff.; Fuchs (1994), S. 175 ff.; Wollseiffen (1999), S. 237 ff. und S. 309–312. Hier gibt es analog verschiedene Zwischenformen zwischen den beiden Extrema in Form unterschiedlicher Prozessvarianten, vgl. Kapitel 6.3. Vergleichbare Überlegungen zu Fertigungstiefe und Make-or-Buy-Entscheidungen in Serviceleistungen stellt auch GALLUS an, vgl. Gallus (2011), S. 142 f.

1036 Vgl. Keuper/Glahn (2008), S. 236 ff.; Haller/Klinski von (2010), S. 404 ff.

1037 Hierzu die Überlegungen zu unternehmensinternen Märkten in Frost (2005), S. 55–131.

BI-Prozesses (Wertschöpfung als Bereitstellung einer nachgefragten Information) bestimmt, der manuell und dezentral ausgeführt wird, im Verhältnis zum gesamten BI-Prozess (vgl. Kapitel 6.3).[1038] Eine 100%ige Fertigungstiefe entspricht also einem vollständig manuellen, dezentral und im direkten Einflussbereich des Entscheiders ausgeführten Prozess (Pull), wohingegen eine Fertigungstiefe von 0% einem zentralen, möglicherweise voll automatisierten BI-Prozess entspricht, der standardisierte Informationen zu definierten Zeitpunkten oder bei definierten Ereignissen vollautomatisch bereitstellt (Push). Zwischen der 100%- und der 0%-Lösung sind weitere Varianten als Zwischenformen in Abhängigkeit sinnvoll gesetzter Entkopplungspunkte möglich. Als effizient wird ebenfalls die Variante betrachtet, die eine minimale Summe aus Transaktions- und Produktionskosten aufweist.[1039] Die Überlegungen zur Entstehung von Transaktions- und Produktionskosten sind hierbei analog zu den oben aufgeführten Argumenten bezüglich objektorientierter Dezentralisierung und verrichtungsorientierter Zentralisierung. Ausgangspunkt für die Transaktionskostenanalyse ist allerdings ein konkreter Informationsbedarf mit gegebenen Transaktionscharakteristika, der mit der effizientesten Variante des BI-Prozesses befriedigt werden soll. Die Transaktionscharakteristika beziehen sich hierbei also auf das Objekt Information und nicht auf die Aktivitäten zur Informationsbereitstellung.[1040] Als Dezentralisierungskräfte wirken deshalb die inhaltliche Spezifität der Information für einen einzelnen Sachverhalt (Nachfragerspezifität)[1041], hohe Informationsvarianz und Herausforderungen bei der Formulierung des Informationsbedarfs (Unsicherheit als Dynamik und Komplexität des Informationsbedarfs)[1042] sowie eine niedrige

[1038] Vgl. Büttgen (2011), S. 217 f.

[1039] Die Transaktionskosten können für automatisiert bereitgestellte Informationen vernachlässigt werden. Lediglich bei der Automatisierung, d. h. bei der eigentlichen Implementierung mithilfe eines Instruments, entstehen Transaktionskosten. Eine spätere Weiternutzung der Information bzw. der automatischen Routine erzeugt nur noch sehr geringe Transaktionskosten, weil keine erneute Koordination notwendig ist, sondern die bereits vorher abgestimmte bzw. definierte Information lediglich erneut bereitgestellt wird, vgl. Ghoshal/Moran (1996), S. 40.

[1040] Vgl. Wollseiffen (1999), S. 222. Die manuelle, individuelle und dezentrale Ausführung ist mit Eigenerstellung und die automatisierte, zentrale Ausführung mit Fremddurchführung vergleichbar. GAITANIDES betrachtet bei den Transaktionskostentheoretischen Überlegungen stets die Charakteristika der Prozesse und damit der Aktivitäten (Verrichtungen), vgl. Gaitanides (2012), S. 76 ff. Dies ist allerdings im Kontext von Informationen nicht sinnvoll, weil sich diese maßgeblich inhaltlich unterscheiden und nicht hinsichtlich der Aktivitäten, wie sie erzeugt werden (Daten in einen Kontext setzen). SPENDER unterscheidet deshalb bezüglich der strategischen Relevanz nach transaktionskostenrelevanten Charakteristika drei Arten von Informationen bzw. Wissen, vgl. Spender (1993), S. 25 ff.

[1041] Vgl. Picot/Dietl/Franck (2008), S. 309 f.

[1042] Vgl. Theuvsen (1997), S. 987.

Wiederholungsrate[1043]. Umgekehrt wirken als Zentralisierungskräfte mit einem hohen Potenzial durch Automatisierung, ein hoher Standardisierungsgrad im Sinne niedriger Spezifität der Information und geringer Unsicherheit sowie eine hohe Wiederholungsrate.[1044]

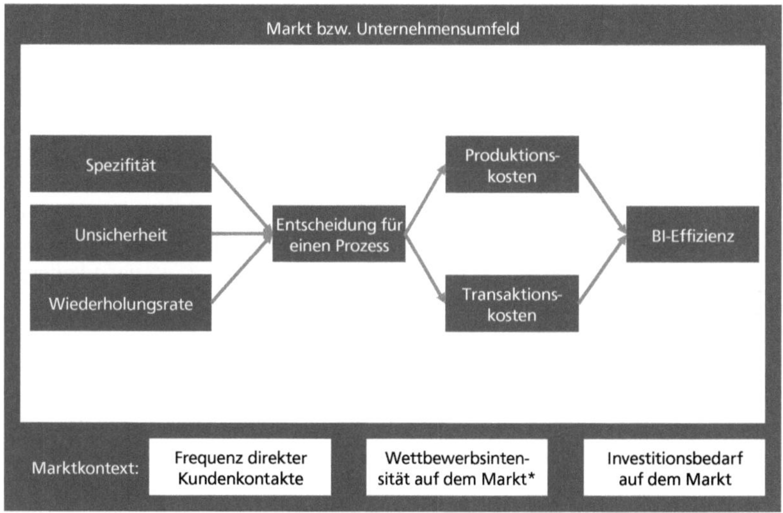

Abbildung 45: Theoretischer Bezugsrahmen der Untersuchung: Transaktionskosten- und Ressourcentheorie erklären den Zusammenhang zwischen BI-Prozess und BI-Effizienz sowie die Bedeutung effizienter BI-Prozesse. (*Der Standardisierungsgrad der Produkte und die Anzahl der Anbieter im Markt beeinflussen maßgeblich die Wettbewerbsintensität (s. o.), weshalb hier nur noch ein Begriff verwendet wird.) (Quelle: eigene Darstellung)

Abschließend kann also festgehalten werden, dass sowohl die Ressourcentheorie als auch die Transaktionskostentheorie wichtige Erklärungsbeiträge zur Untersuchung der eingangs formulierten Forschungsfragen liefern können (vgl. Kapitel 1.3). Beide Theorien bauen auf ähnlichen Grundannahmen zum Markt, zur begrenzten Rationalität der Akteure, zu Unsicherheit etc. auf, sodass sie gut miteinander kombiniert werden können. Ferner ist es sogar so, dass die Transaktions-

---

1043 Vgl. Schober (2002), S. 92 f.

1044 Das Potenzial durch Automatisierung kann auch als hohe Investitionsspezifität im Sinne von Infrastruktur- und Prozessspezifität betrachtet werden, das als starke Zentralisierungskraft wirkt, vgl. Williamson (1991), S. 281; Ebers/Gotsch (2006), S. 281; Picot/Dietl/Franck (2008), S. 309.

kostentheorie wichtige Eigenschaften wettbewerbsrelevanter Ressourcen beschreibt, sodass Aussagen auf Basis beider Theorien z. B. zu Wissen zum gleichen Ergebnis kommen.[1045] Die oben erläuterten Zusammenhänge können deshalb in einem einheitlichen theoretischen Bezugsrahmen zusammengefasst werden (vgl. Abbildung 45).

7.3 Hypothesen als Leitfaden für die empirische Untersuchung und das Untersuchungsmodell

In Kapitel 1.3 wurden neben der zentralen Forschungsfrage noch vier weitere Teilfragen aufgeworfen, die teilweise bereits beantwortet werden konnten. So konnte Teilfrage 1 mit der Definition von Business Intelligence in Kapitel 3.2.5, Teilfrage 2 mit dem BI-Prozessmodell in den Kapiteln 4.2.2 und 6.1 sowie Teilfrage 3 mit den Überlegungen zur Aufwandserfassung mithilfe der Prozesskostenrechnung in Kapitel 4.3.3 beantwortet werden. Auch auf Teilfrage 4 konnten bereits teilweise durch die Übertragung von Ansätzen aus Lean Management und Business Process Reengineering in Kapitel 6 sowie durch die theoretischen Überlegungen im Zusammenhang mit dem Aufbau des Bezugsrahmens in Kapitel 7.2 Antworten geliefert werden. Abschließend gilt es nun, die zentrale Forschungsfrage zu beantworten und zu überprüfen, ob die theoretisch hergeleiteten Einflussgrößen auf die Transaktions- und Produktionskosten auch zur Gestaltung effizienter BI-Prozesse genutzt und wie diese für den praktischen Einsatz operationalisiert werden können. Die Basis für die anschließende empirische Untersuchung bilden Hypothesen zu vermuteten Wirkungszusammenhängen. Beim Aufbau des theoretischen Bezugsrahmens wurde erläutert, dass der Marktkontext und die Möglichkeiten von Unternehmen zur Erhebung von Kunden- und Marktdaten Einfluss auf die Bedeutung von Business Intelligence im Unternehmen haben. In Kapitel 2.3 wurde das Untersuchungsobjekt informationsintensiver Dienstleistungsunternehmen als solche Unternehmen charakterisiert,

- die sehr häufig direkt mit ihren Kunden in Kontakt treten und ihre Dienstleistungen absetzen,
- deren Dienstleistungen hochgradig standardisiert sind,
- die im gleichen Markt mit mehreren Wettbewerbern um die Gunst der Kunden werben und
- die hohe Infrastrukturinvestitionen zum Potenzialaufbau tätigen müssen, damit sie ihre Dienstleistungen erbringen können.

[1045] Vgl. Rasche (1994), S. 119.

Es kann deshalb vermutet werden, dass die Bedeutung von und die Aufwände für Business Intelligence in informationsintensiven Dienstleistungsunternehmen deutlich höher sind, als dies in Unternehmen mit einem anderen Marktkontext der Fall ist. Die ersten beiden Hypothesen für die anschließende Untersuchung können deshalb wie folgt formuliert werden:

> *H1.1:* Je höher die Wettbewerbsintensität im relevanten Markt des Unternehmens ist und je besser die Möglichkeiten zur Erhebung kundenspezifischer Daten sind, desto höher sind die Aufwände für Business Intelligence in diesem Unternehmen.

> *H1.2:* Je höher die Wettbewerbsintensität im relevanten Markt des Unternehmens ist und je besser die Möglichkeiten zur Erhebung kundenspezifischer Daten sind, desto höher ist der Stellenwert von Business Intelligence in diesem Unternehmen.

Diese beiden Hypothesen fallen allerdings nur in den Rahmen, der die zentrale Fragestellung dieser Arbeit nach der Gestaltung effizienter BI-Prozesse umschließt. Im Kern stellt der Bezugsrahmen als zentrale Einflussfaktoren für die Effizienz von BI-Prozessen die Spezifität, die Unsicherheit und die Wiederholungsrate von Informationsbedarfen dar. Diese drei Einflussgrößen werden maßgeblich durch die Eigenschaften des Informationsbedarfs bzw. der nachgefragten Information bestimmt. D. h., es findet eine objekt- bzw. informationsorientierte Bewertung und keine Bewertung der zur Bereitstellung notwendigen Aktivitäten im Sinne einer Aufgabenspezialisierung statt. Eine hohe **Spezifität** einer Information bedeutet also, dass die Information nur sehr spezifische Aussagen zu wenigen, lokal begrenzten Sachverhalten ermöglicht bzw. nur für einzelne Entscheider relevant ist. Es kann deshalb vermutet werden, dass eine zentrale Bereitstellung einer sehr spezifischen Information zu hohen Vereinbarungs- und Abstimmungskosten bei der Formulierung des Informationsbedarfs gegenüber zentralen Stellen sowie zu hohen Kontroll- und Anpassungskosten bei Abnahme der bereitgestellten Informationen kommt. Dementsprechend ist zu vermuten, dass lediglich höher standardisierte Informationen von allgemeinerem Interesse automatisiert und durch zentrale Einheiten bereitgestellt werden. Außerdem kann angenommen werden, dass aufgrund von Bündelungs- und Spezialisierungseffekten in zentralen Einheiten das spezifische Methoden- und Instrumentenwissen zur effizienten und effektiven Automatisierung eher vorhanden ist als in dezentralen Einheiten. Diese Vermutungen können in den folgenden Hypothesen zusammengefasst werden:

> *H1.3:* Je **spezifischer** nachgefragte Informationen sind, desto effizienter ist ein **dezentraler** BI-Prozess zur Informationsbereitstellung.

H1.4: Je **dezentraler** Business Intelligence im Unternehmen betrieben wird, desto weniger **standardisiert** und vergleichbar sind die bereitgestellten Informationen.

H1.5: Je **dezentraler** Business Intelligence im Unternehmen betrieben wird, desto weniger **automatisiert** ist der BI-Prozess.

H1.6: Je **weniger spezifisch** nachgefragte Informationen sind, desto effizienter ist ein **zentraler** BI-Prozess zur Informationsbereitstellung

H1.7: Je **automatisierter** ein BI-Prozess ist, desto effizienter ist ein **zentraler** BI-Prozess zur Informationsbereitstellung.

Die zweite transaktionskostenrelevante Eigenschaft ist **Unsicherheit**. In Bezug auf Informationen entsteht hohe Unsicherheit i. d. R. dadurch, dass die genaue Ausprägung der Information neuartig ist oder dass diese noch nicht bereitgestellt wurde. Quellen der Unsicherheit sind hohe Dynamik und hohe Komplexität des Informationsbedarfs. Die Dynamik bzw. Varianz des Informationsbedarfs entsteht beispielsweise aufgrund sich permanent verändernder Sachverhalte und Fragestellungen. Komplexität wiederum führt z. B. dazu, dass die Herausforderungen zur Formulierung des subjektiven Informationsbedarfs und zur Schaffung eines passenden Informationsangebots steigen. Es kann deshalb vermutet werden, dass bei einer zentralen und möglicherweise automatisierten Informationsbereitstellung hohe Aufwände bei der Vereinbarung und Abstimmung von Informationsbedarf und Informationsangebot sowie durch Änderungen an automatisierten Bereitstellungsroutinen entstehen. Umgekehrt ist davon auszugehen, dass bei einer dezentralen Ausführung des BI-Prozesses die beteiligten Personen die Gründe für die Informationsbedarfe der Entscheider auch fachlich und inhaltlich besser kennen, sodass bei Veränderungen die Aufwände zur Vereinbarung und Abstimmung niedriger ausfallen. Analog verursachen Veränderungen in manuellen Prozessen niedrigere Anpassungsaufwände als in automatisierten Routinen. Diese Vermutungen können in den folgenden Hypothesen zusammengefasst werden:

H1.8: Je **dynamischer** sich Sachverhalte und daraus ergebende Fragestellungen **verändern**, desto effizienter ist ein **dezentraler** BI-Prozess zur Informationsbereitstellung.

H1.9: Je **komplexer und unbekannter** eine Fragestellung ist, desto effizienter ist ein **dezentraler** BI-Prozess zur Informationsbereitstellung.

H1.10: Je **statischer** Sachverhalte und sich daraus ergebende Fragestellungen sind, desto effizienter ist ein **zentraler** BI-Prozess zur Informationsbereitstellung.

H1.11: Je **bekannter** eine Fragestellung ist, desto effizienter ist ein **zentraler** BI-Prozess zur Informationsbereitstellung.

Die dritte transaktionskostenrelevante Eigenschaft einer Information ist die **Wiederholungsrate** bzw. Frequenz, mit der diese nachgefragt wird. Diese wird maßgeblich dadurch beeinflusst, ob und wie regelmäßig eine bestimmte Information nachgefragt wird. Eine Regelmäßigkeit kann zum einen über die Zeit hinweg entstehen, zum zweiten kann sie aber auch entstehen, weil unterschiedliche Entscheider immer wieder einen bestimmten Informationsbedarf haben und dementsprechend Informationen nachfragen. Bei jeder Informationsnachfrage entstehen aber sowohl Transaktionskosten zur Vereinbarung und Abstimmung als auch Produktionskosten zur Bereitstellung der Information. Es kann in diesem Zusammenhang vermutet werden, dass bei einer zentralen Informationsbereitstellung Informationsnachfragen besser gebündelt werden können und deshalb aufgrund von Lern- und Spezialisierungseffekten insgesamt geringere Transaktionskosten entstehen als bei mehreren dezentralen Informationsbereitstellungen. Außerdem kann angenommen werden, dass durch die Bündelung Größendegressionseffekte bei der Bereitstellung entstehen, sodass sich die verhältnismäßig hohen Investitionen in eine Automatisierung eher amortisieren sowie, dass wegen der sehr niedrigen variablen Kosten trotzdem niedrige Stückkosten für die einzelne Bereitstellung der Information entstehen. Diese Vermutungen können in den folgenden Hypothesen zusammengefasst werden:

H1.12: Je **regelmäßiger** eine Frage gestellt wird, desto effizienter ist ein **automatisierter** BI-Prozess zur Informationsbereitstellung.

H1.13: Je **größer die Gruppe** der Entscheider ist, desto effizienter ist ein **automatisierter** BI-Prozess zur Informationsbereitstellung.

H1.14: Je **seltener** eine Frage gestellt wird, desto effizienter ist ein **manueller** BI-Prozess zur Informationsbereitstellung.

H1.15: Je **kleiner die Gruppe** der Entscheider ist, desto effizienter ist ein **manueller** BI-Prozess zur Informationsbereitstellung.

Neben diesen Hypothesen, die sich aus dem Bezugsrahmen ableiten lassen, kann zusätzlich noch eine grundlegende Vermutung angestellt werden. In Kapitel 4.2.2 und Kapitel 6.1 wurde ein **allgemeines Schema für BI-Prozesse** aufgestellt, das anschließend noch zu einem umfangreicheren Modell für BI-Prozesse mit Sprungstellen und möglichen Entkopplungspunkten weiterentwickelt wurde (vgl. Kapitel 6.2 und 6.3). Mit diesem Modell wird unterstellt, dass es möglich ist, einen allgemeinen Standard für Business Intelligence bzw. BI-Prozesse zu definieren, wie dies z. B. für IT-Support-Prozesse im Rahmen von ITIL und COBIT erfolgt ist.[1046] Da diese Vermutung zur Beantwortung der zweiten Teilfrage zur zentralen Forschungsfrage in Kapitel 1.3 genutzt wurde, soll im Rahmen der empirischen Untersuchung auch geprüft werden, ob BI-Prozesse in Unternehmen über das vorgeschlagene Modell abgebildet werden können und der Vorschlag für das BI-Prozessmodell als Ansatz für den Aufbau eines umfangreichen BI-Prozessstandards genutzt werden kann. Darüber hinaus wird vermutet, dass es möglich ist anhand der transaktionskostenrelevanten Eigenschaften Spezifität, Unsicherheit und Wiederholungsrate für jede Informationsnachfrage zu bestimmen, welcher Standardprozess aus dem Prozessmodell die effizienteste Variante zur Informationsbereitstellung darstellt. Deshalb können abschließend noch die folgenden Hypothesen formuliert werden, die im Rahmen der empirischen Untersuchung getestet werden sollen:

> *H1.16:* Es lässt sich ein **allgemeingültiger Standardprozess** für Business Intelligence definieren.

> *H1.17:* Für verschiedene Typen von Fragestellungen lässt sich jeweils ein **effizienter Standardprozess** definieren.

Der theoretische Bezugsrahmen und die Hypothesen bilden nun die Ausgangsbasis für eine empirische Untersuchung. Ziel dieser Untersuchung wird es sein, die vermuteten Aussagen zu testen und zu klären, ob sich diese halten und ggf. verallgemeinern lassen. Die Hypothesen in ihrer Gesamtheit bilden dabei das zu untersuchende Hypothesenmodell, welches im Laufe der Konzeption der empirischen Untersuchung noch mithilfe messbarer Variablen operationalisiert werden muss.

[1046] Vgl. Köhler (2006); itSMF/ISACA (2008).

8 Konzeption der empirischen Untersuchung des Einflusses der Transaktionscharakteristika von Informationen auf die Effizienz unterschiedlicher BI-Prozessvarianten

Für den Abschluss dieses Forschungsvorhabens und die abschließende Beantwortung der in Kapitel 1.3 formulierten Forschungsfragen ist eine empirische Untersuchung notwendig, mit deren Hilfe die deduktiv gebildeten Hypothesen aus Kapitel 7.3 anhand realer Zusammenhänge in Unternehmen getestet werden können. Für sozial- und wirtschaftswissenschaftliche Untersuchungen stehen grundsätzlich eine ganze Reihe empirischer Methoden zur Verfügung.[1047] Diese können ganz allgemein in quantitative und qualitative Methoden zur empirischen Forschung unterschieden werden.[1048] Die Eignung einer Methode hängt erheblich vom Forschungsvorhaben, der untersuchten Fragestellung und dem Untersuchungsobjekt selbst ab. In Kapitel 8.1 folgen deshalb eine kurze Gegenüberstellung und ein Vergleich unterschiedlicher Forschungsansätze und Methoden. Dabei wird sich zeigen, dass sich für das vorliegende Forschungshaben ein qualitatives Vorgehen mittels Fallstudien am besten eignet. Ausgehend von dieser Entscheidung können anschließend das genaue Forschungsdesign festgelegt, die Auswahl der zu untersuchenden Fälle getroffen sowie das Vorgehen zur Erhebung und Auswertung der relevanten Daten bestimmt werden (vgl. Kapitel 8.2 bis 8.4). Hierbei bietet das qualitative Design den Vorteil, dass für unterschiedliche Fälle und unterschiedliche Falleinheiten auch unterschiedliche Datenquellen genutzt und ausgewertet werden können. Die Gesamtauswertung erfolgt als Triangulation und gemäß der Qualitätskriterien Konstruktvalidität, interner und externer Validität sowie Reliabilität (vgl. Kapitel 8.5).

8.1 Festlegung des Forschungsdesigns der empirischen Untersuchung

Für sozial- und wirtschaftswissenschaftliche Forschungsvorhaben existiert eine große Menge etablierter Methoden und Instrumente zur Datenerhebung und -analyse. Aber nicht jede Methode passt zu jedem Forschungsvorhaben. Einige Autoren bieten deshalb Entscheidungshilfen zur Festlegung eines geeigneten Forschungsdesigns.[1049] Eine einfache Einteilung nach qualitativem und quantitativem Forschungsdesign sowie Zuordnung eines interpretativen, verstehenden oder analytisch-nomologischen Vorgehens greift aber zu kurz. Vielmehr können sowohl quantitative Methoden interpretativ und zum Verstehen eingesetzt als auch deduktiv aus der Theorie abgeleitete Hypothesen mithilfe qualitativer Me-

[1047] Vgl. z. B. Bryman/Bell (2007).

[1048] Vgl. Schöneck/Voß (2005), S. 32; Kromrey/Strübing (2009), S. 24–27.

[1049] Vgl. Bryman/Bell (2007), S. 28 f.; Kink (2010), S. 140; Yin (2014), S. 9.

thoden streng analytisch untersucht werden.[1050] Die Wahl einer geeigneten Forschungsmethode wird deshalb nach YIN maßgeblich durch die Art der Forschungsfrage, die Notwendigkeit kontrollierte Rahmenbedingungen für die Forschungssituation setzen zu können sowie den zeitlichen Fokus auf aktuelle oder vergangene Ereignisse bestimmt (vgl. Abbildung 46).[1051]

Method	Form of research question (1)	Requires control of behavioral events? (2)	Focuses on contemporary events? (3)
Experiment	How, why?	Yes	Yes
Survey	Who, what, where, how many, how much?	No	Yes
Archival analysis	Who, what, where, how many, how much?	No	Yes/No
History	How, why?	No	No
Case study	How, why?	No	Yes

Abbildung 46: Eignung verschiedener Forschungsmethoden in Abhängigkeit der Forschungsfrage, der Anforderungen an Rahmenbedingungen und des zeitlichen Fokus. (Quelle: Yin (2014), S. 9.)

Dabei fällt auf, dass in Abbildung 46 keine Unterscheidung zwischen Deskription, Exploration und Explanation getroffen wird. Vielmehr liegt dieser Einteilung die Annahme zugrunde, dass jede Forschungsmethode prinzipiell genutzt wer-

[1050] Eine solche kurzgegriffene Zuordnung vertritt bspw. RIESENHUBER, vgl. Riesenhuber (2009), S. 4–8. Diese Sichtweise blendet allerdings aus, dass gerade sozial- und wirtschaftswissenschaftliche Forschungsfragen nicht durch die Untersuchung eines einzelnen Kausalzusammenhangs untersucht werden können, sondern dass eine Vielzahl von Einflussfaktoren existiert. In der quantitativen Forschung müssen die untersuchten Zusammenhänge aber stets erheblich eingegrenzt werden, damit keine statistischen Gütekriterien verletzt werden. Qualitative Studien bieten hierfür einen alternativen Ansatz durch eine tiefe und intensive Auseinandersetzung mit den einzelnen Falleinheiten, vgl. Stake (1995), S. 7 f. Für eine allgemeine Auseinandersetzung mit Unterschieden und unterschiedlichen Möglichkeiten durch qualitative und quantitative Vorgehen vgl. Kromrey/Strübing (2009), S. 24 f. Interessant ist aber, dass wissenschaftliche Veröffentlichungen fast ausschließlich quantitative Ansätze (95% der untersuchten Veröffentlichungen, vgl. Weishaupt (1995), S. 75 ff.; Schäffer/Brettel (2005), S. 43 ff.) nutzen, obwohl selbst in renommierten wissenschaftlichen Magazinen, wie dem Academy of Management Journal (AMJ), für die Nutzung qualitativer Forschungsansätze geworben und um die Einreichung entsprechender Artikel gebeten wird (vgl. Lee (2001), S. 215 f.). Diese Konzentration auf quantitative Ansätze ist umso erstaun-licher, wenn man bedenkt, dass einige der heute als absolute Grundlagen betrachteten Arbeiten, die starke Einflüsse auf ganze Forschungsdisziplinen hatten, qualitativer Natur sind, vgl. z. B. Mintzberg (1979); Ghoshal/Bartlett (1990); Porter (1991); Kaplan/Norton (2000).

[1051] Vgl. Yin (2014), S. 9–14.

den kann, um Zusammenhänge zu beschreiben, zu erkennen oder auch zu erklären.[1052] Der maßgebliche Unterschied quantitativer Forschungsansätze im Vergleich zu qualitativen Ansätzen ist der Einsatz statistischer Tests zum Überprüfen zuvor aufgestellter Hypothesen. Hierzu ist es notwendig, die Untersuchungsvariablen so zu operationalisieren, dass diese als mathematisch nutzbare Zahlenwerte bspw. mittels nominaler, ordinaler oder metrischer Skalen erhoben werden können.[1053] Der Vorteil dieser standardisierten Erfassung und „Übersetzung" von Merkmalsausprägungen in Zahlenwerte liegt in der guten Skalierbarkeit statistischer Analyseverfahren, sodass auch große Stichproben untersucht und verarbeitet werden können. Allerdings müssen diverse weitere Bedingungen erfüllt werden, damit die Anforderungen der statistischen Tests eingehalten werden können. Hierzu zählen bspw. die Auswahl einer repräsentativen Stichprobe der zu untersuchenden Grundgesamtheit, die Erhebung bzw. der Zugriff auf eine ausreichend große Anzahl an Datensätzen zur statistischen Analyse und schließlich die Nutzung einer geeigneten Methode zur Untersuchung des hypothesenbasierten Modells.[1054] Aufgrund der Komplexität sozial- und wirtschaftswissenschaftlicher Sachverhalte werden i. d. R. multivariate, statistische Analyseverfahren genutzt, mit deren Hilfe gegenseitige Einflüsse mehrerer Variablen untereinander überprüft werden können.[1055] Für die Ergebnisse solcher quantitativer Forschungsansätze wird i. d. R. der Anspruch der Generalisier- und Übertragbarkeit auf beliebige Situationen mit gleichen Nebenbedingungen erhoben, weil mathematisch formulierte Zusammenhänge „neutral" statistisch analysiert und anhand einer großen Anzahl an Datensätzen getestet wurden. Mit der gleichen Begründung wird qualitativen Forschungsansätzen seitens der Vertreter quantitativer Ansätze die Fähigkeit abgesprochen, allgemeingültige Erklärungsbeiträge liefern zu können.[1056] Dieser Aussage kann bei einem statistischen Generalisierungsverständnis auch nicht widersprochen werden, weil es nicht möglich ist, von einem einzelnen Fall auf die Gesamtheit zu schließen.[1057] Allerdings kann für Ergebnisse qualitativer Forschungsansätze und insbesondere für Fallstudien sehr wohl

---

[1052] Vgl. hierzu auch Barton/Lazarsfeld (1979), S. 83.

[1053] Vgl. Schöneck/Voß (2005), S. 63 ff.

[1054] Vgl. z. B. für einen Überblick Riesenhuber (2009), S. 11–16; sowie ausführlich in Schnell/Hill/Esser (2011), S. 211 ff.

[1055] Vgl. z. B. Backhaus u. a. (2011) als Einführung und Überblick; sowie Esposito Vinzi u. a. (2010) speziell zur PLS-Analyse für Strukturgleichungsmodelle.

[1056] Vgl. Riesenhuber (2009), S. 7.

[1057] Der Vollständigkeit halber muss erwähnt werden, dass eine Generalisierung auch bei großzahligen Untersuchungen nur unter Falsifizierungsvorbehalt möglich ist. In der Statistik wird deshalb auch von Tests und nicht von Beweisen gesprochen, was POPPERS Verständnis gemäß dem kritischen Rationalismus entspricht, dass eine Vermutung nur solange Gültigkeit besitzt, bis sie widerlegt wurde, dass es aber nicht möglich ist, mit letzter Sicherheit einen Beweis zu führen, vgl. Popper (2005), S. 16–19.

der Anspruch analytischer Generalisierbarkeit erhoben werden. D. h., das Ziel von Fallstudien ist eine Generalisierung oder auch Erweiterung theoretischer Zusammenhänge und nicht das Fortschreiben statistischer Zusammenhänge sowie deren Formulierungen als konkrete mathematische Zusammenhänge (z. B. A hat mit einer Wahrscheinlichkeit von x einen Einfluss in Höhe von y auf B).[1058] Gerade hierfür können qualitative Forschungsansätze entscheidende Beiträge leisten, weil diese durch die Nutzung unterschiedlicher Erhebungsmethoden (z. B. zur Erhebung qualitativer und quantitativer Daten) und durch die tiefere und gründlichere Auseinandersetzung mit konkreten Fällen einen wesentlich besseren Einblick und damit ein umfangreicheres Verständnis der tatsächlichen Zusammenhänge ermöglichen.[1059] Die Skepsis gegenüber qualitativen Forschungsansätzen und insbesondere Fallstudien besteht auch mitunter deshalb, weil eine systematische und einheitliche Aufbereitung und Auswertung der Daten schwierig ist. Deshalb wird qualitativen Ansätzen häufig auch fehlende Stringenz vorgeworfen. In den letzten Jahren haben allerdings verschiedene Autoren Ansätze zur systematischen Durchführung und Auswertung von Fallstudien beschrieben, die zu einem besseren Verständnis und einer besseren Nachvollziehbarkeit der Arbeits- und Argumentationsweise geführt haben.[1060] Insbesondere YIN hat mit seinem Grundlagenwerk einen wichtigen Beitrag zur Durchführung überprüf- und nachvollziehbarer Fallstudien im Sinne empirischer Validität und Reliabilität geleistet (vgl. auch die weiteren Ausführungen in Kapitel 8.5).[1061]

Zur Untersuchung der hier verfolgten Forschungsfrage („Wie sind effiziente BI-Prozesse zu gestalten?“, vgl. Kapitel 1.3) sprechen mehrere Gründe für ein qualitatives Vorgehen mithilfe von Fallstudien und schließen eine Untersuchung mittels statistisch-quantitativer Methoden gleichzeitig aus:

- Die Forschungsfrage lautet „Wie“ und zielt auf das Erkennen und Verstehen realer Zusammenhänge in Unternehmen (vgl. Abbildung 46).

[1058] Vgl. Yin (2014), S. 20 f. „... the goal is to do a „generalizing“ and not a „particularizing“ analysis“, ebenda, S. 21.

[1059] Vgl. Flick (2011). Deshalb sprechen auch einige Vertreter qualitativer Forschungsansätze den quantitativen Methoden die Erklärungsfähigkeit ab, weil diese nicht geeignet sind, tatsächliche Zusammenhänge zu erfassen, sondern nur zuvor erkannte und theoretisch isolierbare Zusammenhänge statistisch zu testen, vgl. z. B. Kleining (1982), S. 226 f.

[1060] Einige aktive Autoren sind z. B. Yin (1981); Eisenhardt (1989); Stake (1995); Stake (2006); Eisenhardt/Graebner (2007); Yin (2014). Darüber hinaus stammen weitere Beiträge zu qualitativen Forschungsansätzen im Allgemeinen z. B. von Bryman (2000); Alvesson/Hardy/Harley (2008); Flick/Kardorff von/Steinke (2008); Bryman/Buchanan (2009); Gläser/Laudel (2009); Alvesson/Kärreman (2011); Flick (2011).

[1061] Vgl. Yin (2014), S. 45–49.

- Der Sachverhalt ist bisher weitestgehend unerforscht (vgl. Kapitel 1.2).
- Der Sachverhalt ist komplex und lässt sich nicht zu vertretbaren Erkenntnisverlusten mittels einer handhabbaren Menge quantitativer Variablen abbilden (vgl. Kapitel 4.2.3).
- Es gibt bisher keine Ansätze, um eine endogene Zielvariable zu bilden, die ausreichend aussagekräftig wäre, um Hinweise zur Forschungsfrage zu liefern (vgl. Kapitel 4.3.5).
- Zur Beantwortung der Forschungsfrage sind sehr tiefe Einblicke in die Prozesse und Organisation von Unternehmen notwendig, um Zusammenhänge beurteilen zu können. Dieser Zugang besteht i. d. R. nur, wenn Unternehmen und Forscher ein gutes Vertrauensverhältnis haben. Eine hinreichend große Grundgesamtheit zur Durchführung statistischer Analysen lässt sich deshalb nicht bestimmen (vgl. Kapitel 6).
- Zur Beurteilung transaktionskostentheoretischer Zusammenhänge genügen relative Bewertungen. Eine absolute Bewertung von Transaktionskosten wäre aufgrund zentraler Definitionslücken und erheblicher Messprobleme auch nicht möglich (vgl. Kapitel 7.1.2).

Damit für die Ergebnisse der Untersuchung ein analytischer Generalisierungsanspruch erhoben werden kann, muss zur Beantwortung der Forschungsfrage ein stringentes Forschungsdesign definiert werden, das eine generelle Überprüf- und Nachvollziehbarkeit der Ergebnisse sicherstellt. Yin nennt für die Definition eines solchen Forschungsdesigns fünf Komponenten, die klar herausgearbeitet und definiert werden müssen:[1062]

1. Eine Forschungsfrage für die Fallstudie,
2. Prämissen und Hypothesen zu theoretischen Zusammenhängen,
3. die Untersuchungseinheiten,
4. Methoden und Vorgehen zur Datenanalyse und
5. Kriterien zur Ergebnisbewertung und -überprüfung.

Die Forschungsfrage wurde bereits ausführlich in Kapitel 1.3 erläutert, sodass diese hier nicht noch einmal aufgegriffen werden muss. Auch relevante Prämissen und Hypothesen wurden in vorhergehenden Kapiteln behandelt und insbesondere im theoretischen Bezugsrahmen in Kapitel 7.2 festgehalten bzw. aus diesem in Form von Hypothesen in Kapitel 7.3 abgeleitet. In den folgenden Kapiteln kann deshalb mit den Komponenten 3 bis 5 fortgefahren werden, um diese zu erläutern und abschließend festzulegen.

[1062] Vgl. Yin (2014), S. 29–37. Hierzu außerdem Stake (1995), S. 4–12; Stake (2006), S. 22–38.

8.2 Abgrenzung und Auswahl der Untersuchungseinheiten

Ein qualitatives Forschungsdesign mit Fallstudien kann unterschiedliche Ausprägungen aufweisen. Wichtig für die Auswahl der Untersuchungseinheiten ist eine klare Abgrenzung des Untersuchungsobjektes. In Kapitel 2.3 wurden informationsintensive Dienstleistungsunternehmen als Untersuchungsobjekt bestimmt. Für die Auswahl der genauen Untersuchungseinheiten müssen aber weitere Überlegungen angestellt werden, um zu bestimmen, was Fall und was Falleinheiten sind sowie wie die Fallstudie insgesamt aufgebaut sein muss, um die Forschungsfrage angemessen beantworten zu können. Für den Aufbau einer Fallstudie können allgemein vier Typen unterschieden werden (vgl. Abbildung 47):

- Typ 1: ein einzelner Fall mit einer einzelnen Untersuchungseinheit (*holistic single-case study*).
- Typ 2: ein einzelner Fall mit mehreren Untersuchungseinheiten (*embedded single-case study*).
- Typ 3: mehrere Fälle mit je einer einzelnen Untersuchungseinheit (*holistic multiple-case study*).
- Typ 4: mehrere Fälle mit je mehreren Untersuchungseinheiten (*embedded multiple-case study*).

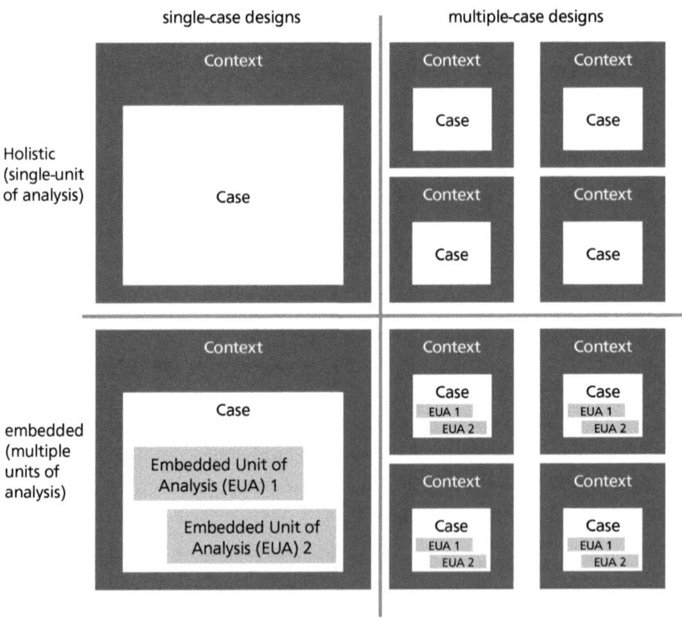

Abbildung 47: Typen unterschiedlicher Fallstudiendesigns. (Quelle: Yin (2014), S. 50.)

Auch wenn es als problematisch erscheint, nur einen einzelnen Fall zu analysieren und trotzdem von Generalisierung zu sprechen, gibt es einige wichtige Gründe, die ein solches Vorgehen rechtfertigen bzw. bei denen nur ein Vorgehen mit einem einzelnen Fall möglich ist:[1063]

- Wenn auf Basis des Bezugsrahmens ein ganz bestimmter Fall definiert werden kann, für den zu erwarten ist, dass die formulierten Hypothesen nicht verworfen werden müssen, so kann dieser Fall als **kritisch** bezeichnet werden und wäre als Einzelfallstudie zulässig, um zu überprüfen, ob sich die vermuteten Zusammenhänge als richtig erweisen oder ob diese verworfen und verändert werden müssen.
- Bestimmte Fälle weichen von normalerweise vermuteten Zusammenhängen ab und stellen deshalb **einzigartige** Ausnahmen oder **extreme** Ereignisse dar. Diese stellen deshalb eine einmalige Gelegenheit dar, Zusammenhänge zu hinterfragen und alternative Erklärungsansätze zu entwickeln.[1064]
- Für einige Untersuchungsobjekte ist es nicht sinnvoll, mehrere Fälle zu betrachten, weil diese in ihrer Art so **ähnlich** sind, dass man von einem **Standard** ausgehen kann und die Untersuchung mehrerer dieser Fälle keine zusätzlichen Erkenntnisse im Vergleich zur Untersuchung eines einzelnen Falles liefern kann.
- Manche Untersuchungsobjekte, wie z. B. sozial stark abgegrenzte Gruppen, können **normalerweise** nicht untersucht werden, weil diese für den Forscher **nicht zugänglich** sind. Die Möglichkeit, ein solches Objekt zu untersuchen, kann aber bereits entscheidende neue Erkenntnisse zu Zusammenhängen liefern, die bei sorgfältigem und gründlichem Vorgehen auf vergleichbare Fälle übertragbar sind.
- Wenn zur Beantwortung einer Forschungsfrage eine **Längsschnittstudie** durchgeführt wird und Veränderungen des Untersuchungsobjektes im Verlauf der Zeit untersucht werden, kann ein einzelner Fall ausreichen, um theoretisch vorhergesagte bzw. vermutete Reaktionen und Entwicklungen zu untersuchen.

Neben den von Yin beschriebenen Gründen für einen Generalisierungsanspruch auf Basis einer Einzelfallstudie kann es noch weitere Gründe geben. Diese müssen im Zusammenhang mit der Definition des Forschungsdesigns entsprechend begründet werden. Die Nutzung einer einzelnen Fallstudie birgt allerdings auch

---

[1063] Vgl. hierzu und im Folgenden Yin (2014), S. 51–56. Weitere Überlegungen und Argumente stellen Stake und Eriksson dar, vgl. Stake (2006), S. 22–27; Eriksson (2008), S. 117–119 sowie konkret zum Vorgehen bei Einzelfallstudien S. 119-122.

[1064] Vgl. hierzu auch das Beispiel in Siggelkow (2007), S. 20.

die Gefahr, dass sich im Verlauf der Untersuchung herausstellt, dass das untersuchte Objekt nicht dem vermuteten und gewünschten Fall entspricht und somit keine Rückschlüsse auf die Untersuchungshypothesen gezogen werden können. Diese Gefahr bleibt auch bestehen, wenn innerhalb einer Einzelfallstudie mehrere Falleinheiten untersucht werden. Ein solches Design ist sinnvoll, wenn nicht nur das Untersuchungsobjekt selbst, sondern z. B. bei einem Unternehmen auch isolierbare Teile wie z. B. Zusammenhänge in oder Auswirkungen auf Organisationseinheiten eines Unternehmens untersucht werden sollen, die jeweils in unterschiedlichen Ausprägungen vorliegen können. Dabei muss allerdings darauf geachtet werden, dass die Ergebnisse auch auf der übergeordneten Fallebene betrachtet und ausgewertet werden und dass dieser übergeordnete Kontext nicht durch Detailergebnisse aus den Falleinheiten verloren geht.[1065] Im Gegensatz dazu spricht für ein Design mit nur einer Falleinheit beispielsweise, dass sich die Fragestellung auf einen abstrakten oder übergeordneten Sachverhalt bezieht. In anderen Situationen, in denen keine isolierbaren Teile abgegrenzt werden können, erübrigen sich Überlegungen für oder gegen mehrere Falleinheiten auch von selbst. Die Entscheidung für mehrere Untersuchungseinheiten oder für nur eine Untersuchungseinheit hängt letztlich genauso von der Fragestellung, dem Untersuchungsobjekt und dem Bezugsrahmen ab, wie die Entscheidung für einen oder für mehrere Fälle.

Ein Forschungsdesign mit mehreren Fällen kann auch als Multifallstudie bezeichnet werden. Ein solches Design ist allerdings nicht automatisch besser als eine Einzelfallstudie. Es gibt aber verschiedene Vorteile, wie z. B. eine bessere Akzeptanz der Ergebnisse hinsichtlich des Generalisierungsanspruches, weil theoretische Annahmen unabhängig voneinander in mehreren Situationen gezeigt werden konnten. Allerdings darf dieser Generalisierungsanspruch nicht mit dem statistischen Generalisierungsanspruch großzahliger, quantitativer Studien gleichgesetzt werden.[1066] Auch Multifallstudien dienen der analytischen Generalisierung. Multifallstudien sind deshalb eher mit der Durchführung einer Laborstudie vergleichbar, bei der eine Reihe gleicher Experimente durchgeführt wird, jedes Experiment für sich aber als Test der vermuteten theoretischen Zusammenhänge zu verstehen ist.[1067] Dieses Verständnis kann auch als Wiederholungs-

---

[1065] Vgl. Yin (2014), S. 55. Zur übergreifenden Auswertung ist deshalb ein strukturiertes Vorgehen notwendig, das Vergleiche über die verschiedenen Falleinheiten und den Fall selbst ermöglicht, vgl. hierzu Stake (2006), S. 39–77.

[1066] Die Güte einer Fallstudie mit mehreren Fällen steigt nicht durch die Anzahl der Fälle, sondern durch eine theoretisch begründete Auswahl spezifischer Untersuchungseinheiten, vgl. Yin (2014), S. 57–61.

[1067] Bei Multifallstudien müssen alle Fälle begründet ausgewählt und sorgfältig durchgeführt werden. Dabei können auch Fälle untersucht werden, welche die vermuteten Ergebnisse

logik im Gegensatz zur Stichprobenlogik quantitativer Studien bezeichnet werden. Nachteile von Multifallstudien sind die zeitlichen, personellen und finanziellen Aufwände, die teilweise deutlich über denen von Einzelfallstudien liegen.

Die Untersuchungseinheiten für die im Rahmen dieser Arbeit angestrebte Fallstudie können relativ klar anhand der Forschungsfrage, des Untersuchungsobjektes und des Bezugsrahmens abgegrenzt werden. Das Ziel dieser Arbeit ist ein Prozessmodell für effiziente BI-Prozesse. Hierzu muss geklärt werden, wie effiziente BI-Prozesse gestaltet werden können. Als Untersuchungsobjekte dieser Arbeit sind außerdem informationsintensive Dienstleistungsunternehmen bestimmt worden (vgl. Kapitel 2.3). Dienstleistungsunternehmen haben aufgrund ihrer direkten Kundenkontakte sehr gute Möglichkeiten, Wissen über ihre Kunden aufzubauen und deren Wünsche zu bestimmen. Je häufiger solche Kundenkontakte stattfinden, desto mehr Informationen können die Unternehmen über Kunden sammeln und auswerten. Gleichzeitig ist es so, dass die Marktsituation (vgl. Kapitel 7.2) informationsintensive Dienstleistungsunternehmen auch dazu zwingt, diese Informationen zu erheben und zu nutzen, um sich durch Wettbewerbsvorteile gegenüber Konkurrenten besser am Markt positionieren zu können. Allerdings bilden die Unternehmen selbst nur den Rahmen des Bezugsrahmens (vgl. Kapitel 7.2, Abbildung 45). Im Mittelpunkt der Untersuchung stehen vielmehr die Prozesse bzw. konkret die Umsetzung der BI-Prozesse innerhalb der Unternehmensorganisation in Abhängigkeit der Transaktionscharakteristika Spezifität, Unsicherheit und Wiederholungshäufigkeit der jeweils nachgefragten Informationen.

Für die Fallstudie bietet sich deshalb folgende Abgrenzung der Untersuchungseinheiten an:

- **Fall**: ein Unternehmen.
- **Falleinheit**: ein BI-Prozess bzw. eine organisatorische Einheit, die einen BI-Prozess ausführt.

Wegen der Messprobleme bei der absoluten Erfassung von Transaktionskosten kann ein Vergleich von BI-Prozessen über verschiedene Unternehmen hinweg nicht durchgeführt werden.[1068] Ein Vergleich unterschiedlicher BI-Prozesse ist aber zwingend notwendig, um die vermuteten Zusammenhänge zwischen den Transaktionscharakteristika der nachgefragten Informationen sowie den Trans-

---

nicht bestätigen, wenn dieses anhand der vermuteten, theoretischen Zusammenhänge so auch vorhergesagt werden kann, vgl. Yin (2014), S. 57.

[1068] Vgl. die Ausführungen in Kapitel 7.1.2.

aktions- und Produktionskosten bzw. der BI-Effizienz zu untersuchen. Eine mögliche Alternative ist der relative Vergleich unterschiedlicher Umsetzungen von BI-Prozessen innerhalb des gleichen Unternehmens. Damit kann ein Forschungsdesign mit nur einer Falleinheit bzw. jeweils nur einer Falleinheit (*holistic*) ausgeschlossen werden, weil ein solches keine sinnvollen Erklärungsbeiträge liefern kann.

Als Fälle eigenen sich vor allem große informationsintensive Dienstleistungsunternehmen, weil mit der Größe der Unternehmen auch die Anzahl der Entscheider steigt und damit die potenzielle Anzahl unterschiedlicher Varianten von BI-Prozessen. Von diesen gibt es eine ausreichende Anzahl, sodass potenziell mehrere Fälle möglich wären. Allerdings erfordert eine Untersuchung von BI-Prozessen in Unternehmen einen sehr guten Zugang zum Untersuchungsobjekt sowie ein hohes Maß an Vertrauen seitens des Unternehmens gegenüber dem oder den Forschern, denn die Untersuchung und Analyse unternehmensinterner Prozesse ist hoch sensibel und kann zu Problemen hinsichtlich des Datenschutzes führen. Darüber hinaus steigt der Aufwand zur Datenerhebung und -auswertung mit der Anzahl der Fälle exponentiell, weil für jeden Fall immer mehrere Falleinheiten untersucht werden müssen (s. o.). Gleichzeitig kann aber angenommen werden, dass die Ursachen für Transaktionskosten sowie die Potenziale für Spezialisierungs- und Größendegressionseffekte in allen Unternehmen gleich sind und dass sich diese lediglich aufgrund der jeweiligen Transaktionsatmosphäre, d. h. den soziokulturellen und technologischen Rahmenbedingungen, in ihrer absoluten Höhe unterscheiden.[1069] Eine Untersuchung mehrerer Fälle wird deshalb bei einer relativen Bewertung vermutlich keine zusätzlichen Erkenntnisse gegenüber den Erkenntnissen aus einem einzelnen Fall liefern. Damit liegen mehrere Gründe vor, aufgrund derer ein Forschungsdesign mit einer Einzelfallstudie nach YIN grundsätzlich gerechtfertigt werden kann.[1070]

Für das konkrete Forschungsdesign wird deshalb eine Einzelfallstudie mit mehreren Falleinheiten genutzt (*embedded single-case study*). Da soziokulturelle und technologische Rahmenbedingungen (Transaktionsatmosphäre) keinen Einfluss auf die relativen, sondern nur auf die absoluten Transaktions- und Produktionskosten haben, bietet es sich an, deutsche Unternehmen als Fälle zu nutzen und damit Verzerrungen in der Datenanalyse durch sprachliche Barrieren zu vermeiden. Außerdem kann zu Unternehmen im gleichen Sprach- und Kulturkreis

---

[1069] Vgl. zur Transaktionsatmosphäre die Ausführungen in Kapitel 7.1.2. Beispielsweise können technisch günstige Voraussetzungen i. d. R. durch die Investition in entsprechende Standardinstrumente in allen Unternehmen geschaffen werden.

[1070] Vgl. Yin (2014), S. 51–56.

leichter das notwendige Vertrauensverhältnis aufgebaut werden, um den Zugang zur Untersuchung der Falleinheiten zu erhalten. Als Fall (Unternehmen A) wird ein großes, deutsches, informationsintensives Dienstleistungsunternehmen gewählt. Durch die Untersuchung einer Reihe von Falleinheiten kann aber im Sinne einer Replikation untersucht werden, ob die Untersuchungshypothesen haltbar sind. Die Wahl des Falles erfolgt gezielt und in Abhängigkeit der Zugangsmöglichkeiten zu dem Unternehmen sowie zu Falleinheiten innerhalb des Unternehmens. Eine Verzerrung der Untersuchungsergebnisse kann aber trotz der gezielten Wahl ausgeschlossen werden, weil in allen Unternehmen die Ursachen für Transaktionskosten sowie die Potenziale für Spezialisierungs- und Größendegressionseffekte gleich sind und sich lediglich in ihrer absoluten Höhe durch die Einflüsse der jeweiligen Transaktionsatmosphäre unterscheiden (s. o.). Abschließend muss an dieser Stelle aber darauf hingewiesen werden, dass die beiden Hypothesen *H1.1* und *H1.2* mit diesem Forschungsdesign nur oberflächlich untersucht werden können. Die in den beiden Hypothesen formulierten Vermutungen stellen eher einen klassischen Anwendungsfall für eine großzahlige, quantitative Untersuchung dar. Die Ergebnisse der Fallstudie können deshalb nur Tendenzaussagen zu diesen beiden vermuteten Zusammenhängen liefern.

8.3 Auswahl der Datenquellen und Vorgehen zur Datenerhebung

Für die Untersuchung steht potenziell eine ganze Reihe von Datenquellen und Methoden zur Datenerhebung zur Verfügung.[1071] Zur Beurteilung der vermuteten Zusammenhänge müssen im Rahmen der Fallstudie Transaktionscharakteristika nachgefragter Informationen sowie die zu deren Bereitstellung genutzten BI-Prozesse und deren organisatorische Verankerung ermittelt werden (vgl. Kapitel 7.3). Entsprechend der genutzten Methoden können diese auf unterschiedliche Weise erfasst werden. Die Wahl einer geeigneten Methode hängt von verschiedenen Faktoren ab. Jede Methode zur Datenerhebung hat spezifische Vorteile und Nachteile, sodass die Wahl einer Methode i. d. R. ausgehend von der Forschungsfrage und den zu untersuchenden Hypothesen sowie von den Zugangsmöglichkeiten zu den Fällen und Falleinheiten getroffen wird.[1072] Als wenig geeignet für diese Arbeit oder sogar ungeeignet erscheinen alle Arten von Beobachtungen und Experimenten. BI-Prozesse haben bspw. keine physische Manifestation, sodass sich die Abläufe und Schnittstellen nur schwer beobachten lassen. Insbesondere automatische Routinen müssten durch zusätzliche Dokumente und Gespräche erfasst werden, sodass eine reine Beobachtung gar nicht möglich wäre. Ähnliches gilt für Experimente, die außerdem sehr komplex auf-

---

[1071] Vgl. Bryman/Bell (2007), S. 439–576.

[1072] Vgl. Yin (2014), S. 106.

gebaut werden müssten, um unterschiedliche Varianten von BI-Prozessen zu simulieren.[1073] Insgesamt eignen sich diese Methoden eher zur Analyse sozialen Verhaltens und bieten für die hier verfolgte Fragestellung keine entscheidenden Vorteile, die den hohen Aufwand für deren Einsatz rechtfertigen würden.

Als geeignet und praktikabel erscheinen hingegen Dokumentenanalysen und Befragungen, wobei potenziell verschiedene aktuelle Quellen wie Dokumentationen, Prozessanweisungen, Projektberichte, Protokolle etc. für eine Dokumentenanalyse zur Verfügung stehen. Eine Analyse historischer Dokumente spielt deshalb keine Rolle.[1074] Ein entscheidender Vorteil der Dokumentenanalyse ist aber gerade die Möglichkeit, unterschiedliche Dokumente verschiedener Zeitpunkte auswerten zu können, um bestimmte Sachverhalte und deren Entwicklung über die Zeit zu analysieren. Dokumente als Datenquelle besitzen außerdem eine hohe Neutralität, weil sie zum einen bereits existieren und nicht zum Zwecke der Analyse erstellt werden. Eine Verzerrung aufgrund einer bewussten positiven Darstellung durch den Verfasser kann deshalb ausgeschlossen werden. Zum zweiten liegen die Daten dieser Quellen für jeden nachprüfbar in schriftlicher Form vor, sodass im Sinne der Reliabilität (vgl. Kapitel 8.5) auch andere Forscher auf Basis der Ursprungsdaten eigene Analysen anstellen können. Dies gilt aber nur, wenn die relevanten Dokumente vollständig identifiziert wurden und zu diesen ausreichender Zugang besteht. Völlig ausgeschlossen werden kann eine Verzerrung allerdings nicht, denn es besteht immer die Gefahr, dass der Verfasser eines Dokuments unbeabsichtigt seine subjektive Wahrnehmung darstellt und damit Interpretationen oder Wertungen in den Dokumenten transportiert werden.

Ein allgemeiner Nachteil der Dokumentenanalyse ist die Beschränkung auf schriftlich dokumentierte Sachverhalte. Bisher nicht als relevant erachtete Aspekte oder neuartige Entwicklungen lassen sich deshalb mithilfe einer Dokumentenanalyse nicht erfassen. Für solche Fälle bieten sich eher Befragungen an, wobei diese auf verschiedene Arten, z. B. mündlich oder schriftlich, vorgenommen werden können. Mündliche Befragungen werden auch als Interview bezeichnet und können nochmals nach verschiedenen Verfahren und dem Standardisierungsgrad unterschieden werden.[1075] Nach dem Standardisierungsgrad lassen

---

[1073] Vgl. hierzu die Anforderungen zum Aufbau von Experimenten bei Kromrey/Strübing (2009), S. 88–93.

[1074] Außerdem hat die Verbreitung von BI-Prozesse erst durch die Möglichkeiten zur massenhaften Datenerfassung und -verarbeitung durch IT-Systeme (Instrumente) in den vergangenen 20 Jahren zugenommen. Ältere Datenquellen, die strukturierte BI-Prozesse beschreiben, dürften also auch gar nicht existieren.

[1075] Vgl. Mey/Mruck (2007), S. 249 f.

sich vollkommen frei geführte, durch einen Interviewleitfaden unterstützte oder mit einem festen Fragenkatalog strukturierte Interviews unterscheiden.[1076] Während freie Interviews das Risiko bergen, wichtige Fragen und Aspekte zu vergessen, schränkt ein strukturiertes Interview die Befragung stark ein, sodass die Vorteile persönlicher Interviews gegenüber schriftlichen Befragungen verloren gehen können. Einen sinnvollen Kompromiss stellt deshalb i. d. R. ein durch einen Interviewleitfaden unterstütztes Interview dar, weil dieses ausreichend Raum für einen Dialog zwischen Forscher und Befragtem lässt sowie durch den Leitfaden einen groben Ablauf und die Befragung zu relevanten Aspekten sicherstellt.[1077] Nach dem Verfahren werden in der Literatur verschiedene Interviewtypen wie das narrative Interview, das diskurs-dialogische Interview sowie das Experteninterview unterschieden.[1078] Experteninterviews können zwar auch einen explorativen Charakter besitzen, werden aber meist genutzt, um bestehende Hypothesen zu untersuchen.[1079] Als Experte gilt, *„wer in irgendeiner Weise Verantwortung trägt für den Entwurf, die Implementierung oder die Kontrolle einer Problemlösung oder wer über einen privilegierten Zugang zu Informationen über Personengruppen oder Entscheidungsprozesse verfügt.“*[1080] Unter Experten können im untersuchten Sachverhalt beispielsweise besonders erfahrene Mitarbeiter, Projektleiter oder Führungskräfte verstanden werden, die BI-Prozesse ausführen oder an deren Planung und Implementierung beteiligt sind. Im Gegensatz zu Interviews sind schriftliche Befragungen per se hoch standardisiert, weil die Abfolge und Formulierung der Fragen in einem Fragebogen festgelegt sind. Es können allerdings unterschiedliche Typen von Fragen, wie z. B. offene und geschlossene Fragen unterschieden werden.[1081] Offene Fragen lassen beliebige Antworten seitens der Befragten zu, während geschlossene Fragen Antwortmöglichkeiten vorgeben. Je nach Frage kann entweder eine Einfach- oder Mehrfachauswahl aufgeführter Optionen oder eine Bewertung einer Aussage oder eines Sachverhaltes anhand einer Skala angeboten werden.[1082] Der Vorteil einer schriftlichen Befragung ist der geringere Aufwand bei der Befragung und Auswertung im Ver-

---

1076 Vgl. Gläser/Laudel (2009), S. 111 ff.

1077 Vgl. Schöneck/Voß (2005), S. 43; Lamnek (2010), S. 321 ff.

1078 Vgl. Mey/Mruck (2007), S. 249 f. Bei einem Experteninterview ist weniger der Befragte als Person interessant, vielmehr wird der Tätigkeitsbereich bzw. die Funktion des Befragten zum Gegenstand der Untersuchung, vgl. ebenda, S. 254.

1079 Vgl. Bähring u. a. (2008), S. 92. Es gibt eine große Anzahl von Arbeiten, in denen Interviews als Basis für Fallstudien zur Erklärung theoretisch hergeleiteter Zusammenhänge genutzt wurden, vgl. hierzu z. B. eine Übersicht über Arbeiten zu Managementinformationssystemen in Benbasat/Goldstein/Mead (1987), S. 379.

1080 Meuser/Nagel (2005), S. 443.

1081 Vgl. Kromrey/Strübing (2009), S. 352.

1082 Vgl. Schöneck/Voß (2005), S. 81 f.; Häder (2006), S. 102; Kromrey/Strübing (2009), S. 354.

gleich zu Interviews. Damit geht aber gleichzeitig auch ein Nachteil einher, weil nicht sichergestellt werden kann, dass der Befragte alle wichtigen Fragen auch beantwortet und es ist weder möglich klärende Fragen seitens des Befragten noch seitens des Forschers zu stellen.

Für die verfolgte Fragestellung und das vorliegende Forschungsdesign erscheint es grundsätzlich am sinnvollsten, Experteninterviews zur Überprüfung der vermuteten Zusammenhänge einzusetzen. Hierfür sprechen maßgeblich zwei Gründe. So wurde in Kapitel 8.1 bereits erläutert, dass der Sachverhalt komplex ist und deshalb sehr tiefe Einblicke in Prozesse und Organisation notwendig sind, um die vermuteten Zusammenhänge untersuchen zu können. Interviews bieten hierfür bessere Möglichkeiten im Gespräch mit Experten die untersuchten Einflussfaktoren zu konkretisieren und auf vermutete Zusammenhänge einzugehen, als dies in schriftlichen Befragungen möglich wäre.[1083] Bei der Analyse existierender Dokumente ist außerdem zu befürchten, dass relevante Informationen nur bedingt schriftlich vorliegen. Bereits in Kapitel 1.2 wurde erläutert, dass bisher zum untersuchten Sachverhalt wenig geforscht wird. Dies lässt darauf schließen, dass deshalb auch in der Praxis wenige Dokumente existieren, die relevante Sachverhalte beschreiben und Informationen zu den untersuchten Zusammenhängen liefern.[1084] Allerdings stellen sowohl schriftliche Befragungen als auch Dokumentenanalysen Alternativen für solche Fälle bzw. Falleinheiten dar, in denen ein Interview nicht möglich ist. Da zum Fall (Unternehmen A) die notwendigen Zugangsmöglichkeiten bestehen, werden im Rahmen der Fallstudie mehrere Falleinheiten durch leitfadenunterstützte, semistrukturierte Experteninterviews durchgeführt. Dieses Vorgehen stellt sicher, dass die Experten in den Interviews zu allen relevanten Aspekten befragt werden, dass aber trotzdem ausreichend Raum für Detailfragen und gegenseitige Erläuterungen bleibt. Damit bieten die Interviews die Möglichkeit, sehr tiefe Einblicke in die jeweiligen BI-Prozesse und Organisation zu nehmen. Wegen des hohen Aufwandes zur Durchführung und Auswertung, kann allerdings nur eine kleine Zahl solcher Interviews durchgeführt werden. Es bietet sich deshalb an, weitere Datenquellen hinzuzuziehen, die zusätzlich zu den tiefen Einblicken einen Überblick über den Fall als ganzes verschaffen. Unternehmen A bietet hier die Möglichkeit neben den Interviews in den Falleinheiten auch interne Dokumente zu analysieren sowie diese als Datenquellen in die qualitative Auswertung einzubeziehen. Die

---

[1083] Vgl. hierzu auch Vuori (2006), S. 315 f.

[1084] Fragestellungen der angewandten Forschung entstehen i. d. R. aus Anwendungsfällen und werden deshalb von Forschern übernommen und wissenschaftlich untersucht. Meist werden aber parallel Lösungsansätze in der Praxis entwickelt, die zwar das konkrete Problem beheben, denen aber das wissenschaftliche Erkenntnisinteresse fehlt, auch die Ursachen und Zusammenhänge erklären zu können.

Nutzung unterschiedlicher Datenquellen stellt einen *Mixed-Methods-Ansatz* dar.[1085] Dieser Ansatz bietet die Möglichkeit, die Nachteile einzelner Erhebungs- und Analysemethoden durch Kombination mit anderen Methoden aufzulösen. Der *Mixed-Methods-Ansatz* darf aber nicht mit dem Vorgehen zur Triangulation verwechselt werden, bei dem die Ergebnisse mehrerer Falleinheiten oder Fallstudien miteinander verglichen und nochmals ausgewertet werden.[1086]

Zur Beurteilung der vermuteten Zusammenhänge müssen die im Bezugsrahmen dargestellten Einflussfaktoren im Rahmen der Datenerhebung erfasst werden:[1087]

- **Spezifität**: Die Spezifität einer Information hängt vom potenziellen Entscheiderkreis ab, für den diese relevant sein kann.[1088] Eine hohe Spezifität bedeutet, dass die Information nur sehr spezifische Aussagen zu wenigen, lokal begrenzten Sachverhalten ermöglicht bzw. nur für einzelne Entscheider relevant ist.[1089] Eine niedrige Spezifität bedeutet dementsprechend, dass die Information potenziell für viele Entscheider relevant ist. Spezifität lässt sich direkt erfassen und kann durch Fragen zum Nutzerkreis und Standardisierungsgrad etc. ermittelt werden.
- **Unsicherheit**: Quellen der Unsicherheit sind hohe Dynamik und hohe Komplexität des Informationsbedarfs.[1090] Dynamik bzw. Varianz des Informationsbedarfs entsteht aufgrund sich permanent verändernder Sachverhalte und Fragestellungen, sodass auch die Informationsbedarfe variieren. Komplexität entsteht im Gegensatz dazu durch die Neuartigkeit von Informationsbedarfen und damit einhergehenden Herausforderungen bei der Formulierung des subjektiven Informationsbedarfs und bei der Schaffung eines passenden Informationsangebots. Auch Dynamik und Komplexität lassen sich durch Fragen zu Veränderungen des Informationsbedarfs sowie zur Häufigkeit mit der neuartige Informationsbedarfe nachgefragt werden direkt erfassen.

[1085] Vgl. Bryman/Bell (2007), S. 643 ff.; Yin (2014), S. 65–67.

[1086] Triangulation bezieht sich i. d. R. auf die Verschränkung von Ergebnissen aus verschiedenen Fällen oder Falleinheiten. Es gibt aber auch den Ansatz, einen Fall mit verschiedenen Methoden zu bearbeiten und dies als Methodentriangulation zu bezeichnen. Aus Gründen der besseren Abgrenzbarkeit soll dieses Vorgehen hier allerdings als Mixed-Methods-Ansatz bezeichnet werden.

[1087] Der Rückgriff auf bereits zuvor verwendete und in der Literatur dokumentierte Variablen bzw. Indikatoren entspricht dem im Rahmen der wissenschaftstheoretischen Einordnung charakterisierten deduktiven Vorgehen, vgl. Kapitel 1.4.

[1088] Vgl. Gaitanides (2012), S. 70 f. GAITANIDES spricht auch von Kundenspezifität.

[1089] Informationen zu wenigen, lokal begrenzten Sachverhalten (Entscheidungssituationen) bzw. nur für einzelne Entscheider können auch als abnehmerspezifische Investitionen betrachtet werden, vgl. Göbel (2002), S. 104.

[1090] Vgl. Kapitel 7.1.2 sowie Theuvsen (1997), S. 989.

- **Wiederholungsrate**: Die Wiederholungsrate entspricht der Häufigkeit, mit der eine bestimmte Information nachgefragt wird. Diese wird sowohl durch die Zeitintervalle, nach denen die Information regelmäßig nachgefragt wird, als auch durch die Anzahl der Entscheider, welche die Information nachfragen, bestimmt.[1091] Sowohl die Zeitintervalle als auch die Anzahl der versorgten Entscheider lassen sich direkt oder auf einer abgestuften Skala erfassen.
- **Prozess**: Die BI-Prozesse können zwar auch direkt erfasst werden, dies ist aber für den angestrebten Vergleich nicht sinnvoll. Stattdessen sollen die Prozesse anhand des abstrakten Prozessstandards (vgl. Kapitel 6.1) eingeteilt werden. Die Hauptunterscheidungsmerkmale für die Prozesse sind dabei die Fertigungstiefe[1092] (vgl. Kapitel 6.2) und der Automatisierungsgrad gemäß der Entkopplungspunkte[1093] (vgl. Kapitel 6.3). Dieses Vorgehen entspricht dem von THEUVSEN vorgeschlagenen Ansatz, unterschiedliche idealtypische Varianten zur organisatorischen Gestaltung zu definieren und diese hinsichtlich ihrer Wirkungen auf Transaktions- und Produktionskosten zu bewerten.[1094] Hierzu können für die untersuchten BI-Prozesse die organisatorische Verankerung, der Umfang des manuell ausgeführten BI-Prozesses und dessen durch zentrale Instrumente automatisierten Anteils erfasst werden.
- **BI-Effizienz**: In der Transaktionskostentheorie wird die Koordinationsform als effizient bezeichnet, welche die minimale Summe aus Transaktions- und Produktionskosten aufweist. Aufgrund verschiedener Messprobleme lassen sich diese aber nicht absolut, sondern nur relativ ermitteln. In der durchgeführten Untersuchung ist aber selbst eine relative Bewertung nur bedingt möglich, weil wegen fehlender absoluter Bewertungsmöglichkeiten von Informationen (vgl. Kapitel 4.2.3 und Kapitel 4.3.4) nicht direkt untersucht werden kann, welcher BI-Prozess für eine spezifische Information am effizientesten ist. Es wäre lediglich möglich, durch Ausprobieren die gleiche Information mit verschiedenen Prozessvarianten zu erzeugen und jeweils die Prozesskosten zu ermitteln. Ein solches Vorgehen ist aber nicht realistisch, weil dabei nicht unerhebliche Kosten zur Restrukturierung im untersuchten Unternehmen entstünden. Eine praktikable Alternative stellt eine subjektive

[1091] Vgl. Rose (1999), S. 64.

[1092] Eine Einordnung der Fertigungstiefe enthält gleichzeitig auch Aussagen zur organisatorischen Verankerung, weil Fertigungstiefe hier als Anteil des BI-Prozesses definiert ist, der direkt dezentral, das heißt in der organisatorischen Einheit des Entscheiders, ausgeführt wird. Eine 100%ige Fertigungstiefe entspricht damit einem vollständig dezentral ausgeführten BI-Prozess.

[1093] Es ist nicht auszuschließen, dass sich während der Datenerhebung zeigt, dass weitere Entkopplungspunkte sinnvoll sind und praktisch genutzt werden. Für diesen Fall kann das abstrakte Modell um entsprechende Zwischenvarianten ergänzt werden.

[1094] Vgl. Theuvsen (1997), S. 975.

Bewertung der Effizienz durch die befragten Experten dar. Hierzu wird auf die von BÜTTGEN vorgelegten Indikatoren zur Effizienzmessung zurückgegriffen.[1095] Effizienz wird dort als latente Variable definiert, die reflexiv durch Qualitäts-, Mitarbeiterzufriedenheits- und Prozessindikatoren gebildet wird.[1096]

Der Leitfaden für die Interviews kann entlang der Einflussfaktoren bzw. der entsprechenden Indikatoren aufgebaut werden.[1097] Fragen werden dabei möglichst einfach formuliert, um Verwechslungen und vor allem implizite Antworten zu vermeiden.[1098] Zur Unterstützung der Gesprächsführung wird der Leitfaden dreispaltig aufgebaut.[1099] In der ersten Spalte werden die eigentlichen Fragen dargestellt. Diese werden in der zweiten und dritten Spalte um Erwartungen an die Antworten des Befragten sowie mögliche präzisierende Zusatzfragen ergänzt, die bei unklaren oder unvollständigen Antworten des Befragten zur Nachfrage ge-

---

1095 Vgl. Büttgen (2011), S. 337. BÜTTGEN entwickelt diese Indikatoren im Zusammenhang mit einer transaktionskostentheoretischen Analyse von Service Centern in Unternehmen.

1096 BÜTTGEN nutzt zusätzlich noch Finanzindikatoren, die aber aus oben genannten Gründen in der vorliegenden Untersuchung nicht erfasst werden können. Variablen werden als latent bezeichnet, wenn diese nicht direkt erfass- und messbar sind (z. B. Erfolg), vgl. Homburg/Dobratz (1998), S. 450. Direkt erfass- und messbare Variablen werden als manifest bezeichnet (z. B. Temperatur). Latente Variablen können aber mithilfe erfass- und messbarer Indikatoren, die in kausalem Zusammenhang mit der Variable stehen, dargestellt bzw. operationalisiert werden. Abhängig von der Richtung der Kausalität werden reflexive und formative Indikatoren unterschieden, vgl. Ringle (2004), S. 22; Albers/Hildebrandt (2006), S. 11; Güttler (2009), S. 123. Bei reflexiven Indikatoren wirkt die Variable auf die Indikatoren, d. h. Änderungen der latenten Variable manifestieren sich in einer Änderung der Indikatoren. Umgekehrt wirken formative Indikatoren auf die Variable, d. h. die Variable wird als (Linear-)Kombination der Indikatoren interpretiert. Reflexive Indikatoren gelten als austauschbar, da diese jeweils für sich genommen stark mit der Variablen korreliert sind. Diese Austauschbarkeit führt auch dazu, dass in reflexiven Messmodellen latenter Variablen einzelne Indikatoren ohne Verlust von Aussagekraft der Variable weggelassen werden können, vgl. Eberl (2004), S. 12; Jahn (2007), S. 6. Im Gegensatz hierzu müssen bei formativen Konstrukten alle Indikatoren erfasst werden, die einen Einfluss auf die latente Variable haben, da ansonsten relevante Einflüsse ignoriert werden, vgl. Eberl (2004), S. 9. Für die hier durchgeführte Auswertung spielen diese Überlegungen aber nur am Rande eine Rolle, weil keine quantitative, mathematisch-statistische Auswertung, sondern eine qualitative Auswertung erfolgt. Hierbei werden nicht statistische „Erklärungsbeiträge“ berechnet, sondern auf Basis der zugrundeliegenden Theorie und Mustern in den Daten, die in Hypothesen formulierten Vermutungen überprüft.

1097 Vgl. Bähring u. a. (2008), S. 94. Neben den Einflussfaktoren und Zusammenhängen im Bezugsrahmen muss auch sichergestellt werden, dass sich die Fragen auf die zugrundeliegenden Hypothesen beziehen, vgl. Mayer (2008), S. 42–44. Die weitere Entwicklung der Fragen muss frei erfolgen, da bisher keine vergleichbaren Untersuchungen vorliegen, die Anhaltspunkte für geschickte Fragestellungen liefern könnten.

1098 Vgl. Bähring u. a. (2008), S. 95.

1099 Vgl. Aghamanoukjan/Buber/Meyer (2009), S. 432.

nutzt werden können.[1100] Vor Beginn der eigentlichen Datenerhebung werden der Leitfaden und die darin enthaltenen Fragen in einem Pretest auf Verständlichkeit, den notwendigen Zeitbedarf und andere Schwachstellen überprüft.[1101] Um für den Befragten einen angenehmen Gesprächsverlauf zu erzeugen und so dessen Komfort sowie Antwortbereitschaft zu steigern, muss der Forscher den Leitfaden auswendig beherrschen und kann so das Interview frei an den Antworten des Befragten orientiert durch die relevanten Themen führen.[1102] Der Leitfaden kann dann abschließend zur Kontrolle der behandelten Fragen und Vollständigkeit der Antworten genutzt werden.[1103] Zur Dokumentation und Datenerfassung wird jedes einzelne Interview aufgezeichnet und später transkribiert. Zusätzlich können auf dem Interviewleitfaden handschriftliche Notizen gemacht werden, die neben dem gesprochenen Wort z. B. auch besondere Reaktionen des Befragten dokumentieren können.[1104]

8.4 Vorgehen zur Auswertung der Daten und Triangulation der Ergebnisse

Die Auswertung der Daten erfolgt ebenfalls mithilfe der Einflussfaktoren und der entsprechenden Indikatoren (vgl. Kapitel 8.3). Diese Indikatoren können sowohl bei der Auswertung der Experteninterviews als auch bei der Dokumentenanalyse zum Codieren relevanter Aussagen und späteren Analyse der vermuteten Zusammenhänge genutzt werden. Im Rahmen der Fallstudie werden insgesamt 16 Experteninterviews von durchschnittlich 90 Minuten Länge, Präsentationen, Projektpläne, Protokolle, Berichte, Diagramme, zwei Prozesshandbücher mit Definitionen zu Standardprozessen sowie eine Systemlandkarte mit Schnittstellen und Datenströmen zwischen verschiedenen Instrumenten im Bereich Business Intelligence ausgewertet und analysiert. Die Art der nutzbaren Daten unterscheidet sich aber je nach Ebene der Auswertung. So werden auf Ebene der Falleinheiten die Experteninterviews ausgewertet. Diese haben jeweils konkreten Bezug zu einzelnen Prozessen bzw. organisatorischen Einheiten und enthalten umfangreiche Informationen zu jeweiligen Fragestellungen/Informationsbedarfen sowie zu den entsprechenden BI-Prozessen zur Bereitstellung der nachgefragten Informationen. Auf Fallebene werden im Gegensatz dazu allgemeinere Dokumente mit einem übergreifenden Blick ausgewertet, die sowohl Aussagen zu existierenden

---

[1100] Vgl. Kuckartz u. a. (2007), S. 20.

[1101] Vgl. Bähring u. a. (2008), S. 97. Im Gegensatz zu einer quantitativen Untersuchung erlaubt eine qualitative Erhebung jedoch auch die Modifikation der Interviewfragen im Verlauf der Erhebungsphase, vgl. Aghamanoukjan/Buber/Meyer (2009), S. 433.

[1102] Vgl. Mayer (2008), S. 37.

[1103] Vgl. Mey/Mruck (2007), S. 268.

[1104] Vgl. Bähring u. a. (2008), S. 99.

Standards und Regeln als auch zu zukünftigen Projekten und Entwicklungen ermöglichen.

Die systematische Auswertung der Experteninterviews erfordert eine standardisierte Transkription der Tonaufnahmen.[1105] Anschließend können die Transkriptionen der Interviews sowie sämtliche anderen Dokumente codiert werden. Die Codierung erfolgt anhand der oben beschriebenen Einflussfaktoren und der entsprechenden Indikatoren (vgl. Kapitel 8.3), die aus dem theoretischen Bezugsrahmen (vgl. Kapitel 7.2) sowie von den Hypothesen (vgl. Kapitel 7.3) abgeleitet wurden.[1106] Die Codierung ermöglicht eine strukturierte Auswertung, sodass standardisierte Aussagen auf Basis der Codes mit den formulierten Hypothesen verglichen werden können.[1107] Das methodische Vorgehen orientiert sich dabei an der qualitativen Inhaltsanalyse, die sich speziell für die systematische Auswertung von Interviews und zum Testen bestehender Hypothesen eignet.[1108] Diese Methode hat ihren Ursprung in einer quantifizierenden Methode zur Textanalyse und wurde von MAYRING weiterentwickelt.[1109] Der Vorteil einer qualitativen Inhaltsanalyse ist eine Reduktion der Analysekomplexität durch die Quantifizierung qualitativer Inhalte.[1110] Dabei werden ganze Textpassagen auf die Aussage bzw. Bedeutung der zugeordneten Codes reduziert, während nicht codierte Inhalte als nicht relevant betrachtet werden und bei der weiteren Auswertung außer Acht gelassen werden können.[1111]

Im Anschluss an die Codierung erfolgt die eigentliche Analyse. Der Aufbau der Fallstudie mit der übergreifenden Fallebene und mehreren Falleinheiten erfordert eine sequenzielle Analyse und anschließende Triangulation der Teilergeb-

---

1105 Zur Standardisierung der Transkription werden Regeln aufgestellt. Die im Rahmen dieser Arbeit genutzten Regeln finden sich in Anhang 2 und basieren auf Vorschlägen aus der Literatur, vgl. Kuckartz u. a. (2007), S. 27 f.; Gläser/Laudel (2009), S. 193 f. Zur Transkription von Interviews allgemein auch Bähring u. a. (2008), S. 101.

1106 Vgl. Gläser/Laudel (2009), S. 203.

1107 Vgl. Mayer (2008), S. 47 ff.

1108 Vgl. Bähring u. a. (2008), S. 104. Von einer freien Interpretation ohne den Einsatz strukturierter Verfahren ist abzuraten, da der wissenschaftliche Wert von Daten, die auf diese Weise erhoben und ausgewertet werden, als gering anzusehen ist, vgl. Gläser/Laudel (2009), S. 45.

1109 Vgl. Mayring (2007), S. 24 ff. Ursprünglich wurden Textstellen vorher definierten Kategorien zugeordnet (Codierung) und deren Häufigkeit analysiert. Dies ist allerdings nur sinnvoll, wenn es einen direkten Zusammenhang zwischen der Häufigkeit einer bestimmten Kategorie und dem untersuchten Zusammenhang gibt, vgl. Gläser/Laudel (2009), S. 197–202.

1110 Vgl. Gläser/Laudel (2009), S. 198.

1111 Das methodische Vorgehen kann mithilfe geeigneter Instrumente, wie z. B. mittels MAXQDA, für den Forscher vereinfacht werden, sodass auch große Mengen an Daten (Text) handhabbar werden.

nisse über mehrere Schritte. In einem ersten Schritt werden die Daten auf Ebene der Falleinheiten ausgewertet. Hierbei wird jede Falleinheit für sich hinsichtlich der vermuteten Zusammenhänge untersucht. Anschließend werden die Ergebnisse der Falleinheiten trianguliert und in Bezug zueinander gesetzt. Die Datentriangulation ermöglicht so allgemeinere Aussagen zu den Zusammenhängen auf Ebene der Falleinheiten. Im nächsten Schritt werden die Daten auf Fallebene nach dem gleichen Vorgehen ausgewertet, um erneut die vermuteten Zusammenhänge unabhängig von den Ergebnissen auf Ebene der Falleinheiten anhand der zusätzlichen Datenquellen beurteilen zu können. Zum Abschluss werden in einem vierten Schritt die Ergebnisse der ersten Datentriangulation auf Ebene der Falleinheiten mit den Ergebnissen der Analyse auf Fallebene trianguliert.[1112] Abbildung 48 zeigt nochmals zusammenfassend die einzelnen Analyseschritte der Daten und die Triangulationen der verschiedenen Teilergebnisse.

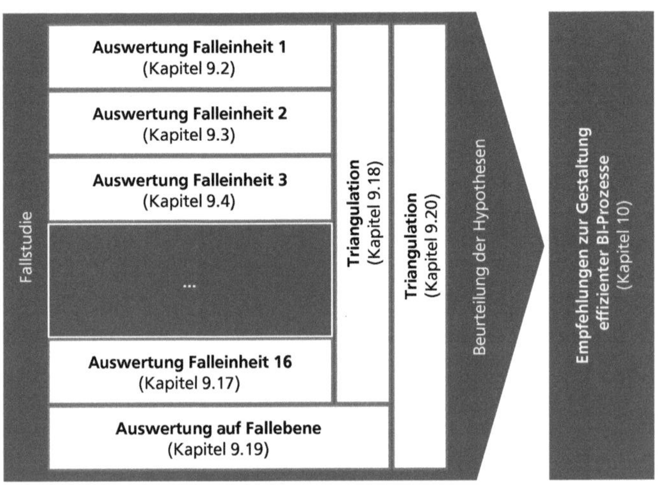

Abbildung 48: Vorgehen zur Auswertung der Daten auf Ebene der Falleinheiten sowie auf Fallebene und Triangulation der Ergebnisse. (Quelle: eigene Darstellung)

8.5 Beurteilung und Sicherung der Qualität in der qualitativen Forschung

Zur Beurteilung der wissenschaftlichen Güte empirischer Sozialforschung haben sich vier zentrale Gütekriterien herausgebildet, die für jede Studie und unabhängig davon, ob ein quantitatives oder qualitatives Forschungsdesign verfolgt wird, eingehalten werden müssen: Konstruktvalidität, interne und externe Validität

[1112] Vgl. hierzu auch das Vorgehen zur Auswertung bei Zuber (2013), S. 145–148.

sowie Reliabilität.[1113] Die Ermittlung der Gütekriterien unterscheidet sich für quantitative und für qualitative Studien aber erheblich. Während bei quantitativen Studien statistische Tests zur Berechnung der Gütekriterien angewendet werden können, stellt sich der Nachweis ausreichender Güte bei qualitativen Studien als deutlich komplexer dar.[1114] Die Definition spezifischer Merkmale zum Nachweis der Güte qualitativer Studien eignet sich nicht, weil sich die Datenbasis verschiedener Studien sehr stark voneinander unterscheiden kann. Stattdessen werden die vier Kriterien üblicherweise über abstrakte Eigenschaften definiert, die sich unabhängig von der konkreten Datenbasis feststellen lassen. COOK/CAMPBELL argumentieren außerdem, dass die vier Kriterien zwar unabhängig sind, diese aber logisch in der folgenden Reihenfolge aufeinander aufbauen:[1115]

- **Interne Validität:** Diese bezieht sich auf die kausalen Zusammenhänge zwischen den untersuchten Variablen und der Ergebnisgröße.[1116] Die interne Validität muss bereits bei der Herleitung des zu untersuchenden Modells berücksichtigt werden, weil auf den getroffenen Annahmen alle übrigen Schritte und damit auch die übrigen Gütekriterien aufbauen.
- **Konstruktvalidität:** Diese bezieht sich auf den Zusammenhang zwischen den untersuchten Indikatoren und den Variablen des Modells, für den sichergestellt sein muss, dass bei der Datenerhebung auch das erfasst wird, was untersucht werden soll. Konstruktvalidität muss deshalb bei der Planung und der Durchführung der Datenerhebung berücksichtigt werden.
- **Externe Validität:** Diese bezieht sich auf die Eignung der Fallstudienergebnisse zur (analytischen) Generalisierung und damit auf deren Aussagekraft über die konkret untersuchten Fälle hinaus. Zur Sicherung externer Validität muss bereits frühzeitig definiert werden, unter welchen Rahmenbedingungen die in der Fallstudie untersuchten Zusammenhänge erklärt und verallgemeinert werden sollen. Dies muss deshalb vor allem in der Phase der Fallstudienplanung und bei der Auswahl der Fälle und Falleinheiten berücksichtigt werden.
- **Reliabilität:** Diese bezieht sich auf die Vermeidung statistischer Fehler und Verzerrungen in der gesamten Untersuchung. Das Ziel ist, durch größtmögliche Transparenz und Objektivität sicherzustellen, dass bei einer analogen

---

[1113] Vgl. Kidder/Judd/Smith (1986), S. 26–29.

[1114] Für einen Überblick über statistische Tests zur Gütebeurteilung vgl. Hartung/Elpelt/Klösener (1998), S. 125 ff.; Backhaus u. a. (2011), S. 72 ff.

[1115] Vgl. Cook/Campbell (o. J.), S. 224 ff.

[1116] Interne Validität wird nur für Studien gefordert, die einen erklärenden Ansatz verfolgen. In explorativen und deskriptiven Studien spielt interne Validität hingegen keine Rolle, weil es um das Erkennen und Beschreiben genau dieser Zusammenhänge geht.

Durchführung und Auswertung der Fallstudie die Ergebnisse festgestellt werden. Die Reliabilität muss deshalb in allen Phasen berücksichtig werden und eine zentrale Rolle spielen.

Ausgehend von diesen Bedeutungen beschreibt Yin Ansätze und Maßnahmen, die in den jeweils genannten Phasen des Forschungsprozesses umgesetzt werden können, um die wissenschaftliche Stringenz und damit die Qualität gemäß der Gütekriterien zu steigern.[1117] Die oben genannten Kriterien werden auch in dem hier genutzten Forschungsdesign eingehalten und durch folgende Ansätze und Maßnahmen sichergestellt: [1118]

- Eine Grundlage zur Sicherung der **internen Validität** bildet das deduktive Vorgehen. Dieses führt dazu, dass sämtliche Annahmen und Zusammenhänge von der bekannten Literatur und etablierten betriebswirtschaftswissenschaftlichen Theorien abgeleitet werden. So wurde bspw. der theoretische Bezugsrahmen ausgehend von relevanten Erklärungsbeiträgen der Ressourcen- und der Transaktionskostentheorie aufgebaut (vgl. Kapitel 7.1 und Kapitel 7.2). Gleiches gilt auch für die Hypothesenformulierung. Im weiteren Verlauf der Untersuchung, und insbesondere bei der Auswertung der Fallstudien, werden mithilfe der qualitativen Inhaltsanalyse sämtliche Daten codiert, um auf dieser Basis Aussagen zu den vermuteten Zusammenhängen treffen zu können. Die Auswertung erfolgt anschließend für jede Falleinheit unabhängig, sodass im Rahmen der Triangulation Muster aus den Teilergebnissen herausgearbeitet und anschließend verglichen werden können. (vgl. Abbildung 48).
- Im gesamten Forschungsdesign werden verschiedene Maßnahmen zur Sicherung der **Konstruktvalidität** ergriffen. Bereits bei der Konzeption des Interviewleitfadens wird auf die Messbarkeit der untersuchten Variablen geachtet (vgl. Kapitel 8.3). Direkte Messbarkeit ist für die (manifesten) Variablen gegeben, welche die Transaktionscharakteristika beschreiben und für die Zuordnung des Prozesses zu den idealtypischen Varianten. Lediglich die latente Variable (BI-)Effizienz kann nicht direkt erfasst werden. Für diese wird aber auf ein bereits erprobtes Konstrukt aus der Literatur zurückgegriffen, sodass hier hohe Konstruktvalidität angenommen werden kann. Der fertige Interviewleitfaden[1119] wird anschließend in einem Pretest mit zwei Experten be-

[1117] Vgl. Yin (2014), S. 45–49. Dieser Nachweis von „Wissenschaftlichkeit“ bildet auch einen Ansatz, um die Ergebnisse der Fallstudie gegenüber Zweifeln und Kritik verteidigen zu können.

[1118] Vgl. Gibbert/Ruigrok/Wicki (2008), S. 1466–1469.

[1119] Der Interviewleitfaden wird direkt zwar nur in den Interviews genutzt, dient aber auch bei der Auswertung sowohl für die Interviews als auch für die Analyse der Dokumente als Codie-

sprochen, die nicht zum Kreis der Interviewpartner gehören. Hierbei werden nicht nur die Fragen auf Verständlichkeit, sondern auch die erwarteten Ergebnisse sowie das Ziel für die spätere Auswertung besprochen. Dank der Rückmeldungen und Diskussionen kann der Interviewleitfaden nochmals verfeinert und konkrete Formulierungen an das Verständnis zum Sachverhalt im untersuchten Fall angepasst werden. Darüber hinaus werden in der Fallstudie sehr umfangreiche Daten aus unterschiedlichen Datenquellen erhoben und durch Triangulation miteinander verglichen und verknüpft, sodass größtmögliche Konstruktvalidität vorliegt.

- Auch wenn die **externe Validität** qualitativer Studien häufig bezweifelt wird, so wird hier doch der Anspruch erhoben, dass die Untersuchungsergebnisse auf andere Unternehmen übertragbar und damit generalisierbar sind. Hierfür sprechen vor allem zwei Punkte. Erstens wurden durch den deduktiven Ansatz sämtliche Vermutungen aus der Theorie abgeleitet. Gerade die Transaktionskostentheorie besagt, dass der absolute Einfluss der Transaktionscharakteristika von der Transaktionsatmosphäre abhängt und nicht messbar ist. Für die untersuchten Zusammenhänge bei transaktionskostentheoretischen Studien ist eine relative Bewertung aber genauso aussagekräftig, sodass das Messproblem umgangen und von der Transaktionsatmosphäre unabhängige Aussagen übertragen werden können. Dies gilt für alle Sachverhalte, welche die getroffenen Annahmen einhalten. Zweitens wird durch das Forschungsdesign mit mehreren Falleinheiten ein Test gemäß der Wiederholungslogik möglich. Diese bildet die Basis für den hier verfolgten Anspruch analytischer Generalisierung. Darüber hinaus wird das gesamte Vorgehen transparent dokumentiert, sodass eine weitere Überprüfung an anderen Fällen relativ einfach möglich ist. So kann auch die externe Validität der hier durchgeführten qualitativen Untersuchung als hoch angesehen werden.
- Für den wissenschaftlichen Anspruch jeder sozialwissenschaftlichen Studie ist **hohe Reliabilität** entscheidend. Im Gegensatz zu quantitativen Untersuchungen genügt es hier nicht, die Datenbasis zur Verfügung zu stellen und die genutzten Methoden anzugeben. Vielmehr muss bei qualitativen Studien von Anfang an dokumentiert werden, welche Ziele verfolgt (vgl. Kapitel 1.3, Kapitel 7.3 und Kapitel 8.1), wo und wie die Daten erhoben (vgl. Kapitel 8.2 und Kapitel 8.3), welche Fragen zu den gewonnen Antworten geführt (vgl. Anhang 3) sowie wie die Daten ausgewertet und codiert (vgl. Kapitel 8.4 sowie Anhang 4 und Anhang 5) wurden. Diese Informationen sind für die vorliegende Untersuchung in einem Fallstudienprotokoll (vgl. Anhang 7) zusammengefasst und in den vorhergehenden Kapiteln dargestellt. Darüber

---

rungshilfe durch die Zuordnung von (Rück-)Fragen und erwarteten Ergebnissen (Indikatoren und Variablen).

hinaus liegen alle Rohdaten und die codierten Daten in elektronischer Form in mithilfe von MAXQDA[1120] erstellten Dateien vor, sodass neben der notwendigen Transparenz über das genaue Vorgehen auch eine schnelle Überprüfung der Ergebnisse möglich ist.

Diese Maßnahmen bilden die Grundlage für hohe wissenschaftliche Stringenz und hohe Qualität gemäß den oben vorgestellten Gütekriterien der internen Validität, Konstruktvalidität, externen Validität und Reliabilität. Damit komplettieren sie das Forschungsdesign der hier durchgeführten qualitativen Untersuchung. In Kapitel 9 folgen nun die Beschreibung des untersuchten Falles und der untersuchten Falleinheiten sowie die eigentliche Auswertung der im Rahmen der Fallstudie erhobenen Daten aus den zuvor definierten Betrachtungsperspektiven (vgl. Kapitel 8.4).

[1120] MAXQDA ist eine Software zur Unterstützung qualitativer Analysen unstrukturierter Daten. Weitere Informationen finden sich auf der Hersteller-Website www.maxqda.de.

9 Fallstudie zur Überprüfung der Effizienz unterschiedlicher BI-Prozessvarianten in Abhängigkeit der Transaktionscharakteristika nachgefragter Informationen

Zur Förderung der Transparenz und Vergleichbarkeit der Ergebnisse werden alle Auswertungen in den folgenden Kapiteln sowohl auf Ebene der Falleinheiten als auch auf Ebene der Fälle einschließlich der Auswertungen der Triangulationen nach der gleichen Struktur und bezogen auf die in Kapitel 7.3 formulierten Hypothesen dargestellt. Zuvor wird in Kapitel 9.1 das informationsintensive Dienstleistungsunternehmen A charakterisiert, in dem im Zuge der Fallstudie mehrere Falleinheiten und auch das Unternehmen selbst analysiert werden. Anschließend erfolgt gemäß dem in Kapitel 8.4 vorgestellten Vorgehen in den Kapiteln 9.2 bis 9.16 eine Auswertung der Ergebnisse der Falleinheiten, die anschließend in Kapitel 9.18 trianguliert und übergreifend ausgewertet werden. Das gleiche Vorgehen erfolgt auf Fallebene in Kapitel 9.19. Den Abschluss der Auswertung bildet Kapitel 9.20 mit einer Triangulation der Ergebnisse aus den Falleinheiten und von Fallebene zu den Gesamtergebnissen der Fallstudie. Referenzen zu den Ergebnissen der qualitativen Auswertung der unterschiedlichen Datenquellen werden direkt im Text in Klammern angegeben. Die verwendeten Marker sind eineindeutig und beziehen sich auf die in Anhang 4 und in Anhang 5 zusammengefassten Codes. Die Zusammenfassungen sind dabei nach den Datenquellen strukturiert, d. h. in Anhang 4 werden die Codes zu den Experteninterviews und in Anhang 5 werden die Codes der Dokumentenanalyse aufgeführt.

9.1 Beschreibung des untersuchten Falles

Das in Fall A untersuchte Unternehmen A ist ein weltweit aktiver Konzern mit über 100.000 Mitarbeitern und einem Jahresumsatz von ca. 30 Mrd. Euro.[1121] Unternehmen A ist mit mehreren Geschäftsfeldern in den Bereichen Logistik und Transport sowie angrenzenden und unterstützenden Gebieten tätig. Die untersuchten Falleinheiten stammen alle aus dem größten Geschäftsbereich (Jahresumsatz ca. 23,6 Mrd. Euro), der Transportdienstleistungen erbringt. Diese werden weltweit und auf einer Vielzahl von Relationen angeboten. Die angebotenen Dienstleistungen sind grundsätzlich hoch standardisiert und werden lediglich durch unterschiedliche Servicelevel und Zusatzleistungen (*Value Added Services*[1122]) differenziert. Der weltweite Marktanteil von Unternehmen A beträgt ca.

[1121] Alle Zahlen beziehen sich auf das Geschäftsjahr 2012 und stammen, sofern nicht anders angegeben, aus dem Geschäftsbericht 2012 von Unternehmen A.

[1122] Vgl. Pfohl (2010), S. 357.

4,4 % bezogen auf den Umsatz.[1123] Der Marktanteil in Deutschland beträgt hingegen über 50% bezogen auf die Menge.[1124] Unternehmen A ist damit in Deutschland Marktführer und weltweit die Nummer fünf bezogen auf die Menge.[1125] Dies zeigt, dass auf dem Markt eine große Anzahl an Unternehmen aktiv ist und somit hohe Konkurrenz herrscht. Insbesondere der deutsche und europäische Markt ist stark umkämpft, sodass Unternehmen A, das 65% seines Umsatzes in Europa erwirtschaftet, stark unter Druck steht. Um den Konzernumsatz i. H. v. ca. 30 Mrd. Euro erbringen zu können, benötigt Unternehmen A eine umfangreiche Infrastruktur. So werden in der Bilanz 2012 ca. 15 Mrd. Euro Anlagevermögen ausgewiesen. Weiterhin wird die EBITDA-Marge (Earnings before Interest, Taxes, Depreciation and Amortization) mit 7,8% angegeben, was in Anbetracht der absoluten Abschreibungen i. H. v. ca. 1,7 Mrd. Euro und des operativen Ergebnisses i. H. v. 0,5 Mrd. Euro als sehr niedrig erscheint. Das heißt, Unternehmen A ist auf der einen Seite einem hohen Wettbewerbsdruck und auf der anderen Seite einem hohen finanziellen Druck zur Sicherung der Infrastruktur ausgesetzt, während die Kunden aufgrund der hohen Standardisierung der angebotenen Dienstleistung leicht wechseln können. Unternehmen A entspricht folglich dem in Kapitel 2.3 dargestellten Typ und kann als informationsintensives Dienstleistungsunternehmen bezeichnet werden.[1126]

Auf Konzernebene ist Unternehmen A divisional organisiert.[1127] Innerhalb des untersuchten Geschäftsbereichs kann ein primäres Organisationsprinzip nicht festgestellt werden, weil sowohl funktional organisierte Einheiten als auch Subdivisionen (z. B. Auslandseinheiten ohne eigene Gesellschaftsform) existieren. In dieser heterogenen Organisation existieren viele verschiedene Einheiten, die sich mit Business Intelligence beschäftigen bzw. die BI-Prozesse ausführen. Neben mehreren zentral organisierten Einheiten gibt es eine große Anzahl kleinerer Einheiten in verschiedenen Funktionen und den Subdivisionen. Neben der organisatorischen Heterogenität wird außerdem eine große Anzahl an Instrumenten zur Unterstützung von BI-Prozessen angeboten, welche die Umsetzung von BI-Prozessen mit unterschiedlichen Fertigungstiefen ermöglichen. Diese Vielfalt bietet ideale Voraussetzungen, um die vermuteten Zusammenhänge in mehreren Falleinheiten mit unterschiedlichen Ausprägungen zu untersuchen.

[1123] Marktanteil berechnet als Jahresumsatz des Geschäftsbereichs 2012 bezogen auf den weltweiten Gesamtumsatz in diesem Markt auf Basis von Daten von statista, vgl. www.statista.de.

[1124] Marktanteil berechnet als transportierte Gesamtmenge im Geschäftsjahr 2012 bezogen auf die in Deutschland im gleichen Zeitraum insgesamt transportierte Menge auf Basis von Daten von statista, vgl. www.statista.de.

[1125] Daten von statista, vgl. www.statista.de.

[1126] Vgl. hierzu auch Porter/Millar (1985), S. 153.

[1127] Vgl. Schreyögg (2008), S. 106 ff.

9.2 Falleinheit 1 – zentrale Kontroll- und Steuerungseinheit in einer Division

Die Daten zu Falleinheit 1 wurden in einem Interview mit einem Teamleiter einer zentralen Kontroll- und Steuerungseinheit einer Division von Unternehmen A (*PO2485*) erhoben. Das entsprechende Team bzw. die übergeordnete Abteilung bilden einen Funktionsbereich innerhalb dieser Division und ist operativ ausgerichtet, d. h. die Abteilung beschäftigt sich mit Entscheidungen zum täglichen Geschäftsablauf von Unternehmen A in dieser Division. Bezogen auf die Division handelt es sich um eine zentrale Einheit. Vergleichbare Einheiten mit gleichen oder ähnlichen Aufgaben und Entscheidungssituationen (Fragestellungen) existieren allerdings auch in den anderen Divisionen, sodass die Einheit bezogen auf das Gesamtunternehmen nicht als zentral gewertet werden kann. Die betrachtete Einheit besteht aus ca. 25 Mitarbeitern (FTE), die zu 60-70% ihrer Arbeitszeit BI-Prozesse ausführen, d. h. Informationen zur Befriedigung von Informationsbedarfen bereitstellen (*EP1729*).

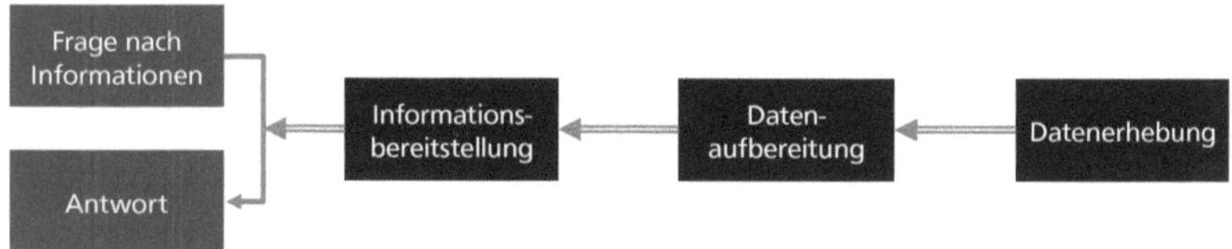

Abbildung 49: Reiner Push-Prozess mit sehr niedriger Fertigungstiefe. (Quelle: eigene Darstellung)

In Falleinheit 1 werden zwei Varianten des BI-Prozesses für bekannte und für neuartige Fragestellungen unterschieden. Sowohl bei bekannten als auch bei neuartigen Fragestellungen wird versucht, auf vorhandenen Informationen aufzusetzen und nur für den Fall, dass der Informationsbedarf nicht mithilfe vorhandener Informationen gedeckt werden kann, wird eine neue Information aus Daten aufbereitet und bereitgestellt (*PF2144*).[1128] Eine Neuerhebung zusätzlicher Daten findet nicht statt (*PF2139, PF2140, PF2144*). Der BI-Prozess für bekannte Fragestellungen kann als reiner Push-Prozess klassifiziert werden, d. h. es liegt eine sehr niedrige Fertigungstiefe aus Sicht der untersuchten Einheit vor (*PF2136, PF2138, PF2139*). Die Bereitstellung entscheidungsrelevanter Informationen für die Steuerung und Kontrolle des täglichen Geschäftsablaufes wurde nahezu vollständig von einer zentralen (BI-)Einheit automatisiert (*PA1919, PA1923, PA1927, PA1928*), sodass permanent relevante Daten erhoben (*PA1924,*

[1128] Vgl. hierzu auch die Beschreibung von BI-Prozessen unterschiedlicher Fertigungstiefe in Kapitel 6.2 und mit Entkopplungspunkten in Kapitel 6.3.

PA2696), daraus Kennzahlen berechnet (*PA1926*) und angezeigt sowie mögliche Engpässe und Abweichungen vom Sollbetrieb hervorgehoben werden (*PA1920, PA1922, PA1925*). Dieses Vorgehen entspricht dem in Kapitel 6.3 skizzierten BI-Prozess als Push-Prozess (vgl. Abbildung 49).

Der BI-Prozess für neuartige Fragestellungen kann als Pull-Push-Prozess klassifiziert werden, d. h. es liegt eine hohe Fertigungstiefe aus Sicht der untersuchten Einheit (Informationsbedarfsanalyse, Datenanalyse, Datenaufbereitung und Informationsbereitstellung) vor (*PA1931, PF2146, PF2147*). Dabei wird versucht, keine Rohdaten in ein zusätzliches System zu transferieren und dort auszuwerten, sondern im Falle nicht verknüpfbarer Daten eine entsprechende zentrale Verknüpfung zu beauftragen und diese voraggregierten Daten dezentral weiter aufzubereiten (*PA1934, PF2145, PF2148, PF2152*). Diese Prozessvariante dient auch als Test für neuartige Fragestellungen, die in die Prozessvariante für bekannte Fragestellungen überführt werden, sobald die Wiederholungsrate steigt (*PA1935, PF2152*). Dieses Vorgehen entspricht dem in Kapitel 6.3 skizzierten BI-Prozess als Pull-Push-Prozess (vgl. Abbildung 50).

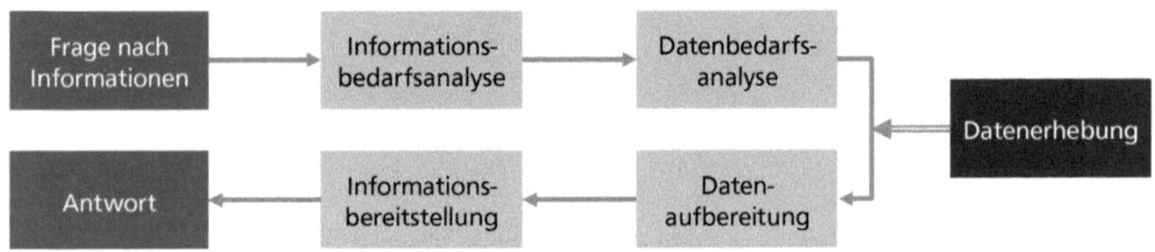

Abbildung 50: Pull-Push-Prozess mit hoher Fertigungstiefe auf Basis zentral verfügbarer Daten. (Quelle: eigene Darstellung)

9.2.1 Spezifität der bereitgestellten Informationen

Die bereitgestellten Informationen zur Befriedigung bekannter Fragestellungen sind hoch bis sehr hoch standardisiert und großteils übergreifend definiert (*TS2694, TS2699, TS2703, TS2706, TS2707*). Dabei wird bewusst auf eine sehr hohe Detailtreue zu Gunsten eines Optimums zwischen Repräsentativität, Vergleichbarkeit und vor allem Bereitstellungszeit (mögliche Reaktionsgeschwindigkeit) verzichtet (*TS2692*). Da die Informationen den operativen Geschäftsablauf beschreiben und somit viele Personen in der gesamten Division betreffen, nutzen neben den Mitgliedern der betrachteten Organisationseinheit noch weitere Entscheider an anderen Stellen in der Division die bereitgestellten Informationen (*TS2691, TS2702, TS2703, TS2705, TS2706, TS2708, TS2709, TS2710*). Im Gegensatz betreffen Informationen zu Befriedigung neuartiger Fragestellungen entweder nur Fragen zu Sonderfällen, die einmalig auftreten (*TS2701*) und die nicht mithilfe bereits vorhandener Informationen beantwortet werden können

(*PF2144*) oder jene Informationen werden testweise aufbereitet und bereitgestellt (*PA1935*), um den Nutzen und die Nutzbarkeit zu untersuchen. Für solche Informationen ist allerdings auch unbekannt, ob in anderen Divisionen möglicherweise bereits entsprechende Informationen vorliegen oder ob dort ein ähnlicher Informationsbedarf besteht, sodass Informationen gemeinsam genutzt oder durch einen anderen Prozess effizienter bereitgestellt werden könnten (*TS2704, TS2711*). Die Spezifität der bereitgestellten Informationen für bekannte Fragestellungen kann deshalb als niedrig und für neuartige Fragestellungen als hoch eingestuft werden.[1129]

9.2.2 Unsicherheit der bereitgestellten Informationen

Bekannte Fragestellungen der Informationsnutzer (Entscheider) variieren nur wenig. Informationen werden als Standardinformationen zu festgelegten Zeitpunkten bzw. in festgelegten Intervallen erzeugt und bereitgestellt (*TU2898, TU2899, TU2905, TU2907*). Änderungen des Betrachtungswinkels oder der konkreten Frage treten nur innerhalb eines engen Intervalls auf, für das die gleichen Daten als Grundlage dienen, sodass weiterhin Standardinformationen zur Beantwortung der Fragestellungen genutzt werden können (*TU2896, TU2897, TU2898, TU3041, TU3042*). Dies geht sogar so weit, dass nicht nur entscheidungsrelevante Informationen bereitgestellt werden, sondern dass auch automatisiert z. B. Empfehlungen für Maßnahmen abgegeben oder Bewertungen von Lieferantenleistungen erstellt werden (*TU2900, TU2901*). Neuartige Fragestellungen betreffen jedoch i. d. R. Sonderfälle und bisher nicht bekannte Entwicklungen, die nicht auf Basis bereits vorhandener Informationen (*TU2902)* und nicht mithilfe vorkonfigurierter Abfragen (*TU2903*) beantwortet werden können. Für die nachgefragten Informationen kann aber der entsprechende Datenbedarf bestimmt werden, sodass lediglich die Beschaffung der relevanten Daten komplex ist, nicht aber deren Aufbereitung und die anschließende Bereitstellung der Informationen (*TU2906*). Neuartige Fragestellungen spielen im operativen Geschäftsablauf allerdings eine untergeordnete Rolle und führen in einigen Fällen eher dazu, dass diese durch Standardisierung und Automatisierung in den Prozess für bekannte Fragestellungen überführt werden (*TU2905, TU3042*). Die Unsicherheit der bereitgestellten Informationen kann für bekannte Fragestellungen deshalb als niedrig und für neuartige Fragestellungen als mittel eingestuft werden.

[1129] Auf die mögliche Abstimmung von Informationsbedarfen sowie Potenziale durch eine gemeinsame Nutzung wird bei der Effizienzbewertung nochmals eingegangen.

9.2.3 Wiederholungsrate der bereitgestellten Informationen

Die Nachfragefrequenz nach Informationen, die mit dem Prozess für bekannte Fragestellungen bereitgestellt werden, ist hoch bis sehr hoch. Ein Teil der bereitgestellten Informationen wird täglich, wöchentlich, monatlich oder jährlich automatisiert aufbereitet und bereitgestellt (*TW3121, TW3122*). Daneben existieren aber auch Informationen, die permanent aktualisiert und bereitgestellt werden (*PA1932, TW3117, TW3119*). Diese Informationen werden hier auch als Onlineinformationen bezeichnet (*TW3071*). Gleichzeitig ist aber auch die Anzahl der Entscheider groß, welche die bereitgestellten Informationen nutzen (*TW3072, TW3077, TW3079*). Informationen zu neuartigen Fragestellungen werden allerdings per Definition nicht wiederholt nachgefragt.[1130] Und es wird standardmäßig auch nicht überprüft, ob eine Fragestellung bereits zuvor in einem anderen Bereich formuliert wurde (*TW3074*), um bereits vorhandene Informationen erneut zu nutzen. Die Wiederholungsrate als Frequenz der Nachfrage nach Informationen zu bekannten Fragestellungen kann deshalb als sehr hoch und zu neuartigen Fragestellungen als sehr niedrig eingestuft werden.

9.2.4 Effizienzbewertung des BI-Prozesses

Die direkten Einschätzungen der beteiligten Mitarbeiter und deren Zufriedenheit mit der Unterscheidung von zwei Prozessvarianten und deren Umsetzung sind hoch bis sehr hoch (*EM1420, EM1421, EM1423, EM1424*). Der Prozess zur Bereitstellung von Informationen zu bekannten Fragestellungen wird in Bezug auf die Ressourceneffizienz (*EM1420, EP1744*) und auch auf die Ergebnisqualität (*EQ1845*) als positiv eingeschätzt. Lediglich die Reaktionszeiten (*EP1731, EP1732*) auf veränderte Informationsbedarfe und teilweise die Systemstabilität (*EM1418, EM1419*) werden als mittelmäßig eingestuft. Allerdings werden in Bezug auf eine mögliche weitere, absolute Zentralisierung (*EM1428, EM1430, PF2155*) und auf den Abbau politischer Widerstände bzw. datenschutzrechtlicher Hindernisse (*EM1417, EP1741*) noch Potenziale zur Effizienzsteigerung vermutet. Auch in Bezug auf den Prozess zur Beantwortung neuartiger Fragestellungen sind die beteiligten Mitarbeiter zufrieden und bezeichnen es als effizienter, die benötigten Daten zentral voraggregieren zu lassen, als Rohdaten zu laden und selbstständig zu verknüpfen (*EM1415*). Die Abstimmung bei neuartigen Fragestellungen wird zwar als kompliziert (*EM1416*) bewertet und die Mitarbeiter wünschen sich eine bessere Abstimmung der gegenseitigen Anforderungen

[1130] Es wurde bereits oben darauf hingewiesen, dass neuartige Fragestellungen standardisiert und in den Prozess für bekannte Fragestellungen überführt werden, sobald eine wiederholte Nachfrage erfolgt.

und Abläufe mit anderen Einheiten (*EP1742, EP1743*). Gleichzeitig sind sie aber mit der Unterstützung durch zentrale Einheiten zufrieden (*EM1422*). Mögliche Potenziale zur Effizienzsteigerung sehen die Mitarbeiter in einer übergreifenden Koordination der Informationsbedarfe bzw. Fragestellungen (*EM1426, EM1427*), um so Doppelarbeit (*EQ1843*) und vor allem abweichende Aussagen sowie Aufwände zur Abweichungsanalyse (*EQ1844*) zu vermeiden. Abschließend kann festgehalten werden, dass die Effizienz der Variante zur Bereitstellung von Informationen für bekannte Fragestellungen als hoch eingeschätzt wird. Die Effizienz der Variante für neuartige Fragestellungen wird hingegen nur als mittel eingestuft, weil noch Potenziale vermutet werden. Die Effizienz steigt allerdings auch für diese Variante, wenn unterstellt wird, dass keine Potenziale durch eine übergreifende Koordination von Informationsbedarfen bzw. Fragestellungen existieren.

9.2.5 Zusammenfassung

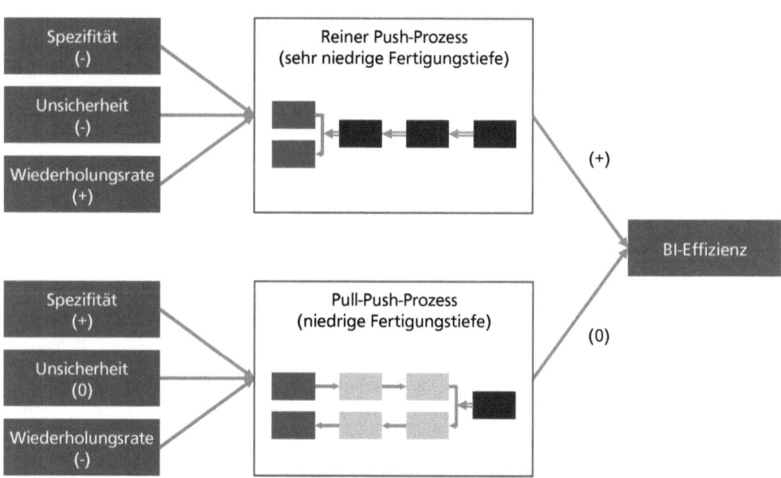

Abbildung 51: Zusammenfassung der Zusammenhänge der 1. Falleinheit.
(Quelle: eigene Darstellung)

Zusammenfassend zeigt sich in Falleinheit 1 für bekannte Fragestellungen, dass, entsprechend der Hypothesen aus Kapitel 7.3, ein reiner Push-Prozess, der automatisiert (*H2.5*) und zentral ausgeführt wird, zur Bereitstellung von Informationen mit niedriger Spezifität (*H2.4*), niedriger Unsicherheit (*H3.3* und *H3.4*) und einer hohen Wiederholungsrate (*H4.1* und *H4.2*) effizient ist (vgl. Abbildung 51). Analog zeigen sich auch für neuartige Fragestellungen, die in Kapitel 7.3 vermuteten Zusammenhänge. Wegen der mittleren Unsicherheit (niedrige Varianz und bekannte Datenbedarfe) kann ein manueller Pull-Push-Prozess mit zentraler, automatisierter Datenerhebung (*H2.5*) für Informationen mit hoher Spezifität (*H2.1*), mittlerer Unsicherheit (*H3.2*) und sehr niedriger Wiederholungsrate (*H4.3* und *H4.4*) als effizient betrachtet werden (vgl. Abbildung 51). Sinnvoll wäre außerdem die Einrichtung einer übergreifenden Koordination der Informationsbedarfe und Fragestellungen, damit ggf. bereits existierende Informationen genutzt bzw. neu bereitgestellte Informationen weitergegeben werden können.

9.3 Falleinheit 2 – Stabsstelle Marketing und Vertriebssteuerung

Die Daten zu Falleinheit 2 wurden in einem Interview mit einer Analystin aus einer Einheit für Marketing und Vertriebssteuerung von Unternehmen A (*PO2493*) erhoben. Das entsprechende Team ist eine zentrale Stabsstelle des Deutschlandvertriebs und untersteht direkt dessen Chef (*PO2494*). Die Aufgaben der Stabsstelle sind zentrale Analysen des gesamten deutschen Marktes sowie mögliche und bereits erfolgte Vertriebsmaßnahmen für diesen Markt. Diese entsprechen auf der übergeordneten Ebene für den gesamten deutschen Markt den von den einzelnen Vertriebsstationen lokal für den jeweiligen Bereich durchgeführten Analysen (*PO2495*). Analog zu den lokalen Analysen gibt es noch eine übergeordnete Einheit, die sich mit der globalen Vertriebssteuerung beschäftigt (*PO2497*). Diese ist zwar hinsichtlich des Analysefokus übergeordnet, wegen der großen Bedeutung des deutschen Marktes (vgl. Kapitel 9.1) für Unternehmen A ist die globale Vertriebssteuerung strukturell allerdings nicht der Einheit für den deutschen Markt übergeordnet, sondern existiert parallel auf gleicher Ebene. In der Folge gibt es sowohl hinsichtlich der Tätigkeit als auch inhaltlich Überschneidungen zwischen den Einheiten auf den verschiedenen Ebenen (*PA1937, PF2159, PF2160, PO2507, PO2508*). Die betrachtete Einheit besteht aus 7 Mitarbeitern (FTE) (*PO1937*), die sich zu nahezu 100% mit Business Intelligence beschäftigen. Davon werden im Schnitt 70% für Standardanalysen und 30% für Ad-hoc-Analysen aufgewendet (*PO1938*). Das Vorgehen unterscheidet sich allerdings nicht grundlegend, sodass nachfolgend auf das Vorgehen für Standardanalysen fokussiert wird (*PF2196, PF2197*).

Der BI-Prozess kann als reiner Pull-Prozess mit sehr hoher Fertigungstiefe klassifiziert werden, obwohl als Datenquellen nicht die Quellsysteme selbst dienen, sondern ein Data Warehouse (*PF2162, PF2164, PF2167, PF2170, PF2173, PF2174*). Von dort werden aber alle für die Analyse relevanten Rohdaten abgezogen und mithilfe eines nicht integrierten Instruments aufbereitet (*PA1943, PA1944, PA1949, PA1951, PF2186, PF2189, PF2200, PF2202*). Beim Datentransport erfolgt außerdem ein Medienbruch, weil die Rohdaten aus dem Quellsystem als Textdatei exportiert und im Zielsystem wieder importiert werden (*PA1954, PF2163, PF2187, PF2188)*. Die bereitgestellten Analysen stellen dann auch keine

Antworten auf konkrete Informationsbedarfe dar, sondern bilden ihrerseits wieder Instrumente, mit deren Hilfe die Entscheider ihre jeweiligen Verantwortungsbereiche dynamisch und nach unterschiedlichen Gesichtspunkten analysieren können (*PA1957, PA1958, PA1960, PF2194, PF2195*). Diese Schritte laufen größtenteils manuell ab bzw. wurden teilweise in dem nicht integrierten Instrument durch eigene Routinen teilautomatisiert. Wegen des hohen Standardisierungsgrades wurde versucht, einen Teil der Tätigkeiten fremd zu vergeben und extern ausführen zu lassen. Der eigentliche Prozess mit seinem Input und seinem Ergebnis wurde dabei allerdings nicht verändert. Die Fremdvergabe kann deshalb auch nicht als „Zentralisierung" gewertet werden, sondern unterstützt die Stabsstelle lediglich durch zusätzliche Personalkapazität zu günstigeren Lohnkosten (*PA1939, PA1942, PF2166, PF2191*). Dieses Vorgehen entspricht dem in Kapitel 6.3 skizzierten BI-Prozess als Push-Prozess (vgl. Abbildung 52).

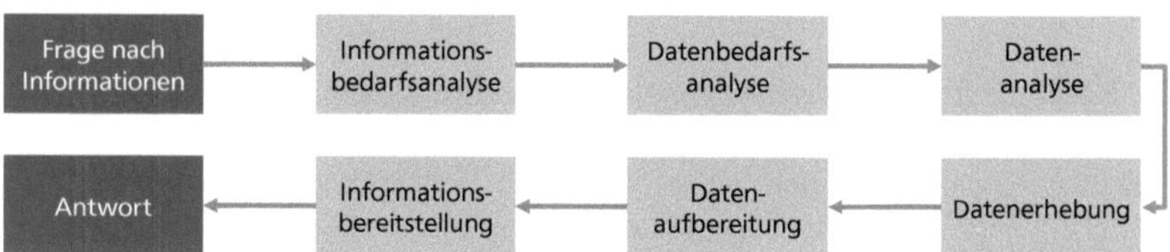

Abbildung 52: Reiner Pull-Prozess mit sehr hoher Fertigungstiefe. (Quelle: eigene Darstellung)

9.3.1 Spezifität der bereitgestellten Informationen

Die bereitgestellten Informationen sind hoch bis sehr hoch standardisiert und werden an andere Einheiten verteilt sowie übergreifend genutzt (*TS2712, TS2713, TS2714, TS2715, TS2718, TS2723*). Der Umfang der bereitgestellten Informationen ist dabei so hoch, dass sich diese nicht zur Beantwortung konkreter Fragestellungen eignen, sondern die Grundlage zur Analyse verschiedener Fragestellungen und Sachverhalte durch die Informationsnutzer bilden (*TS2724*). Allerdings werden weder die bereitgestellten Informationen noch die zugrundeliegenden Informationsbedarfe mit anderen Organisationseinheiten abgestimmt, obwohl bekannt ist, dass andere Einheiten gleiche oder sehr ähnliche Informationen bereitstellen und nutzen (*TS2725, TS2729*). Zusammenfassend kann die Spezifität der bereitgestellten Informationen deshalb als niedrig eingestuft werden.

9.3.2 Unsicherheit der bereitgestellten Informationen

Die Fragestellungen der Informationsnutzer (Entscheider) drehen sich zwar um verschiedene konkrete Aspekte, variieren insgesamt aber nur wenig und nur innerhalb eines bestimmten Intervalls (*TU2910, TU2913, TU2914, TU2919,*

TU2924). 70% der Informationsbedarfe (*TU2915*) können deshalb mit den bereitgestellten Standardinformationen befriedigt werden (*TU2908, TU2925*). Diese Informationen werden zu festgelegten Zeitpunkten bzw. in festgelegten Intervallen erzeugt und bereitgestellt (*TU2909, TU2918*). Daneben gibt es zwar auch Ad-hoc-Fragestellungen, die entsprechenden Informationsbedarfe lassen sich aber mithilfe des gleichen Prozesses und auf Basis der gleichen Rohdaten befriedigen (*TU2725, TU3043*). Neuartige Fragestellungen, für die auch andere Rohdaten erforderlich sind, treten nur sehr selten auf und werden häufig in einen Standard überführt (*TU3044*). Obwohl bezüglich der Informationsbedarfe Dynamik innerhalb enger Grenzen existiert, muss die Unsicherheit der mit diesem Prozess bereitgestellten Informationen nicht als hoch bewertet werden, sondern kann als mittel eingestuft werden.

9.3.3 Wiederholungsrate der bereitgestellten Informationen

Die Nachfragefrequenz nach Informationen, die mit diesem Prozess bereitgestellt werden, ist hoch. Ein großer Teil der bereitgestellten Informationen wird wöchentlich, zweiwöchentlich oder monatlich aufbereitet und bereitgestellt (*TW3127, TW3130*). Daneben gibt es auch Informationen, die unregelmäßig, aber mehrmals pro Monat, bereitgestellt werden (*TW3131*, TW3132). Gleichzeitig ist aber auch die Anzahl der Entscheider groß, welche die bereitgestellten Informationen nutzen (*TW3080, TW3081, TW3082, TW3085*). Die Wiederholungsrate als Frequenz der Nachfrage nach den bereitgestellten Informationen kann deshalb als hoch eingestuft werden.

9.3.4 Effizienzbewertung des BI-Prozesses

Die direkten Einschätzungen der beteiligten Mitarbeiter und deren Zufriedenheit mit der vorliegenden Prozessvariante zur Informationsbereitstellung sind mittel bis niedrig (*EM1432, EM1433, EM1434, EM1435, EM1436, EP1747, EP1748*). Die Mitarbeiter sehen keine sinnvolle Prozessalternative (*EM1437, EP1450*), sind aber insbesondere mit der Transparenz (*EM1438, EM1439, EM1440, EQ1848, EQ1849*) und der Performance (*EM1443, EM1444, EM1445, EM1449, EM1450, EQ1892*) der zentralen BI-Systeme (Instrumente) unzufrieden. Die Verantwortung sehen die Mitarbeiter allerdings auch im eigenen Fachbereich (*EM1441, EM1442, EQ1846, EQ1847, EQ1850, EQ1851*) und in fehlenden Fähigkeiten der Entscheider die zentralen Systeme nutzen zu können (*EM1446, EM1448*). Als Workaround wurden deshalb „eigene Instrumente“ entwickelt und wegen der hohen manuellen Aufwände die Bereitstellung bestimmter Standardinformationen an einen externen Dienstleister vergeben (*EM1432, EM1433, EM1447*). Gleichzeitig bewerten die Mitarbeiter die Ergebnisqualität und die Ressourceneffizienz der vorliegenden Prozessvariante als schlecht, weil viel Doppelarbeit geleistet wird (*EP1745, EP1746, EP1751, EP1752*) und weil durch unklare Definitionen Abweichungen entstehen, deren Klärung wieder Aufwände erzeugt (*EP1749, EP1750*). Allerdings wird in Bezug auf eine mögliche absolute Zentralisierung (*EQ1852*) und Integration mit anderen Einheiten noch Potenzial zur Effizienzsteigerung vermutet. Insgesamt kann festgehalten werden, dass die Effizienz dieser Variante des BI-Prozesses für die zuvor charakterisierten Informationen als niedrig eingeschätzt wird.

9.3.5 Zusammenfassung

Zusammenfassend zeigt sich in Falleinheit 2, dass, entsprechend der Hypothesen aus Kapitel 7.3, ein reiner Pull-Prozess, der wenig automatisiert (*H2.3*) und dezentral ausgeführt wird, zur Bereitstellung von Informationen mit niedriger Spezifität (*H2.4*), mittlerer Unsicherheit (*H3.3* und *H3.4*) und einer hohen Wiederholungsrate (*H4.1* und *H4.2*) **nicht** effizient ist (vgl. Abbildung 53).

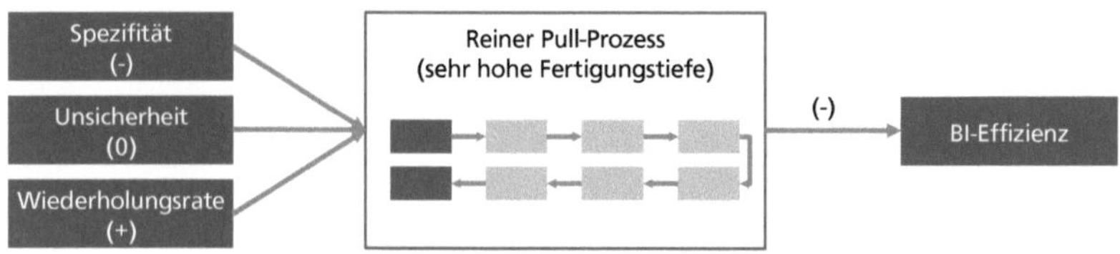

Abbildung 53: Zusammenfassung der Zusammenhänge der 2. Falleinheit.
(Quelle: eigene Darstellung)

9.4 Falleinheit 3 – zentrale Kontroll- und Einkaufseinheit

Die Daten zu Falleinheit 3 wurden in einem Interview mit einem Systementwickler einer zentralen Kontroll- und Einkaufseinheit des gesamten Unternehmens A (*PO1509, PO1510*) erhoben. Das entsprechende Team bildet eine Konzernfunktion und ist primär operativ ausgerichtet (*PO1512*), muss allerdings auch langfristige Entwicklungen auf dem Markt beobachten (*PO1511*). Die Einheit selbst versteht sich als Dienstleister für alle Divisionen (*PO2521*). Die betrachtete Einheit besteht aus ca. 19 Mitarbeitern (FTE) (*PO1513, PO1514*), die im Prinzip zu 100% mit der Bereitstellung von Informationen beschäftigt sind, wobei die Mitarbeiter nur zu 20% ihrer Arbeitszeit BI-Prozesse ausführen und zu 80% die Entwicklung automatischer Routinen zur Bereitstellung der relevanten Informationen vorantreiben (*PO1515, PO1516*). Der große Anteil an Entwicklungsarbeiten wird mit sich verändernden regulatorischen Rahmenbedingungen (*PO1517*), neuen technischen Anforderungen (*PO2510*) sowie maßgeblich mit der Integration akquirierter Tochterunternehmen (*PO2509, PO2511, PO2512, PO2514, PO2515, PO2517*) zusammen durchgeführt.

Der untersuchte BI-Prozess kann als reiner Push-Prozess klassifiziert werden (*PF2205, PF2213, PF2214, PF2215*). Aus Sicht der untersuchten Einheit liegt zwar eine hohe Fertigungstiefe vor, allerdings tritt jene als zentraler Dienstleister und Bereitsteller von BI-Prozessen auf (*PF2203, PF2204, PF2206, PF2207, PF2208*), sodass umgekehrt die Fertigungstiefe der (dezentralen) Nutzer (Entscheider) sehr niedrig ist. Trotz dieser Stellung als Dienstleister ist die Einheit bemüht, ihre Systeme und damit die Ausführung der automatischen Routinen auf zentral bereitgestellte Systeme zur Datenhaltung aufzusetzen (Data Warehouse), um so den Verwaltungsaufwand niedrig zu halten und die Effizienz zu steigern (*PF2218, PF2219, PF2220, PF2221*). Es liegt also eine tatsächliche Aufgabenspezialisierung im Sinne funktionaler Zentralisierung vor. Die Bereitstellung entscheidungsrelevanter Informationen wurde nahezu vollständig automatisiert (*PA1961, PA1968, PA1970*), sodass permanent neue Daten von den zentralen Systemen geliefert (*PA1962, PA1964, PA1968, PA1971*) und daraus Kennzahlen berechnet (*PA1972*) werden. Dieses Vorgehen entspricht dem in Kapitel 6.3 skizzierten BI-Prozess als Push-Prozess (vgl. Abbildung 49 in Kapitel 9.2).

9.4.1 Spezifität der bereitgestellten Informationen

Die bereitgestellten Informationen sind hoch bis sehr hoch standardisiert und können übergreifend im gesamten Unternehmen genutzt werden (*TS2734, TS2737, TS2741*). Dabei wird bewusst auf eine sehr hohe Detailtreue zu Gunsten eines Optimums zwischen Repräsentativität, Vergleichbarkeit und vor allem Bereitstellungszeit (mögliche Reaktionsgeschwindigkeit) verzichtet (*TS2733, TS2735, TS2738*). Weil die Informationen Entscheidungen des täglichen Geschäfts aller Divisionen unterstützen, nutzen viele Entscheider innerhalb des gesamten Unternehmens die bereitgestellten Informationen (*TS2732*). Die Spezifität der bereitgestellten Informationen kann deshalb als niedrig eingestuft werden.

9.4.2 Unsicherheit der bereitgestellten Informationen

Die Fragestellungen der Informationsnutzer (Entscheider) betreffen klar umrissene Sachverhalte (*TU2928*). Informationen werden deshalb Standardinformationen teilweise in Echtzeit (*TU2927*) und teilweise zu festgelegten Zeitpunkten bzw. in festgelegten Intervallen erzeugt und bereitgestellt (*TW3136, TW3137*). Dies geht sogar so weit, dass nicht nur entscheidungsrelevante Informationen bereitgestellt werden, sondern dass auch automatisiert z. B. Empfehlungen für Einkaufsentscheidungen abgegeben werden (*TU2927*). Bei technologischen Neuerungen oder Veränderung der regulatorischen Rahmenbedingungen müssen zwar Anpassungen an den automatischen Bereitstellungsroutinen vorgenommen werden. Dies erfolgt aber nur selten, sodass Anpassungen wiederum länger bestand haben. Grundsätzlich neuartige Fragestellungen treten ebenfalls selten auf und werden i. d. R. bei wiederholtem Auftreten oder bereits von Anfang an geplant standardisiert und automatisiert (*TU3045, TU3046*). Die Unsicherheit der mit diesem Prozess bereitgestellten Informationen kann deshalb als niedrig eingestuft werden.

9.4.3 Wiederholungsrate der bereitgestellten Informationen

Die bereitgestellten Informationen betreffen den operativen Geschäftsablauf von Unternehmen A. Dementsprechend ist die Nachfragefrequenz nach Informationen, die mit diesem Prozess bereitgestellt werden, hoch bis sehr hoch. Ein Teil der bereitgestellten Informationen wird täglich, wöchentlich oder monatlich automatisiert aufbereitet und bereitgestellt (*TW3135, TW3136, TW3137*). Ein weiterer Teil der Informationen wird permanent aktualisiert und online bereitgestellt (*TW3134*). Als Dienstleistungseinheit auf Konzernebene werden die Informationen gleichzeitig einer großen Anzahl an Entscheidern bereitgestellt, die diese für ihre jeweiligen Aufgaben nutzen (*TW3086*). Die Wiederholungsrate als Frequenz der Nachfrage nach den bereitgestellten Informationen kann deshalb als sehr hoch eingestuft werden.

9.4.4 Effizienzbewertung des BI-Prozesses

Die direkten Einschätzungen der beteiligten Mitarbeiter und deren Zufriedenheit mit der vorliegenden Prozessvariante zur Informationsbereitstellung sind hoch (*EM1453, EM1454, EM1458, EM1463, EM1470, EP1759, EQ1856*). Dementsprechend wird der Prozess in Bezug auf die Ressourceneffizienz (*EP1733, EP1755, EP1757, EP1760*) und auch auf die Ergebnisqualität (*EQ1855, EQ1856, EQ1857*) ebenfalls als positiv eingeschätzt. Es werden aber in Bezug auf eine mögliche weitere Zentralisierung (*EM1456, EM1459, EM1468, EM1469, EP1756*) und Zusammenführung mit Informationsbedarfen bzw. bereitgestellten Informationen anderer Einheiten noch große Potenziale zur Effizienzsteigerung (*EM1467, EM1460, EP1734, EP1754*) und zur Qualitätssteigerung (*EQ1854, EQ1858*) vermutet. Abschließend kann festgehalten werden, dass die Effizienz dieser Variante des BI-Prozesses für die zuvor charakterisierten Informationen als hoch eingeschätzt wird. Außerdem kann vermutet werden, dass Potenziale hinsichtlich der Produktionskosten bei einer weiteren Zentralisierung bestehen.

9.4.5 Zusammenfassung

Zusammenfassend zeigt sich in Falleinheit 3, dass, entsprechend der Hypothesen aus Kapitel 7.3, ein reiner Push-Prozess, der automatisiert (*H2.5*) und zentral ausgeführt wird, zur Bereitstellung von Informationen mit niedriger Spezifität

(*H2.4*), niedriger Unsicherheit (*H3.3* und *H3.4*) und einer hohen Wiederholungsrate (*H4.1* und *H4.2*) effizient ist (vgl. Abbildung 54).

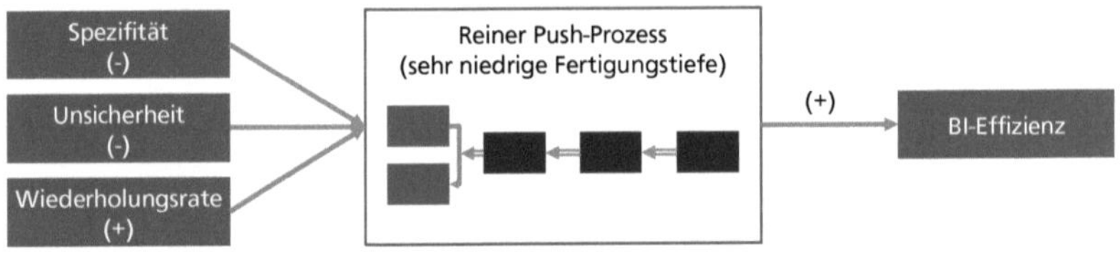

Abbildung 54: Zusammenfassung der Zusammenhänge der 3. Falleinheit.
(Quelle: eigene Darstellung)

9.5 Falleinheit 4 – zentrales Konzerncontrolling

Die Daten zu Falleinheit 4 wurden in einem Interview mit einem Referenten und Analysten des zentralen Konzerncontrollings (*PO2526*) erhoben. Das entsprechende Team ist eine Stabsstelle und berichtet direkt an den Konzernvorstand (*PO2527*). Die behandelten Themen sind sehr vielfältig und reichen von Controlling der Leistung einzelner Bereiche bis hin zu strategischer Planung (*PO1527*). Die betrachtete Einheit besteht aus ca. 8 Mitarbeitern (FTE) (*PO1528*), die im Prinzip zu 100% mit der Bereitstellung von Informationen beschäftigt sind, wobei 70% der Arbeitszeit für strategische Prognosen und Analysen des volkswirtschaftlichen Umfeldes sowie 30% für klassisches Controlling aufgewendet werden (*PO1529*).

Der untersuchte BI-Prozess kann als Push-Pull-Prozess klassifiziert werden (*PA1978, PA1979, PA1980, PF2248*). Als Stabsstelle ist die Einheit für spezielle Analysen und die Vorbereitung von Vorstandsentscheidungen zuständig. Als Basis für entsprechende Vorlagen benutzen die Mitarbeiter Informationen aus existierenden Berichten (*PF2241, PF2245, PF2246, PF2247*) und fragen konkrete Analysen bei zentralen Einheiten an (*PF2228, PF2230, PF2233, PF2234, PF2235*). Rohdaten werden nur dort verarbeitet, wo keine alternativen Informationen oder andere zentrale Einheiten mit Zugriff auf die entsprechenden Rohdaten existieren (*PA1975, PF2226, PF2241*). Bei wiederholter Nachfrage wird deren Bereitstellung außerdem automatisiert (*PA1976, PF2240*), sodass die Fertigungstiefe als niedrig bewertet werden kann (PF2243). Im Ergebnis werden Informationen als kommentierte Berichte zu konkreten Sachverhalten an den Vorstand weitergegeben (*PF2225*). Die Informationsbereitstellung kann deshalb nicht vollständig automatisiert erfolgen, sondern erfordert stets manuelle Eingriffe der Referenten. Einige wenige Informationen von breiterem Interesse werden zusätzlich über eine Intranetplattform einem größeren Nutzerkreis zur Verfügung gestellt (*PF2237*). Dieses Vorgehen entspricht dem in Kapitel 6.3 skizzierten BI-Prozess als Push-Pull-Prozess (vgl. Abbildung 55).

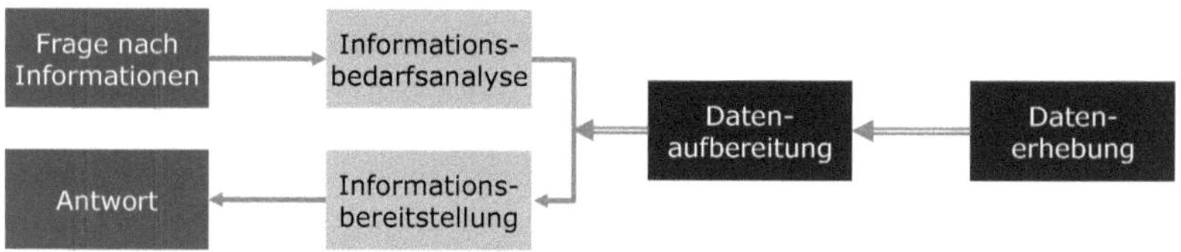

Abbildung 55: Push-Pull-Prozess mit niedriger Fertigungstiefe. (Quelle: eigene Darstellung)

9.5.1 Spezifität der bereitgestellten Informationen

Die bereitgestellten Informationen sind sehr umfangreich und beschreiben viele unterschiedliche Themenbereiche (*TS2742, TS2743, TS2744*). Die Informationen werden für den Vorstand in standardisierter Form aufbereitet und gezielt in der Detailtiefe reduziert, um das Verständnis zu vereinfachen und die Vergleichbarkeit zu verbessern (*TS2747, TS2754, TS2760*). Viele Fragestellungen zu einmaligen Ereignissen oder besonderen Sachverhalten sind sehr speziell (*TS2746*), erfordern allerdings kein besonderes Wissen, sondern eher den gesamten Überblick und Zugang zu möglichen Informationsquellen (*TS2753*). Viele der bereitgestellten Informationen werden auch als Planungsgrundlage an die Geschäftsbereichsleitungen weitergegeben (*TS2745, TS2750*), sodass die bereitgestellten Informationen insgesamt als wenig bis mittel spezifisch eingestuft werden können.

9.5.2 Unsicherheit der bereitgestellten Informationen

Grundsätzlich beschreiben die bereitgestellten Informationen viele unterschiedliche Themenbereiche, sodass eine große Themenbreite existiert. Ein großer Teil der Fragen variiert von der Art wenig und kann mithilfe kommentierter Standardinformationen beantwortet werden (*TU2932, TU2933, TU2934*). Dies gilt auch für einen Teil der Ad-hoc-Fragen, die zwar bezüglich der inhaltlichen Ausprägung, nicht aber bezüglich der Art der Information variieren und damit durch bekannte Abfragen und anschließende Kommentierung beantwortet werden können (TU2930). Für neuartige Fragen müssen allerdings Sonderanalysen durchgeführt werden, die von der untersuchten Einheit bei zentralen Einheiten beauftragt sowie anschließend zu Grafiken aufbereitet und kommentiert werden (*TU3048, TU3049*). Die Unsicherheit der mit diesem Prozess bereitgestellten Informationen kann deshalb als mittel eingestuft werden.

9.5.3 Wiederholungsrate der bereitgestellten Informationen

Die bereitgestellten Informationen betreffen die wirtschaftliche Lage und langfristige Entwicklung von Unternehmen A. Dementsprechend ist die Nachfragefrequenz nach den bereitgestellten Informationen abgesehen von unvorhergesehenen Ereignissen eher niedrig. Ein großer Teil der bereitgestellten Informationen wird von der Art in regelmäßigen Zeitabständen bzw. zu regelmäßigen Terminen bereitgestellt (*TW3140*). Sonderauswertungen sind hingegen i. d. R. einmalig. Der Nutzerkreis ist zwar relativ groß (*TW3090, TW3091, TW3092, TW3093*), da die Nachfrage nicht zeitlich versetzt auftritt, sondern nur zu bestimmten Terminen befriedigt werden kann, wird die Wiederholungsrate als Frequenz der Nachfrage nach den bereitgestellten Informationen dennoch als niedrig eingestuft.

9.5.4 Effizienzbewertung des BI-Prozesses

Die direkten Einschätzungen der beteiligten Mitarbeiter und deren Zufriedenheit mit der vorliegenden Prozessvariante zur Informationsbereitstellung sind hoch (*EM1473, EM1476, EM1477, EM1478, EM1481, EM1485, EM1486*). Diese Einschätzung bezieht sich allerdings maßgeblich auf die selbst durchgeführten, manuellen Tätigkeiten des BI-Prozesses. Bezogen auf andere Einheiten und deren Integration in die vorgelagerten, zentral durchgeführten Aktivitäten (*EP1772*) sehen die Mitarbeiter durch eine weitere Zentralisierung (*EM1474, EM1475, EP1769, EP1770, EP1771*), Standardisierung (*EP1766, EP1767*) und Automatisierung (*EP1763, EP1768*) noch große Potenziale zur Effizienzsteigerung (*EM1471, EM1472, EM1479, EM1480*) sowie zur Qualitätssteigerung (*EM1483, EM1487, EP1765, EP1766, EQ1860*). Insgesamt betrachtet wird die Effizienz dieser Variante des BI-Prozesses für die zuvor charakterisierten Informationen als hoch eingeschätzt.

9.5.5 Zusammenfassung

Zusammenfassend zeigt sich in Falleinheit 4 kein eindeutiges Bild bezüglich der Hypothesen aus Kapitel 7.3. Es liegt aber auch kein Widerspruch vor. Die hier betrachtete Prozessvariante entspricht weder der absolut zentralen Ausprägung mit sehr niedriger noch der absolut dezentralen Ausprägung mit sehr hoher Fertigungstiefe. Falleinheit 4 zeigt aber, dass ein Push-Pull-Prozess, der automatisiert (*H2.5*) und zentral Vorleistungen für eine weitere dezentrale, manuelle (*H2.3*) Aufbereitung erbringt, zur Bereitstellung von Informationen mit mittlerer Spezifität (*H2.4*), mittlerer Unsicherheit (*H3.3* und *H3.4*) und einer niedrigen Wiederholungsrate (*H4.1* und *H4.2*) effizient ist (vgl. Abbildung 56).

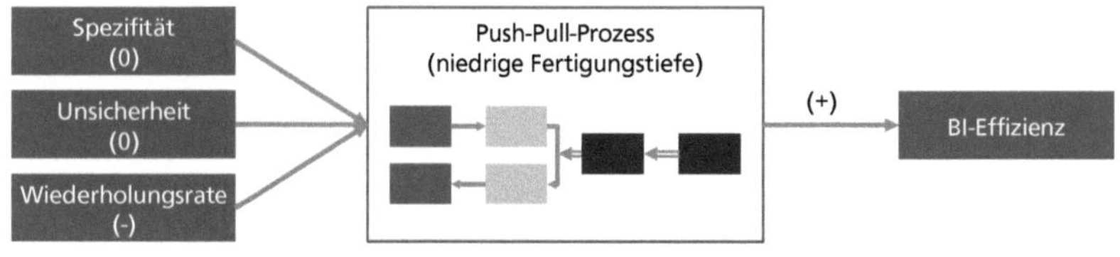

Abbildung 56: Zusammenfassung der Zusammenhänge der 4. Falleinheit.
(Quelle: eigene Darstellung)

9.6 Falleinheit 5 – BI-Team für den amerikanischen Markt

Die Daten zu Falleinheit 5 wurden in einem Interview mit einem Teamleiter eines dezentralen BI-Teams für den nord- und südamerikanischen Markt (*PO2550*) erhoben. Das entsprechende Team bildet eine Funktionseinheit und berichtet an das Management des Standortes in New York (*TW3094*). Die Aufgaben der betrachteten Einheit sind zentrale Analysen der nord- und südamerikanischen Märkte sowie möglicher und bereits erfolgter Vertriebsmaßnahmen für diese Märkte (*PO2551, TU2937*). Die Aufgaben sind damit ähnlich zu den Aufgaben anderer Einheiten, die jeweils z. B. für den deutschen, europäischen oder globalen Markt zuständig sind (*PO1552, PO2552*).[1131] In der Folge gibt es sowohl hinsichtlich der Tätigkeit als auch inhaltlich Überschneidungen zwischen den Einheiten (*PF2270*). Die betrachtete Einheit selbst besteht aus 8 Mitarbeitern (FTE) und 12 weiteren „dezentralen" Analysten am gesamten Standort (*PO1553*), die in nahezu ihrer gesamten Arbeitszeit BI-Prozesse ausführen, um ca. hälftig Standardreports und individuelle Analysen zu erstellen (*PO1554, TW3143*). Formal werden zwar Standardreports und Ad-hoc-Analysen unterschieden, der Prozess ist in beiden Fällen allerdings standardisiert und unterscheidet sich maßgeblich durch die Wiederholungsrate (*TU2941*).

Der BI-Prozess kann als reiner Pull-Prozess mit sehr hoher Fertigungstiefe klassifiziert werden, obwohl als Datenquellen nicht die Quellsysteme selbst dienen, sondern ein Data Warehouse (*PF2257, PF2258, PF2259, PF2264*). Von dort werden aber alle für die Analyse relevanten Rohdaten abgezogen und mithilfe eines nicht integrierten Instruments aufbereitet (*PF2255*). Beim Datentransport erfolgt außerdem ein Medienbruch, weil die Rohdaten aus dem Quellsystem als Textdatei exportiert und im Zielsystem wieder importiert werden (*PA1986, PF2259*). Diese Schritte laufen größtenteils manuell (*PF2254, PF2256*) ab bzw. wurden für Standardinformationen teilweise in dem nicht integrierten Instrument durch ei-

[1131] Vgl. auch Kapitel 9.3.

gene Routinen automatisiert (*PA1981, PA1982, PA1983, PA1984, PA1987*). Für Ad-hoc-Fragestellungen ist eine Automatisierung allerdings nicht möglich, sodass solche Analysen auf Basis der zuvor zusammengestellten Daten rein manuell ausgeführt werden (*PA1985*). Dieses Vorgehen entspricht dem in Kapitel 6.3 skizzierten BI-Prozess als reinem Pull-Prozess (vgl. Abbildung 52 in Kapitel 9.3). Wegen der großen Anzahl standardisierter Berichte arbeitet das Team aktuell daran, einen neuen BI-Prozess mit sehr niedriger Fertigungstiefe einzuführen, der mithilfe zentraler Instrumente automatisiert werden soll (*PA1988, PA1990, PA1991, PA1992, PA1993*). Dieser neue BI-Prozess kann als reiner Push-Prozess klassifiziert werden (vgl. Abbildung 49 in Kapitel 9.2) und wird bereits zur Bereitstellung eines kleinen Teils der Standardinformationen genutzt.[1132] Diese besondere Situation ermöglicht es später, die Effizienz zweier unterschiedlicher BI-Prozesse für exakt die gleichen Informationen miteinander zu vergleichen (vgl. Kapitel 9.6.4).

9.6.1 Spezifität der bereitgestellten Informationen

Die bereitgestellten Informationen sind hoch bis sehr hoch standardisiert und werden an viele Entscheider verteilt (*TS2766, TS2767, TS2768, TS2769*). Außerdem gibt es noch eine große Anzahl weiterer Einheiten, die ebenfalls sehr ähnliche Informationen bereitstellen oder nutzen (*PO2552, PO1552*). Teilweise werden entsprechende Informationen auch zwischen verschiedenen Einheiten ausgetauscht (*TS2773*). Allerdings werden sowohl die bereitgestellten Informationen als auch die zugrundeliegenden Informationsbedarfe nur unkoordiniert bis gar nicht mit anderen Organisationseinheiten abgestimmt (*TS2770, TS2771, TS2772, TS2774*). Zusammenfassend kann die Spezifität der bereitgestellten Informationen deshalb als niedrig eingestuft werden.

9.6.2 Unsicherheit der bereitgestellten Informationen

Die Fragestellungen der Informationsnutzer (Entscheider) drehen sich zwar um verschiedene konkrete Aspekte, betreffen aber grundsätzlich immer die gleiche bzw. sehr ähnliche Fragestellungen (*TU2937, TU2938, TU2943*). Die Informationsbedarfe können deshalb zu großen Teilen mit den bereitgestellten Standardinformationen befriedigt werden (*TU3050*). Dies gilt auch für Ad-hoc-Fragen, die

---

[1132] Im Rahmen des Interviews wurde auch eine neue Variante für Ad-hoc-Fragestellungen angesprochen, diese war allerdings zum Zeitpunkt des Interviews noch nicht implementiert. Die geplante Variante entspricht einem Push-Pull-Prozess, bei dem dezentral, mithilfe der zentralen Instrumente, automatisch bereitgestellte Informationen weiter analysiert werden können (*PF2268, PF2269*). Positive oder negative Effekte konnten allerdings mangels Nutzung noch nicht beurteilt werden.

sich zwar bezüglich der inhaltlichen Ausprägung unterscheiden, aber ebenfalls nicht bezüglich der Art der Information (TU3051). Neuartige Fragestellungen, für die auch andere Rohdaten erforderlich sind, treten nur sehr selten auf und werden versucht mithilfe bereits vorhandener Daten oder gar Informationen direkt zu beantworten (*TU2050*). Da bezüglich der Informationsbedarfe Dynamik nur innerhalb enger Grenzen existiert, kann die Unsicherheit der mit diesem Prozess bereitgestellten Informationen als niedrig eingestuft werden.

9.6.3 Wiederholungsrate der bereitgestellten Informationen

Ein großer Teil der bereitgestellten Informationen wird wöchentlich, zweiwöchentlich oder monatlich aufbereitet und bereitgestellt (*TW3141, TW3142, TW3144, TW3145, TW3146*). Gleichzeitig ist aber auch die Anzahl der Entscheider groß, welche die bereitgestellten Informationen nutzen (*TW3094*). Die Wiederholungsrate als Frequenz der Nachfrage nach den bereitgestellten Informationen kann deshalb als hoch eingestuft werden.

9.6.4 Effizienzbewertung des BI-Prozesses

Durch die Umstellung des BI-Prozesses von einem reinen Pull-Prozess hin zu einem Push-Prozess besteht hier die besondere Möglichkeit, die Effizienz zweier unterschiedlicher Varianten für die gleichen Informationen direkt zu vergleichen. Die Zufriedenheit der beteiligten Mitarbeiter mit dem BI-Prozess als reine Pull-Variante ist niedrig (*EM1488, EM1492*) und stellt damit auch die Ursache für die Umstellung auf eine Push-Variante dar. Ursache für diese negative Bewertung sind die schlechte Ressourceneffizienz und Qualität (*EP1777, EQ1861, EQ1864*) sowie der hohe Anteil manueller Arbeit (*EM1490, EP1776*). Im Gegensatz dazu ist die Zufriedenheit mit dem BI-Prozess als reine Push-Variante hoch bis sehr hoch (*EM1493, EM1495, EM1496, EM1497, EM1501, EM1503, EM1506, EM1508, EM1510*). Besonders hervorgehoben wird dabei die direkte Einflussmöglichkeit durch dezentrale Analysten auf die automatisch bereitgestellten Informationen (*EM1502*). Gleichzeitig sehen die Mitarbeiter aber noch große Potenziale zur Effizienz- und Qualitätssteigerung (*EQ1864*) durch eine bessere Koordination der verschiedenen Informationsbedarfe anderer Einheiten (*EM1505, EM1511*) und der dezentralen mit den zentralen Einheiten (*EM1498, EM1499, EM1504, EM1511*). Wegen der guten Erfahrungen mit der Push-Variante für Standardinformationen soll auch der BI-Prozess für Ad-hoc-Informationen ähnlich umgestellt werden. Ziel ist ein Push-Pull-Prozess, in dem dezentral mithilfe der zentralen Instrumente automatisch bereitgestellte Informationen weiter analysiert werden können (*EM1489, EM1508*). Insgesamt betrachtet wird die Effizienz des BI-Prozesses für die zuvor charakterisierten Informationen höher eingeschätzt, wenn dieser eine niedrigere Fertigungstiefe und einen höheren Automatisierungsgrad aufweist.

9.6.5 Zusammenfassung

Durch die Umstellung des BI-Prozesses von einer reinen Pull-Variante auf eine reine Push-Variante zeigt sich in Falleinheit 5 sowohl, dass entsprechend der Hypothesen aus Kapitel 7.3 ein reiner Pull-Prozess, der wenig automatisiert (*H2.3*) und dezentral ausgeführt wird, zur Bereitstellung von Informationen mit niedriger Spezifität (*H2.4*), niedriger Unsicherheit (*H3.3* und *H3.4*) und einer hohen Wiederholungsrate (*H4.1* und *H4.2*) **nicht** effizient ist, als auch, dass ein reiner Push-Prozess, der automatisiert (*H2.5*) und zentral ausgeführt wird, zur Bereitstellung von Informationen mit niedriger Spezifität (*H2.4*), niedriger Unsicherheit (*H3.3* und *H3.4*) und einer hohen Wiederholungsrate (*H4.1* und *H4.2*) **effizient** ist (vgl. Abbildung 57).

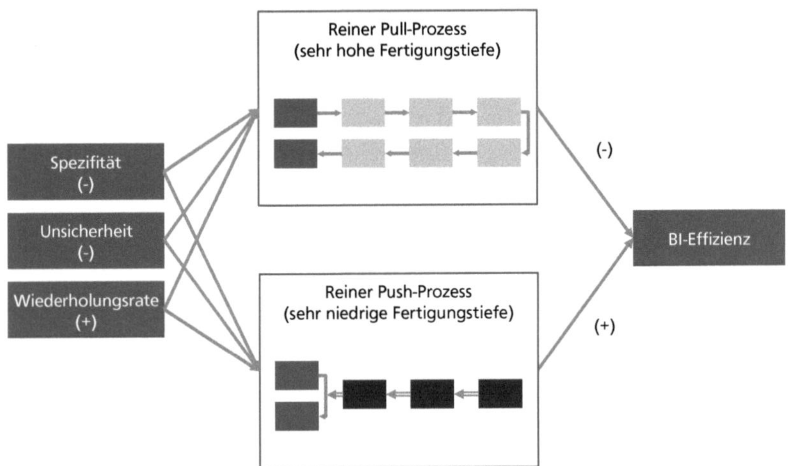

Abbildung 57: Zusammenfassung der Zusammenhänge der 5. Falleinheit.
(Quelle: eigene Darstellung)

9.7 Falleinheit 6 – zentrale Planungs- und Steuerungseinheit in einer Division

Die Daten zu Falleinheit 6 wurden in einem Interview mit einem Teamleiter einer zentralen Steuerungseinheit einer Division von Unternehmen A (*PO2556*) erhoben. Das entsprechende Team bzw. die übergeordnete Abteilung bilden einen Funktionsbereich innerhalb dieser Division und sind stark operativ ausgerichtet (*PO1557*), d. h. sie beschäftigen sich mit Fragen zum täglichen Geschäftsablauf von Unternehmen A in dieser Division. Bezogen auf die Division handelt es sich um eine zentrale Einheit. Vergleichbare Einheiten mit gleichen oder ähnlichen Aufgaben und Entscheidungssituationen (Fragestellungen) existieren allerdings auch in den anderen Divisionen (*PO1558*), sodass die Einheit bezogen auf das Gesamtunternehmen nicht als zentral gewertet werden kann.[1133] Die betrachtete Einheit besteht aus 5 Mitarbeitern (FTE) (*PO1556*), die sich durchschnittlich zu 60% mit Standardfragestellungen und zu 40% mit Ad-hoc-Fragestellungen auseinander setzen (*TU2945*) sowie entsprechende Informationen für verschiedene Entscheider bereitstellen (*PO2557*).

Auch in Falleinheit 6 werden zwei Varianten des BI-Prozesses für Standardinformationen und Ad-hoc-Fragestellungen unterschieden. Die erste Variante kann als Push-Pull-Prozess (*PF2277, PF2279*) (vgl. Abbildung 55 in Kapitel 9.5) und die zweite als Pull-Push-Prozess (*PA1994*) (vgl. Abbildung 50 in Kapitel 9.2) klassifiziert werden. Beide Prozessvarianten bauen auf den gleichen, zentral bereitgestellten Daten auf (*PF2276, PF2284, PF2285, PF2287, PF2288*). Beim Push-Pull-Prozess werden konfigurierbare Standardinformationen mithilfe zentraler Instrumente so bereitgestellt, dass Nutzer durch Wahl vorgegebener Filter oder Optionen automatisch einen individualisierten Standardbericht angezeigt bekommen (*PA1995, PA1996, PA1997, PA2001*). Im Gegensatz dazu ist im Pull-Push-Prozess eine freie Analyse und manuelle Datenaufbereitung möglich, um auch Fragestellungen außerhalb der vordefinierten Filter und Optionen zu beantworten (*PA1994, PA1998, PA2002, PF2291*). Beim Push-Pull-Prozess ist dementsprechend die Fertigungstiefe niedrig (*PF2296*) während sie beim Pull-Push-Prozess als hoch (*PA2003, PA2004*) eingestuft werden kann. Als maßgebliche Unterscheidungskriterien für die Wahl der konkreten Prozessvariante werden die Nachfragehäufigkeit (vgl. Wiederholungsrate) (*PA2004, PF2297*) und die Neuartigkeit (vgl. Unsicherheit) einer Fragestellung, aber auch der Komfort bei der Informationsbereitstellung (*PA2003, PF2278, PF2293*) genannt.

9.7.1 Spezifität der bereitgestellten Informationen

Die bereitgestellten Informationen sind hoch bis sehr hoch standardisiert und weltweit einheitlich definiert (*TS2775, TS2776*). Bei Veränderungen der Informationsbedarfe oder bei komplett neuen Informationsbedarfen werden diese übergreifend abgestimmt (*TS2777, TS2779, TS2780*). Aufgrund der operativen

[1133] Falleinheit 12 entspricht bezüglich der Aufgaben Falleinheit 6. Beide Einheiten sind aber organisatorisch in unterschiedlichen Divisionen verankert und jeweils nur dort verantwortlich.

Ausrichtung der bereitgestellten Standardinformationen auf das tägliche Geschäft, werden diese von vielen Entscheidern im gesamten Unternehmen genutzt (*TS2781, TW2150*). Im Gegensatz dazu betreffen Ad-hoc-Fragestellungen eher Informationen zu lokal begrenzten und zeitlich isolierten Sachverhalten, die nur für einen kleineren Entscheiderkreis (Management) relevant sind (*TS1779*). Die Spezifität der bereitgestellten Standardinformationen kann deshalb als niedrig bis mittel und die der Individualinformationen als mittel bis hoch eingestuft werden.

9.7.2 Unsicherheit der bereitgestellten Informationen

Die Fragestellungen der Informationsnutzer (Entscheider) variieren insgesamt nur wenig. Ein großer Teil der Fragen variiert zwar bezüglich des konkreten Entscheidungsobjektes, die nachgefragten Informationen sind aber von der Art gleich, sodass hier von Standardinformationen gesprochen werden kann (*TU2945, TU2947*). Diese werden zu festgelegten Zeitpunkten bzw. in festgelegten Intervallen erzeugt und bereitgestellt (*TW3148*). Auch Ad-hoc-Fragestellungen beziehen sich auf die gleichen Themen, betreffen allerdings Ausnahmen und Sonderereignisse, für die zugrundeliegende Daten vollständig individuell aufbereitet werden müssen (*TU2949, TU3052, TU2947, TU2948*). Grundsätzlich neuartige Fragestellungen gibt es nahezu nicht, weil das tägliche Geschäft nur wenig dynamisch ist und Veränderungen über einen langen Zeitraum im Voraus geplant werden müssen (*TU1947*). Die Unsicherheit der mit diesem Prozess bereitgestellten Standardinformationen kann deshalb als niedrig und die der bereitgestellten Individualinformationen als mittel eingestuft werden.

9.7.3 Wiederholungsrate der bereitgestellten Informationen

Die Wiederholungsrate der bereitgestellten Standardinformationen unterscheidet sich erheblich von der Wiederholungsrate der Individualinformationen. Standardinformationen werden täglich, wöchentlich, zweiwöchentlich oder monatlich aufbereitet und bereitgestellt (*TW2147, TW2149, TW3148*) und können von den Entscheidern bei Bedarf gefiltert und nach den definierten Optionen modifiziert abgerufen werden. Gleichzeitig werden die bereitgestellten Standardinformationen wegen der operativen Ausrichtung von vielen Entscheidern im gesamten Unternehmen genutzt (*TS2781, TW2150*). Im Gegensatz dazu betreffen Ad-hoc-Fragestellungen meist einmalige Sonderfälle und werden deshalb nicht wiederholt nachgefragt (*TW2148*). Die Wiederholungsrate als Frequenz der Nachfrage nach den bereitgestellten Informationen kann deshalb für Standardinformationen als hoch und für Individualinformationen als niedrig eingestuft werden.

9.7.4 Effizienzbewertung des BI-Prozesses

In dieser Falleinheit wurde der BI-Prozess zwar nicht umgestellt, weil aber die Art der Informationen, die mit den beiden Prozessvarianten bereitgestellt werden, gleich ist, weil die bereitgestellten Informationen auf den gleichen Datenquellen aufbauen und weil sich diese nur hinsichtlich der Transaktionscharakteristika unterscheiden, bieten auch die beiden hier genutzten Varianten eine besondere Möglichkeit des direkten Vergleichs. Grundsätzlich sind die Mitarbeiter mit der Aufteilung der Aufgaben und der Zuordnung der Prozessvarianten in Abhängigkeit der Nachfragehäufigkeit (vgl. Wiederholungsrate) (*PA2004, PF2297*) und der Neuartigkeit (vgl. Unsicherheit) einer Fragestellung zufrieden (*EM1522, EM1523, EQ1896, EQ1899*). Die hohe Zufriedenheit mit dem BI-Prozess als Push-Pull-Prozess (*EM1516, EM1517, EM1518, EM1520*) wird mit der deutlichen Effizienzsteigerung durch die Automatisierung und dem Wegfall vieler Standardfragen aus dezentralen Einheiten begründet (*EM2526, EM1527*). Gleichzeitig sind die Mitarbeiter mit dem Pull-Push-Prozess hoch zufrieden (*EM1514, EM1518*), weil dieser eine hohe Flexibilität (*EM1514, EM1528*) bei gleichzeitig hoher Bearbeitungsgeschwindigkeit erlaubt (*EP1737*). Insgesamt sehen die Mitarbeiter aber noch weitere Potenziale zur Effizienz- und Qualitätssteigerung (*EM1526, EP2782, EQ1866*) durch eine bessere Koordination der verschiedenen Informationsbedarfe (*EP1781, EQ1866*). Eine weitere Zentralisierung und Reduktion der Fertigungstiefe wird nicht als erstrebenswert betrachtet. Insgesamt betrachtet wird die Effizienz eines Push-Pull-Prozesses für die Informationen mit einer niedrigeren Unsicherheit und höheren Wiederholungsrate höher eingeschätzt als die Effizienz eines Pull-Push-Prozesses. Umgekehrt wird allerdings die Effizienz eines Pull-Push-Prozesses höher eingeschätzt, wenn die bereitgestellten Informationen durch eine höhere Unsicherheit und niedrigere Wiederholungsrate charakterisiert werden.

9.7.5 Zusammenfassung

Der Vergleich von Informationen gleicher Art und deren Bereitstellung mit zwei verschiedenen Prozessvarianten zeigt sich in Falleinheit 6 entsprechend der Hypothesen aus Kapitel 7.3, dass ein zentral automatisierter (*H2.5*) Push-Pull-Prozess zur Bereitstellung von Informationen mit niedriger bis mittlerer Spezifität (*H2.4*), niedriger Unsicherheit (*H3.3* und *H3.4*) und einer hohen Wiederholungsrate (*H4.1* und *H4.2*) sowie ein manueller und dezentraler (*H2.3*) Pull-Push-Prozess zur Bereitstellung von Informationen mit mittlerer bis hoher Spezifität (*H2.1*), mittlerer Unsicherheit (*H3.1* und *H3.2*) und einer niedrigen Wiederholungsrate (*H4.3* und *H4.4*) jeweils effizient ist. Ferner zeigt sich in Falleinheit 6 auch, dass entsprechend der Hypothesen ein dezentraler BI-Prozess effizienter ist, je höher die Spezifität (*H2.1*) und je höher die Unsicherheit (*H3.1* und

H3.2) sind sowie, dass ein automatischer Prozess effizienter ist, je höher die Wiederholungsrate (*H4.1* und *H4.2*) ist. Diese Zusammenhänge werden nochmals schematisch in Abbildung 58 dargestellt.

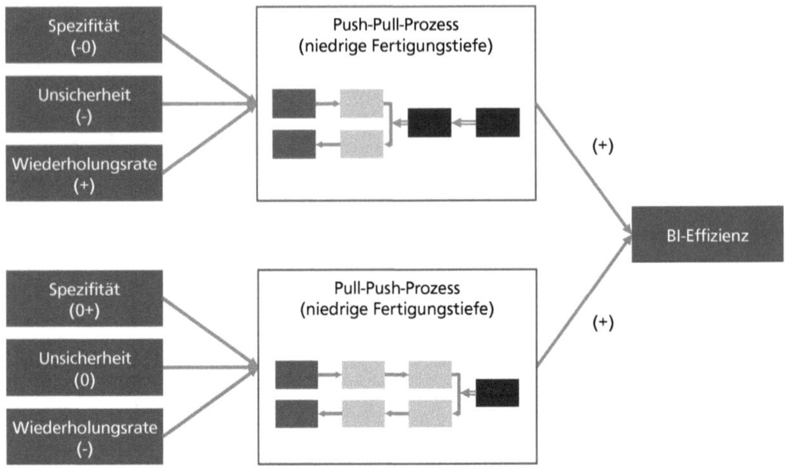

Abbildung 58: Zusammenfassung der Zusammenhänge der 6. Falleinheit.
(Quelle: eigene Darstellung)

9.8 Falleinheit 7 – zentrale Kapazitätsplanung und -steuerung

Die Daten zu Falleinheit 7 wurden in einem Interview mit einem Projektleiter einer zentralen Kapazitätsplanungs- und -steuerungseinheit (*PO2562*) von Unternehmen A erhoben. Dieser war zum Zeitpunkt des Interviews bereits sieben Jahre in der Einheit tätig (*PO1562*) und wurde vom Vorstand mit der Projektleitung für die Umstellung und Neugestaltung des BI-Prozesses zur Kapazitätsplanung und -steuerung betraut (*PO2564, PO2569*). Im Zuge dieser Neugestaltung wurden außerdem Informationsbedarfe abgeglichen und standardisiert definiert (*PO2563, PO2565, PO2568, PO2572*). Die behandelten Themen sind sehr vielfältig und reichen von Controllingaufgaben bis zur langfristigen Personaleinsatzplanung und -entwicklung (*TS1783*). Die betrachtete Einheit besteht aus 9 Projektmitarbeitern, die allerdings nur zu einem kleinen Teil für die Projektarbeit freigestellt wurden (*PO1570*) und die sich maßgeblich mit der Abstimmung der Informationsbedarfe, der Modellierung von Daten und Programmierung von Routinen zur automatisierten Informationsbereitstellung beschäftigen (*PO2570, PO1571, PO1572*).

Der untersuchte BI-Prozess kann als Push-Pull-Prozess klassifiziert werden (*PA2008, PA2014, PF2304*). Die untersuchte Einheit modelliert Daten (*PA2015*), auf die über ein zentrales Data Warehouse zugegriffen wird (*PA2013*) und programmiert mithilfe zentraler Instrumente (*PA2010*) entsprechende automatische Routinen, sodass die nachgefragten Informationen automatisch bereitgestellt werden können. Damit liegt aus Sicht der untersuchten Einheit zwar eine hohe Fertigungstiefe vor, diese Aufgaben werden allerdings als einmalige Entwicklungsaufgaben innerhalb zentral bereitgestellter Instrumente ausgeführt, sodass die Fertigungstiefe der (dezentralen) Nutzer (Entscheider) dauerhaft sehr niedrig ist (*PA2016*). Seitens des Projektteams liegt also eine tatsächliche Aufgabenspezialisierung im Sinne funktionaler Zentralisierung vor. Die eigentliche Bereitstellung entscheidungsrelevanter Informationen ist damit soweit automatisiert (*PA2009*), dass Nutzer durch Wahl vorgegebener Filter oder Optionen automatisch einen individualisierten Standardbericht angezeigt bekommen (*PF2298, PF2303, PF2305*). Dieses Vorgehen entspricht dem in Kapitel 6.3 skizzierten BI-Prozess als Push-Pull-Prozess (vgl. Abbildung 55 in Kapitel 9.5).

9.8.1 Spezifität der bereitgestellten Informationen

Die bereitgestellten Informationen sind sehr umfangreich und beschreiben viele unterschiedliche Themenbereiche (*TS1783*). Im Zuge des Projekts wurden diese hoch bis sehr hoch standardisiert und unternehmensweit einheitlich definiert (*TS2784, TS2785, TS2786, TS2791*). Die Informationen werden für verschiedene Entscheider vom Vorstand bis hin zur operativen Einsatzleitung in standardisierter Form und in unterschiedlichen, definierten Detailtiefen aufbereitet (*TS2789, TW3096*), sodass die bereitgestellten Informationen insgesamt als wenig spezifisch eingestuft werden können.

9.8.2 Unsicherheit der bereitgestellten Informationen

Obwohl bezüglich der bereitgestellten Informationen eine große Themenbreite existiert, variieren die Fragestellungen nur in einem sehr engen Bereich und bezüglich konkreter, individueller Betrachtungswinkel (*TU2951*). Die Art der bereitgestellten Informationen ist deshalb, abgesehen von Umfang, Fokus und Detailtiefe, stets gleich (*TU2953, TU2954*). Neuartige Fragestellungen treten nur sehr selten auf. Zusätzliche Informationsbedarfe werden bewertet und nur bei hohem Nutzen mithilfe der zentralen Instrumente in den gleichen BI-Prozess integriert (*TU2952, TU3098*). Zusammenfassend kann die Unsicherheit der mit diesem Prozess bereitgestellten Informationen deshalb als mittel eingestuft werden.

9.8.3 Wiederholungsrate der bereitgestellten Informationen

Die bereitgestellten Informationen dienen zur Kapazitätsplanung und deren Kontrolle. Die Planung wird auf Monatsbasis erstellt (*TW2095, TW2096, TW2097*), sodass in regelmäßigen Zeitabständen bzw. zu regelmäßigen Terminen neue Planungsdaten zur Verfügung stehen. Aufgrund zyklischer Verschiebungen führt dies zu Aktualisierungen im Wochenrhythmus (*TW2098*). Neben den Planungsinformationen werden mit hoher Frequenz Kontroll- und Steuerungsinformationen nachgefragt. Die Informationsnachfrage geht darüber hinaus von einer großen Anzahl an Nutzern bzw. Entscheidern aus (*TW3099, TW3100*), sodass die Wiederholungsrate als Frequenz der Nachfrage nach den bereitgestellten Informationen als hoch eingestuft werden kann.

9.8.4 Effizienzbewertung des BI-Prozesses

Die direkten Einschätzungen der beteiligten Mitarbeiter und deren Zufriedenheit mit der vorliegenden Prozessvariante zur Informationsbereitstellung sind hoch (*EM1530, EM1537, EQ1869, EQ1870*). Positiv hervorgehoben werden einerseits die gestiegene Effizienz (*EM1536*) und Qualität durch die zentrale Abstimmung und Standardisierung der bereitgestellten Informationen (*EM1531, EM1534, EM1538*) und andererseits der hohe Komfort und die einfache Nutzbarkeit für die Entscheider (*EM1539*). Bezogen auf andere Bereiche im Unternehmen sehen die Mitarbeiter durch eine weitere Zentralisierung (*EP1786*) und die sinnvolle Nutzung der zentralen Instrumente (*EM1533, EM1540*) noch große Potenziale zur Effizienz- (*EM1532, EM1535, EP1784*) und Qualitätssteigerung (*EQ1872*). Insgesamt betrachtet wird die Effizienz dieser Variante des BI-Prozesses für die zuvor charakterisierten Informationen als hoch eingeschätzt.

9.8.5 Zusammenfassung

Zusammenfassend zeigt sich in Falleinheit 7 kein eindeutiges Bild bezüglich der Hypothesen aus Kapitel 7.3. Es liegt aber auch kein Widerspruch vor. Die hier betrachtete Prozessvariante entspricht weder der absolut zentralen Ausprägung mit sehr niedriger noch der absolut dezentralen Ausprägung mit sehr hoher Fertigungstiefe. Falleinheit 7 zeigt aber, dass ein Push-Pull-Prozess, der automatisiert (*H2.5*) und zentral konfigurierbare Informationen bereitstellt, zur Bereitstellung von Informationen mit niedriger Spezifität (*H2.4*), mittlerer Unsicherheit (*H3.3* und *H3.4*) und einer hohen Wiederholungsrate (*H4.1* und *H4.2*) effizient ist (vgl. Abbildung 59).

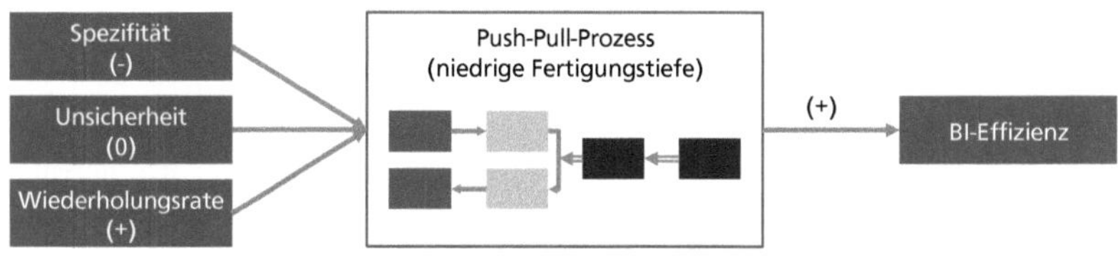

Abbildung 59: Zusammenfassung der Zusammenhänge der 7. Falleinheit.
(Quelle: eigene Darstellung)

9.9 Falleinheit 8 – zentrale Marketing- und Vertriebseinheit in einer Division

Die Daten zu Falleinheit 8 wurden in einem Interview mit dem Teamleiter einer Einheit für Marketing und Vertrieb in einer Division von Unternehmen A (*PO1576, PO2573*) erhoben. Das entsprechende Team ist eine Funktion in der Division und hat die Aufgaben, durch gezielte Preissetzung, die geplante Kapazität im europäischen Markt ertragsoptimal auszulasten (*PO1577, PO2574*). Neben dem untersuchten Team gibt es in der gleichen Division noch ein Team mit gleichen Aufgaben für alle außereuropäischen Märkte sowie weitere Einheiten in den anderen Divisionen (insgesamt ca. 60 Mitarbeiter (FTE) (*PO1582*)), die ebenfalls gleiche oder sehr ähnliche Aufgaben haben (*PO1578*). Es gibt zwar einen Austausch bezüglich der genutzten Systeme und zugrundeliegenden Daten (*PO1579*), es werden aber nur sehr wenige über das gesamte Unternehmen standardisierte Informationen gemeinsam bzw. zentral bereitgestellt (*PO2575, PO2578*). In der Folge gibt es sowohl hinsichtlich der Tätigkeit als auch inhaltlich Überschneidungen zwischen den verschiedenen Einheiten (*PO1578, PO1579*). Bezogen auf Unternehmen A muss die untersuchte Einheit deshalb eher als dezentral denn als zentral bewertet werden. Die betrachtete Einheit besteht aus 14 Mitarbeitern (FTE) (*PO2574*), die sich zu ca. 50% ihrer Arbeitszeit mit Business Intelligence beschäftigen. Davon werden im Schnitt 70% für operative und 30% für strategische Fragestellungen aufgewendet (*PO1580*). Standardfragen können nach Einschätzung des Teamleiters vernachlässigt werden, weil diese durch wenige Klicks beantwortet werden können und im Verhältnis zu individuellen Ad-hoc-Fragen nur sehr wenig Zeit in Anspruch nehmen (*PO1581*).

Der BI-Prozess kann als reiner Pull-Prozess mit sehr hoher Fertigungstiefe klassifiziert werden.[1134] Es werden zwar keine Rohdaten direkt erhoben, die Datener-

[1134] Es gibt zwar auch einige Informationen, die mithilfe eines Push-Prozesses bereitgestellt werden, diese sind aber nur thematisch der Einheit zugeordnet und werden von einer anderen, zentralen Einheit entwickelt und betreut (*PA2021, PA2022, PF2312*).

hebung erfolgt aber insofern manuell, dass Daten händisch aus verschiedenen anderen Datenquellen abgezogen und neu verknüpft werden (*PA2018, PA2023, PA2027, PA2028, PA2032, PF2313, PF2318*). Die Verknüpfung, Aufbereitung und Bereitstellung erfolgen anschließend mithilfe nicht integrierter Instrumente ebenfalls manuell (*PA2025, PA2030, PA2031, PF2307*) bzw. teilautomatisiert durch eigene Routinen innerhalb der nicht integrierten Instrumente (*PA2019, PA2034, PF2314*). Innerhalb der untersuchten Einheit gibt es allerdings kein standardisiertes Vorgehen zur Informationsbereitstellung, sodass, je nach Mitarbeiter und Fragestellung, unterschiedliche Abläufe existieren (*PA2017, PF2311*). Beim Datentransport erfolgt außerdem ein Medienbruch, weil die Rohdaten aus dem Quellsystem als Textdatei exportiert und im Zielsystem wieder importiert werden (*PF2315*). Dieses Vorgehen entspricht dem in Kapitel 6.3 skizzierten BI-Prozess als Pull-Prozess (vgl. Abbildung 52 in Kapitel 9.3).

9.9.1 Spezifität der bereitgestellten Informationen

Die Fragestellungen sind von ihrer Art stets sehr ähnlich oder gleich (*TS2792*) und die bereitgestellten Informationen bauen auf den gleichen Daten (*TS2798, TS2801*) auf. Zur Beantwortung ist i. d. R. allerdings spezifisches Fachwissen zu den nachgefragten Sachverhalten notwendig (*TS1799*). Ein kleiner Teil der bereitgestellten Informationen kann als hoch standardisiert betrachtet werden (*TS2794, TS2799*) und wird von einem größeren Entscheiderkreis genutzt. Die meisten Informationen werden allerdings nur zur Beantwortung von Fragen zu besonderen Entwicklungen und nur von einzelnen Entscheidern genutzt (*TS1796, TS1797, TS1798, TS1799*). Es findet aber keine gezielte und strukturierte Koordination der bereitgestellten Informationen und der zugrundeliegenden Informationsbedarfe statt, sondern nur eine grobe Abstimmung mit Fokus auf technischen Anforderungen im Rahmen von Meetings mit den anderen, aufgaben- und themenverwandten Organisationseinheiten (*TS2800, TS2802, TS2803, TS2804*). Zusammenfassend kann die Spezifität der bereitgestellten Informationen deshalb als mittel bis hoch eingestuft werden.

9.9.2 Unsicherheit der bereitgestellten Informationen

Die bereitgestellten Informationen variieren in ihren konkreten Ausprägungen häufig stark. Ursache hierfür sind die teils sehr unterschiedlichen Anfragen (*TU2961, TU2966*), aber auch das nicht standardisierte Vorgehen und die Informationsbereitstellung auf unterschiedliche Arten und Weisen (*TU2956*). Letztlich werden diese Variationen aber nur durch unterschiedliche Detaillierungsgrade und Betrachtungswinkel auf die gleichen Sachverhalte bzw. Ausschnitte der Sachverhalte hervorgerufen (*TU2955, TU2960, TU2962, TU2964*). Die zugrundeliegenden Daten sind hingegen i. d. R. gleich. Allerdings gibt es neuartige

Fragestellungen, die komplexe Abfragen im zentralen Data Warehouse erfordern und die wegen der Komplexität nur von Spezialisten der zentralen Einheit zur Weiterverarbeitung bereitgestellt werden können (TU2965). Fragen zu individuellen Informationen werden zwar bei konkreten Informationsbedarfen gestellt, sie treten aber häufig kurz nach dem Erscheinen der standardisierten Wochen- und Monatsberichte als Nachfragen zu Abweichungen auf (*TU2957, TU2958, TU2959*). Insgesamt kann die Unsicherheit der bereitgestellten Informationen deshalb als mittel eingestuft werden.

9.9.3 Wiederholungsrate der bereitgestellten Informationen

Zentral werden außerhalb der betrachteten Einheit einige Standardinformationen wöchentlich, zweiwöchentlich oder monatlich zu festen Zeitpunkten bzw. in festen Abständen bereitgestellt (*TW3151, TW3153, TW3154*). Diese fungieren als Auslöser für konkrete Nachfragen in der betrachteten Einheit zu Details bestimmter Sachverhalte oder Entwicklungen. In der betrachteten Einheit gibt es weniger feste Rhythmen, bestimmte Informationen werden aber ebenfalls wöchentlich oder gar täglich bereitgestellt und ausgewertet (*TW3152, TW3155*). Konkrete Fragen sind zwar i. d. R. einmaliger Natur, die kumulierte Nachfragefrequenz nach Informationen gleicher Art (vgl. Modularisierung in Kapitel 5.3.2) und zu gleichen Themen ist aber höher (TW2153), sodass die Wiederholungsrate als Frequenz der Nachfrage nach den bereitgestellten Informationen insgesamt als mittel eingestuft werden kann.

9.9.4 Effizienzbewertung des BI-Prozesses

Die Zufriedenheit der beteiligten Mitarbeiter mit der automatisierten, zentralen Standardinformationsbereitstellung ist hoch (*EM1541, EM1565*). In Bezug auf den untersuchten BI-Prozess ist die Zufriedenheit allerdings nur mittel bis niedrig, weil wegen mangelnder Systemstabilität und Performance häufig kein Zugriff auf die gewünschten Daten oder Informationen möglich ist (*EM1544, EM1545, EM1561*), weil die Qualität häufig schlecht ist (*EQ1873*) und keine klar definierte, gemeinsame Basis für detaillierte, vergleichende Analysen existiert (*EQ1875*) und weil das Methoden- und Instrumentenwissen in der untersuchten Einheit als nicht ausreichend hoch eingeschätzt wird[1135], sodass die Effektivität und Effizienz höher sein könnten (*EM2553*). Die Mitarbeiter sehen deshalb auf der einen Seite durchaus Potenzial für Effizienz- und Qualitätssteigerungen

---

[1135] Anstelle einer funktionalen Spezialisierung schlägt das Team eine stärkere Dezentralisierung und den Aufbau funktionalen Spezialistenwissens in den dezentralen Einheiten vor (*EM1555, EM1564*).

durch Zentralisierung bestimmter Aufgaben bzw. die verstärkte Nutzung der zentralen Instrumente (*EM1542, EM1546, EM1550, EM1551, EM1562, EM2552*). Außerdem wird die Zusammenarbeit mit den Einheiten, die zentral Instrumente und Dienstleistungen für Business Intelligence bereitstellen, gelobt (*EM1548, EM1552, EM1558, EM1559, EM1560*) und das Fachwissen der dortigen Mitarbeiter bezüglich der bereitgestellten Informationen als absolut ausreichend eingestuft (*EM1557*). Trotzdem stehen die Mitarbeiter der betrachteten Einheit einer stärkeren Zentralisierung kritisch gegenüber, z. B. weil die Darstellung von Diagrammen in Excel schöner sei (*EM1543*) und weil die zentralen Instrumente häufiger Probleme mit der Systemperformance und Stabilität hätten (*EM1544, EM1545, EM1561*). Insgesamt betrachtet wird die Effizienz dieser Variante des BI-Prozesses zur Bereitstellung der zuvor charakterisierten Informationen als niedrig bis mittel eingeschätzt.

9.9.5 Zusammenfassung

Zusammenfassend zeigt sich in Falleinheit 8 kein eindeutiges Bild bezüglich der Hypothesen aus Kapitel 7.3. Die hier betrachtete Prozessvariante entspricht der absolut dezentralen Ausprägung mit sehr hoher Fertigungstiefe. Entsprechend der Hypothesen aus Kapitel 7.3 müsste ein reiner Pull-Prozess, der im Prinzip manuell (*H2.3*) und dezentral ausgeführt wird, zur Bereitstellung von Informationen mit mittlerer bis hoher Spezifität (*H2.1*), mittlerer Unsicherheit (*H3.3* und *H3.4*) und einer mittleren Wiederholungsrate (*H4.1* und *H4.2*) eine höhere Effizienz aufweisen. Stattdessen wird die Effizienz nur niedrig bis mittel bewertet (vgl. Abbildung 60).

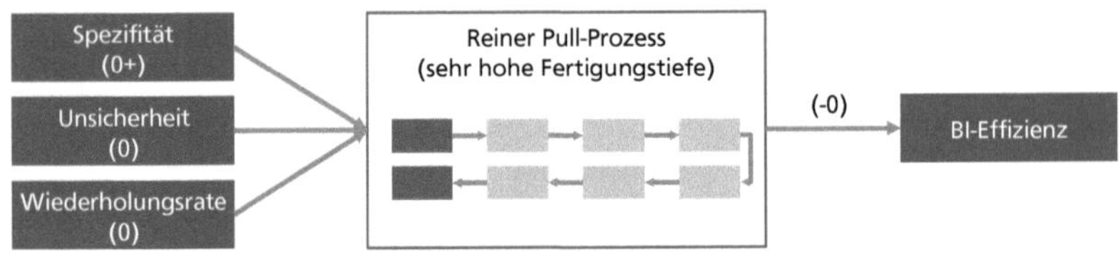

Abbildung 60: Zusammenfassung der Zusammenhänge der 8. Falleinheit.
(Quelle: eigene Darstellung)

Die niedrige Effizienzbewertung erfolgt aber aufgrund der schlechten Beurteilung von Qualität und Ressourceneffizienz der untersuchten Prozessvariante durch die beteiligten Mitarbeiter (vgl. Kapitel 9.4.4). Dies lässt darauf schließen, dass selbst für Informationen mit mittlerer bis hoher Spezifität und mittlerer Unsicherheit ein höherer Standardisierungsgrad (*EQ2873*) und damit ein Prozess mit niedrigerer Fertigungstiefe möglich wären und dass eine absolut dezentral ausgeprägte Prozessvariante nur dann effizienter als andere Varianten mit niedrigerer Fertigungstiefe ist, wenn die Spezifität und die Unsicherheit der bereitgestellten Information noch höher und/oder die Wiederholungsrate noch niedriger ausgeprägt sind (vgl. hierzu auch die Ergebnisse der Triangulation der Falleinheiten von Fall A in Kapitel 9.18.4). Für diesen Fall läge die Effizienzkurve nur direkt am Rand des Intervalls zwischen hoher und niedriger Ausprägung der Transaktionscharakteristika über den Effizienzkurven der anderen Prozessvarianten und wäre exponentiell fallend. Dies lässt in Bezug auf die Gesamtkosten als Summe aus Transaktions- und Produktionskosten vermuten, dass die Gesamtkostenkurve eben nur am Rand des Intervalls unterhalb der Gesamtkostenkurven der anderen Prozessvarianten läge und mit abnehmender Ausprägung der Transaktionscharakteristika exponentiell steige. Diese Überlegungen werden im Rahmen der Triangulation überprüft (vgl. Kapitel 9.18.4).

9.10 Falleinheit 9 – zentrale Strategieabteilung

Die Daten zu Falleinheit 9 wurden in einem Interview mit einem Referenten einer zentralen Strategieabteilung von Unternehmen A (*PO2585*) erhoben. Das entsprechende Team bildet eine Schnittstelle zu allen Divisionen (PO2587) und berichtet direkt an den Vorstand (*PO2586*). Die Aufgaben liegen in der langfristigen, strategischen Planung internationaler Relationen und Dienstleitungspotenziale (*PO1588*). Die betrachtete Einheit besteht aus ca. 6 Mitarbeitern (FTE) (*PO1586*), die im Prinzip zu 100% mit der Aggregation und Aufbereitung von Informationen für den Vorstand beschäftigt sind (*PO1587, PO2588, PO2589*), wobei lediglich 10% der Arbeitszeit für Routineaufgaben und 90% für Ad-hoc-Anfragen aufgewendet werden (*TU2972*).

Der untersuchte BI-Prozess kann als Pull-Push-Prozess klassifiziert werden (*PA2040, PA2043, PF2330, PF2332*). Als Stabsstelle ist die Einheit für spezielle Analysen und die Vorbereitung von Vorstandsentscheidungen zuständig. Diese Analysen sind keine Detailanalysen, sondern umspannen viele Themen und dienen der Darstellung übergeordneter Zusammenhänge (*PF2336*). Als Basis für entsprechende Vorlagen benutzen die Mitarbeiter Informationen aus existierenden Berichten (*PF2329, PF2333*) und erstellen eigene Analysen mithilfe zentral bereitgestellter Instrumente (*PA2041, PA2042*). Im Ergebnis werden Informationen als kommentierte Berichte zu konkreten Sachverhalten an den Vorstand und an die, dem Vorstand unterstellte, Leitungsebene weitergegeben (*PF2327, PF2328*). Die Informationsbereitstellung kann deshalb nicht vollständig automatisiert erfolgen, sondern erfordert stets manuelle Eingriffe der Referenten. Dieses Vorgehen entspricht dem in Kapitel 6.3 skizzierten BI-Prozess als Pull-Push-Prozess (vgl. Abbildung 50 in Kapitel 9.2).

9.10.1 Spezifität der bereitgestellten Informationen

Die bereitgestellten Informationen sind sehr umfangreich und beschreiben viele unterschiedliche Themenbereiche (*TS2805, TS2806*). Die Informationen werden für den Vorstand kommentiert und gezielt in der Detailtiefe reduziert, um das Verständnis zu vereinfachen (*TS1806, TS1807, TS2810*). Einige Fragestellungen sind sehr speziell und erfordern Analysen als Input von zentralen Einheiten, die sowohl über besonderes technisches als auch über ausreichendes fachliches Wissen verfügen (*TS2807*). Die in der untersuchten Einheit selbst aufbereiteten und bereitgestellten Informationen bieten eher einen Überblick über die Gesamtsituation als detaillierte Informationen über spezielle Sachverhalte (*TS2806*). Viele der bereitgestellten Informationen werden deshalb auch als Planungsgrundlage an die Geschäftsbereichsleitungen weitergegeben (*TS1805*). Die Spezifität der bereitgestellten Informationen kann deshalb als mittel eingestuft werden.

9.10.2 Unsicherheit der bereitgestellten Informationen

Die Fragestellungen der Informationsnutzer (Entscheider) variieren insgesamt sehr stark, sodass umfangreiche und sehr unterschiedliche Daten aufbereitet werden müssen (*TU1977, TU3057*). Allerdings sind dazu sehr selten Detailanalysen notwendig. Ein großer Teil der Fragen kann deshalb mithilfe bereits verfügbarer Informationen aus anderen Abteilungen (*TU2969*) oder durch die Auswertung bereits stark aggregierter Daten beantwortet werden (*TU2974*). Wegen der strategischen Ausrichtung der Einheit treten immer wieder auch neuartige Fragestellungen auf, die aber auf Basis bereits im Unternehmen vorhandener Daten beantwortet werden können und für die keine zusätzlichen Rohdaten erhoben werden müssen (*TU2968, TU2975*). Die Unsicherheit der mit diesem Prozess bereitgestellten Informationen kann deshalb als hoch eingestuft werden.

9.10.3 Wiederholungsrate der bereitgestellten Informationen

Es gibt einige wenige Informationen, die in regelmäßigen Zeitabständen bzw. zu regelmäßigen Terminen, bereitgestellt werden (*TW3101*). Die meisten Informationen werden allerdings einmalig oder selten nachgefragt (*TW2100, TW2101, TW3159*). Der Kreis der Entscheider, die direkt Informationen nachfragen, beschränkt sich auf den Vorstand und Bereichsleiter und ist daher relativ klein (*TW3056*). Fragen an die betrachtete Einheit treten allerdings auch nicht gebündelt auf, sondern werden zufällig verteilt und bei Bedarf gestellt (*TW3058, TW3157*). Die Wiederholungsrate als Frequenz der Nachfrage nach den bereitgestellten Informationen kann deshalb als niedrig bis mittel eingestuft werden.

9.10.4 Effizienzbewertung des BI-Prozesses

Die Zufriedenheit der beteiligten Mitarbeiter mit dem vorliegenden Prozess ist unter den gegebenen Rahmenbedingungen relativ hoch (*EM1567*). Durch den übergreifenden Blick stellen die Mitarbeiter allerdings Diskrepanzen aufgrund fehlender einheitlicher Definitionen fest (*EM1578*) und vermuten an diversen Stellen Doppelarbeiten. Die Mitarbeiter sehen deshalb großes Potenzial für Effizienz- (*EM1575, EM1577, EP1792*) und Qualitätssteigerungen (*EM1568, EM1569, EM1578, EQ1876*) durch die Zentralisierung bestimmter Aufgaben (*EQ1573*), durch die verstärkte Nutzung der zentralen Instrumente (*EM1573, EM1576*) und durch eine bessere Koordination der verschiedenen Informationsbedarfe (*EM1568, EM1571*). Außerdem wird der Drang nach immer mehr und detaillierteren Informationen (*EP1793*) sowie die Vielfalt an unterschiedlichen Informationen als Überinformation kritisiert (*EM1574*). Wegen dieser Potenziale und der Zufriedenheit mit der Zusammenarbeit mit zentralen BI-Einheiten (*EM1572*) wird die Effizienz dieser Variante des BI-Prozesses für die zuvor charakterisierten Informationen als mittel eingeschätzt.

9.10.5 Zusammenfassung

Zusammenfassend zeigt sich in Falleinheit 9 kein eindeutiges Bild bezüglich der Hypothesen aus Kapitel 7.3. Es liegt aber auch kein Widerspruch vor. Die hier betrachtete Prozessvariante entspricht weder der absolut zentralen Ausprägung mit sehr niedriger, noch der absolut dezentralen Ausprägung mit sehr hoher Fertigungstiefe. Falleinheit 9 zeigt aber, dass die Mitarbeiter mit einem Pull-Push-Prozess, der wenig automatisiert (*H2.3*) und dezentral ausgeführt wird, zur Bereitstellung von Informationen mit mittlerer Spezifität (*H2.1* und *H2.4*), hoher Unsicherheit (*H3.1* und *H3.2*) und einer niedrigen Wiederholungsrate (*H4.3* und *H4.4*) zufrieden sind. Allerdings lassen deren Einschätzungen zu Effizienzsteigerungs- und Qualitätssteigerungspotenzialen durch eine Verringerung der Fertigungstiefe (vgl. Kapitel 9.10.4) vermuten, dass ein Push-Pull-Prozess, der stärker automatisiert und zentral abgestimmt (*H2.5*) Informationen bereitstellt, für die oben charakterisierten Informationen effizienter ist (vgl. Abbildung 60). Diese Einschätzung lässt vermuten, dass eine stärkere Dezentralisierung nur für Informationen mit hoher Spezifität effizient ist.

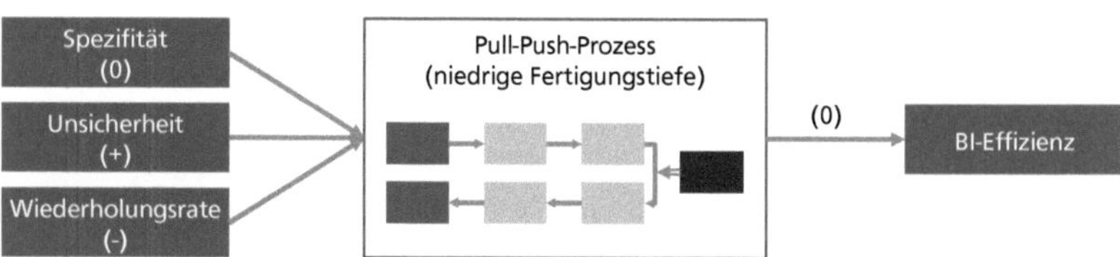

Abbildung 61: Zusammenfassung der Zusammenhänge der 9. Falleinheit. (Quelle: eigene Darstellung)

9.11 Falleinheit 10 – zentrale Reportingeinheit für Vertrieb und Marketing

Die Daten zu Falleinheit 10 wurden in einem Interview mit einem Analysten einer zentralen Reportingeinheit des Vorstandsressorts Vertrieb und Marketing (*PO2592*) erhoben. Das entsprechende Team bildet eine Funktionseinheit und berichtet dem Bereichsleiter Vertrieb (*PO2592*). Die primären Aufgaben der betrachteten Einheit sind zentrale Analysen des Angebots und der Nachfrage in den verschiedenen weltweiten Märkten sowie Auswirkungen auf Angebot und Nachfrage durch Störungen aufgrund unvorhergesehener Ereignisse (*PO1595*). Diese Analysen werden als Informationen verschiedenen Abteilungen und dem Vorstand zur Verfügung gestellt (*PF2337*). Als weitere Aufgabe zählt auch die Erschließung bzw. Akquise zusätzlicher Datenquellen für Marktdaten zum Verantwortungsbereich der betrachteten Einheit (*PO1592, PO1593*). Neben dieser zentralen Einheit gibt es in den verschiedenen Märkten lokale dezentrale sowie in verwandten zentralen Bereichen weitere zentrale Einheiten mit ähnlichen Aufgaben (*PO2594*). In der Folge gibt es sowohl hinsichtlich der Tätigkeit als auch inhaltlich Überschneidungen zwischen den Einheiten (PO2363, *PO2596, PO2607*). Die betrachtete Einheit selbst besteht aus 5 Mitarbeitern (FTE) (*PO1597*), die zu großen Teilen ihrer Arbeitszeit BI-Prozesse ausführen (*PO1598*). Die bereitgestellten Informationen lassen sich zu ungefähr gleichen Teilen in Standard- und Ad-hoc-Informationen aufteilen (*PO1596*).

Der BI-Prozess kann als reiner Pull-Prozess mit sehr hoher Fertigungstiefe klassifiziert werden, bei dem Daten aus einem zentralen Data Warehouse abgezogen (*PF2344, PF2349*) und teilweise um weitere extern akquirierte Rohdaten ergänzt werden (*PF2360*), um sie mithilfe nicht integrierter Instrumente aufzubereiten (*PF2350, PF2351*). Beim Datentransport erfolgt ein Medienbruch, weil die Rohdaten aus dem Quellsystem als Textdatei exportiert und im Zielsystem wieder importiert werden (*PF2342*). Diese Schritte laufen größtenteils manuell (*PF2338*) ab bzw. wurden für Standardinformationen teilweise in dem nicht integrierten Instrument durch eigene Routinen automatisiert (*PF2345*). Für Ad-hoc-Fragestellungen ist eine Automatisierung allerdings nicht möglich, sodass solche Analysen auf Basis der zuvor zusammengestellten Daten rein manuell ausgeführt werden (*PF2340, PF2361*). Dieses Vorgehen entspricht dem in Kapitel 6.3 skizzierten BI-Prozess als reinem Pull-Prozess (vgl. Abbildung 52 in Kapitel 9.3). Die Informationen werden anschließend in einem eigenen Portal über das Intranet bereitgestellt, auf das verschiedenste Mitarbeiter des gesamten Unternehmens Zugriff haben (*PA2049, PA2050, PF2339, PF2346*). Wegen des hohen manuellen Aufwandes (*PA2056, PA2057*), der Vielzahl bereitgestellter Informationen (*PF2343*) und mangelnder Transparenz über die bereitgestellten sowie die nachgefragten Informationen, soll der BI-Prozess umgestellt werden (*PF2347, PF2348, PF2354*). Ein Teil der Standardinformationen wird bereits, mithilfe zentraler Instrumente, automatisiert in einem BI-Prozess mit sehr niedriger Fertigungstiefe bereitgestellt (*PF2357, PF2358*). Dieser neue BI-Prozess kann als reiner Push-Prozess klassifiziert werden (vgl. Abbildung 49 in Kapitel 9.2). Die notwendige Flexibilität zur Beantwortung von Ad-hoc-Fragestellungen soll zukünftig durch einen Push-Pull-Prozess realisiert werden, um die Datenaufbereitung mithilfe zentraler Instrumente durchführen zu können (*PF2341*). Allerdings ist diese Umstellung bisher nur in Planung, sodass die Effizienz nur für den bisherigen BI-Prozess bewertet werden kann.

9.11.1 Spezifität der bereitgestellten Informationen

Die bereitgestellten Informationen sind hoch standardisiert und werden an sehr viele Entscheider verteilt (*TS1814, TS2814, TS2817, TS2820, TS2823*). Außerdem gibt es noch eine große Anzahl weiterer Einheiten, die ebenfalls sehr ähnliche Informationen bereitstellen oder nutzen (*TS2818, TS2823, TS2825*). Teilweise werden entsprechende Informationen auch zwischen verschiedenen Einheiten innerhalb des gleichen Funktionsbereiches ausgetauscht (*TS2824*). Allerdings werden sowohl die bereitgestellten Informationen als auch die zugrundeliegenden Informationsbedarfe nur unkoordiniert bis gar nicht mit anderen Organisationseinheiten abgestimmt (*TS2821, TS2826, TS2827*). Zusammenfassend kann die Spezifität der bereitgestellten Informationen deshalb als niedrig eingestuft werden.

9.11.2 Unsicherheit der bereitgestellten Informationen

Viele Fragestellungen der Informationsnutzer (Entscheider) sind sehr ähnlich (*TU2978, TU2979, TU2980, TU2981*). In vielen Fällen können die Informationsbedarfe mit Standardinformationen befriedigt werden (*TU2983*). Auch oberflächlich abweichende Fragestellungen drehen sich häufig lediglich um verschiedene Detailaspekte und lassen sich anhand von Informationen auf Basis der gleichen Daten beantworten (*TU2985*). Neuartige Fragestellungen, für die auch andere Rohdaten erforderlich sind, treten nur sehr selten auf und können i. d. R. mithilfe bereits vorhandener Daten oder gar bereits vorliegender Informationen direkt beantwortet werden (*TU2982, TU2989*). Die Unsicherheit der mit diesem Prozess bereitgestellten Informationen kann deshalb als niedrig eingestuft werden.

9.11.3 Wiederholungsrate der bereitgestellten Informationen

Die bereitgestellten Standardinformationen werden wöchentlich, zweiwöchentlich oder monatlich aufbereitet und bereitgestellt (TW3164). Ad-hoc-Fragestellungen sind i. d. R. einmalige Anfragen (*TW2162*), es kommt allerdings vor, dass bestimmte, bisher nicht standardisierte Informationen häufiger nachgefragt werden, sodass diese dann als Standardinformationen definiert und in einen regelmäßigen Prozess überführt werden (*TW3165*). Die Frequenz der Bereitstellung wird allerdings durch die sehr große Zahl an Entscheidern erhöht, welche die bereitgestellten Informationen nutzen (*TW3103, TW2103, TW3104, TW3105*). Zusätzlich gibt es noch weitere Entscheider, die vergleichbare Informationen nutzen, diese aber von anderen Einheiten beziehen (*TW3107, TW3108*). Die Wiederholungsrate als Frequenz der Nachfrage nach den bereitgestellten Informationen kann deshalb als hoch eingestuft werden.

9.11.4 Effizienzbewertung des BI-Prozesses

Die Zufriedenheit der beteiligten Mitarbeiter mit dem BI-Prozess als reine Pull-Variante ist niedrig (*EM1600, EM1601, EM1608*). Diese Unzufriedenheit wird zum einen mit der schlechten Ressourceneffizienz (*EM1603, EM1604, EM1605, EM1614*) und dem hohen Anteil manueller Arbeit (*EM1586, EM1587*) sowie auf der anderen Seite, mit der schlechten Qualität (*EM1595, EQ1879*) und der fehlenden inhaltlichen Abstimmung der Informationsbedarfe sowie der bereitgestellten Informationen begründet (*EM1582, EM1583, EM1584, EM1596*). Die Mitarbeiter sehen deshalb große Potenziale zur Effizienz- und Qualitätssteigerung (*EM1581, EM1585, EM1593, EM1609, EM1611*) durch eine Reduktion der Fertigungstiefe sowie durch eine bessere Koordination der verschiedenen Informationsbedarfe (*EM1590, EM1610*) und der dezentralen Einheiten mit den zentralen Einheiten (*EM1585, EM1597, EM1612*). Obwohl die Kompetenz der Mitarbeiter in zentralen BI-Einheiten als hoch eingeschätzt wird (*EM1606*), gibt es seitens der Mitarbeiter in Bezug auf eine Umstellung auf einen BI-Prozess als reine Push-Variante auch Skepsis (*EM1591, EM1598, EM1599, EM1602*). Besonders kritisch werden die Systemperformance (*EM1584, EM1589, EM1592, EP1796*), die Benutzbarkeit der zentralen Instrumente aufgrund der höheren Mächtigkeit und des weitaus größeren Funktionsumfangs (*EM1580, EM1588, EM1594*) sowie die generellen Chancen auf zentrale, von allen genutzte und klar definierte Standards (*EP1797, EP1799*) eingeschätzt. Die Effizienz einer Push-Variante kann bisher noch nicht beurteilt werden, weil bis auf wenige Ausnahmen noch keine Umstellung erfolgt ist und somit Referenzen fehlen. Zusammenfassend kann aber festgestellt werden, dass die Effizienz des BI-Prozesses als Pull-Variante für die zuvor charakterisierten Informationen als niedrig klassifiziert und die Effizienz der Push-Variante als mittel bis hoch und damit auf jeden Fall höher als die Effizienz der Pull-Variante eingeschätzt wird.

9.11.5 Zusammenfassung

Zusammenfassend zeigt sich in Falleinheit 10, dass, entsprechend der Hypothesen aus Kapitel 7.3, ein reiner Pull-Prozess, der wenig automatisiert (*H2.3*) und dezentral ausgeführt wird, zur Bereitstellung von Informationen mit niedriger Spezifität (*H2.4*), niedriger Unsicherheit (*H3.3* und *H3.4*) und einer hohen Wiederholungsrate (*H4.1* und *H4.2*) **nicht** effizient ist (vgl. Abbildung 62).

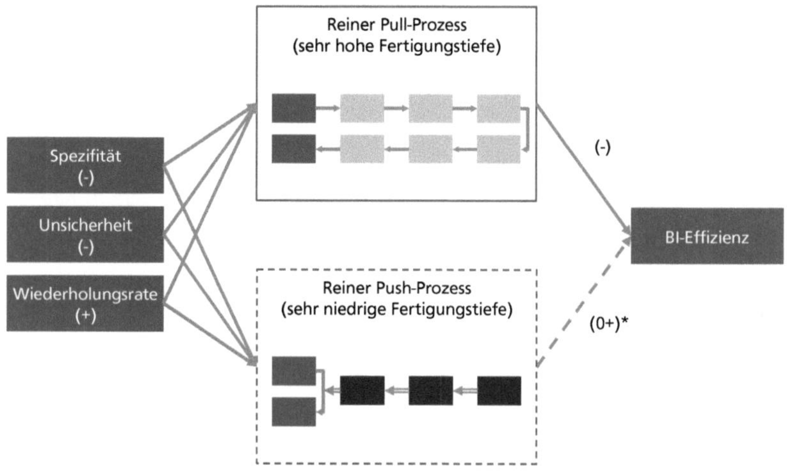

Abbildung 62: Zusammenfassung der Zusammenhänge der 10. Falleinheit.
(Quelle: eigene Darstellung)

9.12 Falleinheit 11 – zentrale Einheit für Kundenanalysen

Die Daten zu Falleinheit 11 wurden in einem Interview mit einem Teamleiter einer zentralen Analyseeinheit für Kunden- und Marktanalysen des Vorstandsressorts Vertrieb und Marketing (*PO2612*) erhoben. Das entsprechende Team bildet eine Funktionseinheit innerhalb der Hauptabteilung Marketing (*PO2611*). Die primären Aufgaben der betrachteten Einheit sind zentrale Kundenanalysen für den zentralen Vertrieb und für die Vertriebseinheiten in den Märkten (*PO2613, PO2614, PO2615, PO2616*). Diese Analysen liefern i. d. R. individuelle Informationen und werden der nachfragenden Einheit bereitgestellt (*PO2613*). Einige allgemeinere und standardisierte Informationen werden auch einem größeren Nutzerkreis zur Verfügung gestellt (*PO2618, PO2625*). Die betrachtete Einheit selbst besteht aus 5 Mitarbeitern (FTE) (*PO1616*), die hauptsächlich Analysen zu operativ-taktischen Fragestellungen (70%) durchführen (*PO1619*). Bei den nachgefragten Informationen handelt es sich zu 80% um Ad-hoc- und zu 20% um Standardinformationen (PO1618).

Der untersuchte BI-Prozess kann als Pull-Push-Prozess mit hoher Fertigungstiefe klassifiziert werden (*PA2059, PA2060, PF2365, PF2366*). Als Datenbasis nutzen die Mitarbeiter alle Daten, die in den beiden zentralen Data Warehouses von Unternehmen A verfügbar sind (*PF2365, PF2380, PF2382, PF2383*) und bereiten diese mithilfe zentral bereitgestellter und integrierter Instrumente auf (*PA2062, PA2065, PA2070, PA2071*). Je nach Entscheider und zeitlichem Horizont werden die aufbereiteten Informationen als individuelles Analyseinstrument zur weiteren Detailanalyse oder als kommentierte Präsentation bereitgestellt (*PA2064, PF2372*). Standardinformationen, die teils täglich nachgefragt werden (*PF2377*), werden im Gegensatz dazu mithilfe zentraler Instrumente automatisiert über einen reinen Push-Prozess bereitgestellt (*PA2066, PA2067, PA2071, PF2385*). Diese haben aber nur einen kleinen Anteil an allen Fragestellungen und werden hier deshalb nicht weiter betrachtet. Dieses Vorgehen entspricht dem in Kapitel 6.3 skizzierten BI-Prozess als Pull-Push-Prozess (vgl. Abbildung 50 in Kapitel 9.2v).

9.12.1 Spezifität der bereitgestellten Informationen

Die bereitgestellten Informationen sind i. d. R. sehr umfangreich und werden speziell für die Anforderungen eines konkreten Vertriebsbereiches aufbereitet (*TS2829, TS2830*). Als Datenbasis dienen, mit Ausnahme sehr spezieller Fragestellungen von Entscheidern, immer die zentralen Data Warehouses des Unternehmens (*TS2835*). Für einige Fragestellungen stellt sich aber heraus, dass die Informationen oder die Art der Informationen auch für andere Einheiten interessant wären und diese werden deshalb in den Prozess für Standardinformationen überführt (*TS2831, TS2832, TS2834*). Die Spezifität der bereitgestellten Informationen kann deshalb als hoch eingestuft werden.

9.12.2 Unsicherheit der bereitgestellten Informationen

Die Fragestellungen der Informationsnutzer (Entscheider) variieren bzgl. des genauen Analysefokus sehr stark (*TU2991, TU1992*). Allerdings beschränken sich die Fragestellungen auf die Themen Kunden und Vertrieb (*TU1993*), sodass die Art der bereitgestellten Informationen ähnlich ist und die zur Aufbereitung notwendigen Daten i. d. R. die gleichen sind (*TU2995*). Die Themen der bereitgestellten Informationen variieren deshalb nur in einem engen Bereich (*TU1993*). Grundsätzlich neue Fragestellungen treten sehr selten auf. Stattdessen kann das Vorgehen zur Informationsbereitstellung wegen des Einsatzes zentraler Instrumente und der Beschränkung auf Kundendaten auch einfach für andere Analysefokusse angepasst werden (*TU1994*). Die Unsicherheit der mit diesem Prozess bereitgestellten Informationen kann deshalb als mittel eingestuft werden.

9.12.3 Wiederholungsrate der bereitgestellten Informationen

Die mit dem betrachteten BI-Prozess bereitgestellten Informationen, werden meist nur einmalig oder selten nachgefragt (*TW2112, TW3109, TW3111*). In Fällen, in denen eine konkrete Information oder eine bestimmte Art der Analyse häufiger nachgefragt werden, wird deren Aufbereitung auf einen anderen BI-Prozess übertragen und möglich mithilfe zentraler Instrumente automatisiert (*TW3110, TW3167, TW3168*). Die Anzahl der Nutzer für eine konkrete Information ist ebenfalls klein. Allerdings wird der Nutzerkreis etwas größer, wenn statt konkreter Informationen bestimmte Arten von Informationen zur weiteren individuellen Analyse bereitgestellt werden (*TW2113*). Die Wiederholungsrate als Frequenz der Nachfrage nach den bereitgestellten Informationen kann deshalb als niedrig eingestuft werden.

9.12.4 Effizienzbewertung des BI-Prozesses

Die Zufriedenheit der beteiligten Mitarbeiter mit dem vorliegenden Prozess und der Nutzung zentraler Instrumente ist hoch (*EM2618*). Auch die hohe Fertigungstiefe wird positiv bewertet, weil diese die Beantwortung spezifischer Fragen ermöglicht (*EQ1880, EQ1905*). Da regelmäßig nachgefragte Informationen in einen Push-Prozess überführt werden, fallen manuelle Tätigkeiten nur im Zusammenhang mit spezifischen Fragestellungen an (*EM1615*). Insgesamt sehen die Mitarbeiter aber trotzdem noch Potenzial für Effizienz- (*EM1617*) und Qualitätssteigerungen (*EM1623, EM1624, EM1629*) durch eine Standardisierung von Daten und Informationen (*EM1622, EM1630, EM1631, EM1632, EP1808*), Reduktion der Fertigungstiefe und verstärkte Nutzung zentraler Instrumente (*EM1619, EM1625, EM1626, EM1627*) mit anderen Einheiten sowie durch zusätzliche Automatisierung (*EM1620*). Auch eine übergreifende Abstimmung sowie Koordination von Informationsbedarfen und bereitgestellten Informationen über die Divisionen und Funktionsbereiche hinweg wird als positiv bewertet (*EM1628, EP1806, EP2807*). Insgesamt betrachtet wird die Effizienz dieser Variante des BI-Prozesses zur Bereitstellung der zuvor charakterisierten Informationen als mittel bis hoch eingeschätzt.

9.12.5 Zusammenfassung

Zusammenfassend zeigt sich in Falleinheit 11 kein eindeutiges Bild bezüglich der Hypothesen aus Kapitel 7.3. Es liegt aber auch kein Widerspruch vor. Die hier betrachtete Prozessvariante entspricht weder der absolut zentralen Ausprägung mit sehr niedriger noch der absolut dezentralen Ausprägung mit sehr hoher Fertigungstiefe. Falleinheit 11 zeigt aber, dass ein dezentraler (*H2.3*) Pull-Push-Prozess zur großteils manuellen Bereitstellung von Informationen mit hoher Spezifität (*H2.1*), mittlerer Unsicherheit (*H3.1* und *H3.2*) und einer niedrigen

Wiederholungsrate (*H4.3* und *H4.4*) effizient ist (vgl. Abbildung 63). Eine höhere Fertigungstiefe und damit ein niedrigerer Automatisierungsgrad sind aber nicht notwendig, weil alle Analysen auf Basis der zentral und automatisiert erhobenen Daten durchgeführt werden können. Nach Einschätzung der Mitarbeiter würden sich eher eine Verringerung der Fertigungstiefe und ein höherer Automatisierungsgrad anbieten, um sowohl die Effizienz der Informationsbereitstellung als auch die Qualität der bereitgestellten Informationen zu steigern (vgl. Kapitel 9.12.4).

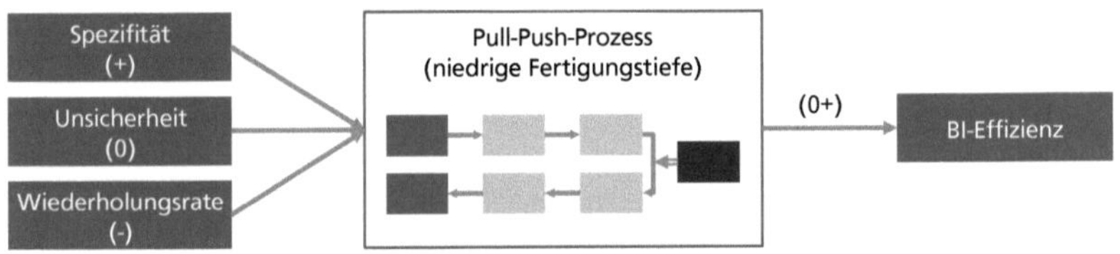

Abbildung 63: Zusammenfassung der Zusammenhänge der 11. Falleinheit.
(Quelle: eigene Darstellung)

9.13 Falleinheit 12 – zentrale Planungs- und Steuerungseinheit in einer Division

Die Daten zu Falleinheit 12 wurden in einem Interview mit einem Analysten und Systementwickler einer zentralen, operativen Planungs- und Steuerungseinheit einer Division von Unternehmen A (*PO2628*) erhoben. Das entsprechende Team bzw. die übergeordnete Abteilung bilden einen Funktionsbereich und berichten direkt an den Betriebsleiter innerhalb der Division (*PO1635*), d. h. sie beschäftigen sich mit Fragen zum täglichen Geschäftsablauf von Unternehmen A in dieser Division. Bezogen auf die Division handelt es sich um eine zentrale Einheit. Vergleichbare Einheiten mit gleichen oder ähnlichen Aufgaben und Entscheidungssituationen (Fragestellungen) existieren allerdings auch in den anderen Divisionen (*PO2631, PO2632, PO2635*), sodass die Einheit, bezogen auf das Gesamtunternehmen, nicht als zentral gewertet werden kann.[1136] Die betrachtete Einheit besteht aus 4 Mitarbeitern (ca. 3,5 FTE) (*PO1630*), die sich, bezogen auf die Anzahl der Anfragen, zu 80% mit Standardfragestellungen und 20% mit Ad-hoc-Fragestellungen beschäftigen (*PO1632*). Bezogen auf die Arbeitszeit stellt sich dieses Verhältnis allerdings mit 40% Standard zu 60% Ad-hoc anders dar (*PO1633, PO1634*).

[1136] Falleinheit 12 entspricht bezüglich der Aufgaben Falleinheit 6. Beide Einheiten sind aber organisatorisch in unterschiedlichen Divisionen verankert und jeweils nur dort verantwortlich.

Der BI-Prozess kann als reiner Pull-Prozess mit sehr hoher Fertigungstiefe klassifiziert werden (*PF2390, PF2401*). Bei der Datenerhebung werden zwar nur wenige externe Daten erhoben (*PF2403*), die übrigen Rohdaten werden aber großteils manuell aus verschiedenen anderen Datenquellen abgezogen und neu verknüpft (*PA2081, PF2397*). Die Verknüpfung, Aufbereitung und Bereitstellung erfolgen anschließend mithilfe nicht integrierter Instrumente ebenfalls manuell (*PF2401, PF2402*) bzw. teilautomatisiert durch eigene Routinen innerhalb der nicht integrierten Instrumente (*PA2085, PF2391, PF2392, PF2393, PF2395*). Beim Datentransport erfolgt außerdem ein Medienbruch, weil die Rohdaten aus dem Quellsystem teilweise als Textdatei exportiert und im Zielsystem wieder importiert werden (*PA2082, PA2091, PF2403*). Dieser Prozess wird so für alle Berichte angewendet. Es findet also keine Differenzierung des Prozesses nach Standard- und Ad-hoc-Fragestellungen statt, außer dass der Anteil teilautomatisierter Routinen in den nicht integrierten Instrumenten bei Standardinformationen höher ist (*PA2077, PA2085, PA2086, PA2091*).[1137] Dieses Vorgehen entspricht dem in Kapitel 6.3 skizzierten BI-Prozess als Pull-Prozess (vgl. Abbildung 52 in Kapitel 9.3).

9.13.1 Spezifität der bereitgestellten Informationen

Die Fragestellungen sind von ihrer Art stets sehr ähnlich oder gleich (*TS2846, TS2847*) und die bereitgestellten Informationen bauen auf den gleichen Daten (*TS2851, TS2852, TS2853*) auf. Die meisten Fragestellungen können zu großen Teilen durch standardisierte Informationen beantwortet werden (*TS2845, TS2848*). Lediglich für Detailantworten zu sehr spezifischen Sachverhalten sind zusätzliche Informationen notwendig (*TS1849*). Aufgrund der operativen Ausrichtung der bereitgestellten Standardinformationen auf das tägliche Geschäft, werden diese von vielen Entscheidern genutzt (*TS2856, TS2857, TS2858*). Im Gegensatz dazu betreffen Ad-hoc-Fragestellungen eher Informationen zu lokal begrenzten und zeitlich isolierten Sachverhalten, die nur für einen kleineren Entscheiderkreis (Management) relevant sind (*TS1853*). Die Spezifität der bereitgestellten Informationen kann deshalb als mittel bis hoch eingestuft werden.

9.13.2 Unsicherheit der bereitgestellten Informationen

Die Grundfragestellungen der Informationsnutzer (Entscheider) variieren nur wenig und können deshalb zu großen Teilen mit Standardinformationen beant-

---

[1137] Ein Teil der Standardinformationen wird zwar mithilfe eines Push-Prozesses bereitgestellt (*PA2072*), dieser wurde aber nur in der Definitionsphase von der betrachteten Einheit betreut und wird operativ von einer anderen, zentralen Einheit ausgeführt (*PF3394*).

wortet werden (*TU3009, TU3010*). Grundsätzlich betreffen aber alle Fragestellungen das gleiche Themengebiet, sodass diese mithilfe von Informationen auf Basis der gleichen Daten beantwortet werden können (*TU3002, TU3003, TU2006*). Standardinformationen variieren im Prinzip nicht, werden regelmäßig erzeugt und einem definierten Entscheiderkreis bereitgestellt (*TU3004, TU2004*). Ad-hoc-Fragestellungen beziehen sich auf die gleichen Themen, betreffen allerdings Details, die durch die Standardinformationen nicht beschrieben werden, sodass für diese die zugrundeliegenden Daten vollständig individuell aufbereitet werden müssen (*TU3007*). Grundsätzlich neuartige Fragestellungen gibt es nahezu nicht, weil das tägliche Geschäft nur wenig dynamisch ist (*TU2005*). Die Unsicherheit der mit diesem Prozess bereitgestellten Informationen kann also als niedrig bis mittel eingestuft werden.

9.13.3 Wiederholungsrate der bereitgestellten Informationen

Die in der betrachteten Einheit bereitgestellten Standardinformationen werden wöchentlich oder monatlich aufbereitet und bereitgestellt (*TW3173, TW3174*).[1138] Diese werden wegen der operativen Ausrichtung von vielen Entscheidern im gesamten Unternehmen genutzt (*TW3113, TW3172*). Im Gegensatz dazu betreffen Ad-hoc-Fragestellungen meist einmalige Sonderfälle und werden deshalb nicht wiederholt nachgefragt. Allerdings gibt es häufiger Ad-hoc-Fragestellungen, die zu Standardfragen werden und dann regelmäßig bereitgestellt werden müssen (*TW2170*). Wegen des hohen Anteils an Standardfragen (80%, vgl. Kapitel 9.13) kann die Wiederholungsrate als Frequenz der Nachfrage nach den bereitgestellten Informationen deshalb als hoch eingestuft werden.[1139]

9.13.4 Effizienzbewertung des BI-Prozesses

Die Zufriedenheit der beteiligten Mitarbeiter mit dem untersuchten BI-Prozess ist nur niedrig (*EM1634, EM1641, EM1661, EM1662*). Als Gründe werden hohe manuelle Aufwände (*EM1638*), Doppelarbeiten durch fehlende Koordination mit anderen Abteilungen (*EM1655, EM1656, EM1657, EP1819*), schlechte Qualität wegen fehlender verbindlicher Kennzahlendefinitionen (*EQ1886, EQ1887*) und eine fehlende Transparenz über die Nutzung bzw. den Nutzen bereitgestellter Informationen (*EM1642, EM1644, EM1645, EM1646, EM1659, EM1660,*

[1138] Die zentral mithilfe eines Push-Prozesses bereitgestellten Standardinformationen werden live bzw. täglich bereitgestellt, werden aber nicht von der betrachteten Einheit betreut.

[1139] Diese Einstufung ist insofern zulässig, weil aktuell keine Unterscheidung nach Standard- und Ad-hoc-Fragestellungen im Prozess getroffen wird. Bei einer Umstellung des Prozesses wäre dies, so wie in anderen Falleinheiten, sinnvoll, sodass zwei Prozessvarianten für Standard- und Ad-hoc-Fragestellungen definiert und genutzt werden.

EP1813) genannt. Die Mitarbeiter sehen deshalb großes Potenzial für Effizienz- und Qualitätssteigerungen durch Zentralisierung bestimmter Aufgaben bzw. die verstärkte Nutzung der zentralen Instrumente (*EM1640, EM1649*). Außerdem verfügen spezialisierte Einheiten über ein größeres Methoden- und Instrumentenwissen und können so neben der Effizienz auch die Effektivität der Informationsbereitstellung verbessern (*EP1811*). Positive Erfahrung mit zentral und divisionsübergreifend bereitgestellten Standardinformationen hat die betrachtete Einheit bereits gemacht (*EM1635, EP1814*). Trotzdem stehen die Mitarbeiter der betrachteten Einheit einer stärkeren Zentralisierung auch kritisch gegenüber, weil bisher keine klaren Prozesse und Verantwortlichkeiten existieren (*EP1817*), die als notwendig betrachtete Flexibilität verloren ginge (*EM1636*), die Reaktionsgeschwindigkeit zentraler Einheiten als langsam wahrgenommen (*EM1637, EM1639, EM1651*) und das notwendige Fachwissen bezüglich der bereitgestellten Informationen bei den Mitarbeitern zentraler Einheiten als nicht ausreichend betrachtet wird (*EM1647, EM1653, EM1654*). Insgesamt kann die Effizienz dieser Variante des BI-Prozesses zur Bereitstellung der zuvor charakterisierten Informationen deshalb als niedrig eingestuft werden.

9.13.5 Zusammenfassung

Die hier betrachtete Prozessvariante entspricht der absolut dezentralen Ausprägung mit sehr hoher Fertigungstiefe. Für eine hohe Effizienz dieser Variante, die manuell (*H2.3*) und dezentral ausgeführt wird, spräche die mittlere bis hohe Spezifität (*H2.1*) der bereitgestellten Informationen. Im Gegensatz dazu sprechen die niedrige bis mittlere Unsicherheit (*H3.3* und *H3.4*) und die hohe Wiederholungsrate (*H4.1* und *H4.2*) der bereitgestellten Informationen eher für eine niedrige Effizienz der betrachteten Prozessvariante und für die Einführung eines Prozesses mit niedrigerer Fertigungstiefe und höherem Automatisierungsgrad. Diese Vermutung stimmt mit der niedrigen Einschätzung der Effizienz der betrachteten Prozessvariante seitens der beteiligten Mitarbeiter überein (vgl. Abbildung 64).

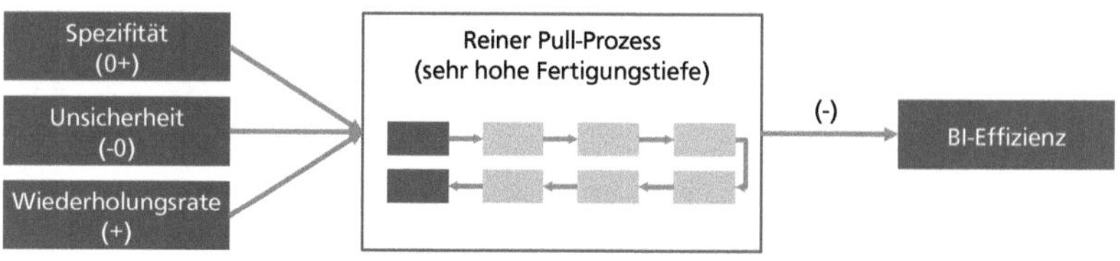

Abbildung 64: Zusammenfassung der Zusammenhänge der 12. Falleinheit. (Quelle: eigene Darstellung)

Die niedrige Effizienzbewertung wird seitens der Mitarbeiter maßgeblich mit der schlechten Qualität und Ressourceneffizienz der untersuchten Prozessvariante begründet (vgl. Kapitel 9.13.4). Dies lässt darauf schließen, dass auch für Informationen mit mittlerer bis hoher Spezifität und niedriger bis mittlerer Unsicherheit ein höherer Standardisierungsgrad (*EQ1887*) und damit ein Prozess mit niedrigerer Fertigungstiefe (*EM1659*) möglich wären und dass eine absolut dezentral ausgeprägte Prozessvariante nur dann effizienter als andere Varianten mit niedrigerer Fertigungstiefe ist, wenn die Spezifität und die Unsicherheit der bereitgestellten Information noch höher und/oder die Wiederholungsrate noch niedriger ausgeprägt sind (vgl. hierzu auch die Ergebnisse der Triangulation der Falleinheiten von Fall A in Kapitel 9.18.4).

9.14 Falleinheit 13 – zentrale Analyseeinheit für operative Prozesse

Die Daten zu Falleinheit 13 wurden in einem Interview mit einem Analysten einer zentralen Analyseeinheit für operative Prozesse von Unternehmen A (*PO2642, PO2643*) erhoben. Das entsprechende Team bildet eine Schnittstellenfunktion für andere Einheiten mit operativer Ausrichtung (*PO2654, PO2655*). Die Aufgaben sind zum einen komplexe Analysen für andere Fachabteilungen sowie die eigenen Fachthemen (*PO2644, PO1650*) und zum anderen die Definition sowie Abstimmung zentral bereitgestellter Informationen und Instrumente (*PO2647, PO2649, PO2651, PO2652*). Die betrachtete Einheit besteht aus 5 Mitarbeitern (FTE) (*PO1648*), die sich nahezu zu 90% mit BI-Prozessen bzw. deren Gestaltung beschäftigen (*PO1649*).

Die Beschreibung von Falleinheit 13 deutet bereits darauf hin, dass dort ebenfalls zwei Varianten des BI-Prozesses für Standardinformationen und Ad-hoc-Fragestellungen unterschieden werden. Die erste Variante kann als Push-Prozess (*PA2102, PF2417*) (vgl. Abbildung 49 in Kapitel 9.2) und die zweite als Pull-Push-Prozess (*PA2104, PF2419*) (vgl. Abbildung 50 in Kapitel 9.2) klassifiziert werden. Beide Prozessvarianten bauen auf den gleichen, zentral bereitgestellten Daten auf (*PF2426*). Beim Push-Prozess werden Standardinformationen mithilfe zentraler Instrumente automatisiert bereitgestellt und können von Entscheidern bei Bedarf abgerufen werden (*PA2105*). Im Gegensatz dazu ist im Pull-Push-Prozess eine freie Analyse und manuelle Datenaufbereitung möglich, um Detailfragen beantworten und komplexe Analysen durchführen zu können (*PF2410, PF2411, PF2412*). Beim Push-Prozess ist die Fertigungstiefe dementsprechend sehr niedrig (*PA2106, PF2416*), während sie beim Pull-Push-Prozess als hoch (*PF2413, PF2424*) eingestuft werden kann. Als maßgebliche Unterscheidungskriterien für die Wahl der konkreten Prozessvariante werden die Nachfragehäufigkeit (vgl. Wiederholungsrate) (*PF2415*) und die Neuartigkeit (vgl. Unsicherheit) einer Fragestellung (*PA2099*) genannt.

9.14.1 Spezifität der bereitgestellten Informationen

Die bereitgestellten Standardinformationen sind hoch bis sehr hoch standardisiert und übergreifend definiert (*TS1862*). Bei Veränderungen der Informationsbedarfe oder bei komplett neuen Informationsbedarfen werden diese übergreifend abgestimmt (*TS2861, TS2862, TS1863*). Aufgrund der operativen Ausrichtung der bereitgestellten Standardinformationen auf das tägliche Geschäft, werden diese von vielen Entscheidern im gesamten Unternehmen genutzt (*TS1864*). Im Gegensatz dazu betreffen Ad-hoc-Fragestellungen eher Informationen zu lokal begrenzten und zeitlich isolierten Sachverhalten, die nur für einen kleineren Entscheiderkreis (Management) relevant sind (*TS2860*). Die Spezifität der bereitgestellten Standardinformationen kann deshalb als niedrig und die der Individualinformationen als mittel bis hoch eingestuft werden.

9.14.2 Unsicherheit der bereitgestellten Informationen

Die meisten Fragestellungen der Informationsnutzer (Entscheider) können mit Standardinformationen beantwortet werden. Diese werden zu festgelegten Zeitpunkten bzw. in festgelegten Intervallen erzeugt und bereitgestellt (*TU3012*). Dies geht sogar so weit, dass nicht nur entscheidungsrelevante Informationen bereitgestellt werden, sondern dass auch automatisiert z. B. Hinweise zu potenziellen Engstellen oder ähnlichem abgegeben werden (*TU2012*). Ad-hoc-Fragestellungen beziehen sich im Großen und Ganzen auf die gleichen Themen und betreffen i. d. R. Ausnahmen und Sonderereignisse, für die vollständig individuell Daten aufbereitet werden müssen (TU3065). Grundsätzlich neuartige Fragestellungen, die zusätzliche Rohdaten erfordern, gibt es nahezu nicht, weil sich das tägliche Geschäft wenig verändert. Die Unsicherheit der mit diesem Prozess bereitgestellten Standardinformationen kann deshalb als niedrig und die der bereitgestellten Individualinformationen als mittel bis hoch eingestuft werden.

9.14.3 Wiederholungsrate der bereitgestellten Informationen

Die Wiederholungsrate der bereitgestellten Standardinformationen unterscheidet sich erheblich von der der Individualinformationen. Standardinformationen werden wöchentlich, zweiwöchentlich oder monatlich sowie teilweise live als Onlinedaten aufbereitet und bereitgestellt (*TW3175, TW3176, TW3177*). Gleichzeitig werden die bereitgestellten Standardinformationen wegen der operativen Ausrichtung von vielen Entscheidern im gesamten Unternehmen genutzt (*TW2175*). Im Gegensatz dazu betreffen Ad-hoc-Fragestellungen meist einmalige Sonderfälle und werden deshalb nicht wiederholt nachgefragt (*TW2176*). Die Wiederholungsrate als Frequenz der Nachfrage nach den bereitgestellten Informationen kann deshalb für Standardinformationen als hoch und für Individualinformationen als niedrig eingestuft werden.

9.14.4 Effizienzbewertung des BI-Prozesses

In dieser Falleinheit wurde der BI-Prozess zwar nicht umgestellt, weil aber die Art der Informationen, die mit den beiden Prozessvarianten bereitgestellt werden, sehr ähnlich ist, weil die bereitgestellten Informationen auf den gleichen Datenquellen aufbauen und weil sich diese primär hinsichtlich der Transaktionscharakteristika unterscheiden, bieten auch die beiden hier genutzten Varianten eine besondere Möglichkeit des direkten Vergleichs. Grundsätzlich sind die Mitarbeiter mit der Aufteilung der Aufgaben und der Zuordnung der Prozessvarianten zufrieden. Die hohe Zufriedenheit mit dem BI-Prozess als Push-Prozess (*EM1664*, EM1669) wird mit der deutlichen Effizienzsteigerung durch die Automatisierung und dem Wegfall vieler Standardfragen an die betrachtete Einheit begründet (*EM1676, EM1677, EM1685*). Gleichzeitig sind die Mitarbeiter mit dem Pull-Push-Prozess hoch zufrieden, weil dieser eine hohe Flexibilität (*EQ2908, EQ2909*) bei gleichzeitig hoher Bearbeitungsgeschwindigkeit erlaubt (*EM1668, EM1671*). Insgesamt sehen die Mitarbeiter aber noch weitere Potenziale zur Effizienz- und Qualitätssteigerung (*EM1673, EM1674*) durch eine bessere Koordination der verschiedenen Informationsbedarfe (*EM1675, EM1681, EM1683*). Eine weitere Zentralisierung und Reduktion der Fertigungstiefe wird nicht als erstrebenswert betrachtet (*EM1687*, EP1825). Vielmehr sollte der Nutzen durch Informationen, nämlich die Entscheidung und Umsetzung von Maßnahmen, in den Fokus gerückt werden (*EM1678, EM1680*). Insgesamt betrachtet wird die Effizienz eines Push-Prozesses für die Bereitstellung von Informationen mit einer niedrigeren Unsicherheit und höheren Wiederholungsrate höher eingeschätzt als die Effizienz eines Pull-Push-Prozesses. Umgekehrt wird allerdings die Effizienz eines Pull-Push-Prozesses höher eingeschätzt, wenn die bereitgestellten Informationen durch eine höhere Unsicherheit und niedrigere Wiederholungsrate charakterisiert werden.

9.14.5 Zusammenfassung

Der Vergleich von Informationen gleicher Art und deren Bereitstellung mit zwei verschiedenen Prozessvarianten zeigt sich in Falleinheit 13 entsprechend der Hypothesen aus Kapitel 7.3, dass ein zentral automatisierter (*H2.5*) Push-Prozess zur Bereitstellung von Informationen mit niedriger Spezifität (*H2.4*), niedriger Unsicherheit (*H3.3* und *H3.4*) und einer hohen Wiederholungsrate (*H4.1* und *H4.2*) sowie ein manueller und dezentraler (*H2.3*) Pull-Push-Prozess zur Bereitstellung von Informationen mit mittlerer bis hoher Spezifität (*H2.1*), mittlerer bis hoher Unsicherheit (*H3.1* und *H3.2*) und einer niedrigen Wiederholungsrate

(*H4.3* und *H4.4*) jeweils effizient sind. Ferner zeigt sich in Falleinheit 13 auch, dass entsprechend der Hypothesen ein dezentraler BI-Prozess effizienter ist, je höher die Spezifität (*H2.1*) und je höher die Unsicherheit (*H3.1* und *H3.2*) sind sowie, dass ein automatisierter Prozess effizienter ist, je höher die Wiederholungsrate (*H4.1* und *H4.2*) ist. Diese Zusammenhänge werden nochmals schematisch in Abbildung 65 dargestellt.

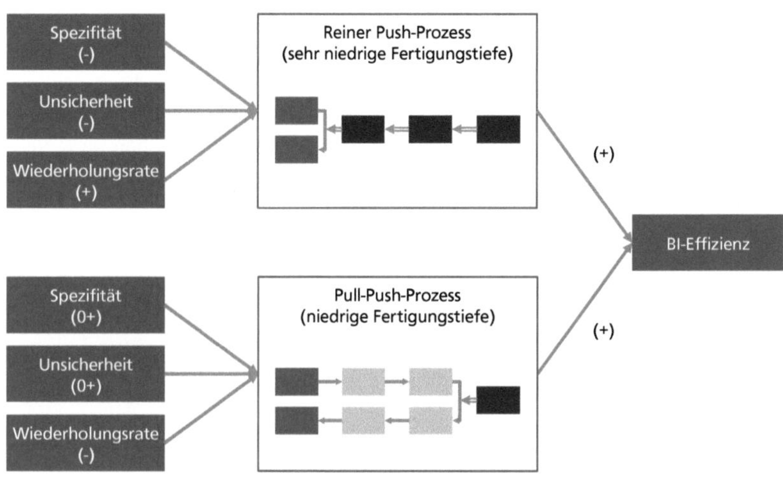

Abbildung 65: Zusammenfassung der Zusammenhänge der 13. Falleinheit.
(Quelle: eigene Darstellung)

9.15 Falleinheit 14 – zentrale Netz- und Kapazitätsplanungseinheit in einer Division

Die Daten zu Falleinheit 14 wurden in einem Interview mit dem Analysten einer Einheit für Netz- und Kapazitätsplanung in einer Division von Unternehmen A (*PO2656, PO2659*) erhoben. Das entsprechende Team ist eine Funktion in der Division und hat die Aufgaben vorhandene und potenzielle Relationen in Europa sowie die jeweils angebotene Kapazität zu planen (*PO1660*). Neben dem untersuchten Team gibt es in der gleichen Division noch ein Team mit gleichen Aufgaben für alle außereuropäischen Märkte sowie weitere Einheiten in den anderen Divisionen, die ebenfalls gleiche oder sehr ähnliche Aufgaben haben (*PO1659, PO1664*). In der Folge gibt es sowohl hinsichtlich der Tätigkeit als auch inhaltlich Überschneidungen zwischen den verschiedenen Einheiten. Zwischen diesen gibt es aber weder einen Austausch bezüglich der genutzten Systeme und zugrundeliegenden Daten noch werden Informationen gemeinsam abgestimmt und zentral bereitgestellt (*PO1665, PO1666, PO2660, PO2661*). Bezogen auf die Division handelt es sich um eine zentrale Einheit, bezogen auf Unternehmen A muss die untersuchte Einheit eher als dezentral bewertet werden. Die betrachtete Einheit besteht aus 16 Mitarbeitern (FTE) (*PO1662*), die sich zu ca. 50% ihrer Arbeitszeit mit Business Intelligence beschäftigen (*PO1661*). Davon werden im Schnitt je 50% für Standard- und für Ad-hoc-Fragestellungen aufgewendet (*PO1663*).

Der BI-Prozess kann als reiner Pull-Prozess mit sehr hoher Fertigungstiefe klassifiziert werden. Es werden zwar keine Rohdaten direkt erhoben, die Datenerhebung erfolgt aber insofern manuell, dass Daten händisch aus verschiedenen anderen Datenquellen abgezogen und neu verknüpft werden (*PA2107, PA2109, PA2111, PF2432, PF2433, PF2436, PF1445*). Die Verknüpfung, Aufbereitung und Bereitstellung erfolgen anschließend großteils manuell mithilfe nicht integrierter Instrumente (*PA2108*). Für den Prozess gibt es kein standardisiertes Vorgehen (*PA2110, PF2440*) und es wird dabei keine Unterscheidung nach Standard- und Ad-hoc-Fragestellungen getroffen, sondern das prinzipielle Vorgehen ist in beiden Fällen gleich (*PA2119*). Beim Datentransport erfolgt außerdem ein Medienbruch, weil die Rohdaten aus dem Quellsystem als Textdatei exportiert und im Zielsystem wieder importiert werden (*PF1445*). Dieses Vorgehen entspricht dem in Kapitel 6.3 skizzierten BI-Prozess als Pull-Prozess (vgl. Abbildung 52 in Kapitel 9.3).

9.15.1 Spezifität der bereitgestellten Informationen

Die Fragestellungen sind von ihrer Art stets sehr ähnlich oder gleich (*TS2866*) und die bereitgestellten Informationen bauen auf den gleichen Daten (*TS2869, TS2869, TS2870*) auf. Ein Teil der bereitgestellten Informationen kann als hoch standardisiert betrachtet werden (*TS2871, TS2872, TS1869*) und wird von einem größeren Entscheiderkreis genutzt (*TS1870*). Daneben werden von einzelnen Entscheidern Ad-hoc-Informationen zur Beantwortung von Fragen zu besonderen Entwicklungen gestellt (*TS3067*). Zwischen den Nachfragern von Informationen findet aber weder eine gezielte und strukturierte Koordination der bereitgestellten Informationen noch der zugrundeliegenden Informationsbedarfe statt, sondern es werden nur eine grobe Abstimmung mit Fokus auf technischen Anforderungen im Rahmen von Meetings mit den anderen, aufgaben- und themenverwandten Organisationseinheiten getroffen (*TS2873, TS1871, TS1872*). Zusammenfassend kann die Spezifität der bereitgestellten Informationen deshalb als niedrig bis mittel eingestuft werden.

9.15.2 Unsicherheit der bereitgestellten Informationen

Die bereitgestellten Informationen variieren bezüglich der analysierten Relationen stark. Variationen sind bei den Ad-hoc-Fragen sehr viel größer als bei den Standardfragen (*TU3014, TU3016*), allerdings sind die Art der nachgefragten Informationen (*TU3018*) und die zugrundeliegenden Daten i. d. R. (*TU3015*) gleich. Wirklich neuartige Fragestellungen, die komplexe Abfragen im zentralen Data Warehouse erfordern und die wegen der Komplexität nur von Spezialisten der zentralen Einheit zur Weiterverarbeitung bereitgestellt werden können (*TU3020*), gibt es nahezu nie oder können mit langer Vorplanung aufbereitet werden (*TU2016*). Insgesamt kann die Unsicherheit der bereitgestellten Informationen deshalb als mittel eingestuft werden.

9.15.3 Wiederholungsrate der bereitgestellten Informationen

Die bereitgestellten Standardinformationen werden regelmäßig, zumeist monatlich aufbereitet und bereitgestellt (*TW3178, TW3179*). Konkrete Ad-hoc-Fragestellungen sind i. d. R. einmalige Anfragen (*TW3183*), die allerdings von der Art her z. B. für verschiedene Relationen häufiger nachgefragt werden. Die Frequenz der Bereitstellung wird zusätzlich durch die große Zahl an Entscheidern erhöht, welche die bereitgestellten Informationen nutzen (*TW3114*). Außerdem gibt es noch weitere Entscheider, die vergleichbare Informationen nutzen, diese aber von anderen Einheiten beziehen (*TW3115*). Die Wiederholungsrate, als Frequenz der Nachfrage nach den bereitgestellten Informationen, kann deshalb als mittel bis hoch eingestuft werden.

9.15.4 Effizienzbewertung des BI-Prozesses

Die Zufriedenheit der beteiligten Mitarbeiter mit dem untersuchten BI-Prozess ist niedrig. Als Gründe werden hohe manuelle Aufwände (*EM1712, EP1729*), Doppelarbeiten durch fehlende Koordination mit anderen Abteilungen (*EM1697, EM1702, EM1703*), nur schlechte Eignung der genutzten Instrumente für bestimmte Aufgaben (*EM1690*), mangelnde Qualität wegen fehlender verbindlicher Kennzahlendefinitionen (*EM1696*) und eine fehlende Transparenz über die Nutzung bzw. den Nutzen bereitgestellter Informationen (*EM1695*) genannt. Die Mitarbeiter sehen deshalb großes Potenzial für Effizienz- und Qualitätssteigerungen durch Zentralisierung bestimmter Aufgaben (*EM1704, EM1705, EM1706*), die verstärkte Nutzung der zentralen Instrumente (*EM1691, EM1692, EM1709, EM1710*) sowie die gemeinsame Abstimmung und Nutzung von Informationen (*EM1707, EM1708, EM1711*). So wünschen sich die Mitarbeiter beispielsweise einen höheren Automatisierungsgrad und einen BI-Prozess, der konfigurierbare Informationen bereitstellen kann (*EM1693, EM1694*) (vgl. Push-

Pull-Prozess). Gleichzeitig wünschen sie sich auch entsprechende Unterstützung und Trainings, damit mächtigere, zentrale Tools effektiv und effizient genutzt werden können (*EM1698, EM1699, EM1700*). Insgesamt kann die Effizienz dieser Variante des BI-Prozesses zur Bereitstellung der zuvor charakterisierten Informationen deshalb als niedrig eingestuft werden.

9.15.5 Zusammenfassung

Zusammenfassend zeigt sich in Falleinheit 14, dass, entsprechend der Hypothesen aus Kapitel 7.3, ein reiner Pull-Prozess, der manuell (*H2.3*) und dezentral ausgeführt wird, zur Bereitstellung von Informationen mit mittlerer bis hoher Spezifität (*H2.1*), mittlerer Unsicherheit (*H3.3* und *H3.4*) und einer mittleren bis hohen Wiederholungsrate (*H4.1* und *H4.2*) **nicht** effizient ist (vgl. Abbildung 66).

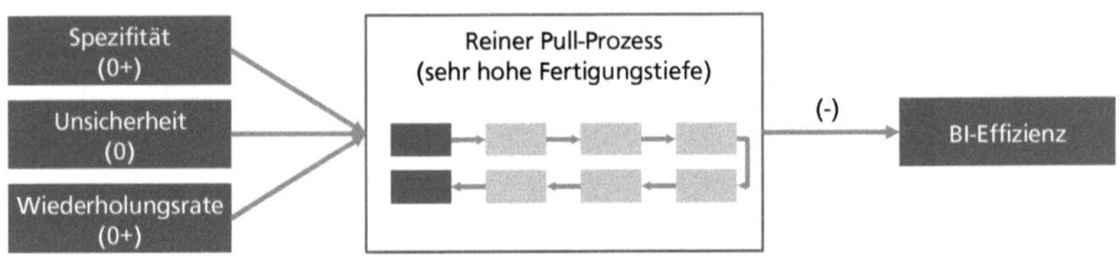

Abbildung 66: Zusammenfassung der Zusammenhänge der 14. Falleinheit.
(Quelle: eigene Darstellung)

9.16 Falleinheit 15 - zentrale Vertriebsplanung und -steuerung

Die Daten zu Falleinheit 15 wurden in einem Interview mit einer Analystin aus einer Einheit der globalen Vertriebsplanung und -steuerung von Unternehmen A (*PO2680*) erhoben. Das entsprechende Team ist eine zentrale Stabsstelle des Vertriebsvorstandes und arbeitet den zentralen Führungsgremien zu (*PO1677*). Die Aufgaben der Stabsstelle sind zentrale Analysen der Märkte und die Einschätzung deren zukünftiger Entwicklung aus Vertriebssicht (*PO1676, PO1678*). Neben dem Team für die globale Vertriebsplanung und -steuerung gibt es ein weiteres Team, das für den deutschen Markt zuständig ist und analoge Analysen durchführt.[1140] In der Folge gibt es sowohl hinsichtlich der Tätigkeit als auch inhaltlich Überschneidungen zwischen den Einheiten (*PO2681, PO2682*). Die betrachtete Einheit besteht aus 8 Mitarbeitern (FTE) (*PO1981, PO1982*), die zu 50% ihrer Arbeitszeit Analysen durchführen (*PO1983*). Neben den eigenen Ana-

[1140] Vgl. Falleinheit 2 in Kapitel 9.3.

lysen werden von anderen Einheiten (zentral und dezentral) bereitgestellte Standardinformationen für den Vorstand zusammengestellt und kommentiert (*PO1984, PO1985*).

Der BI-Prozess kann als reiner Pull-Prozess mit sehr hoher Fertigungstiefe klassifiziert werden. Als Datenquellen werden sowohl Quellsysteme als auch Daten aus einem Data Warehouse genutzt (*PA2125, PF2462, PF2463*). Aus den jeweiligen Datenquellen werden alle für die Analyse relevanten Rohdaten abgezogen und mithilfe eines nicht integrierten Instruments aufbereitet (*PA2120, PA2121, PA2122*). Beim Datentransport erfolgt ein Medienbruch, weil die Rohdaten aus dem Quellsystem als Textdatei exportiert und im Zielsystem wieder importiert werden (*PF2463, PF2469, PF2470*). Diese Schritte laufen größtenteils manuell ab. Neben den eigenen Analysen werden Standardinformationen über zentrale Push- und Push-Pull-Prozesse bezogen (*PA2124*) sowie von anderen dezentralen Einheiten bereitgestellt (*PA2123, PF2457*). Die gesammelten Informationen werden als regelmäßige kommentierte Berichte sowie als Berichte zu konkreten Fragestellungen an den Vorstand und an die dem Vorstand unterstellte Leitungsebene weitergegeben (*PA2126, PF2451, PF2452, PF2465*). Die finale Informationsbereitstellung kann deshalb nicht vollständig automatisiert erfolgen, sondern erfordert stets manuelle Eingriffe (*PF2467*). Dieses Vorgehen entspricht dem in Kapitel 6.3 skizzierten BI-Prozess als Push-Prozess (vgl. Abbildung 52 in Kapitel 9.3).

9.16.1 Spezifität der bereitgestellten Informationen

Die bereitgestellten Informationen geben dem Vorstand einen stark aggregierten Überblick über viele verschiedene Themen (*TS1887, TS2886, TS2887, TS2889*). Die Informationen werden außerdem kommentiert und in einer ähnlichen Form bereitgestellt, um das Verständnis zu vereinfachen (*TS2887*). Einige Fragestellungen sind sehr speziell und erfordern dementsprechend individuelle Detailanalysen, um die nachgefragten Informationen bereitstellen zu können (*TS2882, TS2884, TS2888*). Die bereitgestellten Informationen werden ausschließlich dem Vorstand und den Führungsgremien zur Verfügung gestellt, sodass der Nutzerkreis (Entscheider) begrenzt ist (*TS2881*). Zusammenfassend kann die Spezifität der bereitgestellten Informationen deshalb als mittel bis hoch eingestuft werden.

9.16.2 Unsicherheit der bereitgestellten Informationen

Ein Grundstock der bereitgestellten Informationen baut auf zentral bereitgestellten Informationen auf und ist im Prinzip immer gleich (*TU3024, TU3025, TU3026, TU3029*). Weiterführende Fragestellungen und Detailfragen der Informationsnutzer, variieren insgesamt stark innerhalb des Themenbereichs

(*TU3021, TU3023, TU3028*) und bezüglich des zeitlichen Horizonts (*TU3068*), können i. d. R. aber auf Basis der gleichen Rohdaten beantwortet werden (*TU3027*). Neuartige Fragestellungen, für die zusätzliche Rohdaten erforderlich sind, treten nur sehr selten auf. Diese werden auf Basis der individuell von zentralen Einheiten für die konkrete Frage voraggregierten, bereitgestellten Daten beantwortet (*TU3069*). Weil sich die Fragen auf einen konkreten Themenbereich beschränken und deshalb nur eine eingeschränkte Dynamik vorliegt, kann die Unsicherheit der mit diesem Prozess bereitgestellten Informationen zusammenfassend als mittel bis hoch bewertet werden.

9.16.3 Wiederholungsrate der bereitgestellten Informationen

Die Nachfragefrequenz nach Informationen, die mit diesem Prozess bereitgestellt werden, ist relativ niedrig. Teile der bereitgestellten Informationen werden zweiwöchentlich oder monatlich aufbereitet (*TW3189, TW3186*). Die Bereitstellung erfolgt allerdings erst zu den Sitzungsterminen der Leitungsgremien (*TW2189*). Ad-hoc-Informationen werden unregelmäßig und i. d. R. nur einmalig auf die konkreten Nachfragen bereitgestellt (*TW2190, TW2191*). Auch die Anzahl der Entscheider ist relativ klein und beschränkt sich auf den Vorstand und die darunter befindliche Leitungsebene (*TW2116*). Die Wiederholungsrate als Frequenz der Nachfrage nach den bereitgestellten Informationen kann deshalb als niedrig eingestuft werden.

9.16.4 Effizienzbewertung des BI-Prozesses

Die direkten Einschätzungen der beteiligten Mitarbeiter und deren Zufriedenheit mit der vorliegenden Prozessvariante zur Informationsbereitstellung sind weder hoch noch niedrig. Die manuellen Tätigkeiten zum Kommentieren der Vorstandsberichte werden als sinnvoll und notwendig eingeschätzt (*EM2714, EM2715*). Allerdings bewerten die Mitarbeiter die Ergebnisqualität und die Ressourceneffizienz der vorliegenden Prozessvariante als schlecht, weil Daten aus mehreren Datenquellen manuell zusammengezogen werden müssen (*EM1715*), weil viel Doppelarbeit geleistet wird (*EM1718, EP1838*) und weil durch unklare Definitionen Abweichungen entstehen, deren Klärung wieder Aufwände erzeugt (*EQ2891*). Insbesondere durch Scheingenauigkeiten (*EP2838, EP2839*) entstünden Abweichungen, die aus Perspektive der Mitarbeiter der betrachteten Einheit keinen Mehrwert im Vergleich zu anderen Definitionen bieten, sodass eine zentrale Standardisierung begrüßt würde (*EM1717*). Außerdem vermuten sie Potenziale zur Effizienzsteigerung durch eine stärkere Zentralisierung sowie verstärkte Nutzung zentraler Instrumente (*EP1839*) und wünschen sich eine größere Transparenz über bereits im Unternehmen verfügbare Informationen sowie die verschiedenen Informationsbedarfe (*EM1718, EP1840*). Allerdings kritisieren die

Mitarbeiter auch die Performance zentraler Systeme (*EP1740*), die sie aktuell als ein Hindernis für eine verstärkte Nutzung bezeichnen. Insgesamt kann die Effizienz dieser Variante des BI-Prozesses zur Bereitstellung der zuvor charakterisierten Informationen als mittel eingestuft werden.

9.16.5 Zusammenfassung

Zusammenfassend zeigt sich in Falleinheit 15, dass, entsprechend der Hypothesen aus Kapitel 7.3, ein reiner Pull-Prozess, der wenig automatisiert (*H2.3*) und dezentral ausgeführt wird, zur Bereitstellung von Informationen mit mittlerer bis hoher Spezifität (*H2.1* und *H2.2*), mittlerer bis hoher Unsicherheit (*H3.1* und *H3.2*) und einer niedrigen Wiederholungsrate (*H4.3* und *H4.4*) (ausreichend) effizient ist (vgl. Abbildung 67).

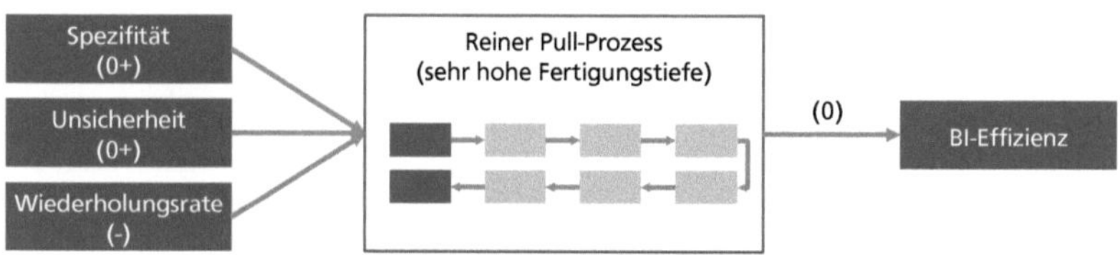

Abbildung 67: Zusammenfassung der Zusammenhänge der 15. Falleinheit.
(Quelle: eigene Darstellung)

Die niedrigere Effizienzbewertung erfolgt aufgrund der schlechten Beurteilung von Qualität und Ressourceneffizienz der untersuchten Prozessvariante durch die beteiligten Mitarbeiter (vgl. Kapitel 9.16.4). Dies lässt vermuten, dass, selbst für Informationen mit mittlerer bis hoher Spezifität und mittlerer bis hoher Unsicherheit, ein höherer Standardisierungsgrad (*EM1717, EM1718, EQ2891*) und damit ein Prozess mit niedrigerer Fertigungstiefe möglich wären, der zur Bereitstellung der zuvor charakterisierten Informationen effizienter wären. Diese Überlegungen werden im Rahmen der Triangulation überprüft (vgl. Kapitel 9.18.4).

9.17 Falleinheit 16 – zentrales Allianz- und Kooperationsmanagement

Die Daten zu Falleinheit 16 wurden in einem Interview mit einem Analysten und Referenten des zentralen Allianz- und Kooperationsmanagements von Unternehmen A (*PO2683*) erhoben. Die primären Aufgaben der betrachteten Einheit sind die Planung, Analyse und Steuerung von Allianzen und Kooperationen von Unternehmen A (*PO1684*). Die bereitgestellten Informationen dienen i. d. R. zur Unterstützung strategischer Entscheidungen (*PO1689*). Neben der betrachteten Einheit gibt es deshalb noch eine angrenzende Abteilung, die sehr ähnliche Fragestellungen mit operativem Fokus bearbeitet (*PO2687*). Dementsprechend gibt es zwischen den beiden Einheiten sowohl inhaltliche Überschneidungen als auch Überschneidungen hinsichtlich der Tätigkeiten. Die betrachtete Einheit selbst besteht aus 9 Mitarbeitern (FTE) (*PO1685, PO1686*), die zu 50% ihrer Arbeitszeit BI-Prozesse ausführen (*PO1687*). Die bereitgestellten Informationen sind fast ausschließlich Individualinformationen (*PO1688, PO2689*). Die Bereitstellung von Standardinformationen wird von einer zentralen BI-Einheit betreut und kann als konfigurierbare Abfrage mithilfe zentraler Instrumente generiert werden bzw. erfolgt automatisiert (*PO2684*).

Der untersuchte BI-Prozess wird zu großen Teilen manuell dezentral ausgeführt (*PF2483*) und setzt lediglich auf einer automatisch erhobenen Datenbasis auf (*PA2128, PA2129, PA2135*), d. h. es liegt eine hohe Fertigungstiefe vor. Als Datenbasis nutzen die Mitarbeiter alle Daten, die in den beiden zentralen Data Warehouses von Unternehmen A verfügbar sind (*PF1481, PF2479*). Dabei werden Daten mithilfe zentral bereitgestellter und integrierter Instrumente aggregiert (*PA2132, PA2133, PF2476*) und anschließend mithilfe nicht integrierter Instrumente aufbereitet und bereitgestellt (*PA2131, PA2134, TS2892*). Neben dem in der betrachteten Einheit dezentral ausgeführten BI-Prozess, nutzen die Mitarbeiter auch Standardinformationen, die mithilfe eines reinen Push-Prozesses wöchentlich oder monatlich automatisiert bereitgestellt werden (*PA2130*). Dieser Prozess wird allerdings durch eine zentrale BI-Einheit betreut und deshalb nachfolgend nicht weiter betrachtet. Der betrachtete BI-Prozess entspricht daher dem in Kapitel 6.3 skizzierten BI-Prozess als Pull-Push-Prozess (vgl. Abbildung 50 in Kapitel 9.2).

9.17.1 Spezifität der bereitgestellten Informationen

Die bereitgestellten Informationen sind i. d. R. stark verdichtet und werden speziell für konkrete Sachverhalte aufbereitet (*TS2892*). Als Datenbasis dienen immer die zentralen Data Warehouses des Unternehmens (*TS1892*). Die bereitgestellten Informationen werden ausschließlich dem Vorstand und den Führungsgremien zur Verfügung gestellt, sodass der Nutzerkreis (Entscheider) begrenzt ist (*TS2894, TS2895*). Die Spezifität der bereitgestellten Informationen kann deshalb als hoch eingestuft werden.

9.17.2 Unsicherheit der bereitgestellten Informationen

Die Fragestellungen der Informationsnutzer (Entscheider) variieren bzgl. des genauen Analysefokus sehr stark (*TU3033, TU3034, TU3036*). Das Betrachtungsobjekt ist zwar stets eine Kooperationsbeziehung, diese werden allerdings je nach Bedarf aus unterschiedlichsten Blickwinkeln betrachtet (*TU3039, TU3070*). Grundsätzlich neue Fragestellungen treten allerdings nur in Form neuer Betrachtungsobjekte für den Fall neuer Kooperationen auf und sind sehr selten (*TU2071*). Die Fragestellungen können deshalb i. d. R. auch auf Basis der bereits über die zentralen Data Warehouses verfügbaren Daten beantwortet werden (*TU2038*). Die Unsicherheit der mit diesem Prozess bereitgestellten Informationen kann deshalb als mittel bis hoch eingestuft werden.

9.17.3 Wiederholungsrate der bereitgestellten Informationen

Die mit dem betrachteten BI-Prozess bereitgestellten Informationen werden meist nur einmalig nachgefragt (*TW3193, TW3195, TW3199*). Konkrete Informationen oder bestimmte Arten von Analysen, die häufiger nachgefragt werden, werden durch einen anderen BI-Prozess mithilfe zentraler Instrumente automatisiert bereitgestellt (*TW2195, TW3197*). Die Anzahl der Nutzer für eine konkrete Information ist ebenfalls klein und beschränkt sich auf den Vorstand und evtl. die Leitungsgremien von Unternehmen A (*TW2199*). Die Wiederholungsrate als Frequenz der Nachfrage nach den bereitgestellten Informationen kann deshalb als niedrig eingestuft werden.

9.17.4 Effizienzbewertung des BI-Prozesses

Die Zufriedenheit der beteiligten Mitarbeiter mit dem vorliegenden Prozess und der Nutzung zentral erhobener und zugänglicher Daten ist hoch (*EM1719, EM1720, EM1723, EM1724*). Auch die hohe Fertigungstiefe wird positiv bewertet, weil diese Flexibilität schafft und damit die Beantwortung spezifischer Fragen ermöglicht (*EM1726, EQ1909*). Da (die wenigen) regelmäßig nachgefragte(n) Informationen durch einen zentralen Push-Prozess bereitgestellt werden, fallen manuelle Tätigkeiten nur im Zusammenhang mit spezifischen Fragestellungen an (*EP1723, EP1724*). Insgesamt sehen die Mitarbeiter kaum Potenzial für Effizienz- und Qualitätssteigerungen (*EP1725*). Die Standardisierung von Informationen (*EQ1727*) und eine verstärkte Automatisierung (*EQ1727*) werden als nicht sinnvoll und kontraproduktiv eingeschätzt. Auch eine übergreifende Abstimmung sowie Koordination von Informationsbedarfen und bereitgestellten Informationen über die Grenzen der eigenen Abteilung wird als nicht sinnvoll bewertet (*EP1726*). Insgesamt betrachtet wird die Effizienz dieser Variante des BI-Prozesses zur Bereitstellung der zuvor charakterisierten Informationen als hoch eingeschätzt.

9.17.5 Zusammenfassung

Zusammenfassend zeigt sich in Falleinheit 16, dass, entsprechend der Hypothesen aus Kapitel 7.3, ein Pull-Push-Prozess, der großteils manuell (*H2.3*) und dezentral ausgeführt wird, zur Bereitstellung von Informationen mit hoher Spezifität (*H2.1*), mittlerer bis hoher Unsicherheit (*H3.3* und *H3.4*) und einer niedrigen Wiederholungsrate (*H4.1* und *H4.2*) effizient ist (vgl. Abbildung 68).

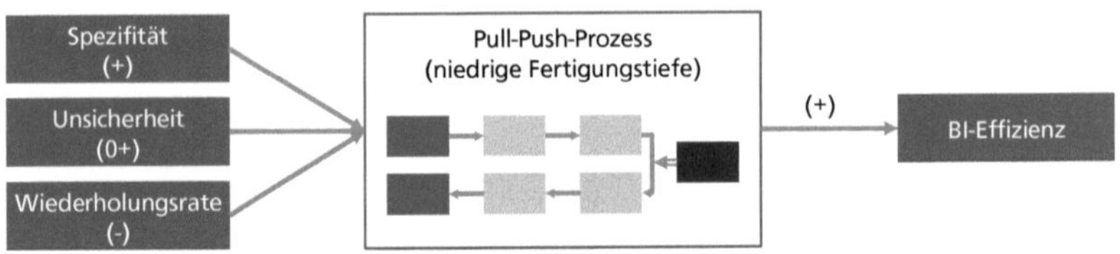

Abbildung 68: Zusammenfassung der Zusammenhänge der 16. Falleinheit.
(Quelle: eigene Darstellung)

Daran ist beachtenswert, dass trotz der hohen Ausprägung der Transaktionscharakteristika ein Pull-Push-Prozess als effizient eingeschätzt wird und seitens der beteiligten Mitarbeiter kein Bedarf an einer weiteren Dezentralisierung bzw. Erhöhung der Fertigungstiefe besteht. Dies lässt darauf schließen, dass eine absolut dezentral ausgeprägte Prozessvariante nur dann effizienter als andere Varianten mit niedrigerer Fertigungstiefe ist, wenn die Spezifität und die Unsicherheit der bereitgestellten Information hoch und die Wiederholungsrate niedrig ausgeprägt sind (vgl. hierzu auch die Ergebnisse der Triangulation der Falleinheiten von Fall A in Kapitel 9.18.4).

9.18 Auswertung über alle Falleinheiten durch Triangulation der Einzelergebnisse

In den vorangehenden Kapiteln werden die 16 untersuchten Falleinheiten systematisch und nach dem gleichen Muster hinsichtlich der im Bezugsrahmen dargestellten (vgl. Kapitel 7.2) und durch die Transaktionskostentheorie begründeten (vgl. Kapitel 7.1.2) Zusammenhänge ausgewertet. Für jede Falleinheit wird dort außerdem überprüft, ob die Ergebnisse den durch die Hypothesen in Kapitel 7.3 formulierten Erwartungen entsprechen, ob Abweichungen begründet und als Sonderfälle bezeichnet werden können oder, ob die formulierten Hypothesen nicht haltbar sind und deshalb verworfen werden müssen. Zusammenfassend kann für die Ebene der Falleinheiten festgehalten werden, dass es bisher keine Widersprüche gibt, die eine Ablehnung der Hypothesen verlangen würden. Für das Ziel dieser Arbeit genügt es aber nicht, die Ergebnisse der Falleinheiten jeweils einzeln auszuwerten, vielmehr ist eine Auswertung auf Fallebene, d. h. aus der übergreifenden Perspektive des Unternehmens, notwendig. Diese übergreifende Auswertung der vorhandenen Teilergebnisse wird durch eine Datentriangulation erreicht.[1141] Ziel einer Datentriangulation ist die Vermeidung von Verzerrungen bei der Datenanalyse und -interpretation durch Nutzung verschiedener Datenquellen. Im vorliegenden Fall kann die Datentriangulation sowohl als Nutzung gleicher Daten aus unterschiedlichen Quellen (jeweils ein leitfadenorientiertes Experteninterview in den Falleinheiten) als auch als Nutzung verschiedener Daten aus der gleichen Quelle (Daten aus verschiedenen organisatorischen Einheiten des gleichen Unternehmens mit Fokus auf Business Intelligence) betrachtet werden. Nachfolgend sollen nun nach einem ähnlichen Auswertungsmuster die Teilergebnisse miteinander und in Bezug auf die Hypothesen verglichen werden (vgl. Kapitel 9.18.1 bis 9.18.3). Die Datentriangulation erfolgt entsprechend dem qualitativen Forschungsdesign und kann auch als qualitative Inhaltsanalyse der Ergebnisse aus den Falleinheiten betrachtet werden. D. h., die übergreifende Analyse erfolgt als analytische Generalisierung und nicht als statistische Generalisierung gemäß quantitativer Forschungsansätze.

9.18.1 Übergreifende Auswertung des Einflusses der Spezifität

Die übergreifende Auswertung des Einflusses der **Spezifität** in Abhängigkeit der genutzten BI-Prozessvariante auf die Effizienz zeigt sehr deutlich die vermuteten Zusammenhänge aus Kapitel 7.3. Abbildung 69 fasst die Teilergebnisse aus den 16 Falleinheiten in einer 3×3 Matrix mit den Dimensionen Spezifität und Effizienz zusammen. Die Bezeichnungen der Punkte entsprechen den Falleinheiten, wobei die Zusätze a und b für Falleinheiten genutzt werden, die entweder zwischen zwei Prozessvarianten unterscheiden oder die von einer Prozessvariante bewusst auf eine andere Variante umgestellt haben.

Die Hypothesen *H2.1 bzw. H2.4* besagen, dass die Effizienz eines dezentralen BI-Prozesses steigt, je spezifischer die nachgefragten Informationen sind bzw., dass die Effizienz eines zentralen BI-Prozesses steigt, je unspezifischer die nachgefragten Informationen sind. D. h., zur Bereitstellung spezifischer Informationen ist ein dezentraler BI-Prozess effizient und zur Bereitstellung unspezifischer Informationen ist ein zentraler BI-Prozess effizient. Abbildung 69 zeigt diese Vermutung sehr deutlich. So bilden die als effizient bewerteten Teilergebnisse Cluster von reinen Push-Prozessen (I: sehr niedrige Fertigungstiefe, zentral), Push-Pull-Prozessen (II: niedrige Fertigungstiefe, großteils zentral) und Pull-Push-Prozessen (III: hohe Fertigungstiefe, großteils dezentral), wobei die Fertigungstiefe (dezentrale „Eigenfertigung") mit der Spezifität korreliert. D. h., je höher die Spezifität der bereitgestellten Informationen, desto höher die Fertigungstiefe der als effizient bewerteten BI-Prozesse. Dieser Zusammenhang zeigt

[1141]Vgl. Flick (2008), S. 309 ff.; Flick (2010), S. 279 ff.

sich insbesondere für Hypothese *H2.4* in den Falleinheiten 5 und 10. In diesen beiden Falleinheiten wurde der genutzte BI-Prozess von einer Variante mit sehr hoher Fertigungstiefe (reiner Pull-Prozess, dezentral) auf eine Variante mit sehr niedriger Fertigungstiefe (reiner Push-Prozess, zentral) umgestellt (vgl. Kapitel 9.6) bzw. mit der entsprechenden Umstellung begonnen (vgl. Kapitel 9.11). In beiden Fällen wird die Effizienz für die Bereitstellung der gleichen Informationen vor der Umstellung mit niedrig und nach der Umstellung mit hoch bewertet (vgl. Kapitel 9.6.4 und 9.11.4). D. h., für Informationen mit niedriger Spezifität (vgl. Kapitel 9.6.1 und 9.11.1) wird ein dezentraler Prozess mit hoher Fertigungstiefe als nicht effizient und ein zentraler Prozess mit niedriger Fertigungstiefe als effizient bewertet. Dieses Ergebnis entspricht der Prognose gemäß Hypothese *H2.4*. Eine analoge Argumenta-tion kann für die Hypothesen *H2.3* und *H2.5* geführt werden, da gemäß Abbildung 37 für die Referenzprozesse eine hohe Fertigungstiefe mit dezentral manuell ausgeführten Aktivitäten bzw. eine niedrige Fertigungstiefe mit zentral automatisch ausgeführten Aktivitäten gleichgesetzt wird.

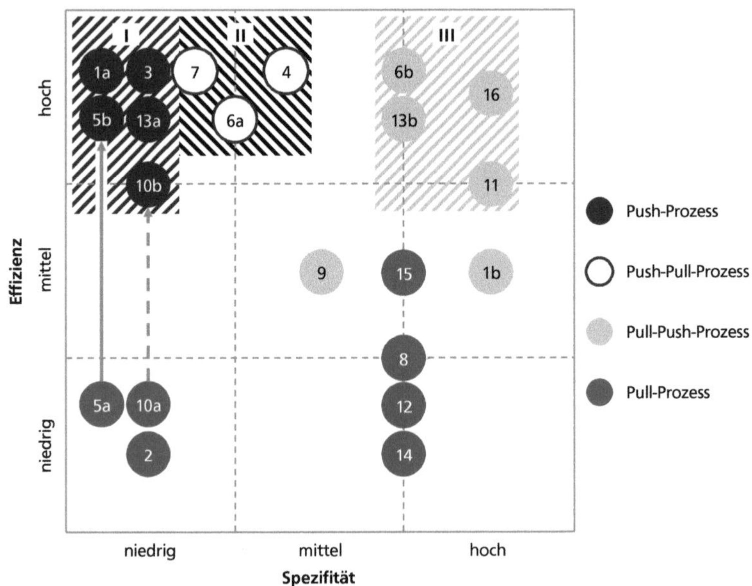

Abbildung 69: Triangulation der Falleinheiten aus Fall A: Einfluss der Spezifität.
(Quelle: eigene Darstellung)

Ein insgesamt diffuses Bild erzeugen allerdings die Punkte für reine Pull-Prozesse (Falleinheiten 2, 5a, 8, 10a, 12, 14 und 15). In keiner dieser Falleinheiten wurde ein reiner Pull-Prozess als effizient bezeichnet. Bestenfalls konnte die Effizienz eines reinen Pull-Prozesses zur Bereitstellung von Informationen mit mittlerer bis hoher Spezifität in Falleinheit 15 als mittel klassifiziert werden (vgl. Kapitel 9.16.4). Ausgehend von den theoretischen Überlegungen in den Kapiteln 6 und 7 müssten aber Fälle existieren, in denen ein reiner Pull-Prozess als effizient bewertet werden kann. Dafür spricht auch die Verteilung der als effizient bewerteten Falleinheiten (vgl. Abbildung 69 und Hypothese *H2.1*), deren Fertigungstiefe mit zunehmender Spezifität steigt. Bei einer detaillierten Betrachtung der als Pull-Prozess klassifizierten Falleinheiten (Falleinheiten 2, 5a, 8, 10a, 12, 14 und 15) zeigt sich allerdings, dass die Mitarbeiter in diesen Falleinheiten von Potenzialen oder sogar von großen Potenzialen durch eine stärkere Zentralisierung bzw. Reduktion der Fertigungstiefe sprechen und dadurch Effizienz- und Qualitätssteigerungen vermuten.[1142] Für die beiden Falleinheiten 5a und 10a konnten diese Effizienzsteigerungen durch eine Umstellung der Informationsbereitstellung auf reine Push-Prozesse sogar untersucht und bestätigt werden (s. o.). Aber auch für die Falleinheiten 2, 8, 12, 14 und 15 kann aufgrund der Einschätzungen der Mitarbeiter vermutet werden, dass zur Bereitstellung von Informationen mit niedriger oder mittlerer Spezifität BI-Prozesse mit niedrigerer Fertigungstiefe effizienter sind als die aktuell genutzten Prozesse mit sehr hoher Fertigungstiefe.[1143] Es kann deshalb für die Falleinheiten 2, 5a, 8, 10a, 12, 14 und 15 vermutet werden, dass die Nutzung reiner Pull-Prozesse keine effiziente Prozessvariante für die Spezifität der bereitgestellten Informationen darstellt. Trotz eines fehlenden, als effizient bewerteten reinen Pull-Prozesses, lassen die Positionen der Punkte aber vermuten, dass es einen Zusammenhang gibt, denn, wie in Hypothese *H2.1* prognostiziert, steigt mit zunehmender Spezifität auch die Effizienz der Pull-Prozesse. Allerdings scheint die Spezifität von Informationen allein keine hinreichende Eigenschaft zu sein, die dazu führt, dass die Nutzung einer dezentralen und manuellen Prozessvariante als reiner Pull-Prozess effizient ist. Denn die Nutzung von Pull-Push-Prozessen wurde auch zur Bereitstellung von Informationen mit hoher Spezifität als mittel bis hoch bzw. sogar als hoch effizient bewertet (Falleinheiten 11 und 16). Dies lässt darauf schließen, dass selbst für hoch spezifische Informationen die Einsparungen von Produktionskosten durch Teilautomatisierung und Teilstandardisierung größer sind als die zusätzlichen Transaktionskosten, die im Zusammenhang mit der zu-

[1142] Konkret sprechen die Mitarbeiter von Potenzialen z. B. durch die Vermeidung von Doppelarbeiten (vgl. z. B. Falleinheit 12 in Kapitel 9.13.4), manueller Tätigkeiten (vgl. z. B. Falleinheit 14 in Kapitel 9.15.4) und Abstimmungsaufwänden wegen unklarer Informationsdefinitionen (vgl. z. B. Falleinheit 2 in Kapitel 9.3.4).

[1143] Vgl. hierzu die Kapitel 9.(x+1).4, wobei x der Nummer der Falleinheit entspricht sowie die jeweils in diesen Kapiteln angegebenen Codes in Anhang 4.

sätzlichen Abstimmung im Vergleich zu dezentraler Eigenfertigung (reiner Pull-Prozess) anfallen.

Im Gegensatz zu den übrigen Hypothesen kann Hypothese *H2.2* nicht gehalten werden. Zwar zeigt sich sehr wohl, dass eine dezentrale Bereitstellung von Informationen zu schlechterer Vergleichbarkeit und einem niedrigeren Standardisierungsgrad führen (*EM1595, EM1612, EQ1875, EQ1879*). Allerdings hat sich bei der Auswertung der Falleinheiten gezeigt, dass auch Falleinheiten, die Informationen mit einem Prozess niedriger Fertigungstiefe bereitstellen, fehlende Standardisierung und mangelnde Vergleichbarkeit bemängeln (*EM1457, EM1604, EQ1854, EQ1858, TS2703*). Ein eindeutiger Kausalzusammenhang zwischen der Fertigungstiefe der genutzten BI-Prozesse und der Vergleichbarkeit bereitgestellter Informationen liegt also nicht vor. Die Ergebnisse aus den Falleinheiten legen vielmehr den Schluss nahe, dass die Vergleichbarkeit von der organisatorischen Verankerung einer (zuständigen) Koordinationseinheit bzw. der Ebene, auf der eine Koordination erfolgt abhängt. So zeigt beispielsweise Falleinheit 15, die einen reinen Pull-Prozess zur Informationsbereitstellung nutzt, dass durch eine Koordination der genutzten Definitionen innerhalb des Bereichs, trotz hoher Fertigungstiefe des genutzten BI-Prozesses, die Vergleichbarkeit der bereitgestellten Informationen sichergestellt werden kann (*TS2889*). Eine modifizierte Hypothese *H2.2** könnte deshalb lauten: Je dezentraler Informationsbedarfe und -angebote koordiniert werden, desto weniger standardisiert und vergleichbar sind die bereitgestellten Informationen. Die Ergebnisse legen außerdem die Vermutung nahe, dass eine weitere Hypothese *H2.6* dann lauten könnte: Je zentraler Informationsbedarfe und -angebote koordiniert werden, desto höher standardisiert und besser vergleichbar sind die bereitgestellten Informationen. Die in Kapitel 7.3 formulierte Hypothese *H2.2* kann in dieser Form jedoch nicht gehalten werden und muss dementsprechend verworfen werden.

9.18.2 Übergreifende Auswertung des Einflusses der Unsicherheit

Die übergreifende Auswertung des Einflusses der **Unsicherheit** in Abhängigkeit der genutzten BI-Prozessvariante auf die Effizienz zeigt sehr deutlich die vermuteten Zusammenhänge aus Kapitel 7.3. Abbildung 70 fasst analog zu Abbildung 69 die Teilergebnisse aus den 16 Falleinheiten in einer 3×3 Matrix mit den Dimensionen Unsicherheit und Effizienz zusammen.

Die Hypothesen *H3.1* und *H3.2 bzw. H3.3* und *H3.4* besagen, dass die Effizienz eines dezentralen BI-Prozesses steigt, je höher die Unsicherheit der nachgefragten Informationen ist bzw. dass die Effizienz eines zentralen BI-Prozesses steigt, je niedriger die Unsicherheit der nachgefragten Informationen ist. D. h., zur Bereitstellung von Informationen mit hoher Unsicherheit ist ein dezentraler

BI-Prozess effizient und zur Bereitstellung von Informationen mit niedriger Unsicherheit ist ein zentraler BI-Prozess effizient. Auch diese Vermutung zeigt sich in den erhobenen Daten (vgl. Abbildung 70). So bilden erneut die als effizient bewerteten Teilergebnisse Cluster von reinen Push-Prozessen (I: sehr niedrige Fertigungstiefe, zentral), Push-Pull-Prozessen (II: niedrige Fertigungstiefe, großteils zentral) und Pull-Push-Prozessen (III: hohe Fertigungstiefe, großteils dezentral), bei denen die Fertigungstiefe (dezentrale „Eigenfertigung") mit der Unsicherheit korreliert. D. h., je höher die Unsicherheit der bereitgestellten Informationen, desto höher die Fertigungstiefe der als effizient bewerteten BI-Prozesse. Im Gegensatz zur übergreifenden Auswertung des Einflusses der Spezifität (vgl. Kapitel 9.18.1) verteilen sich die Cluster hier nicht über das gesamte Intervall zwischen niedriger und hoher Unsicherheit, denn in keiner der Falleinheiten werden Informationen, die eine hohe Ausprägung des Transaktionscharakteristikums Unsicherheit aufweisen, mit einem als effizient bewerteten Prozess bereitgestellt (vgl. Abbildung 70). Die in Falleinheit 9 bereitgestellten Informationen weisen zwar eine hohe Ausprägung für Unsicherheit auf. Der dort zur Bereitstellung genutzte Pull-Push-Prozess wird allerdings nur mit mittlerer Effizienz bewertet (vgl. Abbildung 70). Außerdem zeigt die Verteilung der untersuchten Falleinheiten mit reinen Pull-Prozessen, dass mit steigender Unsicherheit auch die Effizienz reiner Pull-Prozesse steigt (vgl. auch Hypothesen *H3.1* und *H3.2*). Dies legt die Vermutung nahe, dass die Effizienz der Informationsbereitstellung in Falleinheit 9 steigen würde, wenn dort ein reiner Pull-Prozess genutzt werden würde (vgl. auch Hypothesen *H3.1* und *H3.2*) und dass neben Cluster III ein Cluster IV effizienter Pull-Prozesse zur Bereitstellung von Informationen mit hoher Unsicherheit existieren müsste. Möglicherweise stellt hohe Unsicherheit also eine hinreichende Eigenschaft von Informationen für die effiziente Nutzung einer dezentralen und manuellen Prozessvariante als reiner Pull-Prozess dar. Ein solches Cluster IV kann wegen des Fehlens eines als effizient bewerteten reinen Pull-Prozesses und des Fehlens eines Prozesses, der Informationen mit hoher Unsicherheit bereitstellt und gleichzeitig als effizient bewertet wird, nicht untersucht und bewertet werden. Auch eine Detailauswertung von Falleinheit 9 kann diese Vermutung nicht erhärten, weil die dortigen Mitarbeiter bemängeln, dass die Unsicherheit der nachgefragten Informationen maßgeblich durch die Nachfrage immer detaillierterer Informationen (*EP1793*) sowie einer immer größeren Vielfalt unterschiedlicher nachgefragter Informationen (*EM1574*) entsteht. Die Mitarbeiter sprechen deshalb auch von Überinformation der Entscheider und vermuten, dass sich die Unsicherheit durch die Definition von Standards (*EM1578*) und die übergreifende Koordination der verschiedenen Informationsbedarfe (*EM1568, EM1571*) reduzieren ließe. Falleinheit 9 gibt also keinen Hinweis darauf, dass eine höhere Fertigungstiefe die Effizienz steigern würde, sondern dass bei einer Reduktion der Unsicherheit eine Reduktion der Fertigungstiefe möglich wäre (*EQ1573, EM1573, EM1576*).

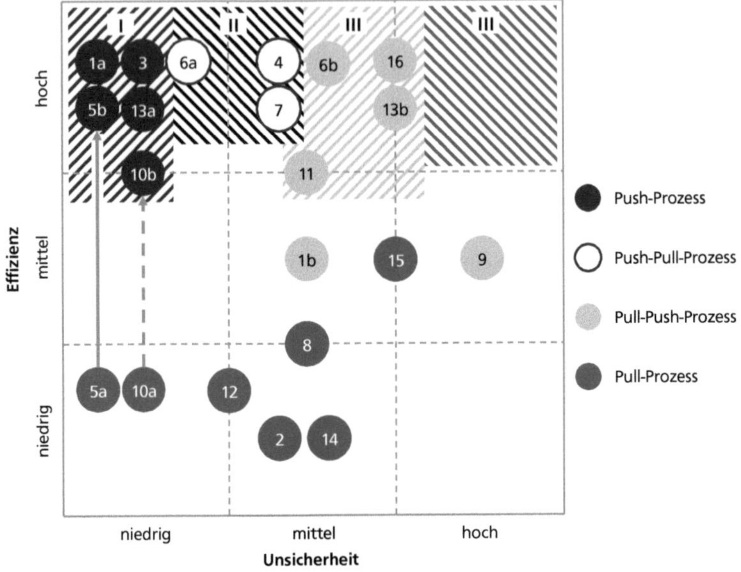

Abbildung 70: Triangulation der Falleinheiten aus Fall A: Einfluss der Unsicherheit. (Quelle: eigene Darstellung)

Analog zur übergreifenden Auswertung des Einflusses der Spezifität (vgl. Kapitel 9.18.1), zeigen die Umstellungen in den Falleinheiten 5 und 10 auch bzgl. des Einflusses der Unsicherheit, dass die Effizienz bei niedriger Unsicherheit mit sinkender Fertigungstiefe steigt. In beiden Fällen wird die Effizienz für die Bereitstellung der gleichen Informationen vor der Umstellung mit niedrig und nach der Umstellung mit hoch bewertet (vgl. Kapitel 9.6.4 und 9.11.4). D. h., für Informationen mit niedriger Unsicherheit (vgl. Kapitel 9.6.2 und 9.11.2) wird ein dezentraler Prozess mit hoher Fertigungstiefe als nicht effizient und ein zentraler Prozess mit niedriger Fertigungstiefe als effizient bewertet. Dieses Ergebnis entspricht der Prognose gemäß der Hypothesen *H3.3* und *H3.4*. Ein direkter Vergleich ist so zwar für die Falleinheiten 2, 8, 12, 14 und 15 nicht möglich, die Einschätzungen der Mitarbeiter weisen aber auf ein vergleichbares Ergebnis hin, dass auch zur Bereitstellung von Informationen mit mittlerer Unsicherheit BI-Prozesse mit niedrigerer Fertigungstiefe effizienter sind als die aktuell genutzten Prozesse mit sehr hoher Fertigungstiefe.[1144] Hier kann deshalb auch wieder

[1144] Konkret sprechen die Mitarbeiter von Potenzialen z. B. durch die Vermeidung von Doppelarbeiten (vgl. z. B. Falleinheit 12 in Kapitel 9.13.4), manueller Tätigkeiten (vgl. z. B. Falleinheit 14 in Kapitel 9.15.4) und Abstimmungsaufwänden wegen unklarer Informationsdefinitionen (vgl. z. B. Falleinheit 2 in Kapitel 9.3.4).

davon ausgegangen werden, dass für die Bereitstellung von Informationen bis zu einer hohen Ausprägung der Eigenschaft Unsicherheit die Gesamtkosten durch niedrigere Produktionskosten trotz höherer Transaktionskosten bei (Teil-) Automatisierung niedriger sind als die Gesamtkosten bei dezentraler Eigenfertigung. Für Informationen mit hoher Unsicherheit wird ein teilautomatisierter Pull-Push-Prozess allerdings nicht als effizient bewertet, was darauf schließen lässt, dass für Informationen mit hoher Unsicherheit die Transaktionskosten höher sind als Kosteneinsparungen durch eine Teilautomatisierung bzw., dass wegen der hohen Unsicherheit durch eine Teilautomatisierung keine Produktionskosteneinsparung erzielt werden kann.

9.18.3 Übergreifende Auswertung des Einflusses der Wiederholungsrate

Auch die übergreifende Auswertung des Einflusses der **Wiederholungsrate** in Abhängigkeit der genutzten BI-Prozessvariante auf die Effizienz zeigt sehr deutlich die vermuteten Zusammenhänge aus Kapitel 7.3. Abbildung 71 fasst analog zu Abbildung 69 die Teilergebnisse aus den 16 Falleinheiten in einer 3×3 Matrix mit den Dimensionen Wiederholungsrate und Effizienz zusammen, wobei das Bild wegen der inversen Wirkrichtung des Einflussfaktors an einer zentrierten, vertikalen Achse gespiegelt ist.

Die Hypothesen *H4.1* und *H4.2 bzw. H4.3* und *H4.4* besagen, dass die Effizienz eines dezentralen BI-Prozesses steigt, je niedriger die Wiederholungsrate der nachgefragten Informationen ist bzw., dass die Effizienz eines zentralen BI-Prozesses steigt, je höher die Wiederholungsrate der nachgefragten Informationen ist. D. h., zur Bereitstellung von Informationen mit niedriger Wiederholungsrate ist ein dezentraler BI-Prozess effizient und zur Bereitstellung von Informationen mit hoher Wiederholungsrate ist ein zentraler BI-Prozess effizient. Diese Zusammenhänge zeigen sich wieder deutlich in den erhobenen Daten (vgl. Abbildung 71). Ähnlich wie in Abbildung 69 bilden die als effizient bewerteten Teilergebnisse Cluster von reinen Push-Prozessen (I: sehr niedrige Fertigungstiefe, zentral), Push-Pull-Prozessen (II: niedrige Fertigungstiefe, großteils zentral) und Pull-Push-Prozessen (III: hohe Fertigungstiefe, großteils dezentral), bei denen die Fertigungstiefe (dezentrale „Eigenfertigung") negativ mit der Wiederholungsrate korreliert. D. h., je niedriger die Wiederholungsrate der bereitgestellten Informationen, desto höher die Fertigungstiefe der als effizient bewerteten BI-Prozesse. Dieser Zusammenhang wird ebenfalls durch den Vergleich der beiden Prozessvarianten in den Falleinheiten 5 und 10 für Informationen mit einer niedrigen Wiederholungsrate bestätigt. In beiden Fällen wird die Effizienz für die Bereitstellung mithilfe eines reinen Pull-Prozesses als niedrig und nach der Umstellung auf einen reinen Push-Prozess als hoch bewertet (vgl. Kapitel 9.6.4 und 9.11.4). D. h., für Informationen mit hoher Wiederholungsrate (vgl. Kapitel 9.6.3 und 9.11.3) wird ein dezentraler Prozess mit hoher Fertigungstiefe als nicht effizient und ein zentraler Prozess mit niedriger Fertigungstiefe als effizient bewertet. Dieses Ergebnis entspricht der Prognose gemäß der Hypothesen *H4.3* und *H4.4*.

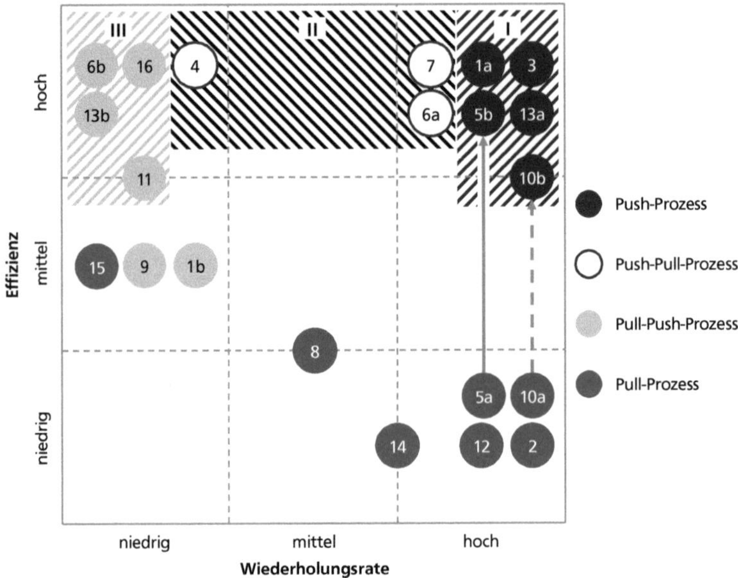

Abbildung 71: Triangulation der Falleinheiten aus Fall A: Einfluss der Wiederholungsrate. (Quelle: eigene Darstellung)

In Abbildung 71 fällt allerdings auf, dass Cluster I am rechten Rand (hohe Wiederholungsrate) und Cluster III am linken Rand (niedrige Wiederholungsrate) liegen, während sich Cluster II über die gesamte Breite von niedrig bis hoch erstreckt. D. h., es gibt im Unterschied zu Abbildung 70 keinen Bereich, der nur mithilfe reiner Pull-Prozesse effizient bearbeitet werden kann (vgl. Kapitel 9.18.2). Die Wiederholungsrate kann demnach auch keine hinreichende Eigenschaft von Informationen sein, die zu einer effizienten Nutzung einer dezentralen und manuellen Prozessvariante als reiner Pull-Prozess führt.[1145]

Außerdem müssen die Falleinheiten, die einen Push-Pull-Prozess als effizient bewertet haben (Cluster II, Falleinheiten 4, 6a und 7), nochmals genauer betrachtet werden, um zu beurteilen, ob die starke Streuung der Einflussgröße

[1145] Dieser Aspekt wird im Ausblick dieser Arbeit in Kapitel 11.2 nochmals für die gemeinsame Wirkung aller drei Transaktionscharakteristika aufgegriffen.

Wiederholungsrate hier als Ausreißer gewertet werden muss oder, ob die Wiederholungsrate für die Wahl einer effizienten Prozessvariante nur bei sehr niedrigen und bei sehr hohen Ausprägungen relevant ist, d. h. reiner Push-Prozess für sehr hohe Wiederholungsrate und Pull-Push-Prozess für sehr niedrige Wiederholungsrate. In den Falleinheiten 6a und 7 dienen die bereitgestellten Informationen zur Unterstützung des Tagesgeschäfts (vgl. Kapitel 9.7 und 9.8), während Falleinheit 4 eine zentrale Einheit zur Unterstützung des Konzernvorstandes ist, die stark aggregierte und strategisch orientierte Informationen bereitstellt (vgl. Kapitel 9.5). Alle Transaktionscharakteristika der in den Falleinheiten 6a und 7 bereitgestellten Informationen, sprechen für eine niedrige Fertigungstiefe (vgl. Hypothesen *H2.4* und *H2.5*, *H3.3* und *H3.4* sowie *H4.1* und *H4.2* in Kapitel 7.3*)*, sodass die als effizient bewerteten Push-Pull-Prozesse als Bestätigung der vermuteten Zusammenhänge betrachtet werden können. Für Falleinheit 4 muss allerdings festgestellt werden, dass die Transaktionscharakteristika der bereitgestellten Informationen, ausgehend von den Hypothesen, eher für eine hohe Fertigungstiefe sprechen (vgl. Hypothesen *H4.3* und *H4.4* in Kapitel 7.3; eine mittlere Bewertung der Spezifität und der Unsicherheit lässt keine eindeutige Prognose zu). Als Grund für die tatsächlich festgestellte niedrige Fertigungstiefe können zwei Ursachen identifiziert werden. Die erste Ursache ist die hohe Dringlichkeit, mit der Informationen seitens des Vorstandes nachgefragt werden. Um eine entsprechende Reaktionsgeschwindigkeit erreichen zu können, müssen auch selten nachgefragte Informationen automatisiert bereitgestellt werden (*PA2975, PA2976*). Die zweite und wichtigere Ursache liegt in der besonderen Art der bereitgestellten Informationen. Das Team von Falleinheit 4 nutzt ein komplexes mathematisches Modell zur Prognose der volkswirtschaftlichen Entwicklung, d. h. makroökonomische Betrachtung und Beobachtung der Märkte, das nur mithilfe zentraler Instrumente umgesetzt und genutzt werden kann (*PF2228, PF2229, PF2232*). Eine dezentrale Automatisierung mittels eigener Routinen und damit eine höhere Fertigungstiefe konnten bei der Implementierung des volkswirtschaftlichen Modells für Falleinheit 4 ausgeschlossen werden, sodass diese als Ausreißer betrachtet werden kann. Unter Ausschluss von Falleinheit 4 würde sich die Verteilung der Cluster effizienter BI-Prozessvarianten also ähnlich wie in Abbildung 69, wegen der inversen Wirkrichtung der Wiederholungsrate allerdings in umgekehrter Reihenfolge, darstellen. Dies trifft auch auf die Verteilung der Punkte der Falleinheiten, die reine Pull-Prozesse nutzen, zu (vgl. Falleinheiten 2, 5a, 8, 10a, 12, 14 und 15). Die Positionen der Punkte lassen, wie bereits zuvor, vermuten, dass es einen Zusammenhang gemäß der Hypothesen *H4.3* und *H4.4* gibt, denn mit abnehmender Wiederholungsrate steigt auch die Effizienz der Pull-Prozesse.

9.18.4 Ergebnis der übergreifenden Auswertung auf Ebene der Falleinheiten

Die Ergebnisse der übergreifenden Auswertungen auf Ebene der Falleinheiten in den Kapiteln 9.18.1 bis 9.18.3 entsprechen fast vollständig den durch die Hypothesen formulierten Prognosen. Eine Ausnahme bildet Hypothese *H2.2*, die in der vorliegenden Form verworfen werden muss. Die übergreifende Auswertung zum Einfluss des Transaktionscharakteristikums Spezifität hat gezeigt, dass sowohl in Falleinheiten, die BI-Prozesse mit hoher Fertigungstiefe nutzen, als auch in Falleinheiten, die BI-Prozesse mit niedriger Fertigungstiefe nutzen, die Vergleichbarkeit der bereitgestellten Informationen bemängelt wird. Entgegen der Vermutung zeigt sich sogar, dass Falleinheiten, trotz der Nutzung eines BI-Prozesses mit hoher Fertigungstiefe, die Vergleichbarkeit der bereitgestellten Informationen sicherstellen können. Eine detailliertere Betrachtung der Zusammenhänge legt deshalb den Schluss nahe, dass die Vergleichbarkeit der bereitgestellten Informationen nicht von der Fertigungstiefe des genutzten BI-Prozesses abhängt, sondern von der organisatorischen Ebene auf der die Informationsnachfragen und -angebote koordiniert werden.

Abgesehen von Hypothese *H2.2* entsprechen die Ergebnisse den übrigen prognostizierten und auf Ebene der Falleinheiten untersuchten Zusammenhängen. So zeigt sich in Kapitel 9.18.1, dass mit zunehmender Spezifität der bereitgestellten Informationen auch die Fertigungstiefe der als effizient bewerteten BI-Prozesse steigt (vgl. Hypothesen *H2.1* und *H2.3*) bzw., dass umgekehrt mit abnehmender Spezifität die Fertigungstiefe, der als effizient bewerteten BI-Prozesse sinkt (vgl. Hypothesen *H2.4* und *H2.5*). Ein analoges Ergebnis zeigt sich in Kapitel 9.18.2 bei der Auswertung des Einflusses der Unsicherheit. Auch dort zeigt das Ergebnis, dass die Fertigungstiefe, der als effizient bewerteten BI-Prozesse mit zunehmender Unsicherheit steigt (vgl. Hypothesen *H3.1* und *H3.2*) bzw., dass umgekehrt die Fertigungstiefe, der als effizient bewerteten BI-Prozesse mit abnehmender Unsicherheit sinkt (vgl. Hypothesen *H3.3* und *H3.4*). In Kapitel 9.18.2 fällt allerdings auf, dass in keiner Falleinheit ein BI-Prozess zur Bereitstellung von Informationen mit sehr hoher Unsicherheit als effizient bewertet wurde. Da allerdings in keiner Falleinheit ein reiner Pull-Prozess zur Bereitstellung von Informationen mit sehr hoher Unsicherheit genutzt bzw. auch insgesamt kein reiner Pull-Prozess als effizient bewertet wird, kann vermutet werden, dass Informationen mit sehr hoher Unsicherheit nur durch einen dezentralen, manuellen Prozess mit sehr hoher Fertigungstiefe effizient bereitgestellt werden können. Eine Untersuchung dieses Zusammenhangs ist aber aufgrund der oben genannten und fehlenden Konstellationen nicht möglich, sodass an dieser Stelle keine fundierte Aussage zu dieser Vermutung getroffen werden kann.

Gemäß der Hypothesen *H4.1* und *H4.2* bzw. *H4.3* und *H4.4* entsprechen auch die Ergebnisse in Kapitel 9.18.3 den Prognosen, wobei die Wirkrichtung der Wiederholungsrate invers zur Wirkrichtung von Spezifität und Unsicherheit verläuft. D. h., mit zunehmender Wiederholungsrate sinkt die Fertigungstiefe der als effizient bewerteten BI-Prozesse und mit abnehmender Wiederholungsrate steigt die Fertigungstiefe der als effizient bewerteten BI-Prozesse. Alle diese Ergebnisse betrachten allerdings die Einflüsse der Transaktionscharakteristika einzeln und unabhängig, sodass bisher noch keine Aussage zur gemeinsamen Wirkung bzw. zur Wirkung bestimmter Kombinationen von Transaktionscharakteristika getroffen werden können. Eine fundierte Auswertung dieser Zusammenhänge ist mit dem vorliegenden Forschungsdesign auch nicht möglich. Trotzdem werden in Kapitel 9.20 einige Ergebnisse und Vermutungen zu übergreifenden Zusammenhängen dargestellt.

9.19 Auswertung auf Fallebene

Während in den einzelnen Falleinheiten konkrete Zusammenhänge zwischen den Transaktionscharakteristika bereitgestellter Informationen, dem dafür genutzten BI-Prozess sowie der Einschätzung und Bewertung der Effizienz durch die beteiligten Mitarbeiter analysiert werden, liegt der Fokus bei der Triangulation der Ergebnisse aus den Falleinheiten auf dem übergreifenden Vergleich der untersuchten Zusammenhänge. In der nun folgenden Analyse auf Fallebene sollen die in Kapitel 7.3 formulierten Hypothesen auch bezüglich der übergeordneten Unternehmensperspektive untersucht werden. Hierbei stehen vor allem die bisher noch nicht betrachteten Hypothesen *H1.1* und *H1.2* sowie *H5.1* und *H5.2* im Fokus. Als Datenbasis besteht zur Auswertung auf Fallebene Zugriff auf verschiedene Dokumente. Diese setzt sich konkret aus einem Bericht sowie mehreren Diagrammen, Handbüchern, Präsentationen, Projektplänen und Protokollen zusammen, die allgemein Business Intelligence sowie insbesondere Überlegungen und Maßnahmen zur Implementierung einer BI-Strategie in Unternehmen A beschreiben.

Die Hypothesen *H1.1* und *H1.2* beschreiben vermutete Zusammenhänge zwischen dem Aufwand für und dem Stellenwert von Business Intelligence in Unternehmen sowie dem Wettbewerbsumfeld und den Möglichkeiten zur direkten Kundeninteraktion der Unternehmen. Unternehmen A ist zum einen in einem sehr wettbewerbsintensiven Marktumfeld tätig und tritt zum anderen als Dienstleistungsunternehmen mit seinen Kunden bei jeder Leistungserbringung in direkten Kontakt (vgl. Kapitel 9.1). Entsprechend der Hypothesen *H1.1* und *H1.2* kann also erwartet werden, dass sowohl der Aufwand für als auch der Stellenwert von Business Intelligence in Unternehmen A hoch sind. Der Aufwand für Business Intelligence wird dort aber nicht explizit durch das Controlling erfasst, sondern muss anhand anderer Indikatoren beurteilt werden (*EP3252*). Aufwand für Business Intelligence entsteht beispielsweise durch den Betrieb und Lizenzen für die genutzten Instrumente (*EP2266*). Dieser ist seit Mitte der 90er Jahre kontinuierlich gestiegen. Eine Phase, in der auch der Wettbewerb im Markt von Unternehmen A erheblich zugenommen hat (*GW2309, GW2311*). In dieser Zeit ist zum einen das Angebot stark gestiegen und zum zweiten haben die Kunden heute viel mehr und umfangreichere Möglichkeiten, Preise über das Internet zu vergleichen und zu buchen (*GW2310*). Im gleichen Maße wie der Wettbewerbsdruck gestiegen ist, ist auch die seit dem Jahr 1999 speziell für BI-Instrumente zentral bereitgestellte Rechenleistung von Serversystemen ausgebaut worden, sodass im Jahr 2010 das Siebenfache an Rechenkapazität wie im Jahr 1999 vorgehalten wurde (*GW3311*). Neben der Rechenkapazität zeigen auch die BI-spezifischen Datenströme und die Anzahl der Schnittstellen zwischen operativen Quellsystemen, zentralen BI-Systemen und Zugriffspunkten den Umfang, in dem Business Intelligence in Unternehmen A betrieben wird (*EP3269*). Ein weiterer Indikator für den, durch Business Intelligence entstehenden Aufwand, ist die Anzahl an Mitarbeitern, die mit BI-Prozessen beschäftigt sind. Für das Jahr 2010 hat eine interne Studie ergeben, dass in 40% der Abteilungen BI-Prozesse ausgeführt werden (*GS2308*) und dass insgesamt sehr große Aufwände entstehen (*EP3265*).[1146] Zusammengenommen kann für Unternehmen A festgehalten werden, dass sehr hohe Aufwände durch Business Intelligence entstehen und dass die Prognose gemäß Hypothese *H1.1* für Unternehmen A also erfüllt ist.

Auch der Stellenwert wird nicht absolut gemessen, sondern muss, ähnlich wie der Aufwand, durch Indikatoren erfasst werden. Geeignete Indikatoren sind für Unternehmen A allgemein gültige Ziele und Regeln sowie die Zuständigkeit und Verantwortung für Business Intelligence im Unternehmen. Entgegen Hypothese *H1.2* wird Business Intelligence weder in Strategiedokumenten explizit oder implizit genannt (*GS3308*) noch werden die Struktur oder das Vorgehen in Handbüchern aufgegriffen und durch Regeln und Handlungsempfehlungen zu einem vergleichbaren Standard entwickelt (*GS2301, GS3298, GS3302, GS3303, GS3310*). Auch im Organigramm von Unternehmen A gibt es keine dezidierte Position, die explizit für Business Intelligence verantwortlich ist (*GS2309, GS2310, GS2311, GS2312*). Lediglich auf Abteilungs- und Teamebene gibt es Einheiten, die für die zentral bereitgestellten Instrumente und damit implizit für die technische Perspektive von Business Intelligence, verantwortlich sind (*GS2313*). Rein formal gesehen hat Business Intelligence also einen niedrigen Stellenwert im Unternehmen. Gleichzeitig wird Business Intelligence explizit im

[1146] Eine Abschätzung ergab dabei, dass kalkulatorisch bis zu 400 Mitarbeiter (FTE) BI-Prozesse ausführen. Dies entspricht zwar „nur" 0,4% aller Mitarbeiter, bedeutet aber, dass jeder Führungskraft ab Abteilungsleiterebene mehr als ein Mitarbeiter zur Entscheidungsunterstützung zur Verfügung steht.

strategischen Projektportfolio von Unternehmen A als eine der zehn wichtigsten Maßnahmen zur Effektivitäts- und Effizienzsteigerung genannt (*GS2314, EM3203, EM3212*). Im Rahmen der bereits oben referenzierten Studie wurde von den befragten Führungskräften außerdem eine strategische und unternehmensweite Ausrichtung von Business Intelligence als wichtigstes Ziel bewertet (*EM3219, EM3224, EM3229, GS3300*). Außerhalb formal festgelegter Ziele und Verantwortlichkeiten kann der Stellenwert von Business Intelligence in Unternehmen A also als hoch bewertet werden, wobei die Nennung unter den zehn wichtigsten Maßnahmen zur Effektivitäts- und Effizienzsteigerung darauf hindeutet, dass auch der formale Stellenwert von Business Intelligence perspektivisch steigen wird. Damit liegt weder eine klare Bestätigung von Hypothese *H1.2* noch ein Widerspruch zu dieser Hypothese vor. Sobald allerdings der Aufwand für Business Intelligence bei der Beurteilung des Stellenwertes berücksichtigt wird, kann auch der Stellenwert eindeutig als hoch bewertet werden, was dem durch Hypothese *H1.2* prognostizierten Ergebnis entspricht.[1147]

Im Gegensatz zu den anderen Hypothesen beschreiben die Hypothesen *H5.1* und *H5.2* keine Zusammenhänge in Abhängigkeit bestimmter Einflussfaktoren, sondern generelle Vermutungen zur Existenz eines Standardprozesses für Business Intelligence und zur Möglichkeit der Auswahl einer effizienten BI-Prozessvariante in Abhängigkeit der Fragestellung. Ähnlich dem Stellenwert muss auch die Existenz eines Standardprozesses einmal aus formaler Sicht und einmal auf Basis des allgemeinen Verständnisses und genutzter Darstellungen im Unternehmen beurteilt werden. Wie bereits zuvor gibt es keine eindeutigen und explizit formulierten Aufgaben oder Rollendefinitionen (*EM3202, EM3221, EM3222, EM3223, EM3238, GS3299*). Solche existieren weder für konkrete Aufgaben noch bzgl. einer Verteilung von IT-nahen und fachlichen Aufgaben (*EM3204, EM3232, EM3218*). Formale Definitionen von Standardprozessen existieren lediglich für allgemeine Verwaltungsprozesse, d. h. beispielsweise für Projektmanagement (*GS2302, GS3306*) oder auch für Änderungen bestehender bzw. Neuentwicklungen automatisierter Routinen oder ganzer Systeme (*GS3294, GS3295, GS3297, GS3301, GS3304, GS3305*). Es gibt zwar ein Handbuch mit Vorgaben zur Geschäftsprozessmodellierung und deren Unterstützung durch geeignete Instrumente (*GS3309*), hierbei stehen aber wertschöpfende (Kunden-) Prozesse im Mittelpunkt und keine (entscheidungs-)unterstützenden Prozesse.[1148] Neben dieser formalen Sicht gibt es auch Äußerungen zum allge-

[1147] Dies gilt unter der Annahme, dass der Stellenwert zwar hoch sein kann, ohne dass hohe Aufwände getätigt werden, dass aber keine hohen Aufwände akzeptiert werden, wenn nicht der Stellenwert und damit die Bedeutung auch hoch sind.

[1148] BI-Prozesse stellen keine Geschäftsprozesse im eigentlichen Sinne dar, sondern sind Prozesse zur Entscheidungsunterstützung, vgl. Kapitel 4.2.2.

meinen, im Unternehmen vorhandenen Verständnis von Business Intelligence (*EM3209, EM3210, EM3214, EM3215, EM3241, EM3242, EM3243*) sowie Darstellungen in verschiedenen Präsentationen des Unternehmens, die zwar keinen Standardprozess skizzieren, aber von gleichen Abläufen und lediglich verschiedenen Varianten bei der Informationsbereitstellung ausgehen (*EM3231, EM3233, PF3344, PF3351, PF3352, PF3353*). Auch die bereits zwei Mal erwähnte interne Studie zeigt, dass die Mitarbeiter davon ausgehen, dass Standardabläufe existieren und deren Nutzung zu Effektivitäts- und Effizienzsteigerungen sowie zu einer höheren Entscheidungsqualität führen (*EM3217, EM3225, EM3227, EM3228, EM3229*).[1149] Insgesamt sprechen die nicht-formalen Darstellungen deutlich dafür, dass es einen Standardprozess gibt und nur bisher noch keine Schritte unternommen wurden, um einen solchen zu definieren und zu formalisieren. In Kombination mit den Zeichen für einen steigenden formalen Stellenwert von Business Intelligence in Unternehmen A (vgl. Beurteilung der Hypothese *H1.2*) kann außerdem angenommen werden, dass entsprechende formale Beschreibungen definiert und als verbindliche Standards im Unternehmen etabliert werden. Die Auswertung auf Fallebene spricht also für die Existenz eines allgemeinen Standards für BI-Prozesse, was dem durch Hypothese *H5.1* prognostizierten Ergebnis entspricht.

Im Gegensatz zur Beurteilung von Hypothese *H5.1* ist eine Bewertung von Hypothese *H5.2* auf Fallebene nur bedingt möglich, weil hierzu die in den Hypothesen *H2.1* bis *H4.4* formulierten Zusammenhänge für das gesamte Unternehmen bekannt sein müssten. Eine weitergehende Auswertung von Hypothese *H5.2* folgt deshalb in Kapitel 9.20 durch eine Triangulation der Ergebnisse auf Ebene der Falleinheiten mit den Ergebnissen auf Fallebene. Für eine Bewertung auf Fallebene kann aber wieder auf Einschätzungen und Darstellungen in Präsentationen, Protokollen und anderen Dokumenten zurückgegriffen werden, sodass zumindest eine tendenzielle Aussage möglich ist. Grundsätzlich wird der aktuelle Status-quo in Unternehmen A mit BI-Prozessen sehr hoher Fertigungstiefe in sehr vielen Bereichen als ineffizient betrachtet (*EM3211, EP3254, EQ3291*). Explizite Kritik wird vor allem an den hohen manuellen Aufwänden (*EM3226*) und an den hohen Aufwänden für eine spätere Abstimmung der Ergebnisse aufgrund fehlender Standards und mangelnder ex-ante Abstimmung (*EQ3283, EQ3288*) geäußert. Als primäre Ursache für die hohen manuellen Aufwände wird fehlendes Wissen der Anwender genannt (*EM3213, EP3261, EP3262, EQ3292*). Dabei kann festgestellt werden, dass insbesondere in Einheiten, in denen technisches

[1149] Einige, in Protokollen notierte, Aussagen weisen sogar darauf hin, dass es aufgrund politischer Widerstände bisher keine stärkere Formalisierung gibt (*EM3206, EM3220*) und in der Folge auch keine zentrale und verantwortliche Einheit (*EM3236, EM3237*).

Wissen vorhanden ist, stärker zwischen unterschiedlichen Prozessvarianten differenziert werden kann sowie die Zufriedenheit mit und die Effizienz[1150] der genutzten BI-Prozesse höher ist (*EM3235, EP3255, EP3256*). Dieses Wissen fehlt zum einen oft, weil die vorhandenen Schulungen, Handbücher und Dokumentation als ungenügend bezeichnet werden (*EM3230*). Es fehlt aber zum anderen auch, weil aufgrund nicht vorhandener Aufgabendefinitionen sowie Rollen- und Prozessstandards IT-nahe und sehr techniklastige Tätigkeiten von Mitarbeitern mit fachlichem Schwerpunkt und ohne technische Ausbildung ausgeführt werden (*PF3343*). Es gibt deshalb Ansätze für eine Reorganisation von Business Intelligence, die für die aktuell fehlende Abstimmung zwischen verschiedenen Einheiten und Prozessen sorgt (*EQ3279, PA3319, PA3320, PA3321, PF3330*) sowie einen organisatorischen Rahmen für eine stärkere Differenzierung verschiedener Prozessvarianten schafft (*EM3205, EM3208, EP3264*). Ziel wäre eine zentrale Einheit im Unternehmen, welche die übergreifende Koordination übernimmt (*EQ3280, PO3360, PO3361, PO3362*). Ein möglicher Ansatz hierfür wäre die bestehenden Strukturen und Prozesse für das allgemeine Anforderungsmanagement zu erweitern und für die Nutzung im BI-Kontext anzupassen (PO3358). Ein anderer Ansatz wäre ein Servicemodell, das z. B. als Erweiterung des bestehenden Helpdesks nicht nur Hilfestellungen zur Funktion der Instrumente und zu Definitionen der verfügbaren Daten bietet (*GS3296*) sondern auch Hinweise zu bereits nutzbaren, vorgefertigten Lösungen gibt (*PF3336*) und Dienstleistungen zur Befriedigung konkreter Informationsbedarfe anbietet (*EP3250, EP3251, EP3252, EP3253*). In Unternehmen A gibt es auch bereits positive Erfahrungen mit der Unterscheidung verschiedener Prozessvarianten für verschiedene Arten von Fragen. Hierbei wird insbesondere hervorgehoben, dass durch die Unterscheidung sehr hohe Reaktionsgeschwindigkeiten erreicht werden, dass die Zufriedenheit der Informationsempfänger sehr hoch ist und dass den Anwendern mehr Zeit für die eigentlichen Analysen und das Kommentieren zur Verfügung steht (*EM3239, EM3240, EM3241, EM3242*). Der dabei genutzte Ansatz über vorgefertigte und direkt nutzbare Module (*PA3313*), die je nach Bedarf eingebunden werden können, bietet erhebliche Potenziale (*EP3267, EP3268, PF3335*). Eine Ausweitung dieses Ansatzes erfordert allerdings eine zentrale Einheit, welche die verschiedenen Informationsbedarfe und die Bereitstellung solcher Module koordiniert. Bisher gibt es aber aufgrund fehlender Bewertungen der BI-Prozesse keine Möglichkeit, die Effizienz zu beurteilen (*EP3258, EP3259, EP3264*). So wird zwar in einigen wenigen Fällen, in denen konkrete Umsatzsteigerungen oder Kosteneinsparungen auf die erbrachte BI-Leistung zurückge-

---

[1150] Effizienz wird hier nicht wie bei der Auswertung der Falleinheiten als latente Variable gebildet. Die hier referenzierten Codes beziehen sich auf konkrete Aussagen in einer Präsentation und einem Bericht.

führt werden können, der Nutzen bewertet (*EM3245, EM3246, EM3247, EM3248*), allerdings werden die für unterschiedliche BI-Prozesse anfallenden Aufwände nicht erfasst. Eine eindeutige Beurteilung von Hypothese *H5.2* auf Fallebene ist auf Basis dieser Erkenntnisse nicht möglich. Die positiven Erfahrungen mit der Unterscheidung unterschiedlicher Varianten in einzelnen Bereichen, die dazu führt, dass weniger Aufwand entsteht und mehr Zeit für eigentlich analytische Aufgaben bzw. für das Kommentieren von Ergebnissen verbleibt, sprechen allerdings dafür, dass es für unterschiedliche Typen von Fragen jeweils einen effizienten Standardprozess gibt. Hierfür sprechen auch die Darstellungen und Ansätze zu einer zentralen, koordinierenden Einheit oder einem Servicemodell für BI-Leistungen.

Neben den nur auf Fallebene bewertbaren Hypothesen *H1.1, H1.2, H5.1* und *H5.2* sollen auf Fallebene auch die bereits auf Ebene der Falleinheiten untersuchten Hypothesen *H2.1* bis *H4.4* bewertet werden. Für deren Beurteilung gelten aber die gleichen Einschränkungen wie bei der Untersuchung von Hypothese *H5.2*, weil die Einflüsse der Transaktionscharakteristika auf Fallebene nicht differenziert erfasst werden. Auch eine Beurteilung ausgehend von Standards und Regeln ist nicht möglich, weil solche nicht existieren (s. o.). Aus diesem Grund können zu den Hypothesen *H2.1* bis *H4.4* ebenfalls nur Tendenzaussagen auf Basis der verfügbaren Dokumente getroffen werden. In diesen wird der Wunsch deutlich, Informationen stärker zu standardisieren und statt der stark dezentralen Bereitstellung mit hoher Fertigungstiefe übergreifend abgestimmte Informationen gemeinsam zu nutzen (*PO3376*) sowie mithilfe zentraler Angebote bereitzustellen (*PO3373, PO3374*). Konkrete Vorschläge, z. B. für Rollenmodelle (*PO3380*), nutzen außerdem Beispiele, die den in den Hypothesen *H2.1* und *H2.3* bzw. *H2.4* und *H2.5* formulierten Zusammenhängen entsprechen. Diese Rollenmodelle zeigen, dass unterschiedliche Informationen über unterschiedliche Prozesse bereitgestellt werden sollten. So wird zur Bereitstellung von Informationen mit mittlerer bzw. mittlerer bis hoher Spezifität ein teilautomatisierter Prozess vorgeschlagen, der, auf zentral vorgefertigten Modulen aufbauend, die nachgefragten Informationen bereitstellt (*PO3375, PO3381*). Im Gegensatz dazu werden vollautomatisierte und zentrale Prozesse insbesondere zur Bereitstellung von Informationen mit niedriger bis sehr niedriger Spezifität empfohlen (*PO3377, PO3378, PO3379*). In diesem Zusammenhang werden auch konkrete Beispiele genannt, in denen durch eine Umstellung von Prozessen hoher Fertigungstiefe auf Prozesse mit niedriger Fertigungstiefe die Effizienz und teilweise zusätzlich die Umsätze gesteigert wurden (*PO3382, PO3383*).[1151] Auch auf Fallebene kann also angenommen werden, dass mit steigender Spezifität der bereitgestellten Informationen Prozesse mit höherer Fertigungstiefe effizienter bewertet werden und dass umgekehrt zur Bereitstellung wenig spezifischer Informationen Prozesse niedriger Fertigungstiefe effizient sind (vgl. *H2.1* und *H2.3* bzw. *H2.4* und *H2.5*). Die vorgeschlagenen Rollenmodelle zeigen aber nicht nur Varianten unterschiedlicher Standardisierungsgrade, sondern auch unterschiedliche Umfänge von Aufgaben in Abhängigkeit der Varianz der bereitgestellten Informationen bzw. des notwendigen Einflusses auf die aufzubereitenden Daten (*PO3388, PO3390*). Dementsprechend wird zur Bereitstellung von Informationen mit mittlerer Unsicherheit ein teilautomatisierter Prozess empfohlen (*PO3389*). Zur Bereitstellung von Informationen mit niedriger oder sehr niedriger Unsicherheit wird hingegen ein stark automatisierter Prozess empfohlen (*PO3386, PO3387*). Konkrete Beispiele zeigen auch für den Einfluss der Unsicherheit, dass sowohl bei einer Umstellung von Prozessen hoher Fertigungstiefe auf Prozesse mit niedriger bis hoher Fertigungstiefe (*PO3384*) als auch bei einer Umstellung von Prozessen hoher Fertigungstiefe, auf Prozesse mit niedriger Fertigungstiefe (*PO3385, PO3391, PO3392*) erhebliche Potenziale im Sinne niedrigerer Aufwände für die gleiche oder sogar eine bessere Leistung und auch im Sinne von Qualitäts- und Zufriedenheitssteigerungen erreicht werden konnten. Es kann also auf Fallebene auch für den Einfluss des Transaktionscharakteristikums Unsicherheit angenommen werden, dass mit steigender Unsicherheit der bereitgestellten Informationen Prozesse mit höherer Fertigungstiefe effizient sind und dass umgekehrt zur Bereitstellung von Informationen mit niedriger Unsicherheit Prozesse niedriger Fertigungstiefe effizient sind (vgl. *H3.1* und *H3.2* bzw. *H3.3* und *H3.4*).

Im Gegensatz zum Einfluss der Transaktionscharakteristika Spezifität und Unsicherheit geben die skizzierten Rollenmodelle keine Hinweise zum Einfluss der Wiederholungsrate mit der bestimmte Informationen bzw. Arten von Informationen nachgefragt werden. Es gibt auch keine anderen strukturierten Ansätze, die den Einfluss der Wiederholungsrate darstellen, sodass nur auf Aussagen und Beispiele aus Präsentationen zurückgegriffen werden kann. Diese zeigen für hochfrequent bereitgestellte Informationen positive Ergebnisse durch stark automatisierte Bereitstellungsprozesse mit sehr niedriger Fertigungstiefe (*PO3394, PO3396, PO3397*). Allerdings liegt in den Präsentationen und anderen Dokumenten der Fokus auf technischen Lösungen, d. h. es werden lediglich Prozesse

[1151] Die Umsatzsteigerungen werden zum einen auf die zusätzlich verfügbare Zeit der Mitarbeiter durch die Reduktion der manuellen Tätigkeiten und zum zweiten auf schneller verfügbare sowie bessere Informationen zurückgeführt.

mit niedriger Fertigungstiefe und hohem Automatisierungsgrad dargestellt. Prozesse zur Bereitstellung von Informationen mit niedriger Wiederholungsrate werden dort allerdings nicht benannt, sodass keine Aussagen zum Zusammenhang zwischen niedrigen Wiederholungsraten und hoher Fertigungstiefe getroffen werden können (vgl. Hypothesen *H4.3* und *H4.4*). In einigen der dargestellten Beispiele wurden, wie bereits zuvor, Prozesse zur Bereitstellung bestimmter Arten von Informationen umgestellt und die Auswirkungen auf die Effizienz beschrieben. Hierbei zeigt sich, dass bereits für die Bereitstellung von Informationen mit mittlerer Wiederholungsrate die Verringerung der Fertigungstiefe und (Teil-) Automatisierung zu einer Steigerung der Effizienz führen (*PO3393, PO3398*). Dieser Effekt wird bei der Bereitstellung von Informationen mit sehr hoher Wiederholungsrate als noch größer beschrieben. So konnten durch die Umstellung von teils manuell ausgeführten Prozessen mit hoher Fertigungstiefe auf vollautomatisierte Prozesse mit sehr niedriger Fertigungstiefe große monetäre Einsparungen und teilweise sogar zusätzliche Erlöse erzielt werden (*PO3395, PO3399*). Es kann also auch angenommen werden, dass mit steigender Wiederholungsrate die Effizienz von Prozessen mit niedriger Fertigungstiefe steigt. Dieses Ergebnis entspricht somit den durch die Hypothesen *H4.1* und *H4.2* prognostizierten Ergebnissen.

Insgesamt entsprechen die Ergebnisse der Auswertung auf Fallebene für Unternehmen A allen durch die Hypothesen formulierten Prognosen. Die Auswertung bzgl. der Hypothesen *H4.*3, *H4.*4 und *H5.2* ist weniger eindeutig, denn auf Fallebene existieren nur bedingt aussagekräftige Daten zu deren Bewertung. Entscheidend ist hierbei vor allem, dass die Ergebnisse der Bewertung nicht im Widerspruch zu den Hypothesen stehen. Vielmehr sprechen die Ergebnisse tendenziell für die Prognosen, sie können hier aber auf Basis der vorhandenen Daten nicht ausreichend getestet und beurteilt werden. Eine solche, bessere Beurteilung aller Hypothesen folgt in Kapitel 9.20 durch eine Triangulation der Ergebnisse auf Ebene der Falleinheiten mit den Ergebnissen auf Fallebene.

Die Auswertung auf Fallebene gibt zusätzlich zu den in Kapitel 7.3 formulierten Hypothesen auch Hinweise zu notwendigen Voraussetzungen, die für die Nutzung standardisierter BI-Prozessvarianten in Unternehmen erfüllt sein müssen. Auch bei der Ausführung von BI-Prozessen konkurriert innerhalb eines Unternehmens eine Vielzahl von Entscheidern um die begrenzten Ressourcen zur Entscheidungsunterstützung. Damit im Zweifel dezentrale Sonderlösungen vermieden werden können, genügt nicht die einfache Existenz einer Koordinationseinheit, sondern es müssen ein verbindlicher Prozess sowie eindeutige Regeln und Standards definiert werden, die im Unternehmen zur Informationsbereitstellung eingehalten werden müssen (*EM3210, EP3249, EQ3275, EQ3276*). Auf Basis dieser Regeln kann dann entschieden werden, wann Informationsbedarfe durch zusätzliche Angebote befriedigt und wann bereits vorhandene Informationen genutzt werden müssen (*EM3207, EP3260*).[1152] Außerdem bedarf es eines Priorisierungsmechanismus für Informationsbedarfe, mit dessen Hilfe die Reihenfolge zur Befriedigung der nachgefragten Informationsbedarfe festgelegt wird (*PO2364*). Auf Basis dieser Regeln und Standards kann eine zentrale Koordinationseinheit dann für Transparenz sorgen sowie unterschiedliche Bedarfe und Angebote abstimmen (*EP3266, EP3273, PA3314, PO3366*). Ein Vorschlag für einen solchen Koordinationsprozess auf Basis der Hinweise wird als Ergänzung zum Prozessmodell für BI-Prozesse in Kapitel 10.2 präsentiert.

9.20 Gesamtauswertung durch Triangulation der Ergebnisse (Falleinheiten und Fallebene)

Zum Abschluss der Fallstudie sollen nun, analog zur übergreifenden Auswertung der Ergebnisse auf Ebene der Falleinheiten (vgl. Kapitel 9.18), diese Ergebnisse mit den Ergebnissen auf Fallebene trianguliert werden. Ziel der Triangulation sind eine Überprüfung und ein Vergleich der Hypothesen mit den jeweiligen Teilergebnissen für die beiden Perspektiven, um erneut Übereinstimmungen bzw. Widersprüche zu identifizieren und damit die Ergebnisse der Fallstudie auf eine breitere Basis zu stellen. Dieses Vorgehen ist allerdings nur für die Hypothesen *H2.1* bis *H4.4* möglich, weil die übrigen Hypothesen auf Ebene der Falleinheiten nicht untersucht werden. Trotzdem können die Teilergebnisse auf Ebene der Falleinheiten auch zur Beurteilung der Hypothesen *H1.1, H1.2, H5.1* und *H5.2* herangezogen werden, indem Ergebnisse der Auswertung auf Fallebene mit Mustern auf Ebene der Falleinheiten verglichen werden. Einen Überblick über die verschiedenen Teilergebnisse auf Ebene der Falleinheiten und auf Fallebene gibt Abbildung 72.

Die in den Hypothesen *H1.1* und *H1.2* prognostizierten Zusammenhänge entsprechen den Ergebnissen, die sich bei der Auswertung auf Fallebene zum Aufwand und zum Stellenwert von Business Intelligence in Unternehmen A zeigen (vgl. Kapitel 9.19). Diese Zusammenhänge werden zwar weder auf Ebene der Falleinheiten noch bei der Triangulation der Ergebnisse auf Ebene der Falleinheiten explizit untersucht, trotzdem unterstützen diese die Hypothesen *H1.1* und *H1.2*. So zeigen die Auswertungen auf Ebene der Falleinheiten, wie wegen der hohen Wettbewerbsintensität im Markt von Unternehmen A vermutet (vgl. Kapitel 9.1), sowohl hohe Aufwände für die Ausführung von BI-Prozessen

[1152] 80%-Lösungen verursachen wegen des abnehmenden Grenznutzens zusätzlicher Informationen weitaus geringere Aufwände als 100%-Lösungen und sind häufig nicht weniger repräsentativ (vgl. Kapitel 6.2 und Fußnote 872), bieten aber wegen der Nutzung gleicher Informationen weitere Potenziale durch eine bessere Vergleichbarkeit.

als auch einen hohen Stellenwert des Themas für Unternehmen A. Für einen hohen Aufwand sprechen sowohl die Anzahl der Mitarbeiter, die in den untersuchten Falleinheiten BI-Prozesse ausführen und deren primäre Aufgabe die Bereitstellung von Informationen ist (vgl. z. B. Kapitel 9.2, Kapitel 9.4 oder Kapitel 9.9) als auch die große Anzahl unterschiedlicher und nicht integrierter Instrumente, die in den verschiedenen Phasen der BI-Prozesse genutzt werden (vgl. z. B. Kapitel 9.3, Kapitel 9.13 oder Kapitel 9.15). Beides führt zu hohen absoluten Aufwänden für Business Intelligence in Unternehmen A in Form von Personalkosten, Implementierungskosten, Lizenzkosten, Betriebskosten etc. Darüber hinaus entstehen aufgrund der fehlenden Koordination und fehlender Standards auch nennenswerte, aber nicht direkt messbare Aufwände bei der Abstimmung unterschiedlicher Informationen zu gleichen Sachverhalten bzw. gleichen Fragestellungen (vgl. z. B. Kapitel 9.2.4 oder Kapitel 9.10.4). Die Auswertung auf Ebene der Falleinheiten erlaubt aber nicht nur Aussagen zur absoluten Höhe der Aufwände, sondern ermöglicht auch eine Bewertung des Stellenwertes über die relative Höhe der Aufwände von Business Intelligence in Unternehmen A. In mehreren Falleinheiten wird nicht nur die Effizienz der genutzten BI-Prozesse als wenig effizient (mittel oder sogar niedrig) bewertet, sondern die befragten Experten geben auch konkrete Hinweise zu Maßnahmen für potenzielle Effizienzsteigerungen (vgl. z. B. Kapitel 9.10.4 oder Kapitel 9.16.4). D. h., dort entstehen bekanntermaßen höhere Aufwände als im Falle einer effizienten Informationsbereitstellung entstünden. Es kann deshalb angenommen werden, dass der Nutzen der bereitgestellten Informationen nicht nur höher als die entstehenden Aufwände ist, sondern dass dieser Nutzen als so viel größer bewertet wird, dass die Ineffizienzen bei der Bereitstellung der Informationen vernachlässigt werden. Die Bedeutung der bereitgestellten Informationen respektive die Bedeutung der Informationsbereitstellung (Stellenwert von Business Intelligence), wird also auch auf Ebene der Falleinheiten als hoch bewertet. Insgesamt entsprechen die Ergebnisse auf Ebene der Falleinheiten und auf Fallebene den in den Hypothesen *H1.1* und *H1.2* formulierten Prognosen. Beide Hypothesen können deshalb als erhärtet betrachtet werden. Nach wie vor gilt aber die Einschränkung, dass durch das hier genutzte qualitative Forschungsdesign mit einer Einzelfallstudie keine generellen Aussagen zu den Hypothesen *H1.1* und *H1.2* für andere Unternehmen getroffen werden können. Hierzu wäre eine großzahlige, quantitative Untersuchung verschiedener Unternehmen und deren Märkte notwendig, um mit statistischen Mitteln unternehmensübergreifende Vergleiche in Abhängigkeit des Marktkontextes durchführen zu können.

Im Gegensatz zu den Hypothesen *H1.1* und *H1.2* werden die Hypothesen *H2.1* bis *H4.4* sowohl auf Ebene der Falleinheiten (vgl. die Triangulation der Auswertung auf Ebene der Falleinheiten in den Kapiteln 9.18.1, 9.18.2 und 9.18.3) als auch auf Fallebene (vgl. Kapitel 9.19) bewertet. Für den Einfluss des Transaktionscharakteristikums Spezifität zeigt sich allerdings bereits bei der Auswertung auf Ebene der Falleinheiten, dass der in Hypothese *H2.2* formulierte Zusammenhang so nicht gehalten werden kann. In der Folge wird diese Hypothese auf Fallebene nicht untersucht, sondern muss insgesamt verworfen werden. Eine detailliertere Betrachtung der Zusammenhänge legt aber den Schluss nahe, dass die Vergleichbarkeit der bereitgestellten Informationen nicht von der Fertigungstiefe des genutzten BI-Prozesses abhängt, sondern von der organisatorischen Ebene, auf der die Informationsnachfragen und -angebote koordiniert werden (vgl. Kapitel 9.18.1). Für die übrigen Hypothesen zum Einfluss des Transaktionscharakteristikums Spezifität (*H2.1, H2.3, H2.4* und *H2.5*) gleichen sich die Ergebnisse der beiden Perspektiven. Weil die Einflüsse der Transaktionscharakteristika auf Fallebene, z. B. wegen nicht vollständiger Information, nicht differenziert erfasst werden, liegen auf Fallebene nur Tendenzaussagen vor (vgl. Kapitel 9.19), welche die untersuchten Hypothesen aber erhärten. Die detailliertere Auswertung auf Ebene der Falleinheiten bzw. deren übergreifende Auswertung (vgl. Kapitel 9.18.1) ermöglichen allerdings eine differenzierte Bewertung der Zusammenhänge, deren Ergebnisse den Prognosen gemäß der Hypothesen *H2.1, H2.3, H2.4* und *H2.5* entsprechen. Insgesamt zeigen also die Ergebnisse aus beiden Perspektiven, dass mit steigender Spezifität der bereitgestellten Informationen die Fertigungstiefe der als effizient bewerteten Business Intelligence-Prozesse steigt und dass diese mit abnehmender Spezifität sinkt. Dies kann als Zustimmung zu den untersuchten Hypothesen gewertet werden.

Hypothesen	Fallebene	Ebene der Falleinheiten
H1.1 und *H1.2*	Ergebnisse entsprechen den Prognosen, Verallgemeinerung erfordert quantitative Untersuchung	nicht untersucht
H2.1, H2.2, H2.3, H2.4 und *H2.5*	H2.2 nicht untersucht. *H2.1, H2.3, H2.4* und *H2.5* zustimmende Tendenzaussage	*H2.2* muss verworfen werden, ansonsten entsprechen die Ergebnisse den Prognosen
H3.1, H3.2, H3.3 und *H3.4*	*H3.1, H3.2, H3.3* und *H3.4* zustimmende Tendenzaussage	Ergebnisse entsprechen den Prognosen
H4.1, H4.2, H4.3 und *H4.4*	*H4.1* und *H4.2* zustimmende Tendenzaussage, keine Informationen zu *H4.3* und *H4.4*	Ergebnisse entsprechen den Prognosen
H5.1 und *H5.2*	Ergebnisse zu *H5.1* entsprechen den Prognosen, *H5.2* zustimmende Tendenzaussage	nicht untersucht

Abbildung 72: Vergleich der Fallstudienergebnisse auf Ebene der Falleinheiten und auf Fallebene. (Quelle: eigene Darstellung)

Das Ergebnis der Auswertung zum Einfluss des Transaktionscharakteristikums Unsicherheit ist ebenfalls auf Ebene der Falleinheiten und auf Fallebene gleich. Analog zu der Bewertung des Transaktionscharakteristikums Spezifität werden bei der Bewertung der Hypothesen *H3.1, H3.2, H3.3* und *H3.4* auf Fallebene lediglich Tendenzaussagen getroffen (vgl. Kapitel 9.19), während die Auswertung auf Ebene der Falleinheiten bzw. deren übergreifende Auswertung (vgl. Kapitel 9.18.2) eine differenzierte Bewertung der Zusammenhänge ermöglicht. Die in den Hypothesen formulierten Zusammenhänge zeigen sich dabei in beiden Perspektiven. Auf Fallebene ist dies zwar nur eine tendenzielle Zustimmung, die Ergebnisse der sehr umfangreichen Auswertungen auf Ebene der Falleinheiten zeigen aber, dass mit steigender Unsicherheit der bereitgestellten Informationen die Fertigungstiefe der als effizient bewerteten BI-Prozesse steigt und dass diese mit abnehmender Unsicherheit sinkt. Insgesamt entsprechen also die Ergebnisse aus beiden Perspektiven den durch die Hypothesen *H3.1, H3.2, H3.3* und *H3.4* formulierten Prognosen und können als Zustimmung zu diesen gewertet werden.

Ein solcher Vergleich ist für das Transaktionscharakteristikum Wiederholungsrate nur teilweise möglich, weil auf Fallebene keine Daten zur Bewertung der Hypothesen *H4.3* und *H4.4* zur Verfügung stehen (vgl. Kapitel 9.19). In der Folge können auf Fallebene nur Tendenzaussagen zu den Hypothesen *H4.1* und *H4.2* getroffen werden. Diese erhärten die vermuteten Zusammenhänge, dass, mit steigender Wiederholungsrate, die Fertigungstiefe der als effizient bewerteten BI-Prozesse sinkt. Ein entsprechendes Ergebnis zeigt auch die Auswertung auf Ebene der Falleinheiten, das den durch die Hypothesen *H4.1* und *H4.2* formulierten Prognosen entspricht. Die gemeinsame Auswertung kann dementsprechend als Zustimmung zu diesen beiden Hypothesen gewertet werden. Die Auswertung auf Fallebene liefert zwar keine Aussagen zum Einfluss niedriger Wiederholungsraten bzw. zu den beiden anderen Hypothesen *H4.3* und *H4.4*, die verfügbaren Daten zeigen aber auch keinen Widerspruch zu den vermuteten Zusammenhängen (*PO3395, PO3399*). Aufgrund der höheren Detailtiefe bei der Auswertung auf Ebene der Falleinheiten und dem deutlich größeren Umfang der verfügbaren Daten, sind die Ergebnisse der Auswertungen auf Ebene der Falleinheiten bzw. deren übergreifende Auswertung (vgl. Kapitel 9.18.2) für die Bewertung des Einflusses der Transaktionscharakteristika von größerer Bedeutung.[1153] Insgesamt können die Ergebnisse deshalb auch als Zustimmung zu den beiden Hypothesen *H4.3* und *H4.4* gewertet werden, denn die Ergebnisse der

[1153] Auf Fallebene liegen keine vollständigen Informationen bezüglich der Transaktionscharakteristika aller in Unternehmen A bereitgestellten Informationen vor, weshalb alle Aussagen auf Fallebene nur als Tendenzaussagen gewertet werden können.

übergreifenden Auswertung auf Ebene der Falleinheiten entsprechen den formulierten Prognosen (vgl. Kapitel 9.17.3), dass, mit abnehmender Wiederholungsrate der bereitgestellten Informationen, die Fertigungstiefe der als effizient bewerteten BI-Prozesse steigt. Damit kann auch die Bewertung des Einflusses des Transaktionscharakteristikums insgesamt betrachtet als Zustimmung zu den untersuchten Hypothesen gewertet werden.

Die letzten beiden Hypothesen *H5.1* und *H5.2* beschreiben nicht wie die übrigen in Kapitel 7.3 formulierten Hypothesen Zusammenhänge in Abhängigkeit von Einflussfaktoren, sondern generelle Vermutungen zur Existenz eines Standardprozesses für Business Intelligence (*H5.*1) und zur Möglichkeit der Auswahl einer effizienten BI-Prozessvariante in Abhängigkeit der Fragestellung (*H5.*2). In der Auswertung auf Fallebene kann zwar aus formaler Sicht die Existenz eines Standardprozesses für Business Intelligence (*H5.1*) nicht bestätigt werden, weil in Unternehmen A keine entsprechenden Vorgaben und Regeln definiert sind (vgl. Kapitel 9.19). Trotzdem gibt es eindeutige Darstellungen in den analysierten Dokumenten, die entsprechende Prozesse oder Rollenmodelle zeigen (*PO3380, PO3388, PO3390*) sowie weitere allgemeine Aussagen, die sowohl für die Existenz eines Standardprozesses sprechen als auch im Unternehmen implementierte und genutzte Prozesse schematisch vergleichen (*PO3375, PO3381, PO3377, PO3378, PO3379*). Die Auswertung auf Fallebene spricht also für die Existenz eines allgemeinen Standards für BI-Prozesse, was dem durch Hypothese *H5.1* prognostizierten Ergebnis entspricht. Eine explizite Auswertung zu den Hypothesen *H5.1* und *H5.2* existiert auf Ebene der Falleinheiten allerdings bisher nicht, denn dort liegt der Fokus bei der Auswertung sowohl in den einzelnen Falleinheiten als auch übergreifend auf Ebene der Falleinheiten auf den Einflüssen der Transaktionscharakteristika auf die Effizienz unterschiedlicher Prozessvarianten. Implizit wird aber insbesondere Hypothese *H5.1* sehr ausführlich untersucht, denn die Existenz eines Standardprozesses ist die Voraussetzung für die Definition unterschiedlicher Prozessvarianten und für die übergreifende Bewertung des Einflusses der Transaktionscharakteristika (vgl. Kapitel 9.18). Das implizite Ergebnis ist dabei sehr eindeutig, denn in allen 16 untersuchten Falleinheiten können die dort genutzten 21 Prozesse dem in den Kapiteln 6.1 und 6.2 entwickelten Prozess bzw. den davon abgeleiteten und durch die Entkopplungspunkte gebildeten Prozessvarianten aus Kapitel 6.3 zugewiesen werden (vgl. die einleitenden Kapitel zur Auswertung der einzelnen Falleinheiten). Insgesamt entsprechen also sowohl die Ergebnisse auf Fallebene als auch die Ergebnisse in den Falleinheiten den Prognosen gemäß der Hypothese *H5.1*.

Aufbauend auf diesem Ergebnis kann nun auch abschließend die Behauptung untersucht werden, dass für jede Fragestellung eine effiziente BI-Prozessvariante gewählt werden kann (*H5.2*). Als Basis für die Auswertung auf Fallebene werden erneut Einschätzungen und Darstellungen in Präsentationen, Protokollen und anderen Dokumenten genutzt. Diese Auswertung führt auf Fallebene nur zu einer tendenziellen Zustimmung (vgl. Kapitel 9.19), weil auf Basis der verfügbaren Dokumente keine differenzierte Bewertung in Abhängigkeit der Transaktionscharakteristika möglich ist (vgl. auch die Bewertung der Hypothesen *H2.1* bis *H4.4* in Kapitel 9.19). Die Analyse der Dokumente zeigt aber positive Erfahrungen in einzelnen Unternehmensbereichen mit der Unterscheidung unterschiedlicher Prozessvarianten für verschiedene Fragentypen. Dort konnte beispielsweise der Gesamtaufwand für die Bereitstellung der Informationen gesenkt werden, sodass mehr Zeit für analytische Aufgaben bzw. für das Kommentieren von Ergebnissen verbleibt (*EM3239, EM3240, EM3241, EM3242*). Auch die Darstellungen zu Ansätzen für eine zentrale, koordinierende Einheit oder ein Servicemodell für BI-Leistungen sprechen dafür, dass tendenziell in Abhängigkeit des Fragetyps eine effiziente Prozessvariante gewählt werden kann. Dieses Bild wird durch die Auswertung auf Ebene der Falleinheiten verstärkt. Auch wenn Hypothese *H5.*2 nicht explizit bewertet wird, zeigt die übergreifende Auswertung in den Kapiteln 9.18.1, 9.18.2 und 9.18.3 klar, dass für verschiedene Ausprägungen der Transaktionscharakteristika unterschiedliche Prozessvarianten als effizient bewertet werden. Für alle drei Transaktionscharakteristika Spezifität, Unsicherheit und Wiederholungsrate entsprechen die Ergebnisse der Auswertungen deshalb den in den Hypothesen formulierten Prognosen, sodass für den isolierten Einfluss der Transaktionscharakteristika angenommen werden kann, dass mit steigender Spezifität, steigender Unsicherheit bzw. abnehmender Wiederholungsrate die Fertigungstiefe der als effizient zu betrachtenden Prozessvarianten steigt (vgl. auch Abbildung 69, Abbildung 70 und Abbildung 71). Auch wenn, durch das hier genutzte qualitative Forschungsdesign, keine exakten Grenzen für die Wahl einer bestimmten Prozessvariante ermittelt werden können, kann doch festgehalten werden, dass grundsätzlich für Fragestellungen in Abhängigkeit von deren Spezifität, Unsicherheit oder Wiederholungsrate eine Prozessvariante bestimmt werden kann, die zur Bereitstellung der nachgefragten Informationen effizient ist. Dies kann insgesamt als Zustimmung zu den Hypothesen *H5.*1 und *H5.2* gewertet werden. Neben dem isolierten Einfluss der einzelnen Transaktionscharakteristika spielen für die Auswahl einer möglichst effizienten Prozessvariante aber auch die gemeinsame Wirkung der drei Transaktionscharakteristika bzw. mögliche Ausprägungskombinationen eine entscheidende Rolle. Von Interesse sind hier zum einen Kombinationen der Transaktionscharakteristika, die gegenläufige Ausprägungen aufweisen. Dabei stellt sich die Frage, ob sich die Einflüsse z. B. gegenseitig aufheben oder ob z. B. der höher ausgeprägte Einflussfaktor den niedrig ausgeprägten Einflussfaktor dominiert. Deshalb sind zum zweiten auch Fälle interessant, in denen die Transaktionscharakteristika gleich ausgeprägt sind und für die sich die Frage stellt, ob sich Ausprägungen der Einflussfaktoren ergänzen oder sogar gegenseitig verstärken. Wegen des hier genutzten qualitativen Forschungsdesigns und der im Vergleich zu großzahligen, quantitativen Studien geringen Anzahl an untersuchten Falleinheiten können diese Fragen aber nicht abschließend beantwortet werden.

9.21 Zusammenfassung der Ergebnisse der Fallstudie

Das Design der Fallstudie ermöglicht eine Auswertung aus unterschiedlichen Perspektiven, die je nach Betrachtungsebene besser geeignet sind, um die in Kapitel 7.3 formulierten Hypothesen zu bewerten. Auf diese Weise können die Vorteile einer detaillierten Betrachtung auf Ebene der Falleinheiten mit den Vorteilen einer übergreifenden Betrachtung auf Fallebene verbunden und alle Hypothesen bewertet werden. Der Vorteil des qualitativen Forschungsdesigns ist außerdem, dass neben den untersuchten Hypothesen noch weitere Erkenntnisse gewonnen werden können, die für die Umsetzung effizienter BI-Prozesse in Unternehmen wichtig sind. Insgesamt lassen sich die folgenden Ergebnisse zusammenfassen:

- Unternehmen A bewegt sich in einem Markt mit hoher Wettbewerbsintensität (vgl. Kapitel 9.1). Die Auswertungen zeigen, dass sowohl der **Aufwand** durch Business Intelligence als auch der **Stellenwert** von Informationen sehr hoch sind (vgl. Kapitel 9.20). Die Hypothesen H1.1 und H1.2 können deshalb beide als erhärtet betrachtet werden. Diese Zusammenhänge können allerdings nicht verallgemeinert und auf andere Unternehmen übertragen werden, weil hier lediglich ein konkreter Fall untersucht wurde. Hierzu wäre eine großzahlige, quantitative Untersuchung verschiedener Unternehmen und deren Märkte notwendig, um mit statistischen Mitteln unternehmensübergreifende Vergleiche in Abhängigkeit des Marktkontextes durchführen zu können.
- Für die Hypothesen *H2.1*, *H2.3*, *H2.4* und *H2.5* zeigt die Fallstudie die vermuteten Zusammenhänge. Sowohl in den einzelnen Falleinheiten (vgl. Kapitel 9.18.1) als auch auf Fallebene (vgl. Kapitel 9.19) zeigen die Ergebnisse, dass, mit steigender **Spezifität** der bereitgestellten Informationen, die Fertigungstiefe der als effizient bewerteten Business-Intelligence-Prozesse steigt und dass diese mit abnehmender Spezifität sinkt. Dies kann als Zustimmung gewertet werden.
- Hypothese *H2.2* muss verworfen werden, weil sich auf Fallebene zeigt, dass sowohl zentrale als auch dezentrale Einheiten existieren, die hochgradig standardisierte Informationen bereitstellen (vgl. Kapitel 9.18.1).
- Für die Hypothesen *H3.1*, *H3.2*, *H3.3* und *H3.4* zeigt die Fallstudie die vermuteten Zusammenhänge. Sowohl in den einzelnen Falleinheiten (vgl. Kapitel 9.18.2) als auch auf Fallebene (vgl. Kapitel 9.19) zeigen die Ergebnisse, dass, mit steigender **Unsicherheit** der bereitgestellten Informationen, die Fertigungstiefe der als effizient bewerteten Business Intelligence-Prozesse steigt und dass diese mit abnehmender Unsicherheit sinkt. Dies kann als Zustimmung gewertet werden.

- Für die Hypothesen *H4.1*, *H4.2*, *H4.3* und *H4.4* zeigt die Fallstudie die vermuteten Zusammenhänge. Sowohl in den einzelnen Falleinheiten (vgl. Kapitel 9.18.3) als auch auf Fallebene (vgl. Kapitel 9.19) zeigen die Ergebnisse, dass mit sinkender **Wiederholungsrate** der bereitgestellten Informationen die Fertigungstiefe der als effizient bewerteten Business Intelligence-Prozesse steigt und dass diese mit steigender Wiederholungsrate sinkt. Dies kann als Zustimmung gewertet werden.
- Durch die Auswertungen auf Fallebene (vgl. Kapitel 9.19) sowie die übergreifende Auswertung unter Einbezug der Ergebnisse auf Ebene der Falleinheiten (vgl. Kapitel 9.20), konnte sowohl gezeigt werden, dass ein allgemeiner **Standardprozess** für Business Intelligence existiert (Hypothese *H5.1*) als auch, dass für unterschiedliche Typen von Fragen in Abhängigkeit der Transaktionscharakteristika jeweils eine **effiziente Prozessvariante** zur Bereitstellung der nachgefragten Informationen bestimmt werden kann (Hypothese *H5.2*). Wegen des qualitativen Forschungsdesigns und der im Vergleich zu quantitativen Studien niedrigen Anzahl an Untersuchungseinheiten, ist es allerdings nicht möglich, mithilfe statistischer Verfahren, die Intervalle zu bestimmen, in denen die verschiedenen Prozessvarianten als effizient bewertet werden.

Insgesamt können außer Hypothese *H2.2* alle in Kapitel 7.3 formulierten Hypothesen gehalten werden. Eine tiefere Betrachtung der in Hypothese *H2.2* formulierten Vermutung führt aber nicht zu einer gänzlichen Ablehnung eines Einflusses auf die Vergleichbarkeit der bereitgestellten Informationen, sondern zu einer Neuformulierung der Hypothese. So kann vermutet werden, dass die Vergleichbarkeit der bereitgestellten Informationen statt von der Fertigungstiefe des genutzten BI-Prozesses, von der organisatorischen Ebene, auf der die Informationsnachfragen und -angebote koordiniert werden, abhängt (vgl. Kapitel 9.18.1). Die Ergebnisse zeigen ferner sogar, dass das bloße Wissen, welcher Prozess zur Bereitstellung von Informationen mit bestimmten Transaktionscharakteristika effizient wäre, nicht ausreicht. Vielmehr zeigen jene, dass ein übergeordneter Koordinationsprozess, der die unterschiedlichen Informationsbedarfe abstimmt und die Nutzung der am besten geeigneten Prozessvariante zur Bereitstellung der nachgefragten Informationen sicherstellt, Voraussetzung zur Umsetzung effizienter BI-Prozesse ist. Ein grober Vorschlag für einen solchen Koordinationsprozess wird gemeinsam mit weiteren Empfehlungen zur Gestaltung effizienter BI-Prozesse im folgenden Kapitel beschrieben.

10 Empfehlungen zur Gestaltung effizienter BI-Prozesse

Die empirische Untersuchung im Rahmen dieser Arbeit zeigt, dass es sowohl möglich ist, einen Standardprozess für Business Intelligence zu definieren, als auch unterschiedliche Prozessvarianten zu bilden, die zur Bereitstellung bestimmter Arten von Informationen als effizient zu betrachten sind. Dabei konnte ein Zusammenhang zwischen der Ausprägung der Transaktionscharakteristika der bereitzustellenden Informationen und der Fertigungstiefe der Prozessvarianten hergestellt werden.[1154] Allgemein gesprochen steigt mit der Spezifität und der Unsicherheit sowie mit sinkender Wiederholungsrate der bereitzustellenden Informationen, die Fertigungstiefe der als effizient zu betrachtenden Prozessvarianten und umgekehrt. Als weitere Ergebnisse der empirischen Untersuchung konnte im Zuge der Auswertung der Experteninterviews festgestellt werden, dass es neben den in Kapitel 6.3 vorgeschlagenen, weitere sinnvolle Entkopplungspunkte und damit eine feinere Abstufung von Prozessvarianten für Business Intelligence gibt und dass für eine praktische Umsetzung solcher Prozesse zusätzlich ein Koordinationsprozess notwendig ist. Dieser muss für die Abstimmung von Informationsbedarfen und -angeboten sorgen, damit dauerhafte und signifikante Effizienzsteigerungen möglich werden. Diese beiden zusätzlichen Erkenntnisse werden nachfolgend bei der Formulierung von Gestaltungsempfehlungen mit umgesetzt.

10.1 Prozessmodell für BI-Prozesse unterschiedlicher Fertigungstiefe

Mit dem Prozessmodell für BI-Prozesse aus Kapitel 6.3 liegt nun erstmals ein Ansatz vor, der nicht nur einen Standardprozess für Business Intelligence beschreibt, sondern auch unterschiedliche Varianten darstellt, die sich in der Fertigungstiefe unterscheiden. Damit besteht die Möglichkeit, für jeden Informationsbedarf einen Prozess mit optimalem Verhältnis zwischen Push- und Pull-Anteilen auszuwählen. Je niedriger die Spezifität und die Unsicherheit einer nachgefragten Information ist, desto besser kann auf vorgefertigte und standardisierte Module (z. B. voraggregierte Daten) zurückgegriffen werden.[1155] Gleichzeitig bietet es sich an, je höher die Wiederholungsrate der Nachfrage nach einer Information bzw. einem vorgefertigten und standardisierten Modul ist, die Be-

---

[1154] Vgl. hierzu auch Einflussfaktoren auf den Informationsbedarf in Reichwald (1992), S. 351 ff.

[1155] SKYRIUS/KAZAKEVI IEN /BUJAUSKAS stellen sogar fest, dass „*the reuse of experience and competence information is one of the most important functions in the process chains of BI* ", Skyrius/Kazakevičienė/Bujauskas (2013b), S. 35.

reitstellung der Information bzw. des Moduls zu automatisieren.[1156] Dieser Zusammenhang zeigt sich auch in der empirischen Studie und spiegelt sich in einem höheren Push-Anteil der zur Bereitstellung von Informationen mit einem solchen Profil der Transaktionscharakteristika als effizient bewerteten Prozesse wider (vgl. z. B. Kapitel 9.2.4, Kapitel 9.6.4 oder Kapitel 9.14.4). Folglich können aus Perspektive des Nutzers bzw. Anwenders vorgefertigte Standardmodule genutzt und individualisiert sowie die Fertigungstiefe des dezentral ausgeführten BI-Prozesses reduziert werden. Für Informationen mit hoher Unsicherheit und hoher Spezifität ist dies umgekehrt nicht möglich, sodass entsprechende BI-Prozesse mit hoher Fertigungstiefe direkt in den Einheiten eines Nutzers bzw. Anwenders ausgeführt werden sollten, statt bei einer zentralen Bereitstellung hohe Aufwände durch zusätzliche Abstimmungen bei jeder Veränderung der Informationsbedarfe zu akzeptieren. Die Umsetzung effizienter BI-Prozesse ist also keine Frage einer zentralen oder dezentralen Organisation für Business Intelligence, sondern kann nur durch einen prozessorientierten Ansatz erreicht werden, der, in Abhängigkeit der Transaktionscharakteristika konkreter Informationsbedarfe, die Nutzung unterschiedlicher Prozessvarianten ermöglicht.[1157] Mit diesem Modell liegt nun auch ein Lösungsansatz für das, in Kapitel 4.4 identifizierte, Problem unzureichender Kategorisierungsmöglichkeiten für Informationen vor. Dort wurde festgestellt, dass bisher keine Methoden zur Informationsbewertung im Sinne einer Mess- und Vergleichbarkeit existieren und damit die Möglichkeit zur Definition von Standards für ähnliche Informationen fehlt. Durch die Nutzung des Prozessmodells kann dieses Problem umgedreht und gelöst werden, indem Informationen nicht nach inhaltlichen Gesichtspunkten, sondern nach ihren Transaktionscharakteristika und anhand des Modells segmentiert werden.[1158] Auf diese Weise können die erwarteten Prozesskosten für die

---

[1156] LAMPEL/MINTZBERG zeigen einen solchen Aufbau für einen physischen Produktionsprozess mit Entkopplungspunkten zur Herstellung von Produkten mit unterschiedlichen Standardisierungsgraden, vgl. Lampel/Mintzberg (1996), S. 24.

[1157] Vgl. Hammer/Champy (1994), S. 77 f. Der Versuch, genau einen Standard zu definieren, war ein Ziel der Massenproduktion. Diese ist aber heute überholt, weil die individuellen Bedürfnisse der Kunden so nicht befriedigt werden können. Stattdessen ermöglichen unterschiedliche Varianten des gleichen Prozesses die Erzeugung verschiedener Produkte oder Produktvarianten für verschiedene Märkte oder auch unterschiedliche Bedürfnisse der Kunden im gleichen Markt. Dieses Prinzip ist heute in der Produktion an vielen Stellen Standard und kann auch für die Bereitstellung von Dienstleistungen (Business Intelligence, also die Bereitstellung von Informationen, ist auch eine Dienstleistung) genutzt werden.

[1158] In Unternehmen werden Segmente gebildet, um bestimmte Kategorien z. B. von Angebot und Nachfrage aufeinander abzustimmen. Es können aber auch bspw. Prozesse nach Produkt-, Kunden- und Lieferantengruppen segmentiert werden, vgl. Gaitanides (2012), S. 53. Hier erfolgt eine Segmentierung von Informationen und BI-Prozess nach den gleichen Kriterien, sodass die Informationskategorien gleichzeitig auch bestimmten Prozessvarianten zur Informationsbereitstellung zugeordnet werden, vgl. auch Theuvsen (1996), S. 70.

Bereitstellung einer Information nach einem Standard bestimmt werden, ohne dass die Information selbst vorliegen muss. Ein Entscheider wird so in die Lage versetzt, seinen vermuteten Nutzen durch eine zusätzliche Information den Kosten für deren Bereitstellung gegenüberzustellen und auf dieser Basis eine Entscheidung über eine entsprechende Informationsnachfrage zu treffen.[1159]

Im Zuge der Experteninterviews bzw. der anschließenden Auswertung konnte das vorgeschlagene Prozessmodell erfolgreich genutzt werden, um die realen Prozesse zu erfassen und zu kategorisieren. Dabei hat sich aber auch gezeigt, dass in der Realität durchaus noch weitere „Zwischenvarianten" existieren können, die durch die Einführung zusätzlicher Entkopplungspunkte entstehen, wenn innerhalb eines verrichtungsorientierten Schrittes des BI-Prozesses zwischen verschiedenen Automatisierungsgraden unterschieden werden kann (vgl. Kapitel 9.5, gegenüber der Push-Pull-Variante in Kapitel 9.7 und gegenüber Kapitel 9.8). D. h., zusätzlich zur verrichtungsorientierten Segmentierung, die in Kapitel 6.1 vorgeschlagen wurde, können die Schritte des BI-Prozesses durch eine, auf ein konkretes Unternehmen bezogene, instrumentenorientierte Segmentierung nochmals unterteilt werden.[1160] Ausschlaggebend sind hierfür allerdings durch Instrumente implementierte Funktionalitäten und nicht konkrete Software- und Hardwareprodukte verschiedener Hersteller mit gleicher Funktion.[1161] Als konkrete Erweiterung bzw. Verfeinerung des in Kapitel 6.3 vorgeschlagenen Modells kann so für Unternehmen A das folgende spezifizierte Prozessmodell vorgeschlagen werden (vgl. Abbildung 73).[1162]

[1159] Ein solches Vorgehen würde die Nutzen- bzw. Entscheiderorientierung, die sich auch in der Definition von Business Intelligence als Prozess zur Entscheidungsunterstützung widerspiegelt (vgl. Kapitel 3.2.5), konsequent umsetzen und Informationsbedarfe stets ausgehend von einer Informationsnachfrage befriedigen, vgl. hierzu auch Kapitel 3.2.2 und Kapitel 6.1. Vgl. hierzu auch den Ansatz zu Lean Production in Informationsprozessen in Reichwald (1992), S. 354 ff.

[1160] Prozessmodelle sind generell als idealtypischer Rahmen zu verstehen, der situativ an konkrete Anforderungen von Branchen, Unternehmen oder Geschäftsbereichen angepasst werden kann, vgl. Gaitanides/Scholz/Vrohlings (1994), S. 8.

[1161] Im Gegensatz zu anderen Unternehmensbereichen, wie beispielsweise ERP-Systemen, gibt es eine große Menge von Anbietern, die jeweils unterschiedliche Software- bzw. Hardwarelösungen anbieten. Eine große, auf Business Intelligence spezialisierte, Marktstudie, listet beispielsweise über 40 Analyseinstrumente auf, die große Überschneidungen hinsichtlich der Funktionen aufweisen, vgl. Business Application Research Center (2013).

[1162] Referenzprozesse bzw. Prozessmodelle beschreiben das grundsätzliche Prozessverständnis für bestimmte Themen und müssen zur Nutzung in Unternehmen an die dort geltenden Rahmenbedingungen angepasst werden, vgl. Meinhardt/Teufel (1995), S. 74. Dies ist aber nicht damit zu verwechseln, dass ein Prozessmodell so stark verändert wird, dass es den aktuell vorhandenen Prozessen entspricht. Als Rahmenbedingungen zählen z. B. unveränderliche Anforderungen durch Gesetze, Markt und Kundenbedürfnisse etc.

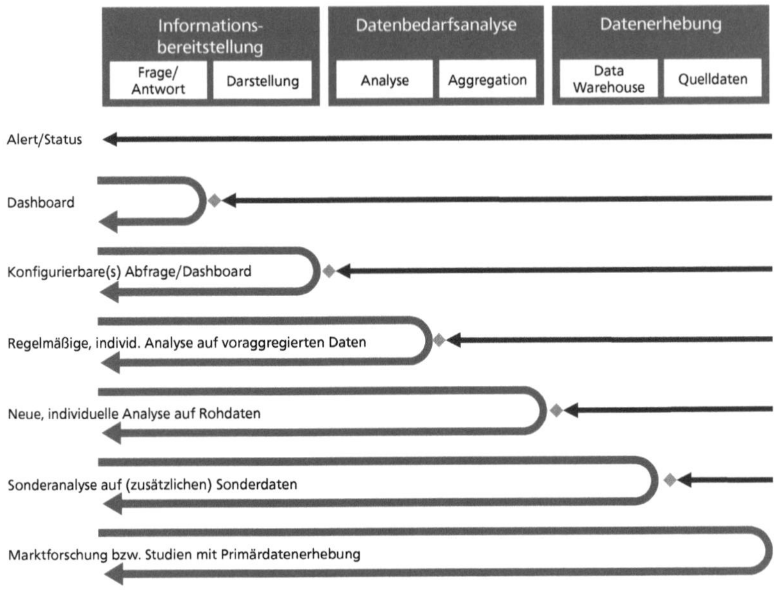

Abbildung 73: Konkrete Erweiterung und Anpassung des Prozessmodells für Unternehmen A. (Quelle: eigene Darstellung)

Für Unternehmen A können so z. B. die folgenden sieben Prozessvarianten nach aufsteigender Fertigungstiefe unterschieden werden:

- **Alert oder Statusmeldung**: Eine Information wird als (Warn-)Signal vollautomatisch bereitgestellt, wenn definierte Ereignisse eintreten (reiner Push-Prozess).
- **Dashboard**: Eine Übersicht über vollautomatisch und zentral definierte Kennzahlen oder Diagramme, die Entscheider bei Bedarf, z. B. über einen Browser, abrufen können.
- **Dashboard mit Filtern oder konfigurierbare Abfrage**: Eine Übersicht über vollautomatisch und zentral definierte Kennzahlen oder Diagramme, die ein Entscheider für konkrete Ausschnitte oder Blickwinkel individuell zusammenstellen kann.
- **Regelmäßige, individuelle Analyse auf voraggregierten Daten**: Informationen zu einem bestimmten, bekannten Sachverhalt oder Themengebiet mit sich verändernden Frageschwerpunkten.
- **Neue, individuelle Analyse auf vorhandenen Rohdaten**: Informationen zu neuartigen Fragestellungen aus bekannten Themengebieten.
- **Sonderanalyse auf zusätzlichen Rohdaten**: Informationen zu neuartigen Fragestellungen aus unbekannten Themengebieten.

- **Marktforschung oder Studie mit Primärdatenerhebung**: Informationen zu neuartigen Fragestellungen, die nicht im operativen Betrieb erfassbare Daten erfordern (reiner Pull-Prozess).

Diese Prozessvarianten und die Arten der damit bereitzustellenden Informationen verdeutlichen auch nochmals die Zusammenhänge zwischen den Transaktionscharakteristika der nachgefragten Informationen und einer als effizient zu bewertenden Fertigungstiefe (vgl. hierzu die Hypothesen *H2.1* bis *H4.4* in Kapitel 7.3). Eine generelle und genaue Zuordnung von Informationen mit bestimmten Ausprägungen der Transaktionscharakteristika und einer konkreten Prozessvariante ist an dieser Stelle allerdings aus zwei Gründen nicht möglich:[1163]

- Das qualitative Forschungsdesign lässt keine statistische Auswertung und z. B. Regressionsanalyse zu, mit der Verläufe der Effizienzkurven für die einzelnen Prozessvarianten ermittelt und die Bereiche zwischen zwei Schnittpunkten mehrerer Effizienzkurven identifiziert werden können.[1164] Somit ist es nicht möglich, für eine Prozessvariante das Intervall zu definieren, innerhalb dessen sie effizient im Vergleich zu den übrigen Varianten ist. Der vermutete Verlauf der Effizienzkurven wird im Rahmen des Ausblicks in Kapitel 11.2.1 beschrieben.
- Die konkreten Intervalle von Ausprägungen der Transaktionscharakteristika, in denen eine Prozessvariante als effizient betrachtet werden kann, hängen von der unternehmensindividuellen Transaktionsatmosphäre ab. Eine pauschale Festlegung ist also nicht möglich, sondern muss stets individuell für jedes Unternehmen durchgeführt werden.[1165]

Für die Auswahl des am besten geeigneten Prozesses müssen allerdings nicht nur die Intervalle bekannt sein, in denen bestimmte Prozessvarianten als effizient betrachtet werden können. Genauso wichtig ist auch die Bestimmung der Transaktionscharakteristika einer nachgefragten Information, um die Zuordnung durchführen zu können. Aufgrund der Dynamik wirtschaftlichen Handelns dür-

---

[1163] Dies ist allerdings auch kein Bestandteil des Forschungsziels.

[1164] Innerhalb des genutzten qualitativen Forschungsdesigns werden keine quantitativen Werte erfasst, was eine Voraussetzung für eine statistische Analyse wäre. Allerdings wäre eine zuverlässige statistische Analyse auch bei vorliegenden Zahlenwerten nicht möglich, weil aufgrund der im Verhältnis zu quantitativen Untersuchungen kleinen Anzahl an Untersuchungseinheiten (16 Falleinheiten, 21 Messpunkte durch Unterscheidung unterschiedlicher Prozessvarianten) notwendige Annahmen (z. B. Normalverteilung der Daten) nicht getroffen werden können (Verletzung des Gesetzes der großen Zahlen).

[1165] Die Abhängigkeit der absoluten Werte von der Transaktionsatmosphäre ist eine entscheidende Voraussetzung für die Übertragbarkeit der vorliegenden Ergebnisse auf andere Unternehmen, denn in der empirischen Studie wurden lediglich die relativen Ausprägungen erfasst, die für alle Unternehmen den gleichen Gesetzmäßigkeiten unterliegen.

fen diese aber nicht als statisch betrachtet werden, sondern können sich mit der Zeit verändern. Ein Grund für eine solche Änderung kann beispielsweise durch ein gewachsenes Interesse anderer Entscheider hervorgerufen werden, das zu einer Steigerung der Wiederholungsrate führt oder auch die Spezifität senkt. Es ist deshalb notwendig ein zusätzliches Management der BI-Prozesse einzuführen, das z. B. für eine regelmäßige Überprüfung der Zuordnung von wiederholt nachgefragten bzw. regelmäßig bereitgestellten Informationen und Prozessvarianten sorgt (vgl. hierzu auch Kapitel 5.3.4). Die Notwendigkeit einer entsprechenden Koordination wird auch im Rahmen der empirischen Studie identifiziert (vgl. Kapitel 9.21). In mehreren Falleinheiten äußern sich die Experten zu Potenzialen durch eine übergreifende Koordination bzw. dass eine solche übergreifende Koordination Voraussetzung für Prozessveränderungen und Effizienzsteigerungen ist (vgl. z. B. Kapitel 9.3.4, Kapitel 9.9.4, Kapitel und Kapitel 9.12.4). Aufgabe eines solchen Koordinationsprozesses ist dementsprechend die Abstimmung der Informationsnachfragen und -angebote im Unternehmen sowie die Priorisierung verschiedener Anfragen, wenn die vorhandene Kapazität kleiner als der Bedarf ist.[1166] Ein entsprechender Koordinationsmechanismus wird im folgenden Kapitel vorgeschlagen.

10.2 Koordinationsprozess zur Abstimmung von Informationsnachfrage und -angebot

Einer der zentralen Ansätze zur Effizienzsteigerung beim Prozessmanagement ist die Vermeidung von Verschwendung, z. B. durch unnötige Aktivitäten oder Doppelarbeit (vgl. Kapitel 5.1.1). Übertragen auf Business Intelligence bedeutet dies, vorhandene Informationen gemeinsam bzw. mehrfach zu nutzen und bei der Bereitstellung auf die gleichen Instrumente zu setzen, um so einen Erfahrungsaustausch zu ermöglichen und hohe Aufwände durch Prozesse mit sehr hoher Fertigungstiefe zu vermeiden (vgl. Kapitel 5.3).[1167] Wie bereits bei der Entwicklung des Prozessstandards für BI-Prozesse genügt es auch hier nicht (vgl. Kapitel 4.2.2 und Kapitel 6.1), auf Bibliotheken für Referenzprozesse wie ITIL oder COBIT zurück zu greifen, weil ein Verwaltungsprozess, wie z. B. ein *Change Request,* nicht zur Koordination von Informationsnachfragen und -angeboten geeignet ist. Vielmehr muss eine möglichst zentrale Instanz (vgl. die Überlegungen zur Weiterentwicklung von Hypothese *H2.*2 in Kapitel 9.19) für einen Kapazi-

[1166] Zusätzlich zu der Koordinationsaufgabe sollte mit dem Koordinationsprozess auch eine „klassische“ Managementaufgabe im Sinne von Analyse, Design, Umsetzung und Kontrolle zum Zwecke einer kontinuierlichen Verbesserung der eigentlichen BI-Prozesse erfüllt werden, vgl. Kapitel 5.3.4. Überlegungen zu einem solchen Management von Business Intelligence sind allerdings nicht Bestandteil des hier untersuchten Forschungsziels und werden deshalb nicht weiter betrachtet.

[1167] Vgl. Skyrius/Kazakevičienė/Bujauskas (2013b), S. 35.

täts- und Interessenausgleich sorgen sowie verschiedene Informationsnachfragen bündeln. Nur so kann sichergestellt werden, dass sowohl die Prozesse gewählt und genutzt werden, welche die höchste Effizienz zur Bereitstellung einer bestimmten Information versprechen, als auch durch die Bündelung mehrerer ähnlicher Informationsnachfragen die Wiederholungsrate („nachgefragte Menge") auf eine für die Automatisierung, d. h. den Push-Anteil einer Prozessvariante, kritische Rate gesteigert wird. Entsprechende Detailüberlegungen werden an dieser Stelle aber ausgelassen, weil diese nicht Bestandteil des Forschungsziels sind. Abbildung 74 zeigt deshalb einen schematischen Vorschlag für einen solchen Koordinationsprozess, in dem strukturiert Entscheidungen zum Umgang mit einer Informationsnachfrage und der Auswahl eines entsprechenden BI-Prozesses getroffen werden. Diese Entscheidungen bauen auf Ansätzen aus der Literatur bzw. auf in früheren Kapiteln diskutierten Überlegungen auf.

Der vorgeschlagene Koordinationsprozess enthält, zusätzlich zur eigentlichen Auswahl der effizienten Prozessvariante für eine konkrete, nachgefragte Information, zwei weitere Schritte, in denen Entscheidungen zum grundsätzlichen Umgang mit der Informationsnachfrage getroffen werden. Diese beiden Aktivitäten sind eine Priorisierung der Informationsnachfrage sowie eine Bewertung deren Ähnlichkeit mit bzw. Verschiedenheit von bereits vorhandenen Informationsnachfragen und -angeboten (vgl. z. B. Kapitel 9.3.4, Kapitel 9.9.4, Kapitel 9.10.4 und Kapitel 9.12.4). Beides sind wichtige Aktivitäten, die auch in der Literatur zur Informationsbedarfsermittlung diskutiert werden.[1168] Die **Bewertung der Priorität** einer Informationsnachfrage dient als erste Aktivität dazu, nur solche Informationsbedarfe zu befriedigen, die idealerweise objektive Informationsbedarfe darstellen (vgl. Kapitel 4.2.1) und deren Nutzen größer ist als die Aufwände durch die Bereitstellung, denn in Unternehmen kann nicht jeder Informationsbedarf befriedigt werden, weil nur eine begrenzte Kapazität zur Entscheidungsunterstützung existiert (vgl. die Überlegungen in Kapitel 9.19). Eine solche Priorisierung kann durch verschiedene, in der Literatur diskutierte Ansätze, wie bspw. Scoring-Verfahren, erfolgen.[1169] Ein konkreter Informationsbedarf wird anschließend nur befriedigt, wenn die Priorität über einem definierten Schwellenwert liegt.[1170]

[1168] Vgl. z. B. Stroh/Winter/Wortmann (2011), S. 42. Diese stellen allerdings auch fest, dass *„die Kernaktivität Übereinstimmung [...] in vergleichsweise wenigen Ansätzen Beachtung [findet]. Insbesondere wird in der Literatur kaum beschrieben, wie ermittelte Informationsbedarfe zu priorisieren sind."*

[1169] Vgl. z. B. Winter/Strauch (2003), S. 15.

[1170] Ein solcher Schwellenwert kann analog zu den Intervallen, in denen bestimme Prozessvarianten als effizient betrachtet werden, nicht absolut und pauschal definiert werden, weil die-

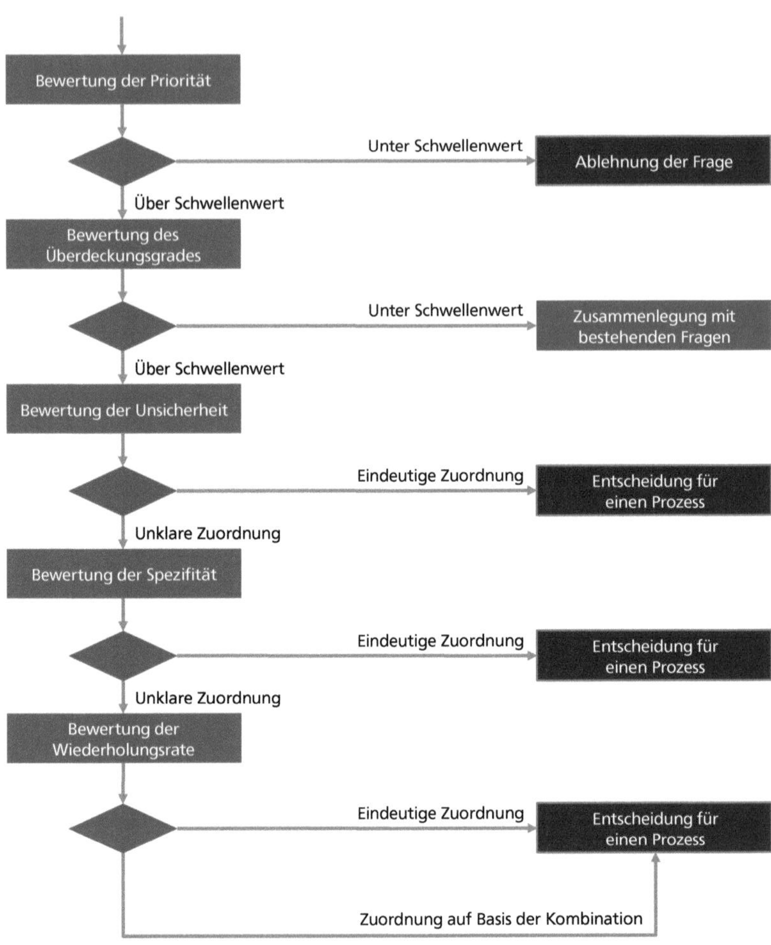

Abbildung 74: Koordinationsprozess zur Abstimmung von Informationsnachfragen und BI-Prozessen. (Quelle: eigene Darstellung)

Ein alternativer Ansatz wäre die Definition eines Marktmodells, das ein Anreizsystem zur individuellen Abwägung erwarteter Nutzen durch die Entscheider

---

ser erstens zum konkreten Scoringverfahren passen und zweitens an die Risikokultur in jedem Unternehmen angepasst werden muss.

gegenüber den Kosten für die Bereitstellung abbildet.[1171] Ein solches Vorgehen entspräche auch dem nutzen- bzw. entscheiderorientierten BI-Prozessverständnis in dieser Arbeit (vgl. Kapitel 3.2.2 und Kapitel 3.2.5). In einem zweiten Schritt muss dann für eine nachgefragte Information der **Überdeckungsgrad** zu bereits zuvor formulierten Informationsnachfragen und entsprechend vorhandenen Informationsangeboten bewertet werden. Auf diese Weise können ähnliche Informationsnachfragen gebündelt und durch einen gemeinsamen BI-Prozess befriedigt werden.[1172] Ein entsprechender Schwellenwert, bis zu dem Informationsnachfragen gebündelt und ab dem sie individuell beantwortet werden, muss ebenfalls unternehmensindividuell festgelegt werden, weil hiermit auch eine unternehmenspolitische Entscheidung einhergeht.[1173] Zur Ermittlung des Überdeckungsgrades bietet sich beispielsweise der in Kapitel 6.2 dargestellte Ansatz an. Während die ersten beiden Schritte des Koordinationsprozesses einer grundsätzlichen Entscheidung zum Umgang mit einer individuellen Informationsnachfrage und deren potenzieller Bündelung mit anderen Informationsnachfragen dienen, sollen die folgenden drei Schritte die Auswahl eines geeigneten BI-Prozesses zur Bereitstellung der nachgefragten Information und damit zur Befriedigung des zugrundeliegenden Informationsbedarfs sicherstellen. Da bisher noch keine Erkenntnisse zur gemeinsamen Wirkung der Transaktionscharakteristika bzw. bestimmter Kombinationen von Transaktionscharakteristika vorliegen (vgl. hierzu auch 11.2.1), erfolgt die Beurteilung seriell. Dabei erscheint es sinnvoll, zuerst eine Zuordnung in Abhängigkeit der Unsicherheit zu prüfen, weil diese insbesondere für die Auswahl von Prozessvarianten mit hoher bis sehr hoher Fertigungstiefe entscheidend ist (vgl. Kapitel 9.18.2). Aus dem gleichen Grund erfolgt die Bewertung der Wiederholungsrate an letzter Stelle, weil diese den geringsten Einfluss auf die Effizienz einer Prozessvariante hat (vgl. Kapitel 9.18.3). D. h., die Bewertung der Transaktionscharakteristika erfolgt in der Reihenfolge **Unsicherheit**, **Spezifität** und **Wiederholungsrate**, wobei eine eindeutige Zuordnung direkt zu einer Auswahl dieser Prozessvariante führt und damit den Koordinationsprozess beendet. Wenn allerdings keine eindeutige Zuordnung durch die unabhängige Bewertung der einzelnen Transaktionscharakteristika

---

[1171] Ansätze zur Entwicklung solcher Marktmechanismen finden sich bspw. bei Roth (2000); Roth (2002).

[1172] Der Koordinationsprozess muss bei jeder Bündelung auch einen bereits existierenden BI-Prozess kritisch beurteilen, weil ggf. eine andere Prozessvariante effizient wird und deshalb der ursprüngliche Prozess umgestellt werden sollte.

[1173] Die Festlegung eines Schwellenwertes ist insofern eine unternehmenspolitische Entscheidung, dass der Schwellenwert den „Qualitätsanspruch" des Unternehmens an seine Entscheider widerspiegelt. Ein niedriger Schwellenwert bedeutet eine sehr individuelle Entscheidungsunterstützung und Beurteilung von Entscheidungssituationen, während ein höherer Schwellenwert dem Ansatz einer 80%-Lösung bei 20% des Aufwandes entspricht (vgl. hierzu auch Kapitel 5.3.4 und Kapitel 6.2 sowie Fußnote 872).

möglich ist, muss abschließend die Kombination der Ausprägungen bewertet und auf dieser Basis die am besten geeignete Prozessvariante gewählt werden. Abschließend muss aber einschränkend noch darauf hingewiesen werden, dass auch ein solcher Koordinationsprozess nicht garantieren kann, dass Informationsnachfragen stets mit dem am besten geeigneten BI-Prozess beantwortet werden. Denn insbesondere bei einer Ablehnung aufgrund einer niedrigen Bewertung der Priorität besteht die Gefahr, dass Entscheider Antworten zu ihren Informationsbedarfen außerhalb der Standardprozesse suchen. Diese Gefahr besteht z. B. auch dann, wenn keine Kosten-Nutzen-Bewertung seitens der Entscheider erfolgt, sondern lediglich die Kosten betrachtet werden und eine Informationsbereitstellung zu *Eh-da-Kosten*[1174] günstiger erscheint (vgl. Kapitel 4.2.3). Eine Durchsetzung des vorgeschlagenen Prozessmodells unter Nutzung des Koordinationsprozesses kann deshalb insbesondere am Anfang nur durch entsprechende Vorschriften und Unterstützung der Unternehmensführung erfolgen.[1175]

1174 Vgl. Weidner (2013), S. 12. Als Eh-da-Kosten werden umgangssprachlich Fixkosten bezeichnet, die unabhängig von Leistungen anfallen, also „eh da" sind. Solche Kosten sind häufig Personalkosten für manuelle Tätigkeiten, die bei Investitionsentscheidungen nicht berücksichtigt werden und somit dazu führen, dass beispielsweise Automatisierungen mittels Software oder auch schon Prozessverbesserungen nicht wirtschaftlich erscheinen.

1175 Vgl. Clemmer (1994), S. 38.

11 Schlussbetrachtung

Im Anschluss an die inhaltliche Bearbeitung des in Kapitel 1.3 formulierten Forschungsziels sollen zum Abschluss der Arbeit die verschiedenen Ergebnisse nochmals zusammengefasst und auch kritisch reflektiert werden (vgl. Kapitel 11.1). Diese Reflektion dient auch einem Ausblick auf konsequente Schritte, die sich aus den vorliegenden Ergebnissen ergeben sowie neuen Forschungsperspektiven (vgl. Kapitel 11.2), die als Ergänzung oder Erweiterung dieser Arbeit dazu beitragen können, die oben identifizierte Forschungslücke weiter zu schließen. Ein grundlegendes Ziel dieser Arbeit ist, die im Zusammenhang mit der Forschungslücke vorgebrachte Kritik fehlender theoretischer Fundierung und Stringenz bei der Anwendung wissenschaftlicher Methoden vieler Arbeiten, die sich mit Business Intelligence beschäftigen, aufzugreifen und durch sachliche Darstellungen, theoretische Fundierung und stringentes methodisches Vorgehen entsprechende Schwachstellen zu vermeiden. Zur Sicherung der wissenschaftlichen Qualität in dieser Arbeit wird deshalb sowohl streng von der vorhandenen Literatur ausgehend als auch auf Basis wirtschaftswissenschaftlicher Grundlagentheorien argumentiert. Das theoretische Fundament bilden dabei die Ressourcentheorie mit Erklärungsbeiträgen zur Wettbewerbswirkung überlegener Informationen (vgl. Kapitel 7.1.1) und die Transaktionskostentheorie zur Beurteilung der Effizienz unterschiedlicher Prozessvarianten in Abhängigkeit der Transaktionscharakteristika Spezifität, Unsicherheit und Wiederholungsrate (vgl. Kapitel 7.1.2).

Das eigentliche inhaltliche Forschungsziel dieser Arbeit wird in Kapitel 1.3 in drei Teile aufgeteilt, die im Verlauf der Arbeit gemäß der wissenschaftstheoretischen Einordnung in Kapitel 1.4 mit einem deduktiven Vorgehen und der abschließenden Überprüfung der in Kapitel 7.3 formulierten Hypothesen mithilfe einer qualitativen Studie bearbeitet werden.

- Teil 1 des Forschungsziels wird durch die ganzheitliche Aufbereitung von Business Intelligence in Kapitel 3 erreicht. Hierzu erfolgen auf Basis der Literatur eine Betrachtung der unterschiedlichen Perspektiven von Business Intelligence und eine abschließende Definition als Prozess zur Entscheidungsunterstützung (vgl. Kapitel 3.2.5). Außerdem wird Business Intelligence von verwandten Themen abgegrenzt (vgl. Kapitel 3.3) und anhand der Einflussgrößen einer BI-Strategie ganzheitlich charakterisiert, die gleichzeitig Abhängigkeiten zwischen Business Intelligence und anderen Funktionen im Unternehmen markieren (vgl. Kapitel 3.4).
- Teil 2 des Forschungsziels wird mit Kapitel 4 bearbeitet und erreicht. Dort wird ebenfalls auf Basis der Literatur untersucht, auf welchen Wegen einzelne BI-Leistungen Beiträge zur Wertsteigerung beitragen oder gar einen Wett-

bewerbsvorteil bilden können. Die relevante Verbindung stellen dabei betriebliche Entscheidungen dar, die letztlich Wertsteigerungen oder Wettbewerbsvorteile für ein Unternehmen auslösen (vgl. Kapitel 4.1 und Kapitel 4.2). Da Wertsteigerungen oder Wettbewerbsvorteile meist nicht als Resultat einer einzelnen Entscheidung, sondern durch eine Vielzahl von Entscheidungen und daraus resultierenden Maßnahmen erreicht werden, zeigt eine tiefere Untersuchung allerdings auch, dass keine direkte Kausalkette zwischen Business Intelligence über Entscheidungen zu Wertsteigerungen oder Wettbewerbsvorteilen nachgewiesen werden kann. Es kann aber eine positive Wirkung unterstellt werden, wenn der Nutzen durch zusätzliche Informationen größer ist als die Kosten für deren Bereitstellung, sodass insbesondere der Effizienz von BI-Prozessen als Verhältnis zwischen Output und Input eine zentrale Bedeutung zukommt (vgl. Kapitel 4.2.3 und Kapitel 4.4). Als Basis für die Gestaltung effizienter BI-Prozesse werden deshalb in Kapitel 5 unter anderem etablierte Ansätze zum Prozessmanagement aus den Bereichen Produktion und Supply Chain Management herangezogen, die vielfach erfolgreich in reinen Serviceprozessen und Sekundärprozessen umgesetzt wurden und für die Anforderungen zur Gestaltung von BI-Prozessen geeignet erscheinen.

- Der dritte und wichtigste Teil des Forschungsziels wird schließlich durch die Definition eines Referenzmodells für BI-Prozesse erreicht, auf dessen Basis unterschiedliche Prozessvarianten für Business Intelligence in Abhängigkeit der Transaktionscharakteristika nachgefragter Informationen umgesetzt werden können.[1176] Gemäß des deduktiven Forschungsansatzes dieser Arbeit werden dazu, von den vorangehenden Kapiteln ausgehend, zunächst ein Prozessmodell definiert (vgl. Kapitel 6) und anschließend unter Einbeziehung des theoretischen Fundaments aus Ressourcentheorie und Transaktionskostentheorie ein Bezugsrahmen für eine empirische Untersuchung des Modells und der vermuteten Zusammenhänge zwischen Ausprägung der Transaktionscharakteristika nachgefragter Informationen und der Effizienz unterschiedlicher Prozessvarianten aufgebaut (vgl. Kapitel 7). Diese empirische Untersuchung wird mittels eines qualitativen Forschungsdesigns durchgeführt (vgl. Kapitel 8), das eine sehr umfangreiche und detaillierte Untersuchung realer BI-Prozesse und der vermuteten Zusammenhänge ermöglicht (vgl. Kapitel 9). Den Abschluss bilden schließlich Empfehlungen zur Gestaltung effizienter BI-Prozesse mit der Darstellung einer konkreten Übertragung des Referenzmodells für das im Rahmen der Fallstudie untersuchte Unternehmen (vgl. Kapitel 10.1) sowie ein Koordinationsprozess zur Abstimmung

[1176] Vgl. hierzu auch Gaitanides (2012), S. 56. Dieser zeigt, dass ein Prozessmodell die Grundlage zur Messung der Effizienz und für entsprechende Optimierungen bildet.

von Informationsnachfragen und -angeboten als Voraussetzung für eine erfolgreiche Implementierung des vorgestellten Referenzmodells innerhalb eines Unternehmens (vgl. Kapitel 10.2).

In Kapitel 7.3 werden für die empirische Untersuchung insgesamt 17 Hypothesen aus dem Bezugsrahmen abgeleitet und anschließend im Zuge der Auswertung der Fallstudie auf verschiedenen Ebenen bewertet (vgl. zum Vorgehen bei der Auswertung Kapitel 8.4 und die eigentliche Auswertung der empirischen Studie in Kapitel 9). Diese Auswertung erfolgt in mehreren Schritten zunächst unabhängig auf Ebene der Falleinheiten und auf Fallebene, bevor, durch zwei Schritte zur Triangulation, die 16 bzw. 21 Ergebnisse[1177] auf Ebene der Falleinheiten übergreifend und anschließend in Kombination mit den Ergebnissen auf Fallebene ausgewertet werden. Abbildung 75 zeigt eine Übersicht über die Resultate der abschließenden Hypothesenbewertung nach erfolgter Triangulation.

Von den 17 Hypothesen kann lediglich eine einzige Hypothese (*H2.2*) nicht gehalten werden. Eine detailliertere Betrachtung der Zusammenhänge legt stattdessen den Schluss nahe, dass die Vergleichbarkeit der bereitgestellten Informationen nicht von der Fertigungstiefe des genutzten BI-Prozesses abhängt, sondern von der organisatorischen Ebene, auf der die Informationsnachfragen und -angebote koordiniert werden (vgl. Kapitel 9.18.1). Alle anderen Hypothesen spiegeln sich in den Untersuchungsergebnissen wider und können deshalb vorerst als bestätigt betrachtet werden. Lediglich die beiden Hypothesen *H1.1* und *H1.2* können nur als tendenziell erhärtet betrachtet werden, weil durch das hier genutzte qualitative Forschungsdesign mit einer Einzelfallstudie keine generellen Aussagen zu diesen beiden Hypothesen getroffen werden können. Für eine Übertragung der Aussagen der Hypothesen *H1.1* und *H1.2* auf andere Unternehmen wäre eine großzahlige, quantitative Untersuchung verschiedener Unternehmen und deren Märkte notwendig, um mit statistischen Mitteln unternehmensübergreifende Vergleiche in Abhängigkeit des Marktkontextes durchführen zu können (vgl. hierzu auch Kapitel 9.20). Insgesamt können deshalb ein positiver Zusammenhang zwischen der Spezifität und der Unsicherheit nachgefragter Informationen sowie der Fertigungstiefe als effizient zu betrachtender BI-Prozesse und ein negativer Zusammenhang für die Wiederholungsrate angenommen werden, sodass je höher Spezifität und Unsicherheit bzw. je niedriger die Wiederholungsrate sind, desto höher sollte die Fertigungstiefe bzw. der Pull-Anteil der genutzten Prozessvariante sein und umgekehrt (vgl. Kapitel 9.21).

[1177] Hier ist von 16 bzw. 21 Falleinheiten die Rede, weil zwar 16 verschiedene Einheiten untersucht werden, von denen ermöglichen allerdings fünf zwei unabhängige Beobachtungen, sodass insgesamt 21 unabhängige Ergebnisse vorliegen.

Nr.	Hypothese	Resultat
H1.1	Je **höher die Wettbewerbsintensität** im relevanten Markt des Unternehmens ist **und** je besser die **Möglichkeiten zur Erhebung** kundenspezifischer Daten sind, desto höher sind die **Aufwände** für Business Intelligence in diesem Unternehmen.	(+)
H1.2	Je **höher die Wettbewerbsintensität** im relevanten Markt des Unternehmens ist und je besser die **Möglichkeiten zur Erhebung** kundenspezifischer Daten sind, desto höher ist der **Stellenwert** von Business Intelligence in diesem Unternehmen.	(+)
H2.1	Je **spezifischer** nachgefragte Informationen sind, desto effizienter ist ein **dezentraler** BI-Prozess zur Informationsbereitstellung.	+
H2.2	Je **dezentraler** Business Intelligence im Unternehmen betrieben wird, desto weniger **standardisiert** und vergleichbar sind die bereitgestellten Informationen.	-
H2.3	Je **dezentraler** Business Intelligence im Unternehmen betrieben wird, desto weniger **automatisiert** ist der BI-Prozess.	+
H2.4	Je **weniger spezifisch** nachgefragte Informationen sind, desto effizienter ist ein **zentraler** BI-Prozess zur Informationsbereitstellung.	+
H2.5	Je **automatisierter** ein BI-Prozess ist, desto effizienter ist ein zentraler BI-Prozess zur Informationsbereitstellung.	+
H3.1	Je **dynamischer** sich Sachverhalte und daraus ergebende Fragestellungen **verändern**, desto effizienter ist ein **dezentraler** BI-Prozess zur Informationsbereitstellung.	+
H3.2	Je **komplexer und unbekannter** eine Fragestellung ist, desto effizienter ist ein **dezentraler** BI-Prozess zur Informationsbereitstellung.	+
H3.3	Je **statischer** Sachverhalte und sich daraus ergebende Fragestellungen sind, desto effizienter ist ein **zentraler** BI-Prozess zur Informationsbereitstellung.	+
H3.4	Je **bekannter** eine Fragestellung ist, desto effizienter ist ein **zentraler** BI-Prozess zur Informationsbereitstellung.	+
H4.1	Je **regelmäßiger** eine Frage gestellt wird, desto effizienter ist ein **automatisierter** BI-Prozess zur Informationsbereitstellung.	+
H4.2	Je **größer die Gruppe** der Entscheider ist, desto effizienter ist ein **automatisierter** BI-Prozess zur Informationsbereitstellung.	+
H4.3	Je **seltener** eine Frage gestellt wird, desto effizienter ist ein **manueller** BI-Prozess zur Informationsbereitstellung.	+
H4.4	Je **kleiner die Gruppe** der Entscheider ist, desto effizienter ist ein **manueller** BI-Prozess zur Informationsbereitstellung.	+
H5.1	Es lässt sich ein **allgemeingültiger Standardprozess** für Business Intelligence definieren.	+
H5.2	Für verschiedene Typen von Fragestellungen lässt sich jeweils ein **effizienter Standardprozess** definieren.	+

Abbildung 75: Übersicht über die Ergebnisse der Hypothesenbewertung.
(Quelle: eigene Darstellung)

Abschließend können nun die sechs eingangs gestellten Forschungsfragen (vgl. Kapitel 1.3) beantwortet werden. Obwohl die erste der Forschungsfragen auch die Nummer 1 trägt, soll diese erst nach den Fragen zwei bis sechs beantwortet werden, weil die Antwort auf den übrigen aufbaut:

2. Wie ist Business Intelligence zu definieren?

Als Ergebnis einer umfangreichen Literaturrecherche und Betrachtung aus unterschiedlichen Perspektiven wird Business Intelligence als **ein Prozess zur Entscheidungsunterstützung definiert, der Entscheidern mittels methodischer Datenanalysen Informationen als Antworten auf formulierte Informationsbedarfe liefert** (vgl. Kapitel 3.2.5). Diese Definition stellt den Entscheider als Nutzer von Business Intelligence in den Mittelpunkt, der einen Nutzen durch mit BI-Prozessen bereitgestellte Informationen erfährt. Business Intelligence wird so als ganzheitlicher Ansatz zur Analyse, Aufbereitung und Bereitstellung von Informationen definiert, der Informationen zu vermuteten Zusammenhängen liefert (Informationsbedarf) und nicht als technischer Ansatz verstanden, der einzig einer Steigerung der verarbeitbaren Datenvolumen dient.[1178]

3. Wie kann ein BI-Prozessstandard beschrieben werden?

In Kapitel 4.2.2 wird ein erster Ansatz für einen Prozessstandard für Business Intelligence auf Basis der Literatur vorgelegt. Dieser wird nach weiteren Überlegungen zum Informationsbedarf von Entscheidern in Kapitel 6.1 erweitert und später erfolgreich in der empirischen Studie zur Abbildung bzw. Kategorisierung der untersuchten BI-Prozesse genutzt.[1179] Ein BI-Prozess kann deshalb als eine Abfolge der sechs Aktivitäten **Informstionsbedarfsanalyse, Datenbedarfsanalyse, Datenanalyse, Datenerhebung, Datenaufbereitung und Informationsbereitstellung** betrachtet werden (vgl. Kapitel 6.1), die durch ein Frage nach Informationen ausgelöst wird und im Ergebnis eine Information als Antwort auf die zuvor gestellte Frage liefert.

4. Wie lässt sich der Nutzen von BI-Prozessen bewerten?

[1178] Dies entspricht auch dem Ansatz der Wissenschaften, vermutete Zusammenhänge in realen Situationen zu untersuchen: *„measurements are performed in ordert o test certein statements, not to discover meanings"*, Bunge (1967), S. 149.

[1179] Die Kategorisierung erfolgt auf Basis der Erweiterung um Entkopplungspunkte, vgl. Kapitel 6.3.

Der Nutzen von Informationen respektive von BI-Prozessen kann nicht absolut bestimmt werden (vgl. Kapitel 4.2.3 und Kapitel 4.3.4). Auch eine direkte Kausalkette zwischen Business Intelligence über Entscheidungen zu Wertsteigerungen oder Wettbewerbsvorteilen kann nicht nachgewiesen werden, weil diese meist nicht als Resultat einer einzelnen Entscheidung, sondern durch eine Vielzahl von Entscheidungen und daraus resultierenden Maßnahmen erreicht werden. Es kann aber eine positive Wirkung unterstellt werden, wenn Entscheider nur solche Informationen nachfragen, deren Nutzen größer ist als die Kosten für die Bereitstellung. Statt des Nutzens von BI-Prozessen kann deshalb die Effizienz von BI-Prozessen als Ersatzgröße betrachtet werden (vgl. Kapitel 4.2.3 und Kapitel 4.4).

5. Wie lässt sich der Aufwand von BI-Prozessen bewerten?

BI-Prozesse verursachen verschiedene Kostenarten. Solange keine expliziten Prozesse für Business Intelligence in Unternehmen definiert sind, können diese Kosten allerdings ausschließlich als Gemeinkosten umgelegt werden, sodass die tatsächlichen Aufwände für BI-Prozesse verschleiert werden. Durch den zuvor definierten Prozessstandard können die tatsächlichen Kosten nun allerdings mithilfe der Prozesskostenrechnung verursachungsgerecht kalkuliert und damit den Leistungen als Verrechnungspreise zugeschlagen werden (vgl. Kapitel 4.3.3).

6. Welche Gestaltungsparameter zur Effizienzsteigerung von BI-Prozessen gibt es?

Zur Effizienzsteigerung von BI-Prozessen können etablierte und erfolgreich genutzte Ansätze aus anderen Bereichen herangezogen und auf Business Intelligence übertragen werden. In dieser Arbeit werden hierzu Ansätze aus der Produktion und dem Supply Chain Management genutzt, die vielfach auch erfolgreich in reinen Serviceprozessen und Sekundärprozessen umgesetzt wurden und für die Anforderungen zur Gestaltung von BI-Prozessen geeignet erscheinen (vgl. Kapitel 5.3). In Kapitel 6 können so als zwei Gestaltungsparameter die Fertigungstiefe von BI-Prozessen aus Perspektive des Nutzers (vgl. Kapitel 6.2) sowie das Aufschieben von Individualisierungsaktivitäten und die Einführung geeigneter Entkopplungspunkte im BI-Prozess (vgl. Kapitel 6.3) identifiziert werden. In Kapitel 7.2 kann auf Basis der Ressourcentheorie und der Transaktionskostentheorie außerdem ein Zusammenhang zwischen den Transaktionscharakteristika der nachgefragten Informationen und der Fertigungstiefe des genutzten BI-Prozesses auf der einen Seite sowie der Effizienz des BI-Prozesses auf der anderen Seite hergestellt werden. Auf Basis des in Kapitel 6.1 definierten Standardprozesses lässt sich so beispielsweise ein Referenzmodell mit vier generischen Prozessvarianten bilden (vgl. Kapitel 6.3).

1. Wie sind effiziente BI-Prozesse zu gestalten?

Final lässt sich nun auch die primäre Forschungsfrage nach der Gestaltung effizienter BI-Prozesse beantworten. Durch die empirische Studie im Rahmen dieser Arbeit konnten der vermutete positive Zusammenhang zwischen der Spezifität und der Unsicherheit nachgefragter Informationen sowie der Fertigungstiefe als effizient zu betrachtender BI-Prozess und der vermutete negative Zusammenhang für die Wiederholungsrate aufgezeigt werden. Daraus ergibt sich, dass, mit steigender Spezifität, mit steigender Unsicherheit und mit sinkender Wiederholungsrate, der nachgefragten Informationen die Fertigungstiefe bzw. der Pull-Anteil der genutzten Prozessvariante steigen müssen, um eine hohe Effizienz des BI-Prozesses zu erreichen (vgl. Kapitel 9.21). Dieser Zusammenhang gilt auch umgekehrt, sodass sich durch Anpassungen des Referenzmodells an Unternehmen A ein konkretes Prozessmodell für BI-Prozesse mit sieben Prozessvarianten ergibt (vgl. Kapitel 10). Als notwendige Ergänzung kann aus der Studie auch ein Koordinationsprozess abgeleitet werden, der für eine Abstimmung von Informationsnachfragen und -angeboten als Voraussetzung für eine erfolgreiche Implementierung des vorgestellten Referenzmodells innerhalb eines Unternehmens sorgt (vgl. Kapitel 10.2). Da ein BI-Prozessmodell alle Funktionsbereiche überspannt und damit Veränderungen im gesamten Unternehmen nach sich ziehen würde, kann eine praktische Umsetzung aber nur funktionieren, wenn diese durch allgemeingültige Regeln im Unternehmen und durch den Vorstand unterstützt wird.[1180]

Mit diesen Ergebnissen werden sowohl das übergreifende Forschungsziel der Arbeit als auch alle Teilziele erreicht (vgl. Kapitel 1.3) und die eingangs identifizierte Forschungslücke ein Stück weit geschlossen (vgl. Kapitel 1.2). Im Verlauf der Arbeit haben sich allerdings auch einige Aspekte gezeigt, die einer kritischen Reflektion der Ergebnisse bedürfen (vgl. Kapitel 11.1) und einen Ausblick auf weitere Forschungsvorhaben geben können (vgl. Kapitel 11.2).

11.1 Kritische Reflektion

Die vorliegenden Ergebnisse bedürfen einer kritischen Reflektion, um auf drei Aspekte hinzuweisen, die weitere Forschungsanstrengungen erforderlich machen. Diese sind das genutzte Forschungsdesign, mögliche Korrelationen zwischen den Transaktionscharakteristika sowie die praktische Nutzbarkeit der Ergebnisse. Als Forschungsdesign wird in Kapitel 8.1 ein qualitatives Vorgehen gewählt. Dieses wird wohl begründet und kann auch weiterhin aus den dort ge-

---

[1180] Vgl. Clemmer (1994), S. 38.

nannten Gründen nicht durch ein quantitatives Vorgehen ersetzt werden. Allerdings ist die genutze Erhebungsmethode mittels Befragung i. d. R. nur geeignet, um einen Status zu erheben, von dem Rückschlüsse gezogen werden können. In einigen Untersuchungseinheiten zeigt sich allerdings das Potenzial durch die Untersuchung von Veränderungen, sodass dort die Effizienz der Bereitstellung der exakt gleichen Informationen mit zwei unterschiedlichen Prozessen untersucht und verglichen werden kann (vgl. Kapitel 9.6 und Kapite 9.11). Ein solcher Vergleich wäre deshalb für alle untersuchten Falleinheiten wünschenswert. Da es weder wünschenswert ist, die potenziellen Untersuchungseinheiten nur auf solche zu reduzieren, in denen Veränderungen untersucht werden können und damit die Anzahl möglicher Untersuchungseinheiten zu reduzieren, noch realistisch erscheint, in Unternehmen versuchsweise verschiedene Prozessvarianten zu testen, sollte ein Versuch unternommen werden, mittels eines Experiments unterschiedliche Situationen zu simulieren. Ein solches Experiment hätte den Vorteil gegenüber der hier genutzten Datenerhebung mit Experteninterviews, dass für exakt gleiche Informationen unterschiedliche Varianten getestet werden können und somit das Problem fehlender Messinstrumente zur absoluten Bewertung von Informationen gelöst wäre.

Der zweite Aspekt wäre eine Überprüfung möglicher Korrelationen zwischen den erfassten Transaktionscharakteristika bzw. deren Indikatoren. In der vorliegenden Untersuchung ist ein solcher Test aufgrund der für quantitative Verfahren kleinen Menge an Untersuchungseinheiten bzw. Messpunkten nicht möglich. Auch die Nutzung eines für kleine Grundgesamtheiten geeigneten Suchalgorithmus konnte aufgrund der Vielzahl an Dimensionen der Messpunkte kein belastbares Ergebnis liefern. Da eine mögliche Korrelation zwischen den Transaktionscharakteristika insbesondere Auswirkungen auf die praktische Implementierung des vorgeschlagenen Referenzmodells und Koordinationsprozesses hat (vgl. Kapitel 10), sollte dieser Aspekt nochmals explizit getestet werden. Und weil hierfür lediglich Informationseigenschaften erfasst werden müssen, bietet sich die Nutzung eines quantitativen Vorschungsdesign mittels Fragebogen an, sodass mit relativ wenig Aufwand eine große Anzahl an Messwerten erzeugt werden kann. Allerdings erfordert die Gestaltung eines geeigneten Fragebogens eine genauere Operationalisierung, damit valide Messmodelle zur Erfassung der Transaktionscharakteristika genutzt werden und das Ergebnis entsprechend hochwertig werden kann.

Der letzte Aspekt, der einer kritischen Reflektion bedarf, betrifft die praktische Nutzbarkeit der vorliegenden Ergebnisse in Unternehmen. Bereits in Kapitel 10.2 wird abschließend darauf hingewiesen, dass zur Umsetzung des vorgeschlagenen Referenzmodells noch weitere Bedingungen, wie z. B. entsprechende Verpflichtungen zur Nutzung und Unterstützung durch die Unternehmensleitung, erfüllt sein müssen. Darüber hinaus ergeben sich allerdings noch einige weitere Herausforderungen, die bei der Abgrenzung des Forschungsziels ausgeschlossen wurden (vgl. Kapitel 1.3). Hierzu zählen insbesondere die beteiligten Menschen in den Prozessen und die Entscheider selbst. So können Entscheider ihren Informationsbedarf häufig nicht ausreichend präzisieren, sodass die Informationsnachfrage gar nicht zu einer Deckung des Bedarfs führen kann.[1181] Eine mögliche Reaktion der Entscheider ist eine starke Ausweitung der Informationsnachfrage, in der Hoffnung, dass diese den Bedarf befriedigt.[1182] Eine zweite Herausfordeung besteht umgekehrt darin, dass Entscheidern das Wissen über Möglichkeiten der Datenanalyse fehlt und sie somit keine Ideen entwickeln können, dass bestimmte neuartige Informationen einen sehr großen Nutzen stiften könnten.[1183] Beide Beispiele führen letztlich dazu, dass Entscheider weder den Nutzen noch die Kosten korrekt einschätzen können und dass damit Ansätze zur nutzenorientierten Effizienzsteigerung ins Leere laufen. Folglich hängt eine erfolgreiche, praktische Umsetzung der vorliegenden Ergebnisse in Unternehmen von weiteren Forschungsergebnissen ab, die die entsprechenden Interaktionen der beteiligten Menschen untersuchen und geeignete Instrumente der Schnittstelle zwischen den Menschen und dem vorgestellten Modell bereitstellen.

11.2 Ausblick und Forschungsperspektiven

Die Ergebnisse der vorliegenden Arbeit ermöglichen auch einen Ausblick auf neue Forschungsperspektiven, die zu einer Ergänzung und Erweiterung des Modells führen können. Einige kleinere Ansätze werden bereits an früherer Stelle im Text aufgeführt. Hierzu zählt beispielsweise eine Integration des Referenzmodells und des Koordinationsprozesses in einen Prozess zum Management von Business Intelligence im Allgemeinen (vgl. z. B. die Ansätze zur kontinuierlichen Verbesserung in Kapitel 5.3.4). Grundsätzlich neue Forschungsperspektiven bieten hingegen eine übergreifende Auswertung der Transaktionscharakteristika (vgl. Kapitel 11.2.1) und eine großzahlige Untersuchung bestimmter Teilergebnisse (vgl. Kapitel 11.2.2). Beide dieser Forschungsperspektiven stellen allerdings jeweils gänzlich neue Forschungsvorhaben dar, die mit eigenen Forschungsdesigns untersucht werden müssen.

[1181] Vgl. Hammergren (1996), S. 147.

[1182] Vgl. Ackoff (1967), S. B148 ff.

[1183] Vgl. Connelly/McNeill/Mosimann (1997), S. 7; Gardner (1998), S. 55. Zumal ein solcher Nutzen auch von Raum sowie Zeit abhängt und sich deshalb verändern kann, vgl. Finkeissen (1999), S. 25 f.

11.2.1 Übergreifende Auswertung der Transaktionscharakteristika

Die übergreifende Auswertung in Kapitel 9.18.1, Kapitel 9.18.2 und Kapitel 9.18.3 dient dazu, den isolierten Einfluss der drei Transaktionscharakteristika und damit die Hypothesen *H2.1* bis *H4.4* zu untersuchen. Neben dem isolierten Einfluss der einzelnen Transaktionscharakteristika könnten für die Auswahl einer möglichst effizienten Prozessvariante allerdings auch die gemeinsame Wirkung der drei Transaktionscharakteristika bzw. mögliche Ausprägungskombinationen eine entscheidende Rolle spielen. Von Interesse sind hier zum einen Fälle, in denen die Transaktionscharakteristika gegenläufige Ausprägungen aufweisen. Hier stellt sich die Frage, ob sich die Einflüsse gegenseitig aufheben können. Zum anderen sind aber auch Fälle interessant, in denen die Transaktionscharakteristika gleich ausgeprägt sind. Hier stellt sich dann die Frage, ob sich die Einflüsse ergänzen oder sogar gegenseitig verstärken können. Wegen des, im Rahmen des Forschungsvorhabens genutzten, qualitativen Forschungsdesigns und der im Vergleich zu großzahligen, quantitativen Studien geringen Anzahl an untersuchten Falleinheiten können diese Fragen aber nicht beantwortet werden.

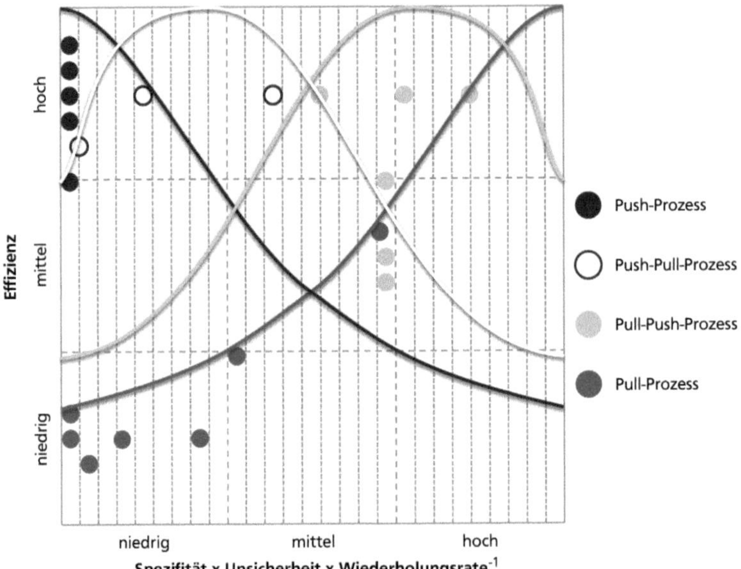

Abbildung 76: Schematische Darstellung der gemeinsamen Wirkung von Spezifität, Unsicherheit und Wiederholungsrate. Als Verknüpfungsfunktion wird eine multiplikative Verknüpfung, d. h. gegenseitige Verstärkung der Wirkung, angenommen. (Quelle: eigene Darstellung)

Eine Erweiterung der vorliegenden Ergebnisse durch eine Untersuchung der gemeinsamen Wirkung der Transaktionscharakteristika Spezifität, Unsicherheit und Wiederholungsrate erscheint allerdings sinnvoll, denn sie bietet das Potenzial einer für ein Unternehmen eindeutigen Festlegung der Intervalle, in denen unterschiedliche Prozessvarianten effizient sind. Abbildung 76 zeigt dies schematisch für die vorliegenden Ergebnisse und unter der Annahme, dass sich die Wirkungen der drei Transaktionscharakteristika gegenseitig verstärken (multiplikative Verknüpfung der Transaktionscharakteristika).

Auf Basis der Ergebnisse anderer transaktionskostenorientierter Studien kann hier ein nicht-linearer Verlauf angenommen werden (vgl. Kapitel 7.1.2). Die Kurvenverläufe stellen Effizienzkurven dar und entsprechen den gespiegelten Gesamtkostenkurven, d. h. eine Prozessvariante ist stets zwischen den Schnittpunkten mit den beiden benachbarten Kurven als effizient zu betrachten. Eine Studie zur Untersuchung dieser Zusammenhänge müsste allerdings eine ausreichend große Anzahl an Untersuchungseinheiten innerhalb eines Unternehmens erfassen können, damit die kritische Masse für eine statistische Auswertung erreicht und eine mathematische Schätzung der Kurvenverläufe möglich werden.

11.2.2 Großzahlige Untersuchung einzelner Teilergebnisse

Die Hypothesen *H1.1* und *H1.2* können nach der durchgeführten Auswertung nur als tendenziell erhärtet betrachtet werden, weil durch das hier genutzte qualitative Forschungsdesign mit einer Einzelfallstudie keine generellen Aussagen zu diesen beiden Hypothesen getroffen werden können. Für eine Übertragung der Aussagen der Hypothesen *H1.1* und *H1.2* auf andere Unternehmen wäre deshalb zuerst eine großzahlige, quantitative Untersuchung verschiedener Unternehmen und deren Märkte notwendig, um mit statistischen Mitteln unternehmensübergreifende Vergleiche in Abhängigkeit des Marktkontextes durchführen zu können (vgl. hierzu auch Kapitel 9.20). Eine solche Studie für diesen konkreten Aspekt wäre leicht möglich, weil zur Erfassung der Aufwände und des Stellenwertes gut auf Kennzahlen, Personalstatistiken und Guidelines in Unternehmen zurückgegriffen werden kann. Diese Angaben lassen sich mithilfe eines schriflichen Fragebogens einfach erfassen, ohne dass eine vergleichbare und tiefe Analyse zugrundeliegender BI-Prozesse erfolgen muss, wie in dieser Arbeit.

Mithilfe des vorgelegten Prozessstandards und des Referenzmodells besteht nun aber auch die Möglichkeit, eine großzahlige, quantitative Studie zu konzipieren, mit der Zusammenhänge in bzw. zwischen BI-Prozessen erfasst werden können. Durch eine geschickte Abbildung des Modells in einem Fragebogen kann es so möglich werden, mehrere Unternehmen mit jeweils einer größeren Zahl an Falleinheiten zu untersuchen, ohne dass dabei die Aufwände über ein tragbares

Maß hinaus steigen.[1184] Hierbei könnten folgende Teilergebnisse nochmals vertieft bzw. erweitert werden:

- In Kapitel 9.18.1 wurden eine modifizierte Hypothese *H2.2** sowie eine weitere Hypothese *H2.6* vorgeschlagen, die einen vermuteten Zusammenhang zwischen dem Standardisierungsgrad der bereitgestellten Informationen und der organisatorischen Verankerung eines Koordinationsprozesses bzw. einer koordinierenden Einheit beschreiben.

  H2.2*: Je dezentraler Informationsbedarfe und -angebote koordiniert werden, desto weniger standardisiert und vergleichbar sind die bereitgestellten Informationen.

  H2.6: Je zentraler Informationsbedarfe und -angebote koordiniert werden, desto höher standardisiert und besser vergleichbar sind die bereitgestellten Informationen.

- In dezentralen Organisationen ist es für ein Unternehmen (bzw. dessen Eigentümer = Prinzipal) schwieriger, die Entscheider (Agenten) zu kontrollieren, sodass eine Prinzipal-Agenten-Situation mit Informationsasymmetrien entstehen kann. In solchen Situationen agieren Entscheider nicht immer im besten Interesse des Unternehmens, sondern versuchen sich selbst durch zusätzliche Informationen abzusichern, d. h. die bereitgestellten Informationen stiften primär einen individuellen Nutzen und wenig bis keinen Unternehmensnutzen (vgl. Kapitel 4.2.1). Es kann deshalb vermutet werden, dass in dezentralen Organisationen weniger (unternehmens-)nutzenorientiert gehandelt wird und deshalb höhere Aufwände entstehen.

  H6.1: Je dezentraler Business Intelligence im Unternehmen betrieben wird, desto weniger wird dem Nutzen der entstehende Aufwand gegenüber gestellt.

  H6.2: Je dezentraler Business Intelligence im Unternehmen betrieben wird, desto größer sind die Gesamtaufwände.

  H6.3: Je zentraler Business Intelligence im Unternehmen betrieben wird, desto häufiger wird dem Nutzen der entstehende Aufwand gegenüber gestellt.

[1184] Eine direkte Übertragung des hier genutzten Forschungsdesign wäre beispielsweise aufgrund des erheblichen Aufwands zur Befragung der Experten, Transkription der Interviews und Codierung der Transkripte nicht praktikabel.

H6.4: Je zentraler Business Intelligence im Unternehmen betrieben wird, desto kleiner sind die Gesamtaufwände.

Die hier durchgeführte empirische Untersuchung hat zwar zu einer Bestätigung der Hypothesen *H2.1* bis *H5.2* geführt (Ausnahme: *H2.2* musste verworfen werden), dennoch sollten auch diese Hypothesen bei der Durchführung einer großzahligen Untersuchung nochmals untersucht werden, um den Generalisierungsanspruch zu erhärten. Aufgrund der Modellkonstruktion und der Erfassung relativer Transaktionskosten können die vorliegenden Ergebnisse zwar theoretisch übertragen werden, eine Wiederholung des Ergebnisses wäre trotzdem wünschenswert.

Anhang

Anhang 1 Überblick BI-Definitionen aus der Literatur

Quelle	Definition
Abai (2006), S. 30.	BI is a platform that enables decision makers in an organization to have the latest internal and external competitive information at their finger tips in a clean, consistent, and timely manner.
Vgl. Adelman/Dennis (2005), S. 28.	*BI is the capability to perform in-depth analysis and possibly data mining of detailed business data, providing real and significant information to business users. BI usually makes use of tools designed to easily access data warehouse data.*
Adelman/Moss/Abai (2005), S. 260.	BI is a term that encompasses a broad range of analytical software and solutions for gathering, consolidating, analyzing and providing access to information in a way that is supposed to let an enterprise's users make better business decisions.
Agosta (2005), S. 50.	The business intelligence (BI) process at its best consists of envisioning a response that creates the possibility of business value through working smarter for an enterprise and tracing that through the labyrinth of information sources, system interfaces and transformations of meaning undergone by the data, resulting in delivery oft hat value. In short, business intelligence is now an essential part of every business process and deserves to be acknowledged as such.
Azvine/Cui/Nauck (2005), S. 215.	BI is all about how to capture, access, understand, analyze and turn one of the most valuable assets of an enterprise – raw data – into actionable information in order to improve business performance.
Baars (2010), S. 664.	Mit Business Intelligence verbunden werden die Sammlung, Vorhaltung und Aufbereitung von Daten zum Zweck der Managementunterstützung.

Quelle	Definition
Baars/Kemper (2008), S. 132.	Business Intelligence is commonly understood to encompass all components of an integrated management support infrastructure. The increased importance of such infrastructures reflects three interacting trends: more turbulent, global business environments, additional pressures to unveil valid risk and performance indicators to stakeholders, and aggravated challenges of effectively managing the more and more densely interwoven processes. It enables continuous business process monitoring, in-depth data analysis, and efficient management communication. BI applications usually revolve around the analysis of structured data.
Biere (2003), S. 18.	BI is the conscious, methodical transformation of data from any and all data sources into new forms to provide information that is business-driven and results-oriented. It will often encompass a mixture of tools, databases, and vendors in order to deliver an infrastructure that not only will deliver the initial solution, but also will incorporate the ability to change with the business and current marketplace. The purpose of investing in BI is to transform from an environment that is reactive to data to one that is proactive. A major goal of BI is to automate and integrate as many steps and functions as possible. Another goal is to provide data for analytics that are as tool-independent as possible.
Boyer u. a. (2010), S. 7.	Business Intelligence is achieved when organizations have in place the strategy, people, process, and technology approaches that result in business impact, value, and affectiveness.
Breitenmoser/Vischer /Boutellier (2012).	Business Intelligence und die damit verbundenen Prozesse verfolgen grundsätzlich ein Ziel: Sie helfen dem Management durch rechtzeitige Information, strategische und operative Entscheidungen zu fällen.
Bucher/Gericke/Sigg (2009), S. 408.	Business Intelligence is a collective term for characterizing systems capable of supporting an organization's top management in ist planning, controlling, and co-

Quelle	Definition
	ordinating activities based on internal data from accounting and finance as well as on external market data.
Chamoni/Gluchowski (2004), S. 119.	Business-Intelligence kennzeichnet Systeme, die auf der Basis interner Kosten und Leistungsdaten sowie externer Marktdaten in der Lage sind, das Management in seiner planenden, steuernden und koordinierenden Tätigkeit zu unterstützen
Dagan (2007), S. 23.	BI is the use of any information to help determine the past, present, and future health of your business and to facilitate making intelligent decisions and taking effective action. The processes and information that enable you to do this can be widely characterized as business intelligence. BI can facilitate integrating information across disparate systems and can significantly help improve your position in the marketplace.
Dittmar/Schulze (2006), S. 27.	[BI ist] eine Vielfalt unterschiedlichster Systeme zur Analyse und Auswertung von Daten mit dem Ziel der Gewinnung nicht-trivialer Erkenntnisse zu den relevanten Wirkungszusammenhängen in Unternehmen [...]
Dresner (2006), S. 36.	BI is all about ways to deliver information to end-users without needing them to be experts in operational research. Some tried to make the term even broader than quantitative information to include unstructured content.
Foley/Guillemette (2010), S. 4.	Business Intelligence (BI) is a combination of processes, policies, culture, and technologies for gathering, manipulation, storing, and analyzing data collected from internal and external sources, in order to communicate information, create knowledge, and inform decision making. Business Intelligence helps report business performance, uncover new business opportunities, and make better business decisions regarding competitors, suppliers, customers, financial issues, strategic issues, products and services.

Quelle	Definition
Gangadharan/Swami (2004), S. 140.	BI describes the result of in-depth analysis of detailed business data, including database and application technologies, as well as analysis practices. Business Intelligence is technically much broader, potentially encompassing knowledge management, ERP, decision support systems and data mining.
Gansor/Totok/Stock (2010), S. 29.	Business Intelligence wird als analytischer Prozess verstanden, der Unternehmens- und Wettbewerbsdaten in handlungsgerechtes Wissen für die Entscheidungsunterstützung überführt.
Gilad/Gilad (1986), S. 53.	Business Intelligence activities center on five tasks: (1) collection of data, (2) evaluation of data validity and reliability, (3) analysis, (4) storage of data and intelligence, and (5) dissemination. The purpose of these activities is to convert raw data about the environment into a form that decision makers can use to make important decisions.
Glaser/Stone (2008), S. 68f.	BI refers to the IT platform and tools used to gather, provide access to, and analyze data about organization operations and activities. The platform is composed of a set of information technologies that are often represented as tack-one technology set on top of another. Starting at the base, the following technologies are present: infrastructure, data acquisition, data integration, data aggregation and storage, data analyses and portal. Management Structures and Processes are important aspects of business intelligence.
Gluchowski/Kemper (2006), S. 12.	Unter Business Intelligence wird ein integriertes IT-Gesamtkonzept verstanden, das für die unterschiedlichen Anforderungen an geeignete Systeme zur Entscheidungsunterstützung tragfähige und miteinander verknüpfte Lösungen anbietet.
Grothe/Gentsch (2000), S. 19.	Business Intelligence bezeichnet den analytischen Prozess, der – fragmentierte – Unternehmens- und Wettbewerbsdaten in handlungsgerichtetes Wissen über die Fähigkeit, Positionen, Handlungen und Zie-le der

Quelle	Definition
	betrachteten internen oder externen Handlungsfelder transformiert.
Vgl. Hannula/ Pirttimäki (2003), S. 593.	*Business Intelligence (BI) plays a central role in producing up-to-date information for operative and strategic decision-making. Most firms think of BI activities as a process focusing on monitoring the competitive environment around them. (BI) concept is defined as organized and systematic processes, which are used to acquire, analyze, and disseminate information significant to their business activities. With the help of BI, the actions of their customers and competitors as well as different phenomena and trends of their market areas and fields of activity. Companies then use the information and knowledge generated to support their operative and strategic decision-making.*
Imhoff (2005), S. 49f.	A BI architecture clearly demonstrates the data flows into/out of various BI components and their process interactions. It establishes information as a corporate asset and promotes the seamless integration mandatory for better quality data. The architecture also enables thereby reducing development costs and ensuring a coordinated deployment of business performance management (BPM), business activity monitoring (BAM) and other BI technologies for managing risks.
Jermol/Lavrac/ Urbancic (2003), S. 122.	A broad category of applications and technologies for gathering, storing, analyzing, and providing access to data to help enterprises make better business decisions is referred to as business intelligence. The knowledge management aspects of business intelligence as implemented in the virtual enterprise model are analyzed in this paper.
Jourdan/Rainer/ Marshall (2008), S. 121.	BI is both a process and a product. The process is composed of methods that organizations use to develop useful information, or intelligence, that can help organizations survive and thrive in the global economy. The product is information that will allow organizations to predict the behavior of their competitors,

Quelle	Definition
	suppliers, customers, technologies, acquisitions, markets, products and services, and the general business environment with a degree of certainty.
Kemper/Lee (2001), S. 54.	Business Intelligence [dient] als Sammelbegriff für die aufgrund neuer Integrationsmechanismen wie Data Warehouse und Applikationsintegration konvergierenden, ursprünglich isolierten und nacheinander entwickelten Konzeptionen „Management Information System", „Decision Support System" und „Executive Information System.
Kemper/Mehanna/Baars (2010), S. 8.	Business Intelligence bezeichnet einen integrierten Ansatz für die betriebliche, IT-basierte Entscheidungsunterstützung.
Lamont (2006), S. 8.	Business intelligence (BI) typically offers the ability to analyze quantitative data and produce information that monitors business performance. The analyses may be summaries or drill downs that present details on subsets of data (tools).
Loftis (2009), S. 34.	The objective of the operational BI environment is to provide the analysis infrastructure from which people from both inside and outside the organization can make better, faster and more informed decisions. Operational analytics, once opposite ideas now comfortably joined, represent the techniques by which organizations are leveraging the BI infrastructure.
Lönnqvist/Pirttimäki (2006), S. 32.	Business Intelligence refers to a managerial philosophy and a tool used to help organizations manage and refine business information with the objective of making more effective business decisions.
Vgl. Love (2007).	*BI is about understanding your business, your competitor's business and the market environment as a whole. The term BI can be used at two levels: at the higher level to signify all aspects of intelligence in a business sense, under which the other categories such as market intelligence (MI) and competitor intelligence (CI) fall. At the lower level, BI is the knowledge of what is happening in*

Quelle	Definition
	your own business. BI, in a management sense, refers to processes and, more recently, technologies about an organization's operations. Used correctly, BI informs your decision-making.
Vgl. Malhotra (2000).	*BI that facilitates the connections in the new-form organization, bringing real-time information to centralized repositories and support analytics that can be exploited at every horizontal and vertical level within and outside the firm.*
Marren (2004), S. 5.	Business intelligence is the rational application of the principles of intelligence services to business. It is simply the collection, analysis, and application of strategic information to business decisions.
Vgl. Michaeli (2006), S. 3.	*Als Business Intelligence wird somit der systematische Prozess der Informationserhebung und –analyse bezeichnet, durch den aus fragmentierten (Roh-)Informationen über Märkte, Wettbewerber und Technologien den Entscheidern ein plastisches Verständnis für ihr Unternehmensumfeld und damit eine Entscheidungsgrundlage geliegert wird.*
Miller (2006), S. 3.	Business Intelligence is defined as getting the right information to the right people at the right time. The term encompasses all the capabilities required to turn data into intelligence that everyone in your organization can trust and use for more effective decision-making.
Morabito/Stohr/Genc (2011), S. 12.	In general, an organizational system of intelligence [BI] is a set of artifacts and activities that systematically promote knowledge and knowledging and that are embedded in the strategies, processes, culture, and technologies of the organization.
Moss/Atre (2003), S. 4.	BI is a cross-organizational discipline and an enterprise architecture for integrated collection of operational as well as decision-support applications and databases with structured as well as unstructured data, which provide the business community easy access

Quelle	Definition
	to business data, and it allows the business to make accurate business decisions
Negash (2004), S. 178.	BI systems combine data gathering, data storage, and knowledge management with analytical tools to present complex internal and competitive information to planners and decision makers.
Raden (2007), S. 28.	BI is to present the right information to the right people at the right time so they can make better decisions. Decision-making is a more complicated process than just reviewing information.
Vgl. Roekel van u. a. (2009), S. 34.	*A good Business Intelligence solution delivers the right information at the right time, in the right format to the right person. Improvement of business decisions determines the value of the delivered information.*
Sriram (2008), S. 1.	Business intelligence is more than internally generated transactional reports. It is information that also includes information about competitors, customers, and suppliers. Intelligent information is required to enhance a manager's understanding of how the competition is dealing with issues such as new product introductions, market share improvements, customer preferences and demands.
Unger/Kemper/ Russland (2008a), S. 1.	Business Intelligence is now commonly understood as an integrated, company specific, IT based concept for managerial decision support.
Vitt/Luckevich (2008), S. 14.	The primary goal of business intelligence is to help people make decisions that improve a company's performance and promote its competitive advantage in the marketplace. In short, business intelligence empowers organizations to make better decisions faster.
Wixom/Watson (2010), S. 14.	[BI is] an umbrella term that is commonly used to describe technologies, applications, and processes for gathering, storing, accessing, and analyzing data to help ist users make better decisions.

Quelle	Definition
Wu/Barash/Bartolini (2007), S. 279.	BI is a business management term used to describe applications and technologies, which are used to gather, provide access to and analyze data and information about the organizations, to help make better business decisions. In other words, the purpose of business intelligence is to provide actionalbel insight. BI technologies include traditional data warehousing technologies such as reporting, ad-hoc querying and OLAP.

Anhang 2 Regeln zur Transkription der Experteninterviews

Die folgenden Regeln zur Transkription der Experteninterviews wurden in Anlehnung an Kuckartz et al. und Gläser/Laudel aufgestellt:[1185]

- Die Transkription erfolgt wörtlich.
- Lautäußerungen des Interviewers („Em", „Mhm", „Aha", ...) werden nicht transkribiert.
- Es wird durch den Absätzen vorangestellte Bezeichner („Person 1:" etc.) deutlich gemacht, welche Personen welche Passagen gesprochen haben.
- Beachtenswerte Gesichtszüge oder Reaktionen können durch Kommentare in Klammern (Bspw.: (lächelt), (lacht) etc.) festgehalten werden, in sofern sie dem Verständnis dienen.
- Die Sprache wird an das Schriftdeutsch angepasst und es wird Standardorthografie anstatt literarischer Umschrift verwendet (Bsp.: „haste" wird zu „hast du").
- Lange Pausen werden durch „(...)" gekennzeichnet.
- Unvollständige Sätze werden nach Möglichkeit ergänzt. Die Ergänzung wird in Klammern gesetzt (Bsp.: „Und (der Abteilungsleiter) hat dann gesagt").
- Wird jemand unterbrochen, bzw. unterbricht einen von ihm angefangenen Satz selbst, wird dies durch „..." gekennzeichnet.
- Ein Zeitstempel wird eingefügt wenn
  - die gerade sprechende Person wechselt,
  - das Thema wechselt oder
  - ein Absatz die Länge von drei Minuten übersteigt.
- Bei Versprechern können Satzteile weggelassen werden, solange sichergestellt ist, dass dies keine sinnentstellenden Folgen hat („Mann kann sagen dass... Nein sagen wir es anders: Also das hat das ganze letzte Jahr sehr begleitet, das muss man ganz ehrlich sagen." Wird gekürzt zu: „Also das hat das ganze letzte Jahr sehr begleitet, das muss man ganz ehrlich sagen.").
- Direkte Rede folgt immer einem Doppelpunkt und wird in Anführungszeichen dargestellt.
- Unverständliche Passagen werden gekennzeichnet durch drei Fragezeichen in Klammern „(???)".

[1185] vgl. Kuckartz u. a. (2007), S. 27 f.; Gläser/Laudel (2009), S. 193 f.

Anhang 3 Interviewleitfaden für die Experteninterviews

0. Einführung	
1.1.	Name
1.2.	Abteilung

1. Aufgabengebiet des Befragten/ der untersuchten Abteilung
Mit **welchen** Problemstellungen beschäftigen Sie (bzw. Ihre Abteilung) sich und welche Fragen beantworten Sie in Ihrem täglichen Geschäft?

	Frage	Erwartungen/ Ziel	Zusätzliche Fragen/ Präzisierungshinweise
1.1.	Welche **Themen** behandelt, bzw. welche **Prozesse** unterstützt Ihr Team/Ihre Abteilung?	• Verortung des Teams/ der Abteilung	
1.2.	Beschreiben Sie Ihre eigene **Rolle**/ Tätigkeit.	• Wie sieht der Befragte sich selbst und die von Ihm ausgeführte Tätigkeit	
1.3.	**Welche Abteilungen** und Teams nutzen Ihre Analysen/ Ergebnisse als **Entscheidungsgrundlage**? Oder führen Sie die Analysen zur Bildung einer eigenen Entscheidungsgrundlage durch?	• Ermittlung der Fertigungstiefe	
1.4.	Welche **Fragen** beantwortet Ihr Team/Ihre Abteilung?	• Welche Fragen sollen beantwortet werden?	
1.5.	Zu welchem **Zweck** und in welcher **Form** werden die Daten aufbereitet?	• Wie hoch ist der Standardisierungsrad? • Fertigungstiefe	• *Berichterstellung, statistische Methoden, Management Dashboard, Budgetierung, Forecasts, Risiko-Management, Marktanalysen*
1.6.	Für welche **Art von Entscheidungen** werden Ihre Analysen verwendet? (**Ad-hoc, operativ, taktisch, strategisch**)		• Zeitaufwand operativ vs. Strategisch...(Verteilung)
1.7.	Welchen **Wert** schreiben Sie Ihren Analyse(n) zu und wie können Sie diesen messen?	• Konkrete Bemessung des finanziellen Beitrags bestimmter Analysen.	• Haben Sie **Beispiele**, wo durch Ihre Analysen **bessere** oder gar neue **Entscheidungen** getroffen werden konnten, die zu einem positiven **Gewinnbeitrag** geführt haben? • Wie bewerten Sie die **Risikorelevanz** Ihrer Reports?

2. Datenquellen und –verarbeitung Aus welchen Systemen/ auf welchen Wegen beziehen Sie die zum Erstellen von Reports benötigten Daten? Welche Probleme tauchen hierbei auf?			
Frage		**Erwartungen/ Ziel**	**Zusätzliche Fragen/ Präzisierungshinweise**
2.1.	Aus **welchen Systemen** stammen die von Ihnen zu Reporting-Zwecken verwendeten Daten?	• Welche Daten/ Datenquellen werden genutzt? Wo kommen Die Daten her? Wie gut/ woher kennt der Nutzer die Systeme? • Identifikation/ Auseinandersetzung	• Wie gut **kennen** Sie diese Systeme?
2.2.	Wissen Sie, welche Systeme die **Daten ursprünglich generieren** und wie diese zustande kommen?	• Identifikation/ Auseinandersetzung	• Ist dieses Wissen nicht wichtig? Was könnten Sie mit diesem Wissen zusätzlich bewegen? Wo liegen Potenziale?
2.3.	Welche **Software/ Tools** nutzen Sie zur Auswertung dieser Daten?	• Wie sieht der Prozess der Datenerhebung aus und wie gut kennt Sich der Nutzer hierbei aus?	• **Wie** greifen Sie auf diese Daten zu? • Wie gut **kennen** Sie sich mit dieser Software aus? • Warum nutzen Sie diese Tools? Gibt es hier Potenzial? • Muss diese Analyse durch Sie erstellt werden oder kann/ sollte der Prozess vorverlagert werden?

2.4.	Gibt es Fragen, die Sie sich stellen, die aber mit den aktuellen (technischen) **Möglichkeiten nicht** bzw. nur durch lokale Lösungen **beantwortet** werden können?	• Wann können Fragen nicht beantwortet werden und woran liegt das?	• Mangelnde…
			  • **Performanz**?
			  • **Funktionalität**?
			  • **Verknüpfung?**
			  • **Automatisierung?**
			  • **Systemstabilität?**
			  • **Verfügbarkeit? (kein 24/7 Betrieb etc.)**
			• **Welche Potenziale sehen Sie hier? Könnten Sie Thesen formulieren à la „Funktion X würde Helfen Prozess Z zu beschleunigen"?**
			• **Warum wurden Mängel bis jetzt nicht beseitigt?**

2.5.	**Bearbeiten** Sie Daten mit Tools wie Excel oder Access weiter, nachdem sie diese bezogen haben?	• In wie fern und in welchen Mengen werden Daten Lokal gespeichert und weiterverarbeitet? Warum?	• Welchen **Umfang** haben die **Datensätze**, die Sie exportieren und z.B. in Excel oder Access weiter bearbeiten bzw. auswerten? *(1000de, 100.000de, 1.000.000 Datensätz etc.)* • Wenn Export: **Warum exportieren** Sie Daten und bearbeiten diese in Excel oder Access weiter? • Was müsste getan werden um Ihre Effizienz zu steigern, Kosten zu sparen etc.?
2.6.	Lassen Sie Daten von **externen Stellen** nachbearbeiten, aufbereiten?	• Wie sieht die Wertschöpfungskette aus?	• Warum lassen Sie Daten von externen Stellen nachbearbeiten? • Was für einen „Business Impact" hätte es, wenn Sie dies sofort „abstellen"? • Wie könnten Daten auch intern entsprechend Ihren Vorstellungen aufbereitet werden und welches Potenzial sehen Sie hier?
2.7.	Wie **regelmäßig** werden Reports und Analysen erzeugt?	• Grad der Standardisierung	• Welcher **Anteil** dieser Reports und Analysen sind **immer gleich** oder sehr ähnlich? • Welche Reports werden nur **einmalig** erzeugt? • Wie regelmäßig werden Daten ausgewertet? • Warum erzeugen Sie die Reports wie angegeben? Definiert der Bedarf tatsächlich die Frequenz etc. in welcher Reports erstellt werden oder ist das systembedingt?
2.8.	Gibt es einen **Freigabeprozess** wichtiger Reports?	• Governance	
2.9.	Wie entscheiden Sie, auf Basis **welcher Daten** Reports und Analysen erstellt werden?	• Gibt es Richtlinien (Governance) zur Nutzung von Daten?	
2.10.	Wie entscheiden Sie, **welche Systeme**/ Software zur Erstellung von Reports/Analysen genutzt werden/ wird?	• Welche Regeln zum Umgang mit den Daten bzw. zur Auswahl der verwendeten Systeme/Software gibt es?	

3. Datenqualität Welche Probleme (Inkonsistenzen, mangelnde Standardisierung, Verantwortlichkeiten etc.) sehen Sie im Bereich Datenqualität?			
Frage		**Erwartungen/ Ziel**	**Zusätzliche Fragen/ Präzisierungshinweise**
3.1.	Welche **Inkonsistenzen** fallen Ihnen bei der Nutzung der verschiedenen Datawarehouses/ Systeme/ Applikationen auf?	• Qualitätsstandards (incl. Priorisierung verschiedener Qualitätsdimensionen)	• Kennen Sie gleiche/ähnliche Daten, die Sie aus verschiedenen Quellen beziehen können? (Redundanzen) • Kennen Sie Daten, die gleich sind/erscheinen aber unterschiedlich benannt werden? (Äquipollenz) • Kennen Sie Daten, die gleich benannt sind, sich aber unterscheiden? (Homonym) • Warum bestehen diese Inkonsistenzen? • In wie weit behindern Sie diese Inkonsistenzen aktuell? • Wo sehen Sie Potenziale bei der Beseitigung dieser Inkonsistenzen?
3.2.	Welche Möglichkeiten haben Sie, um die **Bedeutung** bestimmter Daten zu erfahren?	• Wie ist definiert, was die Daten bedeuten?	
3.3.	Sind die **Kennzahlen**, die Sie verwenden, über die Grenzen Ihres Teams/Ihrer Abteilung **definiert** und bekannt?	• In wie weit sind Daten/Kennzahlen/Reports standardisiert und festgelegt?	• Sollten Kennzahlen bekannt gemacht werden? Welchen zusätzlichen Nutzen würde das generieren?
3.4.	Wer ist für die **Datenqualität** verantwortlich?		• Datenintegrität (Daten werden im Verlauf der Transformation nicht verändert) • Validität, Relevanz und Vollständigkeit (Daten bilden einen realen Sachverhalt repräsentativ ab) • Welche Möglichkeit gibt es hier durch Einflussnahme die Qualität der Reports, ihre Effizienz etc. zu steigern?

4. Kommunikation mit den Datenlieferanten Wie beurteilen Sie die Kommunikationswege von Ihnen zu den Datenlieferanten und umgekehrt?		
Frage	**Erwartungen/ Ziel**	**Zusätzliche Fragen/ Präzisierungshinweise**
4.1. Sehen Sie die **Datenlieferanten** eher als **Dienstleister** oder als **Partner**?	• Verantwortung • Fertigungstiefe	• Wer wird überhaupt als Datenlieferant betrachtet? • Ist diese Rollenverteilung so sinnvoll? • Was wäre der Benefit einer geänderten Rollenverteilung?
4.2. Wie nehmen Sie Ihre eigene **Rolle** wahr? Übernehmen Sie **Aufgaben**, die Sie in **anderen Abteilungen** sehen?	• Wie sieht die aktuelle/ gewünschte Fertigungstiefe aus?	• Könnten Sie ebenso gut ein vorgefertigtes Ergebnis nutzen? • Was wäre der Benefit einer geänderten Rollenverteilung?
4.3. Wie werden **Anforderungen/ Probleme** an den Datenlieferanten **kommuniziert**?	• Governance • Werden Reports für den Papierkorb produziert (Abstimmung der Nutzer mit deren Nutzern)	• Wie **kommunizieren** Sie, welche Daten Sie in einem Report bzw. als Grundlage für eine Analyse benötigen? • Werden nur neue Dinge kommuniziert oder auch **Änderungen** besprochen sowie nicht mehr benötigte Reports/Daten abbestellt? • Wie und an wen geben Sie **Probleme** weiter?
4.4. Wie werden **Anforderungen** priorisiert und finanziert? (welcher Prozess, Investitionsrechnung etc.)	• Governance	• Warum gehen Sie so vor? Ist das so sinnvoll?
4.5. Wie erfahren Sie von **Problemen/ Umstellungen/ Neuerungen** beim Datenlieferanten?	• Governance	• Wie erfahren Sie von **technischen Problemen**? • Wie erfahren Sie von **Umstellungen** in den Systemen oder neuen technischen Möglichkeiten? • Wie könnte diese Art der Kommunikation besser geregelt sein? Wie würde das ihr tägliches Geschäft beeinflussen?
4.6. Haben Sie **Trainings** für die verschiedenen Datenquellen bzw. Datawarehousetools erfahren? Wie schätzen Sie die **Qualität** dieser **Trainings** ein?	• Wissen/ Trainings • Was könnte durch bessere Schulung verbessert werden?	• **Wer veranstaltet** die Trainings? • Fühlen Sie sich ausreichend geschult? • Sind **Handbücher/ Manuals** verfügbar? • Was könnte besser laufen, wenn Sie besser geschult wären?

		• Könnten Sie mit den vorhandenen-Tools besser arbeiten/ neue Tools nutzen, wenn es entsprechende Trainings gäbe?
4.7. Wie beurteilen Sie das **Fachwissen** der **Datenlieferanten** bezüglich Ihres Geschäftsfeldes?		• Wie würden Sie profitieren wenn die Datenlieferanten ein besseres Fachwissen aufweisen würden?

5. Kommunikation mit anderen Abteilungen im Fachbereich
Wo findet schon heute eine Kommunikation/ Abstimmung mit anderen Fachbereichen statt (Erfahrungsaustausch, Standardisierung, Hebung von Synergien etc.) und an welchen Stellen wäre diese wünschenswert?

Frage	Erwartungen/ Ziel	Zusätzliche Fragen/ Präzisierungshinweise
5.1. Sprechen Sie mit anderen Abteilungen über **Anforderungen** und **Erkenntnisse** im Bereich BI?	• Werden Synergien mit anderen Abteilungen gehoben? • Potenziale	• Findet hier ein Erfahrungsaustausch statt? • Warum nicht? • Welche Potenziale sehen Sie in einem Erfahrungsaustausch? (reduzierte kosten, Synergien, bessere Qualität der Reports, ...)
5.2. Gibt es die Möglichkeit, **Reports**, Analysen **anderer Abteilungen** zu nutzen oder werden Reports, Analysen in Ihrem Team, Ihrer Abteilung immer speziell angefertigt?	• Werden Synergien mit anderen Abteilungen gehoben? • Anforderungsmanagement	• Sehen sie hier Potenzial? • Wie könnten Sie profitieren (bessere Qualität, weniger Arbeit, mehr standardisiert, ...)
5.3. Findet eine Abstimmung mit anderen Fachabteilungen bzgl. der **Standardisierung** des Inhalts von und des Umgangs mit Daten statt?	• Wie sollte FB-übergreifende Standardisierung funktionieren?	• Wie wird diese Abstimmung umgesetzt? • Was halten Sie von der Schaffung eines **Gremiums**, dass sich mit einer Fachbereichsübergreifenden Standardisierung beschäftigt? • Gäbe es andere Möglichkeiten eine Standardisierung zu unterstützen?

6. Zusätzliche Fragen an die Abteilung	
Frage	
6.1.	Wie viele Mitarbeiter in Ihrem Team/ in Ihrer Abteilung beschäftigen sich mit der Erstellung von Reports und Analysen?
6.2.	Wie viele Mannstunden fallen pro Monat zur Erstellung von Reports und Analysen in Ihrem Team/ in Ihrer Abteilung an?

Anhang 4 Zusammenfassung der codierten Ergebnisse der Experteninterviews

In der Arbeit werden 1181 von insgesamt 1970 codierten Passagen referenziert. Die Codes beziehen sich jeweils auf Textpassagen der Transkriptionen der Experteninterviews. Aufgrund der Sensibilität vieler Informationen und vertraulicher Personendaten können die Transkriptionen hier nicht abgedruckt, sondern nur bei Bedarf persönlich präsentiert und eingesehen werden.

Anhang 5 Zusammenfassung der codierten Ergebnisse der Dokumentenanalyse

In der Arbeit werden 149 von insgesamt 214 codierten Passagen referenziert. Die Codes beziehen sich jeweils entweder auf Textpassagen oder auf Ausschnitte aus Grafiken. Aufgrund der Sensibilität vieler Informationen und vertraulicher Personendaten können die Codes aus der Dokumentenanalyse hier nicht abgedruckt, sondern nur bei Bedarf persönlich präsentiert und eingesehen werden.

Anhang 6 Liste der in der Dokumentenanalyse genutzten Dokumente

Nr.	Dokument	Typ
D1	20100416 IT-Strategie - kommentiert GESAMT.pdf	Präsentation
D2	20100801_Gespraech_1_Projektauswahl_BI.pdf	Projektplan
D3	20101001_Gespraech_2_Vorstellung_Bereich.pdf	Protokoll
D4	20101001_Vorstellung_Systeme.pdf	Protokoll
D5	20101119_Gespraech_3_Vision_Ziele.pdf	Protokoll
D6	20101124_Gespraech_Vorstellung_Systemplan.pdf	Protokoll
D7	20110107_Gespraech_Vorstellung_Bereich_2.pdf	Protokoll
D8	20110116_Gespraech_Vorstellung_Bereich_3.pdf	Protokoll
D9	20110119_Gespraech_Vorstellung_Bereich_4.pdf	Protokoll
D10	20110128_Prasentation_BI.pdf	Protokoll
D11	20110208_Prasentation_IT-Strategie.pdf	Protokoll
D12	20110316_Gesrpaech_ Datenmodell.pdf	Protokoll
D13	Abschlussbericht_Onlineumfrage.pdf	Bericht
D14	Abschlusspräsentation_FINAL_20110824.pdf	Präsentation
D15	BI_Ziele_20110415.pdf	Projektplan
D16	Systemlandschaft_Visualisiert_v4.png	Diagramm
D17	Erster Entwurf BI-Strategie V03 20110128.pdf	Präsentation
D18	ITPM-Konventionen.pdf	Handbuch
D19	Netzdaten_Analysen.pdf	Protokoll
D20	Sales tool survey Oct 2009.pdf	Präsentation
D21	TUG_EU.pdf	Präsentation
D22	V1.0_Gesamt_Manual_20100323.pdf	Handbuch
D23	Weiteres_Vorgehen_Onlineumfrage_20110812.pdf	Präsentation
D24	Idealprozess ServiceSupport V01 20110208.pdf	Diagramm

Nr.	Dokument	Typ
D25	Organigramm_Ebene1.pdf	Diagramm
D26	Organigramm_Ebene1.pdf	Diagramm
D27	Organigramm_Ebene2.pdf	Diagramm
D28	Organigramm_Ebene3.pdf	Diagramm
D29	Organigramm_Ebene4.pdf	Diagramm

Anhang 7 Fallstudienprotokoll

Das Fallstudienprotokoll ist ein sehr umfangreiches Dokument von ca. 40 Seiten, in dem die Planung, Durchführung und Auswertung der Fallstudie protokolliert ist. Teile des Protokolls sind als Bestandteile an anderen Stellen dieser Arbeit abgedruckt (z. B. der Interviewleitfaden mit erwarteten Antworten, Zusatzfragen etc., vgl. Anhang 3). Aufgrund der Sensibilität vieler Informationen und vertraulicher Personendaten kann das vollständige Fallstudienprotokoll hier nicht abgedruckt, sondern nur bei Bedarf persönlich präsentiert und eingesehen werden.

Literaturverzeichnis

Aamodt, Agnar/Nygård, Mads (1995): Different roles and mutual dependencies of data, information, and knowledge — An AI perspective on their integration. In: Data & Knowledge Engineering, 16(1995)3, S. 191–222.

Abai, Majid (2006): Building a Data-Centric Organization. In: Business Intelligence Journal, 11(2006)4, S. 30–36.

Ackoff, Russell L. (1967): Management Misinformation Systems. In: Management Science, 14(1967)4, S. B147–B156.

Adelman, Sid/Dennis, Suzan (2005): Capitalizing the Data Warehouse. In: DM Review, 15(2005)7, S. 26–32.

Adelman, Sid/Moss, Larissa Terpeluk/Abai, Majid (2005): Data strategy. Indianapolis, IN 2005.

Aghamanoukjan, Anahid/Buber, Renate/Meyer, Michael (2009): Qualitative Interviews. In: Buber, Renate/Holzmüller, Hartmut H. (Hrsg.): Qualitative Marktforschung. 2009, S. 415–436.

Agosta, Lou (2005): Business Intelligence is Now a Priority Process. In: DM Review, 15(2005)11, S. 50–52.

Ahlemeyer-Stubbe, Andrea (2013): Social Media Monitoring. In: Dr, Michael Ceyp Prof/Scupin, Juhn-Petter (Hrsg.): Erfolgreiches Social Media Marketing. 2013, S. 189–196.

Akbulut-Bailey, Asli Yagmur/Motwani, Jaideep/Smedley, Everett M. (2012): When Lean and Six Sigma Converge: A Case Study of a Successful Implementation of Lean Six Sigma at an Aerospace Company. In: International Journal of Technology Management, 57(2012)1/2/3, S. 18–32.

Albach, Horst (1988): Kosten, Transaktionen und externe Effekte im betrieblichen Rechnungswesen. In: ZFB, 58(1988)11, S. 1143–1170.

Albach, Horst (2005): Betriebswirtschaftslehre ohne Unternehmensethik! In: Zeitschrift für Betriebswirtschaft, 75(2005)9, S. 809–831.

Albach, Horst (2007): Betriebswirtschaftslehre ohne Unternehmensethik - Eine Erwiderung. In: Zeitschrift für Betriebswirtschaft, 77(2007)2, S. 195 – 206.

Albadvi, Amir/Keramati, Abbas/Razmi, Jafar (2007): Assessing the impact of information technology on firm performance considering the role of intervening variables: organizational infrastructures and business processes reengineering. In: International Journal of Production Research, 45(2007)12, S. 2697–2734.

Albers, Sönke/Hildebrandt, Lutz (2006): Methodische Probleme bei der Erfolgsfaktorenforschung - Messfehler, formative versus reflektive Indikatoren und die Wahl des Strukturgleichungs-Modells. In: Zeitschrift für betriebswirtschaftliche Forschung, 58(2006)1, S. 2–33.

Alpar, Paul u. a. (2011): Anwendungsorientierte Wirtschaftsinformatik: strategische Planung, Entwicklung und Nutzung von Informationssystemen. 6. Aufl., Wiesbaden 2011.

Altobelli, Claudia F./Bouncken, Ricarda (1998): Wertkettenanalyse von Dienstleistungs-Anbietern. In: Handbuch Dienstleistungsmarketing. Band 1. Stuttgart 1998, S. 282–296.

Alvesson, Mats/Hardy, Cynthia/Harley, Bill (2008): Reflecting on Reflexitivity: Reflexive Textual Practices in Organization and Management Theory. In: Journal of Management Studies, 45(2008)3, S. 480–501.

Alvesson, Mats/Kärreman, Dan (2011): Qualitative research and theory development: Mystery as method. London 2011.

Amit, Raphael/Schoemaker, Paul J. H. (1993): Strategic Assets and Organizational Rent. In: Strategic Management Journal, 14(1993)1, S. 33–46.

Anandarajan, Asokan/Srinivasan, C. A./Anandarajan, Murugan (2004): Historical Overview of Accounting Information Systems. In: Anandarajan, Professor Murugan/Anandarajan, Professor Asokan/Srinivasan, Emeritus Professor Cadambi A. (Hrsg.): Business Intelligence Techniques. 2004, S. 1–19.

Anderson, David R/Sweeney, Dennis J./Williams, Thomas A. (2012): An introduction to management science: quantitative approaches to decision making. Mason, Ohio 2012.

Ansoff, Harry I. (1966): Management-Strategie. München 1966.

Applegate, Lynda M./Austin, Robert Daniel/McFarlan, Franklin Warren (2003): Corporate information strategy and management: text and cases. 2003.

Arnheiter, Edward D./Maleyeff, John (2005): The integration of lean management and Six Sigma. In: The TQM Magazine, 17(2005)1, S. 5–18.

Arnold, Bernhard (2004): Strategische Lieferantenintegration: ein Modell zur Entscheidungsunterstützung für die Automobilindustrie und den Maschinenbau. Wiesbaden 2004.

Arnold, Dieter/Furmans, Kai (2007): Materialfluss in Logistiksystemen. Berlin, Heidelberg 2007.

Arnolds, Hans u. a. (2013): Materialwirtschaft und Einkauf Grundlagen - Spezialthemen - Übungen. Wiesbaden 2013.

Arnott, David/Pervan, Graham (2005): A critical analysis of decision support systems research. In: Journal of Information Technology, 20(2005)2, S. 67–87.

Arnott, David/Pervan, Graham (2008): Eight key issues for the decision support systems discipline. In: Decision Support Systems, 44(2008)3, S. 657–672.

Atzert, Sebastian (2011): Strategisches Prozessmanagement: Bezugsrahmen für das Controlling. In: Strategisches Prozesscontrolling. 2011, S. 53–209.

Azvine, B. u. a. (2007): Operational risk management with real-time business intelligence. In: BT Technology Journal, 25(2007)1, S. 154–167.

Azvine, B./Cui, Z./Nauck, D. D. (2005): Towards real-time business intelligence. In: BT Technology Journal, 23(2005)3, S. 214–225.

Baars, Henning (2010): Business Intelligence im Spannungsfeld von Agilität und Effizienz. In: Controlling, 22(2010)12, S. 664–671.

Baars, Henning/Kemper, Hans-George (2008): Management Support with Structured and Unstructured Data - An Integrated Business Intelligence Framework. In: Information Systems Management, 25(2008)2, S. 132–148.

Baars, Henning/Müller-Arnold, Tina/Kemper, Hans-Georg (2010): Ansätze für eine differenzierte Business Intelligence Governance. In: MKWI Proceedings 2010, (2010), S. 1065–1076.

Baars, Henning/Zimmer, Michael/Kemper, Hans-Georg (2009): The Business Intelligence Competence Centre as an Interface between IT and Departments in Maintenance and Release Development. In: Verona 2009, S. Paper 306.

Bach, Norbert u. a. (2012): Wertschöpfungsorientierte Organisation. Wiesbaden 2012.

Bachmann, Ronald/Kemper, Guido (2009): Raus aus der BI-Falle wie business intelligence zum Erfolg wird. Heidelberg; München; Landsberg; Frechen; Hamburg 2009.

Backhaus, Klaus (2003): Industriegütermarketing. München 2003.

Backhaus, Klaus u. a. (2011): Multivariate Analysemethoden. Eine anwendungsorientierte Einführung. 13. Aufl. Heidelberg u. a. 2011 (= Springer-Lehrbuch).

Bähring, Katrin u. a. (2008): Methodologische Grundlagen und Besonderheiten der qualitativen Befragung von Experten in Unternehmen - Ein Leitfaden. In: Die Unternehmung, 62.(2008)1., S. 89–111.

Bain, Joe S. (1968): Industrial organization. New York 1968.

Bales, Robert F./Strodtbeck, Fred L. (1951): Phases in group problem-solving. In: The Journal of Abnormal and Social Psychology, 46(1951)4, S. 485–495.

Bamberg, Günter/Coenenberg, Adolf Gerhard/Krapp, Michael (2012): Betriebswirtschaftliche Entscheidungslehre. München 2012.

Bange, Carsten (2010): Werkzeuge für analytische Informationssysteme. In: Chamoni, Peter/Gluchowski, Peter (Hrsg.): Analytische Informationssysteme: Business-Intelligence-Technologien und -Anwendungen. Berlin u. a. 2010, S. 131–156.

Banner, David K./Gagné, T. Elaine (1995): Designing Effective Organizations: Traditional and Transformational Views. 1995.

Bannow, Willi (1983): Controlling ist wichtiger denn je. In: Harvard Manager, 5(1983)1, S. 20–25.

Barney, Jay B. (1986): Strategic Factor Markets: Expectations, Luck, and Business Strategy. In: Management Science, 32(1986)10, S. 1231–1241.

Barney, Jay B. (1991a): Firm Resources and Sustained Competitive Advantage. In: Journal of Management, 17(1991)1, S. 99–120.

Barney, Jay B. (1991b): The Resource-Based Model of the Firm: Origins, Implications, and Prospects. In: Journal of Managemnet, 17(1991)1, S. 97–98.

Barney, Jay B. (1996): The Resource-Based Theory of the Firm. In: Organization Science, 7(1996)5, S. 469.

Barney, Jay B. (2011): Gaining and sustaining competitive advantage. 4th ed. Upper Saddle River, NJ 2011.

Barton, Allen H./Lazarsfeld, Paul F. (1979): Einige Funktionen von qualitativer Analyse in der Sozialforschung. In: Hopf, Christel/Weingarten, Elmar (Hrsg.): Qualitative Sozialforschung. Stuttgart 1979, S. 41–89.

Barzel, Yoram (1982): Measurement cost and the organization of markets. In: Journal of law and economics, 25(1982)1, S. 27–48.

Bauer, Andreas/Günzel, Holger (2009): Data-Warehouse-Systeme: Architektur, Entwicklung, Anwendung. Heidelberg 2009.

Bauer, Hans/Sauer, Nicola (2004): Die Erfolgsfaktorenforschung als schwarzes Loch? Vollständige Stellungnahme zum Beitrag „Trotz eklatanter Erfolglosigkeit : Die Erfolgsfaktorenforschung weiter auf Erfolgskurs" von Alexander Nicolai und Alfred Kieser. In: Die Betriebswirtschaft, 64(2004)4, S. 631–633.

Baumbach, Michael (1998): After-sales-Management im Maschinen- und Anlagenbau. Regensburg 1998.

Baumöl, Ulrike (2010): Cultural Change in Process Management. In: Brocke, Jan vom/Rosemann, Michael (Hrsg.): Handbook on Business Process Management 2. 2010 (= International Handbooks on Information Systems), S. 487–514.

Becker, Helmut (2006): Phänomen Toyota. Erfolgsfaktor Ethik. Berlin 2006.

Becker, Jörg/Knackstedt, Ralf (2004): Referenzmodellierung im Data-Warehousing. State-of-the-Art und konfigurative Ansätze für die Fachkonzeption. In: Wirtschaftsinformatik, 46(2004)1, S. 39–49.

Becker, Jörg/Kugeler, Martin (2012): Prozessmanagement ein Leitfaden zur prozessorientierten Organisationsgestaltung. Berlin 2012.

Becker, Torsten (2008): Prozesse in Produktion und Supply Chain optimieren. 2008.

Beckmann, Holger (2003): Supply Chain Management. Berlin u. a. 2003.

Benbasat, Izak/Goldstein, David K./Mead, Melissa (1987): The Case Research Strategy in Studies of Information Systems. In: MIS Quarterly, 11(1987)3, S. 369–386.

Benkenstein, Prof Dr Martin/Steiner, Dr Stephanie/Spiegel, Dr Thomas (2007): Die Wertkette in Dienstleistungsunternehmen. In: Bruhn, Univ-Prof Dr Manfred/Stauss, Univ-Prof Dr Bernd (Hrsg.): Wertschöpfungsprozesse bei Dienstleistungen. 2007, S. 51–70.

Benson, Robert J. (1993): Enterprise-wide Information Management. In: Scheer, August-Wilhelm (Hrsg.): Handbuch Informationsmanagement. 1993, S. 189–216.

Berger, U./Bernhard-Mehlich, I. (2006): Die Verhaltenswissenschaftliche Entscheidungstheorie. In: Kieser, A./Ebers, M. (Hrsg.): Organisationstheorien. 6., erw. Aufl. Stuttgart 2006, S. 169–214.

Berndt, Ralph (1994): Management-Qualität contra Rezession und Krise. Berlin ; New York 1994 (= Herausforderungen an das Management).

Bernhard, Jochen u. a. (2007): Vorgehensmodell zur Informationsgewinnung. Prozessschritte und Methodennutzung. Dortmund 2007 (= SFB 559).

Bibliographisches Institut (2002): Duden: das Bedeutungswörterbuch. 3., neu bearbeitete und erw. Aufl. Mannheim 2002 (= Der Duden in 12 Bänden).

Bieger, Thomas (2007): Dienstleistungsmanagement Einführung in Strategien und Prozesse bei Dienstleistungen. Bern 2007.

Biere, Mike (2003): Business intelligence for the enterprise. Upper Saddle River, N.J. ; [London] 2003 (= IBM DB2 certification guide series).

Bitz, Michael (1981): Entscheidungstheorie. München 1981 (= Hagener Universitätstexte).

Blenkhorn, David L./Fleisher, Craig S. (2005): Competitive intelligence and global business. Westport, CT 2005.

Bode, Jürgen (1993): Betriebliche Produktion von Information. Wiesbaden 1993.

Bohr, K. (1993): Effizienz und Effektivität. In: Wittmann, W. (Hrsg.): Handwörterbuch der Betriebswirtschaftslehre. 5., völlig neu gestaltete Aufl. Stuttgart 1993, S. Sp. 855–869.

Bontis, Nick (2001): Assessing knowledge assets: a review of the models used to measure intellectual capital. In: International Journal of Management Reviews, 3(2001)1, S. 41–60.

Bose, Ranjit (2004): Knowledge management metrics. In: Industrial Management & Data Systems, 104(2004)6, S. 457–468.

Bössmann, Eva (1983): Unternehmungen, Märkte, Transaktionskosten: Die Koordination ökonomischer Aktivitäten. In: Wirtschaftswissenschaftliches Studium, 12(1983)3, S. 105–111.

Boyer, John u. a. (2010): Business Intelligence Strategy. A Practical Guide for Achieving Bi Excellence. Ketchum 2010.

Braun, Jochen (2003): Grundlagen der Organisationsgestaltung. In: Bullinger, Hans-Jörg/Warnecke, Hans Jürgen/Westkämper, Engelbert (Hrsg.): Neue Organisationsformen im Unternehmen. 2003 (= VDI-Buch), S. 1–67.

Breid, Volker (1995): Aussagefähigkeit agencytheoretischer Ansätze im Hinblick auf die Verhaltenssteuerung von Entscheidungsträgern. In: Zeitschrift für betriebswirtschaftliche Forschung, 47(1995)9, S. 821–854.

Breitenmoser, Pablo/Vischer, Moritz/Boutellier, Roman (2012): Gatekeeper-basierte Business Intelligence. In: io management, (2012)1, S. 20–23.

Brenner, Walter (1988): Entwurf betrieblicher Datenelemente: ein Weg zur Integration von Informationssystemen. Berlin; New York 1988.

Breuer, Claudia/Breuer, Wolfgang (2006): Shared-Services in Unternehmensverbünden und Konzernen — Eine Analyse auf der Grundlage der Transaktionskostentheorie. In: Keuper, Frank/Oecking, Christian (Hrsg.): Corporate Shared Services. 2006, S. 97–118.

Brokmann, Torben/Weinrich, Günter (2012): Frühwarnindikatoren und Krisenfrühaufklärung - Ansätze und Praxisanforderungen. In: Jacobs, Jürgen u. a. (Hrsg.): Frühwarnindikatoren und Krisenfrühaufklärung. 2012, S. 13–41.

Brühl, R. (2010): Handlungserklärungen in einer erkenntnispluralisitischen Methodologie. Betriebswirtschaftliche Handlungstheorien und Methodenkombinationen. In: Zeitschrift für Betriebswirtschaft Special Issue, (2010)4, S. 27–60.

Brühl, Rolf (2006): Abduktion und Induktion in wissenschaftlichen Untersuchungen. In: WiSt, 35(2006)4, S. 182–186.

Brühl, Rolf (2008): Begriffe und Variable in der betriebswirtschaftlichen Theorienentwicklung. In: Wirtschaftswissenschaftliches Studium WiSt, 37(2008)7, S. 363–368.

Bruhn, Manfred/Meffert, Heribert (2012): Handbuch Dienstleistungsmarketing Planung - Umsetzung - Kontrolle. Wiesbaden 2012.

Brünger, Christian/Faupel, Christian (2010): Target Costing: Pragmatische Ansätze für eine erfolgreiche Anwendung. In: Controlling & Management, 54(2010)3, S. 170–174.

Bryman, Alan (2000): Quantitative and Qualitative Research: Further Reflections on their Integration. In: Brannen, Julia (Hrsg.): Mixing Methods: Qualitative and Quantitative Research. 1., nachgedruckte. Aldershot 2000, S. 58–78.

Bryman, Alan/Bell, Emma (2007): Business research methods. Oxford 2007.

Bryman, Alan/Buchanan, David A. (2009): The Present and Futures of Organizational Research. In: Buchanan, David A. (Hrsg.): Handbook of Organizational Research Methods. London 2009 (= The Sage Handbook), S. 705–718.

Brynjolfsson, Erik (1993): The productivity paradox of information technology. In: Commun. ACM, 36(1993)12, S. 66–77.

Bucher, Tobias/Gericke, Anke/Sigg, Stefan (2009): Process-centric business intelligence. In: Business Process Management Journal, 15(2009)3, S. 408–429.

Bucher, Tobias/Winter, Robert (2006): Classification of Business Process Management Approaches - An Exploratory Analysis. In: Banking and Information Technology, 7(2006)3, S. 9–20.

Bucher, Tobias/Winter, Robert (2010): Taxonomy of Business Process Management Approaches. In: Brocke, Jan vom/Rosemann, Michael (Hrsg.): Handbook on Business Process Management 2. 2010 (= International Handbooks on Information Systems), S. 93–114.

Buchta, Dirk/Eul, Marcus/Schulte-Croonenberg, Helmut (2004): Strategisches IT-Management: Wert steigern, Leistung steuern, Kosten senken. Wiesbaden 2004.

Budäus, Dietrich/Dobler, Christian (1977): Theoretische Konzepte und Kriterien zur Beurteilung der Effektivität von Organisationen. In: Management International Review, (1977), S. 61–75.

Bühner, Rolf/Weinberger, Hans-Joachim (1991): Cash Flow and Shareholder Value. In: Betriebswirtschaftliche Forschung und Praxis, 43(1991)3, S. 187–208.

Bullinger, Hans-Jörg/Warnecke, Hans J./Westkämper, Engelbert (Hrsg.) (2002): Neue Organisationsformen im Unternehmen: ein Handbuch für das moderne Management. 2., neu bearbeitete und erweiterte Auflage. Berlin 2002.

Bullinger, Hans-Jörg/Wiedmann, Gudrun/Niemeier, Joachim (1995): Business reengineering. State-of-the-art and best practice. In: Horváth, Peter/Wangenheim von, Sascha (Hrsg.): Jahrbuch Controlling 1995. Stuttgart 1995, S. 10–19.

Bunge, Mario (1967): The search for system. Berlin u. a. 1967 (= Scientific research).

Bunge, Mario (1996): Finding philosophy in social science. Yale 1996.

Burmann, C. (2002): Strategische Flexibilität und Strategiewechsel als Determinanten des Unternehmenswertes. 1. Aufl. Wiesbaden 2002.

Burmester, Lars/Goeken, Matthias (2005): Benutzerorientierter Entwurf von unternehmensweiten Data-Warehouse-Systemen. In: Ferstl, Professor Dr Otto K. u. a. (Hrsg.): Wirtschaftsinformatik 2005. 2005, S. 1421–1440.

Business Application Research Center (2013): The BI Survey 13. Würzburg 2013.

Büttgen, Martin (2011): Einflussgrößen und Effizienzkriterien von Service und Corporate Centern in Industrieunternehmen - insbesondere in Unternehmen der Elektrizitätswirtschaft. Essen 2011.

Buxmann, Prof Dr Peter/Diefenbach, Dr Heiner/Hess, Prof Dr Thomas (2011): Die Softwareindustrie: Ökonomische Prinzipien, Strategien, Perspektiven. 2011.

Buytendijk, Frank (2010): Dealing with dilemmas: where business analytics fall short. Hoboken, N.J 2010.

Calof, Jonathan L./Wright, Sheila (2008): Competitive intelligence: A practitioner, academic and inter-disciplinary perspective. In: European Journal of Marketing, 42(2008)7/8, S. 717–730.

Cantner, Uwe/Krüger, Jens/Hanusch, Horst (2007): Produktivitäts- und Effizienzanalyse. Der nichtparametrische Ansatz. Berlin, Heidelberg 2007.

Carr, Nicholas G. (2003): IT Doesn't Matter. In: Harvard Business Review, 81(2003)5, S. 41–49.

Catasús, Bino u. a. (2007): What gets measured gets ... on indicating, mobilizing and acting. In: Accounting, Auditing & Accountability Journal, 20(2007)4, S. 505–521.

Cavaye, Angèle L. M. (1996): Case study research: a multi-faceted research approach for IS. In: Information Systems Journal, 6(1996)3, S. 227–242.

Caves, Richard (1980): Industrial Organization, Corporate Strategy and Structure. In: Journal of Economic Literature, 18(1980)1, S. 64–92.

Chamoni, Peter/Gluchowski, Peter (2010a): Analytische Informationssysteme - Einordnung und Überblick. In: Chamoni, Peter/Gluchowski, Peter (Hrsg.): Analytische Informationssysteme: Business-Intelligence-Technologien und -Anwendungen. Berlin u. a. 2010, S. 3–16.

Chamoni, Peter/Gluchowski, Peter (Hrsg.) (2010b): Analytische Informationssysteme: Business-Intelligence-Technologien und -Anwendungen. 4. Aufl., Berlin u. a. 2010.

Chamoni, Prof Dr Peter/Gluchowski, PD Dr Peter (2004): Integrationstrends bei Business-Intelligence-Systemen. In: Wirtschaftsinformatik, 46(2004)2, S. 119–128.

Champy, James (1995): Reengineering im Management: die Radikalkur für die Unternehmensführung. Frankfurt a. M./New York 1995.

Chartrin, Christophe/Bensemhoun, Dan (2011): Tackling the roots of underperformance in IT. In: Eichfeld, Andy u. a. (Hrsg.): Lean Management. New frontiers for financial institutions. Washington D.C. u. a. 2011, S. 104–111.

Chidamber, Shyam R./Kon, Henry B. (1994): A research retrospective of innovation inception and success: The technology-push, demand-pull... In: International Journal of Technology Management, 9(1994)1, S. 94.

Chmielewicz, Klaus (Hrsg.) (1983): Entwicklungslinien der Kosten- und Erlösrechnung. Stuttgart 1983.

Chmielewicz, Klaus (1994): Forschungskonzeptionen der Wirtschaftswissenschaft. 3., unveränd. Aufl. Stuttgart 1994 (= Sammlung Poeschel).

Choo, Chun Wei (2002): Information Management for the Intelligent Organization: The Art of Scanning the Environment. 2002.

Clark, C. (1957): The conditions of economic progress. 3. Auflage. London 1957.

Clemmer, Jim (1994): Process re-engineering and process improvement. In: CMA Magazine, 68(1994)5, S. 36–41.

Coase, Ronald (1937): The Nature of the Firm. In: Economica, 4(1937)16, S. 386–405.

Commons, John R. (1931): Institutional Economics. In: American Economic Review, 21(1931)4, S. 648.

Connelly, Richard/McNeill, Robin/Mosimann, Roland (1997): The Multi Dimensional Manager - 24 Ways To Impact Your Bottom Line In 90 Days. 9. Aufl., Ottawa, ON, Kanada 1997.

Conner, Kathleen R (1991): A Historical Comparison of Resource-Based Theory and Five Schools of Thougt within Industrial Organization Economics: Do We Have a New Theory of the Firm? In: Journal of Management, 17(1991)1, S. 121–154.

Cook, Thomas D./Campbell, Donald T. (o. J.): The design and conduct of quasi-experiments and true experiments in field settings. In: Dunnette, Marvin D. (Hrsg.): Handbook of industrial and organizational psychology. Chicago o. J., S. 223–326.

Cool, Karel/Schendel, Dan (1988): Performance differences among strategic group members. In: Strategic Management Journal, 9(1988)3, S. 207–223.

Cooper, M. C./Lambert, D. M./Pagh, J. D. (1997): Supply Chain Management. More than a new name for logistics. In: The International Journal of Logistics Management, 8(1997)1, S. 1–13.

Cooper, Robin/Kaplan, Robert S. (1988): Measure Costs Right: Make the Right Decision. In: Harvard Business Review, 66(1988)5, S. 96–103.

Corsten, Hans (1985): Die Produktion von Dienstleistungen: Grundzüge einer Produktionswirtschaftslehre des tertiären Sektors. Berlin 1985 (= Betriebswirtschaftliche Studien).

Corsten, Hans (1992): Produktionswirtschaft: Einführung in das industrielle Produktionsmanagement. 3. überarb. u. wes. erw. Aufl. München 1992.

Corsten, Hans (2000): Produktionswirtschaft: Einführung in das industrielle Produktionsmanagement. 9. Auflage. München 2000.

Corsten, Hans/Dresch, Kai-Michael/Gössinger, Ralf (2004): Wettbewerbsstrategische Grundorientierungen für Dienstleistungsunternehmungen - Entwurf und Konkretisierung eines integrativen Konzeptes. Corsten, Hans (Hrsg.) Kaiserslautern 2004 (= Schriften zum Produktionsmanagement).

Corsten, Hans/Dresch, Kai-Michael/Gössinger, Ralf (2007): Gestaltung modularer Dienstleistungsproduktion. In: Bruhn, Manfred/Stauss, Bernd (Hrsg.): Wertschöpfungsprozesse bei Dienstleistungen. 2007, S. 95–117.

Corsten, Hans/Gössinger, Ralf (2005): Produktionstheorie für Dienstleistungen: Ansatzpunkte und Perspektiven. Corsten, Hans (Hrsg.) Kaiserslautern 2005 (= Schriften zum Produktionsmanagement).

Corsten, Hans/Gössinger, Ralf (2007): Dienstleistungsmanagement. München u. a. 2007.

Corsten, Hans/Stuhlmann, Stephan (1998): Zur Mehrstufigkeit in der Dienstleistungsproduktion. In: Bruhn, Manfred/Meffert, Heribert (Hrsg.): Handbuch Dienstleistungsmanagement. 1998, S. 141–162.

Corsten, Hans/Will, Thomas (1992): Strategieunterstützung durch Fertigungssegmentierung - Möglichkeiten und Grenzen. In: Das Wirtschaftsstudium, 21(1992)5, S. 397–402.

Cottrill, Ken (1998): Turning competitive intelligence into business knowledge. In: Journal of Business Strategy, 19(1998)4, S. 27–30.

Cramme, Carsten (2005): Informationsverhalten als Determinante organisationaler Entscheidungseffizienz. 1. Aufl., 2005.

Cyert, Richard M./March, James G. (1963): A Behavioral Theory of the Firm. Rochester, NY 1963.

Cyert, Richard M./Simon, Herbert A./Trow, Donald B. (1956): Observation of a Business Decision. In: The Journal of Business, 29(1956)4, S. 237–248.

Dagan, Bill (2007): Business Intelligence Simply Stated. In: Natural Gas & Electricity, 23(2007)10, S. 23–27.

Dahrendorf, Ralf (2006): Homo sociologicus: ein Versuch zur Geschichte, Bedeutung und Kritik der Kategorie der sozialen Rolle. Wiesbaden 2006.

Dane, Erik/Pratt, Michael G. (2007): Exploring intuition and its role in managerial decision making. In: Academy of Management Review, 32(2007)1, S. 33–54.

Davenport, Thomas (1993): Process innovation: reengineering work through information technology. Boston Mass. 1993.

Davenport, Thomas H. (2010): Business Intelligence and Organizational Decisions: In: International Journal of Business Intelligence Research, 1(2010)1, S. 1–12.

Davenport, Thomas H./Nohria, Nitin (1994): Case Management and the Integration of Labor. In: Sloan Management Review, 35(1994)2.

Davison, Leigh (2001): Measuring competitive intelligence effectiveness: Insights from the advertising industry. In: Competitive Intelligence Review, 12(2001)4, S. 25–38.

Day, George S. (1984): Strategic market planning: the pursuit of competitive advantage. St. Paul 1984.

Degraeve, Zeger/Labro, Eva/Roodhooft, Filip (2004): Total cost of ownership purchasing of a service: The case of airline selection at Alcatel Bell. In: European Journal of Operational Research, 156(2004)1, S. 23–40.

Delbecq, A. L. (1967): The Management of Decision-Making Within the Firm: Three Strategies for Three Types of Decision-Making. In: Academy of Management Journal, 10(1967)4, S. 329–339.

DeLone, William H./McLean, Ephraim R. (1992): Information Systems Success: The Quest for the Dependent Variable. In: Information Systems Research, 3(1992)1, S. 60–95.

Dickmann, Philipp (2009): Schlanker Materialfluss mit Lean-production, Kanban und Innovationen. 2., aktualisierte und erw. Aufl. Berlin;Heidelberg 2009.

Dierickx, Ingemar/Cool, Karel (1989): Asset Stock Accumulation and Sustainability of Competitive Advantage. In: Management Science, 35(1989)12, S. 1504–1511.

Dinter, Barbara (2013): Success factors for information logistics strategy. An empirical investigation. In: Decision Support Systems, 54(2013)3, S. 1207–1218.

Dinter, Barbara/Winter, Robert (2009): Information Logistics Strategy - Analysis of Current Practices and Proposal of a Framework. In: Proceedings HICSS-42. 2009, S. 1–10.

Dittmar, Carsten/Oßendoth, Volker (2010): Die organisatorische Dimension von Business Intelligence. In: Chamoni, Peter/Gluchowski, Peter (Hrsg.): Analytische Informationssysteme: Business-Intelligence-Technologien und -Anwendungen. Berlin u. a. 2010, S. 59–86.

Dittmar, Carsten/Schulze, Klaus-Dieter (2006): Seine Stärken kennen lernen. In: BI-Spektrum, (2006)1, S. 27–31.

Dittrich, Jörg/Braun, Marc (2004): Business Process Outsourcing: ein Entscheidungsleitfaden für das Out- und Insourcing von Geschäftsprozessen. Stuttgart 2004.

Dombrowski, Uwe/Palluck, Markus/Schmidt, Stefan (2006): Typologisierung Ganzheitlicher Produktionssysteme. In: ZWF, 101(2006)10, S. 553–556.

Domschke, Wolfgang/Drexl, Andreas (2007): Einführung in Operations Research. Berlin 2007.

Domschke, Wolfgang/Scholl, Armin (2003): Grundlagen der Betriebswirtschaftslehre: eine Einführung aus entscheidungsorientierter Sicht. Berlin u. a. 2003.

Domschke, Wolfgang/Scholl, Armin (2005): Grundlagen der Betriebswirtschaftslehre: eine Einführung aus entscheidungsorientierter Sicht. Berlin u. a. 2005.

Domschke, Wolfgang/Scholl, Armin/Voß, Stefan (1997): Produktionsplanung: ablauforganisatorische Aspekte. Berlin 1997.

Donk van, Dirk P. (2001): Make to stock or make to order: The decoupling point in the food processing industries. In: International Journal of Production Economics, 69(2001)3, S. 297–306.

Dresner, Howard (2006): BI at age 17. In: Computerworld, 40(2006)43, S. 36.

Dressler, Sören (2007): Shared Services, Business Process Outsourcing und Offshoring Die moderne Ausgestaltung des Back Office -- Wege zu Kostensenkung und mehr Effizienz im Unternehmen. Wiesbaden 2007.

Dreyer, Dirk/Oehler, Andreas (2002): Werttreiber im Dienstleistungsprozess. Eine Analyse anhand der Wertkette nach Porter. 2002 (= Bank- und Finanzwirtschaftliche Forschung: Diskussionsbeiträge des Lehrstuhls für Betriebswirtschaftslehre, insbesondere Finanzwirtschaft, Universität Bamberg 21).

Drumm, Hans Jürgen (1999): Transaction costs in human resource management – Interaction and interdependence with organisational structure. In: Employee Relations, 21(1999)5, S. 463–484.

Dubé, Line/Paré, Guy (2003): Rigor in Information Systems Positivist Case Research: Current Practices, Trends, and Recommendations. In: Management Information Systems Quarterly, 27(2003)4.

Dürr, Oliver Michael/Göx, Robert F./Heller, Uwe (2008): Verfahrenswahl bei Risiko. In: Zeitschrift für Betriebswirtschaft, 78(2008)7-8, S. 813–832.

Dyckhoff, Harald/Ahn, Heinz (2001): Sicherstellung der Effektivität und Effizienz der Führung als Kernfunktion des Controlling. In: Controlling und Management, 45(2001)2, S. 111–121.

Dyckhoff, Harald/Spengler, Thomas Stefan (2010): Produktionswirtschaft: eine Einführung. Berlin u. a. 2010.

Earl, Michael J. (1998): Integration IS and the Organization: A Framework of Organizational FIT. In: Earl, Michael J. (Hrsg.): Information management: the organizational dimension. Oxford 1998, S. 485–502.

Eberl, Markus (2004): Formative und reflektive Indikatoren im Forschungsprozess: Entscheidungsregeln und die Dominanz des reflektiven Modells. München 2004 (= Schriften zur Empirischen Forschung und Quantitativen Unternehmensplanung.).

Ebers, Mark/Gotsch, Wilfried (2006): Institutionenökonomische Theorien der Organisation. In: Kieser, Alfred/Ebers, Mark (Hrsg.): Organisationstheorien. 6., erw. Aufl. Stuttgart 2006, S. 247–308.

Eisenhardt, Kathleen/Graebner, Melissa (2007): Theory building from Cases. Opportunities and Challenges. In: Academy of Management Journal, 50(2007)1, S. 25–32.

Eisenhardt, Kathleen M. (1989): Building Theories from Case Study Research. In: Academy of Management Review, 14(1989)4, S. 532–550.

Eisenmann, Stefan (2010): Lohnen sich Corporate Performance Measurement Systeme. Konzwption, Umsetzung und ROI-Berechnung von CPM-Projekten. In: Controller, 35(2010)2, S. 39–43.

Elbashir, Mohamed Z./Collier, Philip A./Davern, Michael J. (2008): Measuring the effects of business intelligence systems: The relationship between business process and organizational performance. In: International Journal of Accounting Information Systems, 9(2008)3, S. 135–153.

Emery, James C. (1969): Organizational planning and control systems: theory and technology. London 1969.

Emiliani, M. L. (2000): The false promise of "what gets measured gets managed". In: Management Decision, 38(2000)9, S. 612–615.

Emiliani, M.L. (1998): Lean behaviors. In: Management Decision, 36(1998)9, S. 615–631.

Engelhardt, Werner H. (1989): Dienstleistungsorientiertes Marketing — Antwort auf die Herausforderung durch neue Technologien. In: Adam, Dietrich u. a. (Hrsg.): Integration und Flexibilität. 1989, S. 269–288.

Engelhardt, Werner H./Kleinaltenkamp, Michael/Reckenfelderbäumer, Martin (1993): Leistungsbündel als Absatzobjekte - Ein Ansatz zur Überwindung der Dichotomie von Sachr und Dienstleistungen. In: Zeitschrift für Betriebswirtschaftliche Forschung, (1993), S. 394–426.

Engels, Christoph (2009): Basiswissen Business Intelligence. Witten 2009.

Epstein, Barry J/King, William R (1982): An experimental study of the value of information. In: Omega, 10(1982)3, S. 249–258.

Eriksson, Päivi (2008): Qualitative methods in business research. Los Angeles/London 2008.

Erlach, Klaus (2007): Wertstromdesign : der Weg zur schlanken Fabrik. 1. Aufl. Berlin 2007.

Erlach, Klaus (2010): Wertstromdesign : der Weg zur schlanken Fabrik. 2., bearb. u. erw. Aufl. Heidelberg Berlin u. a. 2010.

Esposito Vinzi, Vincenzo u. a. (Hrsg.) (2010): Handbook of partial least squares: concepts, methods and applications. Berlin u. a. 2010 (= Springer handbooks of computational statistics).

Ewert, Ralf/Wagenhofer, Alfred (2008): Interne Unternehmensrechnung. Berlin u. a. 2008.

Fähnrich, Klaus-Peter/Opitz, Marc (2006): Service Engineering - Entwicklungspfad und Bild einer jungen Disziplin. In: Bullinger, Hans-Jörg/Scheer, August-Wilhelm (Hrsg.): Service Engineering Entwicklung und Gestaltung innovativer Dienstleistungen. Berlin 2006, S. 85–112.

Farrell, Michael J. (1957): The Measurement of Productive Efficiency. In: Journal of the Royal Statistical Society. Series A (General), 120(1957)3, S. 253–290.

Fayyad, Usama M/Piatetsky-Shapio, Gregory/Smyth, Padhraic (1996a): From Data Mining to Knowledge Discovery in Databases. In: AI Magazine, 17(1996)3, S. 37–54.

Fayyad, Usama M./Piatetsky-Shapio, Gregory/Smyth, Padhraic (1996b): From Data Mining to Knowledge Discovery: An Overview. In: Fayyad, Usama M. u. a. (Hrsg.): Advances in Knowledge Discovery an Data Mining. Menlo Park (Calif.) [etc.] 1996, S. 1–34.

Felden, Carsten (2010): Predictive Analysis. In: Chamoni, Peter/Gluchowski, Peter (Hrsg.): Analytische Informationssysteme: Business-Intelligence-Technologien und -Anwendungen. Berlin u. a. 2010, S. 307–328.

Ferber, Robert C. (1967): The role of the subconscious in executive decision-making. In: Management Science, (1967), S. B519–B532.

Ference, Thomas P. (1970): Organizational Communications Systems and the Decision Process. In: Management Science, 17(1970)2, S. B–83.

Ferguson, Niall (1999): The House of Rothschild: Volume 1:Money's Prophets: 1798-1848. F

Finkeissen, Alexander (1999): Prozess-Wertschöpfung: Neukonzeption eines Modells zur nutzenorientierten Analyse und Bewertung. Heidelberg 1999.

Fischer, Dirk/Nicolai, Alexander T. (2000): Schumpeter, Strategie und evolutorische Ökonomik: Eine kritische Analyse der theoretischen Wurzeln des Ressourcenorientierten Ansatzes im Strategischen Management. In: Rathe, Klaus/Witt, Ulrich (Hrsg.): Evolutorische Ökonomik und Theorie der Unternehmung. Marburg 2000, S. 219–255.

Fischer, Matthias (2013): Logikbasierte Prozessmodellierung: ein ereignisorientierter Ansatz zur kontinuierlichen Modellierung und Qualitätssicherung von Geschäftsprozessen. Hamburg 2013.

Fisher, Allan G. B. (1952): A Note on Tertiary Production. In: The Economic Journal, 62(1952)248, S. 820–834.

Fisher, Robert J. (1991): Durable Differentiation Strategies for Services. In: Journal of Services Marketing, 5(1991)1, S. 19.

Flick, Uwe (2008): Triangulation in der qualitativen Forschung. In: Flick, Uwe/Kardoff von, Erich/Steinke, Ines (Hrsg.): Qualitative Forschung: Ein Handbuch. 6. Aufl., Reinbek 2008, S. 309–331.

Flick, Uwe (2010): Triangulation. In: Mey, Günter/Mruck, Katja (Hrsg.): Handbuch Qualitative Forschung in der Psychologie. Wiesbaden 2010, S. 278–289.

Flick, Uwe (2011): Qualitative Sozialforschung: eine Einführung. 4. Aufl., Reinbek bei Hamburg 2011.

Flick, Uwe/Kardorff von, Ernst/Steinke, Ines (Hrsg.) (2008): Qualitative Forschung: ein Handbuch. 6. Aufl., Reinbek bei Hamburg 2008.

Fließ, Sabine (2009): Dienstleistungsmanagement Kundenintegration gestalten und steuern. Wiesbaden 2009.

Foley, Éric/Guillemette, Manon G. (2010): What is Business Intelligence? In: International Journal of Business Intelligence Research, 1(2010)4, S. 1–28.

Foss, Nicolai J. (1996): Knowledge-based approaches to the theory of the firm: Some critical comments. In: Organization Science, 7(1996)5, S. 470–476.

Fourastié, Jean (1954): Die große Hoffnung des 20. Jahrhunderts. Köln 1954.

Frank, Ulrich (2007): Wissenschaftstheorie. In: Köhler, Richard/Küpper, Hans-Ulrich/Pfingsten, Andreas (Hrsg.): Handwörterbuch der Betriebswirtschaftslehre. 6. Auflage. Stuttgart 2007, S. Sp. 2010–2017.

Franz, Klaus-Peter/Kajüter, Peter (2003): Zum Kern des Controllings. In: Weber, Jürgen/Hirsch, Bernhard (Hrsg.): Controlling als akademische Disziplin. 2003 (= Schriften des Center for Controlling & Management (CCM)), S. 123–130.

Freiling, Jörg (2001): Resource-based View und ökonomische Theorie. Grundlagen und Positionierung des Ressourcenansatzes. Wiesbaden 2001.

Freiling, Jörg (2002): Terminologische Grundlagen des Resource-based View. In: Bellmann, Klaus u. a. (Hrsg.): Aktionsfelder des Kompetenz-Managements. 2002 (= Gabler Edition Wissenschaft), S. 3–28.

Freiling, Jörg/Reckenfelderbäumer, Martin (2007): Markt und Unternehmung: eine marktorientierte Einführung in die Betriebswirtschaftslehre. 2. Auflage. Wiesbaden 2007.

Freiling, Prof Dr Jörg/Gersch, Dr Martin/Goeke, Dipl-Ök Christian (2006): Notwendige Basisentscheidungen auf dem Weg zu einer Competence-based Theory of the Firm. In: Burmann, Christoph/Freiling, Jörg/Hülsmann, Michael (Hrsg.): Neue Perspektiven des Strategischen Kompetenz-Managements. 2006, S. 3–34.

Frese, E. (2005): Grundlagen der Organisation. Entscheidungsorientiertes Konzept der Organisationsgestaltung. 9., vollst. überarb. Aufl. Wiesbaden 2005.

Frese, E./Werder, A. v. (1993): Zentralbereiche. Organisatorische Formen und Effizienzbeurteilung. In: Frese, E./Werder, A. v./Maly, W. (Hrsg.): Zentralbereiche. Theoretisch eGrundlagen und praktische Erfahrungen. Stuttgart 1993, S. 1–50.

Frese, Erich (1995): Grundlagen der Organisation. Konzepte - Prinzipien - Strukturen. Wiesbaden 1995.

Frietzsche, Ursula/Maleri, Rudolf (2006): Dienstleistungsproduktion. In: Bullinger, Hans-Jörg/Scheer, August-Wilhelm (Hrsg.): Service Engineering Entwicklung und Gestaltung innovativer Dienstleistungen. Berlin 2006, S. 195–226.

Frost, J. (1997): Die Koordinations- und Orientierungsfunktion der Organisation. Bern 1997.

Frost, Jetta (2005): Märkte in Unternehmen: organisatorische Steuerung und Theorien der Firma. Wiesbaden 2005.

Fuchs, W. (1994): Die Transaktionskosten-Theorie und ihre Anwendung auf die Ausgliederung von Verwaltungsfunktionen aus industriellen Unternehmen. In: Trier 1994.

Fuchs-Wegner, G./Welge, M. K. (1974a): Kriterien für die Beurteilung und Auswahl von Organisationskonzeptionen. 1. Teil. In: Zeitschrift für Organisation, 43(1974)2, S. 71–82.

Fuchs-Wegner, G./Welge, M. K. (1974b): Kriterien für die Beurteilung und Auswahl von Organisationskonzeptionen. 2. Teil. In: Zeitschrift für Organisation, 43(1974)3, S. 163–170.

Fudenberg, Drew/Holmström, Bengt/Milgrom, Paul (1990): Short-term contracts and long-term agency relationships. In: Journal of economic theory, 51(1990)1, S. 1–31.

Fülbier, Rolf (2004): Wissenschaftstheorie und Betriebswirtschaftslehre. In: Wirtschaftswissenschaftliches Studium, 33(2004)5, S. 266–271.

Fuld, Leonard (1991): A Recipe for Business Intelligence Success. In: Journal of Business Strategy, 12(1991)1, S. 12–17.

Funk, Joachim/Börsig, Clemens (1993): Treffsicherheit von Planungsprognosen und Planerreichung. In: Schmalenbachs Zeitschrift für betriebswirtschaftliche Forschung, 45(1993)6, S. 554–564.

Gabriel, Roland u. a. (2001): Computergestützte Informations- und Kommunikationssysteme in der Unternehmung: Technologien, Anwendungen, Gestaltungskonzepte. 2., vollst. überarb. u. erw. Aufl. 2002. 2001.

Gabriel, Roland/Hoppe, Tobias/Pastwa, Alexander (2010): Generisches Vorgehen zur Bestimmung relevanter Metadaten. In: BI-Spektrum, 5(2010)3, S. 30–35.

Gaitanides, Michael (2012): Prozessorganisation: Entwicklung, Ansätze und Programme des Managements von Geschäftsprozessen. München 2012.

Gaitanides, Michael/Scholz, Rainer/Vrohlings, Alwin (1994): Prozeßmanagement - Grundlagen und Zielsetzungen. In: Gaitanides, Michael u. a. (Hrsg.): Processmanagement: Konzepte, Umsetzungen und Erfahrungen des Reengineerung. München 1994, S. 1–19.

Gallus, Philipp (2011): Effiziente Organisationsformen im Regionalflugsegment von Netzwerk-Carriern. Lohmar/Köln 2011.

Gangadharan, G. R./Swami, Sundaravalli N. (2004): Business intelligence systems: design and implementation strategies. In: 26th International Conference on Information Technology Interfaces, 2004. 2004, S. 139–144 Vol.1.

Gann, Alex (2011): IT and Business Can Succeed in BI by Embracing Agile Methodologies: In: International Journal of Business Intelligence Research, 2(2011)3, S. 36–51.

Gansor, Tom/Totok, Andreas/Stock, Steffen (2010): Von der Strategie zum Business Intelligence Competency Center (BICC): Konzeption - Betrieb - Praxis. München 2010.

Gardner, Stephen R. (1998): Building the Data Warehouse. In: Commun. ACM, 41(1998)9, S. 52–60.

Garvin, David A. (1993): Building a learning organization. In: Harvard Business Review, 71(1993)4, S. 78–91.

Gentner, Andreas (1999): Wertorientierte Unternehmenssteuerung - die Verbindung von Shareholder Value und Performance Management zu einem permanenten Führungs- und Steuerungssystem. In: Bühner, Rolf/Sulzbach, Klaus (Hrsg.): Wertorientierte Steuerungs- und Führungssysteme: Shareholder value in der Praxis. Stuttgart 1999, S. 43–63.

Ghoshal, Sumantra/Bartlett, Christopher A. (1990): The Multinational Corporation as an Interorganizational Network. In: Academy of Management Review, 15(1990)4, S. 603–626.

Ghoshal, Sumantra/Kim, Seok Ki (1986): Building Effective Intelligence Systems for Competitive Advantage. In: Sloan Management Review, 28(1986)1, S. 49–58.

Ghoshal, Sumantra/Moran, Peter (1996): Bad for Practice: A Critique of the Transaction Cost Theory. In: Academy of Management Review, 21(1996)1, S. 13–47.

Gibbert, Michael/Ruigrok, Winfried/Wicki, Barbara (2008): What passes as a rigorous case study? In: Strategic Management Journal, 29(2008)13, S. 1465–1474.

Gibson, James L. u. a. (2009): Organizations: behavior, structure, processes. 13th ed. Boston 2009.

Gilad, Tamar/Gilad, Benjamin (1986): SMR Forum: Business Intelligence--The Quiet Revolution. In: Sloan Management Review, 27(1986)4, S. 53–61.

Gläser, Jochen/Laudel, Grit (2009): Experteninterviews und qualitative Inhaltsanalyse. 3. überarb. Wiesbaden 2009.

Glaser, John/Stone, John (2008): Effective use of Business Intelligence. In: hfm (Healthcare Financial Management), 62(2008)2, S. 68–72.

Gluchowski, Peter (2001): Business Intelligence - Konzepte, Technologien und Einsatzbereiche. In: HMD Paxis der Wirtschaftsinformatik, 38(2001)222, S. 5–15.

Gluchowski, Peter (2009): Ansatzpunkte zur Gestaltung einer Business Intelligence-Strategie. In: Götze, Uwe/Lang, Rainhart (Hrsg.): Strategisches Management zwischen Globalisierung und Regionalisierung. 2009, S. 387–402.

Gluchowski, Peter/Gabriel, Roland/Dittmar, Carsten (2008): Management Support Systeme und Business intelligence: computergestützte Informationssysteme für Fach- und Führungskräfte. Berlin; Heidelberg 2008.

Gluchowski, Peter/Kemper, Hans-Georg (2006): Quo Vadis Business Intelligence? In: BI-Spektrum, (2006)1, S. 12–19.

Göbel, Elisabeth (2002): Neue Institutionenökonomik: Konzeption und betriebswirtschaftliche Anwendungen. Stuttgart 2002.

Goeken, Matthias (2005): Anforderungsmanagement bei der Entwicklung von Data Warehouse-Systemen — Ein sichtenspezifischer Ansatz. In: Schelp, Dr Joachim/Winter, Prof Dr Robert (Hrsg.): Auf dem Weg zur Integration Factory. 2005, S. 167–186.

Goeken, Matthias (2006): Entwicklung von Data-Warehouse-Systemen: Anforderungsmanagement, Modellierung, Implementierung. Wiesbaden 2006.

Gomm, M. (2008): Supply Chain Finanzierung. Optimierung der Finanzflüsse in Wertschöpfungsketten. Berlin 2008.

González, Luz Minerva/Giachetti, Ronald E./Ramirez, Guillermo (2005): Knowledge management-centric help desk: specification and performance evaluation. In: Decision Support Systems, 40(2005)2, S. 389–405.

Görgens, Egon (1975): Die Drei-Sektoren-Hypothese. In: Das Wirtschaftsstudium, 4(1975)6, S. 287–292.

Gössinger, Ralf (2005): Dienstleistungen als Problemlösungen: eine produktionstheoretische Analyse auf der Grundlage von Eigenschaften. Wiesbaden 2005.

Götze, Uwe/Mikus, Barbara (2001): Risikomanagement mit Instrumenten der strategischen Unternehmensführung. In: Götze, Uwe/Henselmann, Klaus/Mikus, Barbara (Hrsg.): Risikomanagement. Heidelberg 2001, S. 385–412.

Grabatin, Günther (1981): Effizienz von Organisationen. Berlin 1981.

Grant, Robert M (1991): The Resource-Based Theory of Competitive Advantage: Implications for Strategy Formulation. In: California Management Review, 33(1991)3, S. 114–135.

Grant, Robert M. (1996): Toward a Knowledge-Based Theory of the Firm. In: Strategic Management Journal, 17(1996), S. 109–122.

Gravelle, Hugh/Rees, Ray (2004): Microeconomics. Harlow [etc.] 2004.

Grob, Robert/Haffner, Helmut (1990): Produktivitätssteigerung in den Gemeinkostenbereichen—internes "Kunden-Lieferanten"-Verhältnis erhöht die Produktivität der indirekten Bereiche. In: Fortschrittliche Betriebsführung/Industrial Engineering, 39(1990)6, S. 302–309.

Grochla, E. (1974): Betrieb, Betriebswirtschaftslehre und Unternehmung. In: Grochla, E./Wittmann, W. (Hrsg.): Enzyklopädie der Betriebswirtschaftslehre. 4. Auflage. Stuttgart 1974, S. 541–557.

Grönke, Kai/Kirchberg, Andreas (2013): Reporting Factory sorgt für Effizienz. In: The Pe, (2013)2, S. 27–29.

Grothe, Martin/Gentsch, Peter (2000): Business intelligence: aus Informationen Wettbewerbsvorteile gewinnen. München 2000.

Grotheer, Dipl Wirtsch-Ing Jens (2006): Konsolidierung von Controlling-Anwendungssystemen. In: Controlling & Management, 50(2006)8, S. 42–48.

Grotz-Martin, Silvia (1976): Informations-Qualität und Informations-Akzeptanz in Entscheidungsprozessen: theoret. Ansätze u. ihre empir. Überprüfung. Saarbrücken 1976.

Grünwald, Markus/Taubner, Dirk (2009): Business Intelligence. In: Informatik-Spektrum, 32(2009)5, S. 398–403.

Gutenberg, Erich (1979): Grundlagen der Betriebswirtschaftslehre. Band 1:Die Produktion. 2

Gutenberg, Erich (2002): Betriebswirtschaftslehre als Wissenschaft. In: Brockhoff, Klaus (Hrsg.): Geschichte der Betriebswirtschaftslehre. Wiesbaden 2002, S. 9–28.

Güttler, Karsten (2009): Theoretischer Bezugsrahmen und Hypothesenbildung. In: Formale Organisationsstrukturen in wachstumsorientierten kleinen und mittleren Unternehmen. Wiesbaden 2009, S. 49–100.

Gzuk, Roland (1975): Messung der Effizienz von Entscheidungen. Tübingen 1975.

Habermas, Jürgen/Luhmann, Niklas (1979): Theorie der Gesellschaft oder Sozialtechnologie - Was leistet die Systemforschung? 33. bis 35. Tsd. 1979 (= Theorie der Gesellschaft oder Sozialtechnologie).

Hadeler, Thorsten/Winter, Eggert/Arentzen, Ute (Hrsg.) (2000): Gabler Wirtschaftslexikon. Wiesbaden 2000.

Häder, Michael (2006): Empirische Sozialforschung: eine Einführung. Wiesbaden 2006.

Halin, Andreas (1995): Vertikale Innovationskooperation: Eine transaktionskostentheoretische Analyse. In: Frankfurt am Main et al, (1995).

Hall, Richard (1993): A framework linking intangible resources and capabiliites to sustainable competitive advantage. In: Strategic Management Journal, 14(1993)8, S. 607–618.

Haller, Sabine (2012): Dienstleistungsmanagement : Grundlagen - Konzepte - Instrumente. Wiesbaden 2012.

Haller, Sabine/Klinski von, Sebastian (2010): Die organisatorische Gestaltung interner Dienstleistungen durch Serviceorientierte Unternehmensstrukturen. In: Bruhn, Manfred/Stauss, Bernd (Hrsg.): Serviceorientierung im Unternehmen. 2010, S. 399–417.

Hallerbach, Alena/Bauer, Thomas/Reichert, Manfred (2010): Configuration and Management of Process Variants. In: Brocke, Jan vom/Rosemann, Michael (Hrsg.): Handbook on Business Process Management 1. Berlin, Heidelberg 2010, S. 237–255.

Hamel, Gary/Heene, Aimé (1994): Competence-based competition. Chichester [England] ; New York 1994 (= The Strategic management series).

Hammer, Michael (1990): Reengineering Work: Don't Automate, Obliterate. In: Harvard Business Review, 68(1990)4, S. 104–112.

Hammer, Michael (1997): Das prozesszentrierte Unternehmen: die Arbeitswelt nach dem reengineering. Frankfurt a. M./New York 1997.

Hammer, Michael (2010): What is Business Process Management? In: Brocke, Jan vom/Rosemann, Michael (Hrsg.): Handbook on Business Process Management 1. Berlin, Heidelberg 2010, S. 3–16.

Hammer, Michael/Champy, James (1993): Reengineering the corporation: a manifesto for business evolution. London 1993.

Hammer, Michael/Champy, James (1994): Business reengineering : die radikalkur für das unternehmen. 3.Auflage. Aufl., Frankfurt, New York 1994.

Hammer, Michael/Stanton, Steven A. (1995): Die Reengineering-Revolution: Handbuch für die Praxis. Frankfurt a. M. 1995.

Hammergren, Tom (1996): Data warehousing: building the corporate knowledge base. London; Boston 1996.

Hanf, Claus-Hennig (1986): Entscheidungslehre: Einf. in Informationsbeschaffung, Planung u. Entscheidung unter Unsicherheit. München 1986.

Hannula, Mika/Pirttimäki, Virpi (2003): Business Intelligence Empirical Study on the top 50 Finnish Companies. In: Journal of American Academy of Business, 2(2003)2, S. 593–599.

Hansen, Gary S./Wernerfelt, Birger (1989): Determinants of firm performance: The relative importance of economic and organizational factors. In: Strategic Management Journal, 10(1989)5, S. 399–411.

Hanssen, Sven-Carsten/Herzwurm, Georg (2009): Ein Wertschöpfungsmodell zur monetären Beschreibung der Leistung von ERP-Systemen. In: Controlling & Management, 53(2009)3, S. 31–39.

Harrison, E. Frank (1975): The managerial decision-making process. Boston 1975.

Hart, Oliver/Holmström, Bengt (1986): The theory of contracts. 1986.

Hartung, Joachim/Elpelt, Bärbel/Klösener, Karl-Heinz (1998): Statistik: Lehr- und Handbuch der angewandten Statistik ; mit zahlreichen, vollständig durchgerechneten Beispielen. München 1998.

Heinrich, Lutz J (1999): Informationsmanagement: Planung, Uberwachung und Steuerung der Informationsinfrastruktur. München u. a. 1999.

Heinrich, Lutz J/Burgholzer, Peter (1988): Informationsmanagement: Planung, Uberwachung und Steuerung der Informations-Infrastruktur. München 1988.

Heinrich, Lutz Jürgen/Stelzer, Dirk (2011): Informationsmanagement: Grundlagen, Aufgaben, Methoden. 10., vollständig überarbeitete Auflage. München 2011.

Henderson, John C./Venkatraman, N. (1999): Strategic alignment: Leveraging information technology for transforming organizations. In: IBM Systems Journal, 38(1999)2/3, S. 472.

Hentze, Joachim/Kammel, Andreas (1992): Lean Production. Erfolgsbausteine eines integrierten Management-Ansatzes. In: Das Wirtschaftsstudium, 21(1992)8-9, S. 631–639.

Herrmann, Andreas/Huber, Frank (2009): Produktmanagement: Grundlagen - Methoden - Beispiele. Wiesbaden 2009.

Heyer, Gerhard/Quasthoff, Uwe/Wittig, Thomas (2006): Text Mining: Wissensrohstoff Text: Konzepte, Algorithmen, Ergebnisse. Balzert, Helmut (Hrsg.) Herdecke u. a. 2006.

Hildebrand, Knut (2001): Informationsmanagement: wettbewerbsorientierte Informationsverarbeitung mit Standard-Software und Internet. München 2001.

Hilke, Wolfgang (1989): Grundprobleme und Entwicklungstendenzen des Dienstleistungs-Marketing. In: Hilke, Wolfgang u. a. (Hrsg.): Dienstleistungs-Marketing. Wiesbaden 1989 (= Schriften zur Unternehmensführung), S. 5–44.

Hillringhaus, Christoph/Kedzierski, Patrick (2004): Lohnt sich Business Intelligence. Ergebnisse einer Untersuchung über die Verbreitung und Anwendung sowie Return on Investment von BI. Köln 2004.

Hines, Peter/Rich, Nick (1997): The Seven Value Stream Mapping Tools. In: International Journal of Operation & Production Management, 17(1997)1, S. 46–64.

Hines, Peter/Silvi, Riccardo/Bartolini, Monica (2002): Demand Chain Management: An Integrative Approach in Automotive Retailing. In: Journal of Operations Management, 20(2002)6, S. 707–728.

Hirsch, Bernhard/Wall, Friederike/Attorps, Johan (2001): Controlling-Schwerpunkte prozessorientierter Unternehmen. In: Controlling und Management, 45(2001)2, S. 73–79.

Hoberg, Peter (2009): Kostenmanagement: Variabilisierung von Anlagekosten. In: Controlling & Management, 53(2009)3, S. 176–181.

Hoekstra, Sjoerd/Romme, Jac (1992): Integral logistic structures: developing customer-oriented goods flow. New York 1992.

Hoffmann, Erik/Wessely, Philip (2009): Quantifizierung des Wertbeitrags von Supply Chain-Initiativen in Zulieferer-Abnehmer-Beziehungen. In: Bogaschewsky, Ronald u. a. (Hrsg.): Supply Management Research Aktuelle Furschungsergebnisse 2009. Wiesbaden 2009, S. 97–123.

Hoffmann, Olaf (2000): Performance Management: Systeme und Implementierungsansätze. Bern 2000.

Hofstede, Geert/Peterson, Mark F. (2000): National values and organizational practice. In: Ashkanasy, Neal/Wilderom, Celeste P.M./Peterson, Mark F. (Hrsg.): Handbook of organizational culture & climate. Thousand Oaks Calif. 2000, S. 401–416.

Hoitsch, Hans-Jörg/Lingnau, Volker (2007): Kosten- und Erlösrechnung: eine controllingorientierte Einführung. Berlin; Heidelberg; New York, NY 2007.

Holmström, Bengt (1979): Moral hazard and observability. In: The Bell Journal of Economics, (1979), S. 74–91.

Holmström, Bengt (1982): Moral hazard in teams. In: The Bell Journal of Economics, (1982), S. 324–340.

Homburg, Carsten/Weiß, Matthias (2004): Wertorientiertes Controlling und kapitalorientierte Prozesskostenrechnung. In: Controlling und Management, 48(2004)1, S. 48–53.

Homburg, Christian/Dobratz, Andreas (1998): Iterative Modellselektion in der Kausalanalyse. In: Hildebrandt, Lutz/Homburg, Christian (Hrsg.): Die Kausalanalyse. Stuttgart 1998, S. 447–474.

Homburg, Christian/Krohmer, Harley (2009): Marketingmanagement Strategie - Instrumente - Umsetzung - Unternehmensführung. Wiesbaden 2009.

Hooley, Graham/Broderick, Amanda/Möller, Kristian (1998): Competitive positioning and the resource-based view of the firm. In: Journal of Strategic Marketing, 6(1998)2, S. 97–116.

Horakh, Thomas/Baars, Henning/Kemper, Hans-Georg (2008): Mastering Business Intelligence Complexity - A Service-Based Approach as a Prerequisite for BI Governance. In: AMCIS 2008 Proceedings, (2008), S. Paper 333.

Hornby, Albert Sydney u. a. (2007): Oxford advanced learner's dictionary of current English. Oxford 2007.

Horowitz, Ira (1970): Decision making and the theory of the firm. New York u. a. 1970.

Horváth, Péter (2011): Controlling. München 2011.

Horváth, Péter/Herter, Roland N./Michel, Uwe (1994): Wertorientiertes Management von strategischen Allianzen. In: Höfner, Klaus/Pohl, Andreas (Hrsg.) Wertsteigerungsmanagement. Das Shareholder-Value-Konzept, (1994), S. 227–262.

Horváth, Péter/Mayer, Reinhold (1989): Prozeßkostenrechnung: Der neue Weg zu mehr Kostentransparenz und wirkungsvolleren Unternehmensstrategien. In: Controlling, 1(1989)4, S. 214–219.

Horváth, Péter/Mayer, Reinhold (1995): Konzeption und Entwicklung der Prozesskostenrechnung. In: Männel, Wolfgang (Hrsg.): Prozesskostenrechnung: Bedeutung, Methoden, Branchenerfahrungen, Softwarelösungen. Wiesbaden 1995, S. 59–86.

Hua, Jing-Shiuan/Huang, Shi-Ming/Yen, David C. (2012): Architectural support for business intelligence: a push-pull mechanism. In: Online Information Review, 36(2012)1, S. 52–71.

Huber, George P. (1990): A Theory of the Effects of Advanced Information Technologies on Organizational Design, Intelligence, and Decision Making. In: Academy of Management Review, 15(1990)1, S. 47–71.

Hujer, Reinhard/Cremer, Rolf (1977): Grundlagen und Probleme einer Theorie der sozioökonomischen Messung. In: Pfohl, Hans-Christian/Rürup, Bert (Hrsg.): Wirtschaftliche Messprobleme. Köln 1977, S. 1–22.

Humm, Bernhard/Voß, Markus/Hess, Andreas (2006): Regeln für serviceorientierte Architekturen hoher Qualität. In: Informatik-Spektrum, 29(2006)6, S. 395–411.

Hummeltenberg, Wilhelm (2010): Vom Content Management zum Enterprise Decision Management. In: Chamoni, Peter/Gluchowski, Peter (Hrsg.): Analytische Informationssysteme: Business-Intelligence-Technologien und -Anwendungen. Berlin u. a. 2010, S. 17–36.

IBM (2010): Unternehmensführung in einer komplexen Welt - Global CEO Study. Ehningen 2010.

IBM Deutschland (1988): Information Systems Management: Management der Informationsverarbeitung. 1988.

Ihde, Gösta B. (1988): Die relative Betriebstiefe als strategischer Erfolgsfaktor. In: Zeitschrift für Betriebswirtschaft, 58(1988)1, S. 13–23.

Imhoff, Claudia (2005): Risky Business! In: DM Review, 15(2005)8, S. 48–50.

itSMF/ISACA (Hrsg.) (2008): ITIL-COBIT-Mapping: Gemeinsamkeiten und Unterschiede der IT-Standards. Düsseldorf 2008.

Jacobsen, Robert (1988): The persistence of abnormal returns. In: Strategic Management Journal, 9(1988)5, S. 415–430.

Jahn, Steffen (2007): Strukturgleichungsmodellierung mit LISREL, AMOS und SmartPLS. Eine Einführung. Chemnitz 2007 (= Wirtschaftswissenschaftliche Diskussionspapiere (WWDP)).

Jarillo, J. Carlos (1993): Strategic networks : Creating the borderless organization. Oxford 1993.

Jensen, Michael C./Meckling, William H. (1976): Theory of the Firm: Managerial Behavior, Agency Costs and Ownership Structure. In: Journal of Financial Economics, 3(1976)4, S. 305–360.

Jermol, Mitja/Lavrac, Nada/Urbancic, Tanja (2003): Managing business intelligence in a virtual enterprise: A case study and knowledge management lessons learned. In: Journal of Intelligent & Fuzzy Systems, 14(2003)3, S. 121–136.

Johnson, Brian (2011): Business Intelligence Should be Centralized: In: International Journal of Business Intelligence Research, 2(2011)4, S. 42–54.

Johnston, H. Russell/Carrico, Shelley R. (1988): Developing Capabilities to Use Information Strategically. In: MIS Quarterly, 12(1988)1, S. 37–48.

Jones, Carole u. a. (1999): The Lean Enterprise. In: BT Technology Journal, 17(1999)4, S. 15–22.

Jones, Daniel T. (1994): The Auto Industry in Transition: From Scale to Process. In: International Journal of the Economics of Business, 1(1994)1, S. 139–150.

Jones, Daniel T./Hines, Peter/Rich, Nick (1997): Lean logistics. In: International Journal of Physical Distribution & Logistics Management, 27(1997)3/4, S. 153–173.

Jost, Peter-Jürgen (2001): Der Transaktionskostenansatz in der Betriebswirtschaftslehre. 2001.

Jourdan, Zack/Rainer, R. Kelly/Marshall, Thomas E. (2008): Business Intelligence: An Analysis of the Literature. In: Information Systems Management, 25(2008)2, S. 121–131.

Juhari, A. S./Stephens, D. P. (2006): Tracing the origins of competitive intelligence throughout history. In: Journal of Competitive Intelligence and Management, 3(2006)4, S. 61–82.

Kahle, Egbert (2001): Betriebliche Entscheidungen: Lehrbuch zur Einführung in die betriebswirtschaftliche Entscheidungstheorie. München 2001.

Kahn, Beverly K./Strong, Diane M./Wang, Richard Y. (2002): Information quality benchmarks: product and service performance. In: Commun. ACM, 45(2002)4, S. 184–192.

Kang, Andree/Siebiera, Guido (1997): Diese Fehlerquellen lauern beim Outsourcing. In: Gablers Magazin, 11(1997)5, S. 32–33.

Kaplan, Robert S/Norton, David P (2000): The Balanced Scorecard: Translating Strategy into Action. Boston 2000.

Kaplan, Robert S/Norton, David P (2007): Using the balanced scorecard as a strategic management system. In: Harvard Business Review, 85(2007)7/8, S. 150–161.

Kappler, Ekkehard (1975): Informationskosten aus der Sicht der Informationsökonomik und des Informationsverhaltens. In: Zeitschrift für Organisation, 44(1975), S. 95–104.

Keeney, R. L. (1992): Value-focused thinking. A path to creative decisionmaking. London 1992.

Kemper, Hans-Georg (2013): Big Data - Revolution der Datenanalyse? In: The Performance Architect, (2013)2, S. 16–17.

Kemper, Hans-Georg/Finger, Ralf (2010): Transformation operativer Daten. Konzeptionelle Überlegungen zur Filterung, Harmonisierung, Aggregation und Anreicherung im Data Warehouse. In: Chamoni, Peter/Gluchowski, Peter (Hrsg.): Analytische Informationssysteme: Business-Intelligence-Technologien und -Anwendungen. Berlin u. a. 2010, S. 159–174.

Kemper, Hans-Georg/Lee, Phil-Lip (2001): Business Intelligence - ein Wegweiser. In: Computerwoche, (2001)44, S. 54–55.

Kemper, Hans-Georg/Mehanna, Walid/Baars, Henning (2010): Business intelligence - Grundlagen und praktische Anwendungen: eine Einführung in die IT-basierte Managementunterstützung ; [mit Online-Service]. 3., überarbeitete und erweiterte Auflage. Wiesbaden 2010.

Kern, Werner (1976): Die Produktionswirtschaft als Erkenntnisbereich der Betriebswirtschaftslehre. In: Zeitschrift für betriebswirtschaftliche Forschung, 28(1976)10, S. 756–767.

Keuper, Frank/Glahn, Carsten von (2008): Brokerbasierte konzerninterne Shared-IT-Services im Lichte ausgewählter Kostentheorien. In: Zeitschrift für Management, 3(2008)3, S. 225–245.

Khatri, Naresh/Ng, H. Alvin (2000): The role of intuition in strategic decision making. In: Human Relations, 53(2000)1, S. 57–86.

Kidder, Louise H./Judd, Charles M./Smith, Eliot R. (1986): Research methods in social relations. Fort Worth 1986.

Kieser, Alfred/Kubicek, Herbert (1992): Organisation. 3., völlig neubearb. Aufl. Berlin 1992.

Kilger, Christoph/Meyr, Herbert (2008): Demand Fulfilment and ATP. In: Stadtler, Hartmut/Kilger, Christoph (Hrsg.): Supply chain management and advanced planning: concepts, models, software, and case studies. 4. Auflage. Berlin 2008, S. 181–198.

Kilger, Wolfgang/Pampel, Jochen R/Vikas, Kurt (2012): Flexible Plankostenrechnung und Deckungsbeitragsrechnung. Wiesbaden 2012.

Kink, Natalie (2010): Methodologie der empirischen Wirkungsanalyse von Informations- und Kommunikationstechnologien: Analyse des Methodenpotenzials von Fallstudien, Experimenten und Surveys. Hamburg 2010.

Kink, Natalie/Höhne, Elisabeth/Hess, Thomas (2008): Wirkungen von Management Support Systemen (MSS) auf die Steuerung von Unternehmen. In: Controlling & Management, 52(2008)2, S. 5–15.

Kinnie, Nicholas/Hutchinson, Sue/Purcell, John (1998): Downsizing: is it always lean and mean? In: Personnel Review, 27(1998)4, S. 296–311.

Kirchmer, Mathias (2010): Management of Process Excellence. In: Brocke, Jan vom/Rosemann, Michael (Hrsg.): Handbook on Business Process Management 2. 2010 (= International Handbooks on Information Systems), S. 39–56.

Kiron, David u. a. (2011): Analytics: The widening divide. IBM Institute for Business Value (Hrsg.) Somers, NY 2011.

Kirsch, Werner (1977): Einführung in die Theorie der Entscheidungsprozesse. 2., durchges. u. erg. Aufl. d. Bd. 1 bis 3 als Gesamtausg. Wiesbaden 1977.

Klein, Robert/Scholl, Armin (2011): Planung und Entscheidung: Konzepte, Modelle und Methoden einer modernen betriebswirtschaftlichen Entscheidungsanalyse. München 2011.

Kleinaltenkamp, Michael (1998): Begriffsabgrenzungen und Erscheinungsformen von Dienstleistungen. In: Bruhn, Manfred/Meffert, Heribert (Hrsg.): Handbuch Dienstleistungsmanagement. 1998, S. 29–52.

Kleindorfer, Paul R/Kunreuther, Howard/Schoemaker, Paul J. H (1993): Decision sciences: an integrative perspective. Cambridge, England; New York, N.Y. 1993.

Kleining, Gerhard (1982): Umriss zu einer Methodologie qualitativer Sozialforschung. In: Kölner Zeitschrift für Soziologie und Sozialpsychologie, 34(1982)2, S. 224–253.

Klingebiel, Norbert (1996): Lean management - business reengineering : Identische und abweichende Anforderungen an die Controlling-Funktion. In: Zeitschrift für Planung, 7(1996)3, S. 253–269.

Knigge, Jürgen (1973): Franchise-Systeme im Dienstleistungssektor. Berlin 1973 (= Betriebswirtschaftliche Schriften).

Knoblich, Hans/Oppermann, Ralf (1996): Eine erfassung und abgrenzung des dienstleistungsbegriffs auf produkttypologischer basis. In: der markt, 35(1996)1, S. 13–22.

Kogut, B./Zander, U. (1993): Knowledge of the firm and the evolutionary theory of the multinational corporation. In: Journal of International Business Studies, 24(1993)4, S. 625–645.

Kogut, Bruce/Zander, Udo (1992): Knowledge of the Firm, Combinative Capabilities, and the Replication of Technology. In: Organization Science, 3(1992)3, S. 383–397.

Köhler, Holger (2011): Supply Chain Risiken im Low Cost Country Sourcing. Berlin 2011.

Köhler, Peter T. (2006): ITIL: Das IT-Servicemanagement Framework. Berlin, Heidelberg 2006.

König, Markus (1997): Methodik zur Gestaltung interner Kunden-Lieferanten-Beziehungen. In: Reinhart, Gunther/Schnauber, Herbert (Hrsg.): Qualität durch Kooperation: interne und externe Kunden-Lieferanten-Beziehungen. Berlin u. a. 1997, S. 38–75.

Koopmans, Tjalling C. (1951): Analysis of production as an efficient combination of activities. In: Koopmans, Tjalling C. (Hrsg.): Activity analysis of production and allocation. 8. Auflage. New Haven 1951, S. 33–97.

Kor, Yasemin Y./Mahoney, Joseph T. (2004): Edith Penrose's (1959) Contributions to the Resource-based View of Strategic Management. In: Journal of Management Studies, 41(2004)1, S. 183–191.

Kosiol, Erich (1962): Organisation der Unternehmung. Wiesbaden 1962.

Krafcik, John F. (1988): Triumph of the Lean Production System. In: Sloan Management Review, 30(1988)1, S. 41–52.

Krcal, Hans-Christian (2008): Strategische Implikationen einer geringen Fertigungstiefe für die Automobilindustrie. In: Zeitschrift für betriebswirtschaftliche Forschung, 60(2008)8, S. 778–808.

Krcmar, Helmut (2010): Informationsmanagement. 5., vollst. überarb. und erw. Auflage. Berlin u. a. 2010.

Kretschmer, Winfried (2005): Die neuen Stärken. In: Brand eins, 7(2005)4, S. 80–86.

Krogh, Georg von/Roos, Johan (1996): Imitation of knowledge: a sociology of knowledge perspective. In: Krogh, Georg von/Roos, Johan (Hrsg.): Managing knowledge. Thousand Oaks 1996, S. 32–54.

Krogh, Georg von/Venzin, Markus (1995): Anhaltende Wettbewerbsvorteile durch Wissensmanagement. In: die Unternehmung, 49(1995)6, S. 417–436.

Kroll, J. (1995): Der Weg zur Lean Production. In: Wirtschaftliche Produktion. Praktische Umsetzung neuer Produktionskonzepte. Berlin 1995, S. 63–70.

Kromrey, Helmut/Strübing, Jörg (2009): Empirische Sozialforschung. Modelle und Methoden der standardisierten Datenerhebung und Datenauswertung. 12., überarb. und erg. Aufl. Stuttgart 2009.

Krüger, Wilfried/v. Werder, Alex/Grundei, Jens (2007): Center-Konzern: Strategieorientierte Organisation von Unternehmensfunktionen. In: Zeitschrift Führung und Organisation, 76(2007)1, S. 4–11.

Kruschwitz, L. (1974): Kritik der Produktionsbegriffe. In: Betriebswirtschaftliche Forschung und Praxis, 26(1974), S. 242–258.

Kuckartz, Udo u. a. (2007): Qualitative Evaluation der Einstieg in die Praxis. Wiesbaden 2007.

Kuhn, Thomas S. (1999): Die struktur wissenschaftlicher Revolutionen. 15. Aufl., Frankfurt a. M. 1999.

Künzel, Hansjörg (1999): Management interner Kunden-Lieferanten-Beziehungen. Wiesbaden; Wiesbaden 1999.

Küpper, Hans-Ulrich (2001): Controlling: Konzeption, Aufgaben und Instrumente. Stuttgart 2001.

Al-Laham, Andreas (2003): Organisationales Wissensmanagement. München 2003 (= Vahlens Handbücher der Wirtschafts- und Sozialwissenschaften).

Lahrmann, G. u. a. (2010): Business Intelligence Maturity Models: An Overview. In: D'Atri, A. u. a. (Hrsg.): Information Technology and Innovation Trends in Organizations. Neapel 2010.

Lambert, Douglas M./Burduroglu, Renan (2000): Measuring and Selling the Value of Logistics. In: The International Journal of Logistics Management, 11(2000)1, S. 1–17.

Lamnek, Siegfried (2010): Qualitative Sozialforschung. 5. überarb. Aufl. Weinheim/Basel 2010.

Lamont, Judith (2006): Business Intelligence: The text analysis strategy. In: KM World, 15(2006)10, S. 8–30.

Lampel, Joseph/Mintzberg, Henry (1996): Customizing Customization. In: Sloan Management Review, 38(1996)1, S. 21–30.

Lanzetta, John T./Driscoll, James M. (1968): Effects of uncertainty and importance on information search in decision making. In: Journal of Personality and Social Psychology, 10(1968)4, S. 479–486.

Lanzetta, John T./Kanareff, Vera T. (1962): Information cost, amount of payoff, and level of aspiration as determinants of information seeking in decision making. In: Behavioral Science, 7(1962)4, S. 459–473.

Lasch, Rainer/Schulte, Gregor (2008): Quantitative Logistik-Fallstudien Aufgaben und Lösungen zu Beschaffung, Produktion und Distribution. Wiesbaden 2008.

Laßmann, A. (1992): Organisatorische Koordination. Konzepte und Prinzipien zur Einordnung von Teilaufgaben. Wiesbaden 1992.

Laux, Helmut/Gillenkirch, Robert M/Schenk-Mathes, Heike Y (2012): Entscheidungstheorie. Berlin; Heidelberg 2012.

LaValle, Steve u. a. (2010): Analytics: The new path to value. IBM Institute for Business Value (Hrsg.) Somers, NY 2010.

Layer, Manfred (1976): Die Kostenrechnung als Informationsinstrument der Unternehmensleitung. In: Jacob, Herbert (Hrsg.): Wiesbaden 1976 (= Schriften zur Unternehmensführung), S. 97–138.

Lazer, David u. a. (2014): The Parable of Google Flu: Traps in Big Data Analysis. In: Science, 343(2014)6176, S. 1203–1205.

Leavitt, Harold J. (2013): Applied Organizational Change in Industry: Structural, Technological, and Humanistical Approaches. In: March, James G. (Hrsg.): Handbook of Organizations. New York, NY 2013, S. 1144–1170.

Lederer, Albert L./Salmela, Hannu (1996): Toward a theory of strategic information systems planning. In: The Journal of Strategic Information Systems, 5(1996)3, S. 237–253.

Lederer, Albert L./Sethi, Vijay (1988): The Implementation of Strategic Information Systems Planning Methodologies. In: MIS Quarterly, 12(1988)3, S. 445–461.

Lederer, Albert L./Sethi, Vijay (1996): Key Prescriptions for Strategic Information Systems Planning. In: Journal of Management Information Systems, 13(1996)1, S. 35–62.

Lee, Allen S. (1989): A Scientific Methodology for MIS Case Studies. In: MIS Quarterly, 13(1989)1, S. 33–50.

Lee, Tom (2001): From the Editors On Qualitative Research in AMJ. In: Academy of Management Journal, 44(2001)2, S. 215–216.

Lehner, Franz (2011): Wissensmanagement: Grundlagen, Methoden und technische Unterstützung. München 2011.

Levitt, Theodore (2004): Marketing Myopia. In: Harvard Business Review, 82(2004)7/8, S. 138–149.

Lewis, Michael A. (2000): Lean Production and Sustainable Competitive Advantage. In: International Journal of Operation & Production Management, 20(2000)8, S. 959–978.

Linden, F. A. (1991): Der Durchbruch. In: Manager Magazin, 11(1991)10, S. 132–141.

Link, Marco (2013): Anforderungskonforme Prozessmotivation ein stufenweiser Ansatz zum anforderungskonformen Prozessmanagement mit BPMN. Hamburg 2013.

Livari, Juhani/Koskela, Erkki (1987): The PIOCO Model for Information Systems Design. In: MIS Quarterly, 11(1987)3, S. 401–419.

Loftis, Lisa (2009): Opposites Do Attract. In: Information Management, 19(2009)4, S. 34–36.

Lönnqvist, Antti/Pirttimäki, Virpi (2006): The Measurement of Business Intelligence. In: Information Systems Management, 23(2006)1, S. 32–40.

Louis, Raymond S. (2007): Creating the ultimate lean office: a zero-waste environment with process automation. New York 2007.

Love, Andrew (2007): Getting the right tools for business intelligence. In: Chartered Accountants Journal, 86(2007)9, S. 60–61.

Luftman, Jerry/Papp, Raymond/Brier, Tom (1999): Enablers and Inhibitors of Business-IT Alignment. In: Communications of the Association for Information Systems, 1(1999)1.

Luhn, Hans Peter (1958): A Business Intelligence System. In: IBM Journal of Research and Development, 2(1958)4, S. 314–319.

Macharzina, Klaus/Wolf, Joachim (2008): Unternehmensführung : das internationale Managementwissen ; Konzepte - Methoden - Praxis. 6., vollständig überarbeitete und erweiterte Auflage. Wiesbaden 2008.

Mag, Wolfgang (1976): Entscheidung und Information. 1. Aufl. München 1976 (= Vahlens Handbücher der Wirtschafts- und Sozialwissenschaften).

Mag, Wolfgang (1995): Unternehmungsplanung. München 1995.

Mahoney, Joseph T/Pandian, Rajendran (1992): The Resource-Based View Within the Conversation of Strategic Management. In: Strategic Management Journal, 13(1992)5, S. 363–380.

Maleri, Rudolf (1997): Grundlagen der Dienstleistungsproduktion. 4., vollst. überarb. und erw. Auflage. Berlin 1997.

Malhotra, Yogesh (2000): From Information Management to Knowledge Management: Beyond the „Hi-Tech Hidebound“ Systems. In: Srikantaiah, Kanti Kanti/Koenig, Michael (Hrsg.): Knowledge Management for the Information Professional. Medford, NJ, USA 2000, S. 37–61.

Mann, David (2010): Creating a lean culture: tools to sustain lean conversions. 2nd ed. New York 2010.

Mann, Rudolf (1973): Die Praxis des Controlling. München 1973.

Marcella, Rita/Middleton, Iain (1996): The role of the help desk in the strategic management of information systems. In: OCLC Systems & Services, 12(1996)4, S. 4–19.

March, James G./Simon, Herbert A. (1993): Organizations. 2. Aufl. Cambridge 1993.

Marchthaler, Jörg/Wigger, Tobias/Lohe, Rainer (2011): Value Management und Wertanalyse. In: VDI-Gesellschaft Produkt- und Prozessgestaltung (Hrsg.): Wertanalyse: Idee-Methode-System. Berlin 2011, S. 11–38.

Marighetti, Luca P./Herrmann, Andreas/Hänsler, Norman (2001): Herausforderungen an das Management von Wertschöpfungsketten. In: Marighetti, Luca P. u. a. (Hrsg.): Management der Wertschöpfungsketten in Banken. 2001, S. 13–23.

Marjanovic, Olivera (2010): The Importance of Process Thinking in Business Intelligence. In: International Journal of Business Intelligence Research, 1(2010)4, S. 29–46.

Marren, Patrick (2004): The father of business intelligence. In: Journal of Business Strategy, 25(2004)6, S. 5–7.

Marschak, Jacob (1971): Economics of Information Systems. In: Journal of the American Statistical Association, 66(1971)333, S. 192–219.

Martin, James (1982): Strategic data-planning methodologies. Englewood Cliffs, N.J 1982.

Martin-Pérez, Nuria (2008): Service-Center-Organisation: neue Formen der Steuerung von internen Dienstleistungseinheiten unter besonderer Berücksichtigung von Shared Services. Wiesbaden 2008.

Maskell, Brian (2001): The age of agile manufacturing. In: Supply Chain Management: An International Journal, 6(2001)1, S. 5–11.

Mason-Jones, Rachel/Naylor, Ben/Towill, Denis R. (2000): Engineering the leagile supply chain. In: International Journal of Agile Management Systems, 2(2000)1, S. 54–61.

Matthews, Robert C. O. (1986): The Economics of Institutions and the Sources of Growth. In: Economic Journal, 96(1986)384, S. 903–918.

Mayer, Horst O. (2008): Interview und schriftliche Befragung: Entwicklung, Durchführung und Auswertung. 4., überarbeitete und erweiterte Auflage. Mün 2008.

Mayer, Jörg H (1999): Führungsinformationssysteme für die internationale Management-Holding. Wiesbaden 1999.

Mayer, Reinhold (1991): Prozesskostenrechnung und Prozesskostenmanagement: Konzept, Vorgehensweise und Einsatzmöglichkeiten. In: IFUA Horváth & Partner GmbH (Hrsg.): Prozesskostenmanagement: Methodik, Implementierung, Erfahrungen. München 1991, S. 73–99.

Mayring, Philipp (2007): Qualitative Inhaltsanalyse: Grundlagen und Techniken. Weinheim u. a. 2007.

McCall, John J. (1965): The Economics of Information and Optimal Stopping Rules. In: Journal of Business, 38(1965)3, S. 300–317.

Meckl, R. (2000): Controlling im internationalen Unternehmen. Erfolgsorientiertes Management internationaler Organisationsstrukturen. München 2000.

Meffert, H./Burmann, C./Kirchgeorg, M. (2008): Marketing Grundlagen marktorientierter Unternehmensführung. Konzepte - Instrumente - Praxisbeispiele. 10., vollst. überarb. und erw. Aufl. Wiesbaden 2008.

Meffert, Heribert (1994): Marktorientierte Führung von Dienstleistungsunternehmen: neuere Entwicklungen in Theorie und Praxis. In: Die Betriebswirtschaft, 54(1994)4, S. 519–541.

Meffert, Heribert/Bruhn, Manfred (2012): Dienstleistungsmarketing: Grundlagen - Konzepte - Methoden. Wiesbaden 2012.

Meinhardt, Stefan/Teufel, Thomas (1995): Business Reengineering im Rahmen einer prozeßorientierten Einführung der SAP-Standardsoftware R/3. In: Brenner, Walter/Keller, Gerhard (Hrsg.): Business Reengineering mit Standardsoftware. Frankfurt a. M. 1995, S. 69–94.

Meixner, Oliver/Haas, Rainer (2012): Wissensmanagement und Entscheidungstheorie: Theorien, Methoden, Anwendungen und Fallbeispiele. 2., überarbeitete Auflage. Wien 2012.

Menascé, Daniel A./Almeida, Virgilio A. F./Dowdy, Larry (2004): Performance by design: computer capacity planning by example. Upper Saddle River, NJ 2004.

Mengen, Andreas (1993): Konzeptgestaltung von Dienstleistungsprodukten: eine Conjoint-Analyse im Luftfrachtmarkt unter Berücksichtigung der Qualitätsunsicherheit beim Dienstleistungskauf. Stuttgart 1993.

Mentzer, John T./Flint, Daniel J./Hult, G. Tomas M. (2001): Logistics Service Quality as a Segment-Customized Process. In: Journal of Marketing, 65(2001)4, S. 82–104.

Mertens, Peter (2002): Business Intelligence - ein Überblick. In: Information Management & Consulting, 17(2002)Sonderausgabe, S. 65–73.

Mertens, Peter u. a. (2012): Grundzüge der Wirtschaftsinformatik. Berlin u. a. 2012 (= Springer-Lehrbuch).

Meuser, Michael/Nagel, Ulrike (2005): ExpertInneninterviews - vielfach erprobt, wenig bedacht. In: Bogner, Alexander/Littig, Beate/Menz, Wolfgang (Hrsg.): Das Experteninterview. 2. Aufl. Wiesbaden 2005, S. 71–93.

Meuthen, Daniel (1997): Neue Institutionenökonomik und strategische Unternehmensführung. Aachen 1997.

Mey, Günter/Mruck, Katja (2007): Qualitative Interviews. In: Naderer, Gabriele/Balzer, Eva (Hrsg.): Qualitative Marktforschung in Theorie und Praxis. 2007, S. 247–278.

Meyer, Anton (1987): Die Automatisierung und Veredelung von Dienstleistungen. Auswege aus der dienstleistungsinhärenten Produktivitätsschwäche. In: Jahrbuch der Absatz- und Verbraucherforschung, 33(1987)1, S. 25–46.

Meyer, Anton (1994): Dienstleistungsmarketing: Erkenntnisse und praktische Beispiele. 6. unveränderte Auflage. Augsburg 1994.

Meyer, Anton/Mattmüller, Roland (1987): Qualität von Dienstleistungen. entwicklung eines praxisorientierten Qualitätsmodells. In: Marketing ZFP, 9(1987)2, S. 187–195.

Meyer, Dr Matthias/Zarnekow, Dr Rüdiger/Kolbe, Dr Lutz M. (2003): IT-Governance. In: Wirtschaftsinformatik, 45(2003)4, S. 445–448.

Michaeli, Rainer (2006): Competitive Intelligence strategische Wettbewerbsvorteile erzielen durch systematische Konkurrenz-, Markt-, und Technologieanalysen. Berlin; New York 2006.

Milgrom, Paul R./Roberts, John (1992): Economics, organization, and management. Englewood Cliffs, N.J. 1992.

Miller, Gloria J. (2006): Business intelligence competency centers: a team approach to maximizing competitive advantage. Hoboken, N.J 2006.

Miller, Gloria J./Queisser, Thomas D. (2009): The modern BI organization results from a global internet survey across 50 countries and 30 industries augmented with executive interviews. Heidelberg 2009.

Miller, Jeffrey G./Vollmann, Thomas E. (1985): The hidden factory. In: Harvard Business Review, 63(1985)5, S. 142–150.

Miller, Jerry (2000): Millennium intelligence: understanding and conducting competitive intelligence in the digital age. Medford, N.J. 2000.

Mintzberg, H. (1979): The structuring of organizations. A synthesis of the research. Englewood Cliffs 1979.

Mintzberg, Henry (1989): Mintzberg on management: inside our strange world of organizations. New York : London 1989.

Mock, Theodore J. (1971): Concepts of Information Value and Accounting. In: Accounting Review, 46(1971)4, S. 765–778.

Möller, Klaus (2006): Wertschöpfung in Netzwerken. München 2006.

Morabito, Joseph/Stohr, Edward A./Genc, Yegin (2011): Enterprise Intelligence. In: International Journal of Business Intelligence Research, 2(2011)3, S. 1–20.

Morgenstern, Oskar (1935): Vollkommene Voraussicht und wirtschaftliches Gleichgewicht. In: Zeitschrift für Nationalökonomie, 6(1935)3, S. 337–357.

Morton, Michael S. Scott (1983): State of the art of research in management support systems. Cambridge, Mass 1983.

Moss, Larissa T./Atre, Shaku (2003): Business Intelligence Roadmap: The Complete Project Lifecycle for Decision-Support-Applications. 2003.

Mulder, Ursula/Whiteley, Alma (2007): Emerging and capturing tacit knowledge: a methodology for a bounded environment. In: Journal of Knowledge Management, 11(2007)1, S. 68–83.

Müller, Armin (1992): Informationsbeschaffung in Entscheidungssituationen. Ludwigsburg 1992 (= Schriftenreihe Wirtschafts- und Sozialwissenschaften).

Müller, Martin U./Rosenbach, Marcel/Schulz, Thomas (2013): Die gesteuerte Zukunft. In: Der Spiegel, o. J. .

Müller, Wolfgang (1974): Die Koordination von Informationsbedarf und Informationsbeschaffung als zentrale Aufgabe des Controlling. In: Zeitschrift für betriebswirtschaftliche Forschung, 26(1974)10, S. 683–693.

Müller-Jung, Joachim (2013): Wird „Big Data“ zur Chiffre für den digitalen GAU? In: Frankfurter Allgemeine Zeitung, (2013)55, S. N1–N2.

Müller-Jung, Joachim (2014): Schmutzige Daten. In: Frankfurter Allgemeine Zeitung, Frankfurt a. M., S. N1.

Müller-Stewens, Günter/Lechner, Christoph (2003): Strategisches Management: Wie strategische Initiativen zum Wandel führen. 2. Aufl., Stuttgart 2003.

Müller-Stewens, Günter/Lechner, Christoph (2005): Strategisches Management: Wie strategische Initiativen zum Wandel führen. 3., aktualisierte Aufl. Stuttgart 2005.

Naim, M.M./Evans, G. N./Towill, D.R. (1997): Supply chain management: a process view of integrating manufacturing enterprises. In: The Institution of Electrical Engineers (Hrsg.) IEE Colloquium on Internet Technology and the Integrated Enterprise, (1997), S. 2/1–2/3.

Navrade, Frank (2008): Strategische Planung mit Data-Warehouse-Systemen. Wiesbaden 2008.

Negash, Solomon (2004): Business Intelligence. In: Communications of AIS, 13(2004), S. 177–195.

Neuhaus, Ralf (2007): Produktionssysteme. Entstehung - Aufbau - Implementierung. Bergisch Gladbach 2007.

Neumann, John von/Morgenstern, Oskar (1947): Theory of Games and Economic Behavior. 2. Aufl., Princeton 1947.

Nicolai, Alexander/Kieser, Alfred (2002): Trotz eklatanter Erfolglosigkeit: Die Erfolgsfaktorenforschung weiter auf Erfolgskurs. In: Die Betriebswirtschaft, 62(2002)6, S. 579–596.

Nienhaus, Jörg/Ziegenbein, Arne/Schönsleben, Paul (2006): How human behaviour amplifies the bullwhip effect. A study based on the beer distribution game online. In: Production Planning & Control, 17(2006)6, S. 547–557.

Nippa, Michael/Picot, Arnold (1995): Prozessmanagement und Reengineering. Frankfurt, New York 1995.

Nonaka, Ikujiro (1994): A Dynamic Theory of Organizational Knowledge Creation. In: Organization Science, 5(1994)1, S. 14–37.

Nonaka, Ikujiro/Takeuchi, Hirotaka (1997): Die Organisation des Wissens. Wie japanische Unternehmen eine brachliegende Ressource nutzbar machen. Frankfurt am Main 1997.

North, Klaus (1997): Localizing Global Productions: Know-how Transfer in International Manufacturing. Genf 1997.

North, Klaus (2011): Wissensorientierte Unternehmensführung: Wertschöpfung durch Wissen. 5. Aufl., Wiesbaden 2011.

o. A. (2013): Datenintegration: Informationspuzzle. In: Business Intelligence Magazin, (2013)2, S. 41.

O'Donnell, Ed/David, Julie Smith (2000): How information systems influence user decisions: a research framework and literature review. In: International Journal of Accounting Information Systems, 1(2000)3, S. 178–203.

O'Neill, Daniel (2011): Business Intelligence Competency Centers. In: International Journal of Business Intelligence Research, 2(2011)3, S. 21–35.

Oehler, Karsten (2006): Corporate Performance Management: Mit business intelligence Werkzeugen. 2006.

Ohno, Taiichi (1988): Toyota production system: beyond large-scale production. Cambridge, Mass 1988.

Olhager, Jan (2003): Strategic positioning of the order penetration point. In: International Journal of Production Economics, 85(2003)3, S. 319–329.

Olhager, Jan/Wikner, Joakim (1998): A Framework for Integrated Material and Capacity Based Master Scheduling. In: Drexl, Andreas/Kimms, Alf (Hrsg.): Beyond Manufacturing Resource Planning (MRP II). 1998, S. 3–20.

Oliver, Nick (1991): The dynamics of just-in-time. In: New Technology, Work and Employment, 6(1991)1, S. 19–27.

Oliver, R. K./Webber, M.D. (1992): Supply-chain management. Logistics catches up with strategy. In: Christopher, M. (Hrsg.): Logistics. The strategic issues. London 1992, S. 63–75.

Orlikowski, Wanda J./Baroudi, Jack J. (1991): Studying Information Technology in Organizations: Research Approaches and Assumptions. In: Information Systems Research, 2(1991)1, S. 1–28.

Ortner, Erich (2005): Sprachbasierte Informatik: wie man mit Wörtern die Cyber-Welt bewegt. Leipzig 2005.

Österle, Hubert/Brenner, Walter/Hilbers, Konrad (1992): Unternehmensführung und Informationssystem: der Ansatz des St. Galler Informationssystem-Managements. Stuttgart 1992.

Osterloh, Margit/Frost, Jetta (2006): Prozessmanagement als Kernkompetenz: wie Sie business reengineering strategisch nutzen können. Wiesbaden 2006.

Pagh, Janus D./Cooper, Martha C. (1998): Supply Chain Postponement and Speculation Strategies: How to choose the right strategy. In: Journal of Business Logistics, 19(1998)2, S. 13–33.

Paim, F.R.S./de Castro, J.F.B. (2003): DWARF: an approach for requirements definition and management of data warehouse systems. In: IEEE Computer Society (Hrsg.): Proceedings of the 11th IEEE International Requirements Engineering Conference,. Los Alamitos, CA 2003, S. 75–84.

Pauli, Darren (2009): Gartner says key to BI is talk, not tech. In: Computerworld Australia, .

Penrose, Edith (1959): The theory of the growth of the firm. Oxford 1959.

Penrose, Edith Tilton (1995): The Theory of the Growth of the Firm. 3. Aufl., 1995.

Peteraf, M. A. (1993): The Cornerstones of Competitive Advantage: A Resourced-Based View. In: Strategic Management Journal, 14(1993)3, S. 179–191.

Petersen, Lars/Schweitzer, Marcus (2007): Lean Management für Dienstleistungsprozesse. Saarbrücken 2007 (= Veröffentlichung des Arbeitskreises Dienstleistungsmanagement).

Petersen, Lars/Schweitzer, Marcus (2008): Lean Service Operations Management. Saarbrücken 2008 (= Trends in European Management).

Pfeiffer, Werner/Weiß, Enno (1994): Lean Management: Grundlagen der Führung und Organisation lernender Unternehmen. 2. Aufl., Berlin 1994.

Pfohl, H.-Chr. (2004): Logistikmanagement. Konzeption und Funktionen. 2., vollst. überarb. und erw. Aufl. Berlin 2004.

Pfohl, H.-Chr./Braun, G. E. (1981): Entscheidungstheorie: Normative und deskriptive Grundlagen des Entscheidens. Landsberg am Lech 1981.

Pfohl, H.-Chr./Stölzle, W. (1997): Planung und Kontrolle: Konzeption, Gestaltung, Implementierung. 2., neubearb. Auf. München 1997.

Pfohl, Hans-Christian (1977a): Messung subjektiver Wahrscheinlichkeiten. In: Pfohl, Hans-Christian/Rürup, Bert (Hrsg.): Wirtschaftliche Messprobleme. Köln 1977, S. 23–36.

Pfohl, Hans-Christian (1977b): Problemorientierte Entscheidungsfindung in Organisationen. 1. Aufl. Berlin ; New York 1977 (= Mensch und Organisation).

Pfohl, Hans-Christian (1997): Personal-Management in der Logistik. In: Logistik Spektrum, 9(1997)4, S. 12 – 14.

Pfohl, Hans-Christian (2010): Logistiksysteme: Betriebswirtschaftliche Grundlagen. 8. Aufl., Berlin Heidelberg 2010.

Pfohl, Hans-Christian/Gallus, Philipp/Köhler, Holger (2008): Konzepetion des Supply Chain Risikomanagements. In: Pfohl, Hans-Christian (Hrsg.): Sicherheit und Risikomanagement in der Supply Chain. Gestaltungsansätze und praktische Umsetzung. Hamburg 2008, S. 7–94.

Pfohl, Hans-Christian/Large, Rudolf (1992): Gestaltung interorganisatorischer Logistiksysteme auf der Grundlage der Transaktionskostentheorie. In: Zeitschrift für Verkehrswissenschaft, 63(1992)1, S. 15–51.

Pfohl, Hans-Christian/Zettelmeyer, Bernd (1987): Strategisches Controlling? In: Zeitschrift für Betriebswirtschaft, 57(1987)11, S. 145–175.

Philippi, Joachim (2005): Outsourcing und Offshoring von Business Intelligence-Lösungen. Empirische Studien und Praxiserfahrung. In: Schelp, Dr Joachim/Winter, Prof Dr Robert (Hrsg.): Auf dem Weg zur Integration Factory. 2005, S. 73–106.

Picot, A./Reichwald, R./Wigand, R. T. (2003): Die grenzenlose Unternehmung. Information, Organisation und Management. 5., aktualisierte Aufl. Wiesbaden 2003.

Picot, Arnold (1982): Transaktionskostenansatz in der Organisationstheorie: Stand der Diskussion und Aussagewert. In: Die Betriebswirtschaft, 42(1982)3, S. 267 - 284.

Picot, Arnold (1989): Der Produktionsfaktor Information in der Unternehmensführung. In: Thexis, (1989)4, S. 3–9.

Picot, Arnold (1991a): Ein neuer Ansatz zur Gestaltung der Leistungstiefe. In: Zeitschrift für betriebswirtschaftliche Forschung, 43(1991)4, S. 336–357.

Picot, Arnold (1991b): Ökonomische Theorien der Organisation. Ein Überblick über neuere Ansätze und deren betriebswirtschaftliches Anwendungspotential. In: Ordelheide, Dieter/Rudolph, Bernd/Büsselmann, Elke (Hrsg.): Betriebswirtschaftslehre und ökonomische Theorie. Stuttgart 1991, S. 143–170.

Picot, Arnold/Dietl, Helmut (1990): Transaktionskostentheorie. In: Wirtschaftswissenschaftliches Studium, 19(1990), S. 178–184.

Picot, Arnold/Dietl, Helmut/Franck, Egon (2008): Organisation - Eine ökonomische Perspektive. 5., aktualisierte und überarbeitete Auflage. Stuttgart 2008.

Picot, Arnold/Franck, Egon (1988): Die Planung der Unternehmensressource „Information", Teil II. In: Das Wirtschaftsstudium, 17(1988)11, S. 608–614.

Picot, Arnold/Reichwald, Ralf/Wigand, Rolf T. (2008): Information, organization and management. New York 2008.

Pine, B. Joseph (1993): Making mass customization happen: Strategies for the new competitive realities. In: Strategy & Leadership, 21(1993)5, S. 23–24.

Pine, B. Joseph (1999): Mass Customization: The New Frontier in Business Competition. 1999.

Pirttimäki, Virpi (2006): Business intelligence as a managerial tool in large Finnish companies. Tampere 2006.

Platz, Heinz P. (1980): Die Überwindung informationswirtschaftlicher Engpässe in der Unternehmung: Analyse von Möglichkeiten zur Verbesserung d. Kosten-/Leistungsverhältnisses von Informations-Systemen. Berlin 1980 (= Betriebswirtschaftliche Schriften).

Popovič, Aleš u. a. (2012): Towards business intelligence systems success: Effects of maturity and culture on analytical decision making. In: Decision Support Systems, 54(2012)1, S. 729–739.

Popper, Karl (2005): Logik der Forschung. 11. Auflage. Tübingen 2005.

Porter, Michael (1981): The Contributions of Industrial Organization to Strategic Management. In: Academy of Management Review, 6(1981)4, S. 609–620.

Porter, Michael E (1991): Towards a Dynamic Theory of Strategy. In: Strategic Management Journal, 12(1991), S. 95–117.

Porter, Michael E. (1989): Der Wettbewerb auf globalen Märkten: Ein Rahmenkonzept. In: Porter, Michael E. (Hrsg.): Globaler Wetbewerb. Strategien der neuen Internationalisierung. Wiesbaden 1989.

Porter, Michael E. (2010): Wettbewerbsvorteile: Spitzenleistungen erreichen und behaupten. 7. Aufl., Frankfurt a. M. 2010.

Porter, Michael E. (2013): Wettbewerbsstrategie: Methoden zur Analyse von Branchen und Konkurrenten. 2013.

Porter, Michael E./Millar, Victor E. (1985): How Information Gives You Competitive Advantage. In: Harvard Business Review, 63(1985)4, S. 149–160.

Poznanski, Steffi (2007): Wertschöpfung durch Kundenintegration: Eine empirische Untersuchung am Beispiel von Strukturierten Finanzierungen. Wiesbaden 2007.

Prahalad, C. K/Hamel, Gary (1990): The core competetence of the corporation. In: Harvard Business Review, (1990)3, S. 79–91.

Preißler, Peter R (2009): Controlling Lehrbuch und Intensivkurs. München u. a. 2009.

Presthus, Wanda/Ghinea, Gheorghita/Utvik, Ken-Robin (2012): The More, the Merrier? In: International Journal of Business Intelligence Research, 3(2012)2, S. 34–48.

Probst, Gilbert J. B./Deussen, Arne (1997): Wissensziele als neue Management-Instrumente. In: Gabler's Magazin, 11(1997)8, S. 6–9.

Probst, Gilbert/Raub, Steffen/Romhardt, Kai (2012): Wissen managen: Wie Unternehmen ihre wertvollste Ressource optimal nutzen. Wiesbaden 2012.

Pümpin, Cuno (1980): Strategische Führung. Aufbau strategischer Erfolgspositionen in der Unternehmenspraxis. Schweizerische Volksbank (Hrsg.) Bern 1980 (= Die Orientierung).

Raden, Neil (2007): Toppling the BI Pyramid. In: DM Review, 17(2007)1, S. 28–30.

Raffée, Hans (1993): Grundprobleme der Betriebswirtschaftslehre. 8., unveränderte. Göttingen 1993.

Raggad, Bel G. (1997): Decision support system: use IT or skip IT. In: Industrial Management & Data Systems, 97(1997)2, S. 43–50.

Ragowsky, Arik/Ahituv, Niv/Neumann, Seev (1996): Identifying the value and importance of an information system application. In: Information & Management, 31(1996)2, S. 89–102.

Ramakrishnan, Thiagarajan/Jones, Mary C./Sidorova, Anna (2012): Factors influencing business intelligence (BI) data collection strategies: An empirical investigation. In: Decision Support Systems, 52(2012)2, S. 486–496.

Ranjan, Jayanthi (2008): Business justification with business intelligence. In: VINE, 38(2008)4, S. 461–475.

Rappaport, Alfred (1995): Shareholder-Value: Wertsteigerung als Maßstab für die Unternehmensführung. Stuttgart 1995.

Rasche, Christoph (1994): Wettbewerbsvorteile durch Kernkompetenzen: ein ressourcenorientierter Ansatz. Wiesbaden 1994.

Rasche, Christoph/Wolfrum, Bernd (1994): Ressourcenorientierte Unternehmensführung. In: Die Betriebswirtschaft, 54(1994)4, S. 501–517.

Rehäuser, Jakob/Krcmar, Helmut (1996): Wissensmanagement im Unternehmen. In: Schreyögg, Georg/Conrad, Peter (Hrsg.): Managementforschung 6:Wissensma

Reichmann, Thomas (2011): Controlling mit Kennzahlen: die systemgestützte Controlling-Konzeption mit Analyse- und Reportinginstrumenten. München 2011.

Reichwald, Ralf (1992): Informationskosten - Ein kostentheoretischer Erklärungsansatz am Beispiel der „lean production". In: Scheer, August-Wilhelm (Hrsg.): Simultane Produktentwicklung. München 1992, S. 335–368.

Resch, Olaf (2009): Einführung in das IT-Management: Grundlagen, Umsetzung, best practice. Berlin 2009.

Riebel, Paul (1983): Thesen zur Einzelkosten und Deckungsbeitragsrechnung. In: Chmielewicz, Klaus (Hrsg.): Entwicklungslinien der Kosten- und Erlösrechnung. Stuttgart 1983, S. 21–46.

Riebel, Paul (1990): Einzelkosten- und Deckungsbeitragsrechnung: Grundfragen einer markt- und entscheidungsorientierten Unternehmensrechnung. 6., wesentlich erweiterte Auflage. Wiesbaden 1990.

Riebel, Paul (1994a): Ansätze und Entwicklungen des Rechnens mit relativen Einzelkosten und Deckungsbeiträgen. In: Riebel, Paul (Hrsg.): Einzelkosten- und Deckungsbeitragsrechnung. 1994, S. 615–631.

Riebel, Paul (1994b): Überlegungen zur Formulierung eines entscheidungsorientierten Kostenbegriffs. In: Riebel, Paul (Hrsg.): Einzelkosten- und Deckungsbeitragsrechnung. 1994, S. 409–429.

Riesenhuber, Felix (2009): Großzahlige empirische Forschung. In: Albers, Sönke u. a. (Hrsg.): Methodik der empirischen Forschung. 2009, S. 1–16.

Ringle, Christian M. (2004): Messung von Kausalmodellen. Ein Methodenvergleich. Hansmann, Karl-Werner (Hrsg.) Hamburg 2004 (= Industrielles Management.).

Roach, Stephen S. (1991): Services Under Siege--The Restructuring Imperative. In: Harvard Business Review, 69(1991)5, S. 82–91.

Rockart, John F. (1979): Chief executives define their own data needs. In: Harvard Business Review, 57(1979)2, S. 81–93.

Roekel van, Henk u. a. (2009): The BI Framework - How to turn Information into a competitive Asset. Berlin 2009.

Rose, Frank (1999): The economics, concept, and design of information intermediaries: A theoretic approach. Heidelberg/New York 1999.

Rosemann, Michael/Brocke vom, Jan (2010): The Six Core Elements of Business Process Management. In: Brocke vom, Jan/Rosemann, Michael (Hrsg.):

Handbook on Business Process Management 1. Berlin, Heidelberg 2010, S. 107–122.

Rosenkranz, Friedrich (2006): Geschäftsprozesse Modell- und computergestützte Planung. Berlin 2006.

Rossmy, Marcel (2007): Leistungsmessung stochastischer Dienstleistungsproduktionen. Wiesbaden 2007.

Roth, Alvin E. (2000): Game Theory as a Tool for Market Design. In: Patrone, Fioravante/García-Jurado, Ignacio/Tijs, Stef (Hrsg.): Game Practice: Contributions from Applied Game Theory. 2000 (= Theory and Decision Library), S. 7–18.

Roth, Alvin E. (2002): The Economist as Engineer: Game Theory, Experimentation, and Computation as Tools for Design Economics. In: Econometrica, 70(2002)4, S. 1341–1378.

Roth, Konrad (1976): Informationsbeschaffung von Organisationen: Analyse des Informationsverhaltens von Organisationen am Beispiel von Entscheidungsprozessen auf Investitionsgütermärkten. Mannheim 1976.

Rüegg-Stürm, Johannes (2003): Das neue St. Galler Management-Modell: Grundkategorien einer modernen Managementlehre ; der HSG-Ansatz. Bern 2003.

Rugman, A./Verbeke, A. (2002): Edith Penrose's Contribution to the Resource-Based View of Strategic Management. In: Strategic Management Journal, 23(2002)8, S. 769–780.

Rumelt, Richard P. (1984): Towards a Strategic Theory of the Firm. In: Lamb, Robert B. (Hrsg.): Competitive Strategic Management. Englewood Cliffs N. J. 1984, S. 556–570.

Rumelt, Richard P. (1991): How much does industry matter? In: Strategic Management Journal, 12(1991)3, S. 167–185.

Rüter, Andreas u. a. (2010): IT-Governance. In: Rüter, Andreas u. a. (Hrsg.): IT-Governance in der Praxis. 2010 (= Xpert.press), S. 19–33.

Sabherwal, Rajiv/Becerra-Fernandez, Irma (2010): Business intelligence. Hoboken, NJ 2010.

Sabherwal, Rajiv/Chan, Yolande E. (2001): Alignment Between Business and IS Strategies: A Study of Prospectors, Analyzers, and Defenders. In: Information Systems Research, 12(2001)1, S. 11.

Saliger, Edgar (2003): Betriebswirtschaftliche Entscheidungstheorie: Einführung in die Logik individueller und kollektiver Entscheidungen. München 2003.

Salman, Ralph (2002): Die Erfassung von Produktions- und Transaktionskosten in der Prozesskostenrechnung. In: Mühlbacher, Hans/Thelen, Eva (Hrsg.): Neue Entwicklungen im Dienstleistungsmarketing. 2002 (= Focus Dienstleistungsmarketing), S. 143–166.

Sandt, Joachim (2005): Prozesskostenmanagement und KVP. In: Controlling & Management, 49(2005)7, S. 46–51.

SAS Institute (2012): Making Business Analytics Work: Lessons from Effective Analytics Users. Cary, NC 2012.

Schäfer, Roman/Schierholz, Bernd/Gluchowski, Peter (Hrsg.) (2010): Business-Intelligence-Studie 2010. Einsatz, Nutzung und Probleme von Analyse- und Berichtssoftwarelösungen in mittelständischen Unternehmen in Deutschland. Ratingen, Ehningen, Chemnitz 2010.

Schäffer, Univ-Prof Dr Utz/Brettel, Dipl-Kffr Tanja (2005): Ein Plädoyer für Fallstudien. In: Controlling und Management, 49(2005)1, S. 43–46.

Schäffer, Utz (2003): Rationalitätssicherung der Führung und Controlleraufgaben. In: Weber, Jürgen/Hirsch, Bernhard (Hrsg.): Controlling als akademische Disziplin. 2003 (= Schriften des Center for Controlling & Management (CCM)), S. 99–111.

Schanz, Günther (1988): Methodologie für Betriebswirte. 2., überarb. und erw. Aufl. Stuttgart 1988.

Schanz, Günther (1975): Einführung in die Methodologie der Betriebswirtschaftslehre. Köln 1975.

Schanz, Günther (1976): Verhaltenstheoretische Betriebswirtschaftslehre und soziale Praxis. In: Ulrich, Hans (Hrsg.): Zum Praxisbezug der Betriebswirtschaftslehre in wissenschaftstheoretischer Sicht. St. Gallen 1976, S. 13–32.

Schelp, Dr Joachim/Winter, Prof Dr Robert (2008): Entwurf von Anwendungssystemen und Entwurf von Enterprise Services. In: WIRTSCHAFTSINFORMATIK, 50(2008)1, S. 6–15.

Schepanski, Albert/Uecker, Wilfred (1983): Toward a Positive Theory of Information Evaluation. In: Accounting Review, 58(1983)2, S. 259–283.

Scherer, A. G. (2006): Kritik der Organisation oder Organisation der Kritik? Wissenschaftstheoretische Bemerkungen zum kritischen Umgang mit Organisationstheorien. In: Kieser, A./Ebers, M. (Hrsg.): Organisationstheorien. 6., erw. Aufl. Stuttgart 2006, S. 18–61.

Schmelzer, Hermann J/Sesselmann, Wolfgang (2008): Geschäftsprozessmanagement in der Praxis: Kunden zufrieden stellen - Produktivität steigern - Wert erhöhen. 6. Aufl., München 2008.

Schmundt, Hilmar (2013): Spitze ohne Bespitzeln. In: Der Spiegel, o. J. .

Schneider, Markus (1999): Innovation von Dienstleistungen : Organisation von Innovationsprozessen in Universalbanken. Wiesbaden 1999.

Schnell, Rainer/Hill, Paul B./Esser, Elke (2011): Methoden der empirischen Sozialforschung. 9. Aufl., München 2011.

Schober, Holger (2002): Prozessorganisation: theoretische Grundlagen und Gestaltungsoptionen. Wiesbaden 2002.

Scholz, Rainer/Vrohlings, Alwin (1994a): Grundlagen des Prozessmanagements. In: Gaitanides, Michael u. a. (Hrsg.): Processmanagement: Konzepte, Umsetzungen und Erfahrungen des Reenginerung. München 1994, S. 21–36.

Scholz, Rainer/Vrohlings, Alwin (1994b): Prozess-Leistungs-Transparenz. In: Gaitanides, Michael u. a. (Hrsg.): Processmanagement: Konzepte, Umsetzungen und Erfahrungen des Reenginerung. München 1994, S. 57–98.

Scholz, Rainer/Vrohlings, Alwin (1994c): Prozess-Redesign und kontinuierliche Prozessverbesserung. In: Gaitanides, Michael u. a. (Hrsg.): Processmanagement: Konzepte, Umsetzungen und Erfahrungen des Reenginerung. München 1994, S. 99–122.

Schonberger, Richard (1982): Japanese manufacturing techniques: nine hidden lessons in simplicity. New York 1982.

Schöneck, Nadine M./Voß, Werner (2005): Das Forschungsprojekt: Planung, Durchführung und Auswertung einer quantitativen Studie. Wiesbaden 2005.

Schönsleben, Paul (2007): Integrales Logistikmanagement: Operations and Supply Chain Management in umfassenden Wertschöpfungsnetzwerken. Berlin 2007.

Schreyögg, G. (2008): Organisation - Grundlagen moderner Organisationsgestaltung. 5. Aufl., Wiesbaden 2008.

Schreyögg, Georg/Koch, Jochen (2010): Grundlagen des Managements: Basiswissen für Studium und Praxis. 2., überarbeitete und erweiterte Auflage. Wiesbaden 2010.

Schröder, Dr Regina W./Schmidt, Dipl-Ok Robert Chr/Wall, Univ-Prof Dr Friederike (2007): Customer Value Added – Wertschöpfung bei Dienstleistungen durch und für den Kunden. In: Bruhn, Univ-Prof Dr Manfred/Stauss, Univ-

Prof Dr Bernd (Hrsg.): Wertschöpfungsprozesse bei Dienstleistungen. 2007, S. 299–317.

Schuh, Günther u. a. (2007): Lean Innovation – ein Widerspruch in sich? In: Hacklin, Fredrik/Marxt, Christian (Hrsg.): Business Excellence in technologieorientierten Unternehmen. Berlin, Heidelberg 2007, S. 13–20.

Schultze, Wolfgang/Hirsch, Cathrin (2005): Unternehmenswertsteigerung durch wertorientiertes Controlling: Goodwill-Bilanzierung in der Unternehmenssteuerung. München 2005.

Schulz, Ralf (1998): Fallbasierte entscheidungsunterstützende Systeme : ein Ansatz zur Lösung betrieblicher Entscheidungsprobleme. Leipzip 1998.

Schwartz, Susana (2007): The Hype Around BI 2.0. In: Insurance & Technology, 32(2007)4, S. 41.

Schwarz, Jürgen (2013): Messung und Steuerung der Kommunikations-Effizienz eine theoretische und empirische Analyse durch den Einsatz der Data Envelopment Analysis. Wiesbaden 2013.

Schwarz, Prof Dr Dr Rainer (2003): Entwicklungslinien der Controllingforschung. In: Weber, Jürgen/Hirsch, Bernhard (Hrsg.): Controlling als akademische Disziplin. 2003 (= Schriften des Center for Controlling & Management (CCM)), S. 3–19.

Schwertsik, Andreas Roland (2013): IT-Governance als Teil der organisationalen Governance. Wiesbaden 2013 (= Informationsmanagement und Computer Aided Team).

Seeger, Thomas (1997): Grundbegriffe der Information und Dokumentation. In: Bruder, Marianne/Rehfeld, Werner/Seeger, Thomas (Hrsg.): Grundlagen der praktischen Information und Dokumentation 1. München u. a. 1997, S. 1–15.

Shah, Rachna/Ward, Peter T (2003): Lean manufacturing: context, practice bundles, and performance. In: Journal of Operations Management, 21(2003)2, S. 129–149.

Shannon, Claude E. (1964): The Mathematical Theory of Communication. In: Shannon, Claude E./Weaver, Warren (Hrsg.): The Mathematical Theory of Communication. 10. Aufl., Urbana 1964, S. 29–125.

Sieben, Günter/Schildbach, Thomas (1994): Betriebswirtschaftliche Entscheidungstheorie. Düsseldorf 1994.

Siebert (2003): Ökonomische Analyse von Unternehmensnetzwerken. In: Sydow, Jörg (Hrsg.): Management von Netzwerkorganisationen: Beiträge aus der „Managementforschung“. Wiesbaden 2003, S. 7–27.

Siggelkow, Nicolaj (2007): Persuasion with Case Studies. In: Academy of Management Journal, 50(2007)1, S. 20–24.

Sikora, Klaus (1994): Betriebswirtschaftslehre als ökonomische Soziotechnologie im Sinne von Mario Bunge. In: Fischer-Winkelmann, Wolf F. (Hrsg.): Das Theorie-Praxis-Problem der Betriebswirtschaftslehre. 1994, S. 175–220.

Simon, Herbert A. (1955): A Behavioral Model of Rational Choice. In: The Quarterly Journal of Economics, 69(1955)1, S. 99–118.

Simon, Herbert A. (1959): Theories of Decision-Making in Economics and Behavioral Science. In: The American Economic Review, 49(1959)3, S. 253–283.

Simon, Herbert A. (1960): The new science of management decision. New York 1960.

Simon, Herbert A. (1978): Rationality as Process and as Product of Thought. In: The American Economic Review, 68(1978)2, S. 1–16.

Simon, Herbert A. (1979): Rational Decision Making in Business Organizations. In: The American Economic Review, 69(1979)4, S. 493–513.

Simon, Herbert A. (1981): Entscheidungsverhalten in Organisationen: eine Untersuchung von Entscheidungsprozessen in Management und Verwaltung. Landsberg am Lech 1981.

Simon, Herbert A. (1987): Making management decisions: The role of intuition and emotion. In: The Academy of Management Executive, 1(1987)1, S. 57–64.

Simon, Herbert A. (1997): Administrative behavior. A study of decision-making processes in administrative organizations. 4. Aufl. New York 1997.

Simon, Hermann (1991): Industrielle Dienstleistung und Wettbewerbsstrategie. In: Simon, Hermann (Hrsg.): Industrielle Dienstleistungen. Stuttgart 1991, S. 3–22.

Simons, Robert (1994): Levers of Control: How Managers Use Innovative Control Systems to Drive Strategic Renewal. 1994.

Simons, Robert (2000): Performance Measurement and Control Systems for Implementing Strategy: Text and Cases. 2000.

Simpson, Dan (1997): Practical Strategist: Competitive Intelligence Can Be a Bad Investment. In: Journal of Business Strategy, 18(1997)6, S. 8–9.

Sinz, Elmar J./Ulbrich-vom Ende, Achim (2010): Architektur von Data-Warehouse-Systemen. In: Chamoni, Peter/Gluchowski, Peter (Hrsg.): Analytische Informationssysteme: Business-Intelligence-Technologien und -Anwendungen. Berlin u. a. 2010, S. 175–196.

Skyrius, Rimvydas/Kazakevičienė, Gėlytė/Bujauskas, Vytautas (2013a): From Management Information Systems to Business Intelligence: The Development of Management Information Needs. In: International Jorunal of Interactive Multimedia and Artificial Intelligence, 2(2013)3, S. 31–37.

Skyrius, Rimvydas/Kazakevičienė, Gėlytė/Bujauskas, Vytautas (2013b): The Relationship between Management Decision Support and Business Intelligence: Developing Awareness. In: Rocha, Álvaro u. a. (Hrsg.): Advances in Information Systems and Technologies. 2013 (= Advances in Intelligent Systems and Computing), S. 587–598.

Sloman, Steven A. (1996): The empirical case for two systems of reasoning. In: Psychological Bulletin, 119(1996)1, S. 3–22.

Smeds, Riitta (1994): Managing Change towards Lean Enterprises. In: International Journal of Operations & Production Management, 14(1994)3, S. 66–82.

Smith, Derek/Crossland, Maria (2008): Realizing the Value of Business Intelligence. In: Avison, David u. a. (Hrsg.): Advances in Information Systems Research, Education and Practice. 2008 (= IFIP – The International Federation for Information Processing), S. 163–174.

Sommer, Dan/Sood, Bhavish (2011): Market Share Analysis: Business Intelligence, Analytics and Performance Management, Worldwide, 2010. Gartner (Hrsg.) Stamford, CT 2011.

Spath, Dieter/Demuß, Lutz (2006): Entwicklung hybrider Produkte - Gestaltung materieller und immaterieller Leistungsbündel. In: Bullinger, Hans-Jörg/Scheer, August-Wilhelm (Hrsg.): Service Engineering Entwicklung und Gestaltung innovativer Dienstleistungen. Berlin 2006, S. 463–502.

Spender, J.-C. (1993): Some Frontier Activities Around Strategy Theorizing. In: Journal of Management Studies, 30(1993)1, S. 11–30.

Spiegel, Thomas (2003): Prozessanalyse in Dienstleistungsunternehmen. Hierarchische Integration strategischer und operativer Methoden im Dienstleistungsmanagement. Wiesbaden 2003.

Srimai, Suwit/Wright, Chris S./Radford, Jack (2013): A speculation of the presence of overlap and niches in organizational performance management systems. In: International Journal of Productivity and Performance Management, 62(2013)4, S. 364–386.

Sriram, Ram S. (2008): Business Intelligence - in the Context of Global Business Environment. In: Journal of Global Information Technology Management, 11(2008)2, S. 1.

Staehle, Wolfgang (1994): Management - eine verhaltenswissenschaftliche Perspektive. 7. Aufl. / überarb. von Peter Conrad; Jörg Sydow. München 1994.

Stake, R. (1995): The art of case study research. Thousand Oaks Calif. ;London 1995.

Stake, Robert (2006): Multiple case study analysis. New York/London 2006.

Steers, Richard M (1975): Problems in the Measurement of organizational effectiveness. In: Administrative Science Quarterly, 20(1975)4, S. 546–558.

Stephens, D. W. (1989): Variance and the Value of Information. In: The American Naturalist, 134(1989)1, S. 128–140.

Stieglitz, Stefan (2008): Steuerung Virtueller Communities: Instrumente, Mechanismen, Wirkungszusammenhänge. 2008.

Stock, James R./Lambert, Douglas M. (2001): Strategic logistics management. 4. Aufl. Boston 2001.

Strauch, Bernhard (2002): Entwicklung einer Methode für die Informationsbedarfsanalyse im Data Warehousing. St. Gallen 2002.

Stroh, Dipl-Inf Florian/Winter, Prof Dr Robert/Wortmann, Dr Felix (2011): Methodenunterstützung der Informationsbedarfsanalyse analytischer Informationssysteme. In: WIRTSCHAFTSINFORMATIK, 53(2011)1, S. 37–48.

Stubbs, Evan (2011): The value of business analytics: identifying the path to profitability. Hoboken, N.J 2011.

Suchanek, Andreas/Kerscher, Klaus-Jürgen (2007): Der Homo oeconomicus: Verfehltes Menschenbild oder leistungsfähiges Analyseinstrument? In: Lang, Rainhart/Schmidt, Annett (Hrsg.): Individuum und Organisation. 2007, S. 251–275.

Sydow, Jörg (1991): Unternehmungsnetzwerke. Begriffe, Erscheinungsformen und Implikationen für die Mitbestimmung. Düsseldorf 1991.

Sydow, Jörg (1995): Strategische Netzwerke: Evolution und Organisation. Wiesbaden 1995.

Syska, Andreas (2006): Produktionsmanagement: das A - Z wichtiger Methoden und Konzepte für die Produktion von heute. Wiesbaden 2006.

Szewczak, Edward J/King, William R (1987): Organizational processes as determinants of information value. In: Omega, 15(1987)2, S. 103–111.

Tanaka, Masayasu (1989): Cost Planning and Control Systems in the Design Phase of a New Product. In: Monden, Yasuhiro/Sakuri, Michiharu (Hrsg.): Japanese Management Accounting. A World Class Approach to Profit Management. Cambridge Massachusetts 1989, S. 49–71.

Tao, Qingjiu/Prescott, John E. (2000): China: Competitive intelligence practices in an emerging market environment. In: Competitive Intelligence Review, 11(2000)4, S. 65–78.

Taschner, Andreas (2013): Management Reporting Erfolgsfaktor internes Berichtswesen. Wiesbaden 2013.

Teece, David J/Pisano, Gary/Shuen, Amy (1997): Dynamic Capabilities and Strategic Management. In: Strategic Management Journal, 18(1997)7, S. 509–533.

Teece, David/Pisano, Gary (1994): The Dynamic Capabilities of Firms: an Introduction. In: Industrial and Corporate Change, 3(1994)3, S. 537–556.

Teichmann, H. (1971): Der Stand der Entscheidungstheorie. In: Die Unternehmung, 25(1971)S 127, S. 127–147.

Temmel, Philipp (2011): Organisation des Controllings als Managementfunktion: Gestaltungsfaktoren, Erfolgsdeterminanten und Nutzungsimplikationen. Wiesbaden 2011.

Theuvsen, L. (1997): Interne Organisation und Transaktionskostenansatz. Entwicklungsstand, weiterführende Überlegungen, Perspektiven. In: Zeitschrift für Betriebswirtschaft, 67(1997)9, S. 971 – 996.

Theuvsen, Ludwig (1996): Business Reengineering -- Möglichkeiten und Grenzen einer prozessorientierten Organisationsgestaltung. In: Schmalenbachs Zeitschrift für betriebswirtschaftliche Forschung : Zfbf, 48(1996)1, S. 65–82.

Thielemann, Ulrich/Weibler, Jürgen (2007): Betriebswirtschaftslehre ohne Unternehmensethik? vom Scheitern einer Ethik ohne Moral. In: Zeitschrift für Betriebswirtschaft, 77(2007)2, S. 179 – 194.

Thom, N./Wenger, A. P. (2010): Die optimale Organisationsform. Wiesbaden 2010.

Thom, Norbert (1988): Organisationsmanagement. In: Hofmann, Michael/Rosenstiel, Lutz von (Hrsg.): Funktionale Managementlehre. 1988, S. 322–352.

Thomä, Dieter (2006): Die Theorie des Humankapitals zwischen Kultur und Ökonomie. In: Zeitschrift für Wirtschafts- und Unternehmensethik, 7(2006)3, S. 301–318.

Thomas, James H. (2001): Business Intelligence – Why? In: eAI Journal, (2001), S. 47–49.

Thommen, Jean-Paul/Achleitner, Ann-Kristin (2012): Allgemeine Betriebswirtschaftslehre umfassende Einführung aus managementorientierter Sicht. Wiesbaden 2012.

Tiemeyer, Ernst (2009): Handbuch IT-Management Konzepte, Methoden, Lösungen und Arbeitshilfen für die Praxis. München 2009.

Töpfer, Armin (2007): Betriebswirtschaftslehre: anwendungs- und prozessorientierte Grundlagen. Berlin u. a. 2007.

Töpfer, Armin (2009): Lean Management und Six Sigma: Die wirkungsvolle Kombination von zwei Konzepten für schnelle Prozesse und fehlerfreie Qualität. In: Töpfer, Armin (Hrsg.): Lean Six Sigma. 2009, S. 25–67.

Töpfer, Armin/Duchmann, Christian (2006): Das Dresdner Modell des Wertorientierten Managements: Konzeption, Ziele und integrierte Sicht. In: Wertorientiertes Management Werterhaltung - Wertsteuerung - Wertsteigerung ganzheitlich gestalten. Berlin u. a. 2006.

Totok, Andreas (2010): Entwicklung einer Buseiness-Intelligence-Strategie. In: Chamoni, Peter/Gluchowski, Peter (Hrsg.): Analytische Informationssysteme: Business-Intelligence-Technologien und -Anwendungen. Berlin u. a. 2010, S. 37–58.

Toutenburg, Helge/Knöfel, Philipp (2008): Six Sigma Methoden und Statistik für die Praxis. Berlin, Heidelberg 2008.

Trost, Uwe/Zirkel, Martin (2006): BI-Strategie - Wege aus dem Informationschaos. In: BI-Spektrum, 1(2006)3, S. 16–19.

Trull, Samuel G. (1966): Some Factors Involved in Determining Total Decision Success. In: Management Science, 12(1966)6, S. B–270.

Trumpfheller, Michael (2004): Die Fallstudienmethode in der Logistikforschung. In: Pfohl, Hans - Christian (Hrsg.): Netzkompetenz in Supply Chains - Grundlagen und Umsetzung. Wiesbaden 2004, S. 175–188.

Tschandl, M./Hergolitsch, W. (2002): Erfolgsfaktoren von Data Warehouse-Projekten. In: IM-MUNCHEN-, 17(2002)3, S. 83–89.

Turner, Paul (1991): Using Information to Enhance Competitive Advantage – The Marketing Options. In: European Journal of Marketing, 25(1991)6, S. 55–64.

Tzu, Sun (2013): The Art of War. 2013.

Ulrich, H. (1970): Die Unternehmung als produktives soziales System. 2., überarb. Aufl. Bern 1970.

Ulrich, Peter (1988): Von der Betriebswirtschaftslehre zur systemorientierten Managementlehre. Wunderer, Rolf (Hrsg.) Stuttgart 1988 (= Betriebswirtschaftslehre als Management-und Führungslehre).

Ulrich, Peter/Fluri, Edgar (1995): Management. Eine konzentrierte Einführung. 7., verbesserte. Aufl. Bern 1995.

Unger, Carsten/Kemper, Hans-Georg/Russland, Arvid (2008a): Business Intelligence Center Concepts. In: AMCIS 2008 Proceedings, (2008), S. Paper 147.

Unger, Carsten/Kemper, Hans-Georg/Russland, Arvid (2008b): Business Intelligence Center Concepts. In: AMCIS 2008 Proceedings, (2008).

Vahrenkamp, Richard/Siepermann, Christoph (2004): Produktionsmanagement. München u. a. 2004.

Varian, Hal R (2011): Grundzüge der Mikroökonomik. 8. Auflage. München 2011.

Vedder, Richard G. u. a. (1999): CEO and CIO perspectives on competitive intelligence. In: Commun. ACM, 42(1999)8, S. 108–116.

Venegas, Carlos (2007): Flow In The Office: Implementing and Sustaining Lean Improvements. New York 2007.

Vesset, Dan u. a. (2013): Worldwide Business Analytics Software 2013–2017. IDC (Hrsg.) Framingham, MA 2013.

Vischer, Moritz/Boutellier, Roman/Breitenmoser, Pablo (2010): Implementation of a gatekeeper structure for business and technology intelligence. In: International Journal of Technology Intelligence and Planning, 6(2010)2, S. 111.

Vitt, Elizabeth/Luckevich, Michael (2008): Business intelligence. Making Better Decisions Faster. Reprint ed. Redmond, WA 2008.

Volck, Stefan (1997): Die Wertkette im prozeßorientierten Controlling. Wiesbaden 1997.

Vollmer, Marcell/Fischer, Bernhard/Röder, Stefan (2008): Next Generation Shared Services — Automatisierung als Trend. In: Keuper, Prof Dr Frank/Schomann, Junior-Prof Dr Marc/Grimm, Robert (Hrsg.): Strategisches IT-Management. 2008, S. 279–316.

Volz, Axel/Marti, Emanuel (2001): Die Potenziale des Internet in der Tourismusbranche am Beispiel ausgewählter Destinationen. Bern 2001 (= Arbeitsbericht / Institut für Wirtschaftsinformatik der Universität Bern ; Nr. 129).

Vosberg, Dana (2003): Der Markt für Personaldienstleistungen: ökonomische Analyse von Nachfrage und Angebot. Wiesbaden 2003.

Vroom, Victor H./Yetton, Philip W. (1973): Leadership and decision-making. Pittsburgh 1973.

Vuori, Vilma (2006): Methods of defining business information needs. In: Frontiers of e-Business Research ICEB+ eBRF, 2006(2006), S. 311–319.

Waller, Matthew A./Dabholkar, Pratibha A./Gentry, Julie J. (2000): Postponement, Product Customization, and market-oriented Supply Chain Management. In: Journal of Business Logistics, 21(2000)2, S. 133–159.

Wand, Yair/Wang, Richard Y. (1996): Anchoring Data Quality Dimensions in Ontological Foundations. In: Communications of the ACM, 39(1996)11, S. 86–95.

Watson, Hugh J./Wixom, Barbara H. (2007): The Current State of Business Intelligence. In: Computer, 40(2007)9, S. 96–99.

Weaver, Warren (1964): Recent Contributions to the Mathematical Theory of Communication. In: Shannon, Claude E./Weaver, Warren (Hrsg.): The Mathematical Theory of Communication. 10. Aufl., Urbana 1964, S. 1–28.

Weber, Jürgen u. a. (2006): Controlling 2006:Stand und Perspektiven. Vallendar 2006.

Weber, Jürgen/Schäffer, Utz (1999): Sicherstellung der Rationalität von Führung als Aufgabe des Controlling? In: Die B, 59(1999)6, S. 731–747.

Weber, Jürgen/Schäffer, Utz (2000a): Balanced Scorecard & Controlling: Implementierung - Nutzen für Manager und Controller - Erfahrungen in deutschen Unternehmen. Wiesbaden 2000.

Weber, Jürgen/Schäffer, Utz (2000b): Controlling als Koordinationsfunktion? In: Kostenr, 44(2000)2, S. 109–118.

Weber, Jürgen/Schäffer, Utz (2011): Einführung in das Controlling. Stuttgart 2011.

Weber, Prof Dr Jürgen (2006): „Ansätze und Entwicklungen des Rechnens mit relativen Einzelkosten und Deckungsbeiträgen" – Der Blick auf das Gesamtwerk von Riebel. In: Controlling & Management, 50(2006)7, S. 61–68.

Wehmeier, Sally/McIntosh, Colin/Turnbull, Joanna (2005): Oxford Advanced Learner's Dictionary. 7. Aufl., Oxford u. a. 2005.

Weidner, Christa (2013): Let's do IT. Business-IT-Alignment im Dialog erreichen. Berlin u. a. 2013 (= Xpert.press).

Weill, Peter/Ross, Jeanne W. (2004): IT governance: how top performers manage IT decision rights for superior results. Boston 2004.

Weishaupt, Horst (1995): Qualitative Forschung als Forschungstradition. Eine Analyse von Projektbeschreibungen der Forschungsdokumentation Sozialwissenschaften (FORIS). In: König, Eckard/Zedler, Peter (Hrsg.): Bilanz qualitativer Forschung. Weinheim 1995, S. 75–96.

Welge, M./Al-Laham, A. (2012): Strategisches Management: Grundalgen - Prozesse - Implementierung. 6. aktual. Aufl. Wiesbaden 2012.

Welling, Andreas (2013): Strategien externen Unternehmenswachstums. Ein spieltheoretischer Realoptionenansatz. Wiesbaden 2013.

Wenzel, Frank (1975): Entscheidungsorientierte Informationsbewertung. Opladen 1975 (= Beiträge zur betriebswirtschaftlichen Forschung).

Wenzel, Ronny (2011): Zum Wertbeitrag der IT - Die Illusion der monetären Messbarkeit. In: Information Management & Consulting, 26(2011)1, S. 84–88.

Wermke, Matthias/Drosdowski, Günther (1996): Duden. Deutsches Universalwörterbuch A-Z. 3., völlig neu bearbeitete und erweiterte Auflage. Mannheim u. a. 1996.

Werner, Hartmut (2008): Supply Chain Management Grundlagen, Strategien, Instrumente und Controlling. Wiesbaden 2008.

Wernerfelt, Birger (1984): A resource-based view of the firm. In: Strategic Management Journal, 5(1984)2, S. 171–180.

Wernerfelt, Birger (1989): From Critcal Resources to Corporate Strategy. In: Journal of General Management, 14(1989)3, S. 4–12.

Wessler, Markus (2012): Entscheidungstheorie. Von der klassischen Spieltheorie zur Anwendung kooperativer Konzepte. Wiesbaden 2012.

Wessling, Ewald (1991): Individuum und Information: die Erfassung von Information und Wissen in ökonomischen Handlungstheorien. Tübingen 1991 (= Die Einheit der Gesellschaftswissenschaften).

Westkämper, Engelbert/Hummel, Vera/Rönnecke, Thomas (2009): Ganzheitliche Produktionssysteme. In: Westkämper, Engelbert/Zahn, Erich (Hrsg.): Wandlungsfähige Produktionsunternehmen. 2009, S. 25–46.

Wiegand, Bodo (2007): Sehen lernen in der Produktion. Mit Wertstromdesign die Abläufe verbessern. In: Zeitschrift für wirtschaftlichen Fabrikbetrieb, 102(2007)1-2, S. 82–87.

Wiegandt, Philipp (2009): Die Transaktionskostentheorie. In: Schwaiger, Manfred/Meyer, Anton (Hrsg.) Theorien und Methoden der Betriebswirtschaft, (2009), S. 115–130.

Wild, Jürgen (1970a): Informationskostenrechnung auf der Grundlage informationeller Input-, Output-und Prozeßanalysen. In: Zeitschrift für betriebswirtschaftliche Forschung, 22(1970)4, S. 218–240.

Wild, Jürgen (1970b): Input-, Output-und Prozeßanalyse von Informationssystemen. In: Zeitschrift für betriebswirtschaftliche Forschung, 22(1970)1, S. 50–72.

Wild, Jürgen (1971): Zur Problematik der Nutzenbewertung von Informationen. In: Zeitschrift für Betriebswirtschaft, 41(1971)5, S. 315–334.

Wild, Jürgen (1973): Kosten der Information. In: Betriebswirtschaftliche Forschung und Praxis, 25(1973), S. 616–624.

Wild, Jürgen (1982): Grundlagen der Unternehmungsplanung. Opladen 1982.

Will, Hartmut J. (2006): Knowledge management and administration depend on semiotic information systems. In: International Journal of Management and Decision Making, 7(2006)1, S. 36–57.

Williams, Karel u. a. (1992): Against lean production. In: Economy and Society, 21(1992)3, S. 321–354.

Williams, Steve (2008): Business Requirements for BI and the BI Portfolio: How to Get it Right. In: DM Review, 18(2008)7, S. 16–18.

Williamson, Oliver E. (1975): Markets and hierarchies. Analysis and antitrust implications. A study in the economics of internal organization. New York/London 1975.

Williamson, Oliver E. (1979): Transactions-cost economics. The governance of contractual relations. In: Journal of Law and Economics, 22(1979)2, S. 233–261.

Williamson, Oliver E. (1981): The Economics of Organization: The Transaction Cost Approach. In: The American Journal of Sociology, 87(1981)3, S. 548–577.

Williamson, Oliver E. (1985): The Economic Institutions of Capitalism - Firms, Markets, Relational Contracting. New York 1985.

Williamson, Oliver E. (1989): Transaction cost economics. In: Richard Schmalensee and Robert Willig (Hrsg.): Handbook of Industrial Organization. 1989, S. 135–182.

Williamson, Oliver E. (1990): Die ökonomischen Institutionen des Kapitalismus: Unternehmen, Märkte, Kooperationen. Tübingen 1990.

Williamson, Oliver E. (1991): Comparative economic organization. The analysis of discrete structural alternatives. In: Administrative Science Quarterly, 36(1991)2, S. 269–296.

Willke, Helmut (1998): Systemisches Wissensmanagment. Stuttgart 1998.

Wimmer, Frank/Zerr, Konrad (1995): Service für Systeme - Service mit System: Leistungssystemmarketing. In: Absatzwirtschaft, 38(1995)7, S. 82–87.

Windsperger, Josef (1996): Transaktionskostenansatz der Entstehung der Unternehmensorganisation. Heidelberg 1996.

Winter, Robert (2010): Analytische Informationssysteme aus Managementsicht: Unternehmensweite Informationslogistik und analytische Prozessunterstützung. In: Chamoni, Peter/Gluchowski, Peter (Hrsg.): Analytische Informationssysteme: Business-Intelligence-Technologien und -Anwendungen. Berlin u. a. 2010, S. 87–114.

Winter, Robert/Strauch, Bernhard (2003): A method for demand-driven information requirements analysis in data warehousing projects. In: IEEE Computer Society (Hrsg.): System Sciences, 2003. Proceedings of the 36th Annual Hawaii International Conference on. 2003, S. 9–17.

Winter, Robert/Strauch, Bernhard (2004): Information Requirements Engineering for Data Warehouse Systems. In: ACM (Hrsg.): Proceedings of the 2004 ACM Symposium on Applied Computing. New York, NY, USA 2004 (= SAC '04), S. 1359–1365.

Wintersteiger, Walter (2009): IT-Strategien entwickeln und umsetzen. In: Tiemeyer, Ernst (Hrsg.): Handbuch IT-Management Konzepte, Methoden, Lösungen und Arbeitshilfen für die Praxis. München 2009, S. 39–73.

Witte, Eberhard (1968a): Die Organisation komplexer Entscheidungsverläufe - Ein Forschungsbericht. In: Zeitschrift für betriebswirtschaftliche Forschung, 20(1968)tbd, S. 581–599.

Witte, Eberhard (1968b): Phasen-Theorem und Organisation komplexer Entscheidungsverläufe. In: Zeitschrift für betriebswirtschaftliche Forschung, 20(1968)tbd, S. 625–647.

Witte, Eberhard (1972): Das Informationsverhalten in Entscheidungsprozessen. Tübingen 1972 (= Empirische Theorie der Unternehmung).

Wittmann, Waldemar (1956): Der Wertbegriff in der Betriebswirtschaftslehre. Gutenberg, Erich u. a. (Hrsg.) Köln 1956 (= Beiträge zur betriebswirtschaftlichen Forschung: 2).

Wittmann, Waldemar (1959): Unternehmung und unvollkommene Information. Köln u. a. 1959.

Wixom, Barbara/Watson, Hugh (2010): The BI-Based Organization. In: International Journal of Business Intelligence Research, 1(2010)1, S. 13–28.

Wöhe, Günter/Döring, Ulrich (2010): Einführung in die allgemeine Betriebswirtschaftslehre. 24. Aufl., München 2010.

Wohlgemuth, Andre C. (1989): Führung im Dienstleistungsbereich. Interaktionsintensität und Produktionsstandardisierung als Basis einer neuen Typologie. In: Zeitschrift Führung und Organisation, 58(1989)5, S. 339–349.

Wolf, Joachim (2008): Organisation, Management, Unternehmensführung : Theorien, Praxisbeispiele und Kritik. Wiesbaden 2008.

Wolf, Joachim (2011a): Organisation, Management, Unternehmensführung. 4. Auflage. Wiesbaden 2011.

Wolf, Joachim (2011b): Organisation, Management, Unternehmensführung: Theorien, Praxisbeispiele und Kritik. 4. Aufl., Wiesbaden 2011.

Wolfe, Martin (1955): The Concept of Economic Sectors. In: The Quarterly Journal of Economics, 69(1955)3, S. 402–420.

Wollseiffen, Barbara (1999): Lean Production und Fertigungstiefenplanung. Lohmar u. a. 1999.

Womack, James, P. (2007): Raising the game. In: Manufacturing Engineering, 86(2007)5, S. 44–45.

Womack, James P./Jones (2003): Lean Thinking: Banish Waste and Create Wealth in Your Corporation. 10. Aufl., New York 2003.

Womack, James, P./Jones, Daniel, T. (1994): From Lean Production to the Lean Enterprise. In: Harvard Business Review, o. J. .

Womack, James P./Jones, Daniel T. (1997): Apply lean thinking to a value stream to create a lean enterprise. In: The Antidote, (1997)8, S. 11–14.

Womack, James P./Jones, Daniel T./Roos, Daniel (1990): The Machine that Changed the World: The Story of Lean Production. New York 1990.

Woratschek, Herbert (1996): Die Typologie von Dienstleistungen aus informationsökonomischer Sicht. In: der markt, 35(1996)1, S. 59–71.

Woratschek, Herbert (1998): Preisbestimmung von Dienstleistungen: markt-und nutzenorientierte Ansätze im Vergleich. Frankfurt a. M. 1998.

Woratschek, Herbert (2001): Zum Stand einer „Theorie des Dienstleistungsmarketing ". In: Die Unternehmung, 55(2001)4/5, S. 261–278.

Wright, Sheila u. a. (2004): Competitive intelligence through UK eyes. In: Journal of Competitive Intelligence and Management, 2(2004)2, S. 68–87.

Wu, Liya/Barash, G./Bartolini, C. (2007): A Service-oriented Architecture for Business Intelligence. In: IEEE International Conference on Service-Oriented Computing and Applications, 2007. SOCA '07. 2007, S. 279–285.

Yin, Robert K. (1981): The Case Study Crisis: Some Answers. In: Administrative Science Quarterly, 26(1981)1, S. 58–65.

Yin, Robert K. (2014): Case study research: design and methods. Fifth edition. Los Angeles 2014.

Zäpfel, Günther (2001): Supply Chain Management. In: Baumgarten, Helmut/Wiendahl, Hans-Peter/Zentes, Joachim (Hrsg.): Logistik- Management. Strategien - Konzepte - Praxisbeispiele. 3. Aufl. 2001, S. 1 – 32.

Zeiler, Gregor (2013): Business Requirement Engineering - Anforderungsmanagement. In: Business Intelligence Magazine, 10(2013)3, S. 36–39.

Zenz, Andreas (1999): Strategisches Qualitätscontrolling: Konzeption als Metaführungsfunktion. Wiesbaden 1999.

Ziegler, L. J. (1980): Betriebswirtschaftslehre und wissenschaftliche Revolution: Eugen Schmalenbachs Betriebswirtschaftslehre zum Gedächtnis. Stuttgart 1980.

Zuber, Christian (2013): Kulturelle Veränderungen bei international handelnden Unternehmen der Bedarf eines kulturellen Managements im internationalen Wertschöpfungsverbund. Lohmar u. a. 2013.

Band 19 Christian Mennerich
Phase-field modeling of multi-domain evolution in ferromagnetic shape memory alloys and of polycrystalline thin film growth. 2013
ISBN 978-3-7315-0009-4

Band 20 Spyridon Korres
On-Line Topographic Measurements of Lubricated Metallic Sliding Surfaces. 2013
ISBN 978-3-7315-0017-9

Band 21 Abhik Narayan Choudhury
Quantitative phase-field model for phase transformations in multi-component alloys. 2013
ISBN 978-3-7315-0020-9

Band 22 Oliver Ulrich
Isothermes und thermisch-mechanisches Ermüdungsverhalten von Verbundwerkstoffen mit Durchdringungsgefüge (Preform-MMCs). 2013
ISBN 978-3-7315-0024-7

Band 23 Sofie Burger
High Cycle Fatigue of Al and Cu Thin Films by a Novel High-Throughput Method. 2013
ISBN 978-3-7315-0025-4

Band 24 Michael Teutsch
Entwicklung von elektrochemisch abgeschiedenem LIGA-Ni-Al für Hochtemperatur-MEMS-Anwendungen. 2013
ISBN 978-3-7315-0026-1

Band 25 Wolfgang Rheinheimer
Zur Grenzflächenanisotropie von $SrTiO_3$. 2013
ISBN 978-3-7315-0027-8

Band 26 Ying Chen
Deformation Behavior of Thin Metallic Wires under Tensile and Torsional Loadings. 2013
ISBN 978-3-7315-0049-0

Band 27 Sascha Haller
Gestaltfindung: Untersuchungen zur Kraftkegelmethode. 2013
ISBN 978-3-7315-0050-6

Band 28 Stefan Dietrich
Mechanisches Verhalten von GFK-PUR-Sandwichstrukturen unter quasistatischer und dynamischer Beanspruchung. 2013
ISBN 978-3-7315-0074-2

Band 29	Gunnar Picht **Einfluss der Korngröße auf ferroelektrische Eigenschaften dotierter $Pb(Zr_{1-x}Ti_x)O_3$ Materialien.** 2013 ISBN 978-3-7315-0106-0
Band 30	Esther Held **Eigenspannungsanalyse an Schichtverbunden mittels inkrementeller Bohrlochmethode.** 2013 ISBN 978-3-7315-0127-5